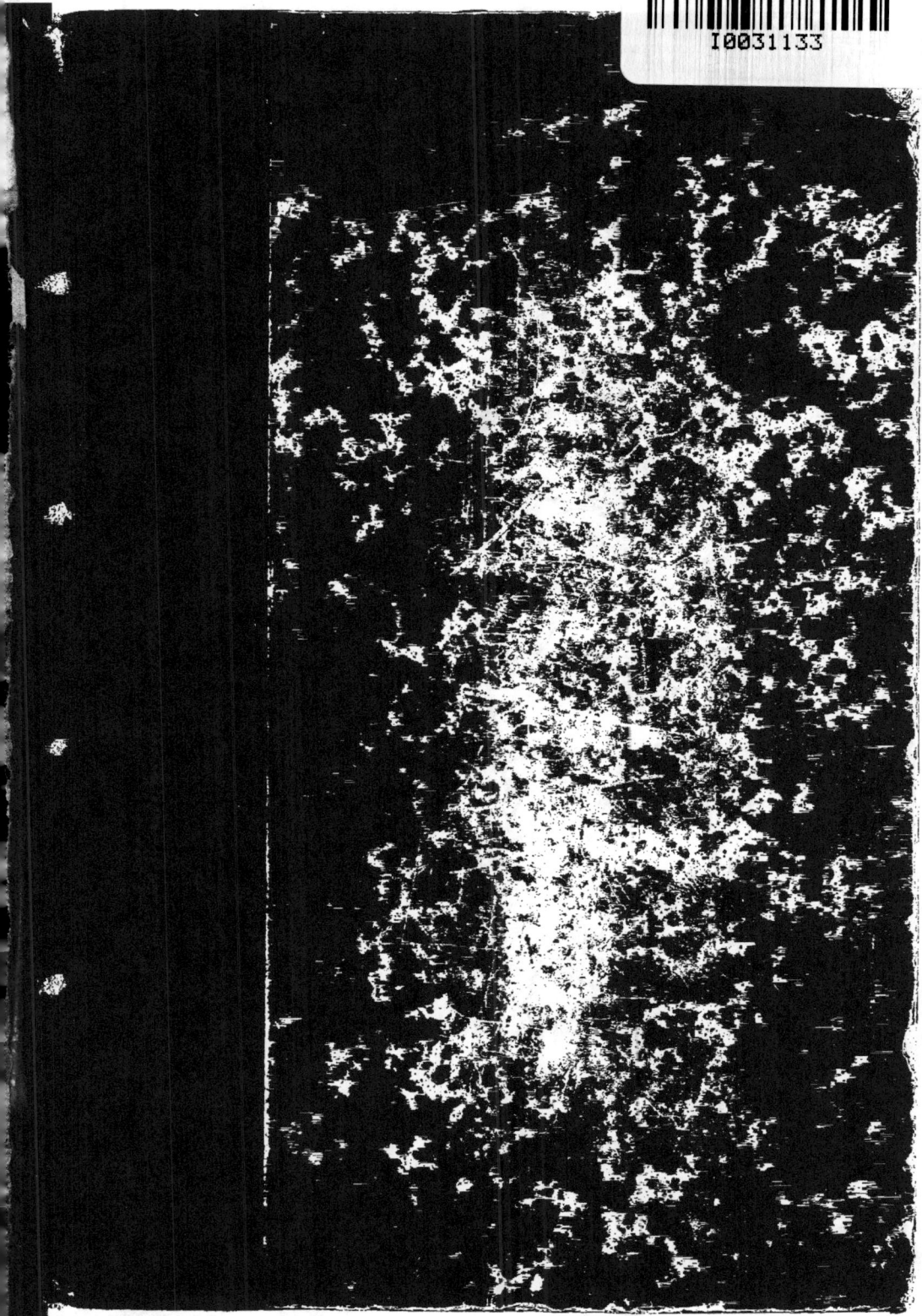

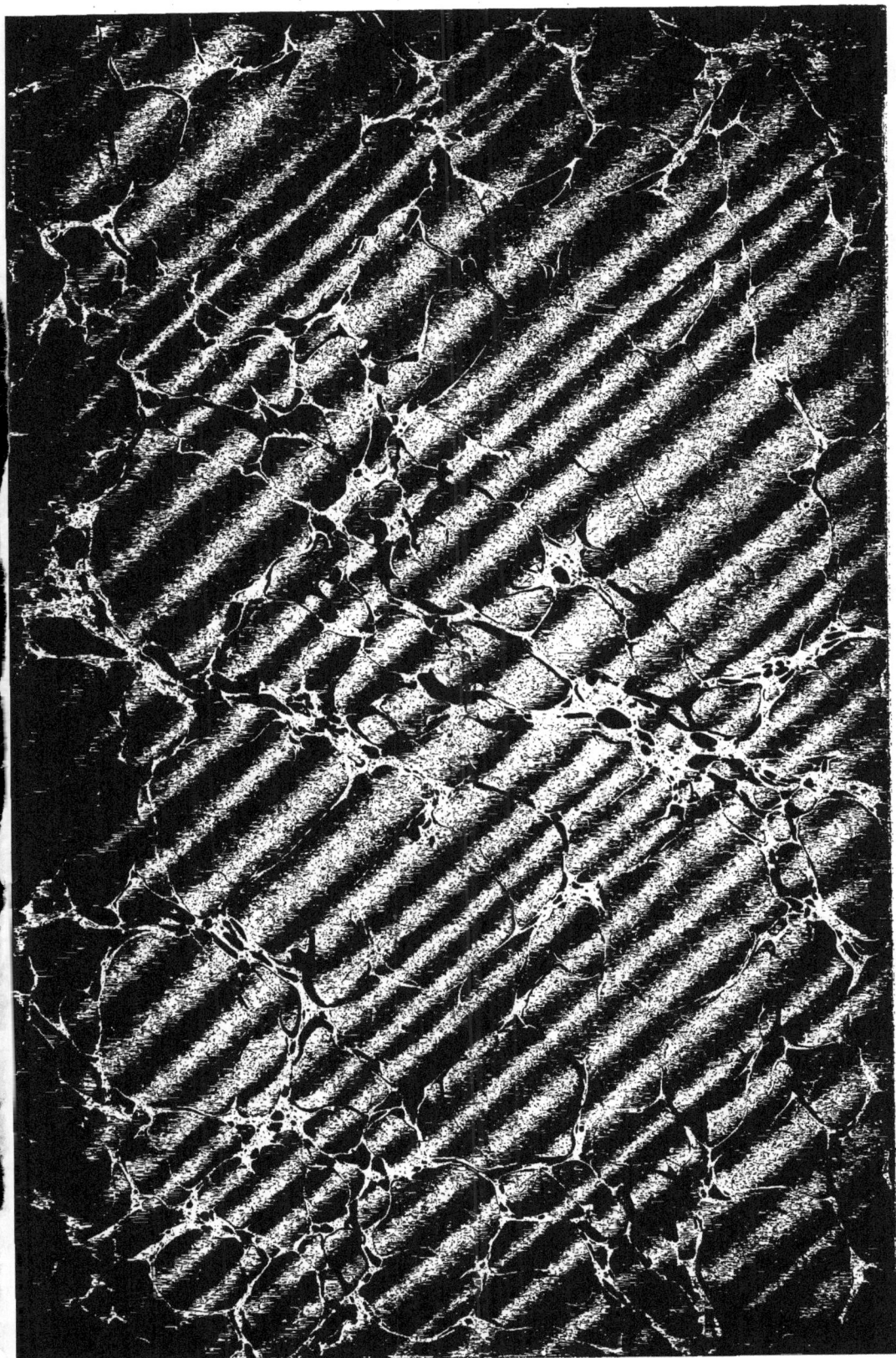

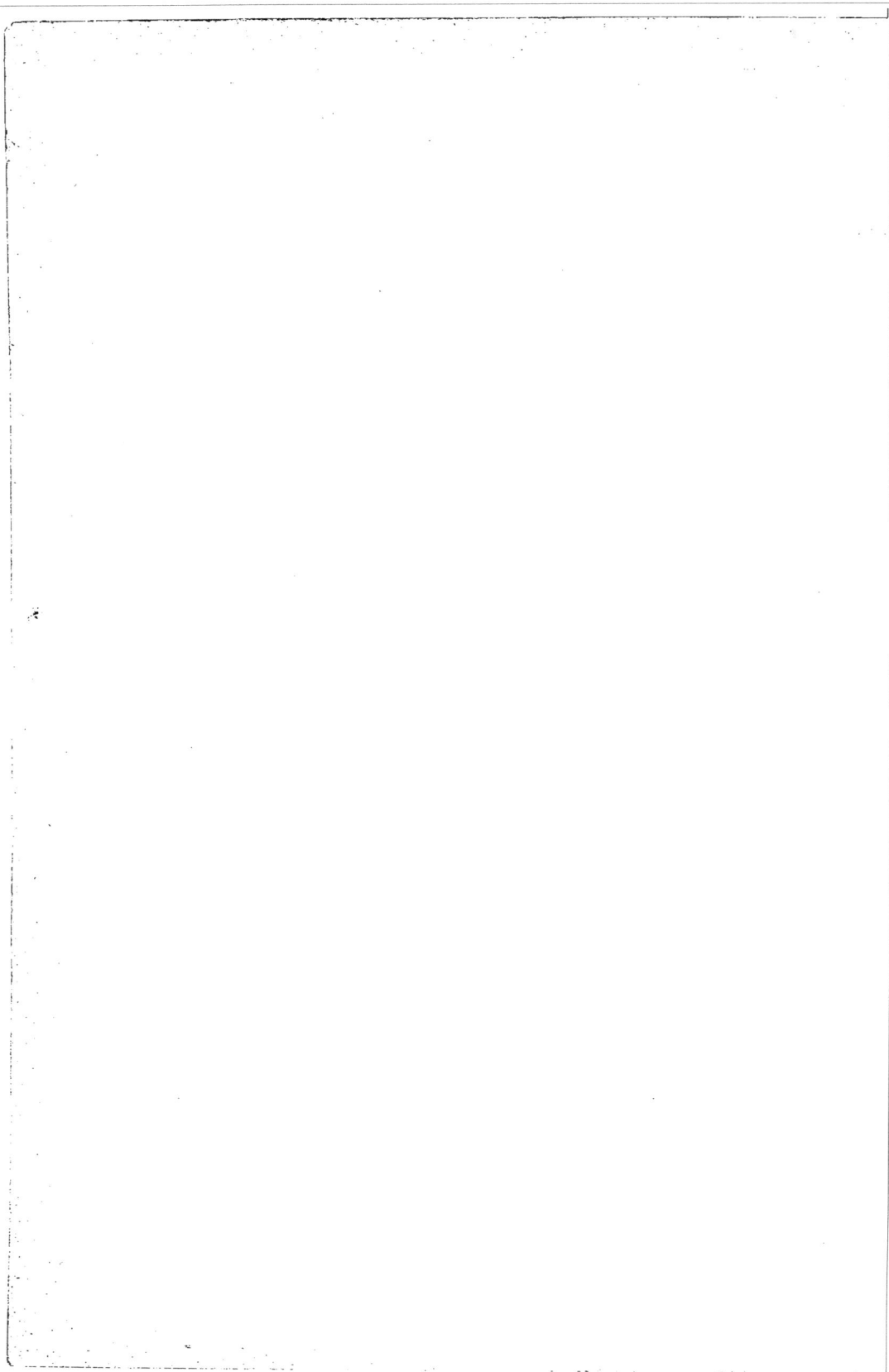

ATLAS MANUEL

DE BOTANIQUE

6849-82. — CORBEIL. TYP. ET STÉR. CRÉTÉ.

200 PLANCHES

COMPRENANT

3,250 FIGURES

DESSINÉES

PAR

RIOCREUX, CUSIN,
NICOLET, CHEVRIER, CHEDIAC, ETC.

Carte coloriée de la Végétation du Globe.

ATLAS MANUEL

DE

BOTANIQUE

ILLUSTRATIONS DES FAMILLES ET DES GENRES

DE PLANTES PHANÉROGAMES ET CRYPTOGAMES

CARACTÈRES, USAGES, ORIGINES, DISTRIBUTION GÉOGRAPHIQUE

TEXTE

PAR

J. DENIKER

Docteur ès sciences.

INTRODUCTION

PAR

D. CAUVET

Professeur à la Faculté de Lyon.

PARIS

LIBRAIRIE J.-B. BAILLIÈRE ET FILS

Rue Hautefeuille, 19, près du Boulevard Saint-Germain

—

Tous droits réservés.

(1885.)

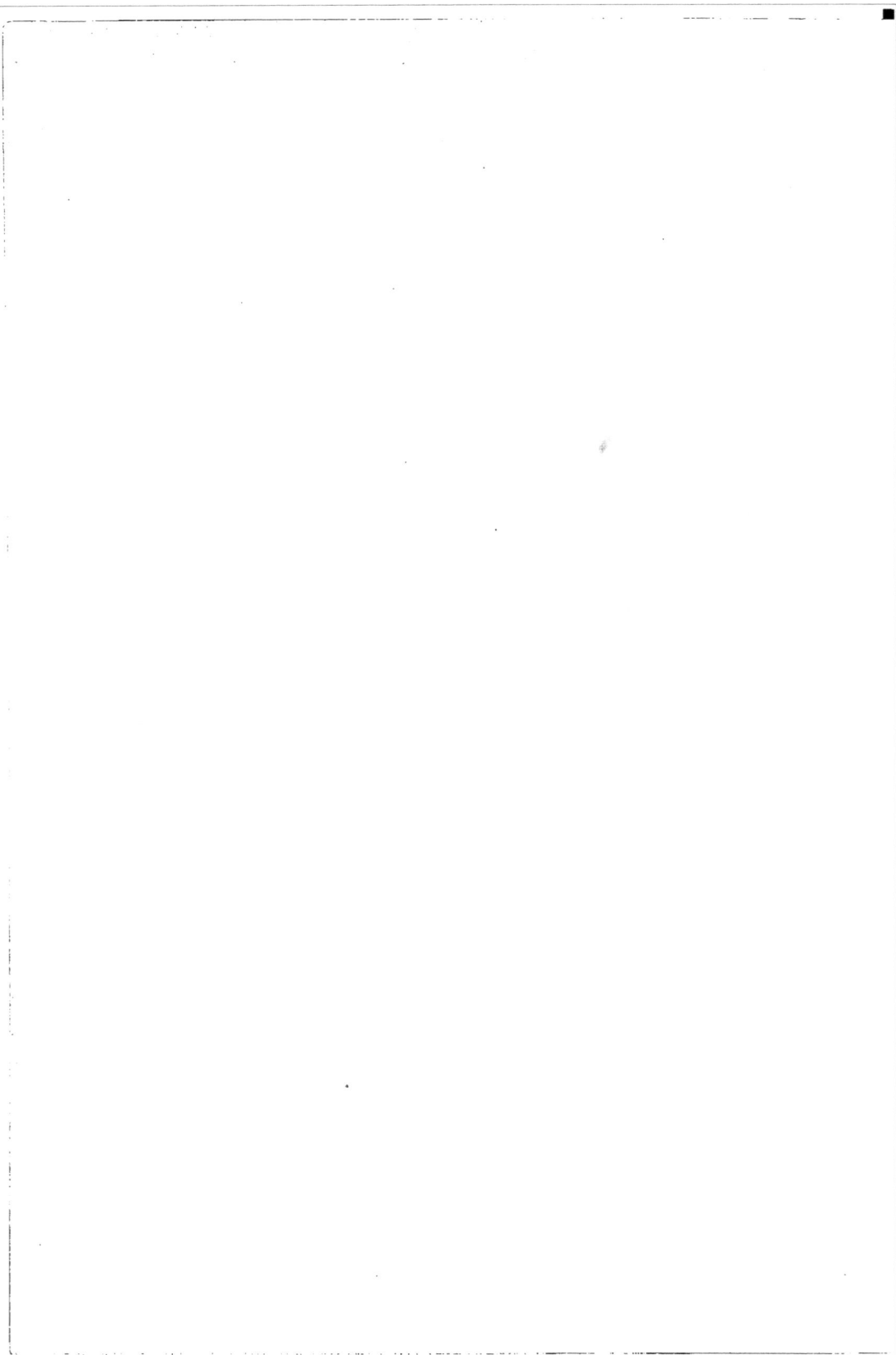

applications en médecine, dans l'industrie, dans l'alimentation, il est certain que la valeur d'un atlas comprenant de tels enseignements en sera beaucoup augmentée.

Tel est le but que nous nous étions proposé ; telle est l'œuvre que, moins occupé que moi, M. Deniker a entreprise et menée à bonne fin.

Pour rendre ce travail aisément accessible à tous, il était nécessaire que l'ordre d'exposition des familles fût emprunté à une méthode aussi naturelle que possible.

M. Deniker a adopté, pour les Phanérogames, un ordre basé sur les méthodes bien connues de Jussieu et d'Endlicher ; pour les Cryptogames, il a suivi la méthode de M. Van Tieghem.

Il était difficile de prendre pour guide des maîtres plus autorisés.

A l'heure actuelle et sans que la nécessité en soit bien démontrée, tout savant se croit obligé à donner une classification nouvelle. Se basant sur des considérations d'ordre souvent très élevé, je dois le reconnaître, plusieurs juxtaposent les familles en apparence les plus disparates ou que, du moins, on n'est guère habitué à rencontrer côte à côte.

Il est incontestable que les progrès de la science et les incessantes découvertes des botanistes ont conduit à montrer de nombreuses affinités entre des familles jadis fort éloignées les unes des autres.

Mais les affinités de beaucoup de ces familles avec celles dont on les sépare brusquement, ne sont pas rompues par le fait de cette séparation.

Pour ma part, je n'ai jamais pu saisir exactement l'utilité de ces perpétuelles manipulations, et, plus d'une fois, en parcourant un nouveau livre, je me suis récrié, *in petto*, contre cette manie de créations, en définitive peu nécessaires.

Quelle que soit la valeur des classifications nouvelles, je ne me suis pas encore aperçu qu'aucune d'elles fût beaucoup plus naturelle que ses devancières. Pour tout dire, aucune ne l'est d'une façon absolue. Dès lors, quand on possède une méthode *que la zoologie nous envie* (?), pourquoi en changer? Est-il donc incontestablement établi que notre humaine nature est inconstante, et le vieil adage *tot populi tot sensus*, sera-t-il longtemps encore justifié par les savants?

Je ne saurais donc trop louer M. Deniker d'avoir choisi, en lui faisant subir de légères modifications, un ordre méthodique depuis longtemps connu et justement apprécié.

Bien qu'il trouve peu rationnelle la séparation des plantes en *Phanérogames* et *Cryptogames*, M. Deniker l'a maintenue.

Se basant sur l'ensemble de plusieurs caractères importants, qu'il serait trop long d'énumérer, et principalement sur la manière d'être des ovules, qui sont tantôt *nus*, tantôt *inclus dans un ovaire*, M. Deniker a divisé les Phanérogames en deux grands embranchements, dont le second ne comprend que les seules *Gymnospermes,* tandis que le premier comprend les *Monocotylédones* et les *Dicotylédones*, réunies sous le nom général d'*Angiospermes*. Enfin il divise les Cryptogames en trois embranchements : les *Cryptogames vasculaires*, les *Muscinées,* les *Thallophytes*.

Dans la division adoptée pour les Dicotylédones, M. Deniker, qui a suivi l'ordre descendant, a placé les Gamopétales après les Polypétales. On conçoit que je ne veuille pas ici lui faire un procès de tendance à propos d'opinions qui ne sont pas les miennes, et que je considère d'ailleurs comme très respectables. Je lui dois plutôt des éloges pour le soin jaloux qu'il a mis à parfaire son œuvre.

Ainsi que je l'ai déjà dit, l'*Atlas manuel de Botanique* contient un nombre considérable de figures habilement choisies. Ces figures sont empruntées en partie aux livres de MM. Duchartre, Le Maout et Decaisne, etc., et, pour le reste, aux mémoires originaux qui font autorité sur la matière. Elles ont été dessinées d'après nature par des artistes comme Riocreux, Cusin, Nicolet, Chevrier, Chediac, etc., dont les noms bien connus suffisent à rehausser la valeur d'un livre.

Pour me résumer, l'*Atlas manuel de Botanique* est bien conçu, bien distribué dans son ensemble et bien imprimé; il me paraît assuré d'un légitime succès.

Puisse ma paternité, si lointaine qu'elle soit, lui valoir un peu de cet accueil favorable que la jeunesse des écoles a bien voulu faire à mes ouvrages classiques !

Dr CAUVET.

Lyon, le 5 avril 1886.

INTRODUCTION

Une longue pratique de l'enseignement m'avait fait songer, depuis plusieurs années, à l'opportunité de la publication d'un *Atlas de Botanique*.

Dans ma pensée, ce livre devait remplacer l'atlas, aujourd'hui à peu près introuvable, que Le Maout fit paraître, il y a longtemps déjà, et que les hommes de ma génération étudièrent avec tant de profit.

Je sais, par expérience, combien sont utiles les ouvrages de ce genre, combien d'hésitations, de pénibles recherches ils évitent.

Malheureusement le temps me manqua pour entreprendre un travail de si longue haleine. Je me bornai donc à tracer le plan général du nouveau livre, et, en 1880, je remis ce plan à MM. J.-B. Baillière et Fils, en leur laissant toute liberté pour reprendre et mener à bonne fin la réalisation de ce projet.

A quelque temps de là, un jeune savant, M. Deniker, eut la même idée : c'est de la fusion de ces deux projets que naquit le présent livre.

L'*Atlas manuel de Botanique* est donc un peu mon œuvre, bien que je n'y ai collaboré que par des conseils.

Mais j'ai, en quelque sorte, présidé à sa conception première. A ce titre, je lui devais de le présenter aux personnes qu'un tel ouvrage peut intéresser.

C'est une tâche dont je m'acquitte avec plaisir.

Il semble superflu de faire ressortir ici l'utilité de la Botanique et le charme que l'on trouve dans l'étude des plantes, soit qu'on les examine au point de vue exclusif de leur détermination, soit qu'on veuille se rendre compte de leur organisation ou des phénomènes qui président et concourent à leur existence.

Quelque attrait qu'offre cette dernière partie de la science, elle ne peut guère être poursuivie avec fruit que dans la calme retraite du cabinet ou dans les manipulations du laboratoire, ou, enfin, dans l'observation incessante des manifestations vitales.

Les curieux de la nature n'ont pas, en général, le temps de se livrer à de telles recherches.

Dans leurs rares promenades, lorsque, fatigués des soucis de la vie, ils vont à la campagne chercher un instant de trêve à leurs préoccupations journalières, leurs yeux s'arrêtent volontiers sur une fleur belle ou singulière, sur une plante dont le port appelle l'attention.

Ils se demandent alors ce que peut être cette plante, quel nom a été donné à cette fleur.

Ce qu'il leur faudrait, en ces circonstances, c'est un livre qui contiendrait le renseignement cherché ; qui leur permettrait de reconnaître, parmi les plantes vulgaires, rencontrées sur leur route, celles qui sont utiles ou nuisibles ; qui leur apprendrait leurs propriétés, leurs caractères généraux ; qui les aiderait à nommer ces plantes ou, du moins, à les rapporter à une famille déterminée.

Les ouvrages connus sous le nom de *Flores* permettent, sans doute, d'arriver à la détermination d'une plante; mais la plupart de ces Flores sont privées de figures : elles se bornent à une froide énumération de caractères, souvent présentés sous forme de *clef dichotomique*.

Or, il est peu de commençants qui, même pourvus de notions générales suffisamment précises sur la valeur et la nature des caractères, n'aient été conduits parfois à classer une plante dans une famille souvent très éloignée de la sienne et qui, s'apercevant alors de l'erreur commise, ne se soient vus obligés de recommencer péniblement la patiente recherche déjà faite.

Il me souvient que, dans ma jeunesse, ces mésaventures me sont arrivées plus d'une fois : ennuyé ou fatigué par la difficulté, je fermais mon livre et je jetais la plante, ne voulant pas perdre mon temps en des recherches que je jugeais fastidieuses.

Dans ces conditions, la Botanique n'est guère attrayante, et il faut une grande dose de bonne volonté pour en reprendre l'étude.

Un atlas bien fait, qui donne, pour chaque famille, des figures de types habilement choisis, n'expose pas à ces mécomptes.

Le lecteur n'y trouve pas toujours (il faudrait même dire n'y trouve pas souvent) le nom de la plante qui le préoccupe; mais, par un examen attentif des figures données, il peut être assuré d'arriver à en déterminer la famille. Plus d'une fois même, il lui est possible d'affirmer qu'elle appartient, sinon au genre dont il voit la représentation, du moins à un genre voisin de ce dernier.

Les figures, dans un atlas, ont donc une utilité incontestable; elles donnent, d'ailleurs, un puissant attrait à un tel ouvrage.

Qui voit une jolie figure de plante est porté aussi à en faire l'application, à en rechercher l'original; d'où une inclination plus vive vers cette science des fleurs, qu'on a appelée, avec raison, *la science aimable*.

Mais si, à ces représentations fidèles de types choisis, se joint une description bien faite des caractères de chaque famille ; si, à la suite de cette description, se trouvent indiquées les divisions des familles en sous-familles ou en tribus, et un exposé sommaire des genres les plus importants; si, enfin, on y peut lire la mention des espèces les plus utiles, considérées au point de vue de leurs usages ou de leurs

ORGANOGRAPHIE

CLASSIFICATION ET DISTRIBUTION GÉOGRAPHIQUE
DES PLANTES

ORGANOGRAPHIE DES PHANÉROGAMES.

Tous les végétaux sont constitués par des cellules; ils affectent les formes les plus diverses, depuis la cellule sphérique unique jusqu'à la réunion complexe de tissus constituant un Chêne, un Palmier, etc.

Dans les plantes dites Cryptogames vasculaires (Voy. p. 328), la différenciation des tissus en organes commence déjà à se dessiner, mais c'est seulement dans les Phanérogames que cette différenciation est poussée à sa plus haute expression : les organes sont multiples et bien distincts.

Ces organes peuvent être groupés en deux séries : les organes *axillaires*, qui constituent l'*axe* de la plante ou l'*axophyte*; et les organes *appendiculaires*, qui sont supportés par l'axe et que l'on peut désigner d'une façon générale sous le nom de *feuilles*.

Dans une graine (fig. 1, *Phaseolus*; 2, *Malus*), on peut distinguer ces deux groupes d'organes. On y voit en effet un *axe* constitué par la *radicule* (fig. 2, *r*), par la *tigelle* (fig. 2, *t*) et en partie par la *gemmule* (fig. 2, *g*), supportant les deux feuilles primitives, les *cotylédons* (fig. 1, *ct*, et 2, *m*, *m*). En germant, la gemmule (fig. 3) et la tige (fig. 4) se couvrent de nouveaux organes appendiculaires, les *feuilles*, qui par leurs modifications produisent toutes les parties constituant les feuilles proprement dites et la *fleur*. Les organes appendiculaires, qu'ils portent le nom de *cotylédons* (fig. 5, *c*), de feuilles radicales (fig. 5, *d*) ou caulinaires (fig. 5, *f*), de bractées (fig. 5, *g*), de sépale (fig. 5, *h*), de pétales (fig. 5, *i*), d'étamines (fig. 5, *j*) ou de carpelles (fig. 5, *k*), ne sont en somme que des organes foliaires modifiés.

Nous allons décrire successivement les organes axillaires (racine, tige, etc.), et les organes appendiculaires (feuille, fleur, etc.).

Racine.

La racine est la partie de l'axophyte adaptée, dans la majorité des cas, à puiser la nourriture de la plante; elle croît en sens inverse de la tige (vers le centre de la terre) et ne porte jamais de feuilles.

La racine primitive ou principale peut rester simple (fig. 6, *Carum*) ou ne donner que des ramifications relativement courtes (*racine pivotante*, fig. 7, *Krameria*); ou bien elle peut se ramifier en plusieurs *racines secondaires*, qui se développent plus que la racine primitive; on l'appelle alors une racine *fasciculée* (fig. 8, *Fragaria*). Dans ce cas, ses divisions peuvent être tantôt charnues, épaisses, renflées (*racine tuberculeuse*, fig. 9, Orchis), tantôt grêles, ligneuses, enchevêtrées (*racine fibreuse*, fig. 10, *Valeriana*).

Les racines secondaires se subdivisent plusieurs fois à leur tour, et les dernières divisions les plus ténues sont connues sous le nom de *radicelles* (fig. 6 et 10); leur ensemble forme le *chevelu*. L'extrémité de la racine principale est toujours pourvue d'une coiffe ou *pilorhize* (fig. 11).

Différentes parties de la plante, mais surtout la tige, peuvent produire des *racines adventives*, ou aériennes (fig. 8); ces racines ne servent parfois qu'à la fixation de la plante (fig. 12, Lierre), mais le plus souvent leur rôle est le même que celui des vraies racines et consiste à puiser la nourriture de la plante.

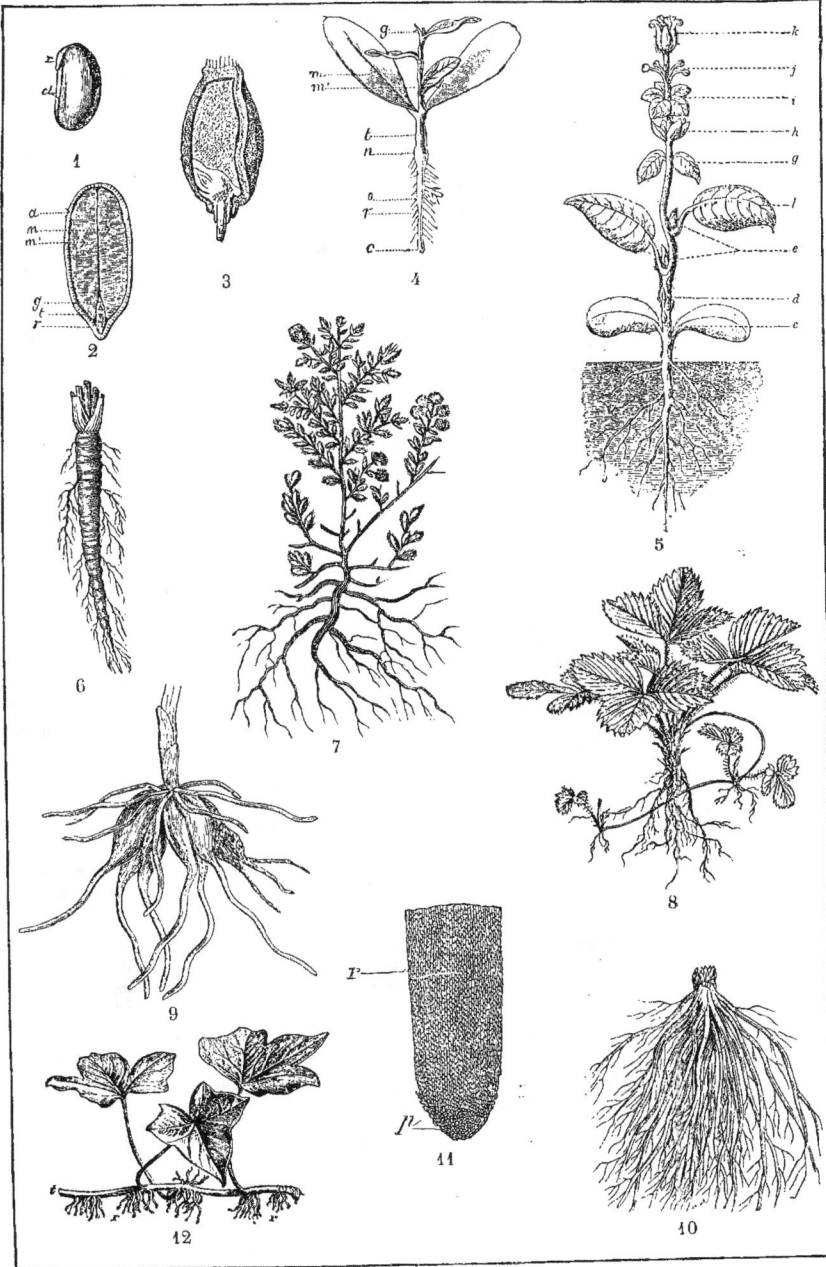

Tige.

La tige est la partie de l'axophyte qui porte les feuilles. Les points où les feuilles s'insèrent sur la tige portent le nom de *nœuds* (fig. 4); les intervalles entre ces points s'appellent *entre-nœuds* (fig. 4). Chaque feuille s'insère sur la tige sous un angle (*aisselle*) dans lequel se trouve un *bourgeon* (fig. 7).

La tige peut varier de hauteur, depuis quelques millimètres (plantes dites *acaules* ou sans tige, fig. 1, *Crocus sativus*), jusqu'à une vingtaine de mètres (Rotang et plusieurs Lianes).

Selon sa consistance, on distingue la tige *herbacée* (fig. 4, *Humulus*), *ligneuse* (Chêne) ou *sous-ligneuse* (Groseillier, Rue); selon sa durée, la tige peut être *annuelle* (Froment), *bisannuelle* (Carotte) ou *vivace*, c'est-à-dire qui dure plusieurs années (Clématite, Fraisier).

La tige peut être simple ou ramifiée en *branches, rameaux, ramules,* etc. Les ramifications les plus jeunes s'appellent souvent *pousses* ou *scions*.

La tige ligneuse présente différentes manières d'être : 1) tige *arborescente;* axe élevé (*tronc*) avec des rameaux assez grands (*cime*) s'insérant aux différents points de cet axe, à une certaine distance du sol; 2) *frutescente;* l'axe est court, les ramifications commencent presque au niveau du sol, ce sont les *arbustes* ou *arbrisseaux;* 3) *buissonnante;* les ramifications sont basilaires, très nombreuses et comme enchevêtrées, ce sont les *buissons*. Outre les tiges dressées, il existe des tiges *sarmenteuses* (Garance), qui s'élèvent en s'appuyant sur les arbres; des tiges *grimpantes,* qui s'accrochent aux différents objets (Lierre, fig. 12, pl. 1); des tiges *stolonifères,* dont les rameaux (*stolons*) s'étalent par terre et poussent des racines adventives (Fraisier, fig. 8, pl. 1); des tiges *volubiles,* qui s'enroulent autour des branches et des troncs d'arbres en spirales, dirigées de droite à gauche (tige volubile *sinistrorse,* fig. 4, Houblon), ou de gauche à droite (tige volubile *dextrorse,* Igname, fig. 5).

Dans les plantes grasses, la tige et les rameaux prennent des formes globuleuses (*Echinocactus,* fig. 2), ou s'élèvent en colonne, ou s'étalent en palettes ovalaires. Parfois les rameaux présentent l'apparence des feuilles, on les appelle alors *cladodes* (*Xylophylla,* fig. 3). Parfois aussi les rameaux sont transformés en *épines* (Prunier épineux).

La tige des Palmiers, qui a la forme d'une colonne élancée, couronnée d'un faisceau de grandes feuilles (par suite de l'avortement des bourgeons à l'aisselle des feuilles inférieures), porte le nom de *stipe* (Voy. pl. CLIII et CLIV).

La tige des Graminées, aux nœuds bien marqués, creuse intérieurement, porte le nom de *chaume* (Voy. pl. CXL).

Selon la forme de leur section, les tiges peuvent être cylindriques (*Dioscorea,* fig. 5), triangulaires (*Carex*), carrées (*Lamium*), etc.

Leur surface peut être glabre (fig. 4 et 5), striée (Oseille), poilue (Pavot, fig. 10), pubescente (Anémone, fig. 3, pl. II), aiguillonnée (*Rosa,* fig. 11, pl. L), etc.

La ramification d'une tige peut être *définie,* quand la tige se termine par une fleur et ne se ramifie que par des bourgeons axillaires, ou *indéfinie,* quand la tige n'est pas terminée par une fleur et donne naissance, à son extrémité, à deux branches dont chacune se ramifie à son tour, etc. (Voy. *Inflorescence,* page XVIII). Parfois une des branches latérales se développe beaucoup plus que la branche principale : elle prend l'apparence de tige principale et s'appelle *sympode*.

Outre les tiges aériennes, il existe des tiges souterraines, *rhizomes* (*Polygonatum,* fig. 6), qui se renflent parfois en *tubercules* charnus, pleins de substance nutritive (Pomme de terre, fig. 7), ou bien prennent la forme de *bulbes*. Les bulbes peuvent être *solides* ou *pleins,* quand ils ne portent que quelques tuniques caduques (Safran, fig. 1); *tuniqués,* quand les écailles sont persistantes, minces et s'enveloppent les unes sur les autres (*Allium,* fig. 8); ou bien *écailleux,* quand les écailles sont charnues et imbriquées (*Lilium,* fig. 9). La ramification des rhizomes peut être aussi *définie* ou *indéfinie*.

EXPLICATION DES FIGURES.

1, *Crocus sativus,* bulbe plein.
2, *Echinocactus Ottonis,* tige globuleuse.
3, *Xylophylla montana,* cladode.
4, *Humulus lupulus,* tige volubile sinistrorse.
5, *Dioscorea batatas,* tige volubile dextrorse.

6, *Polygonatum,* rhizome défini.
7, *Solanum tuberosum,* tubercules.
8, *Allium porrum,* bulbe plein.
9, *Lilium candidum,* bulbe écailleux.
10, *Papaver rhœas,* tige poilue.

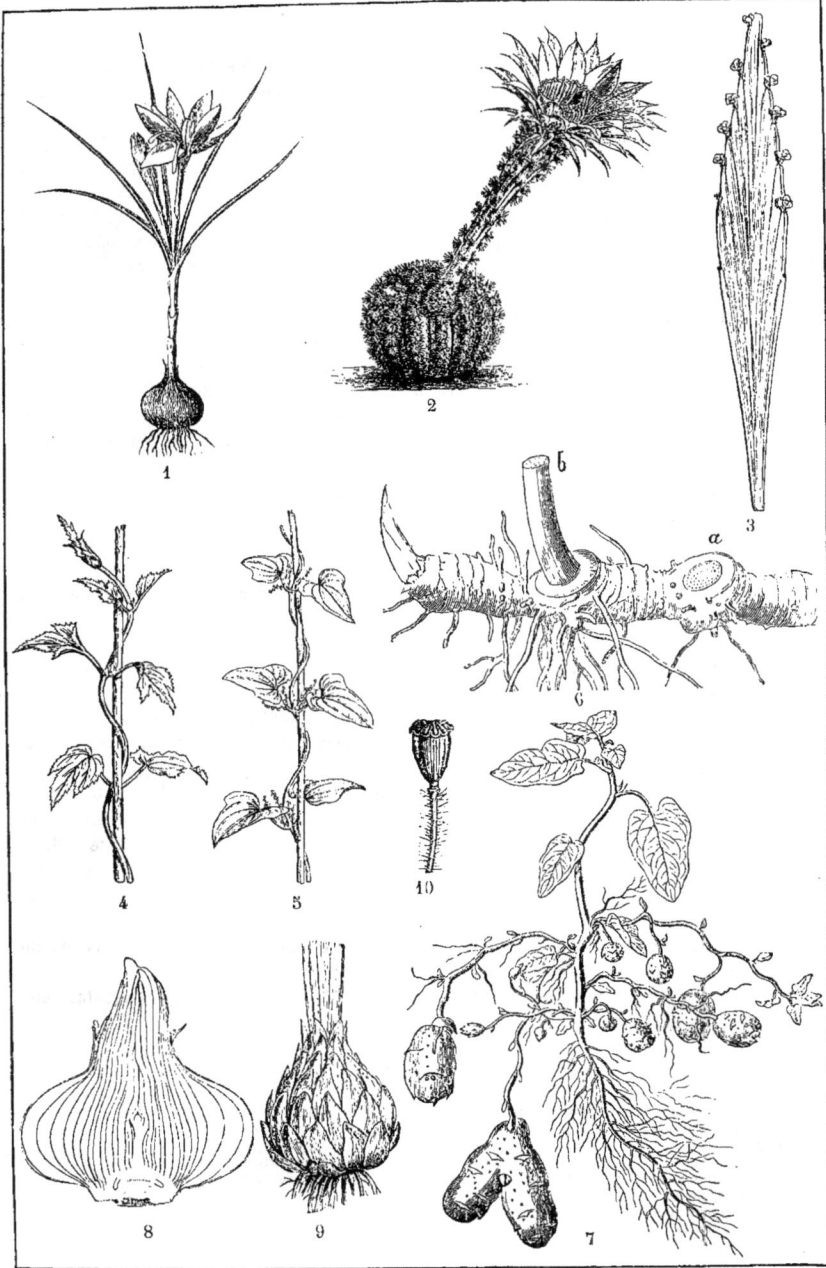

Feuille.

Les feuilles sont les organes appendiculaires de végétation qui naissent sur la tige au point appelé *nœud ;* elles interceptent avec la tige un angle (*aisselle*) dans lequel se trouve ordinairement un *bourgeon.*

La feuille se compose de trois parties : 1° une *gaine* par laquelle se fait l'attache à la tige (fig. 1, Arum) ; 2° un *pétiole* allongé, grêle (fig. 1), qui supporte 3° un *limbe* (fig. 1), lame plus ou moins étalée. Souvent une de ses parties peut manquer. Les feuilles sans pétiole sont dites *sessiles.*

La *gaine* peut être *entière* (Cypéracées, pl. CXLVII) ou *fendue* (Graminées, fig. 2). Quand le pétiole manque, la gaine est très développée : elle est alors *embrassante* ou *amplexicaule.*

Le *pétiole* peut être cylindrique, angulaire, etc. Parfois il a l'apparence foliacée et porte le nom de *phyllode* (fig. 3, Acacia).

Le *limbe* s'insère ordinairement par sa base au sommet du pétiole ; mais dans quelques cas l'insertion a lieu apparemment par le centre du limbe (feuilles *peltées,* fig. 4, Capucine). Les vaisseaux du pétiole se prolongent et se ramifient sur le limbe en formant les *nervures* (fig. 5, Érable). On distingue ordinairement une *nervure médiane* (fig. 5) et plusieurs latérales qui peuvent se disposer en barbe de plume (feuilles *penninervées,* fig. 6, Châtaignier), ou en éventail (*feuilles palminervées* ou *palmatinervées,* fig. 5); en cas d'absence de gaine et de pétiole, le limbe peut être aussi amplexicaule.

Dans certaines monocotylédones, les nervures partent toutes de la base de la feuille et montent presque parallèlement les unes aux autres vers le sommet (Graminées, fig. 2). Les nervures latérales se subdivisent à leur tour, et quand cette subdivision est poussée très loin, elle donne au limbe l'apparence réticulaire (feuille *réticulaire,* Matico).

Le limbe, quant à son aspect général, peut être *plan* (fig. 8, Poirier), *cylindrique* (*Sedum,* fig. 17), *filiforme,* etc.

Les feuilles planes varient beaucoup de forme ; elles peuvent être *orbiculaires* (fig. 7, Mauve), ovales (fig. 8, Poirier), *elliptiques, cordiformes* (fig. 9, Tilleul), *lancéolées* (fig. 10, Troène), *spatulées* (fig. 11, Pâquerette), *réniformes* (fig. 12, Lierre), *sagittées* (fig. 13, Liseron), *hastées* (fig. 14, Petite Oseille), *linéaires* (Graminées), etc. Leur sommet peut être aigu (fig. 16), acuminé, mucroné, cuspidé, tronqué, obtus, émarginé. Leur surface peut être lisse, ondulée, velue, poilue, cotonneuse, etc.

Le bord des limbes peut être entier (fig. 13, Liseron), denté (fig. 9), crénelé (fig. 5), rongé, sinué (fig. 15, Chêne), incisé, pectiné, lobé. Dans ce dernier cas, si les incisions du bord atteignent le milieu du limbe, la feuille est dite *fide* (Érable, fig. 5); si elles dépassent le milieu, la feuille est *partite* (fig. 1); si elles arrivent jusqu'à la nervure médiane, la feuille est *séquée* (fig. 3). On a ainsi les feuilles *palmatifides, palmatipartites, pennatifides, pennatiséquées,* etc., suivant la direction des nervures.

Les feuilles qui paraissent naître de la racine portent le nom de feuilles *radicales ;* celles qui naissent de la tige, celui de feuilles *caulinaires.*

Souvent les feuilles se modifient et forment des sortes de coupes, de vésicules, etc. (Voy. pl. LXIII, C et CXVII).

EXPLICATION DES FIGURES.

1, *Arum dracunculus,* feuille complète.	9, Tilleul, feuille.
2, Graminée, feuille.	10, Troène, feuille.
3, *Acacia heterophylia,* phyllode et feuilles composées.	11, Pâquerette, feuille.
	12, Lierre terrestre, feuille.
4, *Tropeolum majus,* feuille peltée.	13, Liseron, feuille.
5, Érable, feuille.	14, Petite Oseille, feuille.
6, Châtaignier, feuille.	15, Chêne, feuille.
7, Petite Mauve, feuille.	16, *Broussonetia,* feuille.
8, Poirier, feuille.	17, *Sedum,* feuille.

FEUILLE.

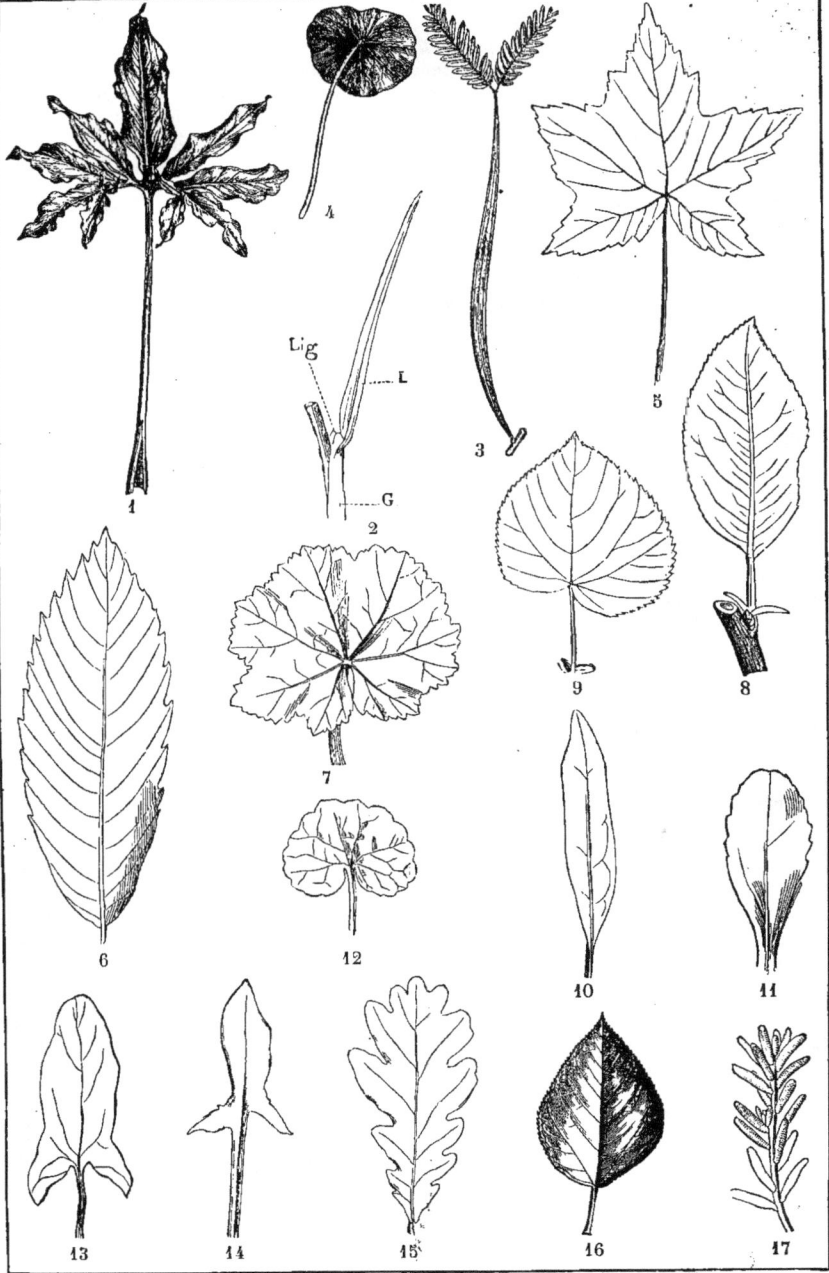

Lig

L

G

1

2

3

4

5

6

7

8

9

10

11

12

13

14

15

16

17

Les *feuilles composées* sont formées de plusieurs folioles *articulées* sur un pétiole commun (fig. 1). Ces folioles sont disposées soit sur les deux côtés du pétiole, *feuilles pennées* (fig. 1, *Robinia*), soit à son extrémité, *feuilles digitées* (fig. 2, Marronnier). Le premier groupe présente des feuilles *imparipennées*, dans lesquelles le pétiole commun est terminé par une foliole (fig. 1) et des feuilles *paripennées*, dépourvues de cette foliole terminale (fig. 3, Sensitive). Parfois les folioles sont disposées sur des *pétioles secondaires et tertiaires*, et la feuille est dite alors *bipennée décomposée*, ou *tripennée*, ou *surdécomposée*. Souvent la feuille composée est réduite à trois (fig. 4, *Trifolium*), à deux (Fève, fig. 5), et même à une seule foliole (Oranger, fig. 6).

Dans la moitié des plantes, les feuilles sont accompagnées à la base de leur pétiole d'une petite expansion portant le nom de *stipule*. Les stipules peuvent être tantôt *doubles* (fig. 5, *Fava*), tantôt uniques, *axillaires* (fig. 7, *Melianthus*) ou *engainantes;* dans ce dernier cas elles portent le nom d'*Ochrea* (fig. 8, *Polygonum*), etc.

D'après leur position relative sur la tige, les feuilles peuvent être *alternes* (fig. 9, Cerisier), c'est-à-dire disposées le long d'une spire, ou situées au même niveau par deux (*feuilles opposées*, fig. 10, Mouron) ou par plusieurs (*feuilles verticillées*, fig. 11, Caille-lait).

Suivant la loi de *phyllotaxie*, les feuilles alternes sont disposées sur la tige de façon qu'en réunissant les points d'attache des feuilles successives on obtient une spirale (fig. 9, Cerisier). L'intervalle compris entre les deux feuilles, situées l'une au-dessus de l'autre sur la même génératrice, porte le nom de *cycle* (fig. 9, de 1 à 6). Le cycle s'exprime à l'aide d'une fraction dont le numérateur indique le nombre de tours de spire, et le dénominateur le nombre de feuilles qu'il contient. Les feuilles dont le cycle est représenté par 1/2 sont appelées *distiques* (fig. 12, Orme), celles dont le cycle est exprimé par 1/3 s'appellent *tristiques* (fig. 13, *Carex*); d'autres au cycle 2/5 sont des feuilles disposées en quinconce (fig. 9, Cerisier), etc.

Certaines parties des feuilles peuvent se transformer en épines ; dans certains cas, ce sont les nervures (Houx, fig. 14); dans d'autres, le limbe (Avoine) ou les stipules (*Berberis*, pl. VI, fig. 24) qui subissent cette transformation.

A côté des feuilles, il faut placer deux genres d'organes qui par leur nature tiennent de la tige et de la feuille : ce sont les *vrilles* et les *bourgeons*.

Vrille.

Les Vrilles sont des organes filiformes servant à la fixation des plantes; ils proviennent de la modification des tiges (Vigne, pl. XIX, fig. 8 et 9), ou des feuilles. Dans la Capucine, la Clématite, la Bryone (fig. 1, pl. 5) c'est le pétiole; dans la Fumeterre, c'est la feuille tout entière qui fait fonction de vrille.

Bourgeon.

Les Bourgeons sont des organes complexes, de nature axillaire et appendiculaire, renfermant à la fois l'ébauche des rameaux, des feuilles et des fruits. Ils sont protégés dans nos climats par des écailles imperméables à l'eau (Poirier, fig. 2, pl. 5) et naissent à l'aisselle des feuilles (*bourgeons latéraux*, fig. 2 *b'b'*, pl. 5) ou à l'extrémité de la tige (*bourgeons terminaux* (fig. 2 *b*, pl. 5). Suivant la nature des organes rudimentaires qu'ils renferment, les bourgeons sont *foliifères* (Poirier, fig. 4, pl. 5), *florifères* (Poirier, fig. 3, pl. 5) ou *mixtes*. Il existe dans certaines plantes des bourgeons spéciaux (*bulbiles*), qui peuvent s'isoler du pied-mère et se comporter comme de véritables bulbes (Voy. plus haut).

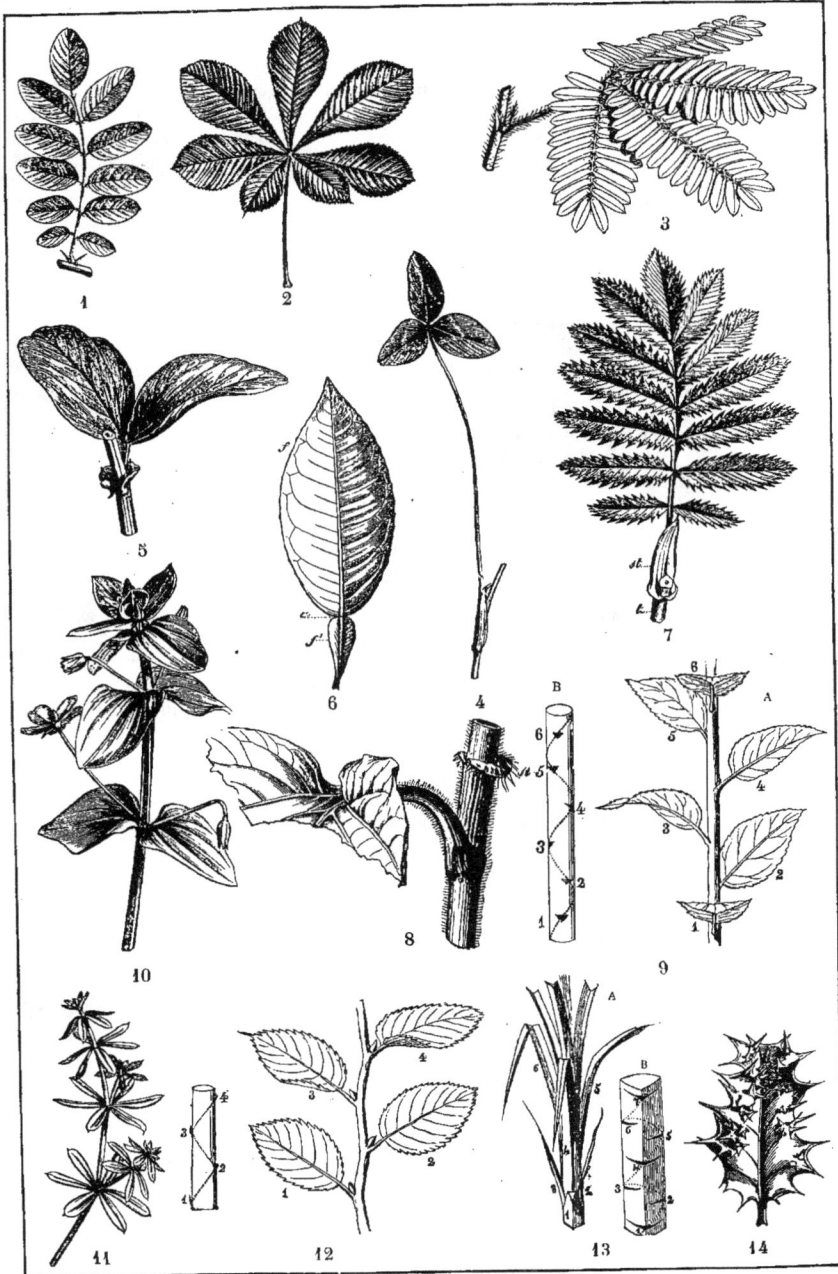

Fleur.

A part le pédoncule et le réceptacle qui sont de nature axillaire, le reste de la fleur est formé par des feuilles modifiées pour constituer un organe de reproduction. La modification des feuilles est presque nulle dans les bractées (fig. 5); elle est plus sensible dans les enveloppes protectrices ou le *périanthe* (fig. 5, *s* et *c*), dont les parties portent encore le nom de *folioles;* enfin elle est très profonde dans les organes de reproduction mâles (*androcée*, fig. 5, *e*) ou femelles (*gynécée*, fig. 5, *sg*).

Une fleur *complète* comprend les parties suivantes : un pédoncule (*Lobelia*, fig. 5); un réceptacle (fig. 15 et 16, pl. 6); une ou plusieurs bractées (fig. 5 et 8); un périanthe formé de deux sortes de verticilles foliolaires : un externe, *calice*, constitué par les *sépales* (fig. 5, *s*), et un interne, *corolle*, formé par les *pétales* (fig. 5, *c*); un androcée constitué par les *étamines* (fig. 5, *e*); un gynécée, constitué par les *carpelles* ou le *pistil* (fig. 5, *sg*).

Dans un grand nombre de fleurs une ou plusieurs de ces parties peuvent manquer (*fl. incomplètes*). Une fleur sans pédoncule est dite *sessile* (*Plantago*, fig. 8). Une fleur n'ayant qu'une seule enveloppe florale est dite *apétale*, *monopérianthée*, ou *monochlamidée* (*Clematis*, fig. 6) ; le périanthe porte quelquefois dans ce cas le nom de *périgone*. Une fleur qui n'a point d'enveloppes protectrices est dite *nue* (*Corylus*, fig. 7).

Les organes de reproduction mâles et femelles peuvent être réunis dans la même fleur (*fl. hermaphrodite*, fig. 5) ou bien se trouver sur des fleurs distinctes (*fl. unisexuées* ou *diclines*, *mâles et femelles*). Dans ce dernier cas, les fleurs mâles et femelles peuvent se trouver sur un seul et même pied (*fl. monoïques*) ou bien sur des pieds distincts (*fl. dioïques*) ; enfin elles peuvent se trouver mélangées sur le même pied, avec les fleurs hermaphrodites (*fl. polygames*).

Inflorescence.

L'inflorescence est l'arrangement des fleurs sur la plante. Les fleurs peuvent être *solitaires*, quand chacune d'elles termine une branche (*fl. terminale*, fig. 11) ou naît dans l'aisselle d'une branche (*fl. axillaire*); leur inflorescence est alors *uniflore*. Si par contre le rameau porte plusieurs fleurs, l'inflorescence est *pluriflore :* elle peut être *définie* ou *terminée*, quand il y a une fleur qui termine l'axe, ou *indéfinie* ou *indéterminée*, quand l'axe n'est pas terminé par la fleur; quand les deux dispositions sont réunies, l'inflorescence est *mixte*.

Types de l'inflorescence indéfinie :

Si les fleurs sont sessiles sur l'axe, on a un *épi* (fig. 12, *Plantago*); si elles sont portées sur des *pédoncules*, on a une *grappe* (pl. XIV, fig. 1, Réséda).

Un épi portant des fleurs unisexuées et muni d'une bractée spéciale (*spathe*) porte le nom de *spadice* (fig. 14, *Dracunculus*); un épi unisexué, articulé et caduque s'appelle *chaton* (fig. 13, Noisetier); un chaton muni d'écailles s'appelle un *cône* ou *strobile* (Houblon, Lin).

La grappe peut se modifier en *corymbe*, dans le cas où les pédicelles naissant aux différents niveaux sont inégaux, de façon que les fleurs se trouvent sur un même plan horizontal (fig. 17, Poirier); elle peut aussi se transformer en *ombelle*, si les pédicelles, passant tous à peu près au même niveau, sont égaux et portent les fleurs en forme de parapluie (fig. 15, *Cerasus*). Une ombelle à fleurs sessiles se nomme un *capitule* (fig. 16, *Scabiosa*), que l'on peut considérer comme un épi à axe renflé.

Les axes ramifiés peuvent porter plusieurs *épis*, plusieurs *grappes*, plusieurs *ombelles* et constituer ainsi des *épis composés*, des *grappes composées*, des *ombelles composées* (pl. 6, fig. 1, Carotte), etc.

EXPLICATION DES FIGURES.

1, Bryone, rameau avec une vrille.
2, Poirier, extrémité d'un rameau ; *b*, bourgeon terminal florifère; *b'b'*, bourgeons latéraux foliifères.
3, Poirier, coupe d'un bourgeon foliifère.
4, Poirier, coupe d'un bourgeon florifère; *ff*, fleurs rudimentaires ; *e*, *e*, écailles.
5, Lobélie, fleur à corolle bilabiée.
6, *Clematis*, fleur monopérianthée.
7, *Corylus*, fleur ; *e*, étamines; *a*, *a*, écailles.

8, *Plantago*, fleur sessile.
9, *Nymphæa*, passage des pétales aux étamines.
10, *Cerasus*, ovaire foliacé.
11, *Narcissus*, fleur solitaire.
12, *Plantago*, épi.
13, Noisetier, chaton mâle.
14, *Dracunculus*, spadice et spathe.
15, *Cerasus*, ombelle.
16, Scabieuse, capitule.
17, Poirier, corymbe.

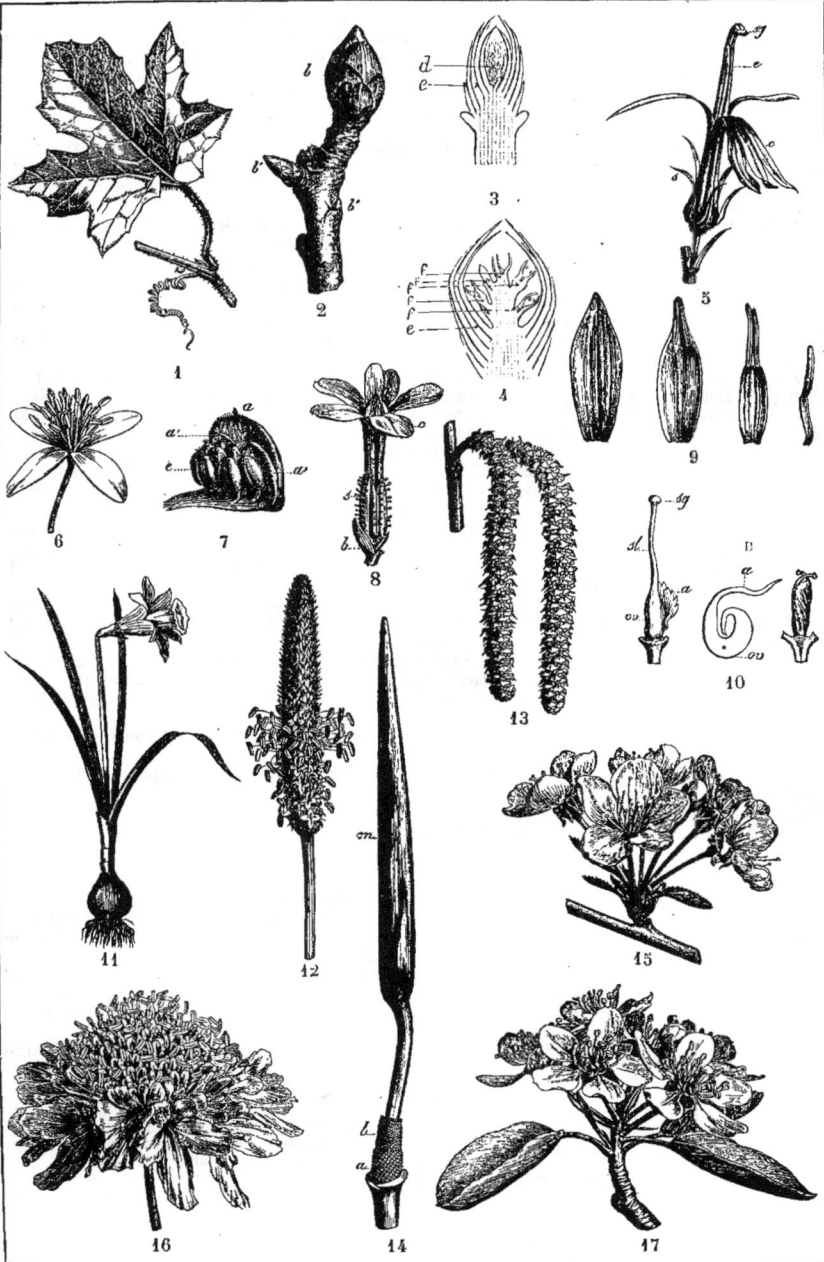

Types de l'inflorescence définie :
L'inflorescence définie porte en général le nom de *cyme* (fig. 2, *Erythræa*).
Les cymes peuvent être *unipares* (fig. 3, Lin), quand, au-dessous de la fleur terminale, sur chaque branche, se développe une seule fleur ; *bipares*, quand il s'en développe deux (fig. 2), etc.
Les cymes bipares, dont les fleurs latérales usurpent la direction principale de l'axe, s'appellent *sympodes*.

Préfloraison.

Les différentes parties de la fleur n'étant que des feuilles modifiées, leur disposition sur l'axe par verticilles est analogue à celle des feuilles. Suivant le nombre de pièces composant le verticille, on distingue les fleurs *trimères* (contenant trois pièces ou un nombre multiple de trois), *tétramères*, *pentamères*, etc.
Si toutes les parties du périanthe présentent à peu près la même forme, les fleurs sont dites *régulières* (fig. 3) ; dans le cas contraire, on les appelle *irrégulières* (fig. 14, pl. 7).
La disposition et le rapport des diverses parties de la fleur, surtout évidente avant leur épanouissement, s'appelle *préfloraison* ou *estivation;* l'expression graphique de la préfloraison se trouve dans le plan d'une fleur ou son *diagramme* (fig. 4).
Il y a quatre modes fondamentaux et plusieurs variations de préfloraison.
1) *Préfloraison valvaire.* — Les folioles du périanthe se touchent par leurs bords, sans se recouvrir. On en distingue trois variétés.
   a) *Préfloraison valvaire simple.* — Les bords des folioles ne sont pas infléchis (fig. 4, Vigne).
   b) *Préfloraison valvaire induplicative.* — Les bords s'infléchissent en dedans (fig. 5, Lobélie).
   c) *Préfloraison valvaire réduplicative.* — Les bords se réfléchissent en dehors (fig. 6, Raiponce).
2) *Préfloraison tordue ou contournée.* — Chaque foliole est recouverte en partie par l'une de ses voisines et recouvre en partie l'autre (fig. 7, *Melastoma*).
3) *Préfloraison imbriquée.* — Certaines folioles recouvrent les deux folioles voisines ; d'autres sont recouvertes ; enfin un certain nombre sont recouvertes et recouvrantes, comme dans la préfloraison tordue. Cette préfloraison est la plus fréquente, aussi présente-t-elle le plus de variétés.
   a) *Préfloraison imbriquée proprement dite.* — Des cinq folioles une est recouverte, une recouvrante et le reste recouvert par un bord, recouvrant par l'autre (fig. 8, *Saxifraga*, corolle).
   b) *Préfloraison quinconciale.* — Des cinq folioles deux sont recouvertes, deux recouvrantes et une recouverte et recouvrante (fig. 9, Myrte).
   c) *Préfloraison cochléaire.* — Elle est propre aux corolles irrégulières ; une foliole creusée en cuiller, formée de la soudure de deux pièces, recouvre les autres pièces, dont l'inférieure est recouverte par les deux latérales (fig. 11, *Teucrium*).
   d) *Préfloraison vexillaire.* — Elle se rencontre dans les corolles papilionacées ; elle est analogue à la précédente, mais c'est la foliole inférieure qui y est formée de deux pièces soudées.
4) *Préfloraison alternative.* — Toutes les folioles sont recouvertes ou recouvrantes ; les variétés principales sont :
   a) *Préfloraison alternative proprement dite.* — Les folioles du verticille extérieur recouvrent celles du verticille intérieur (fig. 12, Fumeterre).
   b) *Préfloraison convolutive.* — Les folioles se recouvrent en s'enveloppant complètement (fig. 13, Coquelicot).
On réserve le nom de *préfloraison chiffonnée* aux cas où les pétales, étant logés dans un calice trop étroit, se plissent ou se chiffonnent (fig. 5, pl. 7).

Réceptacle.

Le sommet de l'axe ou du pédoncule floral sur lequel viennent s'insérer les diverses parties de la fleur, s'appelle le *réceptacle*. Il affecte des formes très variées ; il peut être très allongé, cylindro-conique (pl. II, fig. 9), plan, concave (pl. LIV, fig. 11), en forme de cupule à fond plat (pl. L, fig. 16) ou bombé (fig. 16, *Eschscholtzia*).
C'est de la forme du réceptacle que dépend l'*insertion* relative des étamines et du périanthe par rapport au pistil. Si le périanthe est placé au-dessous de la base du pistil, la fleur est dite *hypogyne* (fig. 14, *Acer*) ; s'il se trouve au-dessus du pistil, on le nomme *épigyne* (fig. 15, *Malus*) ; s'il se trouve au niveau du milieu du pistil, il est *périgyne* (fig. 16).
On donne parfois le nom de *disque* à la partie renflée du réceptacle située entre le périanthe et le pistil.

EXPLICATION DES FIGURES.

1, Carotte, ombelle composée.
2, *Erythræa Centaurium*, cyme bipare.
3, Lin cultivé, cyme composée.
4, Vigne, préfloraison valvaire simple.
5, Lobélie, préfloraison valvaire induplicative.
6, Raiponce, préfloraison valvaire réduplicative.
7, *Melastoma*, préfloraison tordue.
8, Saxifrage, préfloraison imbriquée.

9, Myrte, préfloraison quinconciale.
10, *Tetragonolobus*, préfloraison vexillaire.
11, *Teucrium*, préfloraison cochléaire.
12, Fumeterre, préfloraison alternative.
13, Coquelicot, préfloraison convolutive.
14, *Acer*, périanthe hypogyne.
15, *Malus*, périanthe épigyne.
16, *Eschscholtzia*, prianthe périgyne.

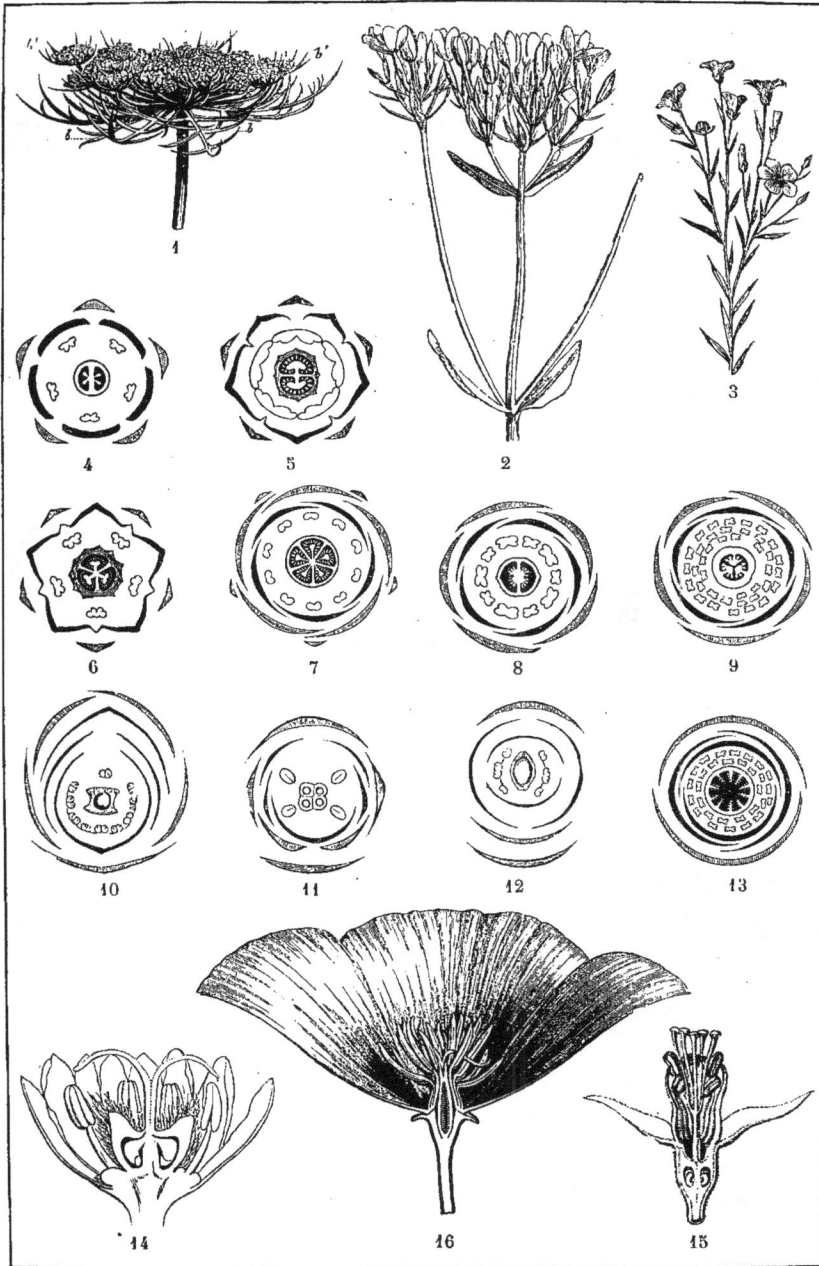

Calice.

Les *sépales* du calice peuvent être *libres* ou *soudés entre eux*. Dans ce dernier cas, le calice est dit *monosépale* ou *gamosépale* et peut être *entier* ou *divisé* (fig. 8 et 10); on y distingue un *tube* (*portie soudée*), un *limbe* (*partie libre*), et la *gorge*, point de réunion de ces deux parties.

Les formes de calice varient beaucoup et portent les mêmes noms que celles de la corolle (Voy. plus bas).

Quant à leur durée, on distingue les calices *caducs*, se détachant avant la floraison; *tombants* ou *décidus*, se détachant après la floraison et *persistants*. Parmi ces derniers, ceux qui se dessèchent portent le nom de *marcescents*, et ceux qui grandissent et enveloppent les fruits, *accrescents* (fig. 2).

Corolle.

Les *pétales* constituant la corolle peuvent être libres (*corolle polypétale* ou *dialypétale*, fig. 5) ou soudés entre eux (*corolle monopétale* ou *gamopétale*, fig. 10). Un pétale complet est formé d'un *onglet* (Silène, fig. 3, *a*) et d'un limbe (fig. 3, *b*); souvent, sur la limite de ces deux parties, se trouve une lamelle (*coronulle*, fig. 3, *c*). La réunion des limbes forme la *couronne* (fig. 5). Les pétales peuvent être entiers, dentés, frangés, bilabiés (fig. 3, Silène), etc.

La corolle affecte les formes les plus variées; les principales sont :

1° *Corolles régulières dialypétales.*

Cruciforme; 4 pétales disposés en croix (*Lunaria*, fig. 5).

Caryophyllée; 5 pétales étalés en rosace et dont les onglets, très longs, perpendiculaires au limbe, sont enfermés dans le tube du calice (fig. 4).

Rosacée, pétales étalés en rosace, à onglet très court (fig. 6).

2° *Corolles régulières gamopétales.*

Tubuleuse, en forme de tube (fig. 7, *Centaurée*).

Campanulée, en forme de cloche (fig. 8, Raiponce).

Infundibuliforme, en forme d'entonnoir, tubuleuse ou non en bas (fig. 9, Tabac, et fig. 10, Liseron).

Hypocratériforme, à tube cylindrique, dilaté brusquement au sommet en un limbe cupuliforme (fig. 11, Jasmin).

Rosacée, à tube très court, réduit au limbe dilaté en roue ou en soucoupe (fig. 12, Bourrache).

Urcéolée, dilatée dès la base en grelot ou rétrécie vers l'orifice supérieur (fig. 13, Bruyère).

3° *Corolles irrégulières gamopétales.*

Personnée, en forme de masque ou de mufle (Muflier, fig. 14).

Labiée, à tube dilaté en deux lèvres (fig. 16, *Galeobdolon;* Voy. aussi *Labiées*, p. 188).

Ligulée, le tube se dilate bientôt en un limbe fendu dans sa longueur et déjeté en dehors (fig. 15, Catananche).

4° *Corolles irrégulières polypétales.*

Papilionacée, forme spéciale (fig. 1, Voy. pour la description détaillée, les *Papilionacées*, p. 92).

Anomale, forme irrégulière (*Viola*, fig. 17, et *Verbascum*, fig. 18).

Androcée.

Les *étamines* se composent d'un *filet* (*Lilium*, fig. 19, *fl*) et d'une *anthère* (fig. 19, *an*). Le *filet* peut être *filiforme, appendiculé, bifurqué*, etc. L'*anthère* est formée de un, deux (*a. biloculaire*, fig. 19) ou quatre (*a. quadriloculaire*) sacs ou *loges* (fig. 20, *a*, *Lilium*) réunis par un *connectif* (fig. 20, *fv*) adossé au filet (fig. 20, *fl*). Les loges renferment des *grains de pollen* (fig. 21, Chicorée et 22, Fumeterre) qui s'échappent à la maturité soit par des *pores apicaux* (*déhiscence poricide*, fig. 23, *Dianella*), soit par des ouvertures munies de valves (*déhiscence valvaire*, fig. 24, *Cinnamomum*), soit, et c'est le cas le plus fréquent, par des fentes (*déhiscence longitudinale*, fig. 25, *Carpinus*); suivant que cette fente regarde le centre ou la périphérie de la fleur, les anthères sont dites *introrses* (fig. 27, Jasmin) ou *extrorses* (fig. 26, Iris). Le connectif peut être fixé au filet par sa base (*anthères basifixes*, fig. 23) ou par son milieu (*anthères dorsifixes*, fig. 19).

Le connectif (fig. 5, *a*, pl. XXXI, *Viola*) et les loges (fig. 28, Bryone), peuvent présenter souvent des formes irrégulières et bizarres.

EXPLICATION DES FIGURES.

1, Trèfle, calice gamosépale.
2, Noisetier, calice accrescent.
3, *Caryophyllum*, pétale isolé.
4, *Caryophyllum*, corolle caryophyllée.
5, *Lunaria*, corolle cruciforme.
6, *Rosa*, corolle rosacée.
7, Centaurée, corolle tubuleuse.
8, Raiponce, corolle campanulée.
9, Tabac, corolle infundibuliforme.
10, Liseron, corolle infundibuliforme.
11, Jasmin, corolle hypocratériforme.
12, Bourrache, corolle rosacée.
13, *Erica*, corolle urcéolée.
14, Muflier, corolle personnée.
15, *Catananche*, corolle ligulée.

16, *Galeobdolon*, corolle labiée.
17, *Viola*, corolle anomale.
18, *Verbascum*, corolle anomale.
19, *Lilium*, anthères.
20, *Lilium*, coupe transversale d'une étamine *a*, anthère; *fl*, filet; *fv*, connectif.
21, Fumeterre, grains de pollen.
22, Chicorée, grain de pollen.
23, *Dianella*, déhiscence poricide.
24, *Cinnamomum*, déhiscence valvaire.
25, *Carpinus*, déhiscence longitudinale.
26, Iris, diagramme.
27, Jasmin, diagramme.
28, Bryone, anthère.
29, *Serapias*, gynostème.

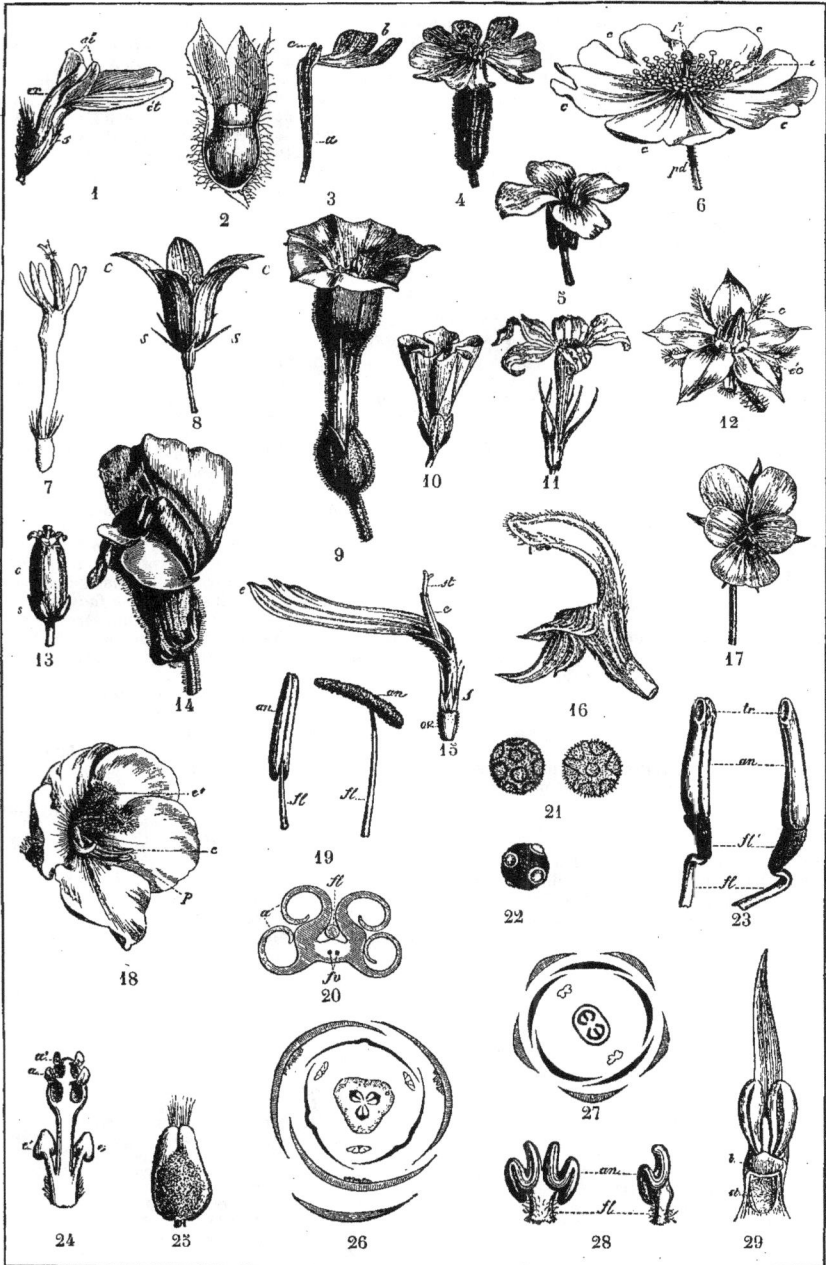

Le nombre des étamines dans la fleur peut être égal à celui des divisions de la corolle (*fl. isostémonées*, pl. 7, fig. 26), ou ne pas l'être (*fl. anisostémonées*, pl. 7, fig. 27, Jasmin). Les étamines peuvent être toutes de même grandeur ou de grandeur différente; dans le cas de quatre étamines, dont deux sont grandes et deux petites, les étamines sont *didynames* (fig. 1 *Teucrium*); dans le cas de six étamines dont quatre sont grandes et deux petites, elles sont *tétradynames* (fig. 2, *Alyssum*). Les étamines, peuvent être *libres* (fig. 2), ou soudées entre elles. La soudure peut avoir lieu : 1° par les filets en un *androphore* (*étamines monadelphes*, fig. 3, *Lysimachia*), ou en deux (*ét. diadelphes*, fig. 4, Fumeterre), ou en trois (*ét. triadelphes*), ou en quatre (*tétradelphes*) ou en plusieurs (*ét. polyadelphes*, fig. 5, *Citrus*) androphores ; 2° par les anthères (*ét. synanthérées* ou *syngenèses*, fig. 6, Balsamine; Voy. aussi *Composées*, p. 142); 3° par les filets et les anthères (*ét. symphysandres*, pl. 5, fig. 5, *Lobelia*).

Les étamines peuvent aussi se souder au pistil (*fl. gynandres*) en un corps portant le nom de *gynostème* (pl. 7, fig. 29, *Serapias*).

Les étamines stériles s'appellent *staminodes* et présentent une forme de passage entre les vraies étamines et les pétales.

Gynécée ou Pistil.

Le pistil se compose de une ou plusieurs feuilles modifiées appelées *carpelles;* il peut être uni-, bi-, pluricarpellé. La partie prolongée du réceptacle qui supporte les carpelles se nomme parfois *gynophore*. Chaque carpelle est constitué par un *ovaire* (fig. 14), sorte de sac renfermant l'*ovule* et surmonté d'un *stigmate*, tantôt *sessile* (fig. 12, *Papaver*), tantôt porté sur un prolongement des parois de l'ovaire et désigné sous le nom de *style* (fig. 7, *Lathyrus*). La surface du stigmate est couverte de *papilles stigmatiques* (fig. 13, *Lactuca*), celle du style porte quelquefois des *poils collecteurs*. Dans le cas de plusieurs carpelles, ces derniers peuvent rester libres (fig. 9, *Geum*), ou se souder; les feuilles carpellaires se soudent par leurs bords en un ovaire à cavité unique (*ovaire uniloculaire*, fig. 20, *Viola*), ou bien se recourbent et se réunissent par leurs faces incurvées en formant un ovaire divisé en plusieurs cavités par des cloisons (*ov. pluriloculaire*, fig. 8, Poirier). Les styles et même parfois les stigmates peuvent aussi se souder. Chaque ovaire a une *nervure* ou *suture* dorsale (nervure médiane de la feuille transformée) et une *suture ventrale* (bords de la feuille accolés) ; la suture ventrale est toujours tournée vers le centre de l'ovaire, ou vers la tige dans le cas d'un carpelle unique. Outre les cloisons prises dans l'ovaire par la soudure des bords carpellaires, il se forme de *fausses cloisons*, transversales (fig. 16, *Cassia*) ou longitudinales (fig. 17, *Erythræa*); ces dernières sont dues à l'introflexion des bords du carpelle (fig. 18, Melon) ou de la nervure dorsale, ou bien à ces deux causes réunies; parfois ces cloisons ne sont autre chose que la prolifération des tissus de la paroi de l'ovaire (fig. 19, *Papaver*).

Les *ovules* sont insérés sur un tissu spécial des parois carpellaires nommé *tissu placentaire* ou *placenta*, qui se trouve le plus souvent sur la nervure ventrale (*placentation axile*, fig. 17); mais parfois les placentas sont disposés le long des parois ovariennes (*placentation pariétale*, fig. 20, *Viola*) ou bien sur un prolongement de l'axe (*placentation centrale*, fig. 21, *Lysimachia*) L'ovaire des fleurs hypogynes est dit *supère* (pl. 6, fig. 14), celui des fleurs épigynes *infère* (pl. 5, fig. 15), celui des fleurs périgynes *semi-infère* (pl. 6, fig. 16).

L'*ovule* est formé d'un *nucelle* (fig. 22, *nc*, *Polygonum*) et de deux enveloppes : 1° *primine* (fig. 22, *pr*), et 2° *secondine* (fig. 22, *sc*). Il est attaché à la paroi ovarienne par un *funicule* (fig. 22, *fu*).

Le point où le funicule s'attache à la primine se nomme le *hile* (fig. 22, *fu*); le point où il se fixe au nucelle, la *chalaze* (fig. 22, *ch*). L'ouverture que laissent subsister les deux enveloppes (fig. 22 et fig. 23, *ex*), s'appelle le *micropyle*. Si le micropyle se trouve au-dessus du hile sur le même axe longitudinal, l'ovule est *orthotrope* (fig. 22); s'il se trouve au contraire au même niveau que le hile, la *chalaze* étant au-dessus de lui et séparée du hile par un long *raphé* (fig. 23, *rp*), l'ovaire est *anatrope* (fig. 23); s'il se trouve dans la situation intermédiaire,

EXPLICATION DES FIGURES.

1, *Teucrium*, étamines didynames.	17, *Erythræa*, coupe de l'ovaire.
2, *Alyssum*, étamines tétradynames.	18, Melon, coupe de l'ovaire.
3, *Lysimachia*, étamines monadelphes.	19, *Papaver*, coupe de l'ovaire.
4, *Fumeterre*, étamines diadelphes.	20, *Viola*, coupe de l'ovaire.
5, *Citrus*, étamines polyadelphes.	21, *Lysimachia*, coupe de l'ovaire.
6, *Balsamine*, étamines syngenèses.	22, *Polygonum*, ovule orthotrope.
7, *Lathyrus*, pistil unicarpellé.	23, *Eschscholtzia*, ovule anatrope.
8, Poirier, ovaire, coupe transversale.	24, *Cheiranthus*, ovule campylotrope.
9, *Geum*, pistil pluricarpellé.	25, *Polygonum*, ovule dressé.
10, *Corylus*, fruit.	26, Fenouil, ovules pendants.
11, *Armeria*, coupe de l'ovaire.	27, *Allium*, sac embryonnaire.
12, *Papaver*, stigmate sessile.	28, Ortie, embryon antitrope.
13, *Lactuca*, papilles stigmatiques.	29, Chicorée, embryon homotrope.
14, *Hydrastis*, coupe de l'ovaire.	30, *Lychnis*, embryon amphitrope.
15, *Lathyrus*, coupe de l'ovaire.	31, *Fagus*, embryon oblique.
16, *Cassia*, gousse avec des cloisons transversales.	32, Fraisier, fruit.

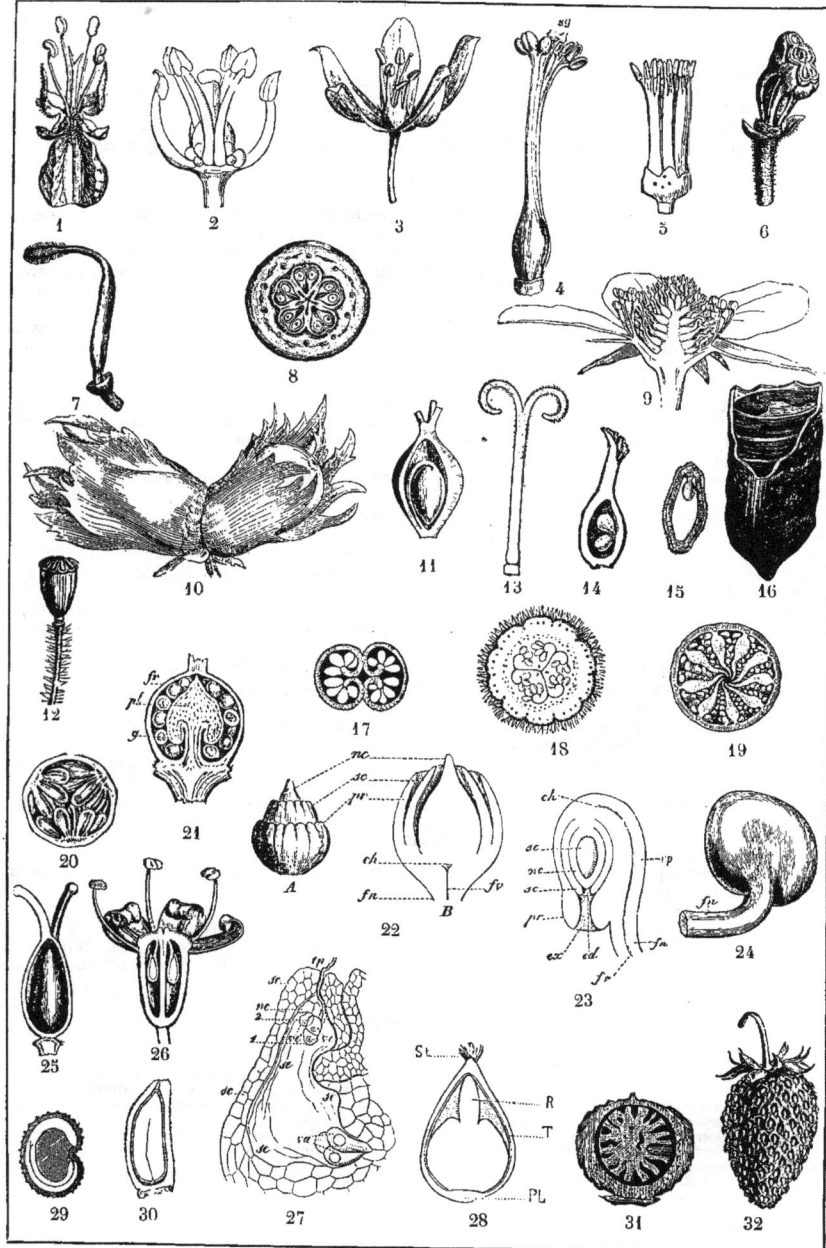

et que le hile, le chalaze et le micropyle sont au même niveau, l'ovaire est *campylotrope* (fig. 24, *Cheiranthus*). C'est une des cellules du nucelle qui forme le *sac embryonnaire* (fig. 27, *sc*), contenant des *vésicules embryonnaires* (fig. 27, *ve, vé*); une de ces vésicules se transforme en un *embryon*, sous l'influence fécondatrice du grain de pollen arrivé à l'aide du boyau ou tube pollinique (fig. 27, *tp*) (Voy. pl. 1, fig. 2).

D'après sa situation, l'embryon peut être *antitrope* (radicule tournée vers le micropyle dans l'ovule orthotrope, fig. 28, *Ortie*); *homotrope* (radicule tournée vers la base apparente de la jeune graine, fig. 29); *amphitrope* (radicule recourbée, dans un ovule campylotrope, fig. 30, *Lychnis*); *hétérotrope* (radicule dirigée transversalement par rapport à l'axe de l'embryon); *oblique* (fig. 31, *Fagus*), etc.

Fruit.

Le fruit est un ovaire fécondé et accru auquel viennent souvent se joindre les parties voisines, réceptacle (pl. 8, fig. 32, *Fraise*), bractées (pl. 7, fig. 33), calice, etc.

On distingue dans un fruit la partie centrale ou la *graine* (fig. 1 *g*) (ovule transformé) et la partie périphérique ou le *péricarpe*, formée de trois enveloppes : une *externe* membraneuse (*épicarpe*, fig. 1, *epc*), une moyenne charnue (*mésocarpe*, fig. 1, *mé*), et une interne, coriace ou dure (*endocarpe*, fig. 1, *end*).

L'ouverture ou *déhiscence* des fruits peut être : 1° *septicide*, quand les cloisons des carpelles se dédoublent, et chaque carpelle s'ouvre ensuite par sa suture ventrale (fig. 2, *Aristolochia*); 2° *loculicide*, quand les loges s'ouvrent par la nervure dorsale (fig. 3, *Viola*); 3° *septifrage* quand les parois extérieures des loges se séparent des cloisons qui persistent au centre du fruit en y formant une colonne (fig. 4, *Datura*); 4° *poricide*, quand le fruit s'ouvre par des pores (fig. 5, *Antirrhinum*); 5° *transversale* ou *pyxidaire*, quand le fruit s'ouvre par une ligne transversale circulaire se divisant en un *opercule* et une *capsule* (fig. 6, *Hyosciamus*).

On peut classer les fruits ainsi qu'il suit :

1° *Fruits provenant d'une seule fleur*, à un (*f. apocarpés*) ou plusieurs carpelles (*f. syncarpés*).

a) *Charnus :* avec un noyau (*drupe*, fig. 7, *Cerise*) ou sans noyau (*baie simple*, fig. 8, *Berberis*).

b) *Secs, monospermes et indéhiscents :* akène, à graine non soudée au péricarpe (fig. 9, *Fumaria*); caryopse à graine soudée au péricarpe (fig. 10, *Blé*); samare à péricarpe ailé (fig. 11, *Orme*).

c) *Secs, polyspermes et déhiscents :* follicule, fruit membraneux et déhiscence ventrale (fig. 12, *Cascarilla*); gousse ou légume à déhiscence ventrale et dorsale (Voy. *Légumineuses*, p. 90); *pyxide* à déhiscence transversale (fig. 6).

d) *Secs et syncarpés :* silique (Voy. *Crucifères*, p. 22); capsule, silique uniloculaire déhiscente (fig. 13, *Tabac*); gland, monosperme par avortement, indéhiscent, entouré d'un involucre; samaride, réunion de samares (fig. 14, *Érable*).

e) *Charnus et syncarpés :* baie composée (fig. 15, *Groseille*); hespéride (Orange, fig. 20), balauste (Grenade, fig. 21), péponide (Citrouille, fig. 21), drupe composée (Nèfle, fig. 22).

2° *Fruits provenant de plusieurs fleurs*.

a) *Cône* ou *strobile*, réunion de graines nues, portées à la base des carpelles écailleux (fig. 23, cône du Mélèze. Voy. aussi *Conifères*, p. 318).

b) *Sycone*, fruit composé d'un réceptacle succulent, invaginé, portant les carpelles (*Figue*, fig. 24 et 25).

c) *Sorose*, carpelles soudés par leurs enveloppes florales devenues succulentes (*Mûre*, fig. 26; *Ananas*, fig. 27).

Graine.

La graine se compose d'une enveloppe externe, *épisperme* (fig. 16, *tg* et *tg'*) et d'un contenu, *spermoderme* ou *amande* (fig. 16, *al* et *ct*).

L'épisperme se compose d'un *testa* (fig. 16. *tg*) et d'un *tegmen* (fig. 16, *tg'*).

La surface de la graine est souvent munie d'une excroissance du raphé (*strophiole*, fig. 17, *Chélidoine*), du micropyle (*arillode*, fig. 18, *Muscade*) ou du funicule (*arille*, fig. 19, *Nymphæa*).

L'amande est formée par l'embryon (Voy. p. 1, et fig. 16, *ct, t'* et *r'*) et le *périsperme* ou *albumen* (fig. 16, *al*); ce dernier peut manquer très souvent.

EXPLICATION DES FIGURES.

1, Pêche, coupe.
2, *Aristolochia*, déhiscence septicide.
3, *Viola*, déhiscence loculicide.
4, *Datura*, déhiscence septifuge.
5, *Antirrhinum*, déhiscence porricide.
6, *Hyoscyamus*, déhiscence transversale.
7, Cerisier, fruit, drupe,
8, *Berberis*, fruit, baie simple.
9, *Fumaria*, akène.
10, Blé, fruit, caryopse.
11, *Ulmus*, samare.
12, *Cascarilla*, follicule.
13, *Nicotiana*, fruit capsulaire.
14 Érable, samaride.

15, Groseille, baie composée.
16, *Galium*, graine.
17, Chélidoine, graine à strophiole.
18, Muscade, graine avec un arillode.
19, *Nymphea*, graine arillée.
20, Oranger, fruit.
21, Grenadier, fruit (coupe longitudinale).
22, Néflier, fruit (coupe longitudinale).
23, Mélèze, cône.
24 et 25, *Ficus*; fig. 24, sycone; 25, fruit isolé sur son gynophore.
26, Mûrier, fruit composé.
27, Ananas, fruit.

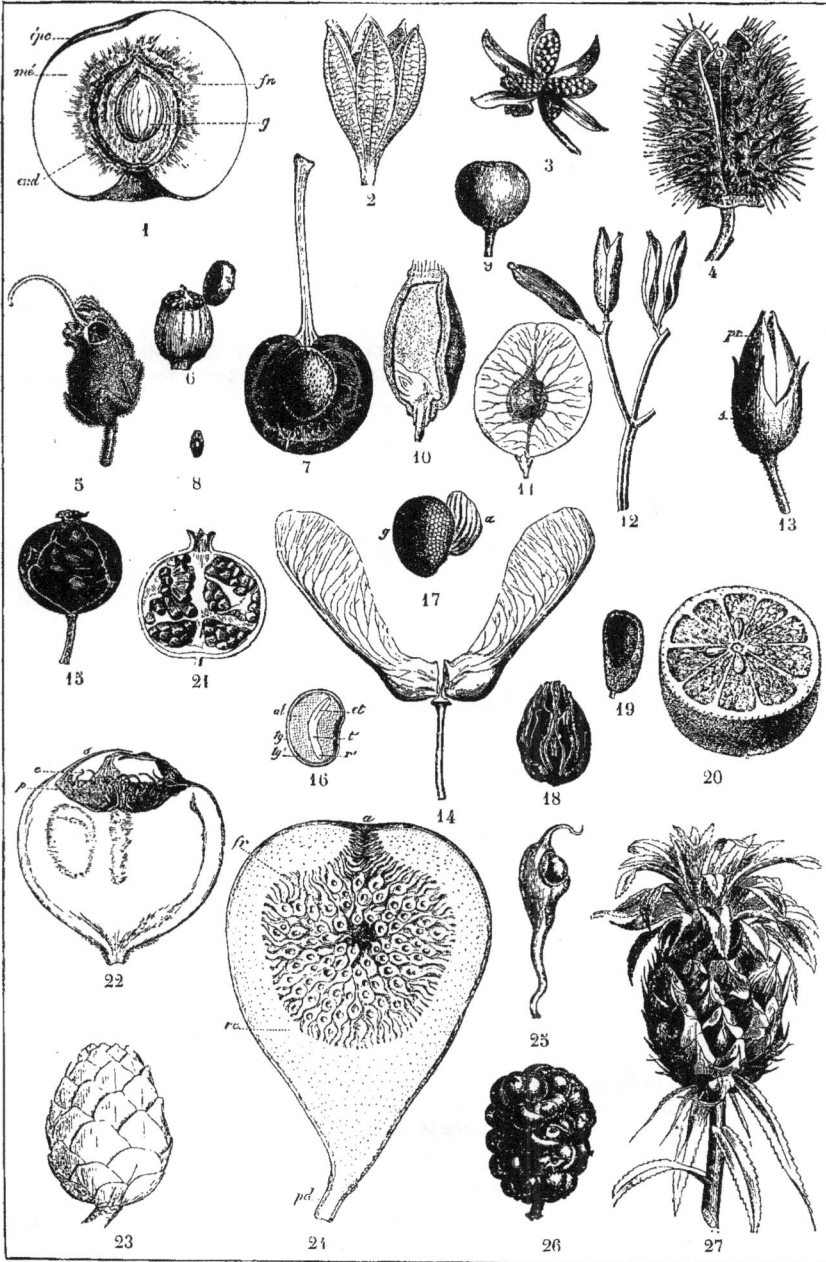

CLASSIFICATION DES VÉGÉTAUX

Il y a deux genres de classifications : la classification *artificielle* et la classification *naturelle*. La première a pour but d'arriver à l'aide d'un caractère quelconque à la prompte *détermination* des plantes ; tel est le « système » de Linnée.

La seconde cherche à grouper les plantes d'après leurs *affinités* naturelles ; telles sont les « méthodes » de Jussieu, de De Candolle, d'Endlicher, etc.

Nous résumons en un tableau, et avec l'indication des pages où commence la description détaillée du groupe, la classification éclectique, basée sur les méthodes de Jussieu et d'Endlicher, que nous avons suivie dans cet *Atlas manuel de Botanique.*

La division primordiale du *Règne végétal* en Cryptogames et en Phanérogames est artificielle et nous ne l'avons maintenue que pour la facilité de la description. Les Phanérogames ne devraient constituer qu'un seul embranchement, divisé en deux sous-embranchements : Angiospermes, et Gymnospermes ; les divisions des Cryptogames vasculaires, des Muscinées et des Thallophytes prenant alors dans la classification une valeur égale à celle des Phanérogames.

	Embranchements	Classes	Sous-classes	Pages
PHANÉROGAMES Fleurs et graines apparentes.	1 *Angiospermes* (ovules protégés par l'ovaire)	Dicotylédones (deux cotylédons)	Polypétales (pétales libres)...	2
			Gamopétales (pétales soudés).	142
			Apétales (pas de pétales).....	218
		Monocotylédones (un seul cotylédon)..........		270
	2 *Gymnospermes* (ovules nus)	Gymnospermes...........................		316
CRYPTOGAMES Ni fleurs, ni graines apparentes.	3 *Cryptogames vasculaires* (1)	Lycopodinées...........................		328
		Équisetinées.............		336
		Filicinées.............................		338
	4 *Muscinées*	Mousses...........		350
		Hépatiques............		354
	5 *Thallophytes*	Algues...		356
		Champignons............................		374

DISTRIBUTION GÉOGRAPHIQUE

Les espèces qui composent le Règne végétal sont distribuées à la surface de la Terre, d'une façon inégale. Certaines d'entre elles se rencontrent presque sous toutes les latitudes, dans les pays les plus divers, tandis que certaines autres sont cantonnées dans des régions très restreintes.

Ces familles et ces genres, circonscrits dans des régions plus ou moins vastes, servent à caractériser des flores locales ou régionales, plus ou moins considérables.

En comparant les genres et les familles à ce point de vue, M. Drude (2) est parvenu à les grouper en deux catégories :

La première, relativement faible, contient les familles qui sont répandues sur presque toute la Terre et qui ne peuvent, par conséquent, caractériser la flore d'une région même très vaste. La seconde comprend trois sortes de familles : 1° les familles caractéristiques de certaines régions très étendues ; 2° les familles qui, sans être caractéristiques, se rencontrent cependant en grande abondance, dans certaines régions ; et enfin 3° les familles qui sont caractéristiques des régions plus restreintes et qui indiquent les subdivisions possibles dans les grandes régions.

Ceci posé, on peut, avec M. Drude, diviser la végétation du globe, d'abord en deux grandes flores : la *flore Océanienne* et la *flore des Continents et des Iles.*

La première est presque exclusivement constituée par les *Algues :* les phanérogames n'y sont représentées que par la famille des *Hydrocharidées* et celle des *Naïadées;*

---

(1) Pour la caractéristique des embranchements et des classes des *Cryptogames*, le lecteur se reportera à la description détaillée de ces plantes.

(2) O. Drude, *Die Florenreiche der Erde. Ergänzungsheft*, n° 74, zu *Petermann's Mitteilungen*, Gotha, 1884. La carte ci-jointe a été construite d'après celle de Drude.

La deuxième contient quelques *Algues* et le reste du Règne végétal. C'est cette dernière que nous allons examiner plus en détail.

On peut diviser les Continents et les Iles, par rapport à la Flore, en trois grands groupes : *boréal, tropical* et *austral*, comportant des subdivisions secondaires.

I. **Groupe boréal.** — Il occupe tout l'espace qui se trouve sur notre carte au nord de la ligne *AB*. On peut le diviser en trois régions :

1° Région boréale arctique. — Elle comprend le nord de l'Europe, de l'Asie et de l'Amérique. Elle est caractérisée par la présence des familles suivantes : *Polypodiacées, Scrofularinées, Gentianées, Composées, Primulacées, Renonculacées, Crucifères, Caryophyllées, Ombellifères, Saxifragées, Dryadées, Papilionacées, Graminées.* Les *Cypéracées,* les *Juncacées,* les *Éricacées,* et enfin les *Mousses* et les *Lichens* qui couvrent les rochers et les marais, donnent une physiono- mie spéciale aux plaines ouvertes de cette région, tandis que les *Conifères,* les *Abiétinées,* les *Caprifoliacées,* les *Ulmacées,* les *Bétulinées,* les *Cupulifères,* les *Salicinées,* donnent l'aspect parti- culier à ses immenses forêts.

2° Région boréale chaude et tempérée. — Elle présente deux zones.

a. 1re *zone :* pays circum-méditerranéens et sud-ouest de l'Asie. Elle est caractérisée par l'abondance des *Scrofularinées,* des *Composées,* des *Crucifères,* des *Polygonées,* des *Caryophyllées,* des *Dryadées,* et présente un facies spécial, grâce à un grand nombre de représentants des *Coni- fères,* des *Graminées,* des *Cypéracées,* des *Liliacées,* des *Labiées,* des *Cupulifères,* des *Chénopodées,* des *Ombellifères,* des *Rosacées* (surtout les *Pomacées* et les *Amygdalées*) et des *Papilionacées.*

b. 2e *zone :* Japon, Chine orientale, États-Unis de l'Amérique du Nord. Elle est caracté- risée par la présence, en grand nombre, des *Polypodiacées,* des *Cypéracées,* des *Liliacées,* des *Euphorbiacées,* des *Renonculacées,* des *Onagrariées.* Les familles qui donnent au paysage son aspect spécial sont : les *Conifères,* les *Cupulifères,* les *Magnoliacées,* les *Salicinées,* les *Cæsal- pinées,* etc., pour les régions forestières ; les *Graminées,* les *Composées,* les *Cactées,* les *Poly- gonées,* les *Chénopodées* et les *Papilionacées* pour les régions des plaines.

II. **Groupe tropical.** — Il se trouve entre les lignes *AB* et *CD* de notre carte, et présente deux régions principales :

1re Région africaine, asiatique et australienne. — La physionomie spéciale de cette région est due à la présence de végétaux arborescents appartenant aux familles des *Palmiers,* des *Panda- nées,* des *Rubiacées,* des *Artocarpées,* des *Morées,* des *Anonacées,* des *Dilleniacées,* des *Euphorbia- cées,* des *Sapindacées,* des *Mélastomacées,* des *Laurinées,* des *Myrtacées,* des *Cæsalpinées,* etc., et des végétaux herbacés, comme certaines *Polypodiacées* et *Cypéracées.* Les *Graminées* arbores- centes et herbacées, les *Aracées,* les *Orchidées,* les *Composées,* sont aussi des familles caracté- ristiques de cette région.

2e Région américaine. — Elle est surtout riche en genres appartenant aux familles suivantes : *Araucariées, Aracées, Broméliacées, Orchidées, Rubiacées, Urticées, Euphorbiacées, Mélastomacées, Myrtacées, Swartziées* (*Mimosées*), *Cæsalpinées, Sterculiacées, Dilleniacées,* etc.

III. **Groupe austral.** — Il se trouve au sud de la ligne *CD* sur notre carte, et se subdivise en deux régions :

1re Région, comprenant l'*Afrique du sud,* l'*Asie extra-tropicale* et la *Nouvelle-Zélande.* — Elle présente peu de familles qui puissent la caractériser dans son ensemble : certaines *Conifères, Gra- minées, Cypéracées, Labiées, Rubiacées, Rutacées* et *Euphorbiacées ;* plusieurs *Malvacées, Stercu- liacées, Protéacées, Ombellifères, Polypodiacées* et *Orchidées* sont communes à toute la région. Par contre, les *Éricacées,* les *Asclépiadées,* les *Polygalées,* les *Géraniacées,* les *Iridées,* les *Ficoïdes* sont propres à l'Afrique, tandis que les *Épacridées,* les *Myrtacées,* les *Mimosées* et certaines *Li- liacées* (*Xanthorrhœa,* etc.) sont caractéristiques de la Flore de l'Australie et de la Nouvelle- Zélande.

2e Région américaine. — Elle est caractérisée surtout par les nombreux genres des familles suivantes : *Polypodiacées, Conifères* (*Araucariées,* etc.), *Graminées, Solanées, Scrofularinées, Composées, Crucifères, Tropéolées, Oxalidées, Paronychiées, Portulacées, Ribesiacées, Papilionacées, Cæsalpinées,* etc.

En subdivisant encore les sept régions mentionnées, on arrive à partager la Terre en qua- torze *Flores principales,* plus ou moins naturelles. Ce sont ces flores que l'on trouve représen- tées par différentes couleurs sur la carte ci-jointe.

SPITZBERG

OCÉAN GLACG

Cercle polaire arctiq

EUROPE

M. DU NORD

ASIE

M. DU SAGOAN

M. D'ONDIEN

AFRIQUE

G. d'Oman

MER DE CHINE

MER DES INDES

OCÉ

AUSTRALIE

Cap de Bonne Espérance

Flore de l'Asie Orientale
.... de la Méditerranée et de l'Orient
.... de l'Inde
.... du Nord
.... des Andes et des Pampas
.... de Madagascar
.... de l'Afrique du Sud
.... de l'Asie Centrale
.... de l'Australie
.... de l'Afrique Tropicale
.... de l'Amérique Tropicale
.... des États Unis de l'Amérique du Nord
.... Antarctique
.... de la Nouvelle Zélande

OCÉAN GLAC

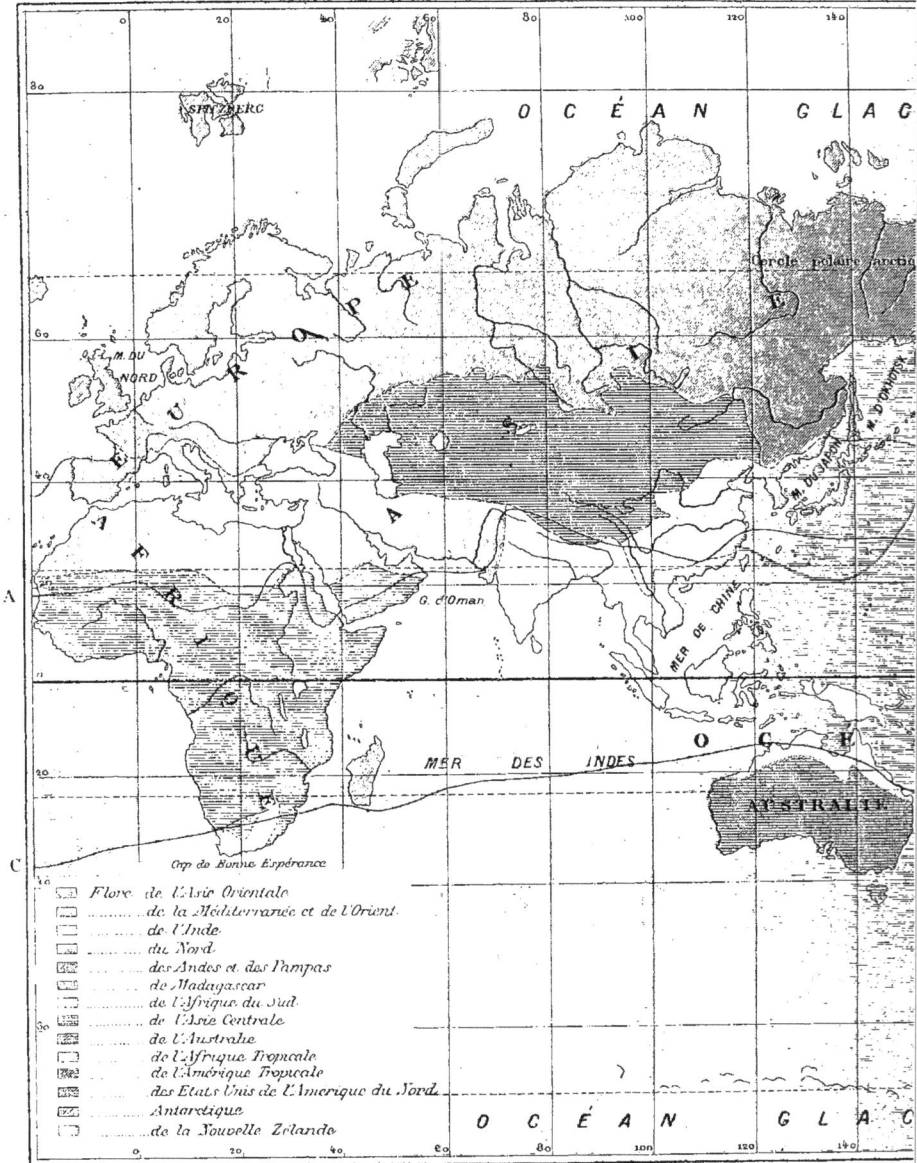

Gravé chez L. Wuhrer, R. de l'Abbé de l'Épée 4

PUBLIÉ PAR J

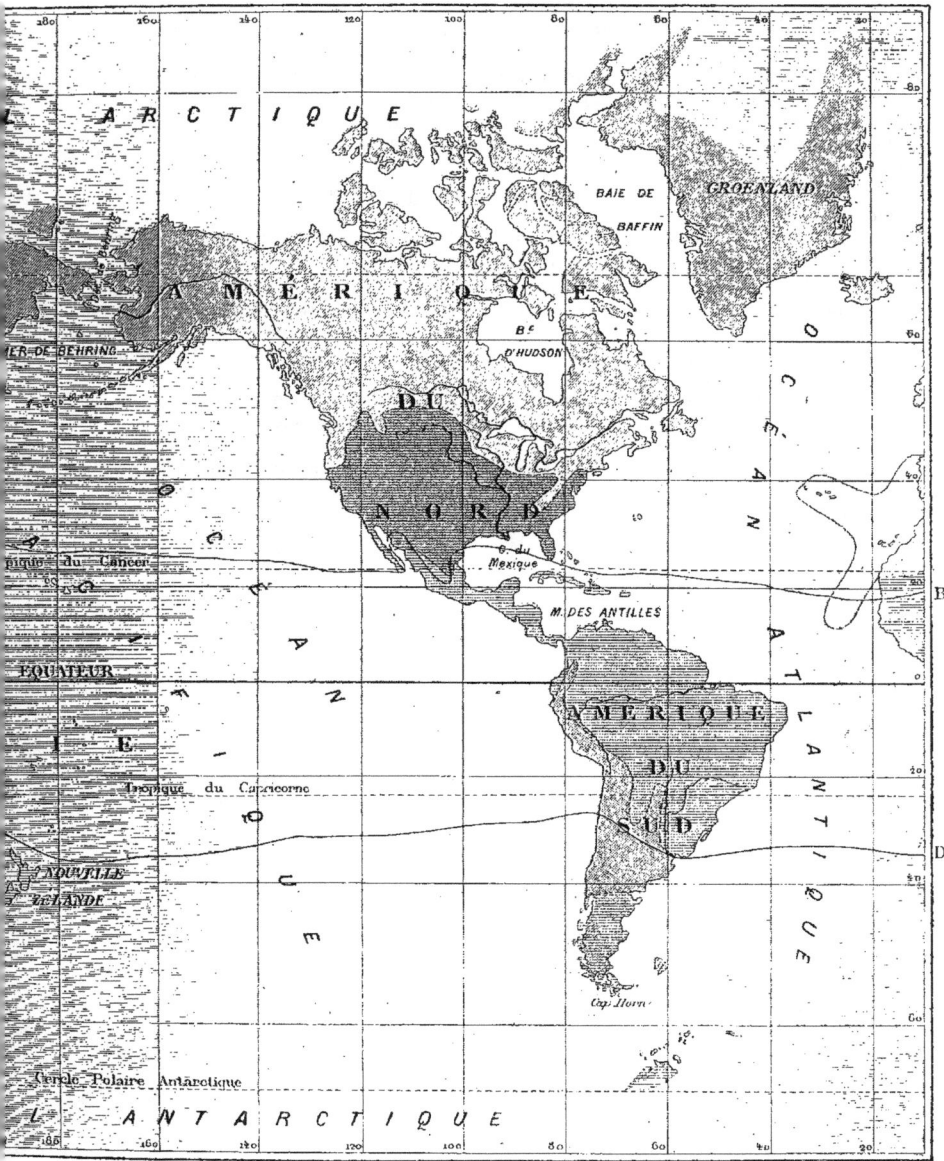

180   160   140   120   100   80   60   40   20

L'   A   R   C   T   I   Q   U   E

BAIE DE
BAFFIN

GROENLAND

A   M   É   R   I   Q   U   E

O
C
É
A
N

ER DE BEHRING

B.
D'HUDSON

D   U

N   O   R   D

O

C

É

A

N

pique du Cancer

G. du
Mexique

A
T
L
A
N
T
I
Q
U
E

B

ÉQUATEUR

M. DES ANTILLES

P

A

C

I

F

I

Q

U

E

I   E.

AMÉRIQUE

Tropique du Capricorne

D   U

S   U   D

NOUVELLE
ZELANDE

Cap Horn

Cercle Polaire Antarctique

L'   A   N   T   A   R   C   T   I   Q   U   E

180   160   140   120   100   80   60   40   20

RE ET FILS, PARIS.

Corbeil. — Chromotyp. Crété.

1° *Flore du Nord*, comprenant les flores locales des Pays Arctiques, de l'Europe centrale, des steppes de l'Europe orientale, de la Sibérie, du littoral de la mer d'Okhotsk, de la Colombie et du Canada.

2° *Flore de l'Asie centrale*, comprenant les flores locales de la dépression Aralo-Caspienne et du Turkestan occidental; du Turkestan oriental; de la Mongolie; du Tibet.

3° *Flore de la Méditerranée et de l'Orient*, composée de la flore des îles de l'Océan Atlantique (îles du Cap-Vert, Madère, Canaries, etc.); de la flore du littoral de la Méditerranée et de l'Atlantique; de celle de l'Asie du sud-ouest; et enfin, de celle de l'Arabie et du Sahara septentrional.

4° *Flore de l'Asie orientale :* littoral de la mer de Chine et de la mer du Japon; intérieur de la Chine.

5° *Flore des États-Unis de l'Amérique du Nord ·* Californie; Mexique septentrional et Texas; Virginie.

6° *Flore de l'Afrique tropicale :* Sahara du sud et Hadramaout (Arabie méridionale); Afrique orientale et Yemen ; Zanzibar, Zambesi, Natal; désert de Kalahari; Guinée.

7° *Flore de Madagascar* et des îles voisines.

8° *Flore de l'Inde :* Dekkan; sud-ouest de l'Inde; Nepal et Birmanie; Siam et Annam; Archipel Asiatique; Nouvelle-Guinée; Australie du nord ; Polynésie; îles Sandwich.

9° *Flore de l'Amérique tropicale :* Mexique, Antilles ; bassins de la Magdalena, de l'Orénoque, de l'Amazone et de la Parana.

10° *Flore de l'Afrique du Sud :* centre, sud-est et sud-ouest de la colonie du Cap.

11° *Flore Australienne :* Australie du sud, de l'ouest et de l'est; Tasmanie.

12° *Flore de la Nouvelle-Zélande.*

13° *Flore des Andes et des Pampas :* Andes tropicales; Chili; République Argentine.

14° *Flore Antarctique :* littoral du Pacifique; Patagonie; îles de l'Océan Antarctique.

FAMILLES NATURELLES

PHANÉROGAMES

RENONCULACÉES

Famille nombreuse (700 genres), dont les représentants se rencontrent dans tous les pays, mais surtout dans la zone tempérée. Les caractères distinctifs principaux de cette famille sont tirés : de la structure du calice et de la corolle toujours libres à plusieurs sépales ou pétales non soudés; du nombre des étamines, toujours très grand et indéterminé (fig. 2, *Helleborus*). Les autres caractères constants sont les suivants : feuilles pétiolées, non stipulées (fig. 1, *Helleborus*) ; ovules anatropes (fig. 9, *Ficaria*); graines pourvues d'albumen et renfermant un embryon petit, droit et homotrope (fig. 12, *Delphinium*) ; fleurs hermaphrodites; carpelles nombreux, libres ou soudés à la base (fig. 10, *Nigella*).

Les Renonculacées sont des plantes herbacées, rarement sous-frutescentes ou ligneuses, à feuilles alternes, rarement opposées (*Clematis*, fig. 13), pétiolées et dépourvues de stipules (fig. 1 et 13). Les fleurs hermaphrodites (dioïques, par avortement dans les *Clematis*) sont régulières (fig. 1 et fig. 14, *Clematis*), ou irrégulières (*Aconit*, fig. 3) ; le réceptacle est généralement convexe (concave dans les *Pæoniées*) ; le calice, souvent coloré, est formé ordinairement de trois à cinq sépales libres, pétaloïdes, à préfloraison imbriquée ou valvaire. La corolle, quand elle existe, présente ordinairement des pétales en même nombre que les sépales ; elle est à préfloraison imbriquée. Les étamines, en nombre considérable et indéfini (fig. 2), sont souvent modifiées de façon à former des organes considérés par beaucoup de botanistes comme les pétales transformés (*Staminodes*, fig. 6, *Aconit*). Les anthères sont biloculaires, à déhiscence longitudinale, extrorses (à l'exception des *Pæoniées*). Les carpelles plus ou moins nombreux (unique chez certaines *Actæa*) sont libres ou soudés à leur base (fig. 10, *Nigella*). Les ovules, nombreux ou solitaires, sont anatropes, insérés du côté interne des ovaires. Les fruits sont tantôt des achaines, tantôt des follicules, et plus rarement des capsules et des baies. Les graines sont pourvues d'albumen corné; l'embryon est droit, petit et présente sa radicule dirigée vers le hile.

Les *Renonculacées* ont beaucoup de ressemblance avec les *Rosacées*, desquelles elles se distinguent par leur réceptacle convexe, l'absence de stipules aux feuilles et la présence de l'albumen dans les graines ; les *Pæoniées*, avec leur réceptacle un peu concave, forment le passage entre les deux familles. Les *Berbéridées* ont également beaucoup d'analogie avec les *Renonculacées* et ne s'en distinguent que par le nombre défini des étamines et les anthères s'ouvrant par des valvules. Les *Papavéracées* ne diffèrent des *Renonculacées* que par leur ovaire, formé de plusieurs carpelles soudés dans toute leur longueur. Enfin les *Magnoliacées* et les *Dilléniacées* sont très proches des *Renonculacées*, comme nous le verrons plus loin.

Presque toutes les *Renonculacées* renferment un principe âcre, vénéneux, qui disparaît souvent par la coction ou la dessiccation.

PREMIÈRE TRIBU. — CLÉMATIDÉES.

Arbustes grimpants à tige ligneuse ou herbacée et feuilles opposées (fig. 13). Les fleurs, quelquefois dioïques par avortement, sont à périanthe simple, à préfloraison valvaire ; corolle nulle ou à pétales plans: carpelles nombreux, fruits indéhiscents, — achaines, surmontés souvent d'un style en forme de longs filaments soyeux (fig. 15).

Genre Clematis L. — Clématite.

C. vitalba L. — C. des haies (fig. 13). — Vésicante à l'état frais.
C. erecta DC. (fig. 14 et 15). — Mêmes propriétés.

EXPLICATION DES FIGURES.

1 et 2, *Helleborus niger*, fig. 1, port ; 2, diagramme.	10 et 11, *Nigella arvensis*, fig. 10, fruit ; 11, ovaire.
3 à 8, *Aconitum napellus*, fig. 3, port; 4, feuille;	12, *Delphinium consolida*, fig. 12, graine.
5, fleurs; 6, staminodes; 7, fruit; 8, racine.	13 à 15, *Clematis vitalba*, fig. 13, port; *C. erecta*,
9, *Ficaria ranunculoides*, fig. 9, ovaire.	fig. 14, fleur; 15, fruit.

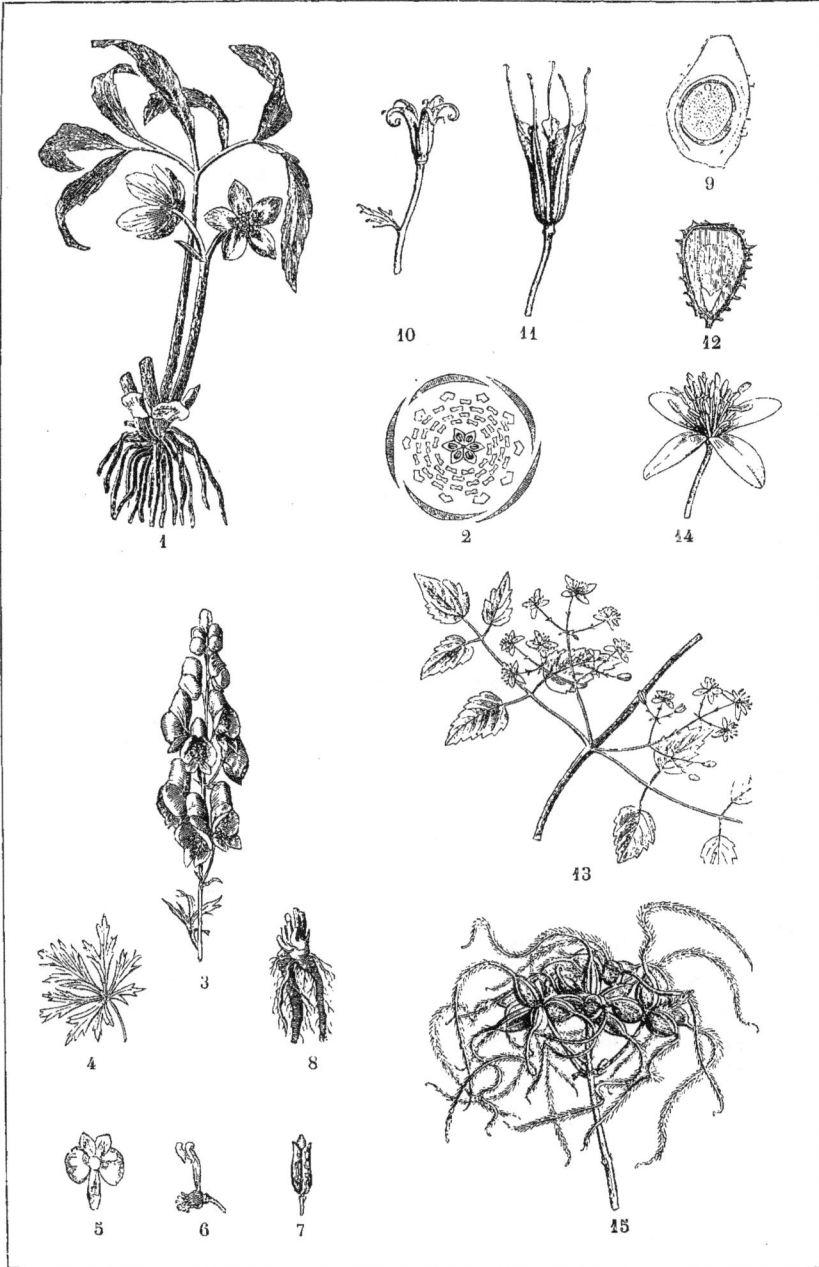

DEUXIÈME TRIBU. — ANÉMONÉES.

Herbes à feuilles alternes ou toutes radicales; fleurs souvent involucrées (fig. 3, *Anemone pulsatilla*), ordinairement à périanthe simple, régulier, formé par un calice coloré, à préfloraison imbriquée (fig. 1, *Anemone nemorosa*). La corolle est nulle ou à pétales courts et plans, avec ou sans nectaires. Les carpelles, en nombre indéfini ou défini, sont portés sur un réceptacle convexe (fig. 5, *Anemone hepatica*); l'ovaire jeune contient cinq ovules, dont un seul parvient à maturité. Fruits monospermes, indéhiscents (achaines) (fig. 6, *Myosurus*), souvent surmontés d'un style persistant, barbu; graines pendantes, à raphé dorsal. Les Anémones sont très communes dans toute l'Europe; plusieurs espèces sont vénéneuses.

Genres principaux :

Thalictrum Tourn. — Pigamon. — Pas de corolle ni d'involucre.

T. flavum L. Rue des prés, est employée quelquefois contre les fièvres intermittentes.

Anemone Hall. — Anémone (fig. 1, 2, 3, 4 et 5). — Pas de corolle; involucre; plantes des régions extra-tropicales; plusieurs espèces sont ornementales.

A. ranunculoides L., A. Fausse Renoncule. — Les fleurs sont jaunes; certains peuples sibériens empoisonnent leurs flèches avec le jus de cette plante.
A. nemorosa L., Sylvie (fig. 1). — Commune en Europe; est nuisible pour les animaux, chez lesquels elle produit des convulsions et amène la mort.
A. pulsatilla L., Coquelourde (fig. 3). — Cette espèce est vénéneuse, de même que l'*A. hepatica* L., Hépatique ,(fig. 4 et 5).

Adonis Dill. — Adonide. — Plantes ornementales des régions tempérées, très voisines des Anémones auxquelles les rattachent plusieurs botanistes; toutes possèdent des propriétés irritantes.

A. æstivalis L., A. d'été. — Fleurs rouges ou jaunes.

Myosurus Dill. — Ratoncule. — Calice à cinq sépales prolongés en éperons; carpelles nombreux, imbriqués en épis (fig. 6).

M. minimus L., Queue de Souris (fig. 6). — Fleurs jaunes.

TROISIÈME TRIBU. — RENONCULÉES.

Plantes herbacées annuelles ou vivaces (fig. 7, *Ranunculus lingua*); feuilles alternes ou toutes radicales, fleurs sans involucre, régulières, à périanthe double ou simple et à préfloraison imbriquée (fig. 9, *Ranunc. repens*); grands pétales, souvent munis à leur base d'une fossette nectarifère nue ou recouverte d'une petite écaille; carpelles en nombre indéfini, indépendants (fig. 7 et 9). Fruits monospermes indéhiscents (achaines secs) (fig. 8, *Ranonculus lingua*, et fig. 10, *Ficaria*); graine dressée (fig. 8). Les Renoncules sont les plantes les plus communes de nos prés et de nos champs; elles contiennent un principe âcre, vénéneux.

Genres principaux :

Ranunculus Hall. — Renoncule (fig. 7, 8 et 9). — Calice à cinq sépales. La plupart des Renoncules indigènes ont les fleurs jaunes; plusieurs espèces sont cultivées dans les jardins.

R. Thora et *R. sceleratus*. — Sont très vénéneuses.
R. acris, Bouton d'Or. — Vésicante; très commune, de même que *R. bulbosus*, Pied de Corbin, Grenouillette;
R. arvensis, Bassinet des champs; *R. lingua*, Grande Douve (fig. 7 et 8), et *R. repens*, Pied de Poule (fig. 9); cette dernière présente des rameaux rampants.

Hamadryas. — Genre à fleurs dioïques, propre à l'Amérique du Sud.

Ficaria Dill. — Ficaire. — Calice à trois sépales; fleurs jaunes. Plusieurs botanistes font de ce genre une espèce de *Ranonculus* sous le nom de *R. ficaria*.

Ficaria ranunculoides Monch., Ficaire (fig. 10). — Les feuilles de cette plante deviennent comestibles, après la cuisson, en perdant leur principe âcre.

EXPLICATION DES FIGURES.

1 et 2, *Anemone nemorosa*, fig. 1, diagramme; 2, fleur.
3,   *A. pulsatilla*, fig. 3, port.
4 et 5, *A. hepatica*, fig. 4, diagramme; 5, fleur.
          Myosurus minimus, fig. 6, carpelles.

7 et 8, *Ranunculus lingua*, fig. 7, port; 8, carpelle.
9,   *R. repens*, fig. 9, coupe de la fleur.
10,   *Ficaria ranunculoides*, fig. 10, ovaire.

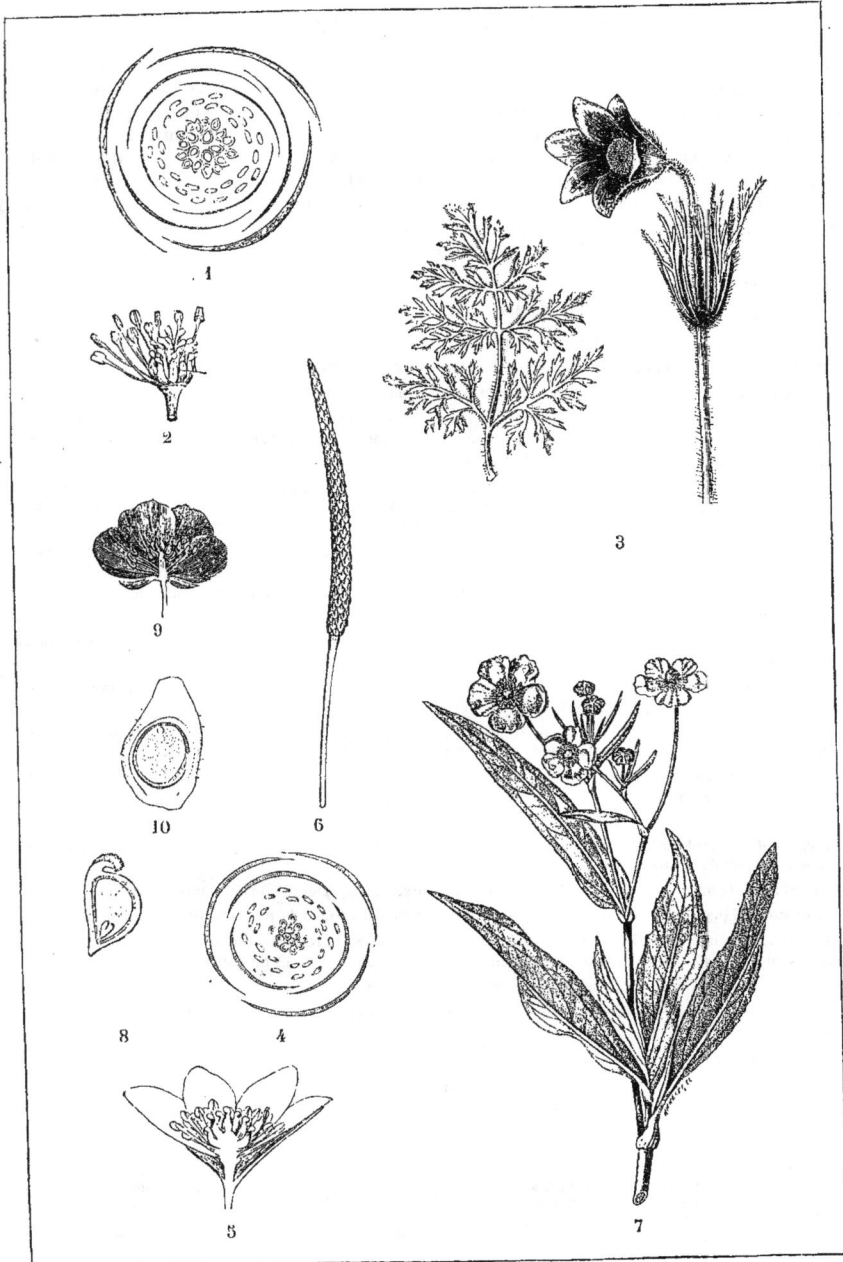

QUATRIÈME TRIBU. — HELLÉBORÉES.

Plantes herbacées, annuelles ou vivaces, à feuilles alternes ou toutes radicales. Fleurs régulières (fig. 14, *Helleborus o torus*) ou non (fig. 5, *Delphinium consolida*), à périanthe simple (fig. 9, *Nigella arvensis*) ou double (fig. 1, *Eranthis hiemalis*), à préfloraison imbriquée ; sépales souvent pétaloïdes (fig. 3, *Aconitum napellus*). Corolle nulle ou à pétales irréguliers souvent transformés en staminodes, tantôt en forme de cupules (fig. 2 et fig. 15), tantôt en forme de limbe bilobé supporté par un onglet et terminé par deux pointes dilatées en bouton à leur sommet (fig. 10), tantôt en forme d'étamines élargies (fig. 4), etc. Carpelles en nombre défini, libres ou cohérents par la base, rarement solitaires, pluri-ovulés. Fruits polyspermes, déhiscents (follicules), libres ou cohérents (fig. 11, *Nigella damascena*), rarement charnus.

Genres principaux :

Caltha L. — Populage. — Pas de corolle.

C. palustris L., Populage des marais. — Fleurs jaunes.

Hydrastis. — Ce genre est exclusivement cantonné en Amérique boréale.

H. canadensis. — Est employé par les Indiens d'Amérique pour la teinture en jaune.

Trollius L. — Trolle. — Fleurs jaunes ; ce genre est commun à l'ancien et au nouveau continent.

Helleborus Adans. — Hellébore. — Calice à cinq sépales herbacés, persistants ; corolle à cinq et dix pétales tubuleux. Commun dans toute l'Europe et l'Asie occidentale.

L'*H. niger* (fig. 1, pl. 1) Rose de Noël, est cultivée dans les jardins à cause de ses belles fleurs blanches rosées. Son rhizome est employé en médecine comme drastique. Les autres espèces, comme l'*H. fœtidus* Pied de Griffon (fig. 13), l'*H. odorus* (fig. 14), l'*H. viridis*, sont également des plantes médicinales.

Nigella Tourn. — Nigelle. — Les cinq follicules du fruit sont soudés dans leur moitié inférieure et déhiscents seulement dans leur partie supérieure. Les plantes appartenant à ce genre sont abondantes en Europe centrale et méridionale, et en Asie occidentale, où elles sont cultivées dans les jardins ; les semences des Nigelles (*poivrettes*) sont employées comme condiment.

N. arvensis L., Fleur de Sainte-Catherine (fig. 10 et fig. 11, pl. 1). — Fleurs blanches, bleuâtres. *N. damascena* (fig. 11 et 12.)

Aquilegia Tourn. — Ancolie. — Corolle à cinq pétales roulés en cornet en haut et formant éperons en bas (fig. 8). Commune en Europe.

A. vulgaris, Aiglantine (fig. 8). — Cultivée dans les jardins à cause de ses fleurs violettes, bleues, roses, etc. ; le jus de ces fleurs donne un réactif chimique plus sensible que celui des fleurs de violette.

Delphinium Tourn. — Dauphinelle. — Fleurs irrégulières ; le calice est formé de cinq sépales pétaloïdes inégaux (fig. 5) ; le supérieur est prolongé en éperon (fig. 6) ; plusieurs Dauphinelles sont ornementales.

D. consolida L., Pied d'Alouette (fig. 5 et 6). — Fleurs bleues ; diurétique et vermifuge. *D. stafisagria*, Staphisaigre, — Contient un alcaloïde très vénéneux (*Delphine*).

Aconitum Tourn. — Aconit. — Cinq sépales inégaux, les supérieurs en capuchon (fig. 3).

A. napellus L. (fig. 3 et 4). — Fleurs bleues ou violettes ; la poudre extraite de ses racines est un poison narcotique.

Eranthis Salisb. — Calice à cinq ou huit sépales caducs, corolle à cinq ou huit pétales tubuleux bilabiés (fig. 1 et 2) ; fleurs involucrées ; plantes communes en Europe et en Asie.

E. hiemalis Salisb., Hellébore d'hiver (fig. 1 et 9). — Fleurs jaunes.

Xanthorhiza Bart. — Arbrisseaux de l'Amérique boréale, avec des fleurs petites, d'un pourpre forcé.

X. apiifolia. — Son bois teint en jaune ; les racines (*Yellow-Root*) sont employées en médecine comme tonique.

Isopyrum L. — Isopyre. — Plante commune en Europe, Asie et Amérique boréale.

J. thalictroides L., Faux Pigamon. — Fleurs blanches.

EXPLICATION DES FIGURES.

1 et 2, *Eranthis hyemalis*, fig. 1, fleur ; 2, staminode.
3 et 4, *Aconitum napellus*, fig. 3, fleur ; 4. staminodes.
5 à 7, *Delphinium consolida*, fig. 5, fleur ; 6, éperon corollien ; 7, graine.
8, *Aquilegia vulgaris*, fig. 8, fleur.

9 à 12, *Nigella arvensis*, fig. 9, fleur ; 10, pétale ; *N. damascena*, fig. 11, fruit ; 12, fleur involucrée.
13 à 15, *Helleborus fœtidus*, fig 13, port ; *H. odorus* ; fig. 14, fleur ; 15, staminode.

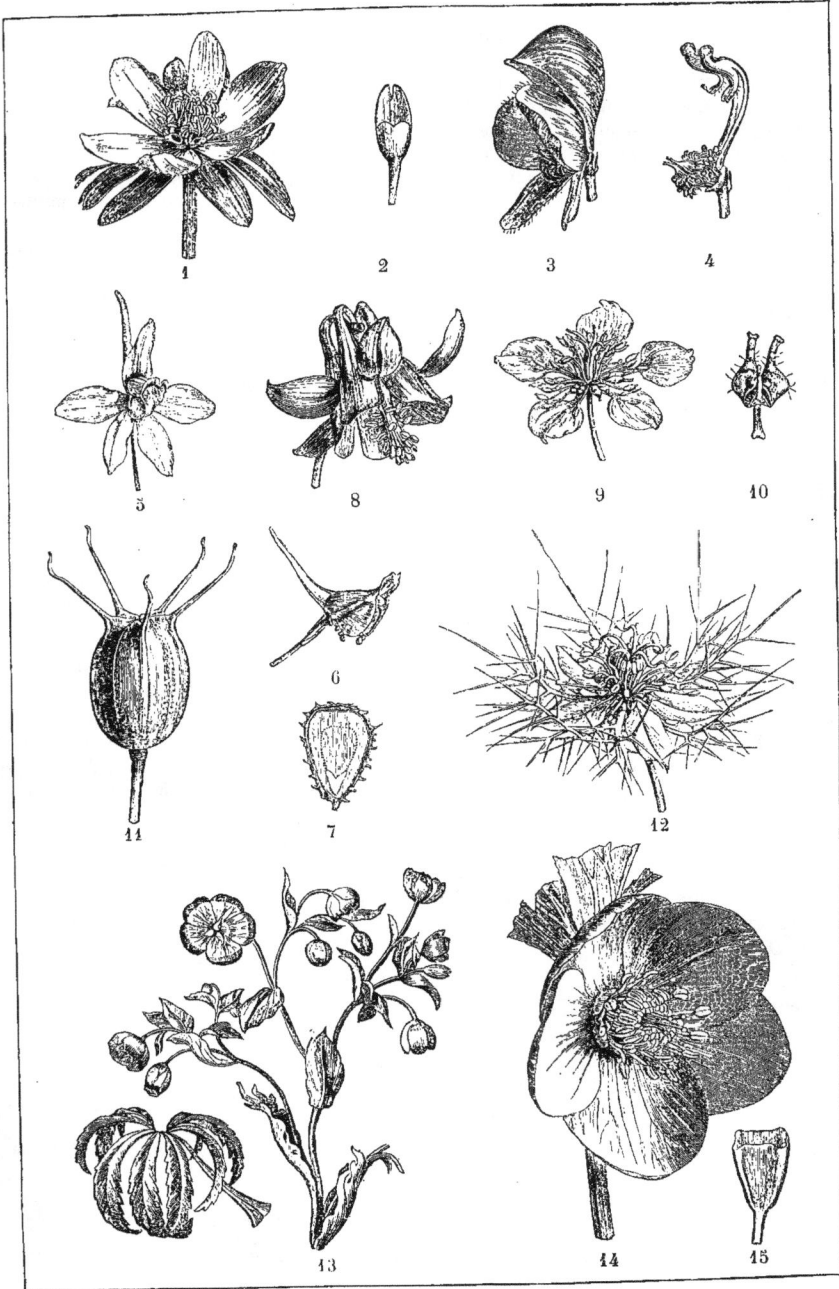

1   2   3   4

5   8   9   10

6

11   7   12

13   14   15

CINQUIÈME TRIBU. — PÆONIÉES.

Herbes à souche vivace ou arbustes à tige plus ou moins ligneuse. Feuilles alternes ou toutes radicales, présentant souvent des formes de passage vers les sépales (fig. 1, 2, 3 et 4, *Pæonia albiflora*). Fleurs à périanthe double ; réceptacle légèrement concave (différent de toutes les autres Renonculacées). Calice à sépales pétaloïdes passant insensiblement aux pétales (fig. 5 et 6, *Pæonia albiflora*) ; corolle nulle ou à grands pétales plans, réguliers (fig. 5, *Pæonia albiflora*) ; anthères introrses (différence avec les autres Renonculacées). Trois ou cinq carpelles multi-ovulés, souvent embrassés à la base par un disque en cupule ; fruits déhiscents (follicules coriaces) (fig. 8, *Pæonia officinalis*), ou indéhiscents, charnus, bacciformes ; polyspermes, ou monospermes par avortement ; graines volumineuses à albumen charnu.

Les Pivoines sont assez communes en Europe et en Asie ; la plupart sont cultivées comme plantes d'agrément.

Genres principaux :

Pæonia Tourn. — Pivoine. — Corolle à cinq et dix pétales ; fruit déhiscent.

P. officinalis Rets., Pivoine femelle (fig. 8 à 11). — Les fleurs de cette espèce ont été employées jadis en médecine ; actuellement, c'est une plante ornementale de même que *P. albiflora* (fig. 1 à 7), et *P. Mou-tan*, originaire de la Chine.

Actæa L. — Corolle rudimentaire ; carpelles en nombre variable, quelquefois uniques ; fruit le plus souvent indéhiscent, quelquefois bacciforme. Quelques botanistes rapportent ce genre à la tribu des Helléborées ou des Clématidées.

A. spicata L. Herbe de Saint-Christophe. — Fleurs blanches. Les baies sont vénéneuses. Cette plante s'emploie en médecine comme purgatif. On rapporte au genre *Actæa* une plante de la Sibérie, *Cimicifuga fœtida*, qui sert, dit-on, à éloigner les punaises.

DILLÉNIACÉES.

Cette petite famille, comprenant des plantes exotiques, présente beaucoup de ressemblances avec la précédente, et ne s'en distingue que par le port (arbrisseaux), sépales persistants, feuilles à stipules, et les graines arillées (fig. 14, *Hibbertia*).

Les Dilléniacées sont des plantes ligneuses, — arbres ou arbrisseaux quelquefois grimpants, — rarement herbacées ; les feuilles sont alternes (fig. 12, *Hibbertia volubilis*), rarement opposées et munies de stipules adnées au pétiole, caduques ; rarement les stipules manquent. Le calice est formé de sépales persistants, et la corolle de pétales tombants. Les anthères sont introrses et extrorses. Les ovaires, ordinairement nombreux, sont réduits quelquefois à un seul ; ils sont pluri-ovulés ; les ovules sont anatropes ou amphitropes, dressés. Les fruits sont déhiscents (fig. 13, *Hibbertia*), ou indéhiscents, bacciformes. Les graines, arillées (fig. 14) contiennent un petit embryon enveloppé d'un albumen charnu.

Les *Dilléniacées* sont propres aux pays chauds et fournissent peu de plantes utiles à l'homme.

Genres principaux :

Dillenia L. — Genre asiatique.

D. speciosa. — Son fruit est comestible, et l'écorce est employée en tannage.

Hibbertia Andr.

H. volubilis (fig. 12 à 15). — Arbrisseau d'Australie.

Tetracera L. — Quelques espèces de ce genre sont employées contre la syphilis dans la Guyane et les Antilles, où elles sont cantonnées.

EXPLICATION DES FIGURES.

1 à 11, *Pæonia albiflora*, fig. 1, feuille ; 2, 3, 4, 5 et 6, passage des feuilles vers les sépales ; 7, pétale. *P. officinalis*, fig. 8, fruit ; 9, fruit coupé ; 10, port ; 11, racine. 12 à 15, *Hibbertia volubilis*, fig. 12, port ; 13, fruit ; 14 et 15, graines.

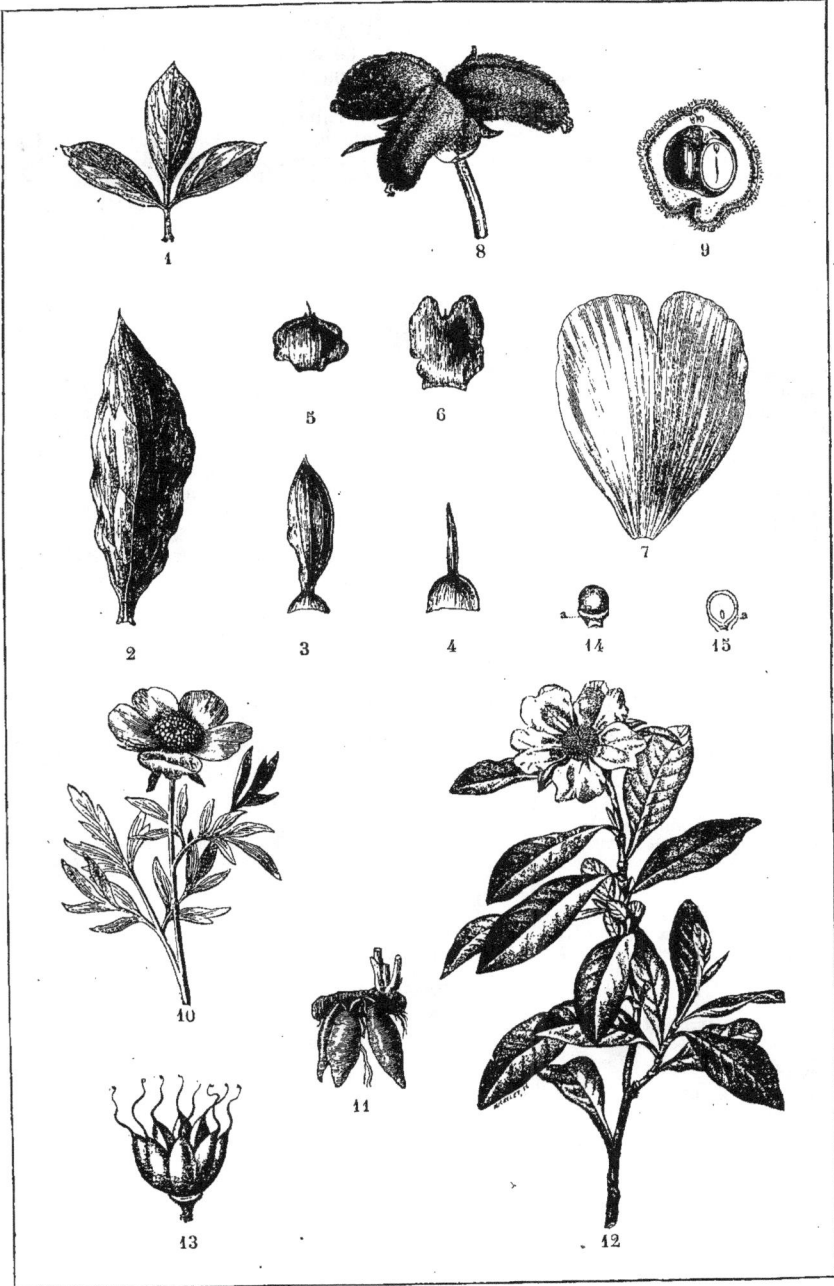

MAGNOLIACÉES.

Cette famille tient une place intermédiaire entre les Renonculacées et les Dilléniacées d'une part, et les Anonacées de l'autre. Elle se distingue des deux premières familles par le port (fig. 4, *Magnolia*), les ovules ascendants (fig. 6, *Magnolia*), et les graines non arillées (fig. 7 et 8, *Magnolia*), et de la troisième par l'albumen non ruminé (fig. 8). Les caractères les plus constants, propres à toutes les Magnoliacées, sont : tige ligneuse, feuilles alternes, anthères adnées à déhiscence longitudinale, ovules anatropes, graines à albumen.

Les Magnoliacées sont des arbres ou arbrisseaux dont les feuilles alternes sont coriaces, entières (fig. 4), rarement lobées, quelquefois ponctuées-pellucides, accompagnées ou non de stipules. Les fleurs sont hermaphrodites, à préfloraison imbriquée (fig. 1, *Magnolia*); le réceptacle est convexe. Le périanthe est double et formé de folioles indépendantes. Le calice présente 3 à 6 sépales (fig. 1 et 2, *Magnolia grandiflora*), souvent pétaloïdes; la corolle est formée d'un grand nombre de pétales (au moins 6) insérés sur le torus et disposés en plusieurs verticilles; ils présentent des transitions insensibles vers les sépales (fig. 2 et 5, *Magnolia*); les étamines sont nombreuses et libres (fig. 1 et 2), aux anthères adnées, extrorses ou introrses, à déhiscence longitudinale, exceptionnellement transversale. Le gynécée, supporté souvent par un gynophore (fig. 3), est formé de carpelles plus ou moins nombreux, libres ou rarement cohérents (fig. 3 et 9, *Magnolia*, 13, *Illicium*), uniloculaires, contenant ordinairement un grand nombre d'ovules anatropes, pendants, rarement dressés, fixés au bord interne de la loge (fig. 6). Les fruits sont tantôt capsulaires, déhiscents, tantôt charnus, indéhiscents ou ligneux. Les graines sont sessiles ou suspendues par des funicules en dehors du péricarpe (fig. 10, *Magnolia*). L'embryon est droit, petit et enveloppé dans un albumen charnu, non ruminé (fig. 8, *Magnolia*).

Les Magnoliacées habitent les régions chaudes ou tempérées de l'ancien et du nouveau continent. La tribu des Magnoliées se rencontre surtout dans l'Amérique boréale et l'Asie subtropicale; celle des Illiciées est répandue en Amérique, en Asie orientale et en Australie.

Les Magnoliacées, de même que la famille suivante, les Anonacées, possèdent, dans leurs feuilles et l'écorce, un principe résineux, amer, et sont employées en médecine ou comme condiments; quelques espèces sont ornementales.

PREMIÈRE TRIBU. — MAGNOLIÉES. DC.

Fleurs hermaphrodites (fig. 1); périanthe sans distinction nette entre la corolle et le calice (fig. 2); carpelles imbriqués, multisériés, disposés en tête ou en épi (fig. 3 et 9); feuilles pourvues de stipules enveloppant le pétiole (fig. 4).

Genres principaux :

Magnolia L. — Anthères introrses.

M. *Glauca* L., Quinquina de Virginie. — L'écorce est employée en médecine comme tonique et fébrifuge. M. *grandiflora* L. (fig. 1 à 3) est cultivé chez nous comme plante d'agrément à cause de ses belles fleurs odorantes, de même que M. *pumila* Andr. (fig. 4 à 10). M. *Yulan* est cultivé en Chine, où ses fleurs servent pour aromatiser le thé. M. *Champaca* L. ou *Michelia Champaca* L. est très estimée par les Malais, qui parfument, avec ces fleurs, les maisons, les bains, etc.; ses feuilles entrent dans la composition de l'huile de Macassar.

Liriodendron L. — Tulipier. — Anthères extrorses.

L. *tulipifera* L. — Bel arbre, dont l'écorce est employée en Amérique comme fébrifuge.

DEUXIÈME TRIBU. — ILLICIÉES. DC.

Fleurs hermaphrodites ou polygames, carpelles verticillés, unisériés (fig. 13), ou solitaires; feuilles sans stipules, souvent ponctuées, pellucides (fig. 11).

Genres principaux :

Illicium L. — Badianier. — Carpelles uni-ovulés.

I. *anisatum* L., Badiane ou Anis étoilé (fig. 11 à 15). — Les fruits et les graines contiennent des huiles aromatiques, et sont employés dans la fabrication des liqueurs.

Drimus. — Forst.

D. *Witeri.* — Arbrisseau du Chili et de la Patagonie, dont l'écorce aromatique est employée en médecine.

EXPLICATION DES FIGURES.

1 à 10, *Magnolia grandiflora*, fig. 1, diagramme; 2, fleur; 3 pistil et gynophore; M. *pumila*, fig. 4, port; 5, pétale; 6, ovaire; 7 et 8, graines; 9, carpelles; 10, fruit. 11 à 14, *Illicium anisatum*, fig. 11, port; 12, étamines; 13, pistil; 14, fruit; 15, graine.

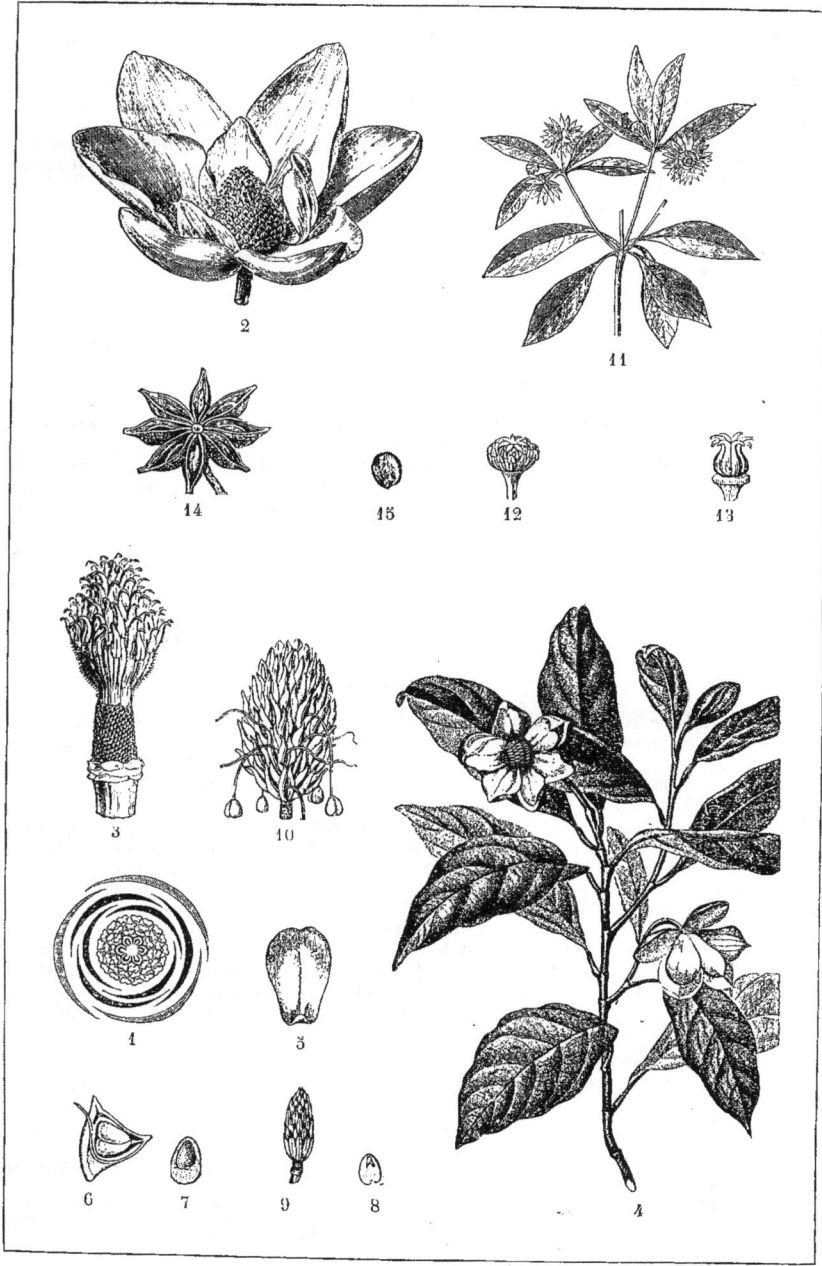

2

11

14 15 12 13

3 10

1 3

6 7 9 8 4

ANONACÉES

Cette famille se rapproche des *Magnoliacées;* le seul caractère qui l'en distingue est l'albumen ruminé (fig. 5, *Anona*).

Arbres ou arbrisseaux à feuilles simples alternes, entières, non stipulées. Fleurs hermaphrodites régulières, à réceptacle convexe et périanthe double. Calice ordinairement à trois sépales (fig. 2), à préfloraison valvaire; corolle souvent coriace, charnue, à six pétales disposés en deux verticilles. Étamines nombreuses (fig. 2), quelquefois en nombre défini, plus souvent indéfini, à anthères bi-loculaires. Carpelles nombreux plus ou moins soudés; ovules anatropes; fruits indéhiscents et plus ou moins charnus (fig. 3 et 4). Graines, souvent arillées; embryon petit enveloppé dans l'albumen ruminé (fig. 5).

Un des genres principaux :

Anona L. — Genre africain.

A. squamosa (fig. 1 à 5). Pomme canelle. — Le fruit est comestible.

MÉNISPERMÉES

Les Ménispermées se placent par leurs caractères distinctifs entre les Anonacées et les Berbéridées; elles diffèrent des premières par le port (fig. 6), par la constitution de l'albumen, la forme des graines, etc., et des secondes par leur tige grimpante, leurs carpelles nombreux, la déhiscence des anthères, etc.

Plantes à tige grimpante, ligneuse, à feuilles alternes, non stipulées, entières et fleurs dioïques (fig. 11), petites, à périanthe formé de folioles libres, disposées en plusieurs verticilles (fig. 9). Étamines à filets libres, ou plus ou moins soudés (monadelphes); anthères extrorses à déhiscence longitudinale; carpelles libres, uni-ovulés. Fruit drupacé (fig. 7 et 8), contenant une graine courbée en fer à cheval, dépourvue quelquefois d'albumen ; embryon courbé (fig. 10).

Genres principaux :

Menispermum. — Deux carpelles. — Genre américain.

M. canadense (fig. 6 à 11). — Sa racine contient un principe colorant jaune (*berberine*).

Anaminta.

A. cocculus Arnott, ou *Menispermum cocculus.* — Le fruit est très vénéneux; il est employé en médecine | (*coque du Levant* fig. 12); il sert aussi à falsifier la bière en Angleterre.

BERBÉRIDÉES

Les Berbéridées ont beaucoup de caractères qui leur sont communs avec les Renonculacées, les Magnoliacées et les Anonacées; mais elles se distinguent de toutes ces familles par leurs anthères à déhiscence par valvules, et leur ovaire unique et uni-loculaire.

Caractères constants : fleurs hermaphrodites, étamines en même nombre que les pétales, graines albuminées, embryon petit.

Arbrisseaux, ordinairement épineux, rarement herbes; feuilles alternes simples ou composées, à dents épineuses, avortant quelquefois en épines simples ou rameuses (fig. 18, *Berberis*). Fleurs hermaphrodites régulières, souvent en grappes (fig. 14, *Berberis*), à calice et corolle formés de plusieurs verticilles, de folioles; pétales souvent munis à leur base de deux glandes, ou d'un pore nectarifère; parfois prolongés en éperon ; étamines (fig. 17) en nombre égal à celui des pétales, à filets libres et aux anthères s'ouvrant par des valvules ou panneaux qui se détachent latéralement de bas en haut (fig. 17, *a*). Ovaire libre à un seul carpelle, uniloculaire; ovules plus ou moins nombreux, ascendants, à placentation pariétale. Fruit : baie ou capsule charnue, déhiscent ou indéhiscent, uni ou polysperme (fig. 15). Graines à embryon enveloppé d'un albumen charnu ou corné.

Genres principaux :

Berberis L. — Vinetier. — Feuilles simples; la racine contient un principe colorant jaune.

B. vulgaris (fig. 13 à 18). — Les fruits servent à préparer un sirop et une confiture; commune en Europe.

Leontice L.

L. Leontopetalum. — Plante de l'Asie Mineure; sert de savon à Alep.

EXPLICATION DES FIGURES.

1 à 5, *Anona squamosa*, fig. 1, port; 2, fleur; 3, fruit; 4, fruit coupé; 5, graines.

6 à 11, *Menispermum canadense*, fig. 6, port; 7, fruit; 8, fruit coupé; 9, diagramme; 10, embryon; 11, fleur.

12 à 18, *Anaminta cocculus*, fig. 12 à 18, fruits et graines.

19 à 24, *Berberis vulgaris*, fig. 19, port; 20, inflorescence; 21, fruit; 22, graine; 23, étamines; 24, branche et épines.

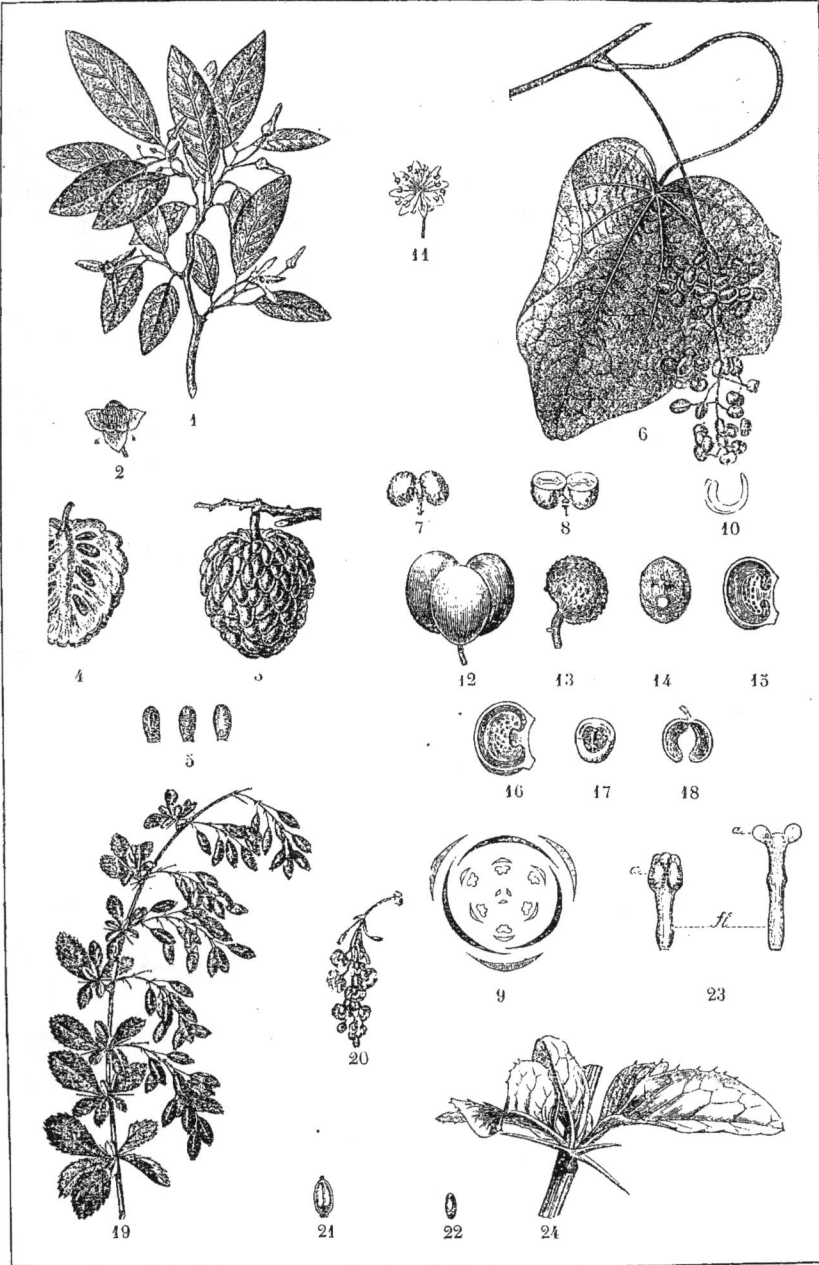

NYMPHÆACÉES.

Sous ce nom, on peut réunir quatre groupes de végétaux qui forment des tribus, des sous-familles ou même des familles distinctes suivant les auteurs. Le caractère commun à tous ces groupes est tiré de leur habitat : ce sont des plantes aquatiques. Par leurs pétales libres, hypogines, et leurs étamines nombreuses, ces plantes se rapprochent des Renonculacées ; certaines d'entre elles ressemblent à ces dernières également par leurs carpelles indépendants, tandis que les autres, ayant les carpelles soudés en un ovaire unique (fig. 4, *Nymphea*), multi-ovulé, à placentation centrale, se placent à côté des Papavéracées. Des quatre groupes formant les Nymphæacées, deux, les *Cabombées* et les *Sarracéniées*, sont des plantes exclusivement américaines ; les deux autres, les *Nymphæées* et les *Nelumbées* sont dispersés presque dans toutes les régions du globe. Nous ne décrirons que ces deux derniers groupes en leur donnant la valeur des tribus.

PREMIÈRE TRIBU. — NYMPHÆÉES.

Plantes aquatiques, herbacées, à rhizome charnu, submergé ; feuilles longuement pétiolées, très larges (fig. 1, *Nymphæa alba*), s'étalant à la surface de l'eau, coriaces, à face supérieure luisante, munie de stomates nombreux, et à face inférieure terne, presque dépourvue de stomates. Fleurs grandes et régulières (fig. 2, *Nymphæa alba*); calice à quatre et six sépales libres, herbacés, plus ou moins colorés, à préfloraison imbriquée; corolle à pétales nombreux, disposés sur plusieurs rangs, insérés à diverses hauteurs sur le torus enveloppant les carpelles (on voit les traces de ces insertions sur la figure 5 représentant le fruit de *Nymphæa alba*, enveloppé par le torus); les pétales passent graduellement aux étamines à filet libre, élargi (fig. 3, *Nym. alba*). Carpelles cohérents entre eux et réunis en un ovaire pluriloculaire; ovules nombreux, insérés aux parois des cloisons de l'ovaire. Stigmates nombreux, souvent soudés au sommet en un plateau rayonnant. Fruit indéhiscent, qu'on peut appeler une baie; il est charnu, herbacé, enveloppé en partie par le réceptacle, présentant ou non des cicatrices qui résultent de la chute des pétales et des étamines (fig. 5 et 8), et contient un suc mucilagineux dans lequel sont plongées les graines; ces dernières sont nombreuses, munies d'un double albumen (fig. 7), et enveloppées souvent dans un arille pulpeux (fig. 6, *Nym. alba*).

Les Nymphæées habitent les zones tempérées et chaudes de l'Europe, de l'Asie et de l'Amérique.

Les usages des plantes appartenant à cette tribu, sont très restreints ; le rhizome et les graines de quelques genres sont comestibles. Plusieurs espèces sont très estimées pour leurs belles fleurs et même vénérées dans certains pays.

Genres principaux :

Nymphæa L., Nymphéa, Nénuphar. — Calice à quatre sépales, fleurs blanches, fruit portant des cicatrices.

N. alba L., Nénuphar blanc (fig. 1 à 7). — Plante des eaux tranquilles des régions tempérées, à grandes et belles fleurs blanches.

Nuphar Sm., Nuphar, Nénuphar. — Calice à cinq sépales, fleurs jaunes, fruit lisse, sans cicatrices (fig. 8).

N. luteum Sm., Nénuphar jaune (fig. 8). — Fleurs jaunes; ses rhizomes servent d'aliment en Russie et en Finlande.

Victoria. — Genre de l'Amérique méridionale.

V. Regia (Marourou). — Cette espèce est remarquable par ses belles fleurs d'un diamètre de 75 centimètres, et ses feuilles d'une circonférence de 4 à 5 mètres.

DEUXIÈME TRIBU. — NELUMBÉES.

Cette tribu se distingue de la précédente par les carpelles indépendants (fig. 10, *Nelumbium*), et les graines dépourvues d'albumen.

Herbes aquatiques (fig. 8, *Nelumbium luteum*); calice à cinq sépales ; pétales et étamines nombreux (fig. 9), anthères introrses, à connectif prolongé en appendice (fig, 11, *Nelumbium*). Carpelles indépendants, plongés chacun dans une fossette du réceptacle charnu (fig. 10, *Nelumbium*). Chaque carpelle contient un ou deux ovules pendants. Fruit indéhiscent (nucule), globuleux (fig. 12, *Nel. lut.*). Graines sans albumen, renfermant un embryon farineux.

Les Nelumbées sont communes à l'ancien et nouveau continent; on les trouve même en Europe (aux embouchures du Volga.)

Genre unique :

Nelumbium. — Nelombo.

N. luteum (fig. 9 à 12). — Plante de l'Amérique du Nord. *N. nucifera* Gaertn., fut le *Lotus* sacré des Égyptiens, qui ont emprunté à la forme de ses feuilles, leur style architectural. Actuellement, on ne le trouve qu'en Asie; ses graines, connues sous le nom de *fèves d'Égypte*, sont alimentaires.

EXPLICATION DES FIGURES.

1 à 7, *Nymphea alba*, fig. 1, port ; 2, fleur ; 3, pétales passant aux étamines ; 4, coupe du fruit ; 5, fruit ; 6, graine ; 7, graine coupée.

8, *Nuphar luteum*, fig. 8, fruit.
9 à 12, *Nelumbium luteum*, fig. 9, port ; 10, réceptacle rempli de fruits ; 11, étamine ; 12, fruit isolé.

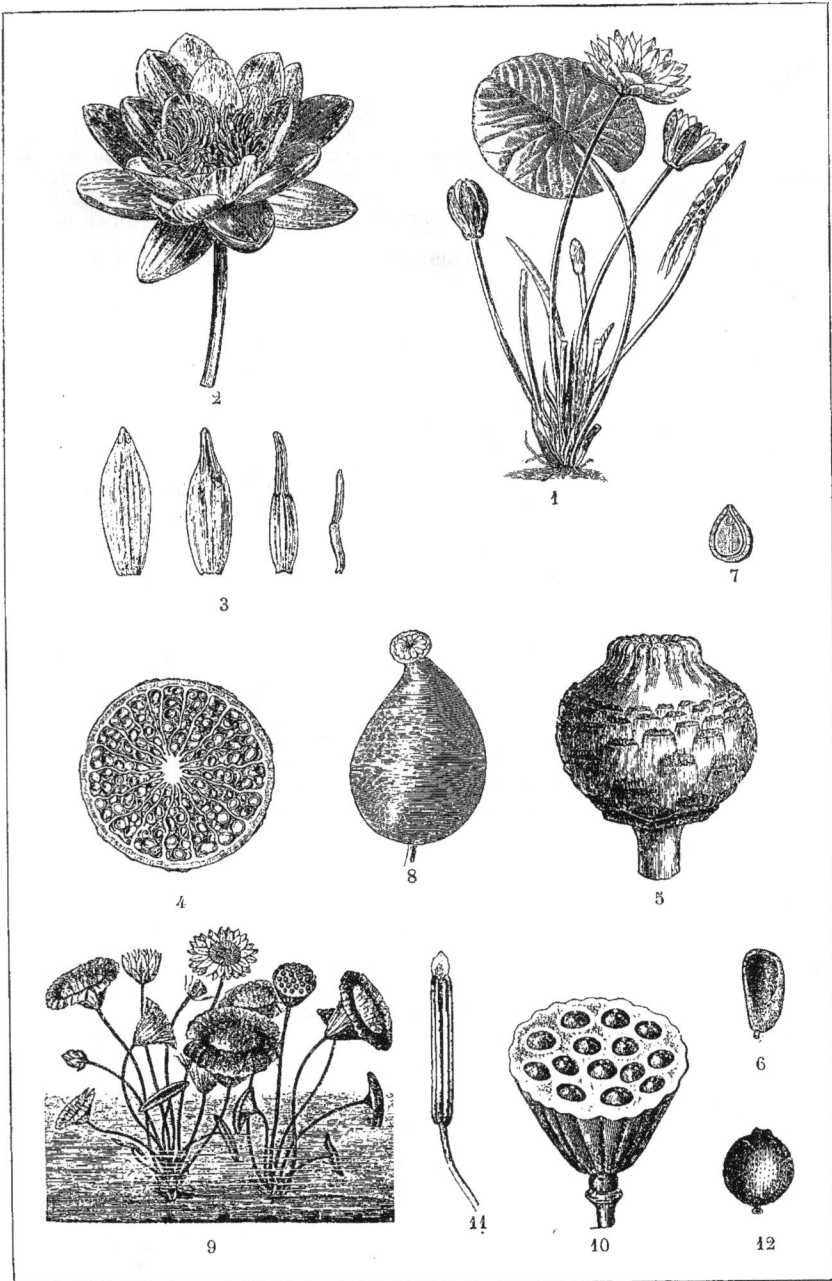

PAPAVÉRACÉES

Les Papavéracées présentent des traits de rapprochements avec plusieurs familles ; elles ressemblent aux Renonculacées par tous les caractères, excepté l'ovaire, qui est formé de carpelles soudés (fig. 8 et 9, *Papaver*) ; ce dernier caractère est commun aux Papavéracées avec certaines Nymphæacées, qui, cependant, se distinguent nettement par leur habitat aquatique. Les Fumariacées, que nous décrirons tout à l'heure, ne se distinguent des Papavéracées que par leurs fleurs irrégulières. Enfin, par la structure du fruit : certaines Papavéracées, la *Chélidoine*, par exemple (fig. 16), se rapprochent un peu des Crucifères ; mais le nombre d'étamines (la tétradinamie)réuni à d'autres caractères, distinguent nettement ces dernières des Papavéracées.

Les caractères les plus constants communs à toutes les Papavéracées sont les suivants : périanthe double à folioles indépendantes (fig. 4, Pavot), sépales deux et trois, pétales en nombre double ou multiple de celui des sépales, hypogynes (fig. 7, *Papaver*) ; étamines en nombre très grand et indéfini (fig. 8, *Papaver*) ; anthères à déhiscence longitudinale ; carpelles nombreux, réunis par les bords, formant un ovaire unique, uniloculaire, à placentas pariétaux, pluri-ovulé (fig. 9 et 10) ; ovules anatropes, graines albuminées à embryon petit ; feuilles alternes, non stipulées.

La famille des Papavéracées comprend les plantes presque exclusivement herbacées, annuelles, bisannuelles ou vivaces, à suc laiteux blanc ou coloré. Les feuilles sont simples, alternes, dépourvues de stipules. Les fleurs sont hermaphrodites, à périanthe double (fig. 4 et 7, Pavot), jaunes, rouges ou rarement bleues, disposées en ombelles ou solitaires, terminales (voir planche IX, fig. 1) ; le réceptacle est convexe (un peu concave dans l'*Eschscholtzia* (fig. 1, coupe de la fleur). Le calice est formé de deux, rarement trois sépales libres (fig. 19, *Glaucium* et fig. 5, Pavot), rarement cohérents (*Eschscholtzia* fig. 2, bouton), caducs, à préfloraison valvaire (fig. 4) ; la corolle est constituée par deux ou plusieurs verticilles (fig. 3, 4 et 7), de pétales ordinairement hypogynes (fig. 7), quelquefois un peu périgynes, (*Eschscholtzia* fig. 1), libres, caducs en nombre ordinairement double, plus rarement multiple de celui des sépales (fig. 4 et 7), à préfloraison chiffonnée (fig. 4, 6 et 7). Les étamines, en nombre indéfini (fig. 4 et 7), sont hypogynes (périgynes chez l'*Eschscholtzia* (fig. 1), libres, à filet filiforme et anthères biloculaires, déhiscents longitudinalement (fig. 12, *Papaver*.). Les carpelles, en nombre variable, sont soudés en un ovaire ovoïde ou oblong, uniloculaire, à placentas pariétaux, plus ou moins nombreux, prolongés souvent en fausses cloisons (fig. 10 et 9, Pavot ; fig. 22, *Glaucium*) ; insérés en grand nombre aux parois de ces cloisons, les ovules sont anatropes. Les stigmates sont sessiles, persistants, au nombre de deux (fig. 20, *Glaucium*), ou plus souvent nombreux, disposés en rayons soudés sur un plateau au-dessus de l'ovaire (fig. 8). Les fruits sont le plus souvent des capsules, secs, globulaires, divisés intérieurement par de fausses cloisons radiaires (fig. 9 et 10, Pavot), en loges multiples, et déhiscent par une série de pores situés au-dessous des stigmates (fig. 5, pl. IX) ; plus rarement, le fruit est une capsule allongée, siliciforme (fig. 16 et 17, *Chelidonium*, et 21, *Glaucium*), biloculaire (fig. 17), déhiscente en deux ou quatre valves qui s'ouvrent, soit de haut en bas (*Glaucium*), soit de bas en haut (*Chelidonium*, fig. 17); très rarement, le fruit est charnu, indéhiscent (*Sanguinaria*). Les graines sont nombreuses, petites, généralement ovoïdes ou réniformes (fig. 24, *Glaucium*, 13, Pavot), simples (*Papaver*., fig. 13), ou munies d'une crête ou strophiole (*Chelidonium*, fig. 18) ; l'albumen, charnu, enveloppe un embryon droit (fig. 14 et 15, Pavot), ou recourbé, très petit, à radicule tournée vers le hile.

Les Papavéracées sont disséminées dans tout l'hémisphère du nord, surtout dans les régions tempérées ou sub-tropicales ; il y en a très peu qui soient propres à l'hémisphère austral ou aux régions intertropicales.

Plusieurs plantes de cette famille sont employées en médecine, grâce aux propriétés de leur suc laiteux très actif et narcotique (opium) ; d'autres sont des plantes d'ornement cultivées dans le monde entier.

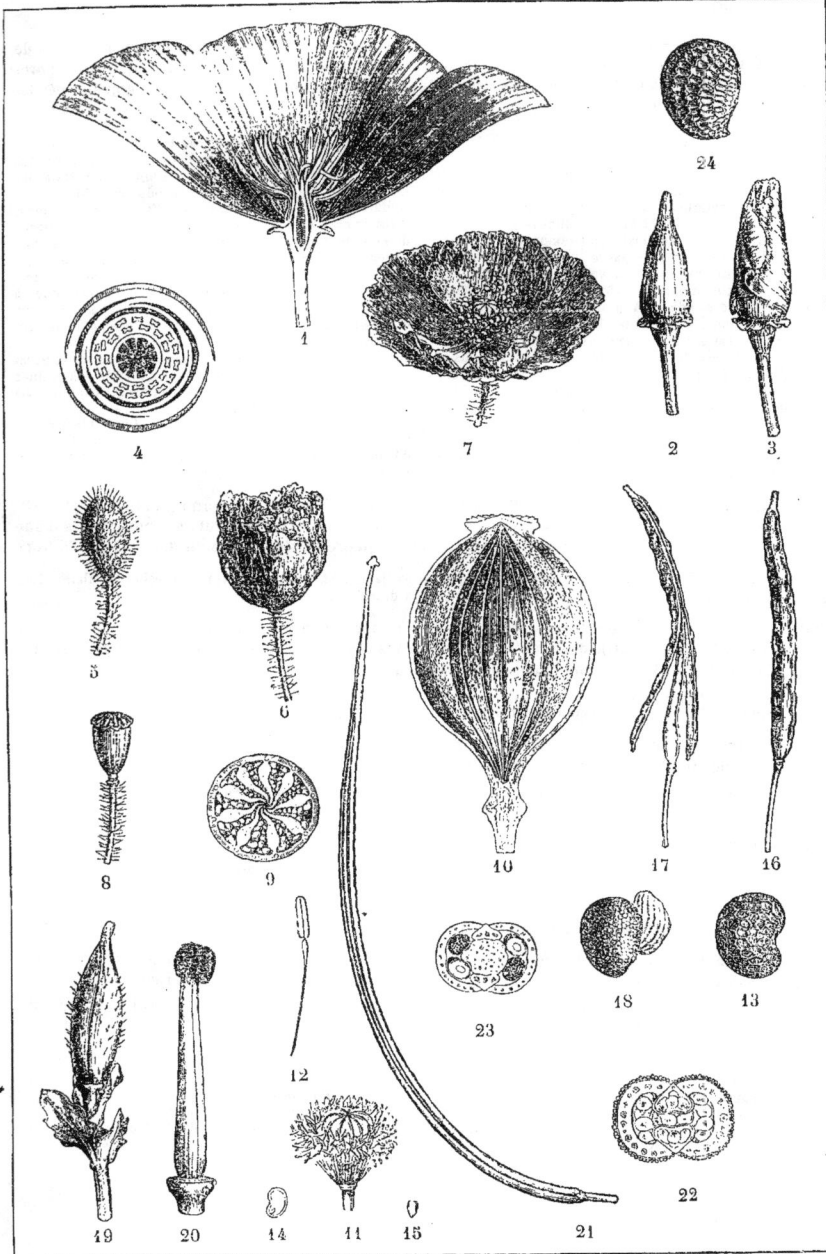

Genres principaux :

Papaver Tourn. — Pavot. — Stigmates nombreux, disposés en rayons, sur un plateau au-dessus de l'ovaire ; fruit : capsule globuleuse ou oblongue, présentant des fausses cloisons, déhiscente par les pores situés au-dessous du plateau ; graines sans strophiole ; fleurs rouges ou blanches, corolle à quatre pétales à préfloraison chiffonnée.

P. Rhoeas L. — Coquelicot (fig. 1 et fig. 4, 5, 6, 7, 8, 9, 10, 11, 12, 13, 14 et 15 de la planche VIII). — Feuilles profondément découpées en lobes ; plante couverte de poils roides (fig. 1). Les pétales colorés en rouge-vin contiennent un principe narcotique, et sont employés comme calmant.

P. somniferum L. (fig. 2 à 5). — Feuilles larges sinuées, dentées ou crénelées, amplexicaules (embrassant tout le pourtour de la tige) ; plante glabre (fig. 4). Cette espèce contient plusieurs variétés dont voici les principales.

P. somniferum album (*P. officinale* Gmel.). — Pavot blanc, à capsule ovoïde et à graines blanches. Le suc blanc contenu dans les vaisseaux lacticifères de la capsule (fig. 2) de cette variété, de même que celui de *P. Somn. glabrum*, donne la matière connue de tout le monde sous le nom d'*Opium*. Pour extraire l'opium, on fait des incisions sur la capsule, et on laisse sécher le suc qui coule, ou bien on le malaxe en ajoutant de l'eau ou de la salive. Il y a différentes sortes d'opium suivant la provenance : l'*Opium de Turquie* (d'Asie Mineure, de Turquie), utilisé en Europe, l'*Opium de Perse*, et enfin l'*Opium de l'Inde*. C'est surtout cette dernière variété qui est cultivée en grand dans la vallée du Gange et sur les plateaux de Malwa (Inde anglaise) ; on en exporte annuellement pour 300 millions de francs en Chine, Indo-Chine et en Malaisie. L'usage de l'opium ne s'est répandu en Chine qu'au commencement de ce siècle ; interdit un certain temps, il fut imposé de force par les Anglais après la « guerre de l'opium ». On peut estimer que les peuples orientaux dépensent près d'un demi-milliard de francs annuellement pour s'empoisonner avec l'opium. Les propriétés narcotiques, enivrantes et vénéneuses de l'opium, sont dues à la présence, dans cette substance, d'alcaloïdes nombreux et très actifs, comme la *Morphine*, la *Codéine*, la *Narcotine*, etc.

P. somniferum nigrum (*P. hortense* Hoss.). — Pavot noir ou Pavot pourpre (fig. 5) à capsule ronde et à graines noires, qui contiennent une huile comestible connue sous le nom de l'*huile d'œillette*.

P. somniferum depressum, Guib. — Pavot blanc à capsule déprimée (fig. 3), cultivé aux environs de Paris ; la décoction de capsules (têtes de Pavot) est narcotique et calmante.

Chelidonium Tourn. — Chélidoine. — Stigmates deux ; capsule linéaire, siliquiforme (fig. 16 et 17, pl. VIII), sans fausse cloison, déhiscente par deux valves qui se détachent de bas en haut ; graines munies d'une strophiole (fig. 18, pl. VIII). Fleurs jaunes en ombelles, à quatre pétales. Commun dan s toute l'Europe.

C. majus L. — Chélidoine ou Grand Éclaire (fig. 6 et fig. 16 à 18 de la pl. VIII). — Le suc laiteux de cette plante est jaune, acre et irritant ; en médecine populaire, il ser à détruire les verrues.

Glaucium Tourn. — Glaucière. — Stigmates deux ; capsule linéaire, siliquiforme, avec des fausses cloisons (fig. 31 à 23, pl. VIII), déhiscente par deux valves qui se détachent de haut en bas ; graines sans strophiole (fig. 24, pl. VIII) ; fleurs jaunes, terminales, à quatre pétales.

G. flavum Crantz (fig. 21 à 23 de la pl. VIII). — Pavot corné ; commun dans la région méditerranéenne ; contient un suc jaune, caustique, qui est employé dans les campagnes pour panser les ulcères des bêtes bovines.

Sanguinaria. — Capsule linéaire, siliquiforme, s'ouvrant par deux valves comme chez la Chélidoine ; graine avec une strophiole ; fleurs blanches terminales à huit et douze pétales.

S. canadensis L., est cantonnée en Amérique du Nord, entre le Canada et la Floride; contient un suc rouge, acre, agissant comme émétique.

Meconopsis.

M. Cambrica (fig. 8). — Le suc laiteux de cette plante exotique est acre et vénéneux.

Argemone.

A. mexicana L. — Herbe de l'Amérique centrale, dont le suc jaune contient un peu de morphine.

Eschscholtzia. — Ce genre diffère de tous les précédents par son réceptacle un peu convexe, son calice à sépales cohérents, caduc, etc. ; il est propre à l'Amérique du Nord et à l'Amérique centrale.

E. californica Cham. (fig. 1 à 3 de la pl. VIII). — Plante ornementale, cultivée dans nos serres pour ses grandes fleurs jaunes.

EXPLICATION DES FIGURES.

1. *Papaver Rhoeas*, fig. 1, port.
2 à 5. *P. somniferum*, fig. 4, port, fig. 2, capsule de *P. somnif. album*; fig. 5, capsule de *P. S. nigrum*; fig. 3, capsule de *P. S. depressum*.

6. *Chelidonium majus*, fig. 6, port.
7. *Glaucium flavum*, fig 7, fleur.
8. *Meconopsis cambrica*, fig. 8, fleur.

PAPAVÉRACÉES.

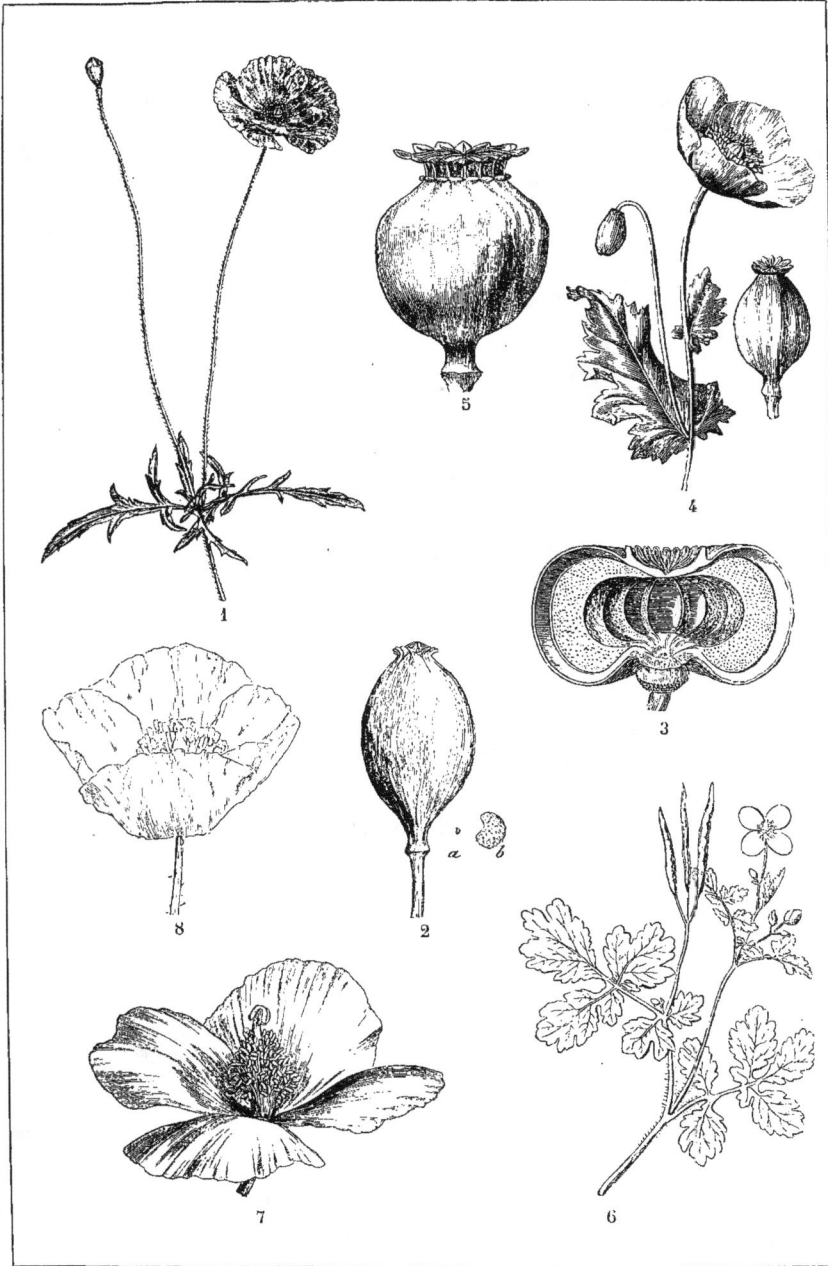

FUMARIACÉES.

La famille des Fumariacées est liée étroitement à celle des Papavéracées, de sorte que beaucoup de botanistes n'en font qu'une tribu de cette dernière famille. Il n'y a que deux caractères qui distinguent les Fumariacées des Papavéracées, c'est la fleur irrégulière (fig. 17, *Corydalis*), et les étamines en nombre défini (fig. 1, 8 et 10, *Fumaria*). Par la structure du fruit siliquiforme (fig. 15, *Corydalis*), à placentation pariétale (fig. 18, *Corydalis*) de certaines espèces, cette famille se rapproche des Crucifères, mais elle s'en distingue par les étamines diadelphes (fig. 8 et 10), la graine albuminée (fig. 16) et quelques autres caractères moins importants.

Les caractères constants des Fumariacées sont les suivants : fleurs irrégulières (fig. 17), calice à deux sépales (fig. 3, fleur, et 4, sépale de *Fumaria*); corolle à quatre pétales ; étamines quatre ou six, hypogynes, diadelphes (fig. 8 et 10), graine albuminée.

Plantes herbacées annuelles ou vivaces, à feuilles alternes, pétiolées (fig. 2, *Fumaria*); fleurs hermaphrodites, irrégulières (fig. 17), disposées en grappes généralement terminales (fig. 13, *Corydalis*); rarement solitaires; calice à deux sépales dentés (fig. 14), caducs, à préfloraison imbriquée (fig. 1); corolle à quatre pétales (fig. 1), hypogynes dissemblables : le supérieur (fig. 5) présente ordinairement à sa base un éperon ou une poche, l'inférieur (fig. 6) est un peu excavé à sa terminaison, les deux latéraux (un d'eux est vu de profil sur la fig. 7) sont petits et cachés presque complètement par le supérieur et l'inférieur (fig. 3, fleur entière, fig. 17); étamines au nombre de quatre ou six, didelphes, c'est-à-dire à filets soudés, presque dans toute leur longueur, en deux faisceaux opposés (fig. 8 et 10). Anthères extrorses, les deux latérales de chaque faisceau uniloculaires, celle du milieu biloculaire (fig. 1 et 8); les grains de pollen qu'elles renferment sont remarquables par la grandeur de leurs pores, à travers lesquels sortent les tubes polliniques. Style simple à stigmate bilobé (fig. 9); ovaire libre à placentation pariétale (fig. 1 et 15), uni ou pluri-ovulé. Le fruit sec est tantôt siliquiforme, déhiscent en deux valves, polysperme (fig. 18 et 15, *Corydalis*), tantôt indéhiscent, monosperme (fig. 12, *Fumaria*); les graines, insérées aux placentas pariétaux, sont quelquefois strophiolées (fig. 19, *Corydalis*), à albumen charnu, contenant un embryon droit, très petit (fig. 16).

Les Fumariacées sont très communes dans les régions tempérées de l'hémisphère Nord, et manquent complètement dans la zone intertropicale.

Plusieurs des plantes appartenant à cette famille contiennent dans leurs parties herbacées un suc aqueux, âcre ou acide, qui agit comme tonique.

Genres principaux :

Fumaria L. — Fumeterre. — Fruit globuleux, indéhiscent (fig. 12), graine dépourvue de strophiole.

F. officinalis L., F. officinale (fig. 1 à 12). — Très commune dans les champs; son suc amer était employé autrefois en médecine.
T. capreolata, L., F. grimpante. — Fleurs blanches.

Corydalis DC. — Corydale. — Fruit siliquiforme, déhiscent (fig. 15 et 18), polysperme; graine pourvue de strophiole (fig. 16 et 19).

C. lutea DC. C. jaune. — Fleurs jaunes (fig. 13 à 16). *C. ochroleuca*, Koch (fig. 17 à 18), plante d'agrément. — Les rhizomes et les bulbes de *C. bulbosa* sont légèrement astringentes.

Dicentra.

D. formosa. — Les tubercules sont employés comme anti-scrofuleux en Amérique. *D. spectabilis*, plante exotique cultivée dans nos jardins.

EXPLICATION DES FIGURES.

1 à 12. *Fumaria officinalis*, fig. 1, diagramme de la fleur ; 2, port ; 3, fleur ; 4, sépale ; 5, pétale supérieur ; 7, pétale moyen ; 6, pétale inférieur ; 8, pistil et étamines ; 9, pistil seul ; 10, étamines et pistil; 11, grain de pollen; 12, fruit.

13 à 16. *Corydalis lutea*, fig. 13, port; 14, fleur; 15, coupe du fruit; 16, coupe de graines.
17 à 19. *Corydalis ochroleuca*, fig. 17, fleur ; 18, fruit; 19, graine.

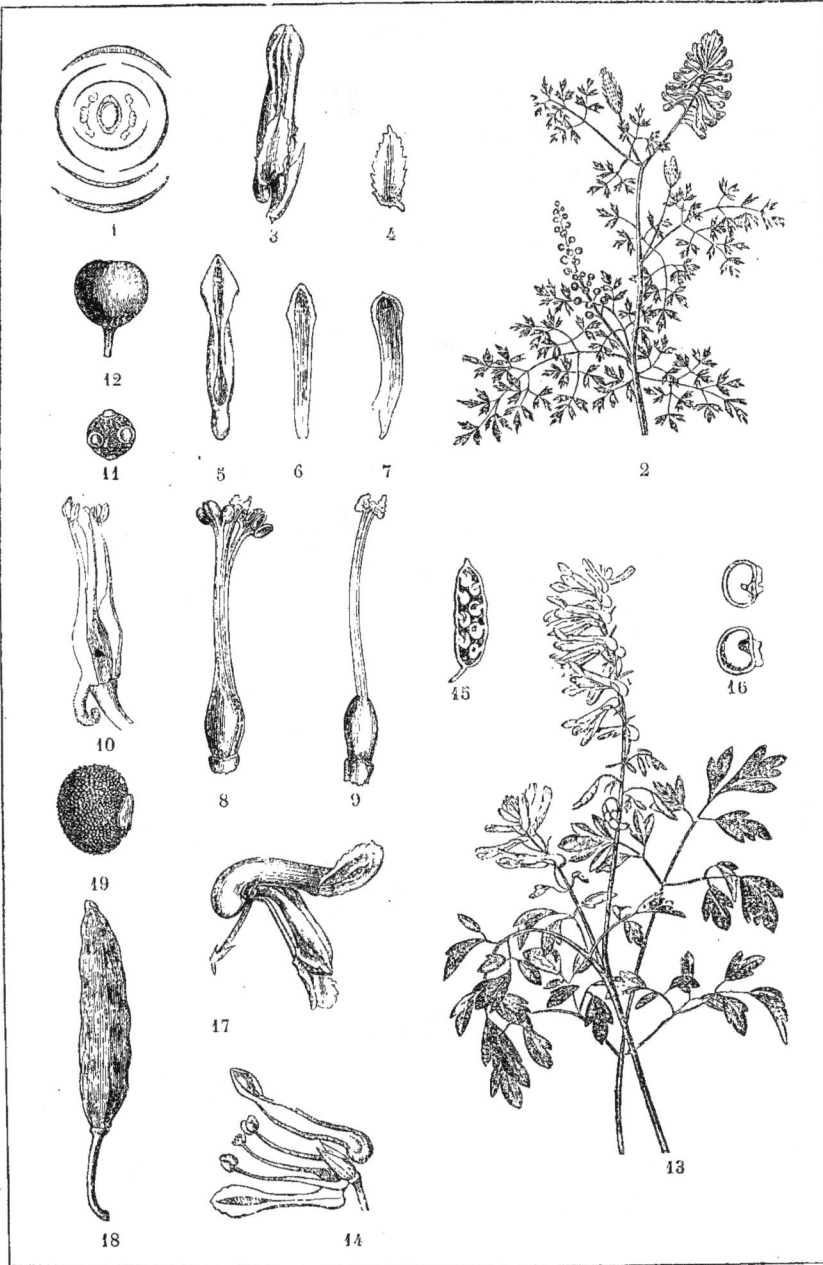

CRUCIFÈRES

La famille des Crucifères est une des plus naturelles du règne végétal. Les caractères communs à toutes les plantes qui la composent sont les suivants : périanthe double, calice à quatre sépales et corolle à quatre pétales libres, disposés en croix (fig. 1, *Cheiranthus*) ; étamines six, dont deux latérales plus courtes que les quatre intérieures (fig. 6, *Alyssum*), carpelles réunis en un ovaire primitivement uniloculaire à placentation pariétale et devenant biloculaire (fig. 3, *Cheiranthus*), par suite de développement d'une fausse cloison, aux dépens des placentas ; fruit déhiscent, silique (fig. 15, *Moricandia*), ou silicule (fig. 8, *Lunaria*) ; graines sans albumen (fig. 10 et 11, *Lunaria*).

Les Crucifères sont liées par plusieurs caractères aux Papavéracées et aux Fumariacées ; elles ne s'en distinguent que par leurs étamines tétradinames (fig. 6), et leurs graines exalbuminées (fig. 18, *Brassica*). Les Capparidées et les Résédacées sont aussi voisines des Crucifères, mais diffèrent par la structure irrégulière des fleurs.

Les Crucifères sont des plantes herbacées, rarement sous-frutescentes, à feuilles alternes, rarement opposées, dépourvues de stipules (fig. 1). Les fleurs hermaphrodites, disposées en grappes terminales (fig. 1), présentent un réceptacle convexe et un périanthe double, hypogyne. Le calice est formé de quatre sépales (fig. 7, *Lunaria*) libres, caducs, les deux antéro-postérieurs correspondant aux placentas de l'ovaire (fig. 2). La corolle est constituée par quatre pétales hypogynes (fig. 14, pl. XIII, *Barbarea*), disposés en croix (fig. 1), libres, à préfloraison imbriquée (fig. 2 et 7), égaux ; la corolle peut manquer quelquefois. Le réceptacle est souvent muni de glandes, ordinairement en nombre de quatre, disposées en dedans ou en dehors des étamines (fig. 6, *Alyssum*). Les étamines sont hypogynes (fig. 6) (rarement périgynes), libres, au nombre de six (fig. 2), tétradinames, c'est-à-dire les deux latérales correspondant aux sépales latéraux (fig. 2 et 6), plus courtes que les quatre intérieures, disposées en avant et en arrière, et correspondant aux sépales antéro-postérieurs (fig. 2 et 6). Dans un seul genre (*Megacorpea*), les étamines sont en nombre considérable et indéfini. Les anthères sont introrses, biloculaires, à déhiscence longitudinale (fig. 6). L'ovaire est formé de deux carpelles (fig. 2, 3) soudés, divisés à la maturité en deux loges par une fausse cloison formée par les prolongements de placentas pariétaux. Le fruit est tantôt allongé (silique) (fig. 15), tantôt court (silicule) (fig. 8), déhiscent par deux valves qui se détachent de bas en haut (fig. 16), en laissant à découvert le châssis formé par les placentas pariétaux et la fausse cloison ; il est biloculaire, rarement uniloculaire ou divisé transversalement par des cloisons cellulaires ; uni ou pluri-ovulé. Les graines, dépourvues d'albumen, contiennent un embryon plié.

Les Crucifères se rencontrent dans toutes les régions du globe, mais plus abondamment dans les zones tempérées. Leurs usages sont multiples, et nous les indiquerons en décrivant les genres.

Il est très difficile d'établir les subdivisions dans la famille des Crucifères, comme dans tout groupe de plantes homogènes. Linné et après lui Jussieu divisaient les Crucifères en *siliqueuses* et *siliculeuses*, selon la forme du fruit ; cette division est encore bonne si on ne considère que les plantes de notre flore indigène, mais elle devient insuffisante si on veut y comprendre les plantes exotiques. On doit alors adopter une des classifications suivantes :

Classification d'Adanson, qui reconnaît quatre types principaux : 1) les *Roquettes* (fruit en silique) (fig. 15) ; 2) les *Lunaires* (silicule à cloison large) (fig. 8) ; 3) les *Thlaspis* (silicule à cloisons étroites) (pl. XII, fig. 7) ; 4) les *Raiforts* (fruit lomentacé).

Classification de De Candolle, basée sur la position de la radicule par rapport aux

EXPLICATION DES FIGURES.

1 à 5, *Cheiranthus cheiri*, fig. 1, port ; 2, diagramme 3, coupe du fruit ; 4 et 5, cotylédon pleurorhisé de profil et coupé transversalement.

6, *Alyssum campestre*, fig. 6, androcée.

7 à 10, *Lunaria annua*, fig. 7, diagramme ; 8, fruit ; 9, 10, graine entière et coupée transversalement.

11 à 13, *Bunias orientalis*, fig. 11, diagramme ; 12, embryon spirolobé vu de trois-quarts ; 13, coupe du même embryon, suivant la ligne *ab* de la fig. 12.

14, *Vesicaria*, fig. 14, diagramme.

15 à 17, *Moricandia arvensis*, fig. 15, fruit (silique) entier et 16, déhiscent ; 17, coupe transversale du fruit.

18 à 20, *Brassica oleracea*, fig. 18, graine ; 19, embryon orthoploce, vu de face ; 20, le même, coupé transversalement.

21 et 22, *Hesperis matronalis*, fig. 21, embryon nothorhisé, vu de face ; 22, le même, coupé transversalement.

23 à 25, *Senebiera pinnatifida*, fig. 23, embryon diplécolobé, vu de profil ; 24, coupe transversale du même, suivant la ligne *ab* de la fig. 23 ; 25, id. suivant la ligne *cd*.

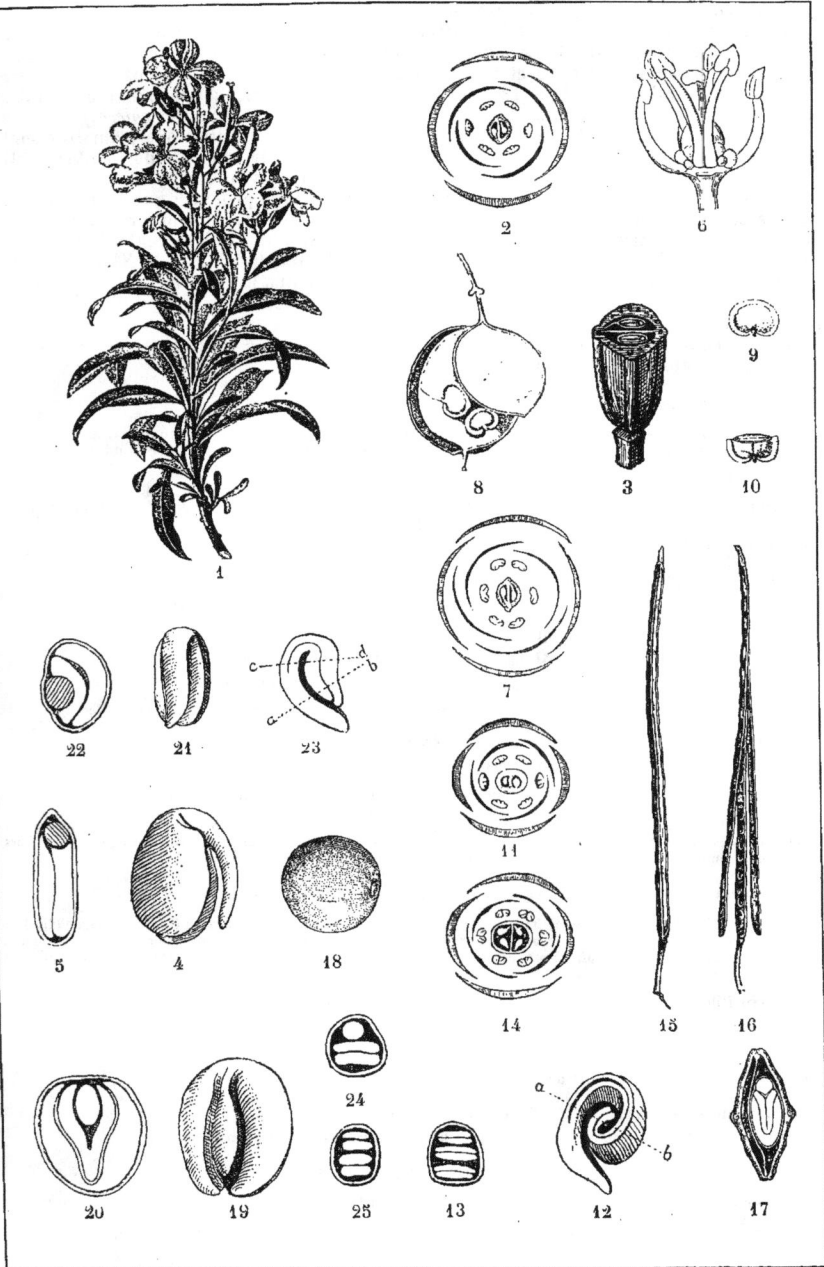

cotylédons dans l'embryon ; elle comprend les cinq *sous-ordres* suivants : 1) *Pleurorhisées*, cotylédons accombants (fig. 4, *Cheiranthus*); 2) *Nothorhisées*, cotylédons incombants, (fig. 21 et 22, *Hesperis*); 3) *Orthoplocées*, cotylédons incombants, ployés en long et embrassant la radicule (fig. 19 et 20, *Brassica*) ; 4) *Spirolobées*, cotylédons incombants, enroulés en spirale (fig. 12 et 13, *Bunias*); 5) *Diplécolobées*, cotylédons incombants, repliés deux fois sur eux-mêmes, transversalement (fig. 23, 24 et 25, *Senebiera*.)

Classification de MM. Hooker et Bentham, dans laquelle les divisions primaires sont basées sur la forme du fruit, et les divisions secondaires sur la forme de l'embryon. Il serait trop long d'examiner ici toutes les *séries* de ces savants auteurs.

Classification de M. Baillon, basée à peu près sur les mêmes principes que la précédente; d'après cette classification, toutes les Crucifères sont divisées en sept séries : 1) *Cheiranthées*, silique déhiscente (pl. XI, fig. 8) ; 2) *Raphanées*, silique indéhiscente; 3) *Caxilées*, silique ou silicule lomentacée; 4) *Isatidées*, silicule indéhiscente (pl. XIII, fig. 6); 5) *Lunariées*, silicule déhiscente, comprimée parallèlement à la cloison (fig. 4); 6) *Thlaspidées*, silicule déhiscente, comprimée perpendiculairement à la cloison (fig. 7 et 8); 7) *Subulariées*, silicule turgide.

Dans ce court aperçu de la famille des Crucifères, nous ne donnerons que les principaux genres, sans vouloir les grouper d'une façon ou d'autre.

Genres principaux :

Senebiera Poir. — Sénébière. — Silicule indéhiscente, comprimée perpendiculairement à la cloison ; ce genre, avec deux ou trois autres, forme la division des *Diplécolobées* de De Candolle.

S. *pinnatifida* (pl. XI, fig. 23 à 25). — Plante hérissée, velue.

Bunias R. Br. — Bunias. — Silicule indéhiscente, biloculaire ; ce genre avec le genre Schizopetalum, forme la division des *spirolobées* de De Candolle.

B. *orientalis* L. (pl. XI, fig. 11 à 13), est cultivée dans nos jardins.

Cheiranthus R. Br. — Giroflée. — Silique presque tétragonale, graines uni-sériés, fleurs jaunes.

C. *cheiri* L. — G. Violier (pl. XI, fig. 1 à 5). — Plante ornementale à tige sous-frutescente à la base.

Hesperis L. — Julienne. — Silique cylindrique.

H. *matronalis* L., J. des dames (pl. XI, fig. 21 et 22). — Fleurs lilas ou blanches ; plante ornementale.

Lunaria L. — Lunaire. — Silicule comprimée parallèlement à la cloison.

L. *annua* L. (fig. 4 et pl. XI, fig. 7 à 10), est cultivée dans les jardins, de même que la L. *biennis* (fig. 5).

Alyssum L. — Alysson (fig. 1, 2, 3). — Style persistant, loges monospermes.

A. *saxatile*, Corbeille d'or, est cultivée comme plante d'agrément.

Nasturtium R. Br. — Cresson. — Silique cylindrique ou silicule ; graine pluri-sériées.

N. *officinale* R. Br., Cresson de fontaine (fig. 8 à 11). — Fleurs blanches. Cette plante renferme dans toutes ses parties une huile essentielle ayant des propriétés stimulantes analogues à celles de la moutarde. N. *silvestre* R. Br., Cresson sauvage. — Fleurs jaunes.

Cochléaria L. — Silicule presque globuleuse ; graines bi-sériées, fleurs blanches.

C. *officinalis* L., Herbe aux cuillers, Cranson (fig. 12). — Feuilles caulinaires embrassantes, charnues. Contient une huile essentielle, âcre, soufrée; est employée en médecine comme anti-scorbutique.

C. *armoracia* L., Raifort ou Cran de Bretagne (fig. 11). — Feuilles caulinaires non embrassantes, oblongues. La racine renferme une huile âcre, ayant à peu près les mêmes propriétés que celle de l'espèce précédente.

Thlaspi Dill. — Tabouret, Thlaspi. — Pétales presque égaux.

T. *arvense* L., T. des champs (fig. 6 et 7). — Commun en Provence.

Iberis L. — Ibéride. — Pétales extérieurs plus grands.

I. *amara* (fig. 12), est une plante d'agrément.

Cardamine L. — Cardamine. — Silique linéaire.

C. *pratense* L., Cresson amer. — Plante des prés humides, ayant la saveur du cresson.

EXPLICATION DES FIGURES.

1 à 3.   *Alyssum saxatile*, fig. 1, fruit entier ; 2, *id.* coupé ; 3, étamine.
4 et 5. *Lunaria annua*, fig. 4, port ; L. *biennis*, fig. 5, fleur.
6 et 7. *Thlaspi arvense*, fig. 6, fruit entier; 7, *id.* coupé.
8 à 11. *Nasturtium officinale*, fig. 8, port ; 9, fruit ; 10, fleur ; 11, fleur sans pétales.
12.   *Iberis amara*, fig. 12, diagramme.
13.   *Cochlearia armoracia*, fig. 13, port.
14.   *Cochlearia officinalis*, fig. 14, port.

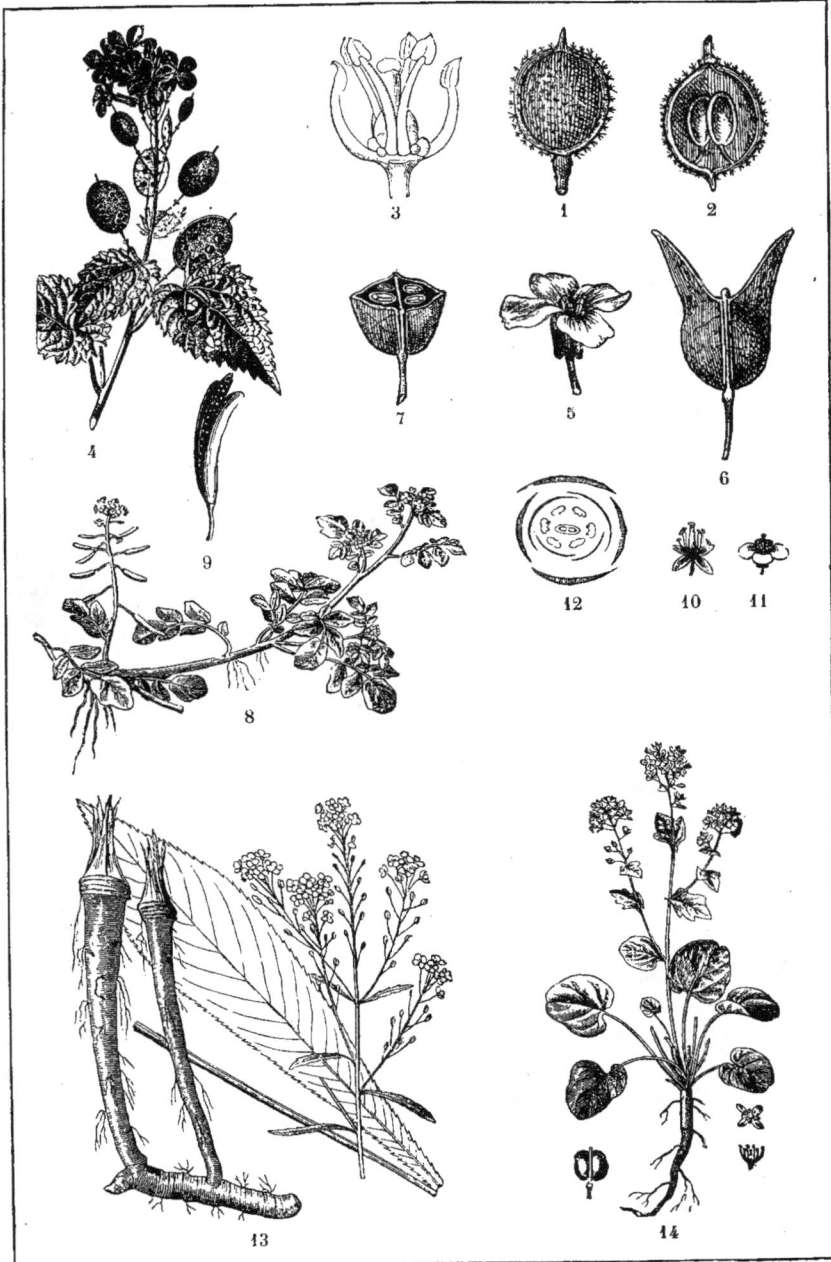

CRUCIFÈRES.

Barbarea R. Br. — Silique presque cylindrique, graines unisériées, fleurs jaunes.

B. vulgaris, R. Br., Herbe de Sainte-Barbe (fig. 13 et 14). — Est considérée comme antiscorbutique.

Anastatica L. — Ce genre a été créé pour une plante assez curieuse.

A. Ierochuntina L., ou Rose de Jéricho. — Cette plante de l'Asie Mineure est très hygrométrique ; après la fructification, ses branches se dessèchent et se contractent de façon à former une boule qui est souvent enlevée par le vent, et chassée dans le désert à des distances considérables ; cette boule s'épanouit et reprend sa forme dès qu'elle est mise dans l'eau ou dans un endroit humide ; jadis, les charlatans profitaient de cette propriété de la Rose de Jéricho, pour prédire aux femmes enceintes un heureux accouchement.

Sysimbrium L. — Sisymbre. — Silique cylindrique, graines unisériées, fleurs jaunes ou blanches.

S. officinale DC. Herbe aux chantres (fig. 1). — Possède des propriétés stimulantes.

Camelina Crantz. — Caméline. — Silicule pyriforme, fleurs jaunâtres.

C. sativa Crantz, C. cultivée (fig. 2). — Sert à l'extraction de l'huile pour l'éclairage.

Capsella Vent. — Capselle. — Silicule triangulaire, fleurs blanches.

C. Bursa-pastoris, Moench, Bourse-à-Pasteur (fig. 3, 4 et 5). — Plante employée jadis en médecine.

Isatis L. — Pastel. — Silicule indéhiscente monosperme.

I. tinctoria L , P. des teinturiers, Guède (fig. 6 et 7). — Fut employée, dans l'antiquité, surtout avant l'introduction de l'indigo, comme matière colorante bleue.

Brassica L. — Chou. — Silique sub-cylindrique ; graines unisériés. Genre originaire de l'Europe tempérée et de la Sibérie, mais cultivée dans toute l'Europe et l'Asie.

B. oleracea L. (pl. XI, fig. 11), Chou potager. — Plusieurs variétés de cette espèce sont cultivées comme plantes comestibles, soit pour leurs feuilles (*Choux verts*), soit pour leurs inflorescences (*Choux-fleurs*), soit pour leurs bourgeons (*Choux de Bruxelles*), soit pour leur rhizome (*Choux-raves*).
B. napus L., (fig. 8). Chou-navet ou navet. — Est cultivé pour ses racines gorgées de suc. Les graines de *B. campestris* (Colza) donnent l'huile de colza, et celles de *B. rapa* et de *B. napus*, l'huile de navette.

Moricandia DC. — Genre très voisin de Brassica.

M. arvensis DC. (fig. 9 et pl. XI, fig. 8).

Eruca Tourn. — Roquette. — Silique sub-cylindrique ; graines bi-sériées.

E. sativa Luck., R. cultivée. — Ses feuilles sont considérées comme anti-scorbutiques.

Raphanus L. — Radis. — Silique renflée ou moniliforme (à cloisons transversales).

R. sativus L., R. cultivé. — Plusieurs variétés de cette espèce sont cultivées pour leurs racines renflées et gorgées de suc à saveur piquante. Les plus communes de ces variétés sont : le *R. radicula* (radis rond, blanc-rosé), le *R. niger* (radis noir, plus piquant que le précédent).

Sinapis. L. — Moutarde. — Silique cylindrique, graines unisériées, fleurs jaunes.

S. nigra L. (*Brassica nigra* Koch.). — Moutarde noire ou sénevé (fig. 12). — Ses graines noires possèdent des propriétés irritantes, grâce à la transformation, sous l'influence de l'eau, d'une huile essentielle sulfurée (sulfocyanate d'allyle) qu'elles renferment ; elles sont employées en médecine pour les sinapismes, et dans l'économie domestique comme condiment.
S. alba L. (*Brassica alba* Hook et Toms.) (fig. 10 et 11). — Moutarde blanche. — Se distingue de la précédente par sa silique, pubescente et rostrée supérieurement (fig. 11) ; ses graines blanches donnent l'huile de moutarde.

Diplotaxis DC. — Diplotode. — Silique comprimée.

D. muralis DC., D. des murs. — Commun en Europe, possède des propriétés anti-scorbutiques.

Lepidium L. — Passerage. — Silique ovale, loges monospermes.

L. sativum L., Cresson alénois, plante condimentaire. — *L. piscidium*, est employée, aux îles Sandwich comme poison pour la pêche des poissons.

EXPLICATION DES FIGURES.

1 *Sysimbrium officinale*, fig. 1, port.
2 *Camelina sativa*, fig. 2, embryon notorrhisé.
3 à 5 *Capsella Bursa-pastoris*, fig. 3, embryon ; 4, diagramme ; 5, port.
6 et 7 *Isatis tinctoria*, fig. 6, port ; 7, fleur.

8 et 9 *Brassica napus*, fig. 8, port et racine ; *Brassica* (*Moricandia*) *arvensis*, fig. 9, coupe du fruit.
10 à 11 *Sinapis nigra*, fig. 12, port ; *S. alba*, fig. 10, port ; 11, fruit.
13 *Barbarea vulgaris*, fig. 13. port ; 14, fleur.

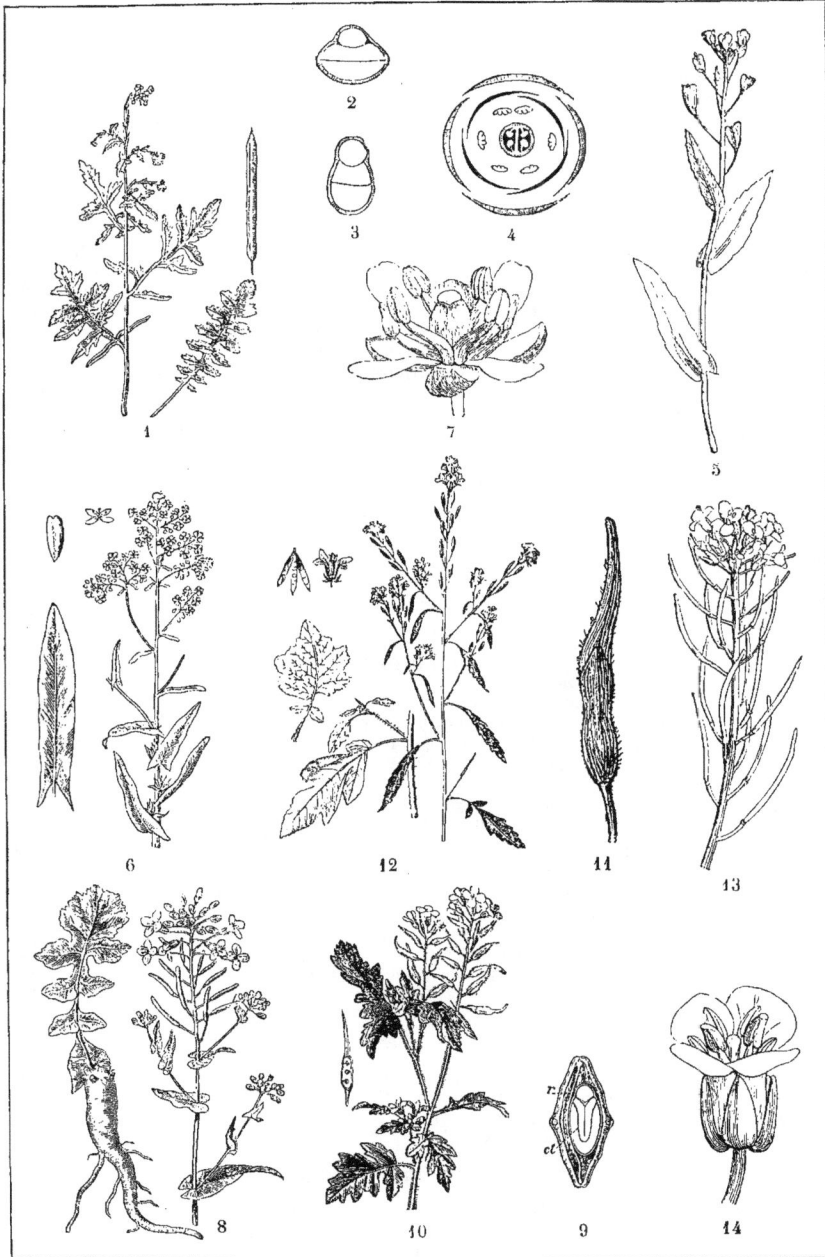

RÉSÉDACÉES

Cette petite famille est étroitement liée aux Crucifères et aux Capparidées ; elle ne se distingue des premières que par ses fleurs irrégulières (fig. 7, *Reseda*) et ses étamines non tétradynames, et des seconds par le port (fig. 1, *Reseda lutea*); en outre, le fruit des Résédacées (fig. 3 et 13, *Reseda*) présente des différences dans sa forme et dans son mode de déhiscence avec ce qu'on observe dans les deux familles en question.

Les caractères les plus marquants des Résédacées sont les suivants : fleurs irrégulières (fig. 7), étamines nombreuses, insérées sur un disque charnu (fig. 7); fruit : capsule ou baie (fig. 10); graines sans albumen (fig. 4, *Reseda*), embryon recourbé (fig. 5).

Plantes herbacées, rarement frutescentes, à feuilles alternes, entières (fig. 1), munies souvent à leur base d'une dent glanduliforme qui représente peut-être une stipule; fleurs hermaphrodites, irrégulières (fig. 6), disposées en grappes terminales; calice à six ou huit sépales (fig. 2) inégaux, à préfloraison imbriquée (fig. 6, *Reseda*); corolle rarement nulle, ordinairement à quatre ou huit pétales irréguliers, les supérieurs grands, palmatipartites (fig. 9), les inférieurs souvent réduits à une lame linéaire sur un onglet élargi (fig. 8); disque charnu, souvent prolongé latéralement en écaille (fig. 7). Étamines, le plus souvent nombreuses (fig. 6), insérées dans l'intérieur du disque, ordinairement hypogynes; carpelles, deux à six, le plus souvent soudés entre eux en un ovaire uniloculaire, quelquefois libres, à placentas pariétaux (fig. 6); fruit indéhiscent, capsule ou baie, clos ou présentant une ouverture vers le sommet (fig. 10), polysperme (fig. 3); graines réniformes, exalbuminées (fig. 4), à embryon plié (fig. 5).

Les Résédacées croissent dans les régions situées au nord du tropique du Cancer.

Genres principaux :

Reseda L. — Réséda. — Carpelles soudés en un ovaire uniloculaire.

R. lutea L., R. jaune (fig. 1 à 5). — Fleurs jaunes. | *R. odorata* L., Herbe d'amour (fig. 6 à 10). — Est cul-
R. luteola L., Gaude. — Est employée dans la teinture. | tivée dans les jardins pour ses fleurs odorantes.

Astrocarpus Neck. — Carpelles non soudés entre eux.

A. Clusii Gay. — Se rencontre en France sur les coteaux arides.

CAPPARIDÉES

Très voisines des Résédacées, les Capparidées tiennent de près aux Crucifères qui s'en distinguent principalement par leurs étamines tétradynames.

Les caractères constants de cette famille sont : étamines plus ou moins nombreuses (fig. 15, *Capparis*); pistil porté par un pédicelle allongé (fig. 12), graine sans albumen (fig. 15, *Capparis*), embryon plié.

Plantes herbacées, rarement frutescentes, à feuilles alternes, simples ou digitées, stipulées (fig. 10, *Capparis*) ou non; fleurs le plus souvent régulières, à périanthe simple ou double; calice à quatre ou huit sépales libres (fig. 12) ou cohérents, à préfloraison imbriquée; corolle à deux ou quatre pétales (fig. 15), insérés sur un réceptacle concave ou convexe; étamines ordinairement nombreuses (fig. 15), rarement quatre ou six; ovaire ordinairement porté par un gynophore (fig. 15 et 12), uniloculaire, à placentas pariétaux; fruit sec, déhiscent, siliquiforme, polysperme (fig. 13), ou rarement charnu; graines exalbuminées (fig. 14), embryon courbé.

Les Capparides sont répandues dans les régions tropicales et sub-tropicales des deux hémisphères.

Genres pricipaux :

Capparis Tourn. — Câprier.

C. spinosa L., C. épineux (fig. 15). — Croît spontané- | ton (*câpres*) sont condimentaires. — *C. egyptia* Lam.
ment dans la région méditerranéenne; les fleurs en bou- | (fig. 11 à 14).

Cleoma. L.

C. pentaphylla L. — Le fruit est condimentaire.

EXPLICATION DES FIGURES.

1 à 5 *Reseda lutea*, fig. 1, port; 2, calice ; 3, coupe du | 11 à 13 *Capparis égyptio*, fig. 11, port; 12, calice et
fruit; 4, graine ; 5, embryon. | pistil; 13, fruit; 14, graine.
6 à 10 *R. odorata*, fig. 6, diagramme ; 7, fleur; 8, et 9 | 15 *C. spinosa*, fig. 15, fleur.
pétales; 10, fruit.

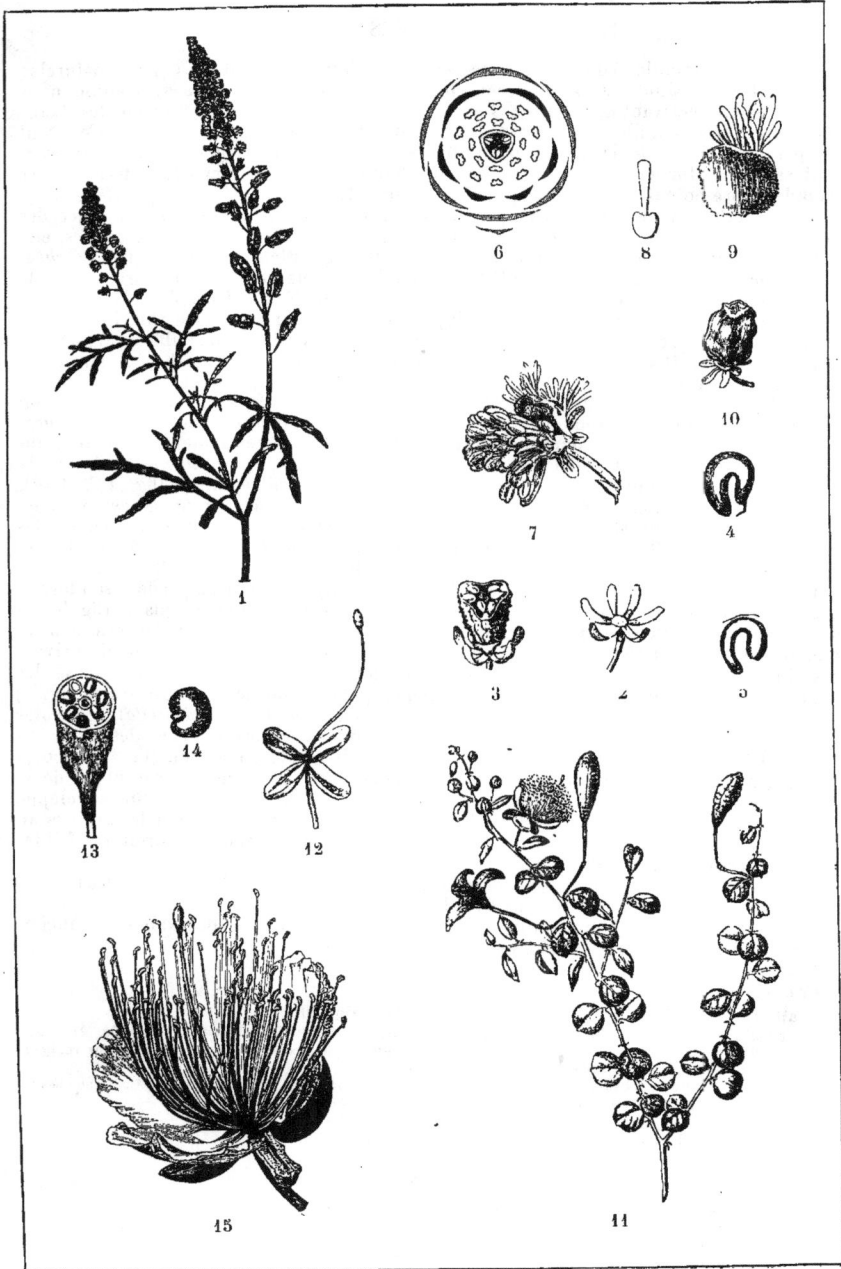

OXALIDÉES

Cette petite famille commence une série de groupes de plantes assez naturels; elle est très voisine des *Géraniacées*, des *Balsaminées* et des *Linées*, comme nous le verrons en décrivant ces familles. Les principaux caractères qui distinguent les Oxalidées de ces trois familles sont tirés de la structure du fruit (capsule ou baie, ne s'ouvrant pas par des valves), de la régularité des fleurs, de la nature des graines (albuminées et arillées), de la forme et de la disposition des feuilles (feuilles composées-alternes). Les Oxalidées présentent également quelques ressemblances avec les *Zygophyllées* et les *Rutacées;* elles en diffèrent principalement par leurs feuilles alternes, l'absence des glandes sur le disque, la préfloraison tordue de la corolle, l'insertion des étamines, etc.

Les caractères constants des Oxalidées sont les suivants : Fleurs régulières (fig. 1 *Oxalis*) à réceptacle convexe (fig. 3), à corolle hypogyne (fig. 3); étamines en nombre double de celui des pétales, soudées à leur base; styles libres ou soudés à la base (fig. 17): carpelles réunis en un ovaire pluri-loculaire (fig. 16): fruit charnu ou capsulaire (fig. 8) à déhiscence loculicide; graines à albumen abondant (fig. 12), embryon droit ou faiblement incurvé.

La famille des Oxalidées est composée des plantes ordinairement herbacées, annuelles ou vivaces, rarement sous-frutescentes, à rhizome rampant, souvent garni d'écailles (fig. 14), ou tubéreux (fig. 26, *Oxalis crenata*), gorgé de suc; les feuilles sont alternes, composées, souvent trifoliées (fig. 1, *O. stricta*), pétiolées (fig. 1 et 14, *O. acetosella*), roulées en spirale dans le jeune âge (fig. 1, 14), généralement pliées longitudinalement (fig. 1), ou réfléchies vers le pétiole (fig. 14, *O. acetosella*), pendant la nuit; les stipules manquent. Les fleurs sont hermaphrodites et régulières (fig. 1, 3 et 14), tantôt solitaires, à l'extrémité d'un pédoncule radial (fig. 14), tantôt en cyme ou en grappe. Le réceptacle est convexe (fig. 3), le calice est formé de cinq sépales, un peu soudés à la base (fig. 21, *O. corniculata*), persistants (fig. 21), à préfloraison imbriquée (fig. 2, *O. stricta*). La corolle est composée de cinq pétales hypogynes (fig. 3), libres ou un peu soudés à la base, caducs (fig. 21) courtement onguiculés (fig. 4), à préfloraison tordue (fig. 2); les étamines sont au nombre de dix (fig. 2), insérées sur le réceptacle (fig. 3), et soudées par leurs filets à la base (fig. 5, *O. stricta*); cinq de ces étamines sont plus courtes que les autres, opposées aux pétales (fig. 2, traits fins, et 5), et quelquefois privées d'anthères. Les styles, au nombre de cinq, sont libres (fig. 6), ou soudés à la base; les stigmates sont souvent bifides (fig. 23); les cinq carpelles réunis forment un ovaire (fig. 6) à cinq loges (fig. 2 et 16, *O. acetosella*), pluri-ovulées (fig. 17, *O. acetosella*); les ovules anathropes (fig. 8), pendants (fig. 10), sont insérés aux angles internes des carpelles (fig. 2 et 16). Le fruit est une capsule allongée (fig. 9 et 21) ou ovoïde (fig. 15), polysperme, à déhiscence loculicide; après la déhiscence, les valves ne se séparent pas de la columelle placentifère. Les graines sont arillées, c'est-à-dire couvertes d'une enveloppe élastique, striée (fig. 11 et 24), qui, à la maturité, se rétracte et projette les graines au dehors; ces graines renferment un albumen charnu, et un embryon droit ou faiblement incurvé (fig. 12 et 13).

Les Oxalidées sont répandues par toute la terre, mais plus spécialement dans les régions tropicales; il n'en existe presque pas dans les pays froids.

Toutes les plantes de cette famille contiennent un suc acide (acide oxalique), mucilagineux, qui a des propriétés rafraîchissantes.

Genres principaux :

Oxalis L. — Oxalide. — Tige herbacée, styles distincts, graines striées.

O. acetosella L., Surelle ou Pain-de-Coucou (fig. 14 à 20). — Plante acaule à fleurs blanches; le suc des feuilles sert à l'extraction de l'acide oxalique.

O. stricta L., O. droite (fig. 1 à 13). — Plante glabre, à tige dressée; possède les mêmes propriétés que la précédente.

O. corniculata L., Alleluia à cornes (fig. 21 à 25). — Plante pubescente à tige couchée; stipules rudimentaires.

O. crenata (fig. 26). — Plante de l'Amérique ; ses tubercules sont comestibles.

Averrhoa. — Arbrisseau de l'Inde, dont les fruits servent de condiment.

EXPLICATION DES FIGURES.

1 à 13 *Oxalis stricta,* fig. 1, port; 2, diagramme; 3, coupe de la fleur; 4, pétale; 5, androcée; 6, gynecée; 7, stygmate: 8-10, ovule; 9. fruit; 11-13, graine. 14 à 20 *O. acetosella,* fig. 14, port; 15-16, fruit; 17, pistil; 18, stygmate; 19-20, graine.

21 à 25 *O. corniculata,* fig. 21, port; 22, stipules rudimentaires ; 23, stygmates; 24-25, graine.

O. crenata, fig. 26, rhizome tubéreux.

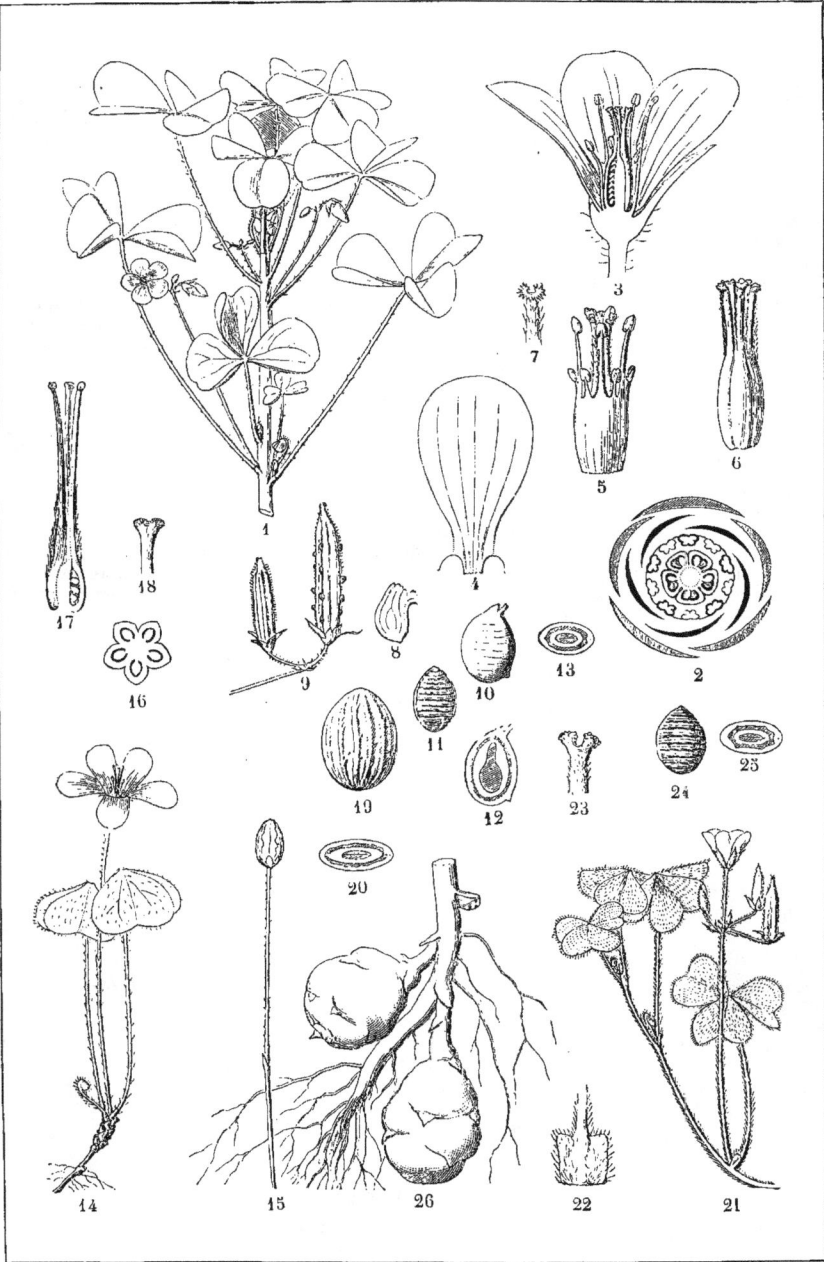

GÉRANIACÉES

Cette famille est très voisine des *Oxalidées*, et n'en diffère que par le fruit capsulaire (fig. 8 et 9), déhiscent d'une façon spéciale (fig. 9, *Geranium*), par les feuilles simples (fig. 4, *Geranium*), par les graines exalbuminées et l'embryon courbe. Les *Géraniacées* présentent en outre des affinités étroites avec les *Balsaminées*, par le genre *Pelargonium*, ayant les fleurs irrégulières; mais les *Balsaminées* ont les feuilles stipulées et les anthères cohérentes. Les *Géraniacées* sont également voisines des *Linées* et des *Zygophyllées;* elles se distinguent des premières par la forme de leur fruit, leurs feuilles stipulées (fig. 4) et leur embryon recourbé, et des secondes, par leur style composé de cinq styles à moitié soudés, et par quelques autres caractères.

Les caractères constants des Géraniacées sont les suivants : calice pentamère; pétales hypogynes; étamines en nombre double de celui des pétales ; ovaire composé de cinq carpelles soudés à un prolongement de l'axe de la fleur en forme de bec et déhiscent avec élasticité. Graines sans albumen (fig. 11), contenant un embryon plié, à cotylédons plissés ou enroulés ; feuilles simples, stipulées.

Les Géréniacées sont des plantes herbacées, plus rarement sous-frutescentes ou charnues, à feuilles simples, ordinairement palmatiséquées (fig. 4), plus rarement pinnatiséquées, les supérieures opposées (fig. 4), les inférieures alternes, toutes munies de stipules membraneuses (fig. 4). Les fleurs sont hermaphrodites, régulières (fig. 4 et 5, *Geranium*), ou irrégulières (fig. 1 et 2, *Pelargonium*), à pédoncules biflores (fig. 4), plus rarement uniflores; le calice est formé de cinq sépales (fig. 4), libres, herbacés, persistants, à préfloraison imbriquée, égaux (fig. 4) ou inégaux; dans ce dernier cas, le sépale postérieur présente la forme d'un éperon soudé au pédoncule (fig. 2). La corolle est formée ordinairement par cinq pétales hypogynes, libres, caducs, à préfloraison tordue, égaux (fig. 4 et 5) ou inégaux (fig. 1 et 2). Les étamines sont en nombre ordinairement double de celui des pétales (fig. 5), et disposées en deux verticilles ; celles du verticille extérieur, opposées aux pétales, sont ordinairement plus courtes et quelquefois dépourvues d'anthères; les filets sont membraneux, aplatis (fig. 6, *Geranium*), libres ou plus ou moins soudés à la base ; dans quelques genres (*Monsonnia*), ils sont soudés par trois, et forment des phalanges triandres; les anthères introrses, bi-loculaires, à déhiscence longitudinale, contiennent des grains de pollen à membrane externe réticulée (fig. 3, *Pelargonium*). Les cinq carpelles sont soudés en un ovaire à cinq loges (fig. 7), de même que les cinq stiles sont soudés en un stile dans toute leur longueur, excepté tout à fait en haut. Le fruit est une capsule à cinq carpelles (fig. 8), s'ouvrant par déhiscence septifrage, avec élasticité de bas en haut (fig. 9), ou inversement, en cinq coques, dont chacune contient une graine et un bec roulé en spirale (fig. 10). Après le détachement de ces coques, il ne reste que la columelle formée par les placentas soudés au style. Le réceptacle porte souvent des glandes situés entre les étamines et l'ovaire. Les graines dépourvues d'albumen (fig. 11) contiennent un embryon enroulé, plissé.

Les Géraniacées habitent les régions tempérées des deux hémisphères. Leur suc renferme de l'acide gallique et du tannin, et possède des propriétés astringentes.

Genres principaux :

Geranium L'Hérit. — Géranium. — Toutes les étamines fertiles, à filets libres ; fleurs régulières.

G. *pratense* (fig. 4 à 11), G. *Robertianum* L., l'Herbe à Robert, et G. *sylvaticum* sont des plantes communes des prés.

Erodium L'Hérit. — Les cinq étamines externes stériles, à filets libres ; fleurs régulières.

E. *cicutarium* L'Hérit., Cicutaire et E. *moschatum*, E. *maritimum*, etc., sont indigènes en France.

Monsonia. — Étamines quinze, à filets soudés par trois.

M. *spinosa*, espèce de l'Afrique australe.

Pelargonium. — Fleurs irrégulières.

P. *grandiflorum* W. (fig. 1 et 2), et P. *zonale* (fig. 3) sont cultivées dans les jardins.

EXPLICATION DES FIGURES.

1 à 3 *Pelargonium grandiflorum*, fig. 1, fleur ; 2, coupe de la fleur ; *P. zonale*, fig. 3, grains de pollen. 4 à 11 *Geranium pratense*, fig. 4, port ; 5, fleur 6, étamine ; 7, pistil; 8, fruit; 9, fruit en déhiscence ; 10, coque isolée ; 11, graine.

GÉRANIACÉES.

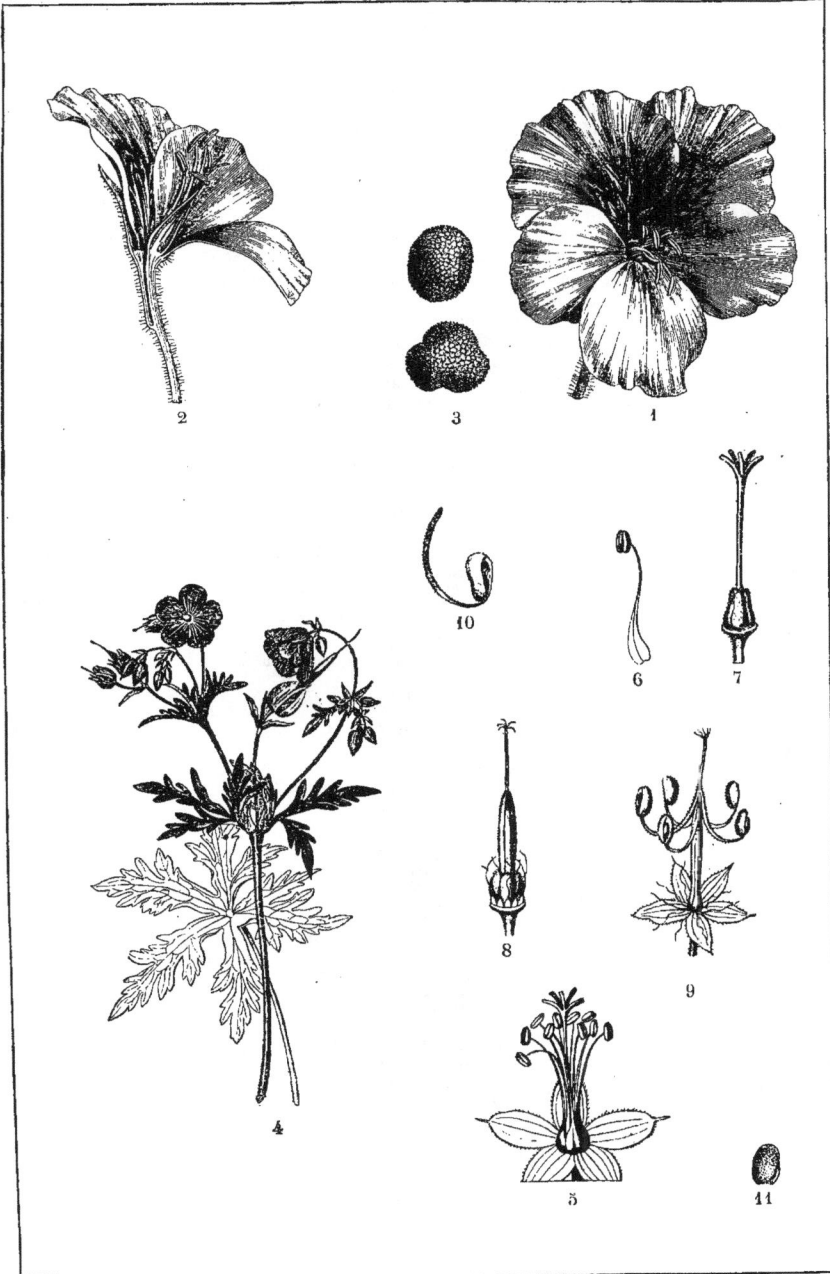

LINÉES.

La famille des Linées est voisine des Géraniacées, des Oxalidées et des Balsaminées; elle ne s'en distingue que par ses fleurs régulières, ses feuilles simples non stipulées (fig. 1, *Linum*), ses graines presque exalbuminées (fig. 5), son fruit globuleux (fig. 4).

Caractères essentiels : fleurs régulières (fig. 3), étamines hypogynes (fig. 3); fruit-capsule globuleuse à 5, plus rarement à 3 et 4 loges (fig. 4), divisées chacune en deux loges secondaires, unispermées; graines exalbuminées (fig. 5), embryon droit.

Les Linées sont des herbes à feuilles entières, non stipulées (fig. 1); les fleurs terminales, disposées en cyme ou en panicule (fig. 1), sont hermaphrodites, régulières, et présentent un calice à 4-5 sépales (fig. 2), et une corolle à 4-5 pétales hypogynes (fig. 3), libres, caducs, à préfloraison tordue (fig. 2). Les étamines sont en nombre double de celui des pétales ; cinq d'entre elles, alternes avec les pétales (fig. 2), sont fertiles, tandis que les cinq autres, alternes avec les sépales, sont stériles et réduites à des petites languettes (staminodes) (fig. 3). L'ovaire est formé par la soudure de 5 (ou 3 à 4) carpelles bi-ovulés, dont chacun se divise ultérieurement par une fausse cloison en deux loges uniovulées (fig. 2); il est surmonté de 5 (ou 3-4) styles libres (fig. 3). Le fruit est une capsule globuleuse, enveloppée par le calice persistant (fig. 4), et s'ouvrant par déhiscence septicide. Les graines sont pendantes, insérées à l'angle interne des loges (fig. 2), dépourvues d'albumen ou présentant une couche fine d'albumen enveloppant un embryon droit.

Les Linées sont répandues dans toutes les régions tempérées du globe. L'usage des plantes appartenant à cette famille, comme matière textile, est connu de tout le monde ; les graines contiennent de l'huile et donnent un mucilage avec de l'eau.

Genres principaux :

Linum L. — Lin.

L. usitatissimum L. — L. Commun; feuilles alternes (fig. 1). La variété *angustifolium* est spontanée dans la région méditerranéenne ; la variété *annuum*, originaire de l'Asie intérieure, est cultivée dans tous les pays jusqu'au 60° de latitude Nord. Les fibres libériennes de la tige fournissent la matière textile pour la fabrication des toiles; ses graines contiennent une huile fixe qui est siccative et comestible dans le Nord de l'Europe; le mucilage des graines du lin est employé en médecine pour des cataplasmes émollients.

L. catharticum L. — L. purgatif. — Feuilles opposées ; est employée en médecine populaire.

Radiola Gmel. — Radiole. — Fleurs tétramères.

R. linoides Gmel. — Faux lin. — Petite plante à feuilles opposées, qu'on trouve aux environs de Paris.

BALSAMINÉES.

Famille voisine des Oxalidées, des Géraniacées et des Linées; elle diffère de ces dernières par ses fleurs irrégulières et ses anthères cohérentes.

Caractères principaux : fleurs irrégulières (fig. 6, *Impatiens*), étamines hypogynes aux anthères soudées entre elles (fig. 10, *Balsamine*), fruit déhiscent avec élasticité en cinq valves (fig. 7, *Impatiens*) ou indéhiscent; graines exalbuminées (fig. 8, *Impatiens*).

Plantes herbacées à feuilles alternes, non stipulées (fig. 6). Fleurs, souvent pendantes, irrégulières, solitaires (fig. 6), ou disposées en cymes; calice composé de 5 sépales, dont les deux antérieurs très petits ou nuls, et le postérieur prolongé en éperon (fig. 9, *ep.*); corolle à 5 pétales dont l'antérieur plus grand, recouvre les quatre autres, soudés en deux pétales bilobés (fig. 9). Étamines cinq, soudées par leurs anthères (fig. 10), recouvrant l'ovaire (fig. 10); ovaire à cinq loges, contenant chacune une série verticale d'ovules pendants, anatropes. Fruit : capsule (fig. 7 et 11) s'ouvrant élastiquement en cinq valves qui s'enroulent en dedans (fig. 12), ou de bas en haut (fig. 7), parfois drupe indéhiscente, charnue. Graines, en séries verticales (fig. 7), à *testa* membraneux, tuberculeux (fig. 8); exalbuminées; embryon droit.

Les Balsaminées sont répandues dans les régions tempérées et chaudes de l'ancien continent; on les trouve aussi en Amérique boréale.

La tige de ces plantes contient un suc âcre, n'ayant pas des propriétés actives.

Impatiens L. — Impatiente.

I. noli-tangere L. — I. n'y touchez pas (fig. 6 à 8). — Espèce européenne, ainsi nommée parce que, au plus léger mouvement, ses capsules s'ouvrent avec élasticité.

I. balsamina L. ou *Balsamina hortensis* (fig. 9 à 12). — Plante de l'Inde, cultivée dans nos jardins pour ses belles fleurs.

EXPLICATION DES FIGURES.

1 à 5, *Linum usitatissimum*, fig. 1, port ; 2, diagramme ; 3, coupe de la fleur ; 4, fruit ; 5, graine coupée transversalement.

6 à 8, *Impatiens noli-tangere*, fig. 6, port ; 7, fruit en déhiscence ; 8, graine.

9 à 12, *Balsamina hortensis*, fig. 9, fleur ; 10, androcée avec les anthères conniventes recouvrant l'ovaire ; 11, fruit ; 12, *id.* en déhiscence

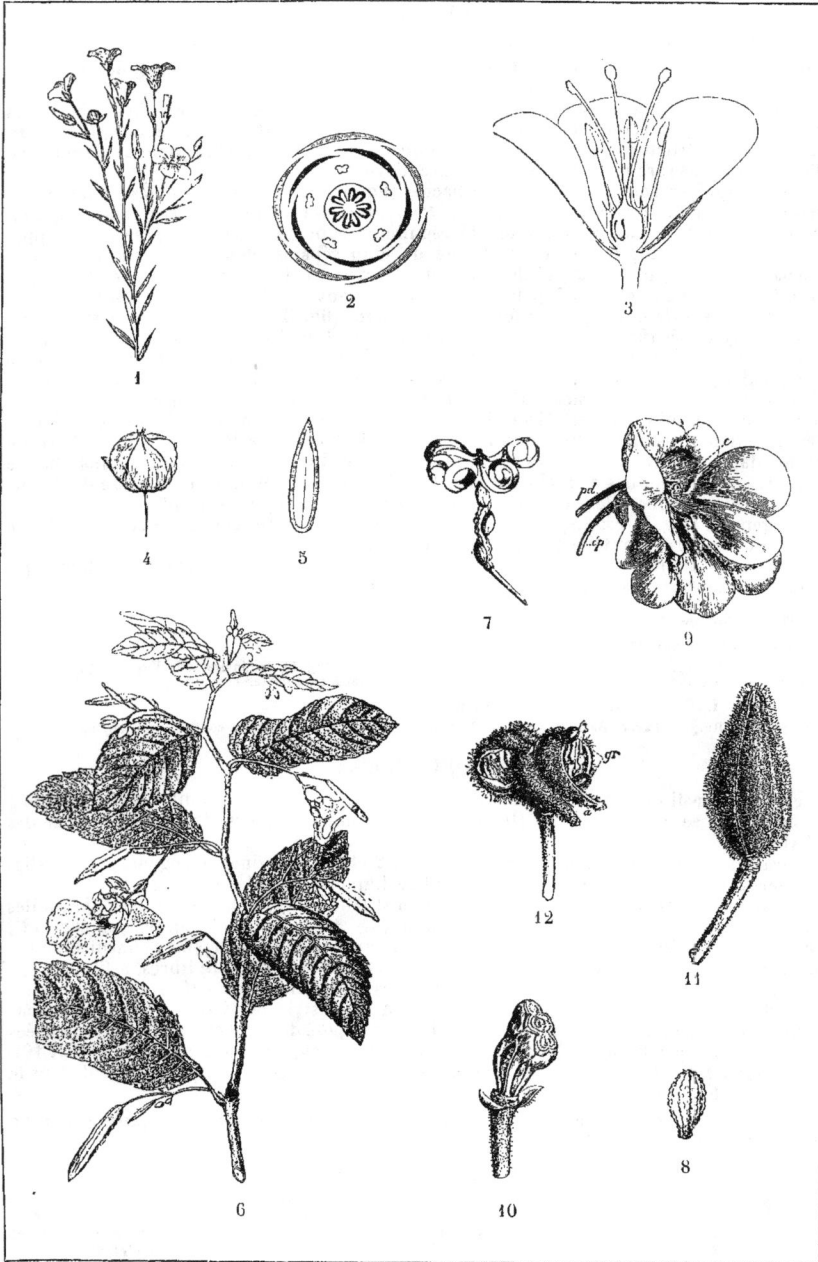

POLYGALÉES.

Famille très naturelle, mais dont les affinités ne sont pas bien établies; par certains caractères elles se rapproche des Linées, des Sapindacées, des Cameliacées, des Violacées et des Malvacées (Voy. ces familles).

Les caractères essentiels des Polygalées sont tirés de la forme irrégulière des fleurs (fig. 1 et 3, *Polygala*), de la coalescence des étamines en un faisceau (fig. 2, 3, 4, *Polygala*), et enfin de la structure de l'ovaire, qui est biloculaire, et ne contient qu'un ovule solitaire (fig. 2), ou, plus rarement, un petit nombre d'ovules.

Les Polygalées sont des plantes herbacées (fig. 1), ou sous-frutescentes, quelquefois grimpantes, à feuilles alternes (fig. 1, *Polygala*), rarement opposées, entières, non stipulées. Les fleurs, hermaphrodites et irrégulières, sont solitaires ou disposées en grappes ou épis (fig. 1 et 9); le calice est formé de cinq sépales, dont trois externes, petits, herbacés (fig. 3 *s*, et fig. 2), et deux internes, grands, pétaloïdes (fig. 3, *s'* et fig. 2); la corolle est formée de 3 ou 5 pétales hypogynes, dont les deux latéraux sont libres ou soudés avec l'inférieur, ayant la forme de capuchon (fig. 3, *c*, *c'*), et les deux supérieurs tantôt développés (fig. 2), tantôt petits ou nuls. Les 8 ou 5 étamines sont monadelphes : leurs filets sont soudés en une gaine (fig. 2, 4 et 3 *e*) qui, à son tour, est soudée en partie aux pétales; les anthères uniloculaires, disposées par quatre en deux faisceaux (fig. 4 et 2), s'ouvrent par un pore apical. Ovaire libre à deux loges antéro-postérieures (fig. 2); style pétaloïde tubuleux, dilaté ou divisé en deux lèvres au sommet (fig. 5). Le fruit est généralement capsulaire (fig. 6 et 7, *Polygala*), à déhiscence loculicide, biloculaire ou uniloculaire par avortement. Les graines (fig. 8), ordinairement solitaires dans chaque loge, y sont suspendues à la cloison vers l'angle supérieur et interne, et présentent souvent une strophiole; elles sont albuminées ou non; l'embryon est droit.

Le genre Polygala est dispersé par toute la terre; les autres genres de cette famille se trouvent principalement dans les régions intertropicales.

Toutes les plantes de cette famille contiennent un suc âcre, de saveur irritante, qui possède des propriétés stimulantes, toniques et astringentes.

Genres principaux :

Polygala L. — Laitier. — Ovaire biloculaire, ovule unique.

P. vulgaris L. (fig. 1 à 8). — Commune en Europe ; était employé en médecine avant l'introduction de la | *P. senega* (fig. 9), originaire de la Virginie, qui jouit des propriétés stimulantes beaucoup plus prononcées.

Krameria Lœfl. — Ovaire uniloculaire à deux ovules.

K. triandra Ruig. et Pavon, Ratanhia (fig. 10). La racine de cette plante américaine contient beaucoup de tannin.

CORIARIÉES.

Famille constituée par le genre unique *Coriaria*, et dont les affinités sont difficiles à établir. Elle se rapproche des Rutacées, des Sapindacées, des Térébinthacées et des Phytolacées.

Caractères distinctifs : fleurs régulières (fig. 12 et 13), étamines hypogynes; styles stigmatifères sur toute leur longueur (fig. 13); tige ligneuse; feuilles opposées (fig. 11).

Arbrisseaux à feuilles alternes, entières, non stipulées (fig. 11). Fleurs hermaphrodites ou polygames, disposées en grappe terminale (fig. 11); calice à cinq sépales (fig. 12), persistants, à préfloraison imbriquée; corolle à cinq pétales hypogynes, charnus, petits, persistants (fig. 13), alternant avec dix étamines hypogynes (fig. 13) libres, à filets courts et aux anthères biloculaires, introrses. Carpelles au nombre de 5 à 10, libres, sur un réceptacle charnu, uni-ovulés, surmontés chacun d'un style portant des papilles stigmatiques sur toute sa longueur (fig. 12 et 13). Fruit composé de 5 à 8 coques dures, entourées par les enveloppes florales (fig. 14 et 15); graines petites et presque albuminées (fig. 16).

La plupart des *Coriaria* sont exotiques; une seule espèce croît spontanément dans le Midi de la France : c'est la

Coriaria myrtifolia L. ou Redoux (fig. 11 à 16). Cette plante contient une grande quantité de tannin et est utilisée par les corroyeurs; ses feuilles et ses fruits sont vénéneux.

EXPLICATION DES FIGURES.

1 à 0, *Polygala vulgaris*, fig. 1, port; 2 diagramme; 3, fleur; 4, étamines; 5, pistil; 6, fruit entier; 7, fruit coupé transversalement; 8, graine. *P. senega*, fig. 9, port. | 10, *Krameria triandra*, fig. 10, port. 11 à 16, *Coriaria myrtifolia*, fig. 11, port; 12, fleur avec le calice; 13, fleur sans calice; 14, fruit; 15, id. coupé; 16, graine.

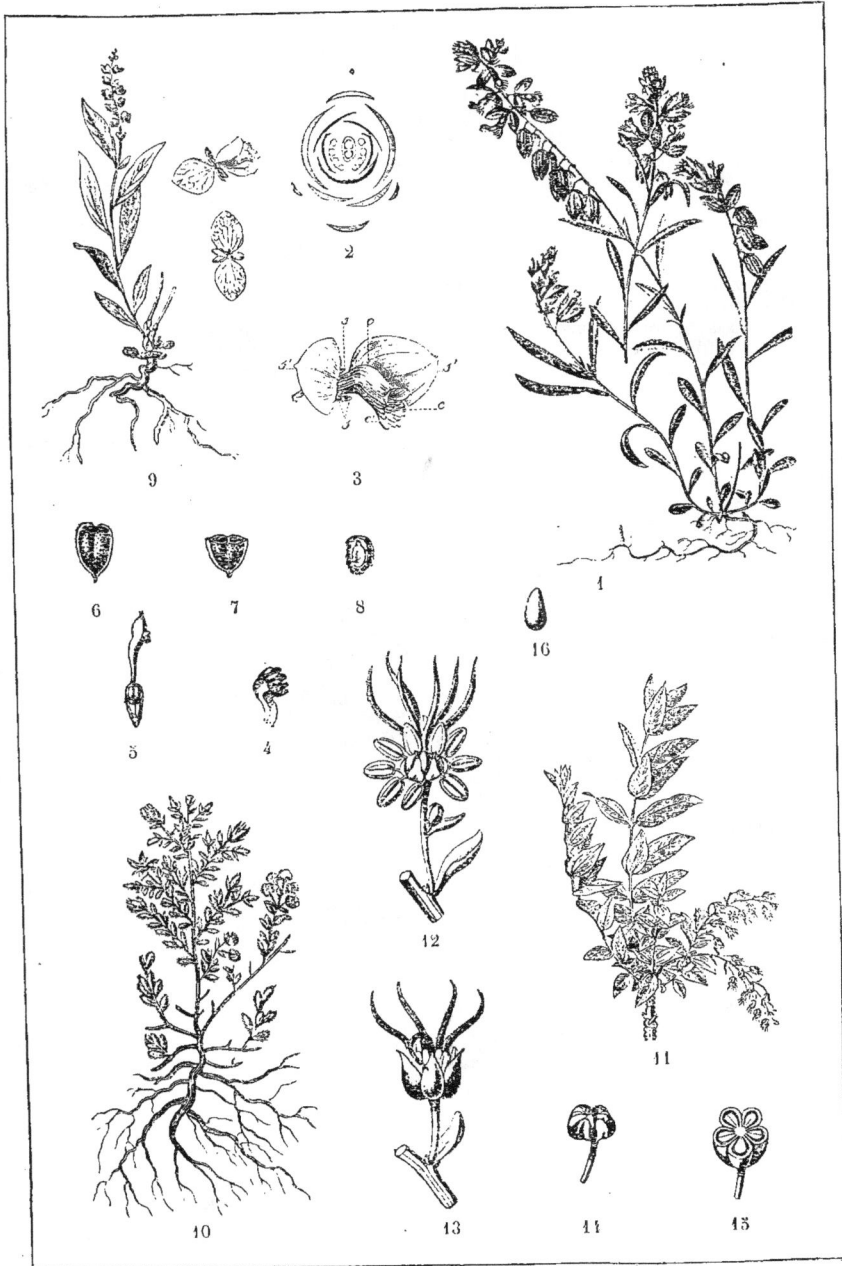

TROPÉOLÉES.

Cette famille ne contient qu'un seul genre *Tropæolum*, originaire de l'Amérique australe, cultivé en Europe. Les Tropéolées sont voisines des Géraniacées et par leurs fleurs irrégulières (fig. 1 et 2) rappellent le *Pelargonium*, à cette différence près, qu'ils ont un fruit à trois carpelles uni-ovulés et indéhiscents (fig. 5 et 6, *Tropæolum*).

Caractères constants : fleurs irrégulières, sépale prolongé en éperon, pétales périgynes, ovaire libre à trois loges uni-ovulées ; graine non albuminée, embryon droit, feuilles alternes.

Herbes rampantes ou volubiles, à racine tubéreuse ; à feuilles alternes, dépourvues de stipules, simples, le plus souvent peltées (fig. 3). Fleurs hermaphrodites, axillaires, irrégulières (fig. 1 et 2) ; calice formé par cinq sépales, colorés, pétaloïdes, persistants, à préfloraison imbriquée ; éperon du sépale postérieur soudé avec le réceptacle (fig. 2) ; corolle formée de cinq pétales dissemblables : les trois inférieurs munis d'une rangée de cils (fig. 1, 2 et 4), les deux supérieurs simples (fig. 1 et 2). Étamines, au nombre de huit, disposées en deux verticilles (fig 2) ; filets libres, anthères biloculaires, introrses ; ovaire formé de la soudure de trois carpelles (fig. 5) uni-ovulés, surmontés d'un style qui se partage à l'extrémité en trois branches stigmatifères (fig. 2). Fruit : trois akènes indéhiscents (fig. 6). se détachant à la maturité de la columelle commune et renfermant chacune une graine exalbuminée (fig. 7) ; embryon droit.

Tropæolum L. — Capucine.

T. majus L., Grande capucine (fig. 1 à 7). — Originaire du Pérou et cultivée en Europe, pour ses grandes fleurs de couleur orangée ; les jeunes boutons et les fruits serven de condiment en guise de câpres.

AMPÉLIDÉES.

Cette famille, dont la Vigne est le type, présente des affinités avec les Mélinacées et les Célastrinées (par le genre *Leca* aux étamines monadelphes), avec les Rhamnées et les Araliacées ; les ovules dressés rapprochent les Ampélidées des deux dernières familles, tout en les distinguant des deux premières.

Caractères constants : fleurs régulières (fig. 18 à 20, *Vitis*), calice gamosépale (fig. 12), corolle dialypétale (fig. 12, 20 et 21), étamines opposées aux pétales (fig. 10), ovaire libre (fig. 14), ovules dressés (fig. 14) ; fruit : une baie (fig. 15 et 16), contenant des graines albuminées (fig. 17).

Arbres ou arbustes grimpants à l'aide de vrilles (fig. 8), à feuilles pétiolées, simples, palmées, alternes, opposées aux vrilles ramifiées (fig. 9). Fleurs disposées en panicules compactes (fig. 11) ou en grappe ; régulières et hermaphrodites ; calice monosépale à cinq lobes (fig. 10 et 12) ; corolle formée de cinq pétales, à préfloraison valvaire (fig. 10), soudés à leur sommet (fig. 12 et 21) ; au moment de l'épanouissement, toute la corolle est soulevée par les étamines qui se développent, et tombe tout d'une pièce (fig. 12, 20 et 21). Étamines au nombre de 4 ou 5 (fig. 10 et 19), opposées aux pétales, à filets libres ou monadelphes à la base. Ovaire, entouré à sa base d'un disque glanduleux (fig. 14 et 19), surmonté d'un style presque sessile (fig. 14), biloculaire ou quinquéloculaire ; chaque loge contient deux ovules dressés, anatropes (fig. 10, 14). Fruit : une baie (fig. 15) à deux (fig. 16) ou six loges contenant des graines albuminées (fig. 17) ; embryon droit.

Les Ampélidées croissent spontanément dans les régions intertropicales des deux continents.

Genres principaux :

Vitis L. — Vigne. — Étamines libres, vrilles sur la tige, ovaire biloculaire.

V. vinifera L. Vigne vinifère (fig. 8 17). — Spontanée dans le midi du Caucase et en Arménie, cette plante est cultivée depuis le temps le plus reculé en Europe et dans d'autres pays ; on compte par centaines les variétés cultivées, et tout le monde connaît l'emploi du raisin pour la fabrication des vins, de l'alcool, du vinaigre et du tartre.

Cissus. — Genre américain, voisin du précédent.

C. quinquefolia, vigne vierge, est une plante ornementale et comestible.

EXPLICATION DES FIGURES.

1 à 7, *Tropæolum majus*, fig. 1, fleur ; 2, coupe de la fleur ; 3, feuille ; 4, pétale inférieur ; 5, ovaire coupé ; 6, fruit ; 7, graine.
8 à 17, *Vitis vinifera*, fig. 8, port ; 9, feuille et vrille ; 10, diagramme ; 11, inflorescence ; 12 fleur ; 13, pistil coupé transversalement et 14, longitudinalement ; 15, fruit : 16, fruit coupé ; 17, graines ; 18, bouton ; 19, fleur commençant à s'épanouir ; 20, fleur épanouie ; 21, pétales.

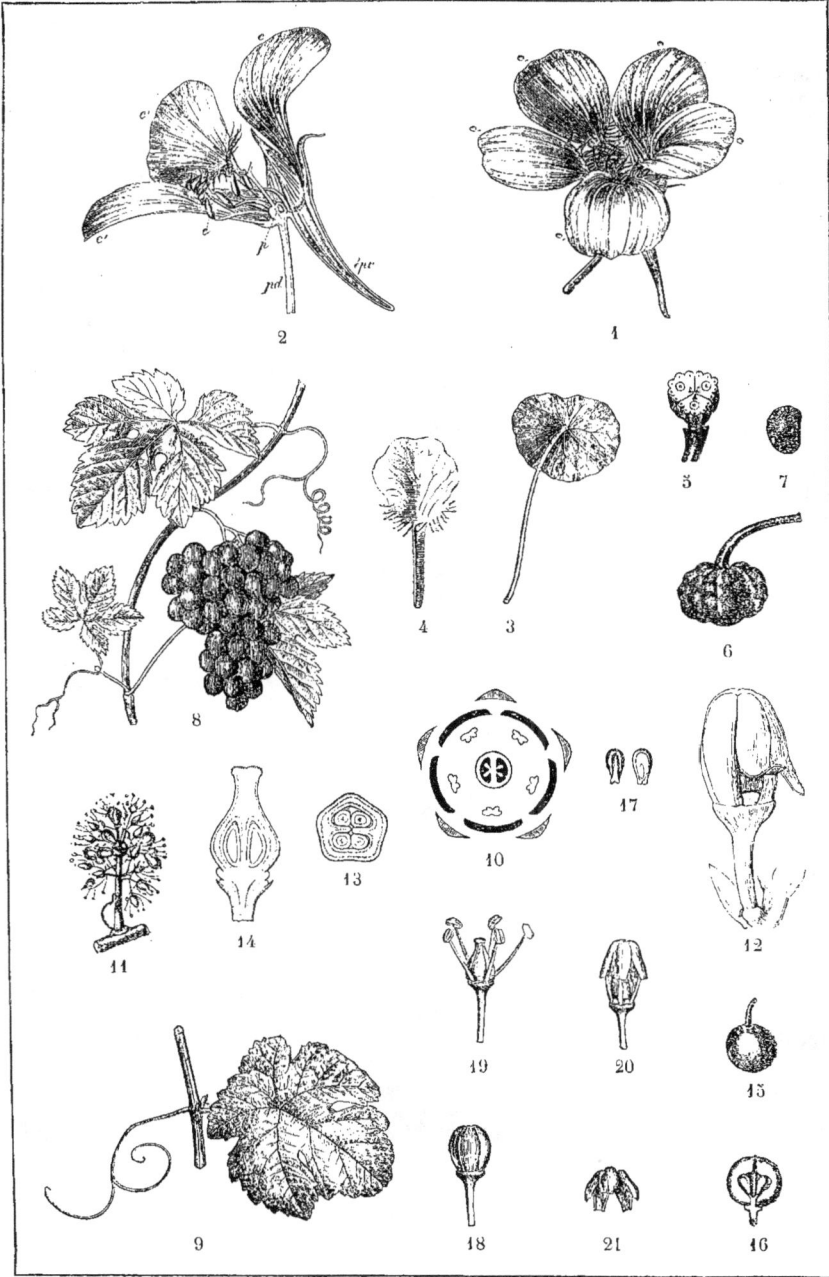

SAPINDACÉES.

Cette famille forme avec les Hippocastaniées, les Malpighiacées et les Acérinées un groupe assez homogène. Tout en ayant des traits communs avec les familles mentionnées, les Sapindacées présentent des affinités avec les Mélianthées, qui n'en diffèrent que par leur graine albuminée, et les Célastrinées qui s'en distinguent par leurs feuilles toujours simples, leurs fleurs toujours régulières, leur embryon droit, etc.

Caractères essentiels : Pétales insérés en dehors, et étamines en dedans, d'un réceptacle glandulifère (*Euphoria*, fig. 3); ovaire bi-(fig. 4) ou tri-loculaire contenant 1, 2 et rarement un nombre plus grand d'ovules ; graine dépourvue de l'albumen ; embryon courbe ou spiralé.

Ce sont des arbres ou arbustes à feuilles généralement alternes, composées ou simples (fig. 1 et 2, *Euphoria*), non stipulées. Fleurs polygames ou dioïques, plus rarement hermaphrodites, disposées en grappes ou panicules axillaires (fig. 1) ; calice à cinq sépales plus ou moins cohérents; corolle à cinq pétales velus, situés en dehors du disque charnu, formant un bourrelet qui sépare les pétales des étamines (fig. 3). Étamines en nombre égal ou double, rarement moindre de celui des pétales, à filets libres ou soudés à leur base (fig. 3), aux anthères introrses bi-loculaires. Ovaire formé de 3, plus rarement de 2 ou 4 loges (fig. 4), ordinairement uni (fig. 4) ou bi-ovulées : style simple à 2 ou 3 stigmates (fig. 3). A l'époque de la maturité, une ou plusieurs des loges se développent en un fruit charnu (fig. 2) ou capsulaire, à déhiscence loculicide, contenant une graine exalbuminée; embryon courbe ou enroulé.

Presque toutes les plantes de cette famille sont cantonnées dans la région intertropicale, surtout en Amérique. Plusieurs d'entre elles contiennent des principes vénéneux, astringents, ou des huiles fixes qui déterminent leurs différents usages.

Genres principaux :

Sapindus L. — Savonier. — Plantes à fleurs hermaphrodites régulières.

S. *saponaria* L., Savonnier des Antilles. — Ses racines et ses fruits, à pulpe gluante, contiennent un principe amer, | qui mousse dans l'eau, et peut être employé pour laver le linge en guise de savon.

Euphoria Lam. — Plantes polygames à fleurs régulières, souvent dioïques ou monoïques par avortement.

E. *longana* Lam. (fig. 1, 3 et 4). — Arbre de l'Asie tropicale dont les fruits sont comestibles. E. *litchi* Desf. ou *Scitalia chinensis* Gærtn. (fig. 2). — | Quelques botanistes font de cette espèce un genre spécial, *Nephelium*. Les Chinois sont très friands des fruits de cet arbre.

Paullinia L. — Plantes à fleurs irrégulières.

P. *cururu* L. — Ses fruits contiennent un principe toxique très actif, et les Indiens de la Guyane et du Brésil s'en servent pour empoisonner leurs flèches.

HIPPOCASTANIÉES.

Petite famille si étroitement liée à la précédente, que beaucoup de botanistes la regardent comme n'en faisant qu'une tribu; la seule distinction consisterait en ce que les Hippocastaniées ont des feuilles opposées.

Ce sont des arbres ou arbustes de l'Amérique du Nord et de l'Asie, mais cultivés en partie en Europe. Feuilles opposées, non stipulées, composées, digitées (fig. 5, *Pavia*). Fleurs hermaphrodites, irrégulières (fig. 6); calice tubuleux à cinq sépales (fig. 6); corolle à 4 ou 5 pétales inégaux (fig. 6), insérés sur un disque. Étamines 6 ou 8, libres, à filets élargis à leur base, parfois couverts de poils (fig. 7). Ovaire à trois loges bi-ovulées (fig. 9); style effilé (fig. 8); fruit : capsule, souvent hérissée de pointes, à déhiscence loculicide (fig. 10); des 3 ou 6 ovules, un seul parvient à la maturité et donne une graine exalbuminée (fig. 11), contenant un embryon courbe, à cotylédons grands et charnus.

Æsculus L. — Marronnier d'Inde. — Feuilles opposées.

A. *hippocastanium* L., Marronnier d'Inde. — Arbre originaire de l'Inde et cultivé dans nos pays. — Ses fruits sont couverts de pointes; on en a voulu distinguer gé- | nériquement des espèces à fruits glabres sous le nom de *Pavia*, dont une espèce P. *rubra* (fig. 5 à 11), est cultivée dans nos jardins.

EXPLICATION DES FIGURES.

1 à 4, *Euphoria longana*, fig. 1, port; 3, fleur ; 4, fruit ; E. *litchi*, fig. 2, port. 5 à 11, (*Pavia Æsculus rubra*), fig. 5, port; 6, fleur ; | 7, étamine ; 8, pistil ; 9, ovaire coupé ; 10, fruit en déhiscence ; 11, graine.

ACÉRINÉES.

Petite famille étroitement liée aux Sapindacées, dont elle ne diffère que par ses fleurs toujours régulières, ses feuilles toujours opposées (fig. 1 et 3, *Acer*), et son ovaire biloculaire et bi-ovulé (fig. 2).

Les Acérinées sont des arbres à feuilles opposées, palmatilobées (fig. 1), dépourvues de stipules. Les fleurs régulières (fig. 1, 2, 3), hermaphrodites ou polygames par avortement, sont disposées en corymbes dressés, ou en panicules pendants (fig. 1). Le calice est formé de cinq (ou 4-8) sépales (fig. 2), soudés à leur base, caducs. La corolle est composée ordinairement d'un nombre de pétales égal à celui des sépales (fig. 2), petits (fig. 4), insérés sur un disque hypogyne formant un bourrelet autour de l'ovaire (fig. 3), et supportant également les étamines (fig. 3) en nombre de 8 (fig. 2), plus rarement 2 à 4, à filets libres et anthères introrses (fig. 5). Le pistil se compose d'un ovaire à deux loges, biovulées (fig. 2), surmonté d'un style à deux branches stigmatifères (fig. 3). Le fruit est une samare (fig. 6), formée par deux coques indéhiscentes, portant chacune latéralement un prolongement membraneux, aliforme; à la maturité le fruit reste suspendu à un carpophore; il contient dans chaque loge une, plus rarement deux, graines (fig. 7 et 8) exalbuminées, renfermant un embryon replié irrégulièrement sur lui-même (fig. 7).

Les Acérinées sont répandues dans la région tempérée de l'hémisphère boréal. Toutes les espèces contiennent un suc riche en matière saccharoïde fermentescible; le bois des Acérinées est très dur; l'écorce contient des principes colorants et astringents.

Genres principaux :

Acer L. — Érable. — Fleurs hermaphrodites.

A. pseudo-platanus L., Érable sycomore, Faux-platane (fig. 1 à 8). — Fleurs en panicules pendantes, blanches en dessous; croît naturellement en France dans les montagnes; son bois est estimé dans la menuiserie et constitue le meilleur bois pour le chauffage.

A. platanoides L., Plane. — Faux sycomore; fleurs en corymbes dressées, jaunes ou vertes. On le plante fréquemment sur les lieux de promenade.

A. saccharinum L., Érable à sucre. — Arbre de l'Amérique du Nord, dont la sève sert à l'extraction du sucre.

Negundo. — Fleurs dioïques.

N. fraxinifolium (Érable à feuilles de Frêne) est cultivé chez nous dans les parcs et les jardins.

MALPIGHIACÉES.

Cette famille exotique se rapproche encore plus que la précédente des Sapindacées, et ne s'en distingue que par le disque peu développé et la forme de l'ovule; elle se distingue des Acérinées par les étamines cohérentes à la base (fig. 12), et les ovaires à trois loges (fig. 14), uniovulés.

Ce sont des arbres ou arbustes grimpants, à tige ayant souvent la forme d'un câble tordu, grâce au développement insolite des couches du bois et de l'écorce (fig. 11); les feuilles généralement opposées (fig. 9), entières, pétiolées, présentent des stipules rudimentaires. Les fleurs sont hermaphrodites ou polygames par avortement, régulières ou irrégulières, ordinairement pentamères (fig. 13). Les sépales sont pourvus parfois de glandes latérales (fig. 10, *a*), et les pétales présentent un long onglet réfléchi, de sorte que leurs limbes pendent en dehors (fig. 9, B). Les étamines ordinairement en nombre de dix (fig. 15) sont soudées à leur base (fig. 12), et insérées sur un disque rudimentaire. L'ovaire est libre, composé de trois carpelles (fig. 13), plus ou moins soudés entre eux et présentant alors trois (plus rarement deux) loges uniovulées (fig. 15); l'ovaire est surmonté de trois styles plus ou moins cohérents entre eux (fig. 12). Fruit, tantôt une drupe charnue (fig. 13), tantôt une samare indéhiscence à trois coques (fig. 16, *Banisteria*). Graine exalbuminée d'une forme spéciale; embryon droit ou courbe.

Les Malpighiacées sont cantonnées dans la zone intertropicale et principalement en Amérique. Plusieurs contiennent dans leur écorce un principe astringent et colorant.

Genres principaux :

Malpighia L. — Fleurs régulières, fruit bacciforme.

M. Glabra L., Cerisier des Antilles, présente un fruit acide comestible.

M. macrophylla (fig. 9 à 14) est cultivée dans nos jardins à cause de ses belles fleurs roses et blanches.

Banisteria L. — Feurs régulières, fruit samaroïde (fig. 15).

EXPLICATION DES FIGURES.

1 à 8, *Acer pseudo-platanus*, fig. 1, port; 2, diagramme; 3, coupe de la fleur; 4, pétale; 5, étamine; 6, fruit; 7, coupe du fruit; 8, graine. 9 à 16, *Malpighia macrophylla*, fig. 9, port; 10, fleur;

11, tige sarmenteuse; 12, pistil et étamine; 13, fruit; 14, fruit coupé transversalement. 16, diagramme. 16, *Banisteria*, fig. 17, fruit.

MÉLIACÉES.

Cette famille est très voisine des Sapindacées et ne s'en distingue que par les étamines monadelphes (fig. 7 et 8, *Melia*), insérées en dehors du disque (fig. 8), tandis que dans les Sapindacées les étamines sont libres et insérées en dedans du disque charnu. Mais ce caractère n'est pas absolu, car la tribu des Cédrelées présente les étamines libres.

Les caractères constants de cette famille sont les suivants : fleurs régulières (fig. 10, *Trichilia*) à périanthe double (fig. 7, *Melia*) ; anthères biloculaires, introrses (fig. 7 et 11) ; ovules anatropes ; feuilles alternes non stipulées (fig. 9, *Trichilia*).

Ce sont des arbres ou arbustes à bois dur, à feuilles simples, alternes, non stipulées (fig. 1 et 9) ; leurs fleurs sont hermaphrodites (rarement polygames), et présentent un calice à 4 ou 5 sépales libres (fig. 7) et une corolle à 4 ou 5 pétales le plus souvent libres (fig. 10), à préfloraison imbriquée ou tordue (fig. 7) ; les étamines, généralement en nombre de 8 ou 10, sont soudées par leurs filets en un tube (fig. 7, 8, 10), ou plus rarement libres (*Cédrelées*) ; elles sont insérées en dehors du disque charnu, qui a la forme d'un anneau ou d'un tube (fig. 2 et 8). L'ovaire est bi- ou pluri-loculaire (fig. 3 et 7), contenant un ou plusieurs ovules anatropes ; il est surmonté d'un style simple portant un stigmate souvent élargi en disque (fig. 2). Le fruit est tantôt une drupe, tantôt une baie, mais plus ordinairement une capsule à déhiscence septifrage (fig. 4, *Swietenia*) ou loculicide (fig. 12, *Trichilia*). Les graines albuminées ou non sont parfois ailées (fig. 6, *Swietenia*), ou arillées (fig. 15, *Trichilia*) ; l'embryon est droit.

Les Méliacées sont propres aux régions tropicales des deux mondes. Plusieurs espèces sont utiles à l'homme, soit par leur bois dur et coloré, soit par leur écorce contenant des principes astringents, soit par leurs fruits comestibles. On peut diviser la famille des Méliacées en quatre tribus bien distinctes :

PREMIÈRE TRIBU. — MÉLIÉES.

Étamines soudées en tube (fig. 7 et 8) ; ovaire à cinq loges bi-ovulées (fig. 7) ; graines non ilées, albuminées.

Genres principaux :

Melia L. — Ovaire entouré d'un disque (fig. 8).

M. azadirachta L. (*Azadirachta Indica*, Juss.) (fig. 7 et 8). — Arbre originaire de l'Inde ou de la Perse, et acclimaté dans le midi de l'Europe ; son écorce contient un principe astringent et ses graines une huile fixe.

M. sempervirens, Lilas des Indes. — Ses fruits sont vénéneux.

Quivisia L. — Pas de disque autour de l'ovaire.

DEUXIÈME TRIBU. — TRICHILIÉES.

Étamines soudées en tube (fig. 10 et 11) ; ovaire à 2 ou 3 loges bi ou pluri-ovulées ; graines non ailées, exalbuminées (fig. 15).

Trichilia Mart. — Ovaire à loges bi-ovulées.

T. cathartica Mart. — Arbrisseau américain, dont toutes les parties possèdent des propriétés purgatives et émétiques. *T. spondioides*, Jacq. (fig. 9 à 15).

Carapa. — Ovaire à loges pluri-ovulées.

C. guianensis Aubl. — Arbre de l'Amérique, où son écorce est employée comme médicament.

TROISIÈME TRIBU. — SWIÉTÉNIÉES.

Étamines soudées en tube ; ovaire à cinq loges pluri-ovulées (fig. 3) ; graines ailées (fig. 6), renfermant ou non de l'albumen.

Swietenia L. — Fleurs pentamères.

S. Mahagoni L., Acajou mahagoni (fig. 1 à 6). — Arbre des Antilles et de Honduras dont le bois dur, compacte, d'un beau rouge foncé, est employé en grande quantité dans la fabrication des meubles.

Khaya. — Fleurs tétramères.

K. senegalensis, Acajou du Sénégal. — Son bois est beaucoup moins estimé que le précédent.

QUATRIÈME TRIBU. — CÉDRELÉES.

Étamines à filets libres, ovaire à cinq loges pluri-ovulées, graines ailées, albuminées ou non.

Cedrela odorata L. — Acajou à planches. Arbre de l'Amérique, dont le bois léger et aromatique sert à la fabrication des meubles, des boîtes pour les cigares, etc.

EXPLICATION DES FIGURES.

1 à 6, *Swietenia Mahagoni*, fig. 1, port ; 2, pistil ; 3, ovaire ; 4, fruit ; 5, fruit ouvert rempli de graines ; 6, graine.

7 à 8, *Melia azadirachta*, fig. 7, diagramme ; 8, coupe de la fleur.

9 à 15, *Trichilia spondioides*, fig. 9, port ; 10, fleur ; 11, trois étamines ; 12, grappe de fruits ; 13, fruit ; 14, fruit coupé ; 15, graine.

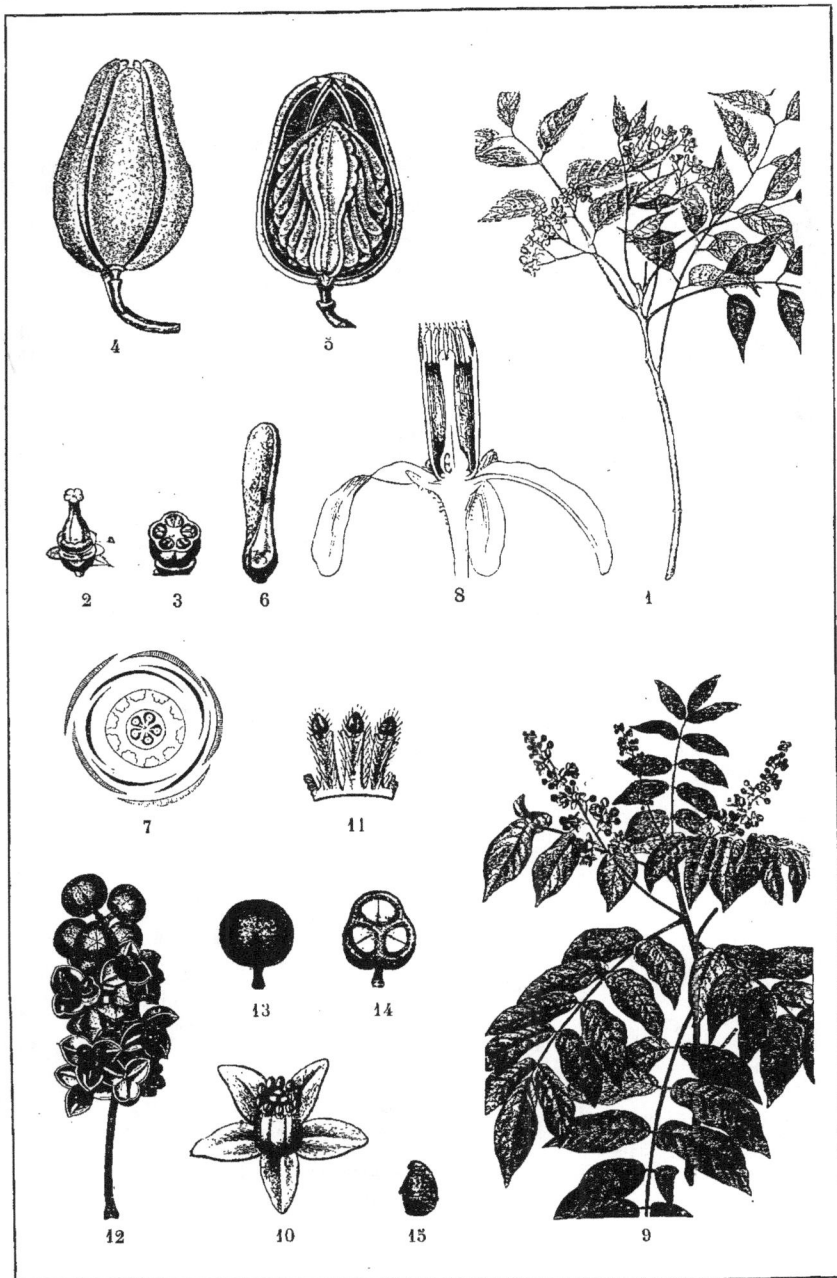

AURANTIACÉES OU HESPÉRIDÉES.

Les Aurantiacées forment une famille étroitement liée par plusieurs caractères aux Rutacées et Xantoxylées, mais présentant également des ressemblances avec les Méliacées (disque, étamines souvent soudées, ovaire pluri-loculaire, tige ligneuse, etc.), et les Hypéricinées (pétales hypogynes, fleurs et feuilles glanduleuses, etc.).

Cette famille est caractérisée par les étamines hypogynes, nombreuses, souvent soudées en plusieurs faisceaux (fig. 4, *Citrus*), et la nature du fruit : — une baie charnue, le plus souvent à écorce coriace et à loges régulières, séparées par des cloisons membraneuses, faciles à isoler (*Hespérides* des botanistes, oranges ou citrons dans le langage vulgaire).

Arbres ou arbrisseaux à feuilles simples ou composées, alternes (fig. 1, *Citrus*), à pétiole souvent ailé (fig. 8, *f′*, *Citrus*), non stipulées. Fleurs hermaphrodites régulières (fig. 3), solitaires ou en grappe (fig. 1) ; calice entier ou à 4 ou 5 lobes (fig. 3 et 4), à préfloraison imbriquée (fig. 2) ; corolle hypogyne, formée de 4 ou 5 pétales insérés à la base d'un disque, libres ou soudés à la base, à préfloraison imbriquée (fig. 2). Étamines en nombre double ou multiple de celui des pétales, à filets libres ou soudés en tube ou plus souvent polyadelphes (fig. 3, 4) ; ovaire à cinq ou plusieurs loges ; ovules isolés ou nombreux, insérés à l'angle interne des loges ; style simple, stygmate capité ou lobé (fig. 5). Fruit baccien (voir plus haut), graines exalbuminées, souvent à plusieurs embryons.

Les Aurantiacées sont originaires de l'Inde et l'Indo-Chine, mais sont cultivées dans les régions chaudes sur toute la terre. Presque toutes les parties de ces plantes sont munies de glandes sécrétant une huile volatile, odorante, employée en médecine et en parfumerie ; le parenchyme celluleux du fruit contient l'acide citrique et l'acide malique.

Genres principaux :

Citrus L. — Étamines polyadelphes.

C. *aurantium* Risso (fig. 2 à 8), Oranger vrai, donne les fruits comestibles connus de tout le monde.

C. *vulgaris* Ris. (fig. 1), Bigaradier. — Son fruit amer n'est guère comestible, mais il est employé en médecine et pour la préparation de la liqueur « curaçao ».

C. *limonum* Ris.(*C.medica* L.), Citronnier, donne le citron ordinaire et sert à la préparation de l'essence de citron.

C. *limetta* Risso., dont une variété, C. *bergamotta*, sert à la préparation de l'essence de bergamote. Le fruit de C. *nobilis* Laurerio (mandarine) est comestible ; celui de C. *olivæformis*, confit à l'eau-de-vie, est connu sous le nom de *Chinois*.

Aegle Corr. — Étamines libres.

A. *marmelos* Corr. — Arbre de l'Inde orientale où son fruit est comestible et employé comme médicament.

HYPÉRICINÉES.

Cette famille, dont les représentants sont répandus dans les régions tempérées et chaudes des deux hémisphères, forme un passage entre les Aurantiacées et les Guttifères : par leurs propriétés, les Hypéricinées rappellent ces deux familles : leurs glandes sécrètent une huile volatile (comme les Aurantiacées), et une huile résineuse noire (comme les Guttifères).

Caractères constants : pétales hypogynes (fig. 11, *Hypericum*), étamines nombreuses monadelphes ou polyadelphes (fig. 10 et 11), graines exalbuminées (fig. 16 et 17).

Ce sont des herbes ou sous-arbrisseaux à feuilles opposées (fig. 9), simples, parsemées de glandes (fig. 12), sécrétant des huiles. Fleurs hermaphrodites, régulières (fig. 11), à périanthe double ; calice à 4 à 5 sépales libres ou soudés à la base, à préfloraison imbriquée (fig. 10) ; corolle à 4 à 5 pétales hypogynes, dentelés, munis de pores (fig. 13), à préfloraison imbriquée ou tordue (fig. 10). Étamines en nombre indéfini, hypogynes, ordinairement réunies par leurs filets en un tube ou en plusieurs faisceaux (fig. 10 et 11). Ovaire composé de 3 à 5 carpelles plus ou moins soudés ; il est surmonté de même nombre de styles couronnés des stigmates capités (fig. 11). Fruit : capsule à déhiscence septicide (fig. 14) ; plus rarement une baie indéhiscente. Graines (fig. 16) nombreuses, insérées aux angles internes des loges (fig. 15), ou sur des placentas pariétaux ; exalbuminées ; embryon droit (fig. 17) ou arqué.

Genres principaux :

Hypericum L. — Millepertuis. — Fruit capsulaire, déhiscent ; genre indigène.

H. *perforatum* L., Millepertuis criblé (fig. 9 à 17). — Ses sommités fleuries sont quelquefois employées en médecine.

Androsæmum All. — Fruit bacciforme, indéhiscent.

A. *officinale* All. — La Toute-Saine est employée comme vulnéraire en médecine populaire.

EXPLICATION DES FIGURES.

1 à 8, *Citrus vulgaris*, fig. 1, port ; C. *aurantium*, fig. 2, diagramme ; 3, fleur ; 4, androcée ; 5, pistil ; 6, fruit coupé ; 7, graine ; 8, feuille. 9 à 14, *Hypericum perforatum*, fig. 9, port ; 10, diagramme ; 11, fleur sans pétales ; 12, partie de la feuille ; 13, pétale ; 14, fruit ; 15, fruit coupé ; 16 et 17, graines.

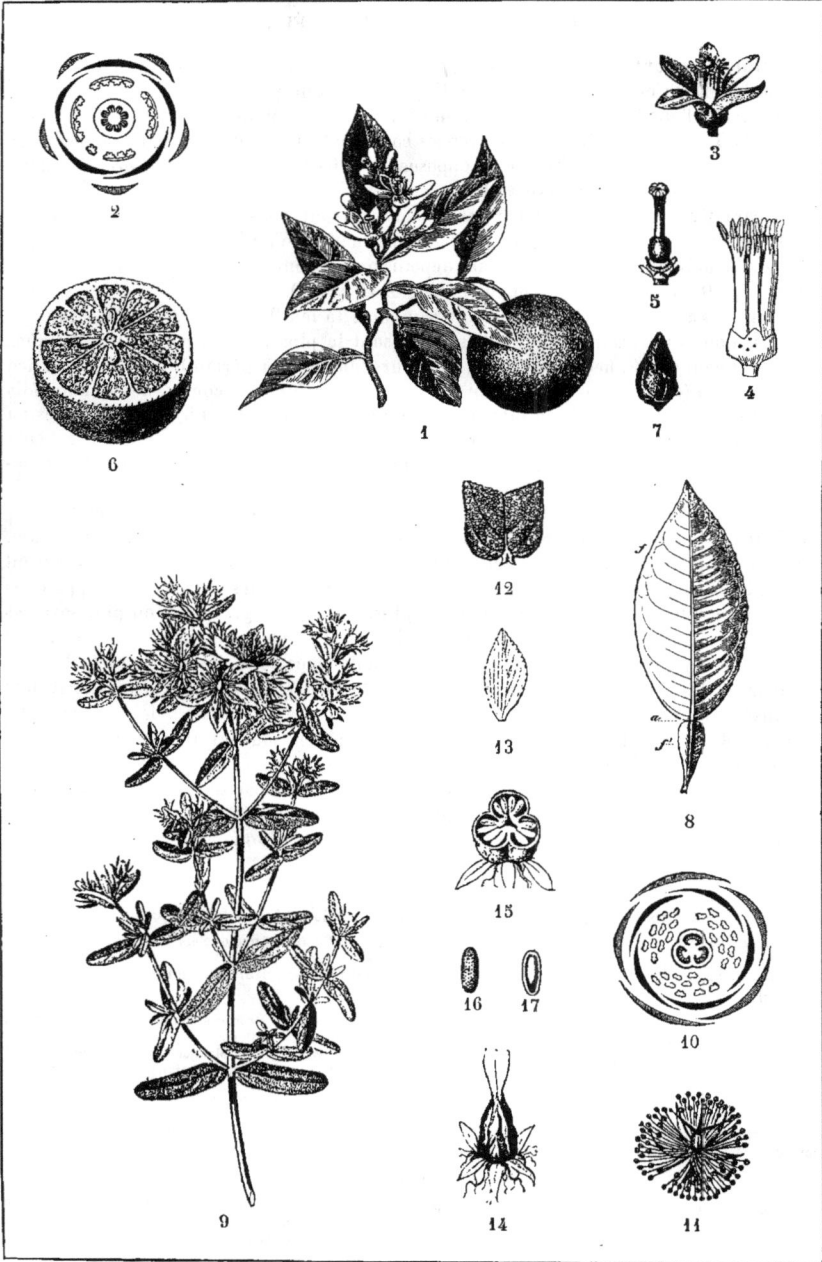

GUTTIFÈRES OU CLUSIACÉES.

Les Guttifères sont très voisines, d'une part, des Hypéricinées, et de l'autre des Ternstrœmiacées. Elles ne se distinguent des Hypéricinées que par leur tige ligneuse (fig. 1, *Clusia*), leurs fleurs quelquefois polygames, et leur style non-filiforme (fig. 4, *Clusia*). Quant aux Ternstrœmiacées, les différences consistent principalement dans les feuilles : alternes dans cette dernière famille, et opposées dans les Guttifères (fig. 6, *Garcinia*) ; dans la nature des fleurs, de l'embryon, etc.

Les caractères les plus constants des Clusiacées sont les suivants : fleurs régulières (fig. 1), dioïques ou polygames (excepté les Lymphoniées où elles sont hermaphrodites) ; pétales et étamines hypogynes ; graines dépourvues d'albumen, embryon droit ; tige ligneuse (fig. 9, *Mamea*), feuilles opposées (fig. 6, *Garcinia*).

Ce sont des arbres ou arbustes souvent grimpants, à feuilles opposées (fig. 6), simples, coriaces, non stipulées (fig. 6 et 9). Les fleurs sont le plus souvent polygames, dioïques par avortement (fig. 9, fleurs mâles ; fig. 1, fleurs femelles), à périanthe double ; le calice est formé de 5 (ou de 2 à 6) sépales imbriqués (fig. 2, *Clusia*), accompagnés quelquefois de petites bractées (fig. 1) ; la corolle se compose d'autant de pétales hypogynes, libres ou soudés à leur base, à préfloraison tordue ou imbriquée (fig. 2). L'androcée des fleurs mâles est formé d'un nombre indéfini d'étamines (fig. 2), hypogynes, insérées sur le réceptacle convexe, libres ou soudées par leurs filets en tube ou en plusieurs faisceaux (fig. 3, *Clusia*) ; leurs anthères sont ordinairement biloculaires, extrorses, à déhiscence longitudinale (fig. 3 et 2), rarement introrses ou uni-loculaires, et s'ouvrant par une valvule. L'androcée des fleurs femelles ou hermaphrodites est constitué par des staminodes souvent en nombre défini. L'ovaire, rudimentaire dans les fleurs mâles, est bien développé dans les fleurs femelles ; il est formé de deux ou plusieurs loges (fig. 2), uni ou pluri-ovulées (fig. 2) ; rarement il n'est formé que d'une seule loge. Le style est tantôt unique, surmonté d'un stigmate présentant autant de lobes qu'il y a de loges dans l'ovaire ; tantôt, il existe plusieurs styles. Souvent les stigmates sont sessiles (fig. 7, *Clusia*). Les ovules anatropes sont insérés à l'angle interne des loges. Le fruit est tantôt une capsule à déhiscence septicide (fig. 8, *Clusia*), tantôt une baie (fig. 6). Les graines, souvent arillées, sont dépourvues d'albumen et renferment un embryon droit.

Les Guttifères sont propres à la zone intertropicale ; la plupart se trouvent en Asie et en Amérique. Toutes les plantes de cette famille donnent un suc résineux jaune ou vert, noircissant à l'air ; plusieurs ont un bois très dur, et des fruits d'un goût délicieux.

Genres principaux :

Clusia L. — Fleurs pentamères, étamines libres, fruit capsulaire, loges de l'ovaire pluri-ovulées.

C. rosea L. (fig. 1 à 5). — Arbre des Antilles, dont le suc résineux est employé quelquefois en médecine.

Garcinia L. — Fleurs tétramères, étamines libres ou tétradelphes, fruit bacciforme, loges de l'ovaire uni-ovulées.

G. morella Desrouss. (fig. 8). — Arbre de l'Indo-Chine donnant la *gomme-gutte*, une résine gommeuse employée en peinture à l'aquarelle, et en médecine (comme purgatif).

G. cambodgiana Desrouss. Mangoustan guttier (fig. 6), donne une résine analogue à la précédente.

G. mangostana L. — Mangoustan cultivé des Indes et des Moluques, où il est très estimé pour ses fruits.

Mammea. — Etamines libres, fruit bacciforme, loges de l'ovaire bi-ovulées.

M. americana (fig. 9), est très recherché dans les Antilles à cause de ses fruits, auxquels on donne dans ce pays le nom d'*abricot sauvage*.

EXPLICATION DES FIGURES.

1 à 5, *Clusia rosea*, fig. 1, port ; 2. diagramme ; 3, étamines ; 4, pistil ; 5, fruit ouvert.
6 à 8, *Garcinia cambojiana*, fig. 6, port ; 7, fruit coupé ; *G. morella*, fig. 8, port et rameau fleuri.
9, *Mammea americana*, fig. 9, port.

TERNSTROEMIACÉES OU CAMELLIACÉES.

Cette famille est étroitement liée aux Guttifères et aux Hypéricinées, mais elle présente également des ressemblances avec beaucoup d'autres familles : les Bixinées, les Diptéro-carpées, les Éricinées, etc. (Voir ces familles.)

Il n'y a presque pas un seul caractère absolu, excepté peut-être les feuilles alternes et la tige ligneuse, qui soit commun à tous les genres ou tribus formant cette famille; on compte généralement cinq ou sept tribus, et en exposant les caractères généraux de la famille, nous en mentionnerons quelques-unes de ces tribus.

Les Ternstrœmiacées sont des arbres ou arbustes à feuilles alternes (fig. 5, *Camelia*), rarement opposées (*Caryocar*), non stipulées. Les fleurs sont hermaphrodites (diclines dans l'*Actinidia*), régulières (fig. 1, *Ternstrœmia*), à périanthe double. Le calice est formé de cinq (ou de 4 ou 6) sépales libres ou soudés à la base (fig. 9, *Gordonia*); corolle de cinq (ou de 4 à 9) pétales hypogynes, libres ou soudés à la base (fig. 1 et 6), à préfloraison imbriquée (fig. 9) ou tordue (*Bonnétiées*). Les étamines, très nombreuses, sont hypogynes, libres ou soudées entre elles en faisceaux (fig. 9), ou en tube adhérant à la corolle; les an-thères sont tantôt basifixes (fig. 2, *Ternstrœmia*), tantôt versatiles (fig. 8, *Camellia*). L'ovaire est libre à 3 ou 5 loges (fig. 9), rarement plus; contenant deux ou plusieurs ovules diffé-remment fixés, et de structure variable; il est surmonté par autant de styles qu'il y a de loges, plus ou moins soudés entre eux (fig. 3 et 7). Le fruit est tantôt une capsule à déhis-cence loculicide (fig. 10 et 13, *Thea*) ou septicide (*Bonnetiées*); tantôt il est charnu, indéhis-cent (*Trib. des Ternstrœmiées*, etc.). Il contient un nombre plus ou moins grand de graines (fig. 14, *Thea*), fixées à l'angle interne des loges (fig. 12, *Thea*); ces graines sont exalbu-minées, rarement pourvues d'albumen, et renferment un embryon droit ou arqué (fig. 4, *Ternstrœmia*).

Les Caméliacées se trouvent principalement en Amérique tropicale et en Asie orientale; plusieurs genres de cette famille contiennent des plantes aux graines oléagineuses; le genre le plus utile à l'homme est le *Thea*.

On peut diviser les Caméliacées en cinq tribus, en se basant sur la première florai-son, la nature des anthères du fruit, etc.; nous n'en décrirons que deux principales.

TRIBU DES TERNSTRŒMIÉES.

Pétales imbriqués; anthères basifixes.

Genre **Ternstrœmia.** — Ovaire à 2 ou 5 loges.

T. elliptica Vahl. (fig. 1-4). — Arbuste de l'Amérique tropicale.

Genre **Visnea.** — Ovaire à 3 loges.

V. moccanera **L.** — Espèce habitant les Canaries, très loin de la zone de végétation ordinaire des Camelliacées.

TRIBU DES GORDONIÉES.

Pétales imbriqués; anthères versatiles.

Genre **Gordonia.** — Ovaire à 5 loges.

G. lasianthos (fig. 9). — Arbuste de l'Amérique du Nord et de la Chine, dont l'écorce est astringente.

Genre **Thea** L. — Le thé. — Ovaire à 3 loges.

T. chinensis Endl. (*T. Bohea* et *T. Viridis* L.) Le thé de Chine, *Tcha* des Chinois (fig. 10 à 11). — Arbuste origi-naire du Sud-Ouest de la Chine, et cultivé en Chine (sur-tout dans la région du bas *Yangtze-Kiang*), au Japon, dans l'Inde (surtout à *Assam*), à Java, à Ceylan et au Brésil.

Les feuilles de *Thea* contiennent un principe astringent, une huile volatile à laquelle le thé doit son odeur et sa saveur, et un alcaloïde (*théine* ou *caféine*); ces feuilles convenablement préparées (desséchées, soumises à une sorte de fermentation, etc.) constituent le thé du com-merce dont l'usage est très considérable. On exporte ac-tuellement pour plus de 300 millions de francs de thé, de la Chine, de l'Inde et du Japon. Les deux sortes de thé, le *thé vert* et le *thé noir*, proviennent de la même espèce et ne diffèrent que par le mode de préparation. C'est au milieu du XVIᵉ siècle, qu'on a commencé à faire usage du thé en Europe.

Genre **Camellia.** — Ne diffère presque pas du précédent, et lui est réuni par beaucoup de botanistes.

C. Japonica L. (fig. 5 à 8), originaire du Japon et cultivée dans nos jardins pour ses belles et grandes fleurs.

EXPLICATION DES FIGURES.

1 à 4, *Ternstrœmia elliptica*, fig. 1, port; 2, éta-mine; 3, pistil; 4, graine.
5 à 8, *Camellia Japonica*, fig. 5, port; 6, bouton; 7, pistil; 8, étamine.

9, *Gordonia lasianthos*, fig. 9, diagramme.
10 à 14, *Thea chinensis*, fig. 10, port; 11, pistil; 12, ovaire; 13, fruit; 14, graine.

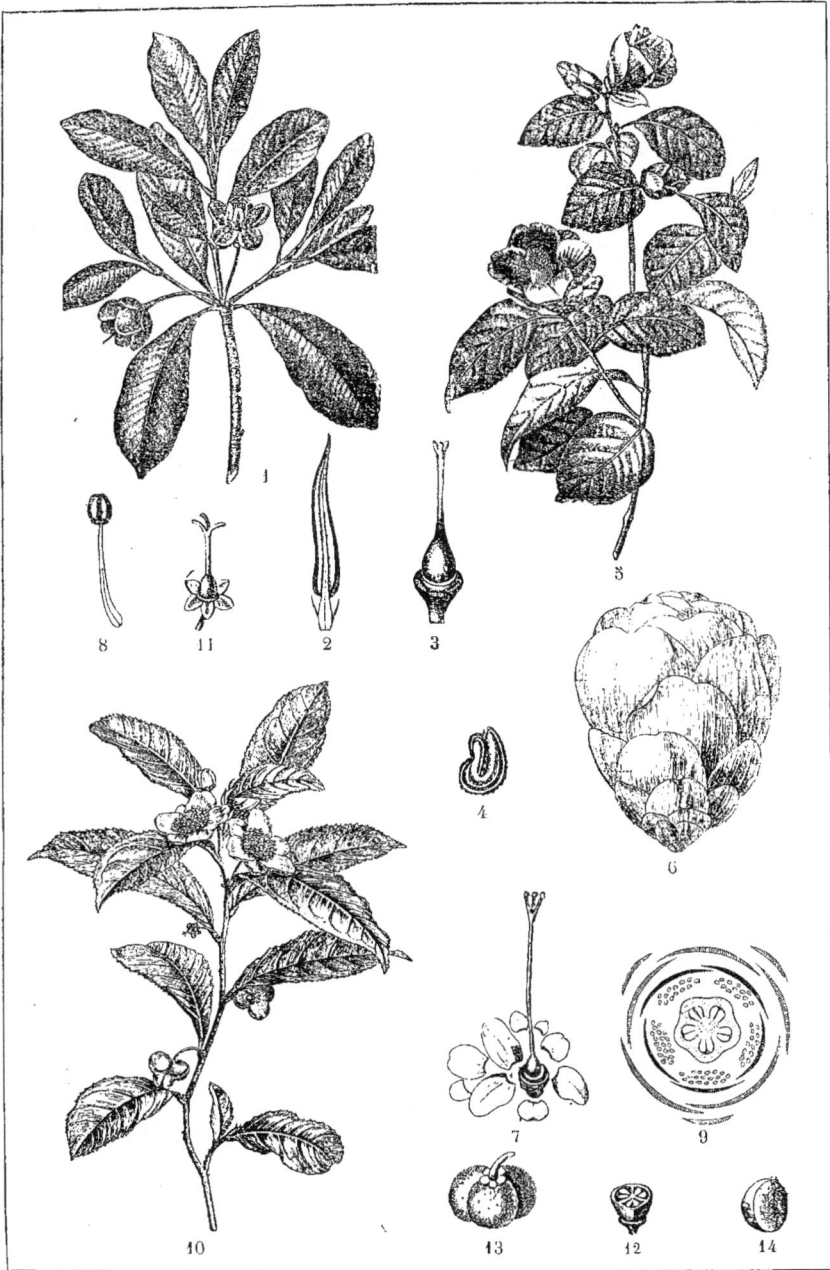

TILIACÉES.

Très voisine des Ternstrœmiacées, cette famille est également liée aux Malvacées, desquelles elle ne diffère que par les étamines libres ; la distinction avec les Ternstrœmiacées est basée principalement sur la préfloraison du calice, valvaire chez les Tiliacées.

Les caractères les plus saillants des Tiliacées sont les suivants : réceptacle convexe ; calice à préfloraison valvaire (fig. 2, *Tilia*) ; corolle hypogyne (fig. 3, *Tilia*) ; étamines en nombre indéfini, libres (fig. 3), ou faiblement soudées en plusieurs faisceaux ; ovaire pluriloculaire (fig. 2 et 5) ; ovules anatropes ; graines albuminées ; feuilles stipulées, presque toujours alternes (fig. 1, *Tilia*, et 9, *Elæocarpus*).

Ce sont des arbres ou arbrisseaux à feuilles simples, crénelées ou dentées (fig. 1), alternes (fig. 1 et 9), rarement opposées, pourvues de stipules caduques. Les fleurs sont hermaphrodites, solitaires ou disposées en grappes ; leur pédoncule (fig. 8, *pd*, *pd'*) est souvent conné avec la bractée axillaire, allongée, membraneuse (fig. 8, *b*) ; le calice est formé de 3 ou 4 sépales libres (fig. 3) ou soudés entre eux, à préfloraison valvaire (fig. 2) ; la corolle est tantôt nulle, tantôt formée d'un nombre plus ou moins grand de pétales libres (fig. 2 et 3) ou soudés entre eux, à préfloraison variable. Étamines en nombre indéfini, aux filets libres ou soudés par la base, soit entre eux, soit aux pétales (fig. 3), et insérés souvent sur un disque glanduleux (fig. 11, *Elæocarpus*) ; les anthères sont biloculaires, s'ouvrant par la déhiscence longitudinale ou à l'aide de valvules. L'ovaire contient 2, 5 ou 10 loges pluri-ovulées (fig. 2 et 5) ; les ovules sont insérés le plus souvent à l'angle interne de la loge (fig. 2 et 5). Le fruit est tantôt indéhiscent, presque ligneux (fig. 6 et 7, *Tilia*) ou drupacé (*Elæocarpus*), ou déhiscent (*Dubouzetia*). Les graines, plus ou moins nombreuses, renferment un albumen charnu et un embryon droit.

Les Tiliacées sont les arbres des pays tropicaux ; cependant, quelques espèces (par exemple les *Tilleuls*) se rencontrent dans les régions tempérées de l'Europe, de l'Asie et de l'Amérique du Nord.

Plusieurs espèces contiennent dans leurs feuilles et leur écorce un principe astringent ; d'autres sont comestibles ou contiennent une sève sucrée, etc.

On distingue deux ou trois tribus dans la famille des Tiliacées.

TRIBU DES TILIÉES.

Pétales entiers, rarement échancrés (fig. 3).

Genre **Tilia** L. — Tilleul. — Pédoncule soudé avec la bractée (**fig. 8**).

T. platyphylla Scop., Tilleul à grandes feuilles (fig. 8), arbre commun en Europe de même que *T. silvestris* Desf, *T.* à petites feuilles ; tous les deux donnent un bois facile à travailler ; leurs feuilles et leurs fleurs odorantes sont employées en médecine.

T. alba Walds. (fig. 1 à 7), se rencontre également dans toute l'Europe centrale et méridionale.

TRIBU DES ÉLÉOCARPÉES.

Pétales le plus souvent profondément incisés (fig. 10) ou nuls.

Genre **Elæocarpus**. — Les fruits de l'*E. cyaneus* (fig. 9 à 11) sont comestibles ; son écorce est astringente et amère.

DIPTÉROCARPÉES.

Cette petite famille ne se distingue des Tiliacées que par la préfloraison imbriquée du calice. Les plantes qui la composent sont de grands arbres originaires de l'Inde et de la Malaisie ; leurs fleurs régulières, hermaphrodites, sont pour la plupart pentamères (fig. 12, *Dryobalanops*), à périanthe double ; les pétales et les étamines sont libres ; l'ovaire le plus souvent pluriloculaire. Le fruit est une capsule entourée des lobes du calice prolongés en membranes aliformes.

Parmi les espèces appartenant à cette famille, nous nommerons seulement le *Dryobalanops aromatica* Gœrt., ou Camphrier de Borneo (**fig. 12**), fournissant le camphre de Bornéo (*Borneol.*).

EXPLICATION DES FIGURES.

1 à 8, *Tilia alba*, fig. 1, port ; 2, diagramme ; 3, fleur ;
    4, pistil ; 5, ovaire ; 6 et 7, fruit.
8,   *T. platyphylla*, fig. 8, feuille et bractée.

9 à 11, *Elæocarpus cyaneus*, fig. 9, port ; 10, pétale ;
    11, étamine.
12   *Dryobalanops aromatica*, fig. 12, port.

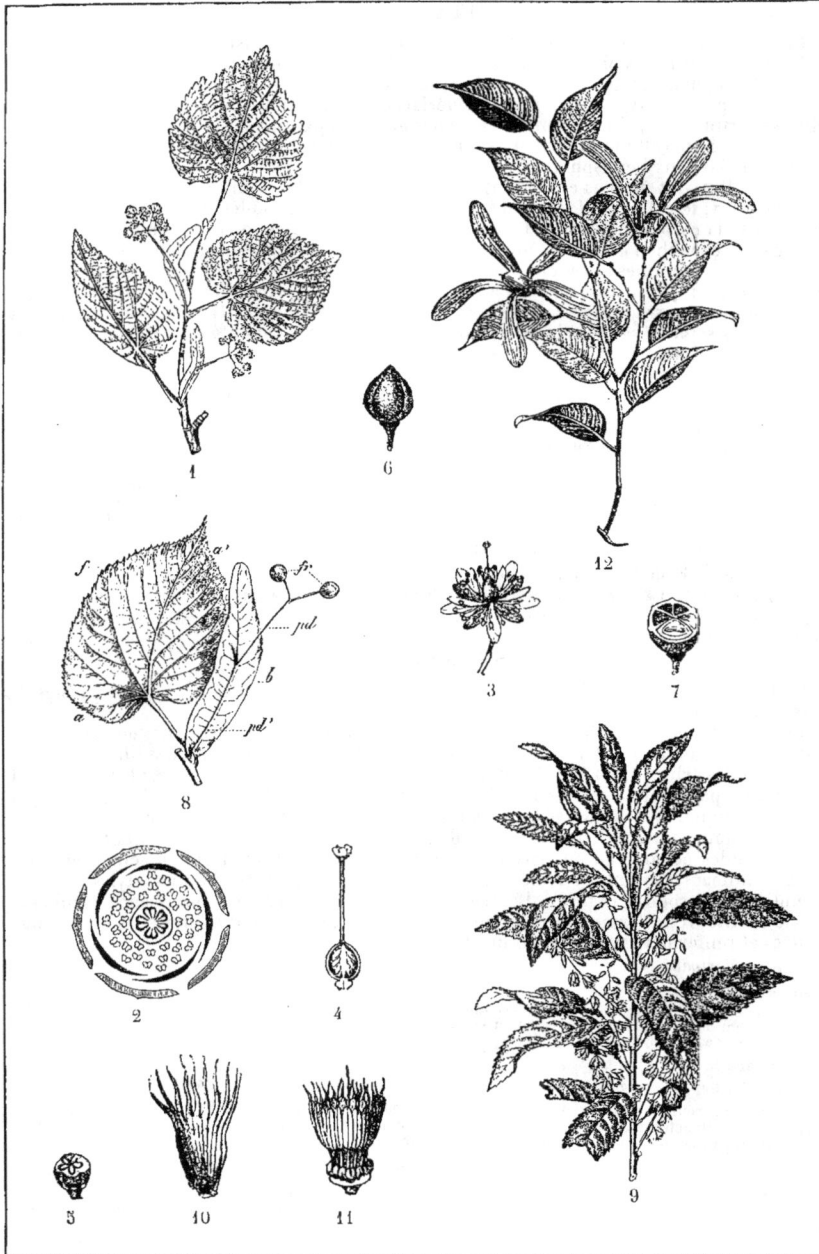

BUTTNÉRIACÉES.

Les Buttnériacées sont considérées par beaucoup de botanistes comme formant une tribu de la famille des Malvacées, qui va être décrite plus loin. En effet, les Buttnériacées ne se distinguent de cette dernière famille que par les anthères biloculaires, et les staminodes opposés aux pétales. Les Buttnériacées sont très voisines des Tiliacées, dont elles se distinguent principalement par leurs anthères extrorses.

Les plantes de cette famille sont des arbres ou arbrisseaux, communs dans les régions tropicales des deux hémisphères.

Les feuilles sont simples et alternes (fig. 1. *Buttneria*) ; les fleurs sont régulières et hermaphrodites ; le calice est formé de 4 à 5 sépales libres ou soudés (fig. 2, *Buttneria*), un peu velus ; la corolle est nulle ou constituée par cinq pétales, dont le limbe a souvent la forme d'un capuchon à la base (cuculliforme), et d'une languette au sommet ; l'androcée est formé des étamines libres ou soudées en tube ou en plusieurs faisceaux, alternant avec les sépales, transformées en partie en staminodes stériles, linguliformes (fig. 2) ; les anthères sont extrorses, biloculaires, à déhiscence longitudinale. L'ovaire est formé de 4 à 5 carpelles soudés (fig. 3), à loges bi, ou pluri-ovulées, et surmonté d'un style à 4 ou 5 divisions ; le fruit est une capsule dure, coriace, à déhiscence loculicide, rarement charnu ; il contient des graines (fig. 4, *Theobroma*), en nombre plus ou moins considérable, à albumen charnu : l'embryon est droit ou plissé. Les feuilles sont alternes, stipulées (fig. 2).

Genres principaux :

Theobroma L. — Le fruit est coriace, indéhiscent, à cinq loges remplies de graines noyées dans une pulpe charnue.

T. *cacao* L., Cacaoyer (fig. 4). — Grand arbre originaire du Brésil (bassin de l'Amazone et de l'Orénoque), et cultivé actuellement en dehors de l'Amérique tropicale, aux Iles Philippines, en Malaisie, etc. Ses graines contiennent une huile fixe, du tannin et un alcaloïde spécial (*Théobromine*) ; elles fournissent le *beurre de cacao*, mais servent surtout pour la fabrication du *chocolat*, du *cacao*, etc. ; tous ces produits contiennent, en outre du cacao, du sucre, de la vanille, etc.

Buttneria. — Fruit capsulaire, déhiscent.

B. *inodora* Gay (fig. 1 à 3), et autres espèces sont usitées en Afrique et en Amérique comme émollients.

Plusieurs autres genres de cette famille : *Guazuma, Commersonia*, etc., fournissent des médicaments en Amérique et en Australie.

STERCULIACÉES.

Cette famille contient des plantes ligneuses des régions tropicales et subtropicales de l'Asie et de l'Australie.

Les Sterculiacées se distinguent des Buttnériacées par leurs fleurs diclines ou polygames, par l'absence de la corolle, par la disposition des étamines et les carpelles libres.

Ce sont des arbres à feuilles alternes, stipulées, digitées (fig. 5, *Sterculia*) ; les fleurs sont diclines ou polygames ; le calice est formé de cinq sépales pétaloïdes (fig. 7, *Sterculia*) ; la corolle manque. Les étamines sont réduites à 5 ou 15 anthères situées au sommet d'une courte colonne entourant l'ovaire (fig. 6, *Sterculia*) ; plus rarement elles ont des filets courts soudés en anneau ou polyadelphes (fig. 7). L'ovaire est formé de cinq carpelles libres, uniloculaires, multi-ovulés (fig. 6 et 7) ; il est surmonté de cinq styles presque complètement soudés (fig. 6). Le fruit est tantôt une capsule à déhiscence loculicide (fig. 8), tantôt il est formé par plusieurs coques. Les graines sont albuminées ou exalbuminées et renferment un embryon droit.

Genres principaux :

Sterculia L.

Plusieurs espèces de ce genre, comme la *Sterculia platonifolia* (fig. 7), S. *balanghas* (fig. 8), S. *chicha* Aug. St-Hil. (fig. 5 et 6), ont des graines riches en tannin et en mucilage ; leur écorce fournit également du tanin. La S. *fœtida* a une odeur fort désagréable.

Heritiera L.

H. *littoralis*. Une espèce de ce genre, originaire des Philippines, donne des fruits comestibles.

On a souvent réuni les Sterculiacées, les Buttnériacées et trois ou quatre autres familles (Dombryées, Lasiopétalées, Hélictérées, etc.), dans une seule famille portant le nom de Sterculiacées ; certains auteurs, au contraire, rattachent toutes ces familles aux Malvacées.

EXPLICATION DES FIGURES.

1 à 3, *Buttneria inodora*, fig. 1, port ; 2, fleur ; 3, pistil.

4, *Theobroma cacao*, fig. 4, fruit ; 4 a, graine.

5 à 6, *Sterculia chicha*, fig. 5, port ; 6, pistil et étamines.

7, S. *platonifolia*, fig. 7, diagramme.

8, S. *balanghas*, fig. 8, fruits.

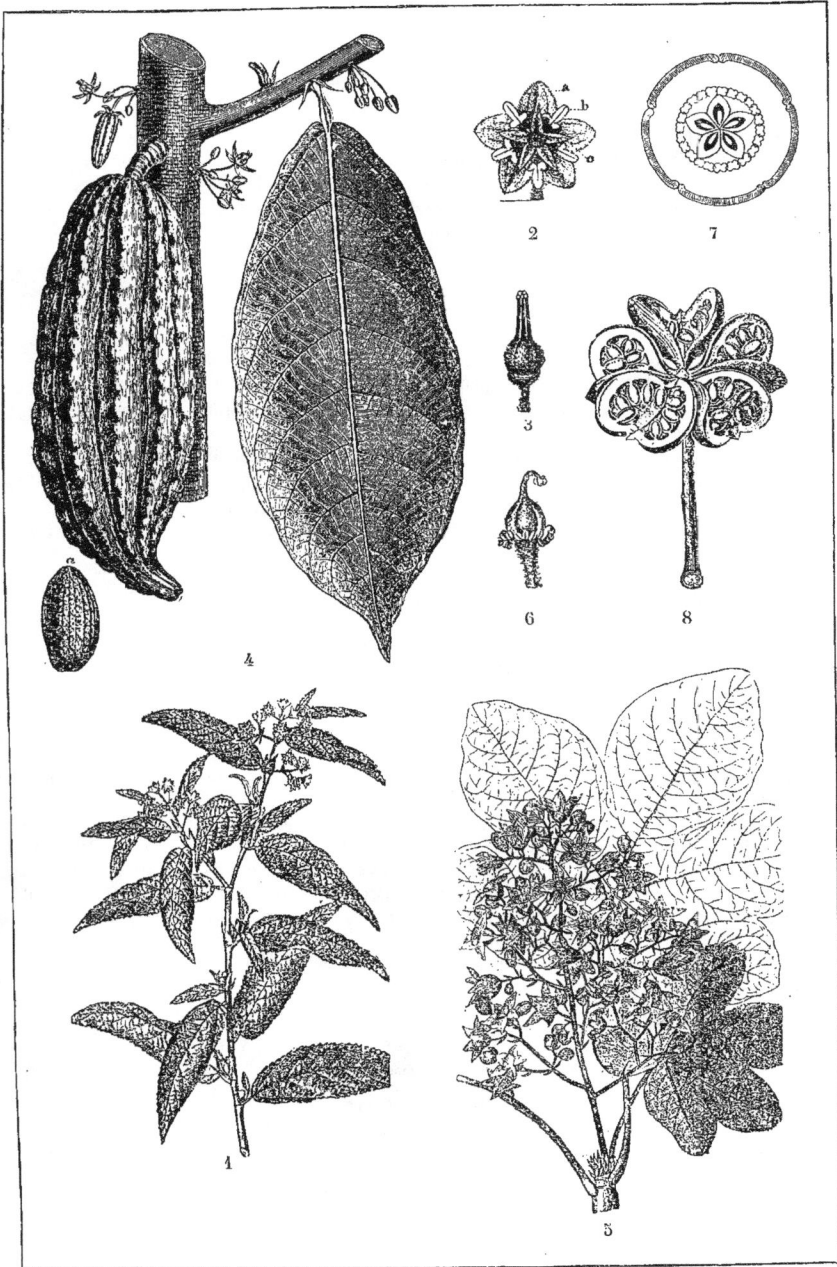

MALVACÉES.

Les auteurs ne sont pas d'accord sur les limites à donner à cette grande famille; les uns la réduisent à deux, trois tribus (Mauves proprement dites, Hibiscæ, etc.), les autres y comprennent au contraire plusieurs familles que nous avons vues précédemment (Buttnériacées, Sterculiacées), et y ajoutent les Bombacées, etc. Nous décrirons les Malvacées comme étant composées de cinq tribus (Malopées, Malvées, Hibiscées, Sidées et Bombacées); nous donnerons quelques caractères généraux de la famille, et nous exposerons plus en détail les caractères des tribus principales. Les Malvacées ainsi comprises ont des affinités très grandes avec les Buttnériacées, les Sterculiacées, les Tiliacées, etc., et présentent les caractères communs suivants :

Calice à préfloraison valvaire (fig. 1, *Malva*); pétales hypogynes (fig. 2, *Malva*); étamines hypogynes, plus ou moins soudées en un tube entourant le pistil (fig. 2 et 3, *Malva*, et 12, *Lagunea*); anthères uniloculaires (fig. 3); ovaire composé de plusieurs carpelles, le plus souvent verticillés autour d'un prolongement persistant de l'axe (fig. 4, *Malva*); graines réniformes peu albuminées (fig. 8, *Hibiscus*); embryon arqué; feuilles alternes, stipulées (fig. 6, *Malva*).

Les Malvacées sont très abondantes dans la région tropicale, mais leur nombre diminue à mesure qu'on s'éloigne des tropiques.

Presque toutes les espèces contiennent un mucilage qui a des propriétés émollientes; plusieurs ont des graines riches en huiles fixes; les poils qui garnissent le test de la graine de *Gossipium* donnent le *coton*, matière textile par excellence.

TRIBU DES MALVÉES.

Plantes herbacées, vivaces ou sous-frutescentes, plus ou moins velues, à feuilles alternes, pétiolées, stipulées, palmatilobées (fig. 6). Les fleurs sont hermaphrodites, régulières (fig. 2 et 9, *Althæa*), solitaires ou fasciculées. Le calice est formé de 5 (ou 3-4) sépales soudés par leur base (fig. 4, *Malva*), à préfloraison valvaire (fig. 1), muni souvent d'un calicule (fig. 4 et 5) persistant. La corolle se compose de cinq pétales hypogynes (fig. 1, 2, 6 et 9) et soudés à la base entre eux et avec le tube staminal (fig. 2), à préfloraison imbriquée (fig. 1). Les étamines, en nombre indéfini (fig. 1), sont soudées par leurs filets, dans la plus grande partie de leur parcours, en un tube qui entoure l'ovaire (fig. 2 et 3); les parties libres des filets portent des anthères uniloculaires, extrorses (fig. 3). Le pistil est composé d'un ou plusieurs carpelles connés en un seul verticille autour d'un prolongement de l'axe (fig. 2 et 4) et surmontés des styles soudés entre eux dans la plus grande partie, libres supérieurement et portant des stigmates simples (fig. 4); chaque carpelle contient un ou plusieurs ovaires anatropes (fig. 1 et 2). Le fruit est formé tantôt par plusieurs capsules sèches ou coques mono, ou polyspermes (fig. 5), se séparant de l'axe à la maturité et s'ouvrant du côté interne; tantôt c'est une capsule à plusieurs loges, à déhiscence loculicide. Les graines insérées à l'angle interne des loges sont réniformes (fig. 8), et contiennent très peu d'albumen enveloppant un embryon plié.

Genres principaux :

Malva L., Mauve. — Calice muni d'un calicule à trois folioles libres (fig. 4 et 5).

M. silvestris L. (fig. 1 à 6). — Mauve sauvage, commune en France; ses fleurs et ses feuilles sont souvent employées pour faire des cataplasmes ou des tisanes émollientes.

M. rotundifolia L. — La petite mauve, fromagère; mêmes propriétés.

Althæa L., Guimauve. — Calice muni d'un calicule à 6 ou 9 folioles soudées intérieurement.

A. officinalis L., Guimauve (fig. 9). — Ses fleurs et surtout ses racines sont employées comme émollients.

EXPLICATION DES FIGURES.

1 à 5, *Malva silvestris*, fig. 1, diagramme; 2, coupe de la fleur; 3, androcée; 4, pistil et calice; 5, fruit; 6, port.
7 à 8, *Hybiscus abelmoschus*, fig. 7, fruit; 8, graine.

9 et 10, *Althæa officinalis*, fig. 9, port; 10, racine.
11 à 13, *Lagunea squamosa*, fig. 11, ovaire; 12, port; 13, pistil.

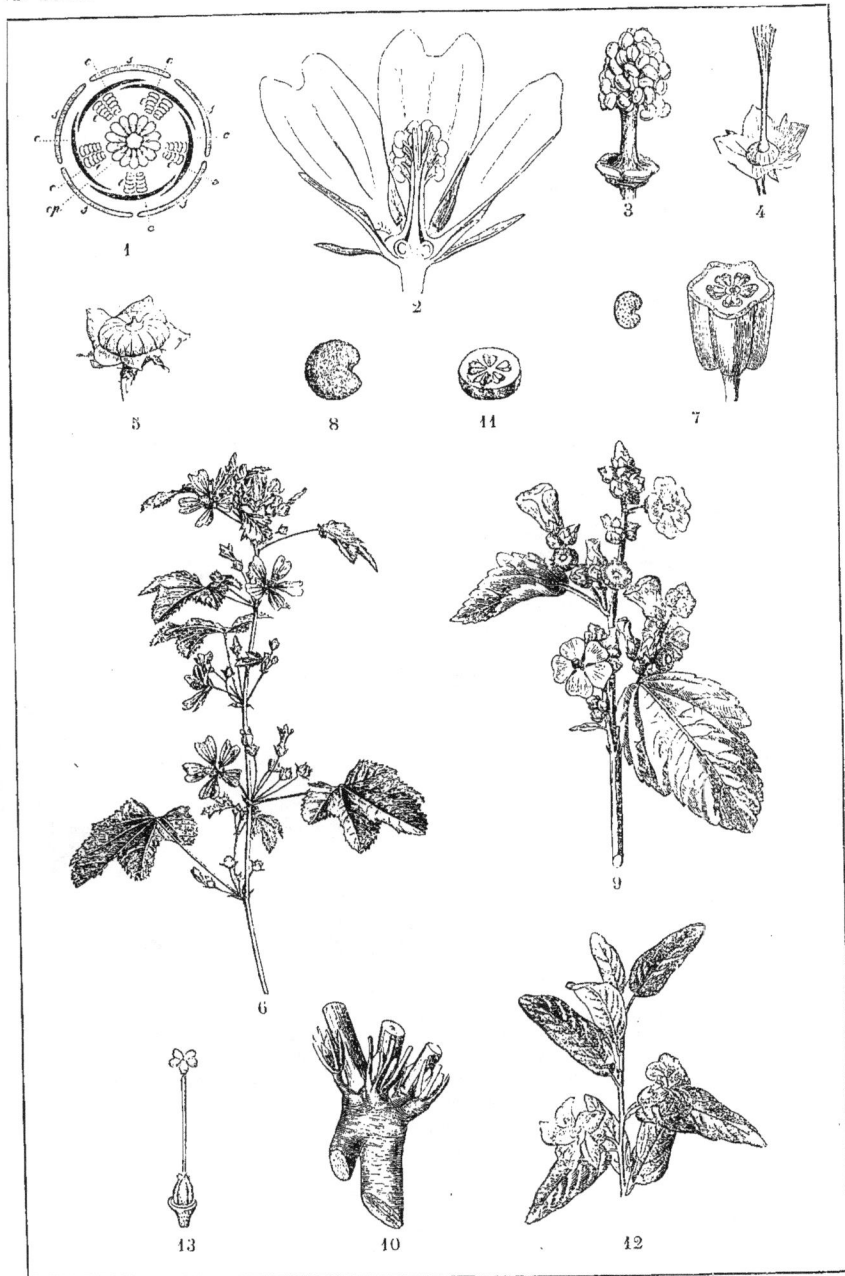

TRIBU DES HIBISCÉES.

Plantes ligneuses ou herbacées à feuilles alternes, stipulées ; les fleurs, ordinairement grandes et solitaires (fig. 4, *Gossypium*), sont hermaphrodites et régulières (fig. 4 et 5). Le calice est persistant, gamosépale, à cinq lobes et accompagné d'un calicule formé d'un nombre variable de folioles (fig. 4). La corolle est gamopétale, à cinq divisions très profondes (fig. 5, *Hibiscus*) ; elle est soudée à sa base avec le tube que forment les filets des étamines soudés entre eux (fig. 1) inférieurement, mais libres dans leur partie supérieure, où ils supportent une anthère uniloculaire, extrorse, à déhiscence longitudinale. Le pistil est formé d'un ovaire à cinq loges ; le style, entouré par le tube staminal, se termine par cinq branches stigmatifères (fig. 11 et 12, pl. XXVIII, *Lagunæa*) ; les ovules nombreux, campilotropes, sont insérés à l'angle interne des loges (fig. 9, pl. XXVIII, *Lagunæa*). Le fruit est une capsule loculicide (fig. 4, *Gossypium*), rarement indéhiscente ; quelquefois une baie. Ce fruit laisse échapper à la maturité des graines réniformes, souvent munies de poils à l'extérieur (fig. 2, *Gossypium*) et renfermant un embryon plié, exalbuminé ou enveloppé d'une faible quantité d'albumen.

Genres principaux :

Gossypium L., le Cotonnier. — Calicule à trois folioles ; graines couvertes de poils.

G. religiosum L. (fig. 1 à 3), cultivé en Chine et en Asie centrale, *G. herbaceum* L. (fig. 4), dans l'Inde, la région méditerranéenne, et l'Amérique du Nord, *G. Barbadense* L. dans l'Amérique du Sud, et plusieurs autres espèces ou variétés cultivées en Afrique et en Australie, fournissent le *coton*, matière textile répandue dans tout le monde, et qui n'est autre chose que les poils du tégument externe des graines de ces plantes. Les fabriques à tisser du monde entier consomment plus de 1 milliard et demi de coton pour la somme de 2 milliards de francs.

Hibiscus L. — Calicule à cinq folioles ; graines nues.

H. abelmoschus L., Ketmie musquée (fig. 5, 6 et 7 de la pl. XXVIII). — Plante originaire de l'Inde et cultivée dans beaucoup de pays chauds ; ses graines possèdent une odeur de musc et sont employées en parfumerie.

Lagunæa ou **Lagunaria**. — Calice à trois folioles ; graines nues.

L. squamea Vent. (fig. 9, 10, 12 et 13 de la pl. XXVIII). — Arbrisseau des pays tropicaux.

TRIBU DES BOMBACÉES.

Arbres des pays tropicaux, à feuilles alternes, digitées (fig. 6, *Cheirostemon*). Les fleurs sont solitaires ou en grappes (fig. 6) ; le calice est gamosépale à 3 ou 5 lobes, souvent pétaloïde (fig. 6 et 7. *Cheirostemon*) ; la corolle, qui peut manquer, est ordinairement formée de cinq pétales soudés à la base entre eux, et avec le tube staminal formé par la réunion des filets des étamines. Ces dernières sont tantôt en nombre indéfini, et portent des anthères uniloculaires ; tantôt au nombre de cinq, et présentent, vers la partie supérieure du filet, une gouttière dont les bords portent les loges des anthères extrorses ; le connectif est prolongé en une pointe recourbée (fig. 7, *Cheirostemon*). L'ovaire est à cinq loges pluriovulées ; il est surmonté d'un style aigu, terminé parfois en cinq lobes stigmatifères. Le fruit est une capsule loculicide (fig. 9, *Cheirostemon*), contenant des graines nombreuses, souvent couvertes d'un duvet ou arillées (fig. 10 et 11) ; l'embryon est enveloppé dans un albumen plus ou moins abondant.

Genres principaux :

Bombax Coran. — Graines laineuses, grand arbre des Antilles.

Pachira, Durio et autres genres sont cultivés dans nos serres pour leurs belles fleurs.

Adansonia L. — Ce genre contient les arbres les plus grands du monde.

L'A. digitata ou *Baobab*, arbre africain, transplanté en Asie et en Amérique, est connu comme le géant du monde végétal ; son tronc atteint parfois jusqu'à 30 mètres de circonférence.

Cheirostemon. — Genre abberent par plusieurs caractères, comme nous l'avons vu plus haut.

C. platanoides (fig. 6 à 11). — Grand arbre du Mexique.

EXPLICATION DES FIGURES

1 à 4, *Gossypium religiosum*, fig. 1, corolle ; 2, graine ; 3, fruit avec le coton ; *G. herbaceum*, fig. 4, port.

5, *Hibiscus abelmoschus*, fig. 5, port.

6 à 11, *Cheirostemon platanoides*, fig. 6, port ; 7, calice et étamines ; 8, pistil ; 9, fruit ; 10 et 11, graines.

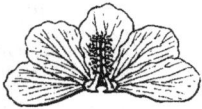

1

2

3

4

6

5

9

10

11

7

8

BIXINÉES.

Cette famille se rapproche des Tiliacées et des Violariées; elle diffère des premières par l'ovaire uniloculaire, et des secondes, par les fleurs régulières et les étamines libres.

Les caractères les plus constants de cette famille sont les suivants : fleurs régulières (fig. 1, *Bixa*); étamines libres et nombreuses (fig. 1 et fig. 7, *Flacourtia*); anthères extrorses, s'ouvrant par une fente ou un pore apical; ovaire uniloculaire, à placentation pariétale; graines albuminées (fig. 12, *Flacourtia*).

Ce sont des arbres ou arbrisseaux souvent épineux (fig. 6, *Flacourtia*), à feuilles alternes, simples (fig. 1 et 6) ou composées, non stipulées. Les fleurs sont régulières, hermaphrodites (fig. 1), ou dioïques par avortement (fig. 7, fl. stérile; fig. 8. fl. fertile de *Flacourtia*); le calice est formé de 2 à 6 sépales libres ou plus ou moins soudés (fig. 7 et 8); la corolle est nulle ou composée de 2 à 6 pétales hypogynes (fig. 1). Les étamines, en nombre indéfini, sont libres (fig. 7), hypogynes et insérées sur un disque souvent glanduleux (fig. 3); les anthères sont biloculaires, extrorses, s'ouvrant par une fente, ou par un pore apical; l'ovaire est libre, uniloculaire, à deux ou plusieurs placentas pariétaux; les styles sont plus ou moins soudés entre eux (fig. 3, *Bixa*); les ovules, en nombre de deux, ou plusieurs, par placenta, sont anatropes. Le fruit est tantôt charnu bacciforme (fig. 9 et 10, *Flacourtia*) ; c'est tantôt une capsule s'ouvrant par deux valves (fig. 4, *Bixa*). Les graines lisses ou velues (fig. 5, 11 et 12) renferment un embryon droit (fig. 12) ou courbé, enveloppé d'un albumen charnu plus ou moins abondant.

Les Bixinées sont propres aux régions tropicales de l'Asie, de l'Afrique et de l'Amérique, où les indigènes emploient plusieurs parties de ces plantes comme médicaments; les graines de quelques espèces fournissent une matière colorante.

Genres principaux :

Bixa L. — Fleurs hermaphrodites; ovaire à deux placentas.

B. *Orellana* L., Rocouier (fig. 1 à 5). — Arbre de l'Amérique tropicale ; ses graines fournissent une matière colorante rouge (rocou) que les indigènes de la Guyane emploient pour peindre leur corps.

Flacourtia L. — Fleurs unisexuées; ovaire à cinq placentas.

F. *sepiaria* Rox., Ramontchi (fig. 6 à 12). — Arbre épineux de l'Inde dont les baies sont comestibles.

CISTINÉES.

Petite famille très voisine de la précédente; elle n'en diffère que par les ovules orthotropes et les anthères introrses.

Les caractères les plus constants des Cistinées sont tirés de la structure de l'ovaire uniloculaire à placentation pariétale, de la nature des anthères introrses (fig. 16, *Cistus*), des ovules orthotropes et du fruit capsulaire (fig. 17 à 19, *Cistus*).

Ce sont des plantes herbacées ou sous-frutescentes, à feuilles alternes ou opposées, simples, stipulées ou non (fig. 13, *Cistus*). Les fleurs sont hermaphrodites, régulières (fig. 13 et 15), présentant un calice formé de 3 ou 5 sépales munis de bractées (fig. 14), et une corolle à 3 ou 5 pétales hypogynes (fig. 15). Les étamines sont en nombre indéfini, hypogynes (fig. 15), à filets libres et aux anthères biloculaires introrses (fig. 16). L'ovaire est libre, uniloculaire à 3 ou 5 placentas pariétaux; il est pluriovulé et surmonté d'un style court, simple, recouvert de papilles stigmatifères; les ovules sont orthotropes; le fruit est une capsule déhiscente (fig. 17 à 19); les graines sont albuminées et renferment un embryon recourbé (fig. 20, *Cistus*).

Les Cistinées se rencontrent souvent dans la région méditerranéenne; quelques espèces se trouvent en Asie et en Europe centrale.

Genres principaux :

Cistus T. Fruit à 5-10 loges.

C. *creticus* L. (fig. 13 à 20). — Originaire de l'île de Crète; donne une résine balsamique (*ladanum*) employée en parfumerie.

Helianthemum T. Fruit à 1-3 loges.

H. *vulgare*. Gaernt., H. *pilosum* Pers. et autres espèces sont communes en Europe

EXPLICATION DES FIGURES.

1 à 5, *Bixa orellana*, fig. 1, port; 2, pétale; 3, pistil; 4, fruit; 5, graine.

6 à 12, *Flacourtia sepiarium*, fig. 6, port; 7, fleur mâle; 8, fleur femelle; 9 et 10, fruit; 11 et 12, graines.

13 à 20, *Cistus creticus*, fig. 13, port; 14, calice, 15, fleurs; 16, étamine; 17, fruit; 18, fruit en déhiscence ; 19, fruit coupé ; 20, graine.

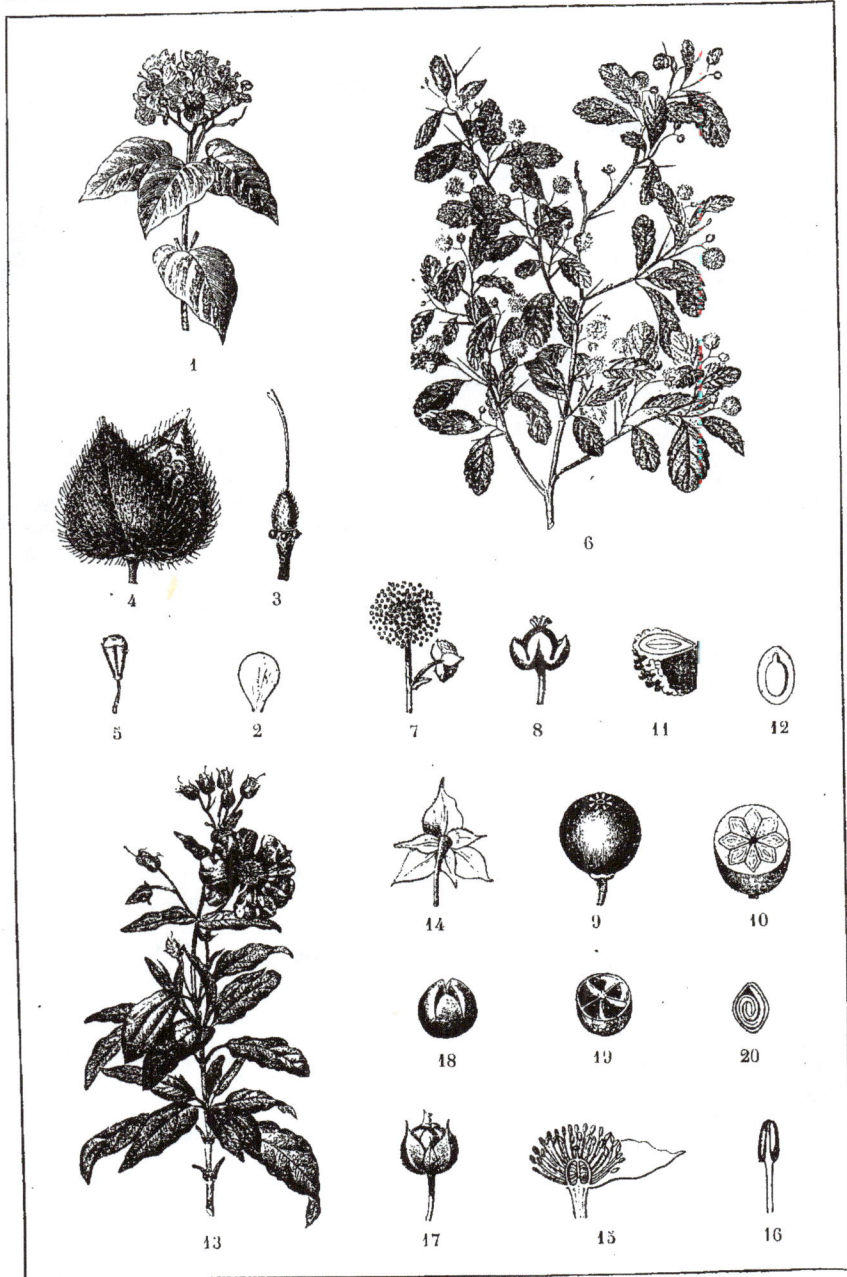

VIOLACÉES OU VIOLARIÉES.

Famille assez homogène, contenant plusieurs espèces indigènes ; elle présente beaucoup de ressemblance avec les Cistinées et les Droséracées, et ne diffère des premières que par les fleurs irrégulières, les ovules anatropes, l'embryon droit, — et des secondes, par les anthères introrses et les styles soudés.

Les caractères constants des Violacées sont les suivants : Fleurs plus ou moins régulières, à périanthe double et pentamère (fig. 2 et 3, *Viola*), corolle dialypétale, hypogyne (fig. 3) ; étamines au nombre de cinq, hypogynes, aux anthères biloculaires, introrses ; connectif souvent prolongé en un appendice (fig. 5, *Viola*) ; ovaire uniloculaire à placentas pariétaux, pluriovulés (fig. 9, *Viola*) ; style simple (fig. 6) ; ovules anatropes ; fruit capsulaire (à l'exception de quelques genres exotiques où il est baccien), s'ouvrant par autant de valves qu'il y a de placentas (fig. 8, *Viola*) ; graines albuminées ; embryon droit (fig. 14, *Viola*).

Les Violacées sont des plantes herbacées ou sous-frutescentes, à feuilles alternes (à l'exception de quelques genres exotiques), quelquefois toutes radicales, pétiolées, entière ou dentées, stipulées (fig. 1, 10 et 11, *Viola*). Les fleurs sont hermaphrodites, souvent dimorphes, plus ou moins irrégulières (fig. 3 et 11), solitaires ou disposées en cimes ou en grappes, penchées ; à pédoncules axillaires, souvent munis de deux bractées (fig. 1 et 11). Le calice persistant est formé de cinq sépales libres ou soudés par la base, souvent prolongés en une expansion membraneuse (fig. 4) ; préfloraison imbriquée (fig. 2). La corolle est constituée par cinq pétales hypogynes, ordinairement inégaux, à préfloraison imbriquée (fig. 2) ; les deux supérieurs pourvus d'onglet, les deux latéraux sans onglet, et l'inférieur prolongé en un éperon (fig. 11) ; dans quelques espèces, les pétales sont presque égaux. Les étamines en nombre de cinq, hypogynes, présentent des filets très courts, élargis, et des anthères introrses connivientes en cône autour de l'ovaire (fig. 5), terminées supérieurement par un appendice membraneux ; dans les deux (ou quatre) étamines inférieures, les connectifs sont prolongés en appendices charnus, cachés dans l'éperon du pétale inférieur (fig. 5). L'ovaire est libre, uniloculaire, ordinairement à trois placentas pariétaux pluriovulés (fig. 9) ; il est surmonté d'un style simple ou recourbé, à stigmate indivis (fig. 6) ou lobé ; les ovules sont anatropes. Le fruit est une capsule (fig. 7 et 12), déhiscente généralement par trois valves (fig. 8) ; dans quelques espèces exotiques, les fruits sont bacciens. Les graines, souvent munies d'un raphé (fig. 10), renferment un embryon droit, enveloppé dans un albumen charnu (fig. 11).

La plupart des Violacées sont propres à l'hémisphère boréal ; quelques genres se trouvent cependant dans les régions tropicales des deux continents.

La tige de presque toutes les Violacées renferme un principe âcre, doué de propriétés émétiques.

Genre **Viola** Tourn., Violette. — Corolle irrégulière ; fruit capsulaire.

V. tricolor L., Pensée sauvage (fig. 1 à 10). — Un seul pétale inférieur dirigé en bas. Commune en France ; sert à préparer la tisane employée dans le traitement des maladies cutanées.

V. odorata L., Violette odorante (fig. 11). — Trois pétales dirigés en bas. — Plante indigène ; l'infusion de ses fleurs est émolliente et sudorifique ; le sirop de cette violette sert aussi comme réactif chimique.

V. pedata (fig. 9 à 11). — Espèce américaine ; mêmes usages.

Plusieurs plantes des genres exotiques : *Anchieta*, *Ionidium*, etc., sont employées en médecine comme émétiques ou émollients.

EXPLICATION DES FIGURES.

1 à 10, *Viola tricolor*, fig. 1, port ; 2, diagramme ; 3, fleur ; 4, calice ; 5, androcée ; 6, pistil ; 7, fruit et calice ; 8, fruit en déhiscence ; 9, coupe de l'ovaire ; 10, feuilles et stipules.
11, *V. odorata*, fig. 11, port.
12 à 14, *V. pedata*, fig. 12, fruit ; 13 et 14, graines.

1

2

3

4

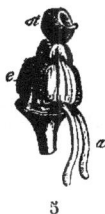

5

6

7

8

9

10

12

11

13   14

DROSÉRACÉES.

Cette famille est voisine des Violariées, mais s'en distingue par le port, les anthères extrorses et les feuilles non stipulées. Elle présente aussi quelques ressemblances avec les Parnassiées, mais ces dernières diffèrent par leurs pétales aux écailles glandulifères, par leurs graines exalbuminées et par leurs stigmates sessiles.

Caractères communs à tous les genres de cette famille : corolle pentamère, hypogyne (fig. 2 et 3, *Dionaea*), anthères extrorses (fig. 1, *Drosera*), fruit capsulaire (fig. 4 et 5, *Dionaea*), graines albuminées, feuilles non stipulées (fig. 6, *Dionaea*).

Les feuilles des Droséracées présentent une structure toute spéciale, variable suivant les genres, et en rapport avec le mode de nutrition de ces plantes en partie carnivores. Fleurs hermaphrodites, régulières (fig. 2) ; calice à cinq sépales libres ; corolle à cinq pétales hypogynes, à préfloraison imbriquée (fig. 1 et 3) ; étamines en nombre égal ou multiple de celui des pétales, libres (fig. 2) ; anthères biloculaires, extrorses, à déhiscence généralement longitudinale. Ovaire uniloculaire à placentation pariétale (fig. 1), parfois pluriloculaire ou à placentation basilaire (fig. 3) ; styles 3 à 5 souvent soudés entre eux et portant des stigmates lobés. Fruit : capsule s'ouvrant par 3 ou 5 valves (fig. 4 et 5) ; graines nombreuses, albuminées ; embryon droit.

Les Droséracées sont répandues presque dans toutes les régions du globe.

Genres principaux :

Dionaea L. — Ovaire uniloculaire à placenta basilaire.

D. muscipula L., Gobe-Mouche (fig. 2 à 6). — Plante originaire de l'Amérique du Nord, cultivée dans nos serres. Les feuilles de cette plante présentent un pétiole élargi et un limbe formé de deux lobes munis de poils rigides sur leurs bords . (fig.6) ; la face supérieure de chaque lobe est garnie de 3 gros soies, et d'un nombre considérable de petits poils, très sensibles et de glandes. Au moindre attouchement d'un insecte les poils irrités provoquent la fermeture de deux lobes qui se plient, emprisonnent l'insecte et, engrenant leurs poils marginaux, empêchent sa fuite s'il n'est pas trop petit (et par conséquent insuffisant comme nourriture) et ne peut pas sortir par les intervalles que les poils laissent entre eux ; en même temps les glandes commencent à sécréter un liquide acide qui dissout les substances azotées et facilite leur absorption par la plante.

Drosera L. (Rossolis). — Ovaire uniloculaire à placentas pariétaux.

D. longifolia L., R. à longues feuilles (fig. 1), *D. Rotundifolia* L., et autres espèces indigènes présentent des feuilles dont le limbe est garni de longs poils ou *tentacules*, munis à leur extrémité de glandes qui sécrètent un liquide visqueux et acide, dès qu'ils sont touchés ou pressés, même le plus légèrement. Aussitôt qu'un insecte se pose sur la feuille, il est englué par cette sécrétion et l'irritation se propageant sur toute la surface, les autres tentacules se recourbent et, déversant le contenu de leurs glandes finissent par englober complètement la victime qui est *digérée* et absorbée dans l'espace de quelques heures.

PARNASSIÉES.

Petite famille indigène considérée souvent comme un genre des Droséracées.

Ce sont des plantes herbacées à feuilles radicales, glabres, à fleurs régulières (fig. 7, *Parnassia*) ; calice à cinq sépales ; corolle à cinq pétales périgynes (fig. 8 et 9), portant à leur base des écailles nectarifères profondément divisées en lanières filiformes et terminées par un épaississement glanduleux (fig. 8, *c. c.*) ; étamines cinq, libres, hypogynes ; anthères extrorses ; ovaire uniloculaire, à placentation pariétale (fig. 9), surmonté de quatre stygmates, presque sessiles (fig. 8). Fruit : capsule à déhiscence loculicide ; graines exalbuminées à *testa* membraneux, lâche, réticulé (fig. 10) ; embryon droit (fig. 10).

Genre **Parnassie**. — Tourn., Parnassia.

P. palustris L., Parnassie des marais (fig. 7 à 10), commune en France ; contient un principe amer et astringent.

SARRACÉNIÉES.

Petite famille des plantes aquatiques américaines, qui présente quelques ressemblances avec les Droséracées, surtout par la nature de ses feuilles.

Les feuilles des Sarracéniées ont la forme d'un cornet et sont garnies à l'intérieur de poils glanduleux, sécrétant un liquide qui attire les insectes (fig. 14, *Sarracenia*). Calice à 4 ou 5 sépales libres ; corolle à cinq pétales hypogynes (fig. 11) ; étamines nombreuses, hypogynes ; ovaire à 3 ou 5 loges renfermant des ovules nombreux insérés à l'angle interne des loges ; style court, souvent dilaté au sommet en parasol à cinq angles ou lobes (fig. 12) ; fruit : capsule loculicide (fig. 13) ; graines albuminées.

Sarracenia.

S. purpurea. — Originaire des États-Unis.

EXPLICATION DES FIGURES.

1, *Drosera longifolia*, fig. 1, diagramme.
2 à 6, *Dionaea muscipula*, fig. 2, port ; 3, coupe de la fleur ; 4, fruit ; 5, fruit coupé ; 6, feuilles.
7 à 10, *Parnassia palustris*, **fig. 7**, port ; 8, coupe de

la fleur ; 9, fleur et fruit ; 10, graine.
11 à 14, *Sarracenia purpurea*, fig. 11, fleur ; 12, pistil ; 13, fruit ; 14, feuille.

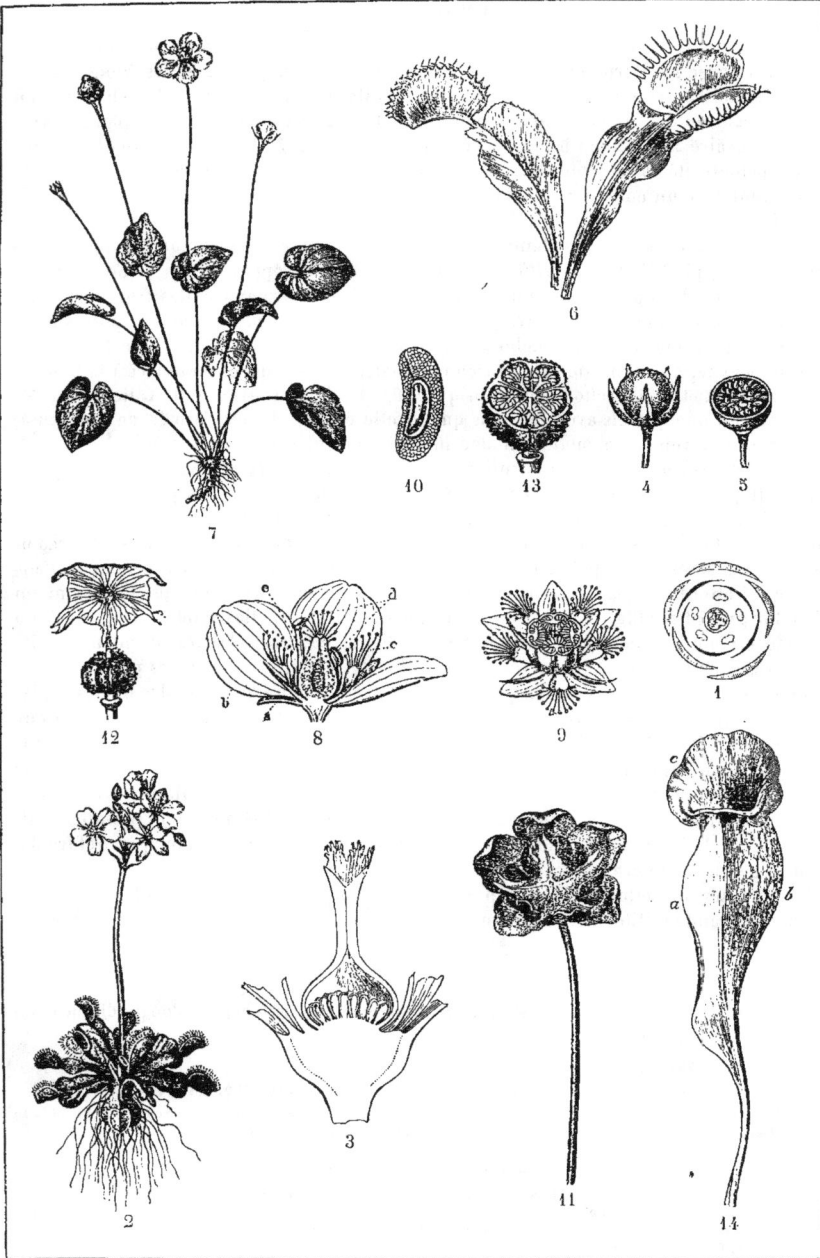

CARYOPHYLLÉES.

Famille naturelle et très riche en espèces ; elle présente beaucoup de traits de ressemblance avec les Portulacées, les Paronichiées, les Chénopodées et les Violacées.

Les caractères les plus constants de cette famille sont les suivants : les étamines, en nombre égal ou double de celui des pétales, sont insérées avec ces derniers (fig. 2, *Saponaria*) ; l'ovaire a 1, 2 ou 5 loges à l'état jeune (fig. 4 et 7, *Dianthus*), devient uniloculaire à la maturité et présente alors un placenta central ou basilaire (fig. 12, *Lichnis*) ; la graine renferme un embryon annulaire ou courbé en crosse entourant l'albumen (fig. 14, *Lichnis*).

Les Caryophyllées sont des plantes herbacées, rarement sous-frutescentes, à tige dichotome (fig. 10, pl. XXXIV, *Cerastium*) et à feuilles entières, opposées (fig. 1, *Saponaria* et fig. 8, *Lichnis*), le plus souvent non stipulées. Les fleurs hermaphrodites (rarement unisexuées par avortement), régulières (fig. 5, *Dianthus* et 3, *Saponaria*), sont disposées ordinairement en cyme terminale dichotome (fig. 10, pl. XXXIV, et fig. 1). Le calice persistant, hypogyne, est formé de cinq (rarement quatre) pétales libres ou soudés à la base en un tube (fig. 2 et 3), à préfloraison imbriquée (fig. 4), muni souvent d'un calicule (fig. 5) ; la corolle est quelquefois avortée, mais quand elle existe, elle est formée de cinq (ou 4) pétales ordinairement à onglet allongé (fig. 6), portant souvent un appendice (fig. 2, pl. XXXIV, *Silene*), et aux bords entiers (fig. 1, pl. XXXIV, *Silene*), ou lacinés (fig. 5). Les étamines en nombre égal ou double de celui des pétales présentent des filets libres (fig. 9 et 2), souvent soudés à la base avec les pétales ; les anthères sont introrses, biloculaires, à déhiscence longitudinale ; souvent les étamines sont accompagnées de staminodes pétaloïdes (fig. 3). Le disque qui supporte les pétales et l'androcée est annulaire (fig. 2), parfois glandulifère, souvent aussi allongé et formant un véritable gynophore (fig. 9). Le pistil est formé de 2 à 5 carpelles soudés en un ovaire à 2 et 5 loges dans le jeune âge (fig. 4 et pl. XXXIV, fig. 6, *Stellaria*), et se transformant ensuite par la résorption des cloisons en un ovaire uniloculaire (fig. 12) ; les ovules primitivement insérés aux angles internes des carpelles ou des loges deviennent alors des ovules à placentation centrale ; cet ovaire est surmonté de 2 ou 5 styles plus ou moins soudés entre eux et présentant 2 ou 5 branches stigmatifères (fig. 2 et 9). Le fruit est une capsule (fig. 11) entourée par le calice persistant (fig. 10) et déhiscente par plusieurs valves ; rarement une baie indéhiscente. Les graines sont nombreuses (fig. 13), pourvues d'albumen et renferment un embryon ordinairement recourbé ou annulaire (fig. 14), rarement presque droit.

Les Caryophyllées sont répandues dans toute la région extratropicale, tempérée et froide, surtout de l'hémisphère boréal.

Les plantes de cette famille ne présentent aucune propriété marquante, et ne sont pas d'une grande utilité pour l'homme ; plusieurs espèces sont cultivées comme plantes d'agrément.

TRIBU DES SILÉNÉES.

Calice à sépales soudés en tube ; pétales blancs, rarement roses, à onglet allongé ; disque développé en hauteur (*carpophore*).

Genres principaux :

Saponaria L., Saponaire. — Calice sans calicule (fig. 3, *s*) ; deux styles (fig. 3, *sl*) ; fleurs roses.

S. *officinalis* L., S. officinale (fig. 1 à 3). — Ses rhizomes vivaces (*racines de S. rouge*), contenant un principe | moussant avec l'eau comme le savon, sont employés au nettoyage des étoffes de laine.

EXPLICATION DES FIGURES.

1 à 3, *Saponaria officinalis*, fig. 1, port ; 2, coupe de la fleur ; 3, fleur double.
4 à 7, *Dianthus barbatus*, fig. 4, diagramme ; 5, fleur ; 6, pétale ; 7, coupe de l'ovaire.

8 à 14, *Lichnis grandifolia*, fig. 8, port ; 9, pistil et androcée ; 10, fruit et calice ; 11, fruit ; 12, fruit coupé ; 13 et 14, graines.

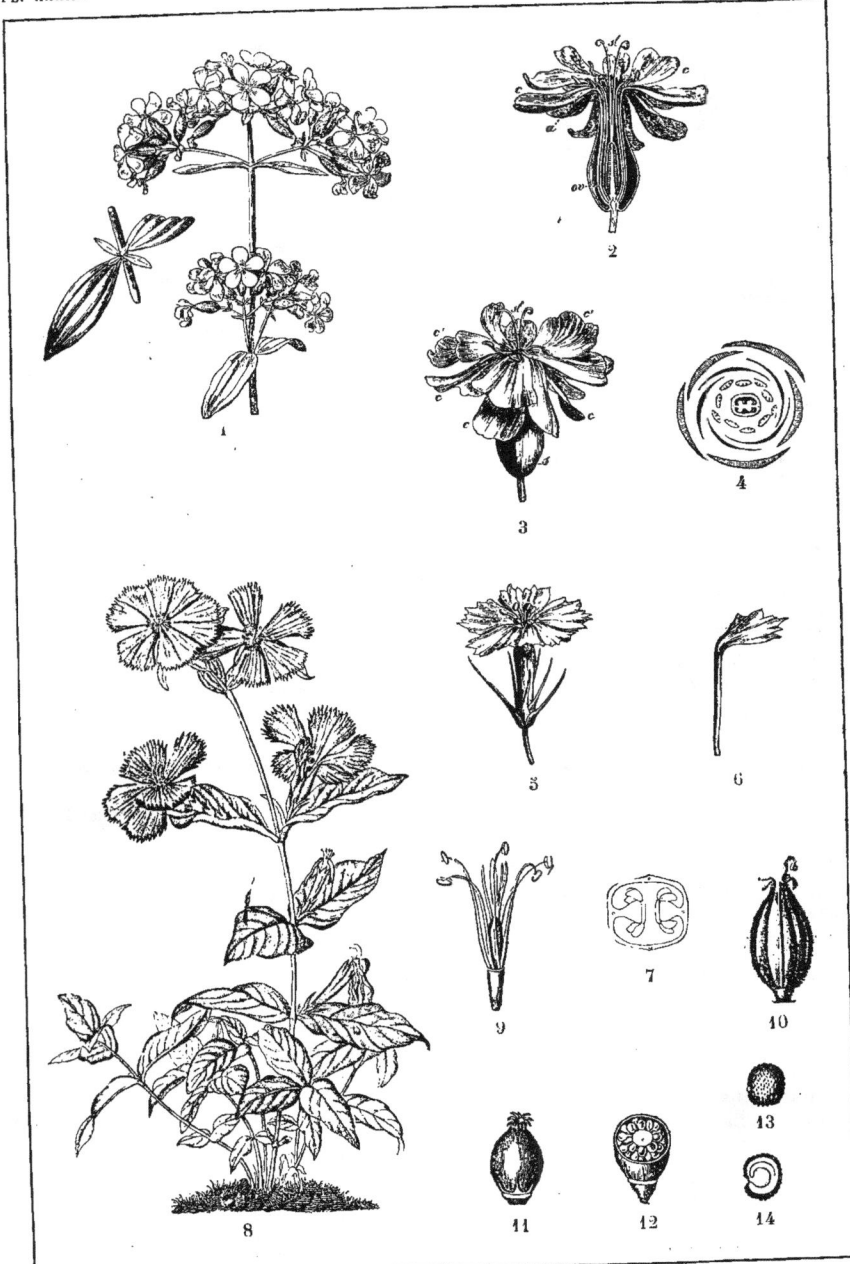

Dianthus L., OEillet. — Calice muni d'un calicule (fig. 3, pl. XXXIII); deux styles; fleurs purpurines, roses ou blanches.

D. barbatus L., O. de poète (fig. 4 à 7, pl. XXXIII). — Fleurs en glomérules; plante ornementale.

D. caryophyllus L., O. Giroflée. — Plante d'agrément dont les fleurs sont employées en parfumerie.

Lichnis Tourn., Lichnide. — Calice sans calicule; cinq styles (fig. 9, pl. XXXIII); capsule à quatre dents (fig. 10, pl. XXXIII); fleurs rouges.

L. grandiflora, Jacq. (fig. 8 à 12, pl. XXXIII). — Plante ornementale, de même que *L. Gitago* Linn., L. Nielle et *L. Flos-Cuculi*, L. Fleur de Coucou, etc.

Silene L., Silène. — Calice sans calicule (fig. 1); trois styles; fleurs roses, blanches ou jaunâtres.

S. pendula L. (fig. 1 et 2), à calice tubulaire, *S. inflata* DC., à calice enflé, *S. muscipula* et plusieurs autres espèces sont des plantes communes, cultivées dans nos jardins.

Melandrium Rochl., Mélandre. — Calice sans calicule; cinq styles; capsule à dix dents; fleurs dioïques par avortement (fig. 6, fleur mâle; fig. 5, fleur femelle).

M. dioicum C. et G. de Saint-P., Lichnis blanc ou dioïque (fig. 5 et 6). — Assez commune dans toute l'Europe.

Gypsophyla L. — Calice campanulé sans calicule; deux styles, onglets des pétales courts; fleurs petites, roses ou blanches.

G. muralis L., G. des murs (fig. 5), *G. sabina* (fig. 4) et autres espèces sont communes en Europe.

Cucubalus Gærtn. — Genre à fruit non capsulaire, mais bacciforme, indéhiscent.

C. bacciferus L. — Coulichon, jadis employé en médecine.

TRIBU DES ALSINÉES.

Calice à sépales libres ou un peu soudés à la base. Pétales roses, rarement blancs, à onglet court; disque annulaire plus ou moins développé.

Genres principaux :

Alsine Wahl. — Trois styles; capsule à trois valves.

A. mucionata L., *A. stricta* Wahl., etc., sont des plantes de hautes montagnes.

Stellaria L., Stellaire. — Pétales bifides (fig. 9); trois styles (fig. 7); fleurs blanches, en cymes; capsule à six dents.

S. holostea L. S. Holostei (fig. 6 à 9), fut anciennement employée en médecine.

S. media Lm., Mouron. — Les graines servent d'aliment aux oiseaux en captivité.

Cerastium L., Ceraiste. — Pétales bifides ou entiers; cinq styles; capsules à dix dents; fleurs blanches.

C. collinum Led. (fig. 10), et *C. arvense* L., C. des champs (fig. 11 à 13), sont communes en France.

Holosteum L., Holostée. — Pétales denticulés; trois styles; capsule à six dents; fleurs blanches en ombelle.

H. umbellatum L., H. en ombelle. — Plante indigène employée jadis en médecine.

Spergularia Pers., Spargulaire. — Pétales entiers; trois styles; capsule à trois dents; fleurs blanches ou purpurines, en cymes.

S. rubra Pers. S. rouge, croît dans les régions sablonneuses.

Polycarpon L., Polycarpe. — Feuilles présentant de petites stipules scarieuses; embryon presque droit; fleurs petites en glomérules; quelques botanistes font, de ce genre, une tribu à part, comprenant plusieurs genres, pour la plupart exotiques.

P. tetraphyllum L., P. à quatre feuilles. — Assez rare en France.

EXPLICATION DES FIGURES.

1 et 2, *Silene pendula*, fig. 1, fleur; 2, pétale.
3 et 4, *Gypsophylla muralis*, fig. 3, graine; *G. salina*, fig. 4, coupe de la fleur.
5 à 6, *Melandrium dioicum*, fig. 5, fleur femelle; 6, fleur mâle.

7 à 9, *Stellaria holostea*, fig. 7, coupe de la fleur; 8, diagramme; 9, port.
10 à 13, *Cerastium collinum*, fig. 10, port; 11, graine; 12, coupe verticale et 13, coupe horizontale de la graine.

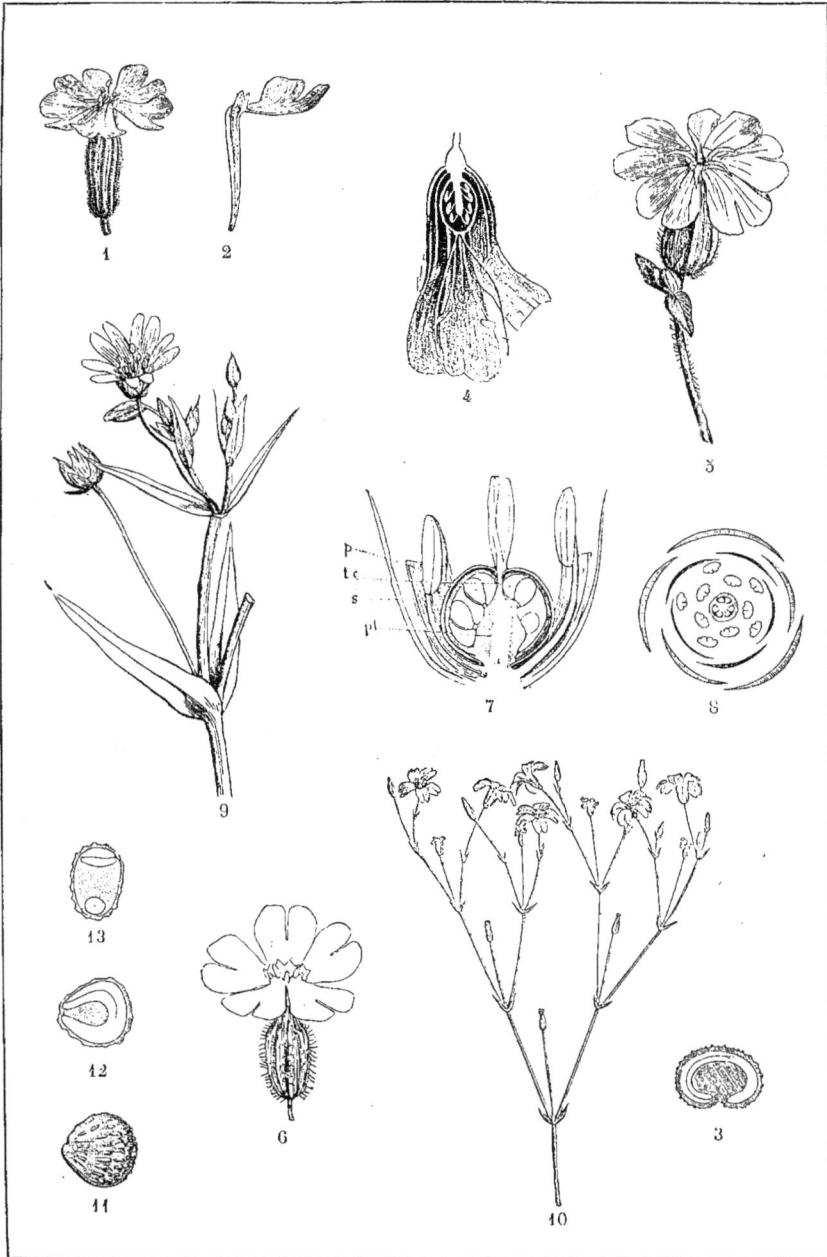

TAMARIXINÉES.

Cette petite famille est très voisine des Caryophylles, des Frankeniacées et des Portula-cées ; elle se distingue des deux premières par son embryon exalbuminé et ses feuilles alternes, et de la dernière, par son port, ses ovules anatropes, etc.

Les caractères les plus constants des Tamarixinées se résument ainsi : fleurs régulières et hermaphrodites (fig. 1 et 2, *Tamarix*) ; ovaire uniloculaire à placentas pariétaux ou basi-laires (fig. 1 et 4) ; fruit capsulaire ; graines exalbuminées. portant un bouquet de poils du côté de chalaze ; embryon droit ; feuilles alternes (fig. 4).

Ce sont des herbes ou arbustes à feuilles charnues (fig. 4), non stipulées, alternes et à fleurs disposées en grappe (fig. 4). Le calice est libre, persistant, à cinq sépales imbriqués (fig. 1) ; la corolle est formée de cinq pétales à préfloraison imbriquée (fig. 1) ; les étamines, en nombre égal ou double de celui des pétales, sont hypogynes, insérées sur un disque ; les filets sont libres et les anthères extrorses (fig. 1) ; l'ovaire est uniloculaire à 4 ou 5 placentas pariétaux ou à placentation basilaire (fig. 1 et 4), les ovules sont anatropes, ascendants. Le fruit est une capsule s'ouvrant par 3 ou 5 valves ; les graines sont nombreuses, garnies de poils du côté de chalaze, exalbuminées et renferment un embryon droit.

Genre **Tamarix** L. — Tamarisque.

T. indica (fig. 1 et 2) de l'Inde, *T. africana* Poik. (fig. 3 et 4) de la région méditerranéenne, *T. loxa* de l'Asie centrale, etc.

ÉLATINÉES.

Famille dont plusieurs espèces sont indigènes ; elle est voisine des Caryophyllées, des-quelles elle diffère par la graine exalbuminée, l'embryon droit et la déhiscence septicide du fruit ; les Élatinées ont aussi quelques traits de ressemblance avec les Hypéricinées.

Les caractères les plus essentiels de cette famille sont tirés du nombre des étamines, égal ou double de celui des pétales (fig. 6, *Élatine*) ; du mode septicide de déhiscence du fruit, des graines exalbuminées (fig 7 et 8, *Élatine*).

Ce sont des herbes des marécages, à feuilles opposées (fig. 5, *Élatine*), entières, à sti-pules très petites ; les fleurs sont hermaphrodites, régulières, à préfloraison imbriquée, solitaires ou en cymes ; le périanthe est double, le plus souvent tri- (fig. 6) ou tétramère ; les étamines, en nombre égal ou double de celui des pétales, sont hypogynes (fig. 6), à filets libres et aux anthères introrses, biloculaires (fig. 5) ; l'ovaire à 3 ou 4 (ou 2 ou 5) loges, pluri-ovulées, est surmonté par 3 ou 4 styles courts, à stygmates capités. Le fruit est une capsule à 3 ou 4 loges, à déhiscence septicide et contient des graines mem-braneuses exalbuminées à *testa* strié (fig. 7 et 8) ; l'embryon est droit.

Genre **Elatine** L. — Elatine.

E. triandra Schk. (fig. 7 et 8), et *E. hexandra* DC. (fig. 6 et 5), sont des plantes de la flore française ; elles n'ont aucun usage utile.

FRANKENIACÉES.

Petite famille répandue dans la région méditerranéenne, qui se rapproche beaucoup des Caryophylles, dont elle ne diffère que par les anthères extrorses et l'embryon droit.

Les Frankeniacées sont des herbes à feuilles opposées, sans stipules (fig. 9, *Frankenia*) ; leurs fleurs sont hermaphrodites, régulières (fig. 10 et 13) ; le calice est monosépale à 4 ou 6 lobes (fig. 11), la corolle est formée de 4 ou 6 sépales libres, longuement onguelés (fig. 12) ; les étamines, en nombre de six, le plus souvent sont libres (fig. 13) ; anthères extrorses, biloculaires ; l'ovaire est uniloculaire, le plus souvent à trois placentas pariétaux ; le fruit est une capsule, enveloppée dans le calice persistant (fig. 14), déhiscente par 3 ou 4 valves (fig. 15) ; les graines contiennent un albumen farineux et un embryon droit.

Genre **Frankenia** L.

F. pulverulenta L. (fig. 9 à 15) et *T. laevis* L. — Se trouvent fréquemment au bord de la mer dans la région méditerranéenne.

EXPLICATION DES FIGURES.

1 à 4, *Tamarix indica*, fig. 1, diagramme; 2, port; T. *africana*, fig. 3, pistil; 4, pistil coupé.

5 à 8, *Elatine hexandra*, fig. 5, port; 6, fleur; 7, graine; 8, graine coupée.

9 à 15, *Frankenia pulverulenta*, fig. 9, port; 10, fleur; 11, calice; 12, pétale; 13, étamines et pistil; 14, fruit; 15, fruit coupé.

1

3

4

6

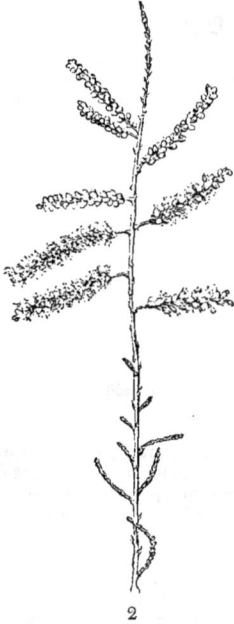

2

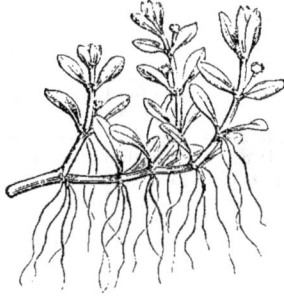

5

7   8   10   13

12   11   14   15

9

PARONYCHIÉES.

Famille très voisine des Caryophyllées, desquelles elle se distingue par le port, les pétales écailleux, l'ovaire uni-ovulé et les feuilles à stipules scarieuses ; les Paronychiées sont également liées aux Portulacées, comme nous le verrons plus bas.

Les caractères les plus constants dans cette famille sont les suivants : pétales squameux, souvent filiformes, rudimentaires ou nuls, périgynes (fig. 11 et 17, *Scleranthus*) ; étamines également périgynes (fig. 11), en nombre égal ou double de celui des pétales (fig. 10 et 11) ; ovaire uniloculaire, uni-ovulé, à placenta basilaire (fig. 18 et 17) ; fruit capsulaire indéhiscent (fig. 12 et 13, *Illecebrum*) ; graine albuminée (fig. 14 et 15, *Illecebrum*) ; embryon arqué ou annulaire, périphérique (fig. 15 et 16, *Illecebrum*).

Les Paronychiées sont des plantes herbacées ou sous-frutescentes à feuilles opposées, simples, entières, sessiles, munies de stipules scarieuses (fig. 9, *Illecebrum*). Les fleurs sont hermaphrodites, régulières, très petites (fig. 9), disposées le plus souvent en cymes ou glomérules (fig. 9) ; le calice est formé de 4 à 5 sépales libres, ou plus ou moins soudés inférieurement (fig. 10 et 11), persistant (fig. 12 et 13), à préfloraison imbriquée ; la corolle est constituée par 4 ou 5 pétales petits, squameux ou filiformes, insérés sur le calice (fig. 10 et 11), libres, à préfloraison imbriquée, rarement nuls. Les étamines en nombre égal ou double de celui des pétales, par suite de transformation de ces derniers en staminodes, sont insérées sur le bord du calice ; leurs filets sont libres et leurs anthères biloculaires, introrses (fig. 10, 11 et 18). L'ovaire est uniloculaire (rarement biloculaire), et renferme un ovule dressé (fig. 17), ou suspendu au sommet d'un funicule qui naît au fond de la loge ; le fruit est sec, membraneux, indéhiscent, enveloppé dans le calice (fig. 12 et 13) ; la graine unique (fig. 14) contient un embryon courbe ou annulaire (fig. 16), appliquée latéralement ou embrassant l'albumen (fig. 15).

Les Paronychiées sont cantonnées dans les régions tempérées de l'hémisphère boréal ; plusieurs genres sont communs en France.

Leur utilité pour l'homme est presque nulle.

Genres principaux :

Illecebrum L. — Illécèbre. — Feuilles stipulées ; stigmates sessiles.

I. paronychia L. (fig. 9 à 16 et 18), et *I. verticillatum* L. sont des plantes indigènes à petites fleurs blanches.

Scleranthus L. — Gnavelle. — Feuilles non stipulées.

S. perennis L. (S. vivace, fig. 17), nourrit la Cochenille de Pologne, qui s'employait jadis en teinturerie.

PORTULACÉES.

Famille très voisine de la précédente ; elle ne s'en distingue que par le port et l'ovaire pluriloculaire et pluri-ovulé. On rencontre les Portulacées dans toutes les régions du globe.

Ce sont des herbes ou sous-arbrisseaux à feuilles alternes ou opposées, sessiles, entières, stipulées ou non (fig. 3, *Claytonia*). Les fleurs sont hermaphrodites, régulières (fig. 3 et 2, *Portulaca*), à calice formé de 2 à 5 sépales libres (fig. 2 et 1), ou soudés entre eux (fig. 4, *Claytonia*), et à corolle composée de 3 à 5 pétales insérés à la partie libre du calice (fig. 2), plus ou moins soudés entre eux, à préfloraison imbriquée (fig. 1), souvent nuls. L'androcée est formé de nombre variable d'étamines, insérées à la partie libre du calice et plus ou moins soudées à la base entre elles et avec les pétales (fig. 1, 2 et 4) ; leurs anthères sont introrses et biloculaires. Le gynécée est formé d'un ovaire ordinairement pluriloculaire et pluri-ovulé, surmonté d'un style à 2 ou 8 branches stigmatifères (fig. 2 et 4) ; les ovules sont fixés dans l'angle interne des loges ou, plus rarement, ils sont à placentation centrale ou basilaire (fig. 1 et 2). Le fruit est ordinairement une capsule à déhiscence circulaire (pyxide), plus rarement déhiscente par plusieurs valves (fig. 6). Les graines sont albuminées (fig. 7) et renferment un embryon arqué ou annulaire entourant l'albumen (fig. 8).

Portulaca Tourn , Pourpier. — Genre indigène.

P. oleracea P. des potagers L. (fig. 1 et 2) est comestible et employée en médecine populaire.

Claytonia. — Genre exotique.

C. Virginica L. (fig. 3 à 8), est originaire de l'Amérique ; *Cl. tuberosa* est comestible en Sibérie orientale.

EXPLICATION DES FIGURES.

1 à 2, *Portulaca oleracea*, fig. 1, diagramme ; 2, coupe de la fleur.	9 à 17, *Illecebrum paronychia*, fig. 9, port ; 10, fleur ; 11, id., ovule ; 12 et 13, calice et fruit ; 14 et 15, graines ; 16, embryon ; 17, diagramme.
3 à 8, *Claytonia virginica*, fig. 3, port ; 4, étamines et pistil ; 5, fruit coupé ; 6, fruit en déhiscence ; 7 et 8, graines.	17, *Scleranthus perennis*, fig. 18, coupe de la fleur.

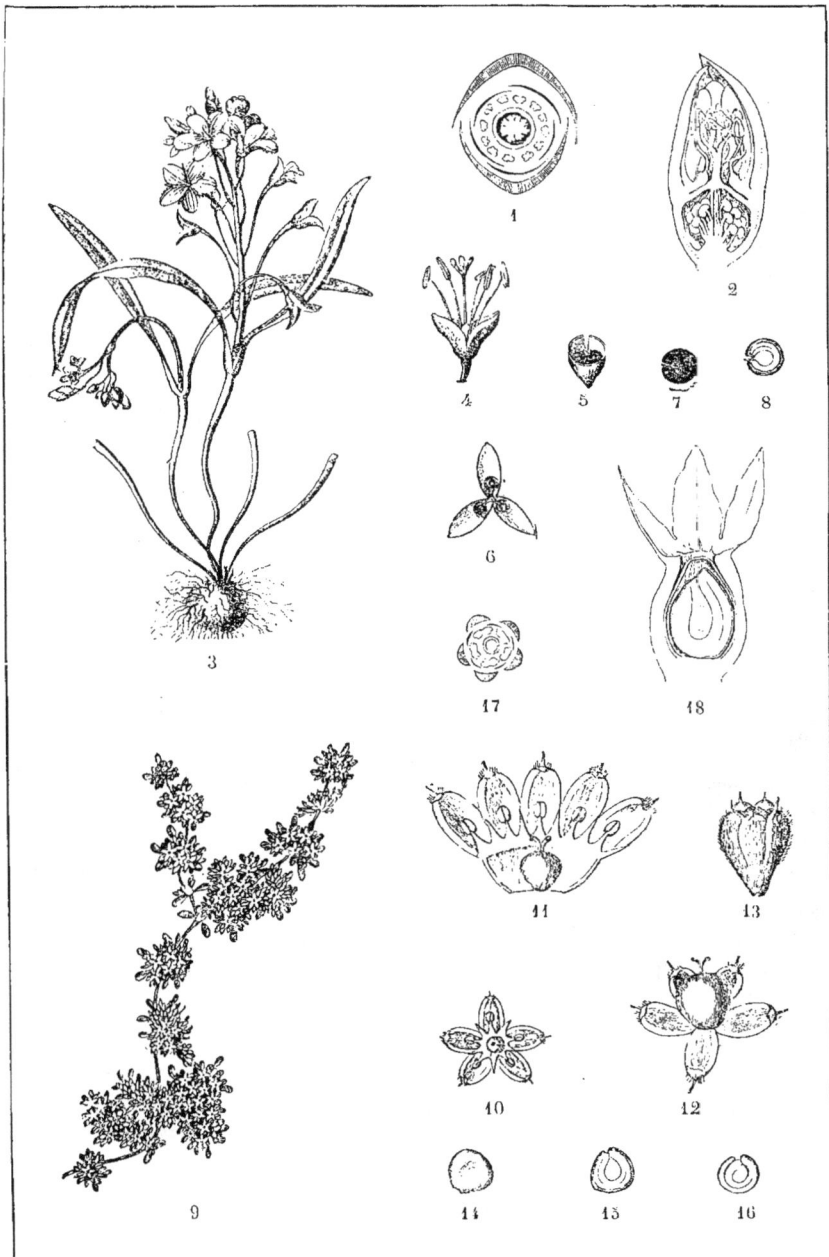

RUTACÉES.

Les Rutacées commencent une série de familles qui ont entre elles beaucoup de ressemblances, et que l'on a même souvent réunies en une grande famille ou classe de Rutacées. Ces familles sont, outre les Rutacées, les Zygophyllées, les Dionées, les Simarubées, les Zanthoxylées et les Ochnacées.

Les caractères constants sont les suivants : pétales hypogynes (fig. 3), étamines libres en nombre égal ou double de celui des pétales (fig. 1, *Ruta*), insérées sur un disque (fig. 3); fruit capsulaire (fig. 4), graines albuminées (fig. 7, *Ruta*); feuilles alternes, à glandes pellucides (fig. 2, *Ruta*.)

Ce sont des plantes herbacées, odorantes, à feuilles alternes, simples, non stipulées, couvertes de ponctuations pellucides (fig. 2). Fleurs hermaphrodites, le plus souvent régulières (fig. 1 et 2) et disposées en corymbe (fig. 2). Calice persistant, gamosépale, à 4 ou 5 divisions (fig. 1 et 4); corolle à 4 ou 5 pétales libres (fig. 3), à préfloraison imbriquée (fig. 1). Étamines en nombre égal ou double de celui des pétales (fig. 1 et 3), libres et insérées avec les pétales sur un disque glandulaire (fig. 3); anthères biloculaires, introrses. Ovaire à 5 loges (fig. 1); ovules nombreux, insérés aux angles internes des loges (fig. 1); styles soudés entre eux (fig. 3). Fruit capsulaire (fig. 4 et 5), s'ouvrant par le sommet (fig. 4), ou se séparant en plusieurs coques; graines albuminées (fig. 6 et 7); embryon arqué ou droit.

Les Rutacées habitent pour la plupart la zone tempérée de l'ancien continent; les glandes des feuilles des Rutacées sécrètent une huile qui a des propriétés stimulantes.

Genres principaux :

Ruta Tourn., la Rue. — Fleurs régulières.

R. graveolens L., la Rue fétide (fig. 1 à 7). — Plante d'une odeur très forte, commune dans le Midi et cultivée dans nos jardins; la décoction de ses feuilles est employée en médecine comme vermifuge.

Dictamnus L. — Fleurs irrégulières.

D. albus L., la Fraxinelle (fig. 8). — Espèce indigène, dont l'écorce jouit de propriétés toniques et stimulantes.

ZYGOPHYLLÉES.

Cette famille ne se distingue de la précédente que par la nature de ses feuilles, non glandulaires, opposées et stipulées; par le port et par d'autres caractères secondaires.

Les caractères distinctifs des Zygophyllées sont tirés de la nature des fleurs régulières (fig. 9, *Gujacum*), à pétales et étamines libres et hypogynes (fig. 9, 10 et 11, *Tribulus*), de l'ovaire pluriloculaire, du fruit capsulaire (fig. 12), et des feuilles opposées, stipulées.

Ce sont des plantes herbacées ou arborescentes, à feuilles opposées, stipulées, pétiolées, dépourvues de glandes (fig. 9 et 10). Fleurs hermaphrodites, régulières ou non, souvent solitaires (fig. 10). Calice à 4 ou 5 sépales libres ou soudés à la base, à préfloraison imbriquée. Corolle à 4 ou 5 pétales hypogynes, libres, à préfloraison imbriquée ou tordue. Étamines souvent insérées sur un disque avec les pétales, en nombre double (rarement égal) de ces derniers (fig. 11, *Tribulus*); filets libres et munis d'une petite écaille à leur base (fig. 11). Ovaire libre, le plus souvent à cinq loges (fig. 12), renfermant chacune deux ovules pendants, insérés l'un au-dessous de l'autre à l'angle interne des loges; style presque nul; stigmates simples et sessiles (fig. 11). Fruit : capsule à déhiscence septicide ou se séparant en plusieurs coques souvent épineuses, coriaces (fig. 12 à 14); graines (fig. 13 et 14) albuminées ou non; embryon droit ou arqué.

Les Zygophyllées habitent les régions chaudes des deux continents.

Genres principaux :

Guajacum Plum. — Genre exotique.

G. officinale L. Gaïac (fig. 9). — Arbre des Antilles, dont le bois dur et la résine sont employés quelquefois en médecine contre les maladies cutanées, etc.

Tribulus L. — Genre indigène qu'on rapporte parfois à la famille des Rutacées.

T. cistoïdes L. (fig. 10 à 14) *T. terrestris* L., Croix de Malte. — Plantes des contrées subtropicales.

EXPLICATION DES FIGURES.

1 à 7, *Ruta graveolens*, fig. 1, diagramme; 2, port; 3, fleur; 4, fruit; 5, fruit coupé; 6, graine; 7, graine coupée.

8   *Dictamnus albus*, fig. 8, port et fleur.

9,   *Guajacum officinale*, fig. 9, port.

10 à 14, *Tribulus cistoïdes*, fig. 10, port; 11, pistil et étamines; 12, fruit coupé; 13, coque du fruit; 14, coque du fruit coupée.

DIOSMÉES.

Cette famille est tellement liée aux Rutacées, que plusieurs genres (par exemple le *Dictamnus*), sont rattachés à l'une ou à l'autre indistinctement; les dissemblances entre les deux familles sont secondaires et concernent principalement la structure de l'ovule, la nature de la graine, etc. Les Diosmées sont également voisines des Simarubées et les Zanthoxylées; elles ne diffèrent de ces dernières que par la structure du fruit (capsule et coques) et les fleurs hermaphrodites.

Les caractères constants sont les suivants : feuilles glanduleuses, ponctuées, non stipulées (fig. 10, *Borosma*); fleurs régulières (fig. 1, *Diosma*); pétales libres, hypogynes (fig. 1); ovaire formé de 1 à 5 carpelles plus ou moins libres, biovulés; fruit capsulaire se séparant en coques (fig. 7, *Diosma*); embryon droit.

Ce sont des arbres ou arbrisseaux à feuilles alternes ou opposées (fig. 1 et 10), simples (fig. 1) ou trifoliées (fig. 11, *Galipea*), non stipulées, glanduleuses (fig. 10). Fleurs hermaphrodites, rarement polygames par avortement, régulières, solitaires (fig. 1) ou disposées en corymbes, en panicules, etc. (fig. 10 et 11). Calice à 5 ou 4 sépales, plus ou moins uni à la base, à préfloraison imbriquée; corolle à 4 ou 5 pétales, libres, hypogynes, insérés sur un disque. Étamines insérées avec les pétales en nombre égal ou double de ces derniers; dans ce dernier cas, il y a cinq étamines fertiles, alternantes avec les pétales (fig. 2 et 4), et cinq stériles, opposées aux pétales (fig. 2 et 5); leurs anthères sont introrses, biloculaires (fig. 4), et le connectif est prolongé en un appendice glandulaire (fig. 4 et 5). Ovaire à 1, 3 ou 5 carpelles biovulés, plus ou moins libres et soudés seulement par leurs styles (fig. 2 et 6). Fruit capsulaire (fig. 7 et 8), s'ouvrant par 3 ou 5 coques, uniseminées par avortement; graines albumines ou non; embryon droit (fig. 9).

Les Diosmées sont des plantes des régions tropicales et subtropicales de l'Afrique, de l'Australie et de l'Amérique. Plusieurs renferment dans les glandes de leurs feuilles une huile volatile, et dans leur tige une résine aromatique, qui ont des propriétés stimulantes.

Genres principaux :

Diosma Berg. — Genre africain.

D. uniflora L. (fig. 1 à 9). — Plante cultivée dans nos jardins.

Barosma Hook.

B. crenata Kinje (ou *crenulata*, Hook.), Buchu (fig. 10). — Originaire de l'Afrique du sud, fournit une huile essentielle qui possède des propriétés stimulantes.

Galipea Aubl. — Genre américain.

L'écorce de la *G. cusparia* A. Saint-Hilaire (fig. 11). (Écorce d'Angusture) contient une huile essentielle et un alcaloïde qui sont rangés parmi les fébrifuges et toniques.

OCHNACÉES.

Famille des régions tropicales des deux continents, très voisine des trois familles décrites plus haut; elle s'en distingue principalement par les feuilles stipulées (fig. 12, *Gomphia*), non glanduleuses, les carpelles soudés et les anthères s'ouvrant souvent par un pore apical.

Ce sont des arbres ou arbrisseaux à feuilles alternes, stipulées (fig. 12), et à fleurs hermaphrodites, ordinairement disposées en panicules. Le calice est formé de 4 à 5 sépales libres, et la corolle de 5 ou 10 pétales libres, caducs (fig. 12); les étamines insérées sur un disque, souvent peu développé, sont en nombre de 4, 5, 10 ou plus, et présentent un filet court et une anthère uniloculaire, s'ouvrant généralement par un pore apical. L'ovaire est pluriloculaire, le style simple. Le fruit est une drupe, une capsule ou une baie; les graines sont albuminées ou non, et renferment un embryon droit.

Un des genres principaux :

Gomphia. — Genre répandu plus spécialement dans l'ancien continent.

Les racines de *G. angustifolia* et de *G. nitida* Vasl. (fig. 12) sont employées en médecine.

EXPLICATION DES FIGURES.

1 à 9, *Diosma uniflora*, fig. 1, port; 2, coupe de la fleur sans corolle; 3, pétale; 4, étamine fertile; 5, étamine stérile; 6, ovaire; 7, fruit; 8, fruit coupé; 9, graine.	10, *Barosma crenata*, fig. 10, port, fleur, ovaire et feuilles. 11, *Galipea cusparia*, fig. 11, port. 12, *Gomphia nitida*, fig. 12, port.

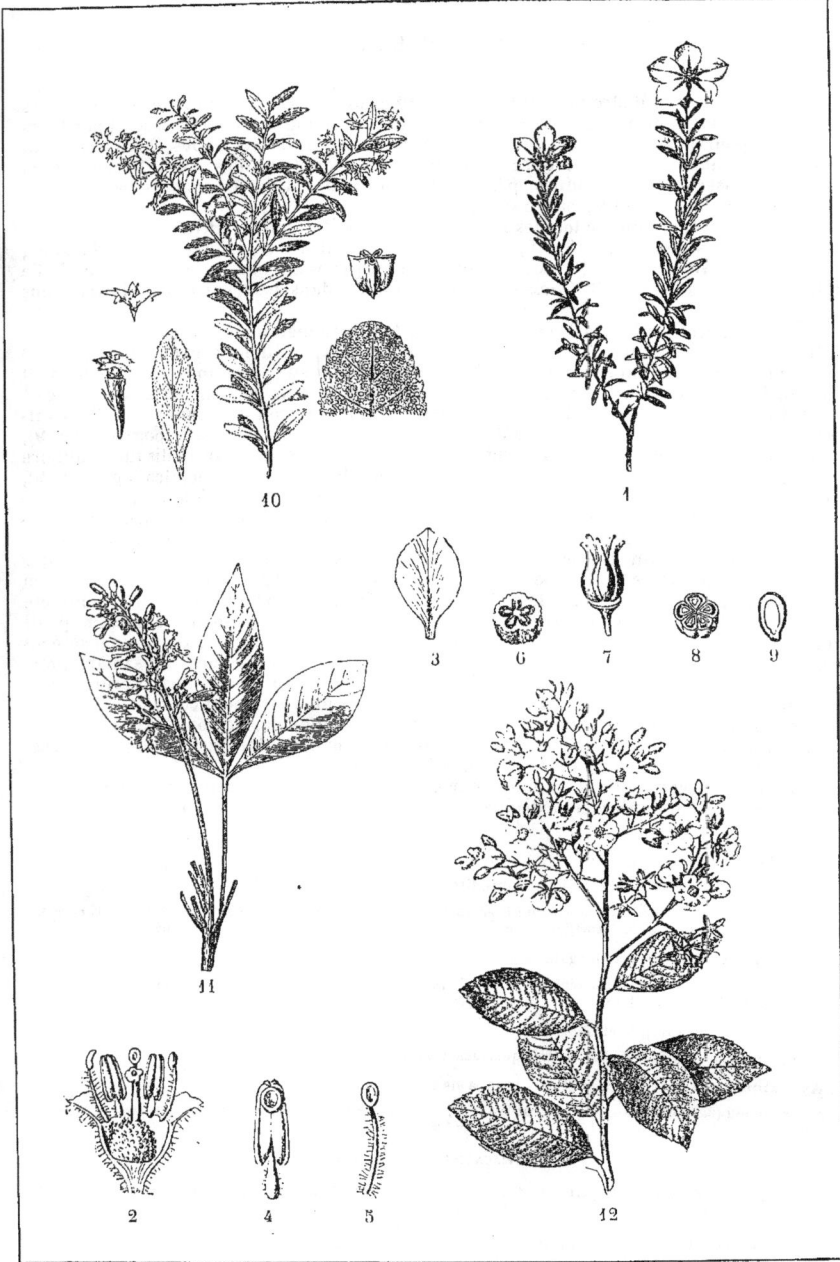

10

1

3

6

7

8

9

11

2

4

5

12

SIMARUBÉES.

Les Simarubées sont étroitement liées aux Rutacées, aux Diosmées et aux Zanthoxylées et ne s'en distinguent que par leurs étamines munies d'une écaille à la base et par leurs feuilles dépourvues de glandes; les affinités avec les Aurantiacées et les Ochnacées sont aussi très grandes; les Simarubées se distinguent néanmoins des Aurantiacées par la nature et l'insertion des étamines, par la nature du fruit; et des Ochnacées par le mode de déhiscence des anthères, par le style, etc.

Les caractères communs à tous les genres de cette famille sont les suivants : tige ligneuse, feuilles alternes, non ponctuées (fig. 1 et 8, *Simaruba*); fleurs régulières (fig. 1, *Quassia*); réceptacle convexe (fig. 3, *Quassia*); étamines hypogynes en nombre égal ou double de celui des pétales (fig. 2 et 3, *Quassia*); ovules solitaires dans les loges (à peu d'exceptions près).

Les Simarubées sont des arbres ou arbustes à feuilles généralement alternes, non ponctuées, simples ou pennées (fig. 8), non stipulées (fig. 8), à pétioles souvent ailés (fig. 1.) Les fleurs sont hermaphrodites (fig. 1 et 2), ou dioïques, polygames par avortement (fig. 9), fleur mâle d'*Aylanthus*), régulières, disposées le plus souvent en grappes (fig. 1 et 8). Le calice est gamosépale à 3 ou 5 dents, à préfloraison imbriquée (fig. 2) ou valvaire. La corolle est composée de 3 à 5 pétales libres, rarement soudés, hypogynes (fig. 9), à préfloraison imbriquée ou tordue (fig. 2). Les étamines, insérées sur un disque annulaire ou cylindrique (fig. 3), sont en nombre égal ou double de celui des pétales (fig. 2, 3, 9), hypogynes (fig. 9), présentant des filets libres, poilus (fig. 9) ou munis à leur base d'une écaille (fig. 5, *Quassia*), et des anthères biloculaires, introrses, à déhiscence longitudinale; dans les espèces dioïques, les étamines des fleurs femelles sont rudimentaires. Le gynécée inséré sur un disque plus ou moins haut, est formé de 2 à 5 carpelles libres ou soudés en un ovaire multilobé (fig. 4, *Quassia*), à 2 ou 5 loges, contenant chacune un ovule anatrope, rarement plus; le style est formé de la soudure plus ou moins complète de 2 ou 5 styles distincts (fig. 4). Dans les fleurs mâles des espèces polygames, le pistil peut manquer complètement (fig. 9). Le fruit est tantôt formé de 4 ou 5 drupes groupées ensemble (fig. 6, *Quassia*, et 11, *Castela*), tantôt par des capsules sèches, des samares, etc. Les graines (fig. 8), pendantes, ordinairement grosses et solitaires, ne renferment que peu ou pas du tout d'albumen, et un embryon droit ou plus rarement courbe.

Les Simarubées sont presque exclusivement des plantes des régions intertropicales; elles se rencontrent en Amérique aussi bien qu'en Asie et en Afrique ; quelques espèces se trouvent en Australie et dans la région méditerranéenne.

Plusieurs espèces contiennent dans leur écorce un principe éminemment amer et astringent et sont employées en médecine.

Genres principaux :

Quassia L., Quassia. — Fleurs hermaphrodites.

Q. amara L., Quassia (fig. 1 à 7). — Arbre à grandes fleurs écarlates, originaire de l'Amérique; ses racines sont employées sous le nom de bois de cassia en médecine, comme stomachique, fébrifuge et tonique.

Simaruba Aubl. — Fleurs polygames.

S. officinalis C. (*S. amara* Aubl.) (fig. 8). — Grand arbre de Guyane; ses racines ont les mêmes propriétés et les mêmes usages que celles de Quassia.

Castela. — Genre américain.

C. depressa Turp. (fig. 11). — Est cultivée quelquefois dans nos jardins.

Aylanthus. — Genre africain et asiatique, à fleurs dioïques.

A. glandulosa (fig. 9 et 10). — Originaire de la Chine, et cultivée dans nos jardins sous le faux nom de *Vernis du Japon*.

EXPLICATION DES FIGURES.

1 à 7, *Quassia amara*, fig. 1, port ; 2, diagramme ; 3, calice, androcée et gynécée ; 4, pistil ; 5, étamines ; 6, fruit ; 7, fruit coupé.
8, *Simaruba officinalis*, fig. 8, port.

9 à 10, *Aylanthus glandulosa*, fig. 9, fleur mâle ; 10, pistil.
11, *Castela depressa*, fig. 11, port.

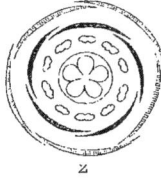

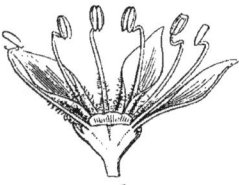

ZANTHOXYLÉES.

Cette famille, très liée aux Rutacées, aux Diosmées et aux Simarubées, l'est également aux Aurantiacées et aux Burséracées. Les Zanthoxylées se distinguent des Rutacées par leur port (végétaux ligneux); des Diosmées par leurs fleurs presque toujours polygames; des Simarubées par leurs filets staminaux simples. Les différences avec les Aurantiacées sont très secondaires, elles consistent principalement dans la nature du fruit (cette différence n'existe pas pour certains genres), dans le mode d'insertion des étamines, etc.

Les caractères les plus essentiels des Zanthoxylées sont les suivants : fleurs régulières (fig. 4, *Ptelea*), presque toujours polygames (fig. 5, fleur mâle, fig. 6, fleur femelle de *Ptelea*); pétales libres; étamines insérées avec les pétales en nombre égal ou double de ces derniers (fig. 6); carpelles plus ou moins libres, rarement soudés en un ovaire plurilocuculaire (fig. 9, *Ptelea*); fruit le plus souvent capsulaire (fig. 10 et 11, *Ptelea*), quelquefois drupacé; graines albuminées dans la majorité des cas.

Les Zanthoxylées sont des arbres ou arbrisseaux à feuilles alternes (fig. 4) ou opposées (fig. 3, *Pilocarpus*), le plus souvent composées, trifoliées (fig. 4) ou pennées (fig. 3), ponctuées, pellucides (fig. 3, *a*, portion de la feuille). Les fleurs sont régulières; ordinairement polygames, dioïques par avortement (fig. 1, fleur mâle, fig. 2, fleur femelle de *Zanthoxylum*), rarement hermaphrodites (fig. 3 *b*, *Pilocarpus*), disposées en corymbes (fig. 4), en grappes (fig. 3), etc. Le calice est gamosépale à 4 ou 5 dents (fig. 6 et 9), à préfloraison généralement imbriquée (fig. 2); la corolle est composée de 4 à 5 pétales libres, caducs (fig. 5 et 6), à préfloraison imbriquée (fig. 1). Dans quelques genres dioïques, la corolle peut manquer (fig. 2). Dans les fleurs mâles, les étamines, insérées avec les pétales sur un disque (fig. 5), sont en nombre égal ou double de celui des pétales (fig. 1), et présentent des filets longs, libres, et des anthères biloculaires introrses à déhiscence longitudinale (fig. 7, *Ptelea*); le pistil est rudimentaire (fig. 1, 5 et 9). Dans les fleurs femelles, par contre, les étamines, si elles existent, sont à filets très courts et aux anthères rudimentaires (fig. 6 et 8, *Ptelea*), mais le pistil est bien développé; il est formé de 2, 4 et 5 carpelles libres (fig. 2) ou soudés en un ovaire à plusieurs loges, contenant chacune deux ovules anatropes insérés aux angles internes (fig. 2). Le fruit est tantôt formé de capsules ou coques s'ouvrant chacune en deux valves par leur bord interne (fig. 3, *c*), tantôt de drupes; plus rarement il est samaroïde (fig. 10 et 11, *Ptelea*). Les graines (fig. 3, *d*) sont pendantes, presque toujours albuminées (fig. 12); l'embryon est droit (fig. 12) ou arqué.

Les Zanthoxylées habitent les régions tropicales des deux continents, mais plus spécialement de l'Amérique.

Plusieurs espèces contiennent dans leur écorce, dans leurs feuilles et dans d'autres parties de la plante, des résines, des matières colorantes, des huiles volatiles et des alcaloïdes qui trouvent leur emploi en médecine.

Genres principaux :

Pilocarpus Vahl. — Fleurs hermaphrodites; fruit capsulaire; graines exalbuminées.

P. pennatifolius Lemaire, Jaborandi (fig. 3). — Arbre originaire du Brésil, à fleurs rouges ; ses feuilles, riches en huile essentielle et en résine, et contenant un alcaloïde spécial (*Pilocarpine*), sont employées en médecine comme sudorifique et provoquant la salivation (sialagogue).

Ptelea L. — Fleurs polygames; fruit samaroïde; graines albuminées.

P. trifoliata L., Orme à trois feuilles (fig. 4 à 12). — Arbuste originaire de la Caroline (Amérique du Nord), et cultivé dans nos jardins.

Zanthoxylum L. — Fleurs polygames; fruit capsulaire; graines albuminées.

Z. nitidum L. (fig. 1 et 2). — Originaire de la Chine où elle est employée dans la médecine populaire.

EXPLICATION DES FIGURES.

1 à 2, *Zanthoxylum nitidum*, fig. 1, diagramme de la fleur mâle; 2, diagramme de la fleur femelle.

3, *Pilocarpus pennatifolius*, fig. 3, port; *a*, portion de la feuille; *b*, fleur; *c*, fruit; *d*, graine.

4 à 12, *Ptelea trifoliata*, fig. 4, port; 5, fleur mâle; 6, fleur femelle; 7, étamine fertile; 8, étamine stérile; 9, pistil rudimentaire; 10 et 11, fruit; 12 graine.

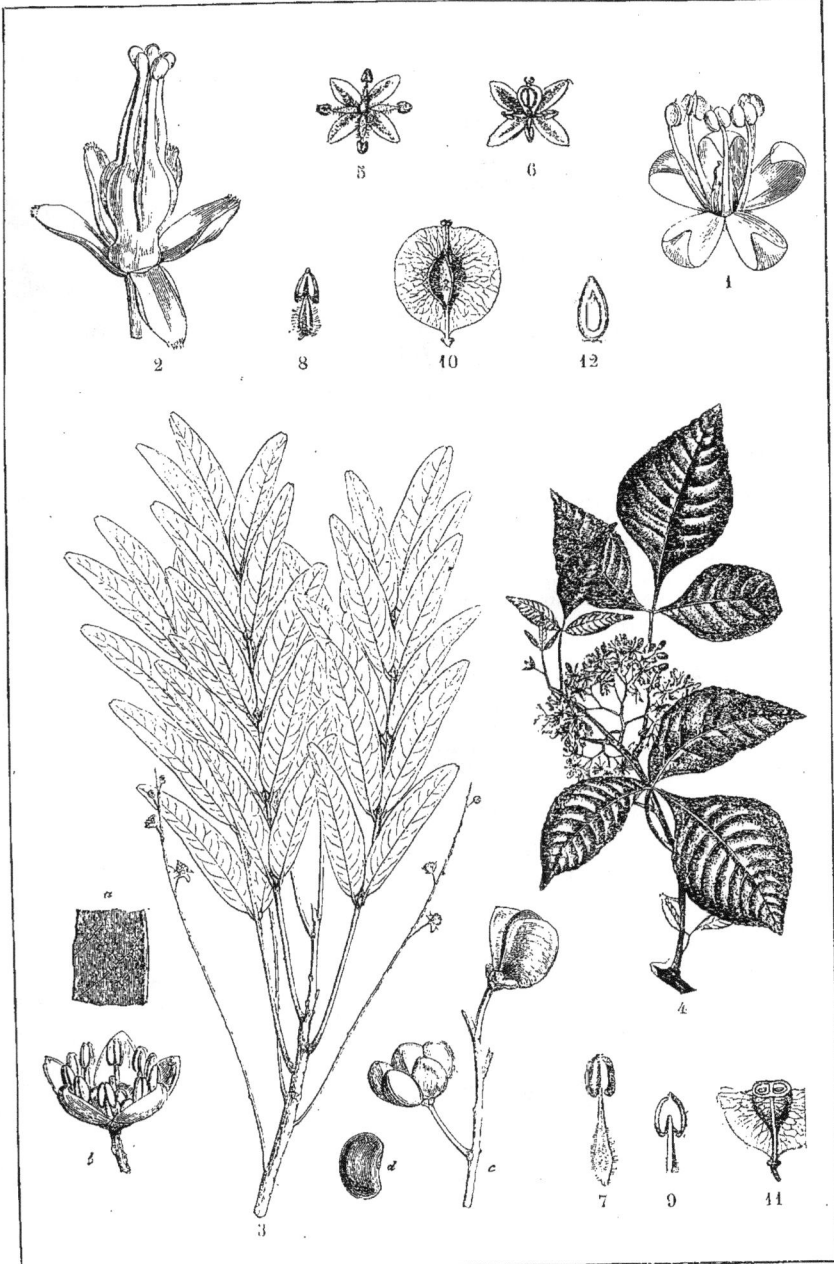

CÉLASTRINÉES.

Les Célastrinées sont très voisines des Rhamnées, et plusieurs botanistes les réunissaient en une seule famille ; les différences, en effet, sont d'un ordre secondaire ; et se rapportent principalement à la position des étamines (alternes avec les pétales dans les Célastrinées, opposées à ces derniers dans les Rhamnées), au mode de déhiscence du fruit (se séparant en coques chez les Rhamnées, indéhiscent ou à déhiscence loculicide chez les Célastrinées), etc. Il existe également beaucoup de traits de ressemblance entre les Célastrinées et les Ilicinées ; mais cette dernière famille se distingue par l'absence d'un disque hypogyne, par le fruit drupacé, et par la présence constante d'un seul ovule dans chaque loge de l'ovaire.

Les caractères les plus constants de cette famille sont les suivants : fleurs régulières (fig. 1 et 11, *Evonymus*), disque annulaire, charnu, hypogyne (fig. 3 et 13, *Evonymus*). Étamines en même nombre que les pétales (fig. 1 et 2, *Evonymus*), insérées avec eux sur le bord du disque (fig. 3 et 13); ovaire pluriloculaire, à deux ovules dans chaque loge (fig. 2, 12, 3 et 13); fruit capsulaire (fig. 6, 7, 15 et 16, *Evonymus*); graines albuminées (fig. 9, 18 et 19); embryon droit (fig. 18 et 19).

Les Célastrinées sont des arbres ou arbrisseaux à feuilles alternes (genre *Celastrus*) ou opposées (fig. 1 et 11), pétiolées, simples, à stipules rudimentaires, caduques (fig. 1 et 11). Les fleurs sont hermaphrodites et régulières (fig. 1 et 2), rarement unisexuées par avortement, disposées le plus souvent en cimes axillaires (fig. 11) ; le calice persistant (fig. 6) est formé de 4 ou 5 sépales plus ou moins soudés à la base (fig. 3), à préfloraison imbriquée (fig. 2 et 12). La corolle se compose de 4 ou 5 pétales sessiles, insérés avec les étamines sur le bord d'un disque charnu, annulaire, glanduleux (fig. 3 et 13); préfloraison imbriquée (fig. 2 et 12).

Les étamines en nombre égal à celui des pétales (fig. 2) alternent avec ces derniers (fig. 12), et sont insérées avec eux sur le bord du disque (fig. 3); elles ont les filets courts, libres, et les anthères biloculaires, introrses ou extrorses, à déhiscence longitudinale. Le pistil est formé d'un ovaire, entouré ou confondu à sa base avec le disque (fig. 3 et 13) et divisé en 4 (ou 2 ou 5) loges ; dans chacune des loges on trouve, à l'angle interne, ordinairement deux ovules (rarement plus) (fig. 3, 13, 2 et 12), dressés ou ascendants, quelquefois pendants (fig. 4 et 14) ; cet ovaire est surmonté d'un style court (fig. 3 et 13), terminé par autant de lobes stigmatifères qu'il y a de loges dans l'ovaire (fig. 13 et 14). Le fruit est généralement une capsule (fig. 15 et 16), à déhiscence loculicide (fig. 7 et 16), rarement une drupe ou un samare. Les graines, ordinairement solitaires dans chaque loge, sont munies d'un arille rouge charnu (fig. 8, 9, 10 et 17); elles sont pourvues d'un albumen abondant et renferment un embryon droit (fig. 9, 18 et 19).

Les Célastrinées habitent les régions tempérées de l'Europe, de l'Asie et de l'Amérique du Nord.

Le bois de plusieurs espèces fournit un excellent charbon et est employé dans l'industrie ; l'écorce et les feuilles contiennent des principes amers qui possèdent des propriétés émétiques, mais elles ne sont guère employées en médecine.

Genres principaux :

Evonymus L., Fusain. — Feuilles opposées.

E. europæus L. (fig. 1 à 10). — Fusain ou bonnet carré, et l'*E. latifolius* Scop (fig. 20); le bois de ces deux espèces donne un charbon dont les bâtonnets sont employés par les dessinateurs sous le nom de *fusain* ; ce charbon s'emploie également dans la fabrication de la poudre à canon. *E. Japonicus* (fig. 11 à 19). — Plante cultivée dans nos jardins.

Celastrus L. — Feuilles alternes.

C. scandens. — Bonneau des arbres; plante originaire de l'Amérique du Nord, où son écorce est employée en médecine ; elle est cultivée dans nos jardins.

EXPLICATION DES FIGURES.

1 à 10, *Evonymus Europæus*, fig. 1, port; 2, diagramme ; 3, coupe de la fleur; 4, ovule ; 5, stigmate ; 6, fruit ; 7, fruit déhiscent ; 8, graine ; 9, graine coupée; 10, graines. 11 à 19, *Evonymus Japonicus*, fig. 11, port; 12, diagramme ; 13, coupe de la fleur ; 14, ovule; 15, fruit ; 16, fruit déhiscent; 17, graine; 18, graine coupée ; 19, graine coupée transversalement.

20, *Evonymus latifolius*, fig. 20, fruit.

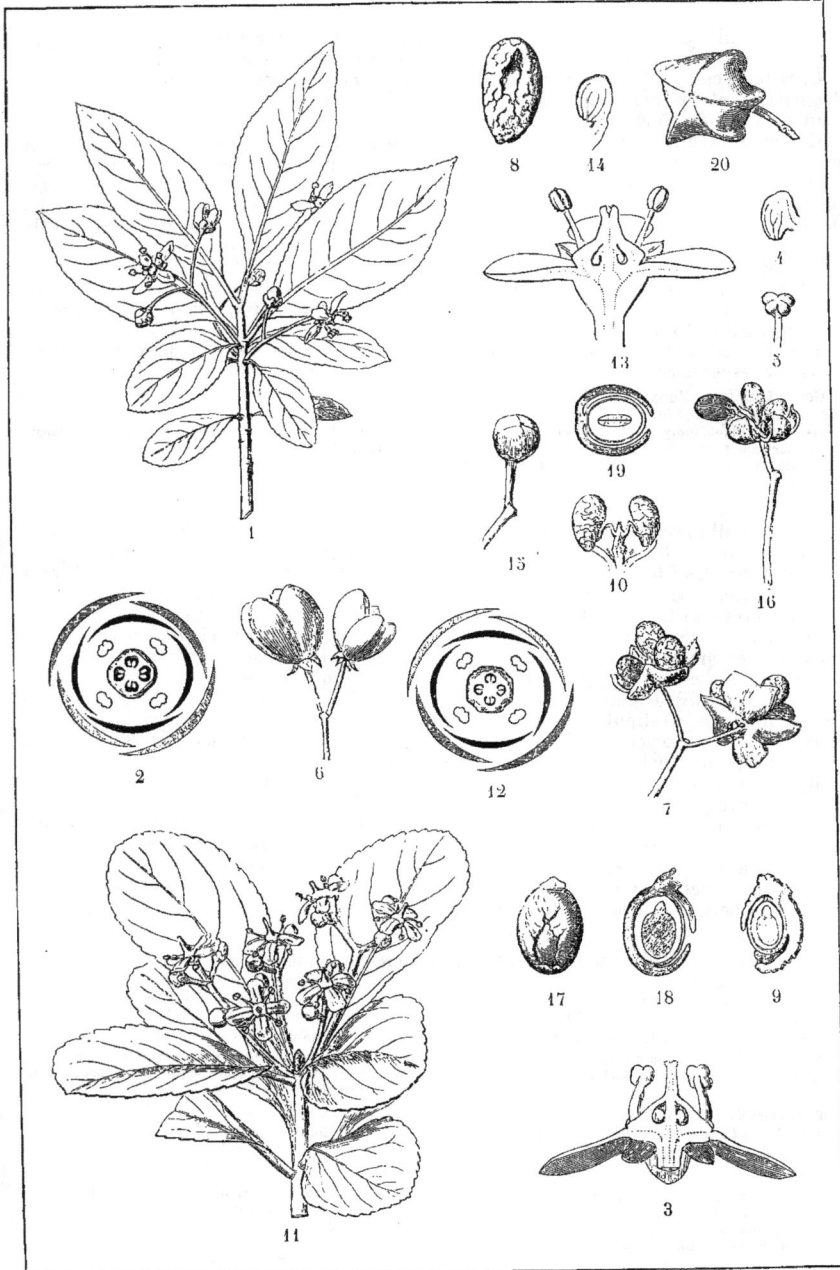

ILICINÉES.

Cette famille est voisine des Célastrinées et n'en diffère que par l'absence du disque hypogyne, la présence d'un seul ovule dans chaque loge et la forme du fruit.

Caractères essentiels : Fleurs régulières (fig. 3, *Ilex*); étamines en nombre égal à celui des pétales, et insérées avec ces derniers (fig. 3); ovaire à plusieurs loges uni-ovulées; fruit drupacé (fig. 5 et 6, *Ilex*); graine albuminée (fig. 7).

Ce sont des arbres ou arbrisseaux à feuilles alternes (fig. 1, *Ilex*) ou opposées, persistant pendant l'hiver ou non, souvent épineuses (fig. 2 et 8), non stipulées. Fleurs hermaphrodites, régulières, solitaires ou en fascicules axillaires. Calice gamosépale, à 4-6 lobes, persistant (fig. 5). Corolle à 3-5 pétales libres, ou soudés entre eux (fig. 3). Étamines en nombre égal à celui des pétales, alternes avec eux et insérées avec la base de la corolle sur le réceptacle (fig. 3); filets souvent élargis; anthères biloculaires introrses, à déhiscence longitudinale; l'ovaire à 4 (ou 2 à 8) loges ; dans l'angle interne de chacune de ces loges est suspendu un ovule anatrope; stigmate sessile. Fruit: une drupe (fig. 5 et 6), ordinairement à quatre loges osseuses, monospermes (noyaux); graines albuminées ; embryon petit, droit (fig. 7).

Les Ilicinées sont répandues dans les pays chauds et tempérés des deux continents. Plusieurs espèces contiennent dans leur écorce un principe astringent.

Genre **Ilex** L. — Houx.

I. aquifolium L., Grifoul (fig. 1 à 7). — Fleurs blanches ; fruits rouges. Plante indigène, dont l'écorce et les feuilles fournissent une substance mucilagineuse (*la glu*), qui sert pour prendre les oiseaux; le bois de Houx est employé en ébénisterie.

I. paraguayensis. — Plante de l'Amérique méridionale fournissant le *maté*, qui remplace le thé dans ce pays.

RHAMNÉES.

Cette famille présente des affinités très marquées avec les Célastrinées, mais s'en distingue par le mode de déhiscence du fruit et par la disposition des étamines (voy. les *Célastrinées*); les Rhamnées sont également voisines des Ampélidées dont elles diffèrent principalement par le réceptacle plus ou moins concave et la forme de feuilles.

Caractères constants : Fleurs régulières, à périanthe double, périgyne (fig. 10 et 11, *Rhamnus*); étamines opposées aux pétales et insérées avec eux (fig. 11, *Rhamnus*); réceptacle plus ou moins concave ; ovaire pluriloculaire ; ovules dressés, anatropes.

Les Rhamnées sont de petits arbres ou arbrisseaux, quelquefois grimpants ou épineux (fig. 16, *Paliurus*), à feuilles généralement alternes (fig. 14, *Ziziphus*), pétiolées, simples (fig. 9, *Rhamnus*), à stipules petites, souvent caduques. Fleurs petites, hermaphrodites, ou polygames par avortement (fig. 11, fleur femelle, fig. 12, fleur mâle de *Rhamnus*), à périanthe double ; calice gamosépale, à préfloraison valvaire (fig. 10); corolle de 5 pétales petits, souvent nuls, insérés sur un disque glanduleux (fig. 11 et 12). Étamines opposées aux pétales (fig. 10 et 12). Ovaire rudimentaire dans les fleurs mâles (12) ; développé dans les fleurs femelles, à 2-4 loges, ordinairement uni-ovulées (fig. 10). Fruit: tantôt une drupe à 2 ou 4 noyaux indéhiscents (fig. 13, *a* et *b*, *Rhamnus*), tantôt une capsule s'ouvrant par plusieurs coques. Graines presque exalbuminées ; embryon droit.

Les Rhamnées sont répandues sous tous les climats. Plusieurs genres contiennent dans leur bois, écorce ou feuilles, un principe astringent ou des matières colorantes.

Genres principaux :

Rhamnus L., Nerprun. — Ovaire non adhérent au calice ; fleurs souvent polygames.

R. catharticus L., Nerprun ou Bourg-épine (fig. 9 à 14). — Ses fruits fournissent un suc amer, employé comme purgatif en médecine vétérinaire. Les fruits d'autres espèces (*R. infectorius* L., etc.) donnent une matière colorante verte; le bois de plusieurs espèces (*R. frangula*, etc.) fournit un charbon très léger.

Ziziphus T., Jujubier. — Ovaire adhérent au calice; fleurs hermaphrodites ; fruit oblong.

Z. vulgaris Lamk., J. commun (fig. 14). — Plante originaire du Nord de la Chine acclimatée en Europe, son fruit s'emploie en médecine.

Z. lotos Desf. — Plante sacrée des anciens Égyptiens, dont les architectes se sont servis comme modèle pour l'ornementation des colonnes.

Paliurus T. — Fruit capsulaire, dilaté au sommet en un disque.

P. aculeatus Lam., Paliure (fig. 16), porte-chapeau, commune dans le Midi.

EXPLICATION DES FIGURES.

1 à 7, *Ilex æquifolia*, fig. 1, port; 2, feuille ; 3, fleur ; 4, étamine ; 5, fruit ; 6, fruit coupé ; 7, graine.
8, *Ilex feros*, fig. 8, feuille.
9 13, *Rhamnus catharticus*, fig. 9, port; 10, diagramme; 11, fleur femelle; 12, fleur mâle, 13 *a* et *b*, fruit.
14 à 15, *Zisiphus vulgaris*, fig. 14, port; 15, fruit.
16, *Paliurus aculeatus*, fig. 16, rameau et feuilles.

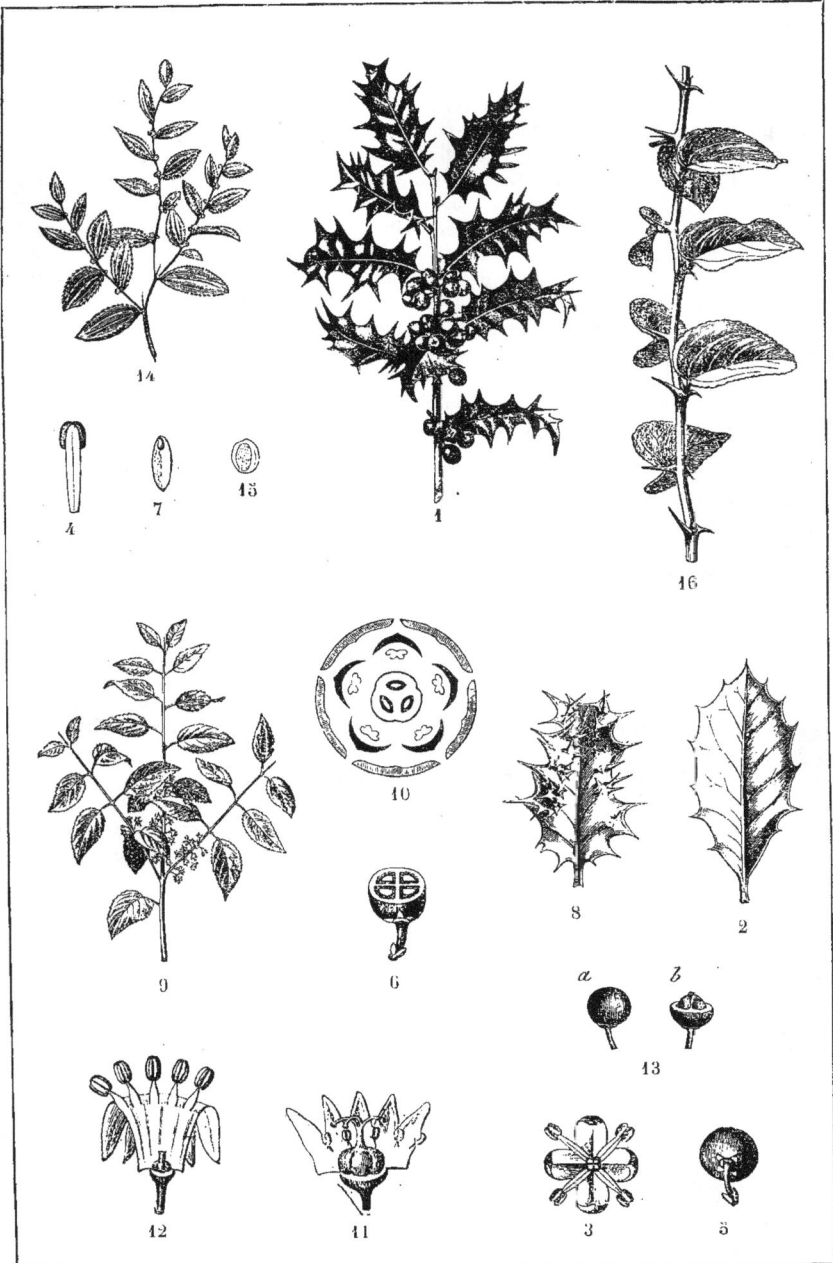

TÉRÉBINTHACÉES

Les Térébinthacées présentent des affinités avec plusieurs autres familles qui ont été déjà, ou qui seront décrites. Par la sous-famille des Burséracées, elles ressemblent aux Ruthacées et aux Zantoxylées ; par d'autres tribus et genres elles sont voisines des Oléacées, des Juglandées et des Euphorbiacées ; par certains caractères (tige ligneuse, périanthe périgyne, ovaire uniloculaire, fruit drupacé), elles rappellent certaines tribus des Rosacées ; enfin d'autres caractères (monadelphie des étamines, embryon courbe, etc.) rapprochent quelques genres de Térébinthacées des Légumineuses.

Les caractères les plus constants des Térébinthacées sont les suivants : Les feuilles sont alternes (fig. 1, *Rhus* et 4, *Anacardium*), les fleurs sont régulières (fig. 2, *Rhus* et fig. 12 et 13, *Balsamodendron*), souvent polygames par avortement (fig. 12, fleur mâle et fig. 13, fleur femelle de *Balsamodendron*), à périanthe double et périgyne (fig. 2). Les étamines en nombre égal ou double de celui des pétales sont insérées avec ces derniers sur un disque annulaire (fig. 12) ; elles ont des filets libres (fig. 12) ou soudés entre eux (fig. 7, *Anachardium*). Le fruit est généralement une drupe (fig. 3, *Rhus*). Les ovules sont anatropes (fig. 12).

Les Térébinthacées sont des arbres ou arbustes à feuilles alternes (à quelques exceptions près), simples (fig. 4) ou composées (fig. 1), non stipulées (fig. 4). Les fleurs sont régulières (fig. 2 et 12), hermaphrodites (fig. 2) ou polygames par avortement (fig. 12, fleur mâle ; fig. 13, fleur femelle) ; elles sont très petites et disposées en épi ou en panicule (fig. 1 et 4), le calice est gamosépale, à 3 ou 5 lobes (fig. 2, 6, 12 et 13), la corolle, qui peut manquer quelquefois, est ordinairement formée de 3 à 5 pétales (fig. 2, 13), à préfloraison imbriquée (fig. 2), insérés sur le bord du réceptacle (fig. 12) ; ce dernier présente souvent la forme d'une coupe portant sur ses bords le périanthe et l'androcée, et dans le fond, l'ovaire entouré parfois d'un disque glanduleux (fig. 12). Les étamines en nombre égal ou double de celui des pétales sont insérées avec ces derniers (fig. 2, 8 et 12) ; leurs filets sont libres (fig. 2, 12) ou soudés à la base (fig. 7) et leurs anthères sont biloculaires, introrses, à déhiscence longitudinale. Le pistil est formé originairement par plusieurs carpelles, mais par suite d'avortement il se réduit à un ovaire pluri, ou plus souvent uniloculaire (fig. 2) surmonté d'un style simple (fig. 9, *Anacardium*) et contenant un ovaire unique, pendant ou suspendu à un funicule se dressant du fond de la loge (fig. 14). Le fruit est ordinairement une drupe indéhiscente affectant des formes diverses (fig. 10), rarement une capsule (fig. 15 et 16). Chaque fruit présente une graine unique, renfermant un embryon droit sans albumen ou enveloppé d'un albumen peu abondant (fig. 16 et 17).

Les Térébinthacées habitent les régions inter-tropicales des deux continents et ne se rencontrent que rarement en dehors de ces limites.

Plusieurs parties de ces plantes renferment un suc gommeux ou résineux qui fournit différentes substances employées en médecine et en industrie ; les fruits et les graines sont souvent comestibles ; plusieurs espèces sont vénéneuses.

EXPLICATION DES FIGURES.

1 à 3, *Rhus toxicodendron*, fig. 1, port ; 2, diagramme. *R. cotinus*, fig. 3, inflorescence fructifère.
4 à 10, *Anacardium occidentale*, fig. 4, port ; 5, fleur ; 6, calice ; 7, étamines ; 8, étamines et pistil ; 9, pistil ; 10, fruit.

11, *Anacardium longuifolium*, fig. 11, branche fructifère.
12 à 17, *Balsamodendron opobalsamum*, fig. 12, fleur mâle ; 13, fleur femelle ; 14, coupe de l'ovaire ; 15, fruit ; 16, fruit coupé ; 17, embryon.

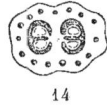

14

15

1

4

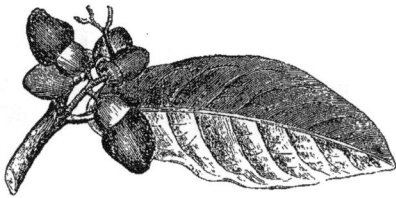

11

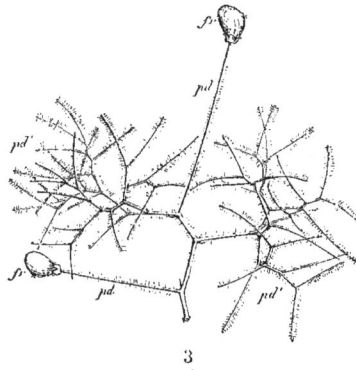

3

5 7 8 16

10

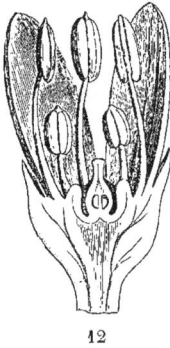

12

13

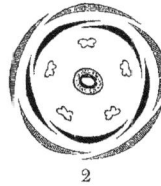

2

9

6 17

On peut diviser la grande famille des Térébinthacées en deux sous-familles : celle des Térébinthacées proprement dite et celle des Burséracées.

PREMIÈRE SOUS-FAMILLE, TÉRÉBINTHACÉES PROPREMENT DITES.

Ovaire unique à une ou plusieurs loges uni-ovulées (fig. 3, *Pistacia*) ; graines albuminées ou non (fig. 3), feuilles simples ou composées ; cotylédons de l'embryon plans-convexes.

Genres principaux :

Rhus L., Sumac. — Fleurs hermaphrodites ou polygames ; fleurs pentamères.

R. cotinus L., S. des teinturiers, Fustet (fig. 3, pl. XLIII). — Plante indigène dont l'écorce est employée dans la teinture en jaune.
R. toxicodendron L., S. vénéneux (fig. 1 et 2, pl. XLIII). — Plante originaire de l'Amérique du Nord ; son suc est très vénéneux ; un simple attouchement à cet arbre suffit pour produire une éruption de petites vésicules sur les mains et le visage, l'inflammation des yeux, etc.
R. coriaria L., S. des corroyeurs. — L'écorce de cet arbre des régions méditerranéennes est employée pour le tannage des peaux ; les fruits servent comme condiment.
Plusieurs autres espèces de ce genre, originaires du Japon ou de la Chine, fournissent une résine employée dans la fabrication des vernis.

Anacardium L. — Feuilles simples ; étamines souvent soudées à la base.

A. occidentale L. (*Cassuvium porniferum* Lmk), Noix d'Acajou (fig. 4 à 10, pl. XLIII). — Le fruit contient une huile douce ; il est connu sous le nom de pomme d'Acajou ; mais ce n'est pas de cet arbre que provient le bois employé en ébénisterie.
A. longifolium Lam. (*Semecarpus Anacardium* L.), Anacarde orientale (fig. 11, pl. XLIII). — Arbre de l'Inde, dont le fruit fournit une matière colorante noire.

Spondias L. — Ovaire à 2 ou 5 loges.

S. purpurea Lam., Mombin ou prunier d'Espagne (fig. 1). — Arbre de l'Amérique, dont les fruits sont très recherchés pour la table.

Pistacia L. — Fleurs dioïques, apétales ; calice ordinairement à trois divisions ; fruit drupacé, sec.

P. vera L., Pistachier (fig. 2 et 3). — Arbre originaire de Perse et d'Asie Mineure, et cultivé dans toute la région méditerranéenne. Ses fruits contiennent une huile fixe d'une saveur agréable et sont comestibles.
P. lentiscus L., cultivée principalement dans l'île de Chio, donne un suc résineux (*mastic*), employé dans tout l'Orient comme masticatoire ; le suc de *P. terebinthus* sert dans la fabrication des vernis.

Mongifera. — Genre exotique, dont une espèce :

M. indica (fig. 4 et 5), des Antilles, il fournit un fruit comestible.

Gneorum L. — Camelée. — Fleurs tri ou tétramères.

G. aricoccum L. — Arbuste du Midi donnant un fruit âcre.

DEUXIÈME SOUS-FAMILLE, BURSÉRACÉES.

Gynécée composé de plusieurs carpelles réunis inférieurement en un ovaire pluriloculaire à deux ovules par loges (fig. 19, pl. XLIII, *Balsamodendron*) ; graines exalbuminées (fig. 16, pl. XLIII) ; feuilles composées (fig. 6, pl. XLIII, *Balsamodendron*), cotyledons de l'embryon plissés-tordus (fig. 17, pl. XLIII, *Balsamodendron*).

Genres principaux :

Balsamodendron ou Balsamea (Gled.). — Fleurs tétramères, polygames ; ovaire biloculaire.

B. ou *Balsamea opobalsamum* Kunt., (*B. gileadense* DC. et *B. Ehrenberghianum* Berg., fig. 12 et 17, pl. XLIII, et fig. 6). — Arbre de l'Asie Mineure qui fournit avec les espèces voisines (*G. myrrha*), le *baume de Judée* et la myrrhe, gomme-résine aromatique qui trouve son emploi en médecine.

Bosivelia Rosb. — Fleurs pentamères, hermaphrodites ; ovaire triloculaire.

B. Carteri Birdw. (fig. 7 et 8), et une espèce très voisine *B. bhau-dajiana* Birdw., fournissent l'encens ou oldban, gommo-résine à l'odeur balsamique, employée en médecine comme stimulant. Plusieurs autres Burséracées contiennent des gommo-résines, ayant des propriétés analogues aux précédentes.

EXPLICATION DES FIGURES.

1,   *Spondias purpurea*, fig. 1, port.
2 à 3, *Pistacia vera*, fig. 2, port ; 3, pistil.
4 à 5, *Mongifera rutica*, fig. 4, fleur ; 5, fruit.
6,   *Balsamodendron opobalsamum*, fig. 6, port.

7 à 8, *Roswelia Carterii*, fig. 7, fleur : 8, pistil.
9 à 11, *R. Bau-Dajiana*, fig. 9, fleur ; 10, disque et ovaire : 11, fruit jeune.

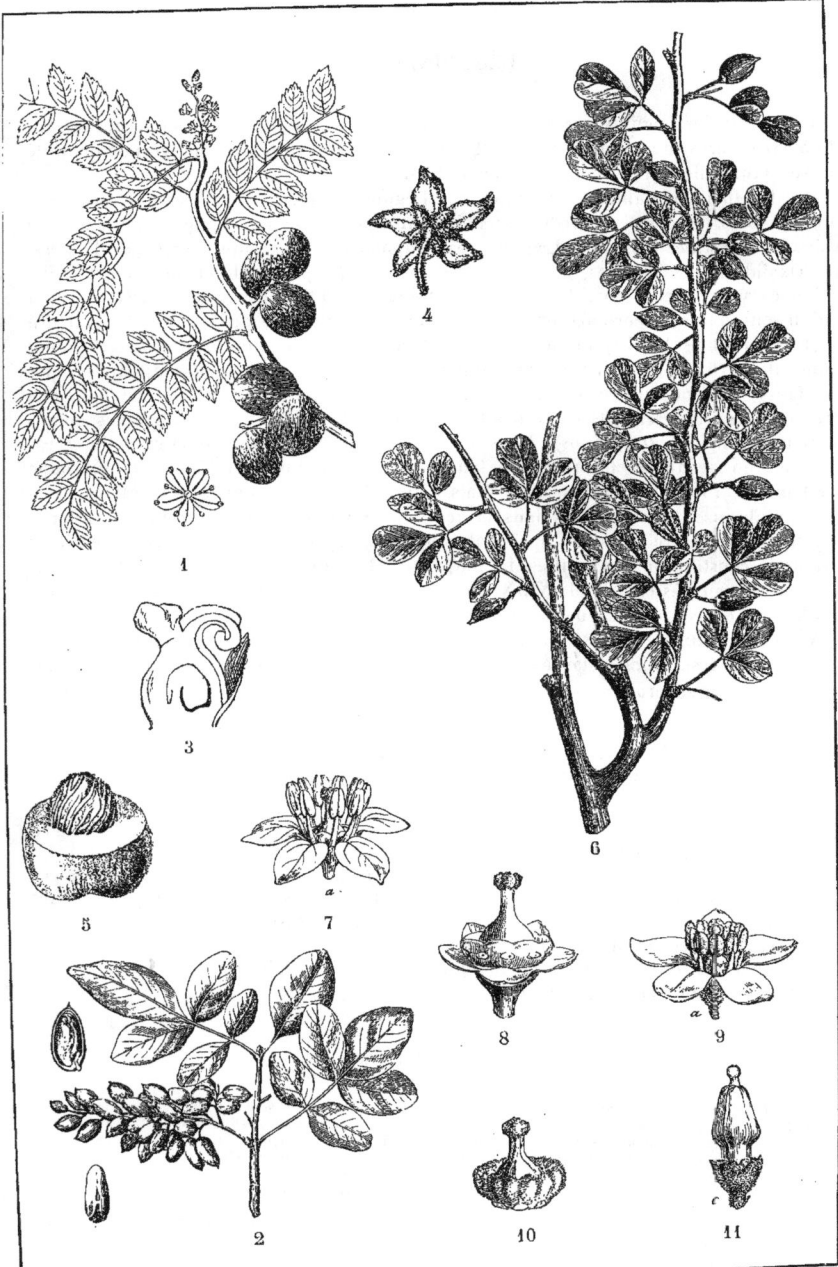

LÉGUMINEUSES.

La famille des Légumineuses est une des plus naturelles et des plus nombreuses (près de 5000 espèces) du règne végétal; elle présente en même temps une grande quantité de végétaux utiles à l'homme à différents titres.

Il est difficile d'établir les affinités des Légumineuses, vu que les caractères communs à tous les genres et tribus se réduisent à un ou deux, comme nous allons le voir; par certaines tribus, les Légumineuses rappellent les Térébinthacées, par d'autres, les Oxalidées, les Rosacées, etc.; nous y reviendrons à propos de chaque sous-famille.

Les caractères communs à toutes les Légumineuses ne sont pas nombreux; il n'y en a qu'un seul, d'une importance presque absolue, c'est celui tiré de la forme du fruit. En effet, dans toutes les Légumineuses, le fruit se présente comme une *gousse* (légume) uniloculaire (fig. 7 et 10, *Phaseolus*), plurisperme. Parfois cette gousse est divisée par des fausses cloisons transversales (fig. 8, pl. XLVII, *Cassia*) à l'extérieur, ou bien elle présente des étranglements correspondant à l'intervalle de chaque deux graines (gousse tomenteuse, fig. 18, *Hipocrepis*). Dans des cas plus rares les bords de la carpelle se recourbent en dedans et forment une fausse cloison longitudinale (fig. 15 et 16 coupe du fruit de l'*Astragalus* dans deux états d'avancement différents). Les graines, souvent nombreuses, sont rangées dans la gousse le long de la suture ventrale ou interne (fig. 6, 10). Un autre caractère, moins absolu, mais cependant encore bien général, est tiré de la constitution des feuilles. La plupart des Légumineuses ont les feuilles alternes composées, pennées (fig. 4, pl. XLIX, *Acacia*, fig. 4, pl. XLVI, *Indigofera*) ou palmées à différents degrés, et pourvues de stipules (fig. 2, *st*).

A part ces deux caractères, tout le reste varie dans les Légumineuses suivant les sous-familles à la description détaillée desquelles nous passons, sans plus insister sur les Légumineuses en général.

PREMIÈRE SOUS-FAMILLE. — PAPILIONACÉES.

Les Papilionacées présentent quelques ressemblances avec les Térébinthacées; elles s'en distinguent par leurs feuilles stipulées, leurs fleurs irrégulières, la forme de leur fruit, etc.

Les caractères les plus constants de cette vaste sous-famille sont les suivants: Fleurs irrégulières (fig. 6, *Phaseolus*), corolle d'une forme spéciale (Papilionacée, fig. 4, A, *Lathyrus*), insérée avec les étamines sur les bords d'un disque plus ou moins concave (fig. 11, *Orobus*); étamines très souvent soudées en un tube (monadelphes) ou didelphes (fig. 12, *Colutea*, 3. *Lathyrus*); anthères biloculaires introrses; fruit, une gousse uniloculaire, plurisperme (fig. 7); graines exalbuminées; embryon courbé (fig. 8 et 9).

EXPLICATION DES FIGURES.

1. *Ulex europeus*, fig. 1, diagramme.	12, *Colutea arborescens*, fig. 12, étamines.
2 à 5, *Lathyrus latifolius*, fig. 2, feuilles et vrilles; 3, calice et étamines; 4 A, corolle entière; B, étendard; C, aile; D, carène; 5, A, pistil; B, coupe de l'ovaire.	13, *Astragalus galegiformis*, fig. 13, gousse.
	14 à 16, *A. glyciphyllus*, fig. 14, fruit; 15 et 16, fruit coupé transversalement.
6 à 10, *Phaseolus vulgaris*, fig. 6, fleur; 7 A, gousse; B, gousse ouverte; 8, graine; 9, graine ouverte; 10, coupe transversale de la gousse.	17, *Bisserula pelecinus*, fig. 17, fruit.
	18, *Hippocrepis multisiliquosa*, fig. 18, fruit.
	19, *Amorpha fruticosa*, fig. 19, fleur.
11, *Orobus tuberosus*, fig. 11, fleur coupée.	20, *Trifolium pratense*, fig. 20, fleur.

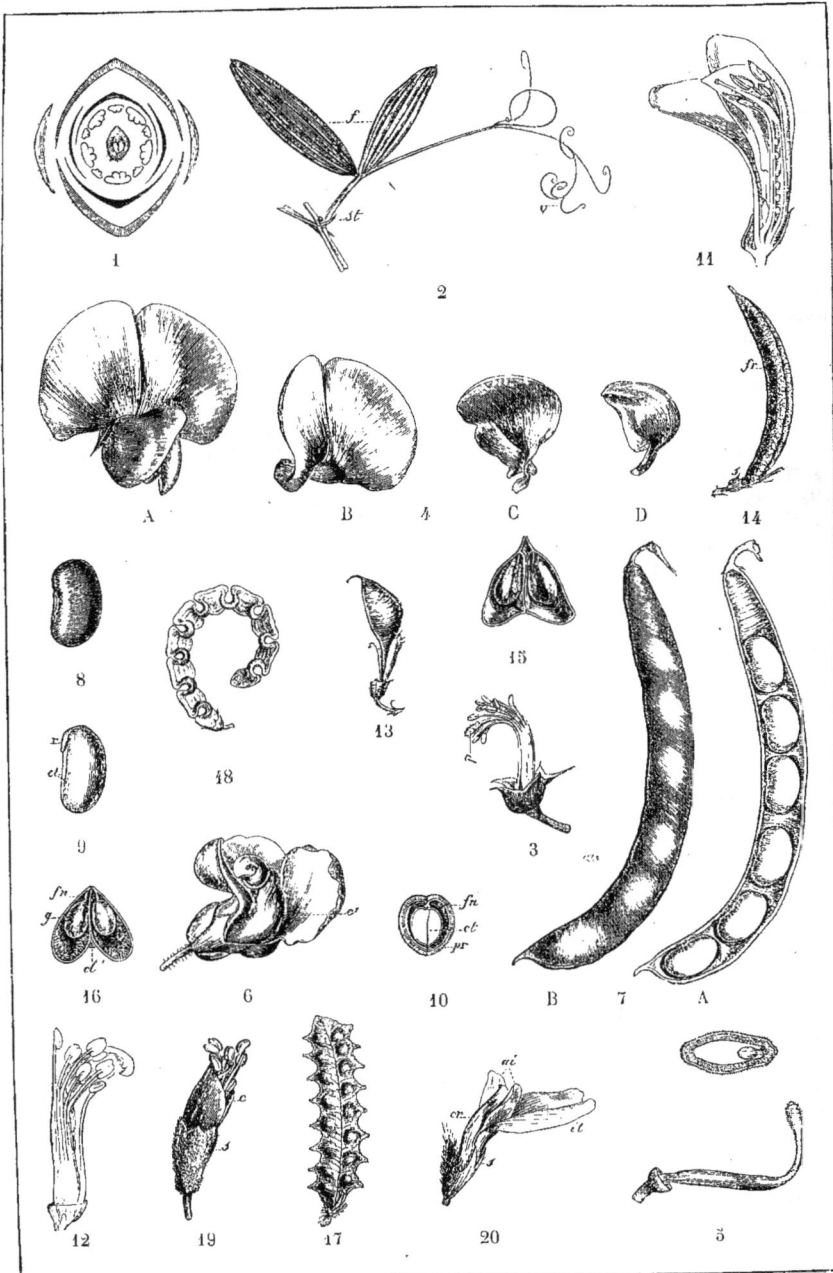

Les Papilionacées sont des plantes herbacées, rarement arbres ou arbrisseaux à feuilles composées, alternes, stipulées (fig. 2, *Medicago*); souvent la nervure médiane est prolongée en un filet ou vrille (fig. 2, pl. XLV). Les fleurs sont hermaphrodites, rarement polygames, solitaires, ou disposées en grappes (fig. 11, *Melilotus*) ou en épis. Le calice est poly ou mono-sépale; dans ce dernier cas, il porte cinq divisions plus ou moins profondes (fig. 10, *Coronila*), qui se répartissent parfois en deux lèvres : une interne, à deux dents, une autre externe à trois dents (fig. 20, pl. XLV, *Trifolium*, et fig. 3, *Lathyrus*). La corolle est presque toujours dialypétale, irrégulière, formée de cinq pétales libres, parfois de trois, ou même d'un seul pétale, (fig. 19, pl. XLV, *Amorpha*), rarement soudés en une corolle gamopétale (*Trèfle*, fig. 20, pl. XLV). Le plus souvent la corolle est *papilionacée*, c'est-à-dire formée de cinq pétales de forme particulière (fig. 4, pl. XLV); le pétale interne ou postérieur (*étendard*, fig. 4, B, pl. XLV), embrasse les deux latéraux (*ailes*, fig. 4, C, pl. XLV), qui à leur tour enveloppent les deux pétales externes souvent soudés en un seul (*carène*, fig. 4, D, pl. XLV). L'androcée est formé de dix, ou d'un nombre indéfini d'étamines, à filets libres, ou, plus souvent, soudés en un tube (monadelphes); dans ce dernier cas, fréquemment, une des étamines reste libre, tandis que les neuf autres se soudent en un faisceau semi-tubulaire (fig. 12 et 3, pl. XLV); les anthères sont biloculaires, introrses. L'ovaire est uniloculaire (fig. 1 et 5, B, pl. XLV), rarement biloculaire, et contient de nombreux ovules campylotropes (fig. 1 et 5, B, pl. XLV); il est surmonté d'un style droit ou recourbé (fig. 5, A, pl. XLV.) Le fruit est une gousse simple (fig. 7, pl. XLV) ou cloisonnée; la graine, suspendue par un funicule au bord ventral ou interne du fruit (fig. 10, pl. XLV) est le plus souvent exalbuminée, réniforme; l'embryon est recourbé; sa radicelle est appliquée sur le bord des cotylédons (fig. 8 et 9, pl. XLV).

Les Papilionacées se rencontrent dans toutes les régions du globe; la plupart sont alimentaires ou médicinales.

Cette sous-famille peut se diviser en onze tribus :

PREMIÈRE TRIBU. — VICIÉES.

Etamines diadelphes ou monadelphes; gousse uniloculaire; feuilles paripennées, à nervure médiane prolongée en vrille ou en arête.

Genres principaux :

Lathyrus L., Gesse. — Style comprimé, élargi au sommet; l'étendard est plus long que les autres pétales.

L. latifolius L., Gesse (fig. 2 à 5, pl. XLV), et plusieurs autres espèces, sont des plantes comestibles.

Vicia Tourn., Vesce. — Style filiforme.

V. lens L., Lentille, *V. Sativa* L., V. cultivée, Fève, et plusieurs autres espèces, sont comestibles.

Pisum Tourn., Pois. — Style comprimé, grandes stipules aux feuilles.

P. sativum L., Pois cultivé. — Donne les graines comestibles connues de tout le monde.

Orobus L., Orobe. — Nervure médiane des feuilles terminée en arête.

O. tuberosus L. (fig. 11, pl. XLV). — Plante de nos bois; sa racine est comestible.

DEUXIÈME TRIBU. — TRIFOLIÉES.

Feuilles pennées ou trifoliées; corolle souvent gamopétale. Parmi les nombreuses plantes de cette tribu fournissant dans nos contrées un excellent fourrage, il faut noter :

Trifolium pratense L., Trèfle rouge (fig. 20, pl. XLV, et fig. 1). Excellent fourrage, surtout pour les bêtes bovines. Originaire de l'Asie centrale, il est cultivé dans toute l'Europe.

Melilotus officinalis Willd. (fig. 11). Est employé quelquefois en médecine.

Medicago sativa L., Luzerne (fig. 2), et *M. lupulina* (Minette dorée), forme un excellent fourrage pour les bêtes bovines et les chevaux. Originaire de l'Asie Mineure et du Cachmir, la Luzerne s'est répandue partout comme plante cultivée.

EXPLICATION DES FIGURES.

1,	*Trifolium pratense*, fig. 1, port.	7, fruit coupé.
2,	*Medicago sativa*, fig. 2, port.	8, *Physostygma venenosa*, fig. 8, fruit.
3,	*Glycyrrhisa glabra*, fig. 3, port.	9, *Mucuna pruriens*, fig. 9, fruit.
4,	*Indigofera tinctoria*, fig. 4, port.	10, *Coronilla emerus*, fig. 10, fruit et calice.
5 à 7,	*Coumarouna odorata*, fig. 5, port; 6 fruit;	11, *Melilotus officinalis*, fig. 11, port.

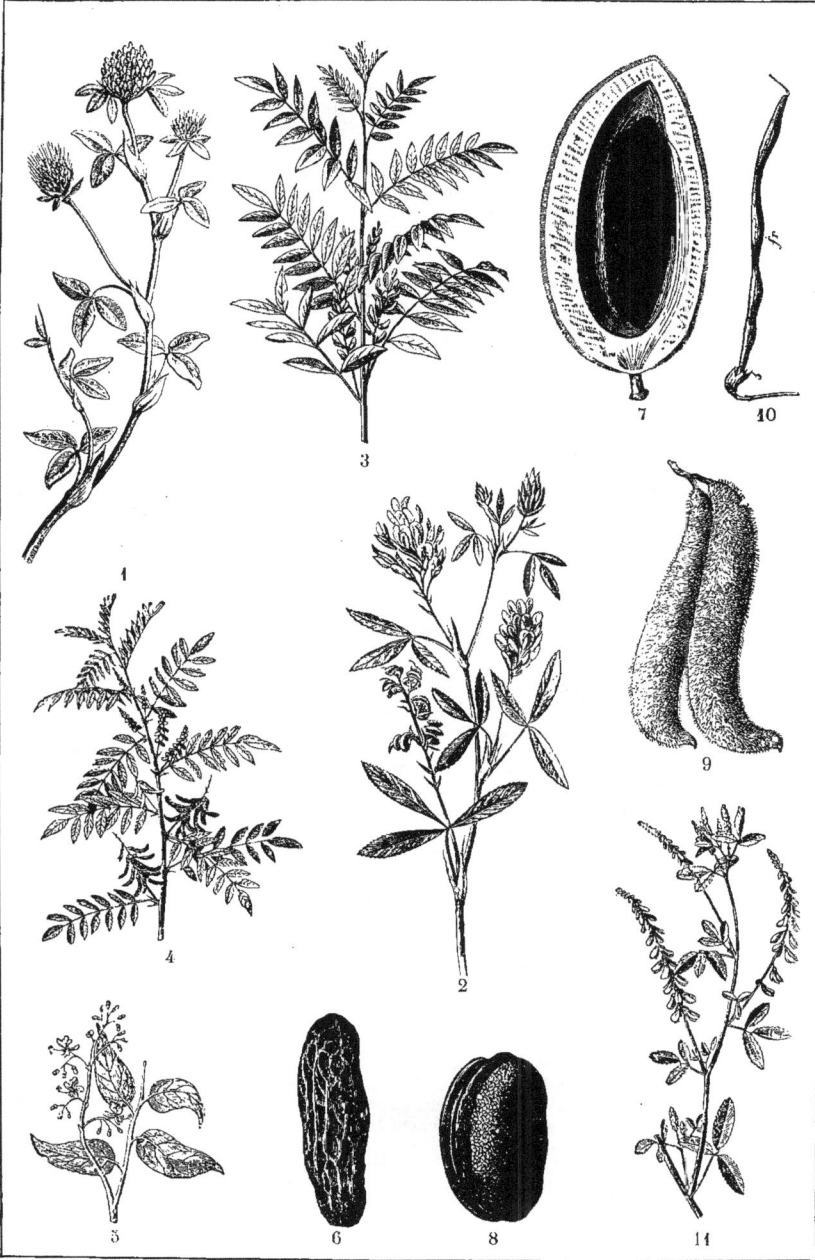

TROISIÈME TRIBU. — GÉNISTÉES.

Herbes ou arbrisseaux à feuilles souvent simples; étamines monadelphes.

Ulex L. — Ajonc. — Gousse renflée.

U. europeus Sm. (fig. 1, pl. XLV). — Le bois de ce petit arbuste de nos bruyères est utilisé comme combustible.

Lupinus L., Lupin. — Plusieurs espèces (*L. albus* L., *L. luteus* L.,) sont des plantes fourragères.

QUATRIÈME TRIBU. — LOTÉES.

Herbes ou arbrisseaux à feuilles composées; étamines monadelphes ou diadelphes.

Tetragonolobus Scop. — Gousse à quatre ailes membraneuses.

T. siliquosus Roth. — Plante à fleurs jaunes, fréquente dans nos prairies humides.

CINQUIÈME TRIBU. — DALBERGIÉES.

Tribu exotique; fruit indéhiscent, sec ou charnu; une ou un petit nombre de graines.

Pterocarpus L.

P. marsupium, fournit une matière astringente, *kino de Malabar*; *P. santalinus* donne le *bois de Santal*.

Coumarouna.

C. odorata Aubl. (fig. 5 à 7, pl. XLVI), produit le *bois de gaïac de Guyane;* ses fruits servent à parfumer le tabac.

SIXIÈME TRIBU. — PHASÉOLÉES.

Herbes ou arbustes à feuilles composées, trifoliées; étamines diadelphes.

Phaseolus L., Haricot. — Carène contournée en spirale, avec le style et les étamines.

P. vulgaris L., H. commun (fig. 6 à 10, pl. XLV). — Plante alimentaire, cultivée dans toute l'Europe.

Mucuna Adans. — Réceptacle cupuliforme; ovaire villeux.

M. pruriens DC.. Petits pois pouilleux (fig. 9, pl. XLVI). | dont la gousse poilue, connue sous le nom de *pois à*
— Plante grimpante des pays chauds des deux continents, | *gratter*, est administrée quelquefois comme vermifuge.

Physostigma Balf. — Style dilaté au sommet: graines munies d'un hile.

P. venenosum Balf. (fig. 8, pl. XLVI). — Plante de l'Afrique ' deux alcaloïdes très actifs (la *calabarine* et l'*esérine*), et
occidentale; ses graines (*Fèves de Calabar*) contiennent , sont employées en médecine.

Butea Rosb. — Ovaire bi-ovulé.

B. frondosa Rosb. (fig. 5). — Arbre de l'Inde qui fournit une substance astringente, employée en médecine.

SEPTIÈME TRIBU. — GALÉGÉES.

Herbes ou arbustes non grimpants à feuilles pennées; gousse bivalve ou indéhiscente.

Colutea L., Baguenaudier. — Gousse polysperme.

C. arborescens L., Baguenaudier (fig. 12, pl. XLV). — Plante commune dans le Midi.

Astragalus L., Astragale. — Gousse divisée longitudinalement par une fausse cloison.

Plusieurs espèces, *A. glyciphyllus*, fausse réglisse | *A. verus* (fig. 2), fournissent la *gomme adragante* em-
(fig. 14 à 16, pl. XLV); *A. galegiformis* (fig. 13, pl. XLV); | ployée dans l'industrie.

Indigofera L. — Gousse polysperme; connectif des anthères prolongé en une glande.

I. tinctoria L. (fig. 4, pl. XLVI, Indigotier. — Fournit un suc renfermant la matière colorante bleue (Indigo).

Glycyrrhiza L. — Gousse comprimée, à deux valves, polysperme.

G. glabra L., Réglisse (fig. 3, pl. XLVI). Indigène dans le | *echinata*, originaire de l'Asie Mineure; les deux sont em-
midi de l'Europe, cultivée ailleurs; *G. glandulifera* ou | ployées en médecine.

HUITIÈME TRIBU. — HÉDISARÉES.

Gousse cloisonnée transversalement.

Coronilla L. Coronille (fig. 10, pl. XLVI). — Gousse cylindrique droite.

C. emerus et autres espèces, sont employées en médecine.

Hedisarum L. — Gousse tuberculeuse ou épineuse, à plusieurs articles.

L'H. gyrans (fig. 4) présente des feuilles douées d'un mouvement particulier.

Arachis L. — Arachis.

L'A. hypogea L., Pistache de terre (fig. 1). — Les | une huile excellente (*huile d'arachide*): elles sont l'objet
graines de cette plante sont alimentaires et fournissent | d'une exportation considérable au Sénégal.

Onobrychis sativa, Sainfoin ou Esparcette (fig. 9). — Plante fourragère, cultivée surtout dans le Midi.

Parmi les plantes des autres tribus (*Lophorées, Tounatées, Padalyriées*) nous mentionnerons seulement.

La *Toluifera balsamum* L., ou *Myroxylon toluifera* Kunt (fig. 3) qui donne le *baume de Tolu*, employé en médecine.

EXPLICATION DES FIGURES.

1, *Arachis hypogea*, fig. 1, port et fruit. | 5, *Butea frondosa*, fig 5, port.
2, *Astragalus verus*, fig. 2, port. | 6 à 8, *Cassia fistulosa*, fig. 6, diagramme. *C. floribunda*,
3, *Myroxylon toluifera*, fig. 3, port. | fig. 7, fleur; 8, feuilles sommeillantes.
4, *Hedisarum gyrans*, fig. 4, feuille. | 9, *Onobrychis sativa*, fig. 9, port.

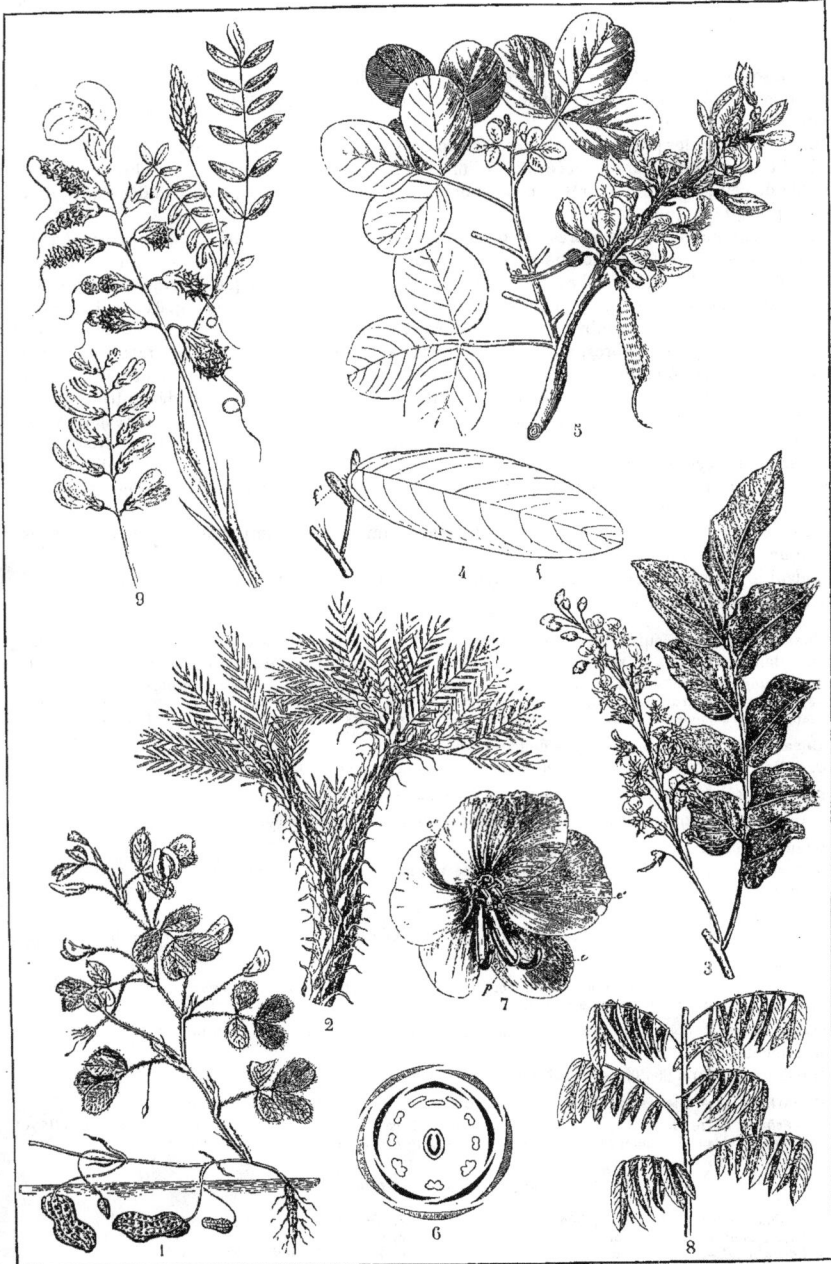

DEUXIÈME SOUS-FAMILLE. — CŒSALPINÉES.

Cette sous-famille présente des affinité avec les Térébinthacées ; elle diffère de la précédente par la corolle, dans laquelle l'étendard est recouvert (fig. 6, pl. XLVII), tandis qu'il est recouvrant dans les Papilionacées (fig. 1, pl. XLV.)

Les caractères les plus constants des Cœsalpinées sont les suivants : Corolle plus ou moins irrégulière, presque papilionacée (fig. 7, pl. XLVII, *Cassia*); étamines en nombre égal ou double de celui des pétales, très souvent libres (fig. 6 et 7, pl. XLVII); ovaire uniloculaire; embryon presque toujours droit.

Les Cœsalpinées sont des arbres à feuilles alternes, composées, stipulées (fig. 2, *Cassia*, fig. 1, *Gleditschia*) souvent douées d'une grande sensibilité. Les fleurs sont hermaphrodites, irrégulières (fig. 7, pl. XLVII), à peu d'exceptions près ; à périanthe double, le plus souvent périgyne. Le calice est formé de cinq sépales, dont trois plus ou moins soudés entre eux (fig. 6 et 7, pl. XLVII); à préfloraison valvaire ou imbriquée ; la corolle est plus ou moins irrégulière, gamopétale, ou à cinq (ou 3 ou 2) pétales libres, alternes avec les sépales (fig. 6 et 7, pl. XLVII) ; rarement la corolle manque. Les étamines, en nombre égal ou double de celui des pétales, sont périgynes, à filets le plus souvent libres (fig. 6 et 7, pl. XLVII), mais quelquefois aussi soudés entre eux ; les anthères sont biloculaires, introrses, s'ouvrant par des fentes (rarement par des pores). L'ovaire est uniloculaire, surmonté d'un style simple (fig. 6 et 7, pl. XLVII). Les ovules nombreux sont insérés en deux séries verticales dans l'angle interne des loges. Le fruit est une gousse déhiscente ou non, souvent cloisonnée transversalement; les graines sont albuminées; l'embryon est presque toujours droit.

Les Cœsalpinées ne se rencontrent pas dans nos climats ; la plupart sont cantonnées entre les tropiques, dans les deux continents.

Parmi les nombreux genres utiles à l'homme et formant des tribus de cette sous-famille, nous mentionnerons les suivants :

Cassia Tourn. — Fleurs irrégulières : calice à cinq sépales et corolle à cinq pétales inégaux ; dix étamines, dont sept fertiles et trois stériles, pétaloïdes (fig. 7, pl. XLVII) ; gousse cloisonnée transversalement.

C. fistulosa L., le Canéficier (fig. 6 à 8 de la pl. XLVII et fig. 3). — La pulpe du fruit de cette espèce a des propriétés purgatives et s'emploie en médecine. Les folioles et les gousses des autres espèces : *C. acutifolia* Delile (ou *lentiva*, Bosch., fig. 2) ; *C. obovata*, etc., sont également employées en médecine sous le nom de *Séné*.

Ceratonia L. — Fleurs polygames dioïques, apétales.
C. siliqua L., le Caroubier (fig. 5). — Plante fourragère cultivée dans la région méditerranéenne.

Cœsalpinia Plum. — Ce genre contient une espèce américaine,
C. echinata L., Brésilienne, qui fournit le bois de Fernambouc employé en teinturerie.

Gleditschia L.
G. triacanthos L. (fig. 1). Les fruits de cette espèce servent aux Indiens de l'Amérique du Nord à préparer une boisson enivrante.

Hæmatoxylon L.
H. campechianum L. — Arbre de l'Amérique centrale fournissant le *bois de campêche*, employé dans la teinturerie.

Hymenœa.
H. curbaril L. (fig. 4). — Le courbaril est un arbre de l'Amérique tropicale qui donne le *copal de Brésil*, une gomme-résine employée dans la fabrication des vernis.

Tamarindus T. — Calice à quatre sépales; corolle à trois pétales ; neuf étamines, dont trois fertiles; fruit tomentacé.
T. indica L. (fig. 6). — La pulpe du fruit est employée en médecine comme laxatif.

Copaïfera L. — Fleurs régulières apétales; dix étamines; gousse charnue, monosperme.
C. officinalis L. (fig. 1, pl. XLIX). — Arbre de la Nouvelle-Grenade qui fournit, comme plusieurs autres espèces de ce genre de l'Amérique tropicale (*C. laxa*, *glabra*, etc.), le *baume de copahu*, employé en médecine.

EXPLICATION DES FIGURES.

1, *Gleditschia triacanthos*, fig. 1, épine rameuse.
2, *Cassia acutifolia*, fig. 2, port.
3, *Cassia fistulosa*, fig. 3, port.

4, *Hymenæa curbaril*, fig. 4, port.
5, *Ceratonia siliqua*, fig. 5, port.
6, *Tamarindus indica*, fig. 6, port.

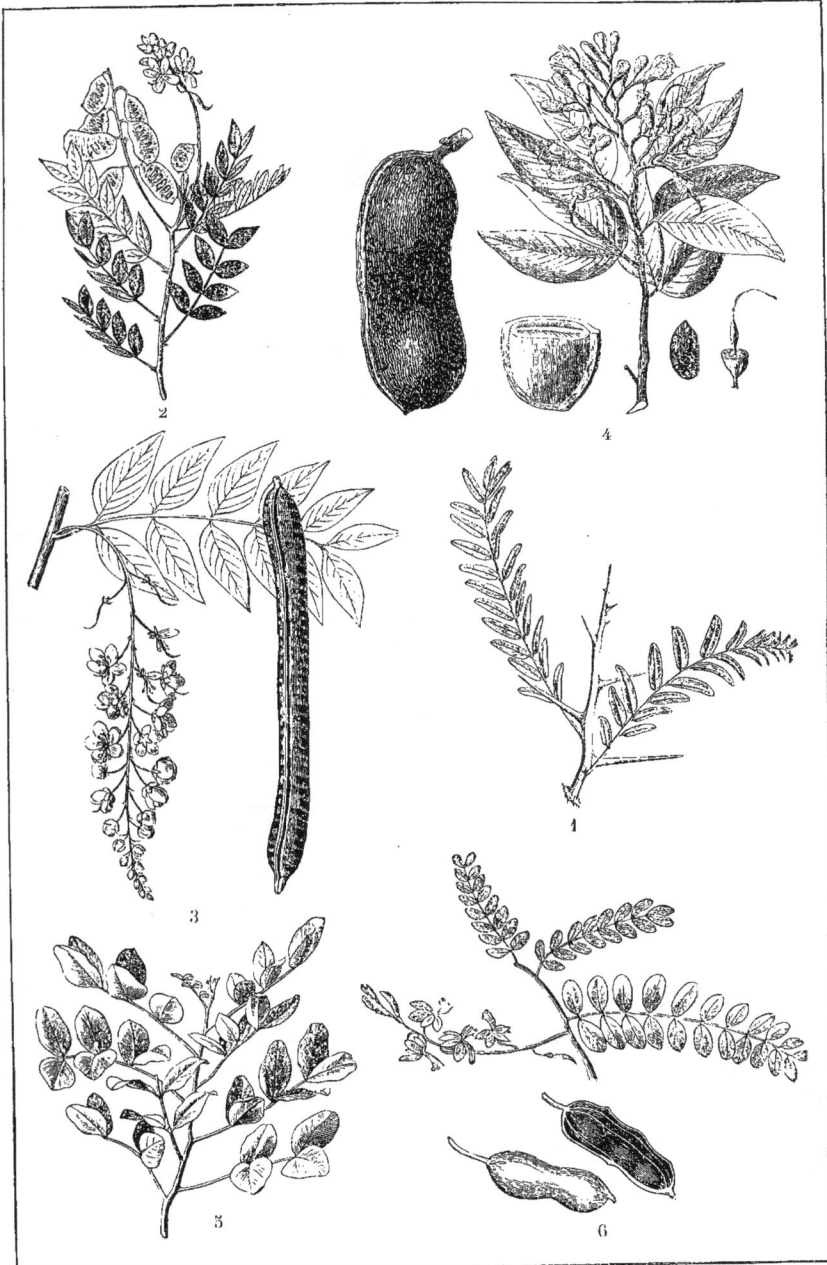

TROISIÈME SOUS-FAMILLE. — MIMOSÉES.

Les caractères principaux qui distinguent les Mimosées des deux autres sous-familles des légu-, mineuses sont les suivants : fleurs régulières (fig. 7, *Mimosa*), corolle à préfloraison valvaire, embryon droit.

Ce sont des arbres ou arbrisseaux à feuilles simples ou bi, tri-pennées (fig. 4, *Acacia*), stipulées, douées souvent d'une sensibilité extrême ; les pétioles sont souvent étalés en forme de feuilles (phyllodes, fig. 2, *Acacia*); les fleurs, hermaphrodites ou polygames, sont toujours régulières, à périanthe double (fig. 7, *Mimosa*); le calice est plus ou moins monosépale, régulier, à préfloraison valvaire ou imbriquée; la corolle est composée de 4 ou 5 pétales hypogynes, libres ou cohérents en un tube, à préfloraison valvaire (fig. 7). Les étamines, en nombre égal ou double de celui des pétales, ou en nombre indéfini, sont à filets libres ou soudés entre eux et aux anthères biloculaires, introrses, surmontées d'une glande apicale (fig. 8, *Mimosa*). L'ovaire est uniloculaire ; généralement les ovules sont nombreux, anatropes. Le fruit est une gousse bivalve, déhiscente ou non, souvent cloisonnée transversalement ou tomentacée (fig. 4) ; les graines sont presque toujours exalbuminées ; l'embryon est droit.

Les mimosées habitent la zone intertropicale des deux continents. Parmi les genres les plus utiles à l'homme, nous marquerons les suivants :

Mimosa L. — Genre à fleurs tétramères (4 étamines), très remarquable à cause de l'extrême sensibilité de ses feuilles; au plus léger attouchement, les folioles d'une feuille composée se replient vers le pétiole commun (fig. 3) et reviennent peu à peu de nouveau dans leur position primitive. Cette particularité est surtout marquée dans la *M. pudica* L. (fig. 7 et 8), et *M. sensitiva* L., la Sensitive (fig. 3), qui ont été l'objet de nombreuses études savantes. Les racines de quelques Mimosées sont employées en médecine.

Acacia T. — Genre à fleurs pentamères ou rarement tétramères, et aux étamines nombreuses.

A. vereck Guill. et Pirr. (fig. 6). — Arbre de l'Afrique tropicale qui fournit la meilleure *gomme arabique*.

A. arabica Willd. (fig. 4). — Arbre indigène en Afrique et dans l'Inde; fournit également une gomme connue sous le nom de *gomme arabique de l'Inde*.

A. catéchu Willd. (fig. 5). — Arbre de l'Inde, dont le bois et l'écorce fournissent une substance (*cachou*) employée en médecine comme astringent, et en industrie de tannage et de teinturerie.

A. heterophylla (fig. 2), est remarquable par la forme de ses pétioles.

Parmi les autres genres et espèces, il faut noter : *Adenanthera pavonina*, dont les graines servent comme poids chez certaines populations de l'Amérique du Sud ; la *Parkia africana*, employée par les nègres comme condiment excitant, etc.

Plusieurs auteurs rangent à côté des trois sous-familles décrites plus haut, encore une petite sous-famille, celle des *Swartziées*, mais il est très difficile de la distinguer des Mimosées ; parmi les plantes qu'elle renferme, citons le *Detarium Senegalense*, arbre du Sénégal, dont le fruit est comestible. Les Swartziées sont exclusivement cantonnées dans la zone intertropicale de l'Afrique et de l'Amérique.

EXPLICATION DES FIGURES.

1.	*Copaifera officinalis*, fig. 1, port.	5,	*A. catéchu*, fig. 5, port, fleur et fruit.
2,	*Acacia heterophylla*, fig. 2, feuilles composées.	6,	*A. vereck*, fig. 6, port.
3,	*Mimosa sensitiva*, fig. 3, feuilles repliées.	7 et 8,	*M. pudica*, fig. 7, fleur ouverte ; 8, fleur
4,	*Acacia arabica*, fig. 4, port et fruit.		

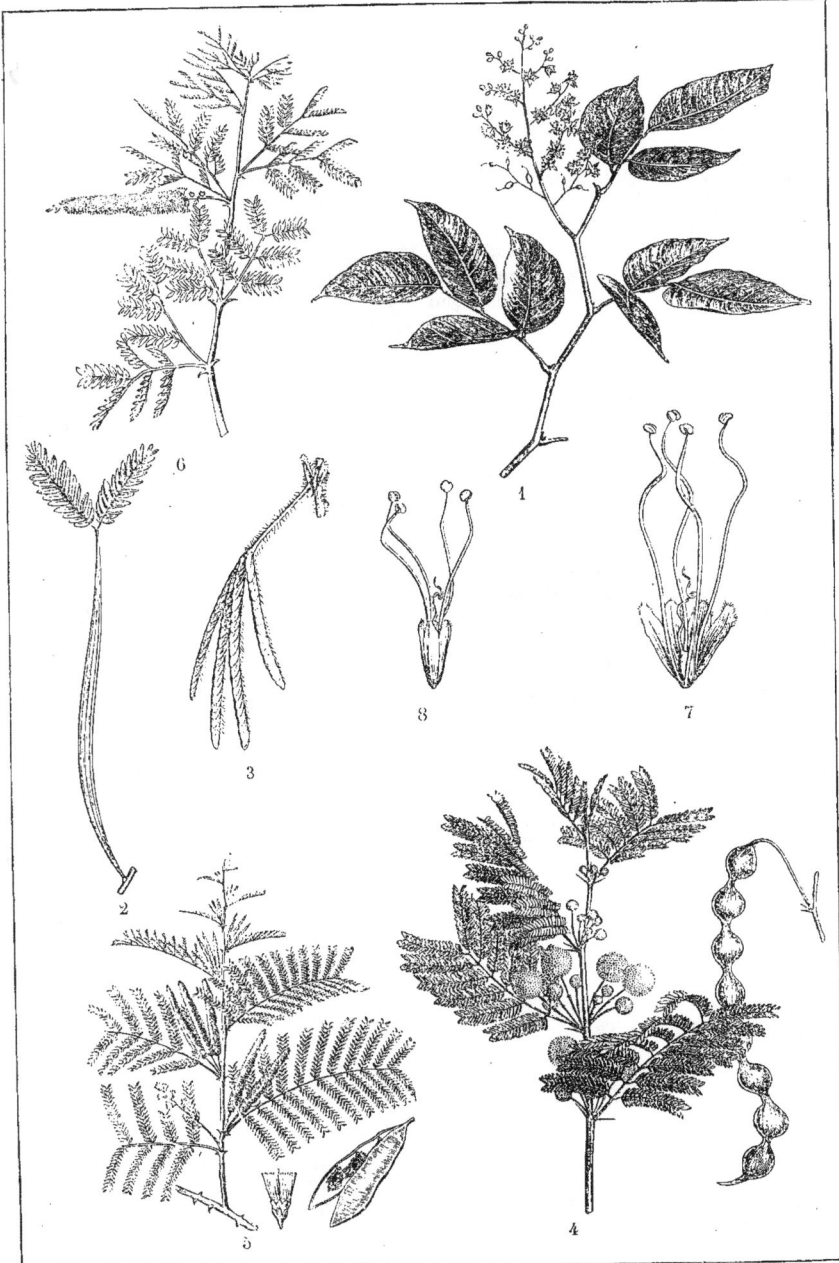

ROSACÉES

Les différentes tribus formant cette grande famille ont la valeur des sous-familles et peut-être des familles distinctes; le seul caractère qui les réunit toutes en un groupe est tiré de la position de l'ovule dans l'ovaire : l'ovule est anatrope dans toutes les tribus des Rosacées; mais ce caractère, de même que quelques autres, comme la déhiscence longitudinale des anthères, les feuilles alternes, les carpelles distincts, etc., se rencontre dans une foule d'autres groupes du règne végétal.

Les caractères s'appliquant à un grand nombre de Rosacées sont les suivants : réceptacle concave (fig. 16, *Rosa*, 3, *Pirus*) et, par conséquent, androcée périgyne (fig. 14, *Rosa*, 16 et 3). Fleurs régulières (fig. 11 et 14. *Rosa*), étamines nombreuses (fig. 6, *Persica*, 4 et 5, *Potentilla*, 11 et 14), carpelles indépendants (fig. 1, *Cerasus*, 9, *Fragaria*); graines exalbuminées (fig. 13, *Rosa*), feuilles alternes, stipulées (fig. 11).

Les Rosacées sont des plantes herbacées (fig. 1, pl. LII, *Fragaria*), ou ligneuses (fig. 11, *Rosa*, fig. 4, pl. LII, *Pirus*) à feuilles ordinairement alternes (fig. 4, pl. LI), rarement opposées, stipulées (fig. 11, *Rosa*) ou non (*Spirea*, fig. 1, pl. LIV). Les fleurs sont hermaphrodites (fig. 2, 3, 5, 14) ou diclines (*Poterium*, fig. 7 et 8, pl. LIV), à perianthe double (fig. 6, 11) ou simple (*Alchemilla*, fig. 11 et 12, pl. LIV). Le calice est soudé en partie à l'ovaire, à préfloraison valvaire ou imbriquée (fig. 6); la corolle, périgyne ou hypogyne, est à préfloraison tordue ou imbriquée (fig. 6, 4); le réceptacle est généralement concave (fig. 3, 16), moins souvent convexe (fig. 9, *Fragaria*, 5, *Potentilla*). Les étamines sont nombreuses (fig. 6, 3, 14) ou réduites à 5 ou 10 (fig. 11 et 12, pl. LIV), verticillées (fig. 6, 4), aux anthères biloculaires introrses, à déhiscence longitudinale; les carpelles sont libres, à peu d'exceptions près; les ovules, anatropes (fig. 10, *Fragaria*, 8, *Spirea*). Les graines sont exalbuminées (fig. 5, *Rosa*); dans la majorité des cas, l'embryon est droit.

Quant aux affinités des Rosacées, elles sont nombreuses en raison même des différences que présentent les tribus. Par les tribus à réceptacle concave, elles se rapprochent de certaines Renonculacées (*Pæoniées*); par la tribu des Amygdalées, de certaines Légumineuses (*Cæsalpinées*); par les Spirées, des Saxifragées, des Moniniacées, des Thymelées, etc.

Les Rosacées croissent dans toutes les régions du globe; cependant presque chaque tribu a son habitat particulier.

PREMIÈRE TRIBU. — ROSÉES.

Réceptacle concave (fig. 16, *Rosa*), renfermant les carpelles libres, nombreux (fig. 16); étamines nombreuses (fig. 14 et 11); ovules descendants (fig. 16, 13); fruits secs, indéhiscents; feuilles composées (fig. 11).

EXPLICATION DES FIGURES.

1, *Cerasus capranicum*, fig. 1, coupe de la fleur.
2 à 3, *Pirus communis*, fig. 2, coupe de l'ovaire; 3, coupe de la fleur.
4 à 5, *Potentilla crocea*, fig. 4, diagramme; 5, coupe de la fleur.
6 à 7, *Persica vulgaris*, fig. 6, diagramme; 7, fruit coupé

8, *Spirea fortunei*, fig. 8, carpelle coupé.
9 à 10, *Fragaria vesca*, fig. 9, fruit; 10, carpelle coupé
11 à 16, *Rosa canina*, fig. 11, port; 12, carpelle; 13, carpelle coupé. *R. arvensis*, fig. 14, fleur. *R. alba*, fig. 15, calice et fruit; 16, calice et fruit coupés.

ROSACÉES. — ROSÉES.

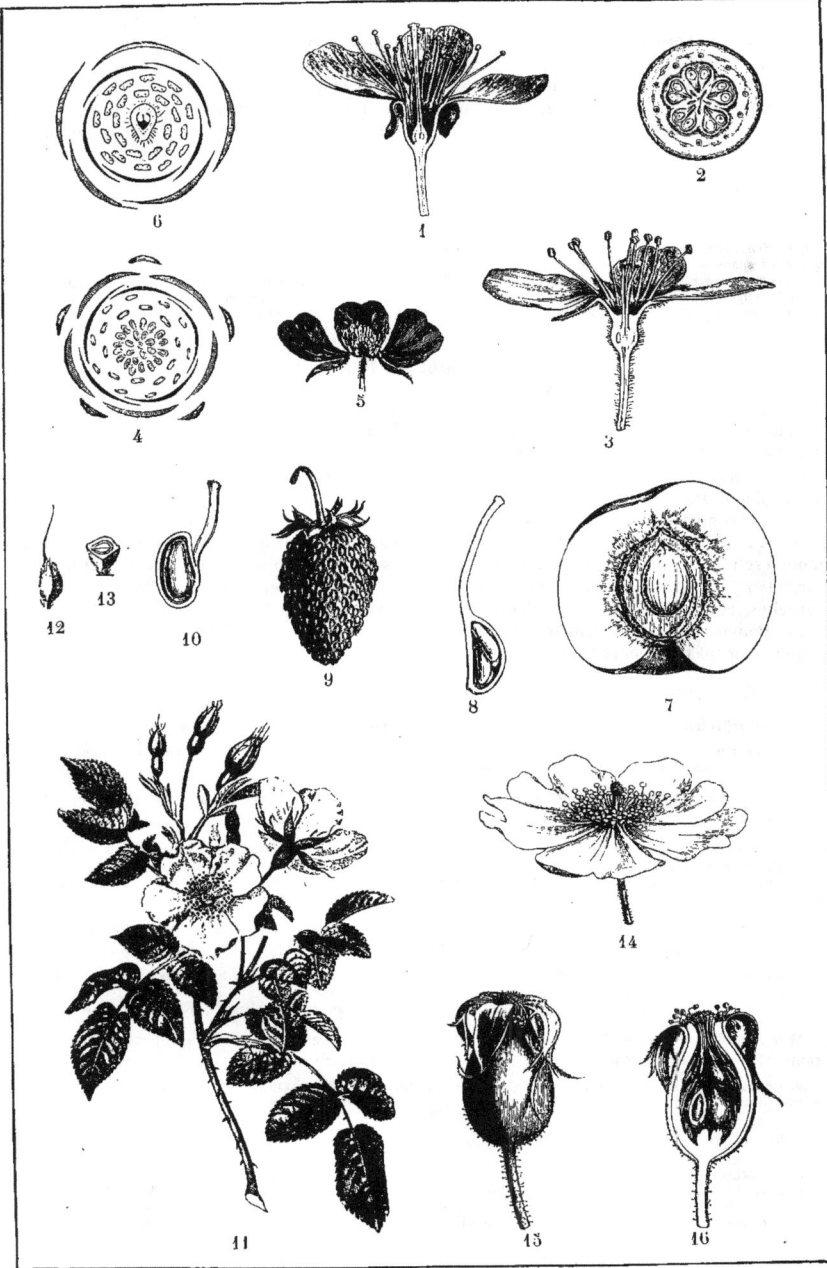

Les Rosées sont des plantes ligneuses à feuilles composées-pennées (fig. 11, pl. L), stipulées. Les fleurs sont hermaphrodites et présentent un réceptacle ovoïde, devenant charnu à la maturité, rétréci en haut où commence le calice (fig. 15, pl. L) ; la corolle est formée de cinq pétales ; les étamines, en nombre indéfini (fig. 14) sont périgynes (fig. 14, 15) ; les carpelles, insérés au fond du réceptacle, sont libres (fig. 16, 12), uni-ovulés ; les graines pendantes (fig. 16, 13).

Les Rosées croissent dans les régions extratropicales de l'hémisphère Nord ; plusieurs sont des plantes ornementales.

Genre unique :

Rosa L., Rosier.

R. canina L., Rosier sauvage (fig. 11 à 13, pl. L). — Arbuste qui croît spontanément dans toute l'Europe ; plusieurs variétés de cette espèce, de même que les nombreuses (plus de 300) variétés d'autres espèces, comme celles de *R. arvensis* Huds (fig. 14, pl. L), *R. alba* (fig. 15 et 16, pl. L),

R. centifolia, etc., sont cultivées comme plantes ornementales. Les pétales et les fruits de plusieurs espèces (*R. gallica* L., R. de Provins, etc.), servent à préparer des confitures, etc., ou sont employés en médecine comme astringent (*miel rosat*, *l'eau de rose*, *l'huile de rose*, etc.)

DEUXIÈME TRIBU. — POMACÉES.

Réceptacle concave (fig. 3, pl. L) ; carpelles en même nombre que les pétales (5) ; le fruit est formé par les carpelles soudé au réceptacle, devenant charnu à la maturité (*pomme, poire*) (fig. 5 et 6, *pomme*) ; ovules ascendants (fig. 5).

Ce sont des arbres ou arbrisseaux (fig. 3, *Poirier*, 7, *Pommier*), à feuilles simples ou pinnatiséquées (fig. 7, *Pomme d'api*), stipulées. Les fleurs sont hermaphrodites, régulières, disposées en corymbes composés (fig. 4, *Pirus*), en grappes, ou solitaires. Le réceptacle concave est terminé en haut par les cinq lobes calicinaux et renferme dans son intérieur les cinq carpelles (rarement moins) soudés avec lui (fig. 8, *Malus*) ; les étamines sont nombreuses (fig. 1, *Cydonia*), les ovules ascendants. Le fruit est formé par le réceptacle charnu, succulent, soudé aux cinq loges des carpelles, renfermant une ou plusieurs graines ascendantes (fig. 9 et 10, *Mespilus*, 5 et 6).

Les Pomacées habitent dans tout l'hémisphère du Nord, et sont cultivées en grand nombre, principalement pour leurs fruits.

Genres principaux :

Cydonia Tourn., Cognassier. — Fruit pubescent, carpelles pluri-ovulés.

C. vulgaris Pers. (*Pyrus cydonia* L.) — C. commun (fig. 1) ; le fruit odorant, d'un goût astringent (Coing) est comestible ; les graines sont employées en médecine.

Pirus Tourn., Poirier. — Fruit ombiliqué seulement au sommet, à endocarpe membraneux, et à chair contenant des granules pierreux. Styles libres, carpelles bi-ovulés.

P. communis L., P. commun (fig. 2 à 4). — Plusieurs variétés de cette espèce, spontanée en Europe, en Asie mineure et en Perse, sont cultivées pour leurs fruits ; son bois, dur, est également estimé dans la menuiserie fine. Les fruits de *P. nivalis* Jacq., P. sauger, servent à la fabrication du *cidre*. P. *Sinensis* Lind., spontané en Mongolie, est cultivé en Chine.

Malus Tourn., Pommier. — Genre très voisin du précédent ; fruit ombiliqué au sommet et à la base, à chair ferme, non pierreuse ; Styles soudés à la base, endocarpe cartilagineux ; carpelles bi-ovulés.

M. communis Lam. (P. malus L.), Pommier (fig. 5 et 6). — Spontané dans toute l'Europe, dans l'Asie mineure, en Perse et en Mongolie, cet arbre est cultivé dans diffé-

rentes régions du globe ; le suc fermenté de ses fruits donne le *cidre*. *M. apiosa*. Pomme d'api (fig. 7 et 8). — Variété cultivée.

Mespilus L., Néflier. — Fruit non soudé à sa partie supérieure avec le calice, qui présente des divisions foliacées ; il est drupacé et contient cinq noyaux osseux ; fleurs solitaires.

M. germanica L., N. d'Allemagne (fig. 9 et 10). — Son fruit, astringent avant la maturité, n'est comestible que quand il est blet.

EXPLICATION DES FIGURES.

1, *Cydonia vulgaris*, fig. 1, diagramme.
2 à 4, *Pirus communis*, fig. 2, fleur ; 3, branche et bourgeons ; 4, inflorescence.
5 à 6, *Malus communis*, fig. 5, coupe longitudinale

du fruit ; 6, coupe transversale du fruit.
7 à 8, *Malus apiosa*, fig. 7, port ; 8, coupe de la fleur.
9 à 10, *Mespilus germanica*, fig. 9, fruit ; 10, fruit coupé ; 11, coupe du noyau.

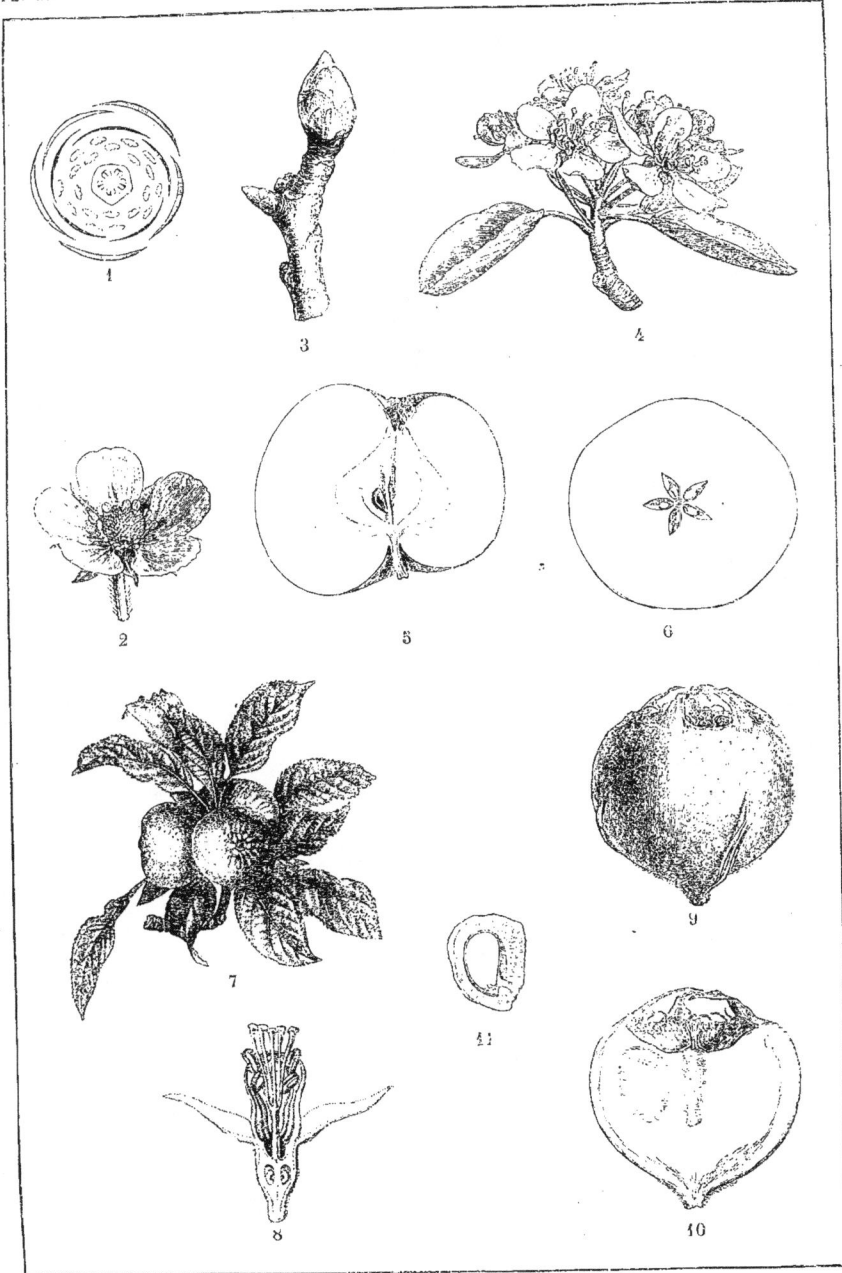

Cratægus L., Aubépine. — Genre voisin du précédent, mais ayant le calice a divisions non foliacées ; fleurs odorantes.

C. *oxyacantha*, L., Épine blanche, sert à faire les haies ; C. *azarolus* L., Azérolier, donne des fruits comestibles.

TROISIÈME TRIBU. — FRAGARIÉES OU DRYADÉES.

Réceptacle concave, soulevé dans la partie qui porte les carpelles (fig. 10, *Geum*) ; ovaire uni-ovulés (fig. 13, *Geum*, 4, *Fragaria*).

Herbes ou arbrisseaux, présentant souvent une souche donnant naissance à des rameaux rampants (*stolons*) qui s'enracinent au niveau de leurs nœuds et forment une pousse nouvelle (fig. 1, *Fragaria*) ; les feuilles sont ordinairement composées, stipulées (fig. 1 et 5, *Fragaria*). Le réceptacle est concave, mais présente un soulèvement au milieu (fig. 10), qui devient parfois charnu à la maturité et forme alors la partie succulente comestible, dans ce qu'on appelle le fruit de certaines Fragariées (*Fraises*, fig. 3). Le fruit, proprement dit, n'est formé dans ce cas que par les petits achaines libres, secs, indéhiscents, logés à la surface d'un tel réceptacle (fig. 3, 4, 7 et 8). Les fleurs sont régulières, à corolle tétra- ou pentamère (fig. 2) ; les étamines nombreuses (fig. 10) ; les styles sont insérés aux bords internes des carpelles (fig. 4) ; le fruit est formé par des achaines secs (fig. 8), ou drupacés (fig. 14, *Rubus*) ; la graine est pendante (fig. 4).

Les Fraisiers sont communs dans les régions tempérées des deux hémisphères. Ils sont cultivés soit comme plantes comestibles, soit comme plantes médicinales.

Genres principaux :

Fragaria L., Fraisier. — Réceptacle développé, charnu ; carpelles secs ; styles simples.

F. *vesca* L., F. de table (fig. 1 à 4). — Plante commune en Europe et en Asie, dont les nombreuses variétés obtenues par la culture, par exemple : F. *indica* (fig. 5 à 7) ; F. *chiloensis* Duch (fig. 8), etc., ont été si bien étudiées au point de vue de l'origine des espèces, par M. Duchesne.

Les fruits comestibles du Fraisier sont connus de tout le monde ; la racine et les feuilles contiennent un principe astringent.

Geum L., Benoîte. — Réceptacle cylindrique, sec ; carpelles secs ; styles genouillés dans leur partie supérieure (fig. 12).

G. *urbanum* L., B. commune (fig. 10 à 13), contient dans sa racine un principe résinoïde, tonique et astringent. G. *pyrenaicum* Willd. et G. *montanum* L. sont communes dans les hautes montagnes.

Potentilla L., Potentille. — Réceptacle sec et poilu ; carpelles secs ; style simple.

P. *anserina* L. (fig. 9) — Herbes aux oies, P. *crocea* (fig. 5, pl. 50), et surtout P. *tormentilla* (*Tormentilla erecta*, L.) Tormentille, contiennent dans leurs racines une quantité notable de tannin.

Rubus L., Ronce. — Réceptacle un peu charnu ; carpelles succulents drupacés ; tige épineuse.

R. *fruticosus* L., la Ronce ou Mûrier des haies (fig. 14). Plante commune dans toute l'Europe et l'Asie tempérées ; son fruit est comestible ; les jeunes pousses et les feuilles, contenant beaucoup de tannin, sont employées en médecine pour les lotions et injections astringentes.

R. *idæus* L., Framboisier ; spontané en Europe et en Asie, il est aussi cultivé pour son fruit parfumé et succulent.

EXPLICATION DES FIGURES.

1 à 4, *Fragaria vesca*, fig. 1, port ; 2, fleur ; 3, fruit ; 4, pistil coupé.
5 à 8, *Fragaria indica*, fig. 5, port ; 6, fleur ; 7, fruit ; F. *chiliensis*, fig. 8, fruit.

9, *Potentilla anserina*, fig. 9, diagramme.
10 à 14, *Geum urbanum*, fig. 10, coupe de la fleur ; 11, fruits ; 12, carpelle ; 13, carpelle coupé
14, *Rubus fruticosus*, fig. 14, fruit.

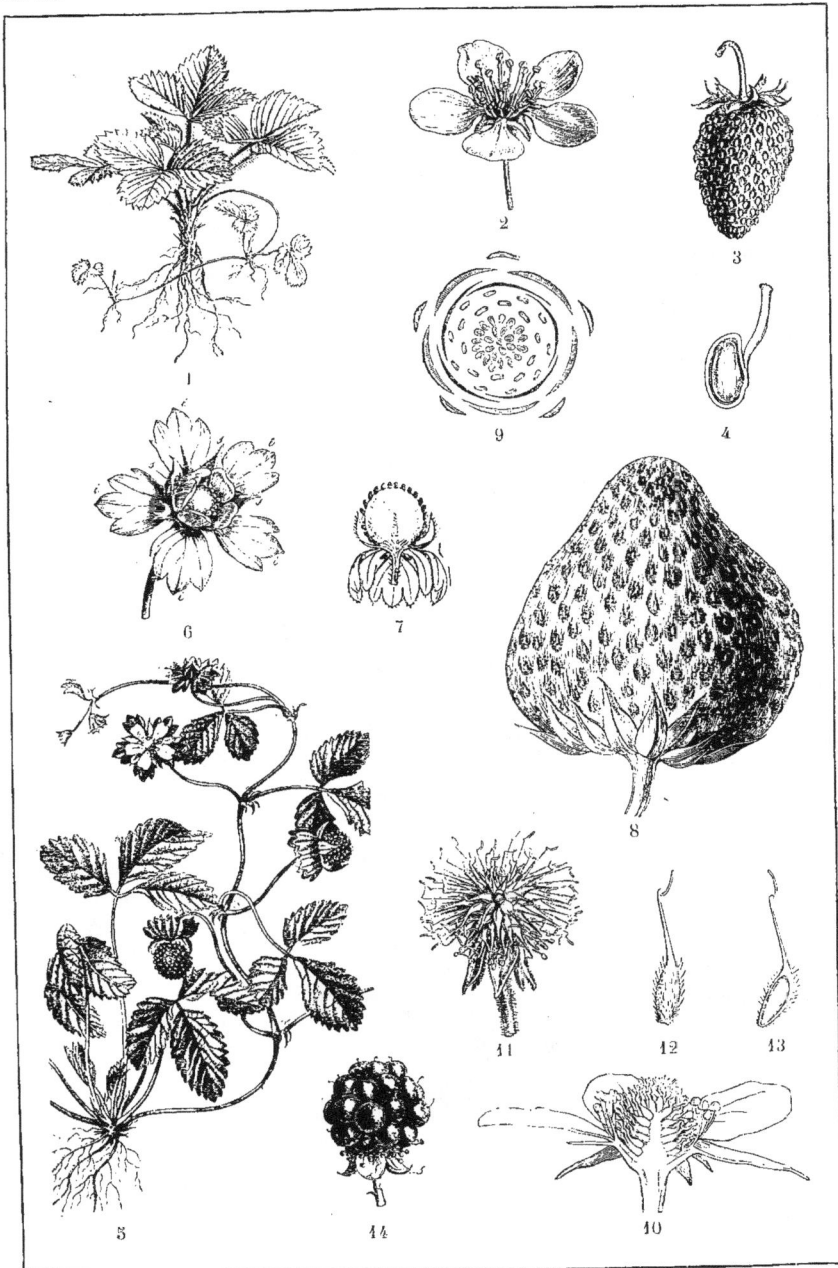

QUATRIÈME TRIBU. — AMYGDALÉES

Réceptacle concave ; carpelles peu nombreux ; fruit charnu ; ovaire à deux ou plusieurs ovules ascendants à micropyle dirigé en bas et en dehors.

Ce sont des arbres ou arbrisseaux à bourgeons écailleux, à feuilles simples, dentées, munies de stipules caduques (fig. 7 et 8, *Cerasus*, 2, *Prunus*). Les fleurs sont hermaphrodites, régulières (fig. 1), solitaires (fig. 4, *Persica*), ou disposées en ombelles (fig. 7) ou corymbes. Le calice gamoséphale n'est pas soudé à l'ovaire ; il présente cinq divisions profondes (fig. 5, *Persica*); la corolle est périgyne, à cinq pétales libres (fig. 1, pl. L, *Cerasus*). Les étamines, au nombre de 15 ou 30 (fig. 5 et 9, *Amygdalus*), sont périgynes et à filets libres. Le pistil est formé le plus souvent par un ovaire unique (fig. 5 et 9), contenant deux ovules pendants (fig. 5, 9 et pl. L, fig. 1). Le fruit est une drupe charnue (cerise, fig. 6), ou coriace (amande, fig. 10), à endocarpe (noyau) ligneux monosperme (fig. 10 et 3, abricot); l'embryon est droit.

Les Amygdalées sont exclusivement cantonnées dans les régions extratropicales de l'hémisphère Nord, surtout dans l'ancien continent. Elles sont cultivées en grand nombre pour leurs fruits succulents, sucrés ; plusieurs espèces contiennent dans leurs graines ou dans leurs feuilles un principe cristallin (*amygdaline*), qui donne, au contact de l'eau froide, et grâce à la présence d'un ferment spécial contenu également dans les graines (*émulsine* ou *synaptase*), l'acide cyanhydrique, poison violent et *l'essence d'amandes amères* (Hydrure de benzoïle).

Genres principaux :

Prunus Tourn., Prunier. — Drupe couverte d'une efflorescence glauque ou pubescente ; noyau lisse ; fleurs blanches, solitaires ou géminées.

P. domestica L., P. commun (fig. 1). — Plusieurs variétés de cette espèce (Pruneaux, Prunes, Damas, etc.) fournissent les fruits comestibles qui, à l'état sec, sont employés également en médecine. *P. institia* L. (Prunelier) et *P. spinosa* L. sont deux autres espèces cultivées.

P. armeniaca L., *Armeniaca vulgaris* Linx, Abricotier (fig. 2 et 3), est cultivé pour son fruit ; la gomme (*gomme nostras*) qu'exsude cette espèce, comme beaucoup d'autres pruniers, est analogue à la gomme arabique. Le bois des différents Pruniers est très dur, et s'emploie en menuiserie fine.

Cesarus Juss., Cerisier. — Drupe glabre, succulente ; noyau lisse ; fleurs en grappes ou ombelles.

C. vulgaris Mill. (Prunus cerasus L.), Cerisier commun, Griottier, *C. avium* Dec, Merisier et les variétés de ces deux espèces comme *C. caproniana* (fig. 6 et 7) sont cultivées pour leurs fruits ; elles donnent également

la gomme. *C. laurocerasus* Lois. (Prunus laurocerasus L.), Lauriercerise. — Ses feuilles donnent avec l'eau l'acide cyanhydrique et sont employées en médecine.

Amygdalus L., Amandier. — Drupe succulente ou charnue, coriace, pubescente ; noyaux marqués de sillons irréguliers.

A. communis L. (Prunus amygdalus, Hook.), Amandier. — Les graines renferment une huile fixe, *Huile d'amandes douces* (surtout dans la variété *A. com. dulcis*) et l'amygdaline, fournissant l'huile d'amandes amères (surtout abondante dans la variété *A. com. amara*); les

deux variétés sont employées en médecine ; cet arbre originaire de l'Asie Mineure est cultivé dans plusieurs pays. *A. persica* L. (Persica vulgaris Mill.), Pêcher (fig. 4 et 5), originaire de la Chine, est cultivé pour son fruit délicat connu de tout le monde.

EXPLICATION DES FIGURES.

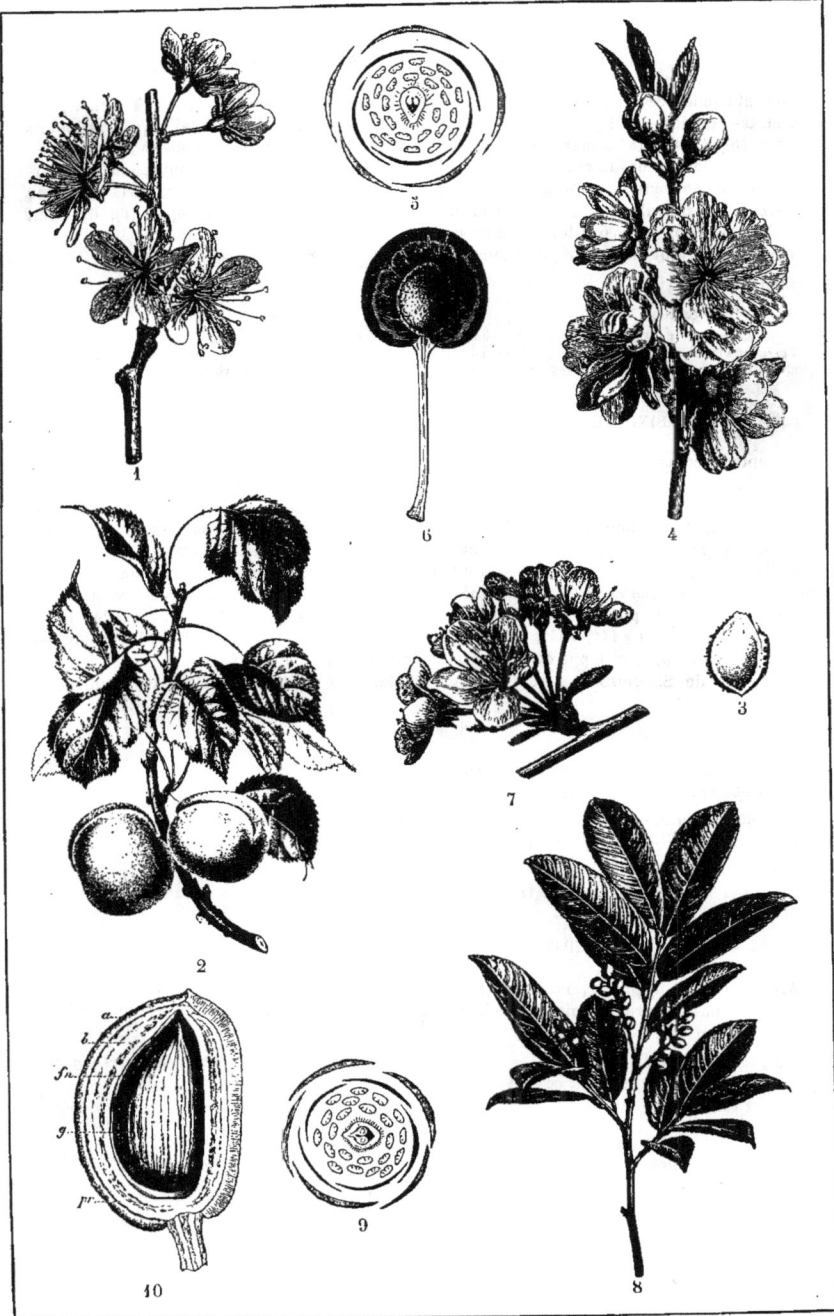

CINQUIÈME TRIBU. — SPIRÉES OU SPIRACÉES.

Réceptacle légèrement concave, carpelles peu nombreux, pluri-ovulés (fig. 3 et 4, *Spiræ*.)
Plantes herbacées ou ligneuses (fig. 1, *Spiræ*), à feuilles composées, pinnatiséquées, stipulées
ou non (fig. 1). Fleurs hermaphrodites, disposées en grappe ou en un panicule, à calice persistant et corolle formée de cinq pétales périgynes (fig. 2). Étamines en nombre indéfini; carpelles le plus souvent en nombre de cinq (fig. 3), disposés en un seul verticille, libres ou un peu
cohérents, pluri-ovulés (fig. 4); style souvent très court (fig. 6), stygmate épais (fig. 6). Fruit
— follicules déhiscentes par leur bord interne (fig. 5, *Spiræ*).

Les Spiræs vivent dans les régions tempérées; plusieurs genres sont américains.

Genre indigène :

Spiræ L. — Spirée.

S *filipendula* L. (fig. 6), la filipendule, de même que   plus employées en médecine.
S. *Fortunei* Planc. (fig. 2 à 5), contiennent dans leurs ra-   S. *ulmaria* L., Reine-des-Prés, s'emploie en médecine
cines un principe aromatique et astringent, mais ne sont   et dans la falsification des vins.

SIXIÈME TRIBU. — SANGUISORBÉES OU AGRIMONIÉES.

Réceptacle concave (fig. 9, *Agrimonia*); carpelles peu nombreux, inclus dans le réceptacle,
uni ovulés (fig. 9 et 8, *Poterium*); à la maturité, le réceptacle devient dur, presque ligneux.

Herbes, rarement arbrisseaux, à feuilles composées (fig. 7, *Poterium*), stipulées. Fleurs hermaphrodites (fig. 9), ou diclines (fig. 8, fleur femelle), disposées en grappes terminales, lesquelles,
dans les espèces diclines, présentent ordinairement les fleurs mâles situées au-dessous des fleurs
femelles (fig. 7). Calice sans calicule, à 4 ou 5 divisions, situé au-dessus du réceptacle cupuliforme (fig. 11, *Alchemilla*, 8 et 9), terminé souvent par un disque épais (fig. 11);
la corolle manque le plus souvent. Étamines peu nombreuses (fig. 10, 9 et 7); carpelles libres
uni-ovulés (fig. 9, 8 et 11); styles latéraux (fig. 11) ou terminaux (fig. 8). Fruit : achaine sec
(fig. 12. *Alchemilla*), enveloppé dans le réceptacle dur, presque ligneux.

La plupart des Sanguisorbées sont cantonnées dans les régions tempérées de l'hémisphère
boréal.

Genres principaux :

Poterium L. — Pimprenelle. — Fleurs monoïques ou polygames.
P. *sanguisorba* L., P. commune (fig. 7 et 8). — Plante fourragère et condimentaire.

Agrimonia Tourn. — Aigremoine. — Fleurs hermaphrodites, pentamères.
A. *eupatoria* L., Aigremoine (fig. 9 et 10), commune en France; A. *odorata* Mill. est plus rare.

Alchemilla Tourn. — Alchemille. — Fleurs hermaphrodites, tétramères.
A. *vulgaris* L., Pied-de-Lion (fig. 11 et 12). — Plante commune des prés; ses feuilles sont astringentes.

SEPTIÈME TRIBU. — CHRYSOBALANÉES.

Arbres des pays tropicaux, à feuilles simples et fleurs souvent asymétriques. Réceptacle généralement concave; carpelle unique à style gynobasique, renferme deux ovules ascendants. Fruit
drupacé ou coriace.

Chrysobalanus Icaco L. (fig. 13) est une plante du Brésil dont les feuilles astringentes sont employées comme médicament dans ce pays; le fruit (*Pomme-Coton*) est comestible.

EXPLICATION DES FIGURES.

1 à 6, *Spiræa argentea*, fig. 1, port. S. *Fortunei*,   9 et 10, *Agrimonium eupatoria*, fig. 9, coupe de la
  fig. 2, fleur; 3, gynécée; 4, pistil ; 5, fruit ;   fleur; 10, diagramme.
  S. *filipendula*, fig. 6, carpelle.   11 et 12, *Alchemilla vulgaris*, fig. 11, coupe de la fleur;
7 à 8, *Poterium sanguisorba*, fig. 7, port ; 8, fleur   12, fruit.
  femelle.   13   *Chrysobalanus Icaco*, fig. 13, port.

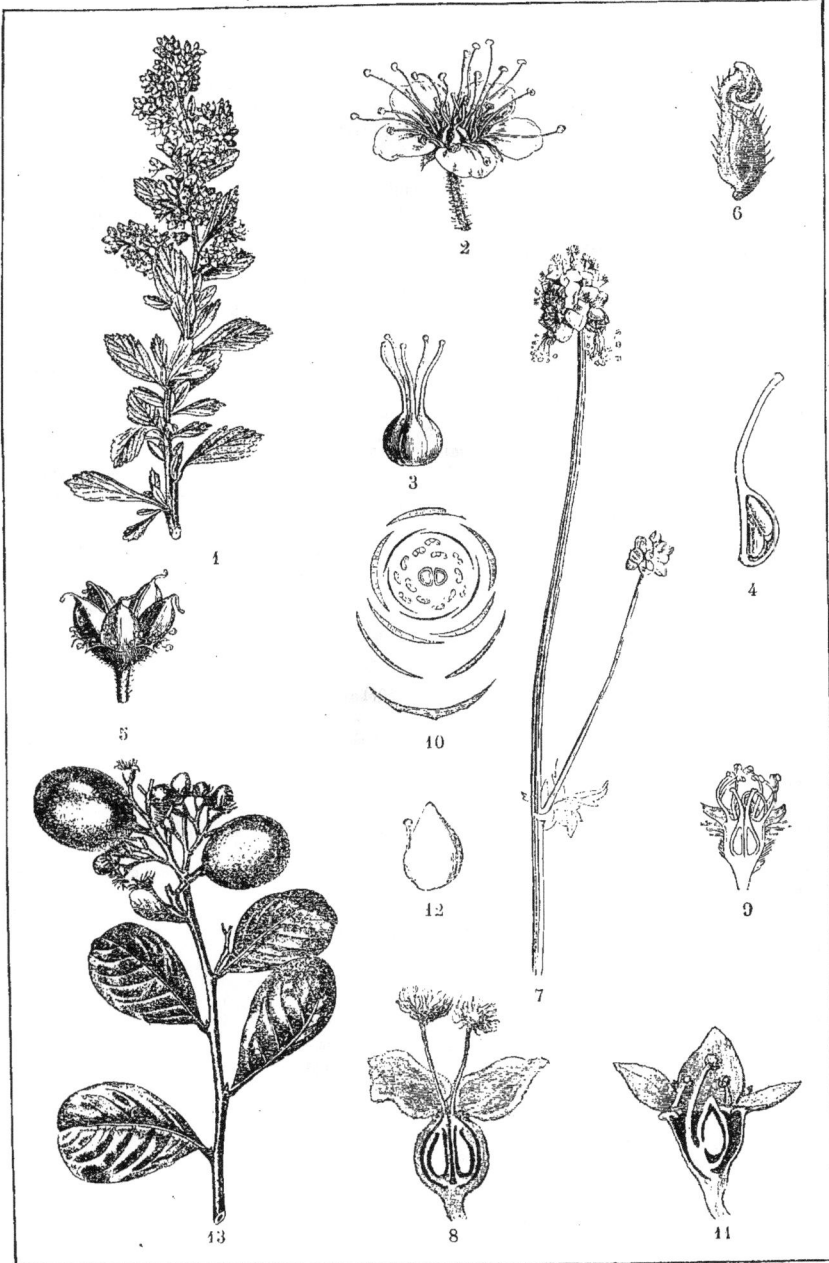

MYRTACÉES

Cette famille contient 60 genres environ, appartenant pour la plupart aux pays exotiques. Elle se rapproche de la petite famille des Granatées, dont elle diffère par la structure de l'ovaire. Les Myrtacées ont aussi quelques affinités avec les Lythrariées, mais en diffèrent cependant par leur ovaire presque toujours infère. L'affinité est plus grande avec les Mélastomacées: les propriétés odorantes des Myrtacées, les anthères et la préfloraison des pétales sont les seules différences notables.

Les caractères principaux des Myrtacées sont basés sur la préfloraison du calice, sur la corolle polypétale, sur le nombre et l'insertion des étamines, sur l'ovaire presque toujours infère, sur le fruit, sur l'absence d'albumen dans la graine.

Les Myrtacées sont des arbres ou arbrisseaux, rarement des herbes. Les feuilles sont fréquemment opposées, entières, coriaces, très souvent ponctuées de glandes; pétiolées ou non, dépourvues de stipules (fig. 1, 11, 14). Les fleurs (fig. 3, 4, 12, 17) sont ordinairement régulières, hermaphrodites, solitaires ou disposées en épi, en cyme, en panicule, en corymbe. Périanthe double, calice supère; limbe à 4, 5 ou à plusieurs lobes, quelquefois entier en forme d'un opercule caduc (fig. 16). Corolle dialypétale. Les pétales, en nombre correspondant à celui des lobes du calice, alternant avec eux, insérés sur un disque entourant le tube du calice, rarement nuls. Étamines presque toujours nombreuses (fig. 3, 13, 17), insérées avec les pétales; filets libres ou plus ou moins unis à la base. Anthères biloculaires, déhiscentes longitudinalement ou transversalement. Ovaire (fig. 5, 14, 18) infère, uni ou pluriloculaire. Ovules anatropes. Fruit (fig. 6, 7, 8), ordinairement couronné par le limbe du calice, uniloculaire, monosperme par avortement ou bi-pluriloculaire, capsulaire ou baccien; graines exalbuminées; embryon (fig. 10) droit ou contourné en spirale.

Les Myrtacées sont surtout des plantes tropicales de l'Amérique et de l'Australie. En Europe, elles sont représentées par un genre (Myrtus), arbrisseau de la région méditerranéenne.

Plusieurs espèces contiennent des substances aromatiques, du tannin, du sucre, des acides, des huiles fixes et volatiles, et fournissent des produits très utiles à l'homme.

Genres principaux :

Caryophyllus L. (1 à 10), Giroflier. — Calice à quatre lobes, quatre pétales, plusieurs étamines libres. Ovaire biloculaire; baie 1-2 loculaire, 1-2 sperme.

C. aromaticus L. — Arbre des Moluques; ses fleurs aromatiques récoltées encore en bouton sont employées comme condiment sous le nom de *clous de girofle.*

Myrtus T. (fig. 12 et 13). — Calice en cinq sépales; cinq pétales imbriqués, étamines très nombreuses, ovaires à deux ou trois loges, contenant plusieurs ovules; fruit baccien.

M. communis L. — Arbrisseau de la région méditerranéenne, cultivé dans nos jardins, et autrefois usité en médecine.

Eucalyptus Lheves (fig. 14 à 18). — Calice rudimentaire à quatre dents, pétales connés en un opercule se détachant à la floraison.

E. globulus Labill. — Grand arbre d'Australie; les feuilles contiennent un principe nommé *eucalyptol* et sont employées avec succès contre les fièvres intermittentes; les essais d'acclimatement d'Eucalyptus dans la région méditerranéenne paraissent réussir.

Melaleuca L.

M. leukadendron L., produit, par la distillation, l'*essence de cajeput*, un liquide employé dans l'Inde comme rubéfiant.

Eugénie (fig. 11). — Une des espèces de ce genre, l'*Eugénie pimenta*, est cultivée à la Jamaïque pour son fruit connu sous le nom de *piment de Jamaïque* et employé comme condiment.

EXPLICATION DES FIGURES.

1 à 10, *Caryophyllus aromaticus*, 1, port; 2, fleur non épanouie; 3, fleur ouverte; 4, fleur dépourvue de ses étamines; 5. coupe verticale d'un pistil; 6 fruit; 7, fruit coupé verticalement; 8 fruit coupé horizontalement; 9, embryon; 10, embryon à cotylédons écartés.

11,   *Eugénie pimente*, 11, port.
12,   *Myrtus*, fig. 12, coupe verticale de la fleur; 13, diagramme.
14 à 18, *Eucalyptus globulus*, 14, ramuscule d'une branche; 15, fleur; 16, limbe en forme d'opercule; 17, fleur épanouie; 18, coupe verticale d'une fleur non épanouie.

GRANATÉES

Cette petite famille constituée par un seul genre, *Punica* (la grenade), est très voisine des Myrtacées et ne s'en distingue que par l'absence de l'huile volatile et par la structure particulière de son ovaire et de son fruit (fig. 3 à 6, *Punica*).

Les Granatées sont des arbres à feuilles simples, entières, opposées, glabres, sans ponctuations ni stipules (fig. 1). Les fleurs sont hermaphrodites à calice charnu, rouge, présentant cinq lobes et à corolle formée de cinq pétales rouges (fig. 1 et 2, *Punica*). Les étamines sont nombreuses (fig. 2), à filets libres, aux anthères introrses, biloculaires. L'ovaire, adné au réceptacle, contient huit loges disposées en deux étages (fig. 2) : trois en bas (fig. 2 *ci*), ayant les ovules à placentation centrale (fig. 2 et 4), et cinq en haut (fig. 2 *cs*) renfermant les ovules à placentation pariétale (fig. 2 et 3). Le fruit (*Grenade*) est une baie à 10 ou 15 loges, séparées par des cloisons membraneuses (fig. 5 et 6), et recouverte d'une écorce dure, coriace, rougeâtre à l'extérieur. Les graines exalbuminées, nombreuses, sont composées d'une vésicule mince, remplie d'un suc aqueux et renfermant un petit embryon.

Les Grenadiers se rencontrent dans toute la région méditerranéenne; l'écorce de leur fruit et la racine contiennent beaucoup de tanin, et le suc de leurs graines renferme de l'acide gallique.

Genre unique.

Punica L. — Grenadier.

P. granatum L., Grenadier (fig. 1 à 4). — Originaire de la Perse et des contrées adjacentes, il est cultivé depuis les temps préhistoriques dans la région méditerranéenne et en Chine; l'écorce de ses fruits (*Malicorne*) et sa racine sont employés en médecine comme vermifuge et astringent; les *graines* sont rafraîchissantes.

CALYCANTHÉES

Les plantes de cette famille exotique présentent des affinités avec les Myrtacées et les Granatées; elles s'en distinguent par leurs anthères extrorses, leurs ovaires uni-ovulés et la nature de leur fruit.

Ce sont des arbustes à feuilles opposées, non stipulées (fig. 7, *Chimonanthus*). Les fleurs hermaphrodites, régulières, présentent un réceptacle concave (fig. 9), et un périanthe simple, formé de folioles nombreuses verticillées, imbriquées, souvent de couleur différente (fig. 8 *s* et *s'*). Les étamines nombreuses, à filets libres, aux anthères extrorses, sont insérées sur un anneau charnu couronnant le réceptacle (fig. 9), les extérieures sont fertiles (fig. 10 *e*), les intérieures stériles (fig. 10 *é*). Les ovaires (fig. 11) nombreux sont indépendants du réceptacle (fig. 9), uni-ovulés (fig. 12); le fruit est un achaine contenu dans le réceptacle accrescent, ovoïde, charnu (fig. 13 et 14). Les graines sont exalbuminées, l'embryon enroulé (fig. 15 et 16).

Les Calycanthes habitent l'Amérique septentrionale et l'extrême Orient de l'Asie.

Genres principaux :

Chimonanthus Lindl. — Chimonanthe, Genre asiatique.

Ch. fragrans Lindl. (fig. 7 à 16). — Plante du Japon.

Calycanthus L. — Genre américain.

C. floridus L., est employée en Amérique comme tonique.

EXPLICATION DES FIGURES.

1 à 6, *Punica granatum*, fig. 1, port; 2, coupe de la fleur; 3, coupe de la partie supérieure de l'ovaire; 4, coupe de la partie inférieure de l'ovaire; 5, fruit; 6, fruit coupé.

7 à 16, *Chimonanthus fragrans*, fig. 7, port; 8, fleur; 9, coupe de la fleur; 10, étamines; 11, pistil; 12, pistil coupé; 13, fruit; 14, fruit coupé; 15, coupe transversale de la graine; 16, coupe longitudinale de la graine.

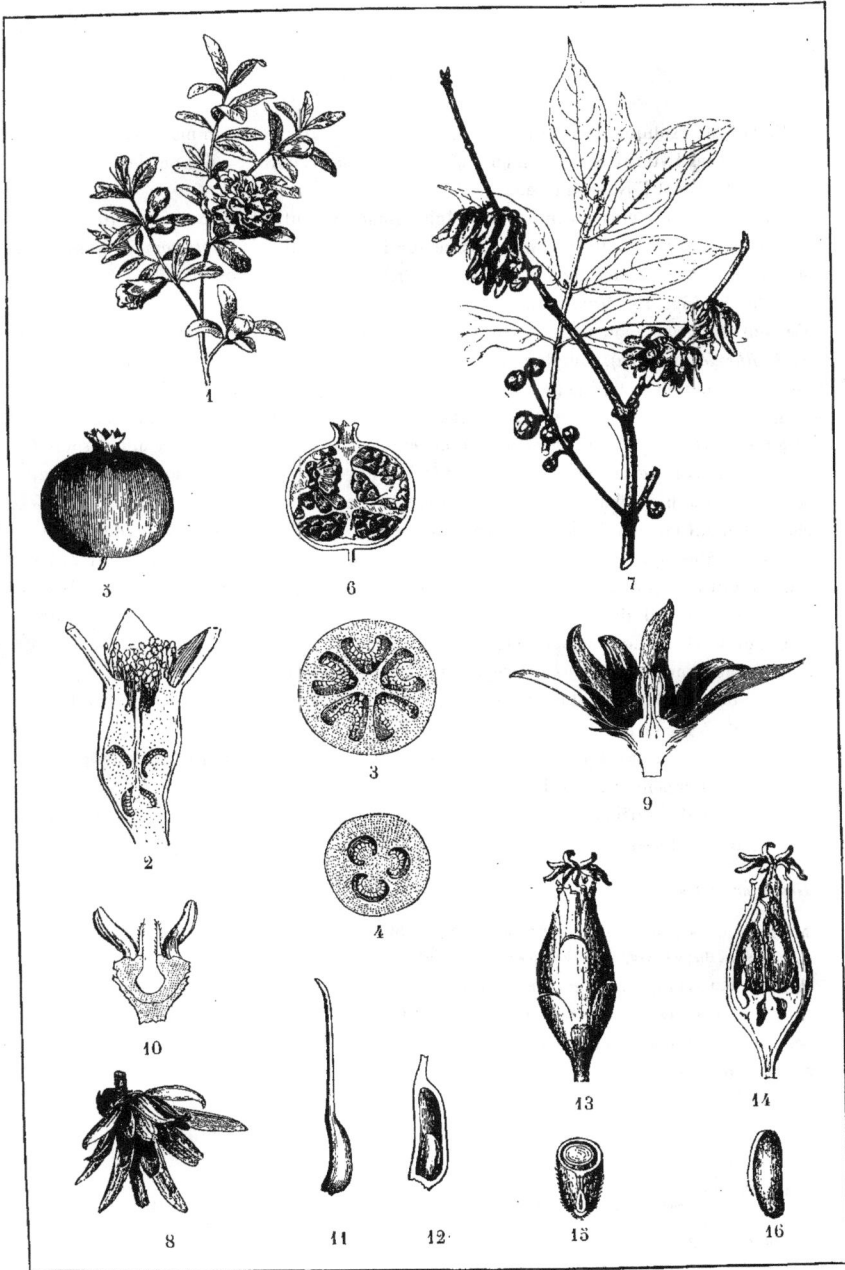

MÉLASTOMACÉES

Cette famille exotique, riche en espèces, présente des affinités bien marquées avec les Myrtacées et les Lythrariées; elle n'en diffère que par la préfloraison des pétales, la structure des anthères et l'ovaire infère.

Les caractères les plus essentiels des Mélastomacées sont les suivants: corolle à préfloraison tordue (fig. 1, *Melastoma*), insérée sur le calice (fig. 3, *Melastoma*); étamines insérées avec les pétales (fig. 3); ovaire pluriloculaire, multi-ovulé (fig. 1); graines exalbuminées (fig. 13, *Mauriria*).

Ce sont des arbres ou arbustes souvent grimpants ou épiphytes à feuilles opposées (fig. 7, *Rhexia speciosa*), simples, à nervures latérales, très saillantes, et allant de la base au sommet de la feuille (fig. 2, *Melastoma*; fig. 11, *Mauriria*). Les fleurs sont hermaphrodites (fig. 8, *Rhexia speciosa*), régulières, à réceptacle concave, libre ou adhérent à l'ovaire (fig. 3); le calice est formé de cinq sépales (fig. 1), plus ou moins soudés entre eux; la corolle se compose de cinq pétales (fig. 1 et 7), libres ou soudés à la base, insérés sur un anneau charnu situé au sommet du réceptacle (fig. 3 et 5), où viennent s'insérer également les étamines; ces dernières sont en nombre ordinairement double de celui des pétales (fig. 1); celles opposées aux pétales, souvent stériles ou rudimentaires; les anthères sont biloculaires, elles s'ouvrent le plus souvent par un pore apical et présentent à leur connectif des prolongements de forme variable (fig. 3, 12, et 8). L'ovaire est libre ou adhérent au réceptacle et présente plusieurs (rarement une seule) (fig. 3) loges contenant de nombreux ovules anatropes (fig. 1 et 3). Le fruit est une baie, drupe (fig. 14, *Mauriria*) ou capsule (fig. 5 et 6, *Melastoma*). Les graines sont exalbuminées (fig. 13), l'embryon droit ou recourbé.

Les Mélastomacées sont presque exclusivement des plantes américaines; quelques genres se rencontrent cependant en Asie et en Afrique tropicale.

Les feuilles de plusieurs espèces sont astringentes et les fruits acidulés; mais elles sont très peu utilisées.

Genres principaux :

Melastoma. — Ovaire pluriloculaire; ovules à placentation axillaire.

M. theaezans. Humb et Trup (fig. 1 à 6), plante américaine.

Rhexia. — Fruit capsulaire; connectif simple.

R. speciosa (fig. 7 à 10). — Espèce qui remonte dans la zone intertropicale.

Mauriria. — Ovaire souvent uniloculaire.

M. guianensis Aubl. (fig. 11 à 13). — L'écorce contient un principe colorant.

EXPLICATION DES FIGURES.

1 à 6, *Melastoma theaezans*, fig. 1, diagramme; 2, port; 3, fleur coupée; 4, fleur; 5, fruit; 6, fruit coupé.
7 à 10, *Rhexia speciosa*, fig. 7, port; 8, fleur; 9, fruit et calice; 10, fruit.
11 à 14, *Mauriria guianensis*, fig. 11, port; 12, pistil et étamines; 13, fruit.

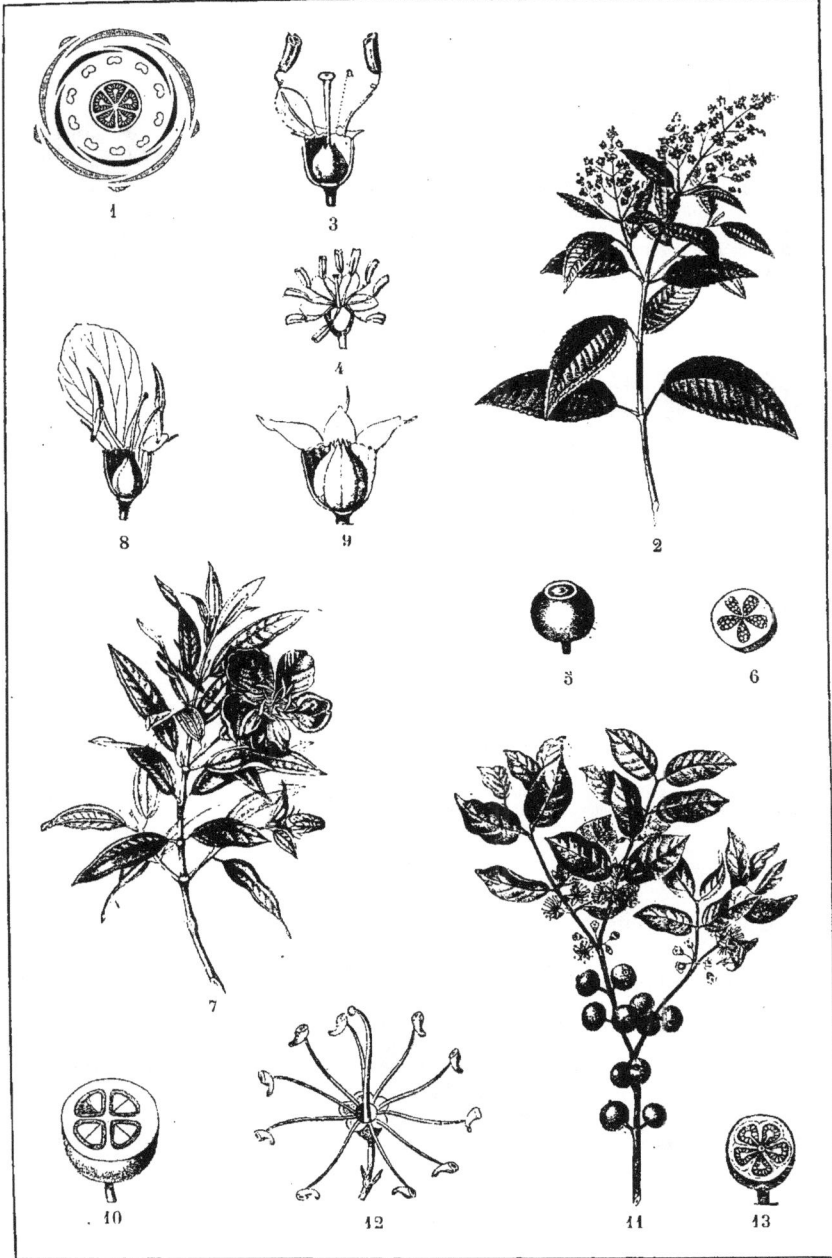

1   3

4

8   9   2

5   6

7

10   12   11   13

LYTHRARIÉES ou LYTHRACÉES

Cette famille présente des affinités avec les Myrthacées, les Mélastomacées et les Saxifragées (voir ces familles).

Les caractères constants des Lythrariées sont les suivants : Calice à divisions disposées sur deux rangs; corolle périgyne (fig. 9, *Lythrum*); étamines insérées avec les pétales (fig. 12) ; ovaire à deux (rarement cinq) loges multi-ovulées, graines exalbuminées.

Les Lythrariées sont des plantes herbacées ou ligneuses, à feuilles opposées ou alternes, simples, dépourvues de stipules (fig. 8, *Lythrum*). Les fleurs hermaphrodites régulières (fig. 9, *Lythrum*) ou non (fig. 19, *Cuphea*) présentent souvent des cas de polymorphisme. Ainsi dans la même espèce, la corolle peut être formée soit par deux (fig. 18, *Cuphea*), soit par six pétales dissemblables (fig. 19, *Cuphea*). De même les étamines et les pistils sont souvent d'inégale grandeur dans différents individus de la même espèce (fig. 10 et 11) ; cette disposition facilite la fécondation de ces plantes qui s'opère par les insectes : les deux rangées d'anthères sont disposées, pour ainsi dire, le long de tout l'espace qu'occupe l'insecte venant humecter le suc des nectarifères, qui se trouve à la base du pistil. En général, le calice est à 5 ou 10 divisions uni ou bisériées; parfois sa base est élargie en éperon (fig. 18, *Cuphea*) ; la corolle est périgyne (fig. 9 et 18). Les étamines sont a filets libres et aux anthères introrses, biloculaires (fig. 12). L'ovaire est libre (fig. 10 et 11), bi ou pluriloculaire; les ovules insérés à l'angle interne des loges sont ascendants. Le fruit est une capsule membraneuse (fig. 13 et 15, *Lythrum*), déhiscent par des valves (fig. 14) ou irrégulièrement. Les graines sont nombreuses, exalbuminées, et l'embryon droit (fig. 16 et 17).

Quelques Lythrariées croissent en Europe, mais la plupart appartiennent à la zone intertropicale.

Genres principaux :

Lythrum L., Salicaire. — Fleurs régulières, tube du calyce long, fruit cylindrique; genre indigène.

L. salicaria L., S. commune (fig. 8 à 17). Plante des lieux humides contenant beaucoup de tannin.

Peplis L. — Peplide. Tube du calyce court ; fruit globuleux ; genre indigène.

P. Portula L., commune dans les lieux humides.

Cuphea L. — Fleurs irrégulières.

C. lanceolata, Ait. (fig. 18 et 19), sécrète une substance résineuse.

Lawsonia. — Genre originaire de l'Afrique et de l'Asie occidentale dont une espèce, *L. alba,* Lmrk. *L. inermis, pinosa*) de div. auteurs cultivé en Perse, dans l'Inde, etc., fournit la matière colorante rouge *Henné*) que beaucoup d'Orientaux emploient pour teindre les ongles et les cheveux.

COMBRÉTACÉES

Petite famille exotique formant un groupe de passage entre les familles précédentes et les Haloragées, les Onagrariées, etc.

Ce sont des arbres à feuilles alternes ou opposées (fig. 1, *Combretum*); les fleurs sont régulières, à corolle périgyne (fig. 2) et aux étamines en nombre double de celui des pétales (fig. 2); l'ovaire est introrse, uniloculaire (fig. 3), uni-ovulé; le fruit est drupacé (fig. 3 et 4), la graine exalbuminée (fig. 5).

Plusieurs espèces du genre *Terminalia*, de même que le *Combretum coccineum* (fig. 1 à 5), fournissent un bois compact à écorce astringente qui s'emploie dans la teinturerie ; les fruits (*Myrobalanus,* fig. 6 et 7) furent jadis employés en médecine comme laxatifs.

EXPLICATION DES FIGURES.

1 à 5, *Combretum coccineum,* fig. 1, port; 2, fleur ; 3, fruit; 4, fruit coupé ; 5, graine.
6 à 7, *Myrobalanus citrina,* fig. 6, fruit; 7, fruit coupé.
8 à 17, *Lythrum salicaria,* fig. 8, port; 9, fleur; 10 et 11, coupe des fleurs polymorphes; 12, corolle et étamines étalées; 13, fruit; 14, fruit en déhiscence; 15, fruit coupé; 16 et 17, graines.
18 à 19, *Cuphea lanceolata,* fig. 18, fleur à corolle incomplète ; 19, fleur à corolle complète.

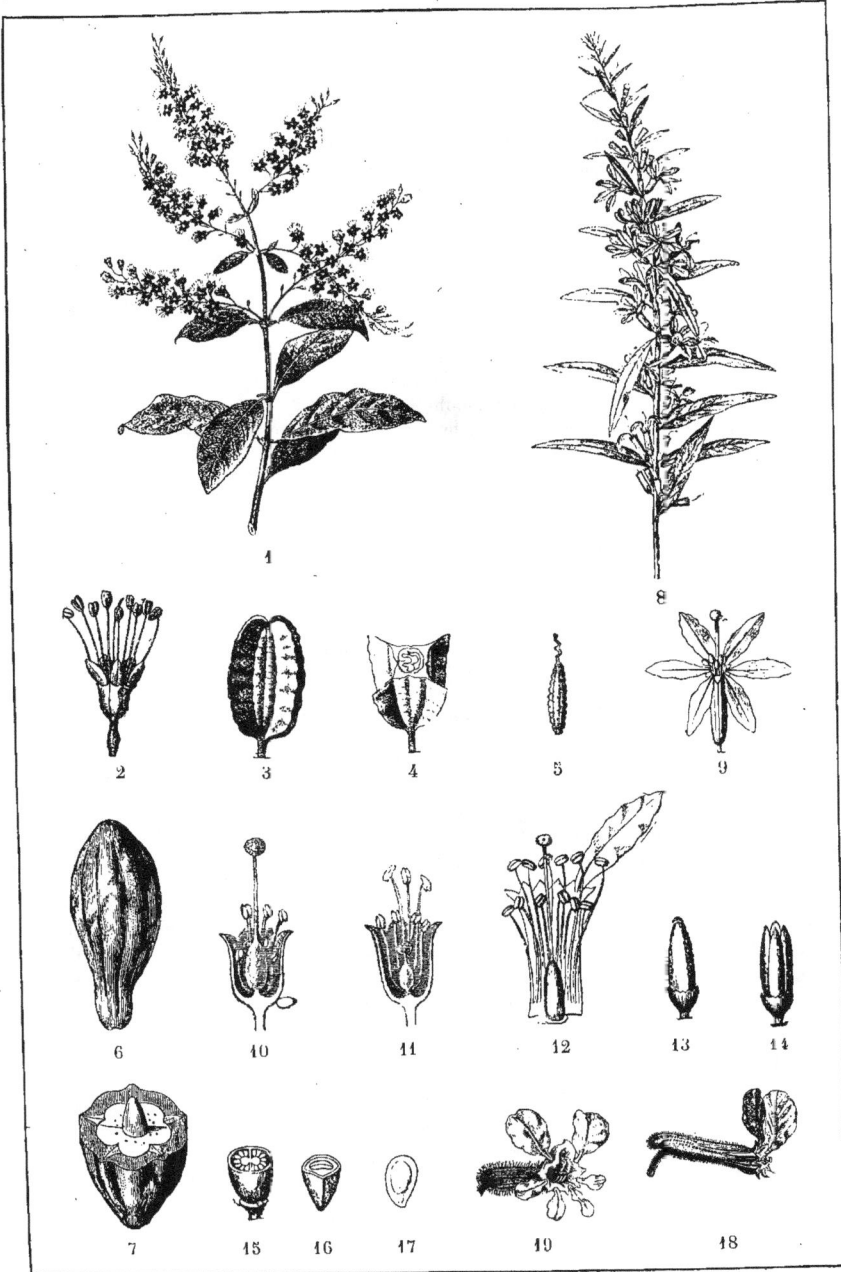

HALORAGÉES

Cette famille tient le milieu entre les Combrétacées d'une part, et les Onagrariées et les Trapacées de l'autre; elle diffère des Combrétacées par son ovaire pluriloculaire uni-ovulé (fig. 6, *Haloragis*), par la nature du fruit et sa graine albuminée. Les différences avec les Trapacées sont encore moins importantes, de sorte que beaucoup de botanistes réunissent les deux familles en une seule.

Ce sont des herbes aquatiques ou arbustes terrestres à feuilles simples, opposées ou verticillées, non stipulées (fig. 1, *Hippuris*). Les fleurs sont hermaphrodites ou monoïques, régulières, le calice est à 4-6 divisions (fig. 6, *Haloragis*); la corolle est nulle, ou à quatre pétales insérés sur le calice (fig. 6). Les étamines en nombre égal ou double de celui de pétales (fig. 6), ou réduites à une seule (fig. 3 et 4, *Hippuris*). L'ovaire infère à 2 ou 4 loges uni-ovulées (fig. 6), ou à une seule loge par avortement (fig. 3); il est surmonté par autant de styles qu'il y a de loges (fig. 2 et 5). Le fruit sec, presque ligneux, est uniloculaire. Les graines sont albuminées et l'embryon droit.

La plupart des Haloragées habitent les régions froides ou tempérées; elles ne sont d'aucune utilité pour l'homme.

Genres principaux :

Haloragis (fig. 6). — Genre à 4 ou 8 étamines, répandu en Australie.
Hippuris L., Pesse. — Genre à une étamine et un pistil.
H. vulgaris L. (fig. 1 à 5). — Plante commune des marais, répandue dans toute l'Europe.

Myriophyllum Vaill., Volant d'eau. — Fleurs monoïques.
M. verticillatum L., plante aquatique assez commune aux environs de Paris.

TRAPACÉES

Étroitement liées aux Haloragées, de façon à n'en former que pour ainsi dire une sous-famille, les Trapacées s'en distinguent uniquement par leur graine exalbuminée (fig. 14, *Trapa*), et la forme de leur stigmate (fig. 10, *Trapa*).

Les Trapacées sont des plantes aquatiques à feuilles, les unes submergées, filiformes, représentant seulement les nervures sans le limbe (fig. 7, en bas), les autres nageantes à la surface, présentant un limbe large (fig. 7 en haut et fig. 8).

Les fleurs sont hermaphrodites, à calice 4-partit (fig. 11), soudé avec la base de l'ovaire à l'endroit où se trouve un disque (fig. 9) sur lequel viennent s'insérer les quatre pétales de la corolle, à préfloraison imbriquée, et les quatre étamines (fig. 9 et 10). L'ovaire, à deux loges uni-ovulées (fig. 9), est surmonté d'un style filiforme, à stigmate capité (fig. 9 et 10). Le fruit est ligneux, corné, présentant latéralement quatre épines résultant du développement des lobes du calice, et supérieurement le disque charnu, au milieu duquel on voit la base développée du style (fig. 12 et 13). La graine est exalbuminée (fig. 14).

Genre unique.

Trapa L., Macre, Cornuelle.
T. natans L., Macre, Châtaigne d'eau (fig. 7 à 14). — Plante aquatique dont les fruits fameux sont comestibles surtout dans l'Europe orientale et en Asie.

EXPLICATION DES FIGURES.

1 a 5, *Hippuris vulgaris*, fig. 1, port; 2, coupe de la fleur; 3, diagramme; 4, fleur; 5, pistil.
6, *Haloragis vulgaris*, fig. 6, diagramme.
7 à 14, *Trapa natans*, fig. 7, port; 8, partie supérieure de la plante; 9, coupe de la fleur; 10, étamines et pistil; 11, fleur en bouton; 12, fruit; 13, fruit coupé; 14, graine.

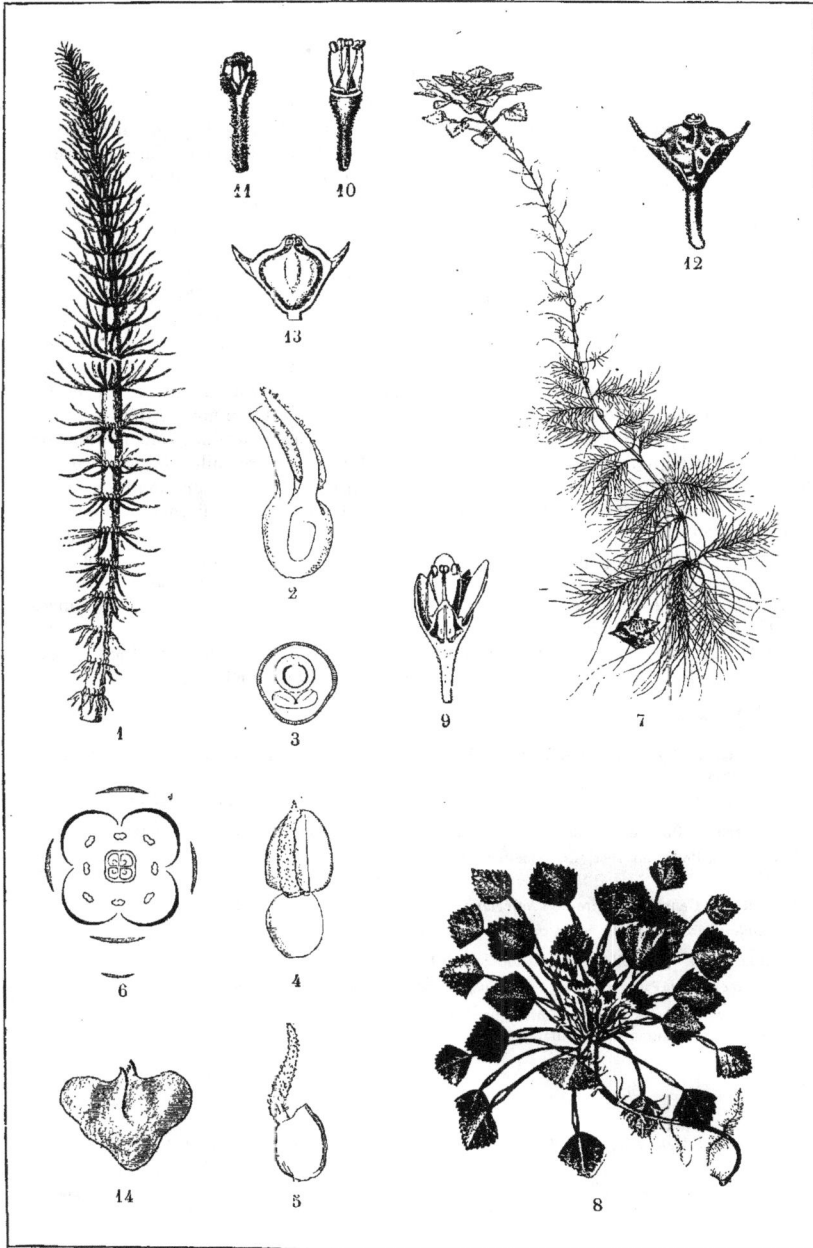

ONAGRARIÉES

Très voisine des Haloragées et des Trapacées, cette famille s'en distingue principalement par la forme du fruit (capsule, fig. 13, *Epilobium*, drupe, etc.), la préfloraison tordue de la corolle, la graine exalbuminée (fig. 14, *Epilobium*), etc.; elle tient également aux Combrétacées et Lythrariées, mais l'ovaire pluriloculaire, infère et soudé au calice des Onagrariées (fig. 2, *Fuchsia*), suffit pour les distinguer de ces deux familles.

Les caractères essentiels des Onagrariées sont les suivants : calice à préfloraison valvaire; corolle à préfloraison tordue, contournée; ovaire soudé avec le tube du calice (fig. 2, *Fuchsia*), pluriloculaire (fig. 2), pluri-ovulé (fig. 2); graines exalbuminées (fig. 14).

Ce sont des plantes herbacées, aquatiques ou terrestres, rarement arbrisseaux, à feuilles simples, non stipulées (fig. 11, *Jussiæa*). Les fleurs sont hermaphrodites (fig. 1, *Fuchsia*), solitaires (fig. 1), ou disposées en grappes terminales (fig. 13, *Circæa*). Le calice est gamosépale, ordinairement à quatre divisions (fig. 4, *Lopezia*), à préfloraison valvaire; la corolle est formée de quatre, rarement cinq pétales (fig. 11) insérés au sommet du tube calicinal sur un disque plus ou moins évident. Les étamines, au nombre ordinairement double de celui des pétales (fig. 1 et 2), sont à filets libres et aux anthères biloculaires introrses, déhiscent longitudinalement. L'ovaire, ordinairement 4-loculaire à ovules nombreux, insérés à l'angle interne des loges (fig. 2), est surmonté de quatre styles filiformes soudés sur toute leur longueur; les stigmates, au nombre de quatre, lisses dans le jeune âge (fig. 7, *Clarkia*) et munis de papilles intérieurement (fig. 8, *Clarkia*), se couvrent de poils hérissés, à l'époque de la maturité (fig. 9 et 10). Le fruit est tantôt une capsule (fig. 13, *Epilobium*; fig. 12, *Jussiæa*), tantôt une baie; les graines sont nombreuses, exalbuminées (fig. 14, *Epilobium*), l'embryon droit.

Les Onagrariées sont répandues sur toute la surface du globe; elles ne sont pas douées de propriétés bien actives et ne présentent que peu d'utilité pour l'homme.

Genres principaux :

Epilobium L., Epilobe. — Corolle à quatre pétales; quatre étamines; graines terminées par une aigrette soyeuse.

E. hirsutum L., *E.* hérissé (fig. 13 et 14), *E. palustre*, etc., sont communes en France; leur suc est légèrement astringent.

Œnothera L., Onagre. — Quatre pétales, quatre étamines, graines dépourvues d'aigrette.

O. biennis L., Herbe aux ânes, est comestible dans le nord de l'Europe. *O. suaveolens* Desf., est une plante ornementale.

Fuchsia. — Genre originaire de l'Amérique.

F. splendens Zucc. (fig. 1 et 2). — Est cultivée comme plante ornementale.

Circæa Tourn. — Corolle à deux pétales; deux étamines.

C. lutetiana L., C. de Paris, Herbe aux sorciers (fig. 15) est doué de propriétés astringentes.

Plusieurs espèces des genres: *Lopezia* (fig. 3 à 6), *Jussiæa* (fig. 11 et 12), et *Clarkia* (fig. 7 à 10), sont cultivées comme plantes ornementales.

EXPLICATION DES FIGURES.

1 à 2, *Fuchsia splendens*, fig. 1, fleur; 2, coupe de la fleur.
3 à 6, *Lopezia racemosa*, fig. 3, port; 4, bouton; 5, fleur; 6, étamines.
7 à 10, *Clarkia elegans*, fig. 7, style à l'état jeune;

8, le même en coupe; 9, style à la maturité; 10, le même en coupe.
11, *Jussiæa grandiflora*, fig. 11, port.
12 à 13, *Epilobium hirsutum*, fig. 12, fruit; 13, graine.
14, *Circæa lutetiana*, fig. 14 port.

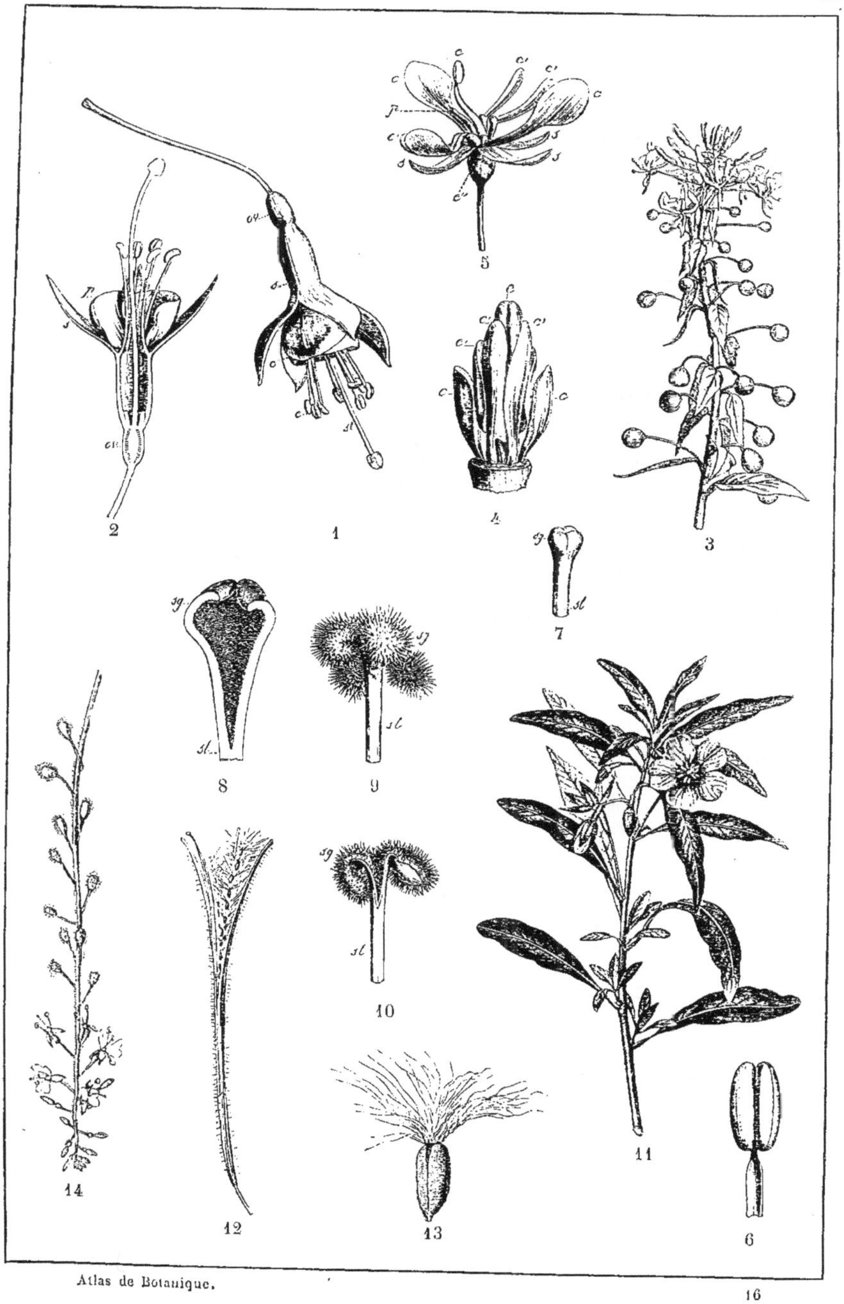
2
1
5
4
3
7
8
9
10
11
14
12
13
6

SAXIFRAGÉES.

Les Saxifragées présentent des affinités avec les Lythrariées et les Crassulacées ; elles se distinguent des premières par leurs graines albuminées, et des secondes, par leurs carpelles soudés, par la nature de leur tige et de leurs feuilles et par quelques autres caractères. Certains genres sont voisins, par leurs caractères, de la tribu des Spirées (Voy. les *Rosacées*), etc.

Les Saxifragées se divisent en plusieurs tribus ; nous ne décrirons ici que les *Saxifragées proprement dites*, qui sont indigènes, et la tribu des Cunoniées, comme exemple des Saxifragées exotiques.

SAXIFRAGÉES PROPREMENT DITES.

Ce sont des plantes des régions froides, ou des régions tempérées, mais alors pour la plupart montagneuses, de l'hémisphère boréal. Leurs caractères constants sont les suivants : ovaire biloculaire, pluriovulé ; pétales 4 à 5 ; étamines en nombre égal ou double de celui des pétales. Les Saxifragées sont des herbes annuelles, à feuilles alternes ou opposées (fig. 2, *Saxifraga*), non stipulées (fig. 2), souvent différentes suivant la position (fig. 3, feuilles radicales et fig. 2, feuilles caulinaires.) Les fleurs sont hermaphrodites, régulières (fig. 4, *Saxifraga*), disposées en cymes (fig. 2 et 6) ; elles présentent un calice persistant à 4 ou 5 lobes (fig. 1, *Saxifraga*) et une corolle à 4 ou 5 pétales (fig. 1), insérés sur un disque situé sur le tube du calice (fig. 5) ; pétales libres et à préfloraison imbriquée (fig. 1) ; parfois la corolle manque. Les étamines en nombre égal ou double de celui des pétales (fig. 1) et insérées avec eux (fig. 5), sont à filets libres et aux anthères biloculaires introrses. L'ovaire est formé de deux carpelles soudés (fig. 4), contenant de nombreux ovules insérés aux angles internes des loges (fig. 4 et 5) : parfois l'ovaire est uniloculaire, et alors les ovules sont à placentation pariétale. L'ovaire est surmonté de deux styles, persistants, courts, portant un stigmate simple (fig. 4). Le fruit est une capsule, dont les carpelles se séparent à la maturité par leur bord interne (fig. 4) ; les graines sont albuminées.

Genres principaux :

Saxifraga L., Saxifrage. — Corolle à cinq pétales ; ovaire à deux loges.

S. *granulata* L., S. granulée (fig. 1 à 4), S. *mutata* L., | S. *cœsia* L., S. bleuâtre (fig. 6). — Plante des hautes
S. *tridactyle* L. (fig. 5) sont communes en France. | régions alpines.

Chrysosplénium L., Dorine. — Corolle nulle ; ovaire uniloculaire.

C. *oppositifolium* L. — Plante à fleurs jaunes, commune dans nos champs.

TRIBU DES CUNONIÉES.

Plantes exotiques des régions chaudes et tempérées de l'hémisphère australe.

Ce sont des arbres ou arbrisseaux à feuilles opposées (fig. 7, *Weinmannia*), à fleurs tétra ou pentamères et aux ovaires formés de 2 à 5 carpelles libres ou adhérents (fig. 8 et 9) ; graines souvent poilues et ailées (fig. 12).

Un des genres principaux :

Weinmannia.

W. *pubescens* Kunt. (fig. 7 à 12.)

EXPLICATION DES FIGURES.

1 à 4, *Saxifraga granulata*, fig. 1, diagramme ; 2, port ; 3, racine et feuilles radicales ; 4, fruit et calice.
5. *Saxifraga tridactyle*, fig. 5, coupe verticale de la fleur.

6, *Saxifraga cœsia*, fig. 6, port.
7 à 12, *Weinmannia pubescens*, fig. 7, port ; 8, fleur ; 9, fruit ; 10, fruit coupé verticalement ; 11, fruit coupé horizontalement ; 12, graine.

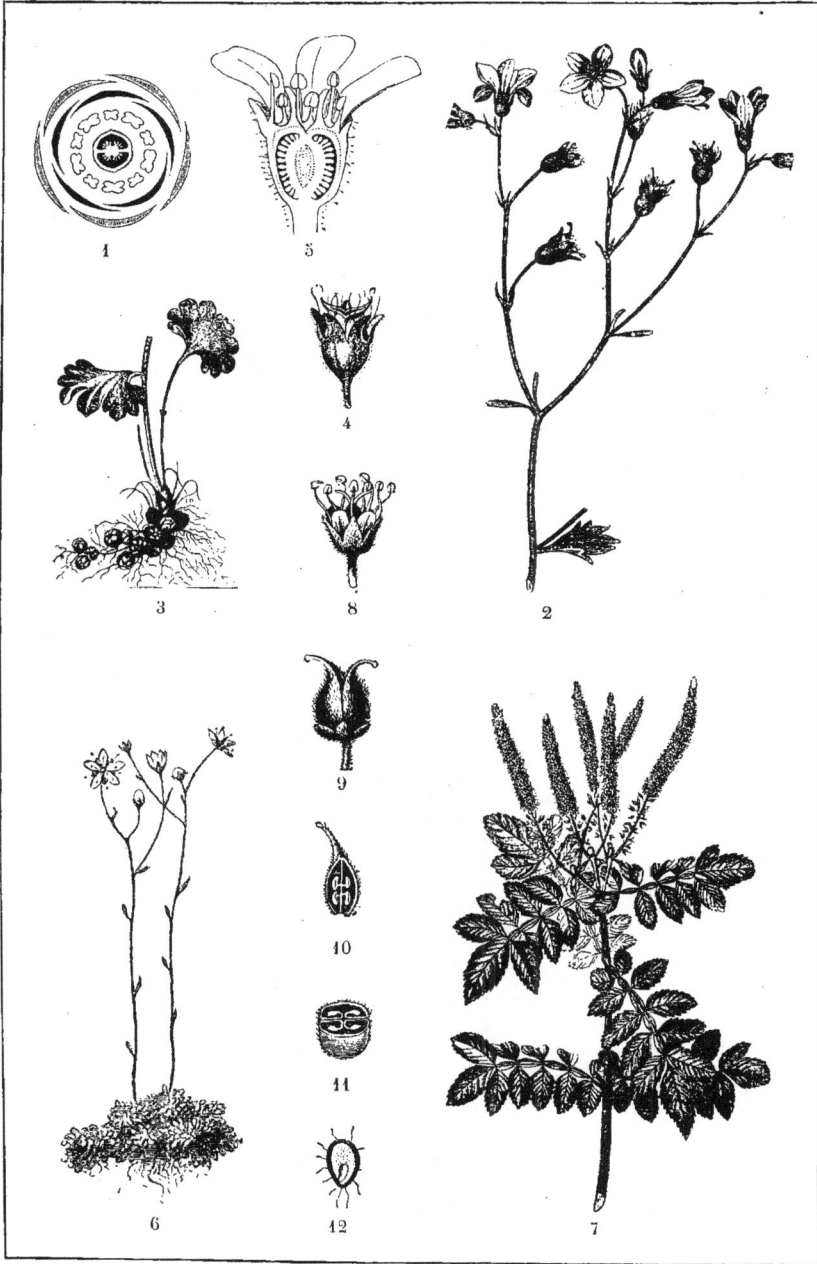

GROSSULARIÉES OU RIBESIACÉES.

Cette petite famille, composée d'un seul genre, présente des ressemblances avec les Saxifragées et les Cactées; souvent même elle est classée comme simple tribu d'une de ces familles. Cependant elle s'en distingue par son fruit baccien, par la nature de sa tige, etc.

Les Grossulariées sont des arbrisseaux épineux (fig. 4, *Ribes*) ou non, à feuilles alternes, composées, non stipulées (fig. 4) ou présentant des épines à la place de stipules (fig. 6, *Ribes*). Les fleurs hermaphrodites ou unisexuées par avortement présentent un calice à 4 ou 5 sépales (fig. 1, *Ribes*), soudés en un tube, et une corolle à 4 ou 5 pétales insérés à la gorge du calice, ensemble avec les 4 ou 5 étamines libres (fig. 1). L'ovaire infère est uniloculaire à deux placentas pariétaux (fig. 1), portant de nombreux ovules; il est surmonté de deux styles plus ou moins soudés. Le fruit soudé au réceptacle est une baie succulente (fig. 3); les graines très nombreuses (fig. 2) présentant une enveloppe extérieure gélatineuse renferment un petit embryon entouré d'albumen corné.

Les Grossulariées sont communes dans toute la zone tempérée; leurs fruits contiennent de l'acide citrique.

Genre unique :

Ribes L., Groseiller. — Trois espèces sont cultivées dans nos jardins :

R. uva-crispa L., ou *R. grossularia* L., Groseiller à maquereaux (fig. 4 à 6). — Arbrisseaux épineux.
R. rubrum L. — Groseiller rouge (fig. 1 à 3), avec sa variété blanche (*R. album*). — Arbrisseaux non épineux ;

calice glabre.
R. nigrum L., Cassis. — Arbrisseaux non épineux ; calice pubescent.

CRASSULACÉES.

Cette famille se rapproche par certains caractères des Saxifragées et des Céphalotées. (Voir ces familles.)

Herbes à tige charnue ou sous-arbrisseaux à feuilles charnues (fig. 10, *Sempervivum*), souvent cylindriques (fig. 8, *Sedum*), parfois connées (fig. 13, *Crassula*), non stipulées. Les fleurs sont hermaphrodites (fig. 7, *Sedum*) ou unisexuées par avortement. Le calice est formé de 3 à 20 sépales plus ou moins soudés (fig. 7); la corolle présente 3 à 20 pétales (fig. 7 et 10), souvent soudés en un tube ; parfois la corolle manque. Les étamines en nombre égal ou double de celui des pétales (fig. 7 et 10), sont insérées avec ces derniers au fond du calice. Les carpelles, en même nombre que les pétales (fig. 7), sont libres, uniloculaires, à ovules nombreux (fig. 12, *Sempervivum*), bisériés (fig. 7), et présentent à leur base une écaille (fig. 7 et 11). Les fruits sont des follicules à déhiscence ventrale (fig. 11, *Sempervivum*), les graines sont exalbuminées.

Les Crassulacées habitent les régions tempérées et chaudes des deux continents; elles végètent sur les montagnes et les terrains les plus arides, grâce à la constitution spéciale de leur tige et de leurs feuilles gorgées de suc aqueux; ce suc contient en outre de l'acide malique, de l'albumen, du tannin, etc.

Genres principaux :

Sedum L., Orpin. — Pétales libres, 5 à 6 ; étamines, 10 à 12.

S. rubens L. (*Crassula rubens* L.), Crassule rouge (fig. 7). — S'emploie en médecine populaire.
S. acre L., Vermiculaire brûlante (fig. 9). — Contient

un suc âcre et brûlant.
S. album L., Trique Madame (fig. 8). — Contient un suc astringent.

Sempervivum L., Joubarbe. — Pétales soudés, 10 à 20.

S. tectorum et *S. montanum* (fig. 10 à 12). — Ces plantes sont employées quelquefois en médecine populaire, de même que les espèces du genre *Crassula* (fig. 13, *C. perfossa* Lmk).

EXPLICATION DES FIGURES.

1 à 6, *Ribes rubrum*, fig. 1, diagramme ; 2, fruit coupé longitudinalement ; 3, grappe de fruits. *R. uva-crispa*, fig. 4, port ; 5, pistil ; 6, feuille et aiguillon.
7 à 9, *Sedum rubens*, fig. 7, diagramme. *S. album*,

fig. 8, port. *S. acre*, fig. 9, port.
10 à 12, *Sempervivum montanum*, fig. 10, port ; 11, pistil ; 12, fruit coupé.
13, *Crassula perfossa*, fig. 13, tige et feuilles connées.

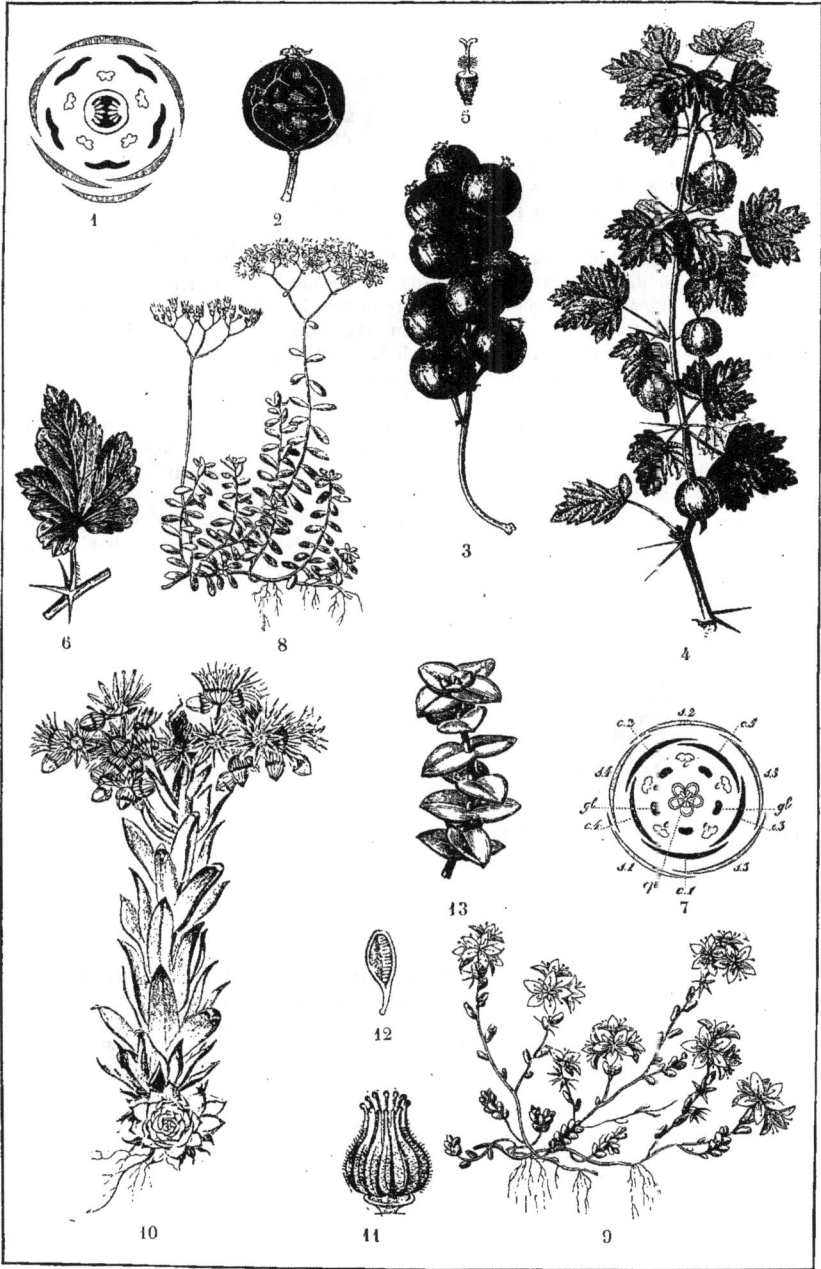

CACTÉES.

Famille voisine des Mésembryanthemées, dont elle diffère par la nature des feuilles, par l'ovaire uniloculaire, les graines presque exalbuminées, etc.

Les Cactées sont des arbrisseaux parfois grimpants, à tige cylindrique; ou aplatie, présentant des élargissements en forme de feuilles (fig. 1, *Opuntia*); ou globuleuse (fig. 5, *Echinocactus*, et 4, *Melocactus*), gorgée de suc et couverts de mamelons; ces derniers portent des épines et présentent à leur base des coussinets (feuilles avortées). Les fleurs sont hermaphrodites, à périanthe double (fig. 3). Les folioles du calice, très nombreux, passent insensiblement aux folioles de la corolle (fig. 5, *Echinocactus*) également nombreux, libres (fig. 2, *Opuntia*) ou soudés en un tube (fig. 4 et 5, *Melocactus*.) Les étamines, en nombre indéfini, sont insérées à la base de la corolle (fig. 2); elles sont à filets libres (fig. 2), et aux anthères biloculaires, introrses. L'ovaire infère, uniloculaire (fig. 2), n'est qu'une cavité dans l'épaisseur de la tige qui forme ainsi un réceptacle (fig. 4); il contient des ovules nombreux (fig. 2), à placentation pariétale, et est surmonté d'un style cylindrique portant plusieurs stigmates (fig. 2). Le fruit est une baie souvent épineuse; les graines nombreuses, à testa dure, sont presque dépourvues d'albumen; l'embryon est droit ou courbe.

Les Cactées croissent presque exclusivement en Amérique; certaines *Opuntia* ont été naturalisées en Afrique occidentale et dans la région méditerranéenne. Le suc de plusieurs espèces présente des propriétés assez actives.

Genres principaux :

Opuntia Tourn. (fig. 1 à 3).

O. *vulgaris* Mill. (fig. 2 et 3). — Cultivée dans le midi, fournit des fruits d'une saveur agréable (figues d'Inde); cette espèce, de même que l'*O. Dillenii* (fig. 1), l'*O. coccinilifera* et autres, connues sous le nom de *raquette* et de *nopal*, sont surtout remarquables parce que c'est sur elles que vit la *cochenille* (*Coccus cacti*), insecte hémiptère, dont la femelle fournit la couleur très estimée dans les arts (*carmin*, laque carminée).

Melocactus. — Certaines espèces de ce genre, comme par exemple, *M. communis* (fig. 4), sont employées en médecine.

Echinocactus. — Plusieurs espèces de ce genre, comme *E. Ottonis* (fig. 7 et 8), de même que celles du genre *Cereus*, sont des plantes ornementales.

CÉPHALOTÉES.

Famille créée pour une seule espèce *C. follicularis* (fig. 6 et 7), originaire d'Australie et dont les feuilles présentent une structure très particulière : à côté des feuilles normales (fig. 6 *f*) il existe des feuilles transformées en *ascidies* (fig. 6, *f' f''*), sortes de godets, relevés de 3 ailes et munis d'un bourrelet entourant l'orifice (fig. 6, *b*) qui peut être fermé par un opercule (fig. 6, *f'*.)

EXPLICATION DES FIGURES.

1 à 3, *Opuntia Dillenii*, fig. 1, pied fleuri. *O. vulgaris*, fig. 2, coupe verticale de la fleur; 3, port.
1, *Melocactus communis*, fig. 4, port.

5, *Echinocactus Ottonis*, fig. 5, port.
6 et 7, *Cephalotus follicularis*, fig. 6, feuille et ascidie isolée; 7, touffe des feuilles entières.

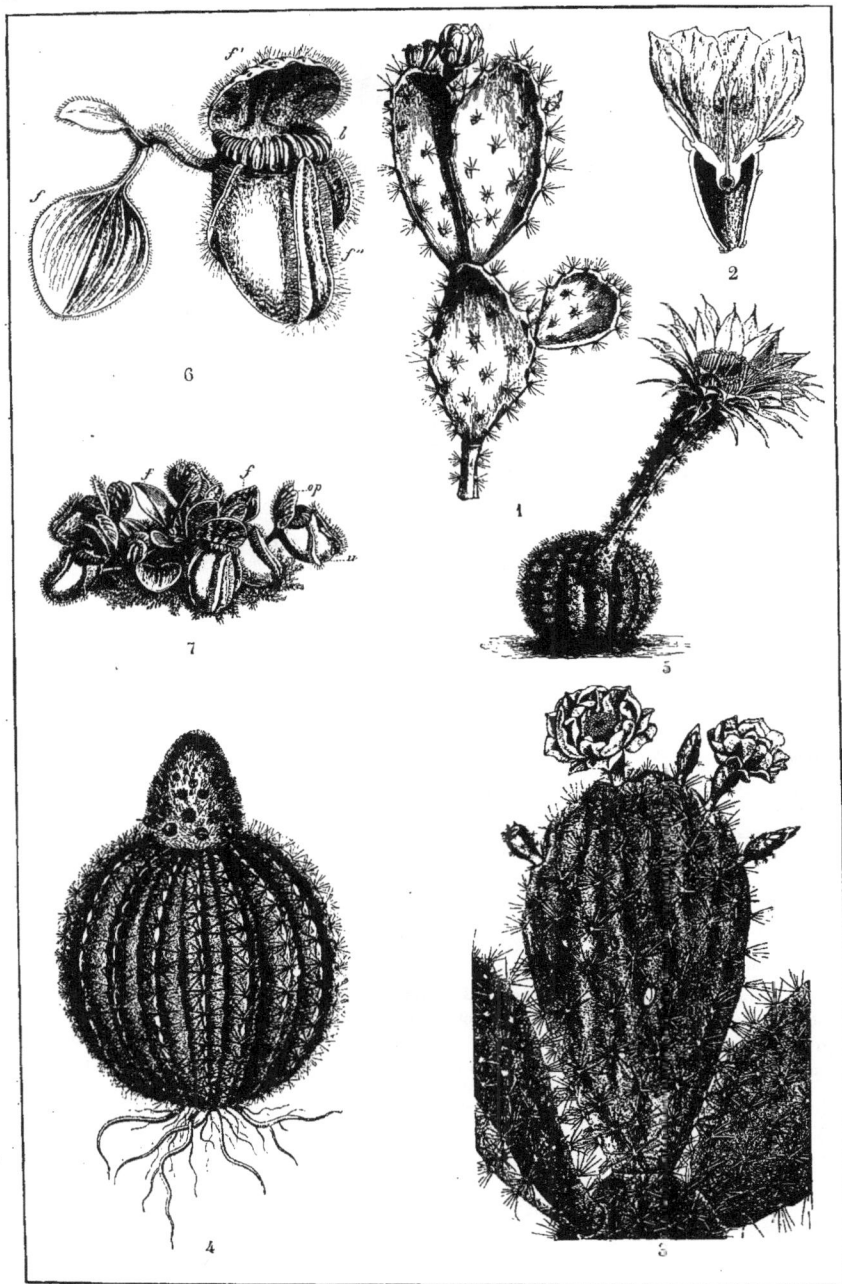

CACTÉES.

Famille voisine des Mésembryanthemées, dont elle diffère par la nature des feuilles, par l'ovaire uniloculaire, les graines presque exalbuminées, etc.

Les Cactées sont des arbrisseaux parfois grimpants, à tige cylindrique; ou aplatie, présentant des élargissements en forme de feuilles (fig. 1, *Opuntia*); ou globuleuse (fig. 5, *Echinocactus*, et 4, *Melocactus*), gorgée de suc et couverts de mamelons; ces derniers portent des épines et présentent à leur base des coussinets (feuilles avortées). Les fleurs sont hermaphrodites, à périanthe double (fig. 5). Les folioles du calice, très nombreux, passent insensiblement aux folioles de la corolle (fig. 5, *Echinocactus*) également nombreux, libres (fig. 2, *Opuntia*) ou soudés en un tube (fig. 4 et 5, *Melocactus*.) Les étamines, en nombre indéfini, sont insérées à la base de la corolle (fig. 2); elles sont à filets libres (fig. 2), et aux anthères biloculaires, introrses. L'ovaire infère, uniloculaire (fig. 2), n'est qu'une cavité dans l'épaisseur de la tige qui forme ainsi un réceptacle (fig. 4); il contient des ovules nombreux (fig. 2), à placentation pariétale, et est surmonté d'un style cylindrique portant plusieurs stigmates (fig. 2). Le fruit est une baie souvent épineuse; les graines nombreuses, à testa dure, sont presque dépourvues d'albumen; l'embryon est droit ou courbe.

Les Cactées croissent presque exclusivement en Amérique; certaines *Opuntia* ont été naturalisées en Afrique occidentale et dans la région méditerranéenne. Le suc de plusieurs espèces présente des propriétés assez actives.

Genres principaux :

Opuntia Tourn. (fig. 1 à 3').
O. vulgaris Mill. (fig. 2 et 3). — Cultivée dans le midi, fournit des fruits d'une saveur agréable (figues d'Inde); cette espèce, de même que l'*O. Dillenii* (fig. 1), l'*O. coccinilifera* et autres, connues sous le nom de *raquette* et de *nopal*, sont surtout remarquables parce que c'est sur elles que vit la *cochenille* (Coccus cacti), insecte hémiptère, dont la femelle fournit la couleur très estimée dans les arts (*carmin*, laque carminée).

Melocactus. — Certaines espèces de ce genre, comme par exemple, *M. communis* (fig. 4), sont employées en médecine.

Echinocactus. — Plusieurs espèces de ce genre, comme *E. Ottonis* (fig. 7 et 8), de même que celles du genre *Cereus*, sont des plantes ornementales.

CÉPHALOTÉES.

Famille créée pour une seule espèce *C. follicularis* (fig. 6 et 7), originaire d'Australie et dont les feuilles présentent une structure très particulière : à côté des feuilles normales (fig. 6 *f*) il existe des feuilles transformées en *ascidies* (fig. 6, *f' f''*), sortes de godets, relevés de 3 ailes et munis d'un bourrelet entourant l'orifice (fig. 6, *b*) qui peut être fermé par un opercule (fig. 6, *f'*.)

EXPLICATION DES FIGURES.

1 à 3, *Opuntia Dillenii*, fig. 1, pied fleuri. *O. vulgaris*, fig. 2, coupe verticale de la fleur; 3, port.
1, *Melocactus communis*, fig. 4, port.

5, *Echinocactus Ottonis*, fig. 5, port.
6 et 7, *Cephalotus follicularis*, fig. 6, feuille et ascidie isolée; 7, touffe des feuilles entière.

MÉSEMBRYANTHEMÉES OU FICOIDES

Cette famille exotique ne contient qu'un seul genre cantonné presque exclusivement dans l'Afrique méridionale. Elle se rapproche beaucoup des Cactées, et ne s'en distingue que par la nature des feuilles, l'ovaire pluriloculaire et les stigmates sessiles.

Ce sont des arbrisseaux à feuilles charnues, non stipulées (fig. 1, *Mesembryanthemum*). Les fleurs présentent un calice gamosépale (fig. 2) et une corolle à pétales nombreux, binaires, insérés sur le calice (fig. 2) avec les étamines en nombre indéfini (fig. 2). L'ovaire est pluriloculaire, adhérent au calice (fig. 2), à placentas pariétaux et aux ovules nombreux (fig. 2); les stigmates sont sessiles. Le fruit est une capsule; les graines (fig. 3) renferment un embryon courbe enveloppé d'un albumen farineux.

Genre unique :

Mesembryanthemum L. — Ficoïde.

Les fruits et les graines de plusieurs espèces, *M. edule, M. albidum* (fig. 1 à 3), etc., sont comestibles. Le *M. glaciale* est cultivé dans la région méditerranéenne à cause de son aspect bizarre : toute la surface de cette plante paraît être couverte de gelée blanche ; cet effet est produit par de nombreuses vésicules brillantes, contenant une substance gommeuse.

PASSIFLORÉES.

Famille exotique, répandue surtout en Amérique tropicale. Les Passiflorées présentent des affinités avec les Cucurbitacées; elles en diffèrent par la nature des anthères, par l'ovaire supère, etc.; elles ont aussi des affinités avec les Papayacées, dont elles diffèrent par les étamines, les fleurs hermaphrodites, etc.

Plantes herbacées ou ligneuses, grimpantes, à feuilles alternes, stipulées (fig. 5, *Passiflora.*) Les fleurs sont hermaphrodites ou diclines, solitaires, à périanthe simple, pentamère, dont les folioles externes herbacées, peuvent représenter le calice et les folioles internes plus colorées, la corolle (fig. 4-6). Plus en dedans, à la base des pétales se développent des filets nombreux disposés en plusieurs verticilles. Les organes de reproduction sont portés sur un long gynophore (fig. 4, 5, 6 et 7); les étamines, à filets libres et aux anthères introrses, en même nombre que les folioles du périanthe (fig. 4, 6 et 7), sont situées au-dessous de l'ovaire uniloculaire pluri-ovulé, à placentas pariétaux (fig. 6), surmonté par des stigmates claviformes (fig. 4, 5, 6 et 7). Le fruit, capsule ou baie (fig. 8), renferme des graines souvent arillées ou ailées (fig. 9), albuminées.

Un des genres principaux :

Passiflora L. — Passiflore.

Plusieurs espèces comme *P. alata* (fig. 6 à 9), *P. quadrangularis* (fig. 5), *P. Londoniana* (fig. 4), etc., sont recherchées pour la pulpe rafraîchissante de leurs graines, ou cultivées comme plantes ornementales.

PAPAYACÉES.

Petite famille des pays tropicaux, voisine de la précédente. Arbres à feuilles palmées (fig. 10, *Carica*), fleurs dioïques, pentamères, à périanthe double : les *mâles* à 10 étamines, à filets monadelphes (fig. 11), les *femelles* (fig. 12) à ovaire libre, uniloculaire, pluriovulé, à placentas pariétaux. Le fruit est charnu (fig. 13); les graines albuminées (fig. 14); l'embryon arillé (fig. 15).

Un des genres principaux :

Carica L., Papayer. — Ce genre est répandu surtout dans les Moluques.

C. papaya L., Papayer commun (fig. 10 à 15), renferme dans son suc laiteux beaucoup d'albumine ; ses fruits sont comestibles.

EXPLICATION DES FIGURES.

1 à 3, *Mesembryanthemum albidum*, fig. 1, port ; 2, fleur coupée, 3, graine.
4 à 9, *Passiflora Londoniana*, fig. 4, fleur. *P. quadrangularis*, fig. 5, port; *P. alata*, fig. 6, coupe de la fleur; 7, pistil et étamines ;

8, coupe du fruit; 9 graine.
10 à 15, *Carica papaya*, fig. 10, port; 11, coupe de la fleur stérile ; 12 fleur fertile ; 13 fruit ; 14, graine; 15, embryon.

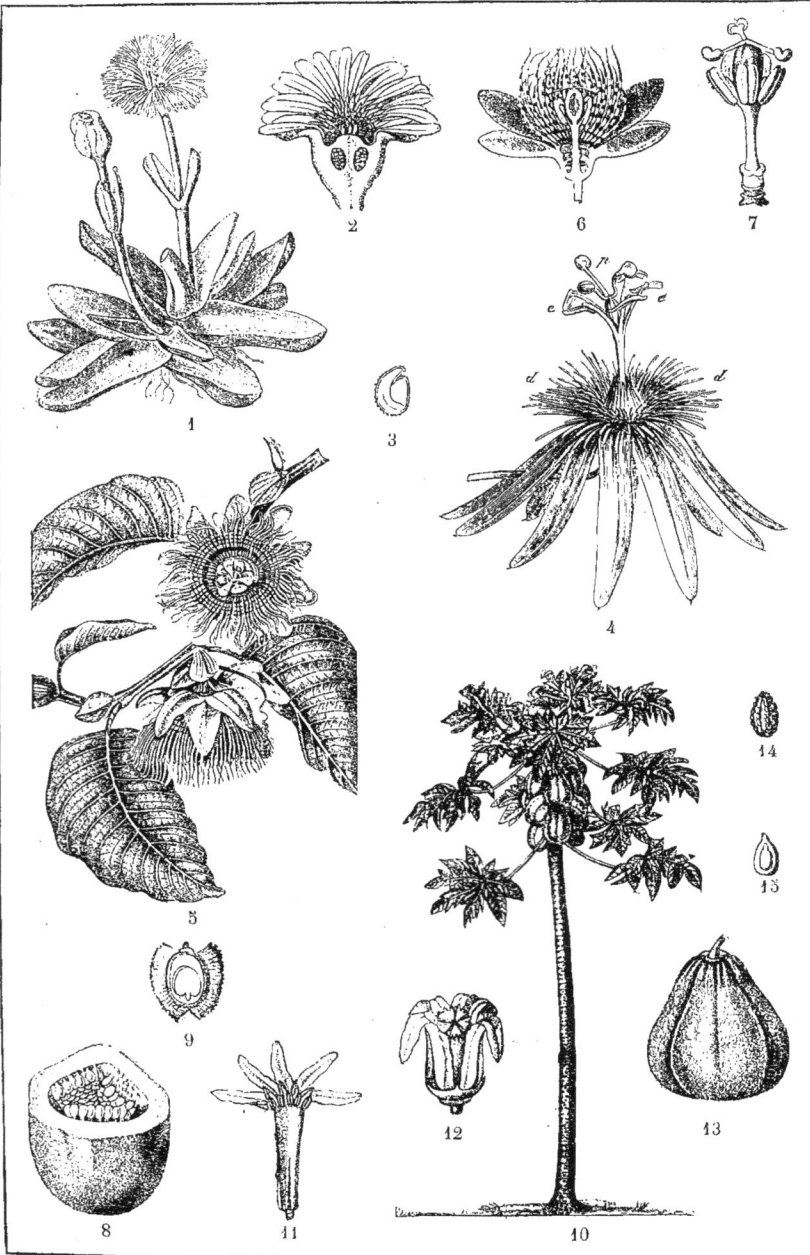

CUCURBITACÉES.

Cette famille indigène se rapproche des familles exotiques des Passiflorées et des Loasées. Elle diffère des Passiflorées par l'ovaire infère, par la structure des étamines, par l'absence de l'albumen dans la graine; les mêmes caractères, ainsi que la diclinie des fleurs et la préfloraison, l'éloignent des Loasées. Quelques caractères importants, l'ovaire infère, la structure des anthères, de la tige et des feuilles rapprochent les Cucurbitacées des Aristolochiées; quelquefois même on les met à côté des Euphorbiacées.

Les caractères principaux des Cucurbitacées sont basés sur l'unisexualité des fleurs; sur l'ovaire infère, le plus souvent à trois placentas pariétaux; sur le fruit toujours bacciforme; sur les graines exalbuminées, etc.

Ce sont des plantes herbacées annuelles ou vivaces, à racines charnues ou fibreuses, à tiges rampantes munies de vrilles simples ou rameuses (fig. 11 et 15). Feuilles alternes, simples, pétiolées, lobées, souvent palmées, sans stipules (fig. 11 et 15). Fleurs unisexuées monoïques ou dioïques, solitaires ou disposées en fascicules, panicules ou grappes. Calice gamosépale à 5 lobes (fig. 3, 5) imbriqués dans la préfloraison. Corolle (fig. 2, 4 et 12) monosépale à 5 lobes, insérée au fond du calice (fig. 13), à préfloraison imbriquée. Androcée (fig. 3, 16, 17) composé de 5 étamines normales ou de 2 et demie; filets courts, épais, souvent monadelphes, avec un prolongement du connectif au delà des anthères. Anthères extrorses, rarement droites, le plus souvent flexueuses, contournées en S; deux d'entre elles sont biloculaires et une uniloculaire. Ovaire (fig. 6, 13, 14) composé de 3 ou 5 carpelles (très rarement d'un carpelle unique) 3, 5, ou monoloculaires, à placentaires pariétaux. Ovules nombreux, anatropes, pendants, dressés ou horizontaux, rarement solitaires. Trois styles plus ou moins conés. Stigmates épais, lobés ou frangés. Fruit (fig. 7, 8) charnu (péponide), rarement sec, le plus souvent indéhiscent, quelquefois s'ouvrant par soulèvement d'un opercule ou déhiscent en trois valves. Graines (fig. 9) le plus souvent nombreuses, comprimées, à testa coriace, dépourvues d'albumen. Embryon droit (fig. 10).

Les Cucurbitacées sont pour la plupart répandues dans les pays tropicaux et subtropicaux; elles sont cultivées dans les régions tempérées.

Un grand nombre de plantes de cette famille contiennent dans la racine ou dans le fruit des substances amères, ayant des propriétés drastiques ou émétiques. Les autres joignent à ces substances de grandes quantités de sucre, de mucilage et deviennent comestibles. Les graines des Cucurbitacées contiennent une huile fixe.

Genres principaux :

Bryonia L., Bryone. — Fleurs dioïques. Les racines des Bryones contiennent un suc amer, drastique, dont les propriétés sont dues à la présence d'un alcaloïde, la *bryonine.*

B. dioica, Navet du diable (fig. 15 à 17) et *B. alba* sont les espèces européennes de ce genre.

Ecbalium Rich. Fleurs monoïques, pas de vrilles.

E. elaterium Rich. (fig. 1) Concombre sauvage. — Le fruit de cette espèce, devenant mûr, se sépare brusquement du pédoncule, et le suc et les graines sont vivement projetés en l'air; il fournit une substance employée comme purgative sous le nom d'*elaterium.*

Momordica. L. — Genre voisin du précédent.

M. balsamina (fig. 2 à 10), Pomme merveille. Plante de l'Asie tropicale, réputée vulnéraire.

Citrullus Schrad. — Plantes monoïques munies de vrilles; grain es aplaties, non bordées.

C. colocynthia, Concombre. — Plante originaire de l'Inde. Fruits extrêmement amers, purgatifs; ils contiennent un principe actif nommé *coloquintine.*

C. vulgaris, Pastèque. — Fournit un aliment rafraichissant.

Cucumis L. Schrad. — Graines à bord épaissi; plantes monoïques ou polygames.

C. melo L. (le Melon), *C. sativa* (Concombre), fournissent des fruits comestibles.

Cucurbita S., Courge. — Graines à bord épaissi; plantes monoïques.

C. pepo L. (Citrouille), *C. maxima* L. (Potiron), *C. moschata* (Courge musquée) fournissent des fruits comestibles.

EXPLICATION DES FIGURES.

1,   *Ecbalium elaterium,* fig. 1, port et fruit.
2 à 10, *Momordica balsamina,* fig. 2, fleur mâle; 3, fleur mâle dépouillée des pétales; 4, Fleur femelle; 5, la même sans pétales; 6, ovaire coupé horizontalement; 7, fruit dont le péricarpe est ouvert; 8, fruit coupé horizontalement; 9, coupe verticale de la graine;

10, embryon.
11 à 15, *Cucumis melo,* fig. 11, fragment de tige florifère; 12, fleur femelle; 13, fleur femelle coupée verticalement; 14, coupe de l'ovaire.
15 à 17, *Bryonia dioica,* fig. 15, rameau florifère; 16 étamine biloculaire; 17, étamine uniloculaire.

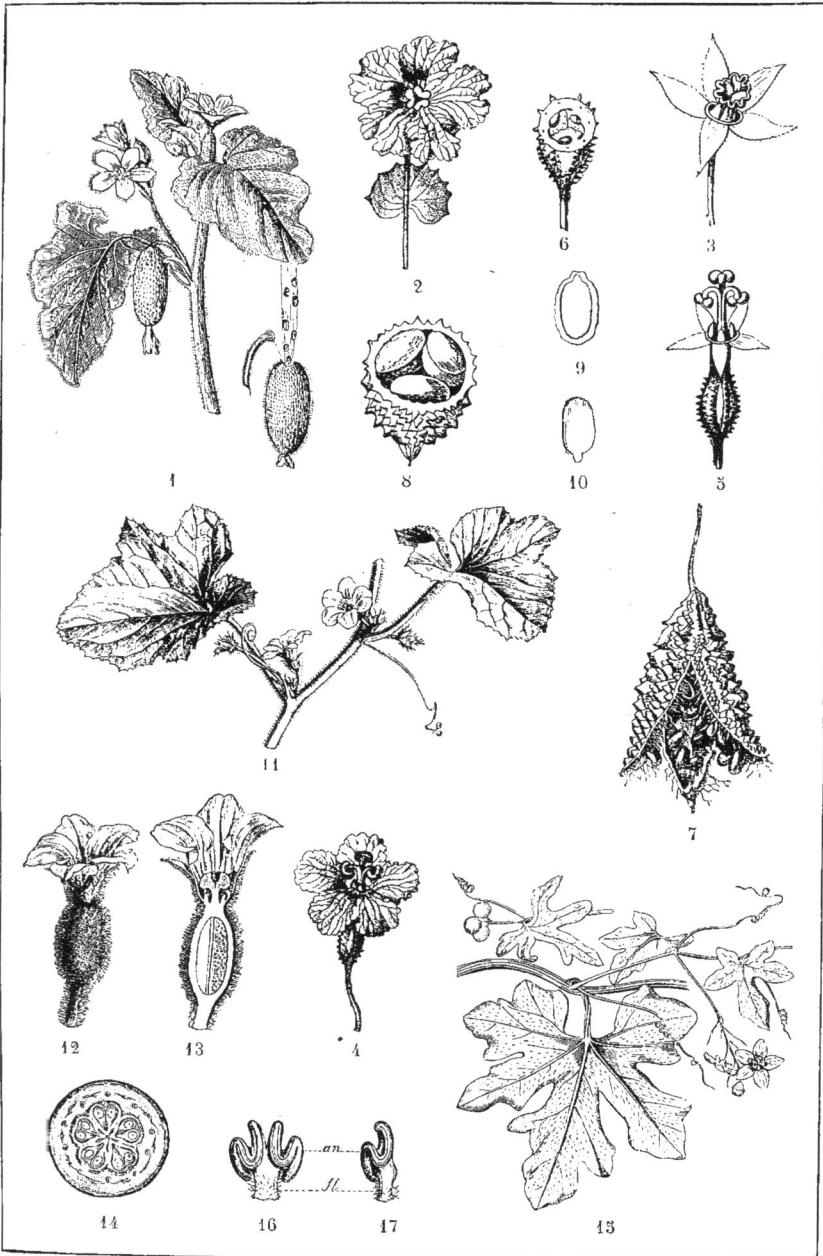

ARALIACÉES.

Les Araliacées sont si étroitement liées aux Ombellifères, qu'on les regarde quelquefois comme une tribu de cette grande famille ; elles n'en diffèrent en réalité que par leur fruit souvent pluriloculaire, bacciforme. Elles se rapprochent aussi des Cornées qui diffèrent cependant par leur fruit et par leurs feuilles opposées.

Les Araliacées sont des arbres ou arbrisseaux, plus rarement des herbes à tiges quelquefois grimpantes (fig. 1) et à feuilles alternes, simples, pennées ou palmées, non stipulées. Fleurs (fig. 8, 9) hermaphrodites ou unisexuées par avortement, disposées en ombelles (souvent irrégulières) (fig. 7), en capitules, en grappes. Calice (fig. 10) supère à bord entier ou denté. Corolle de 5 ou 10 pétales, libres ou soudés au sommet, à préfloraison imbriquée ou valvaire. Etamines alternes avec les pétales (fig. 2), en nombre égal ou double. Ovaire (fig. 3, 11) infère à 2 ou 15 loges uniovulées. Ovules anatropes. Fruit — une baie surmontée par le calice (fig. 12). Graines à testa crustacé (fig. 4, 13, 14) ; embryon petit, droit (fig. 15). Cotylédons courts, radicule supère.

Les Araliacées croissent pour la plupart dans les pays tropicaux ou subtropicaux, où elles remplacent les Ombellifères. Elles sont rares dans les régions tempérées de l'Europe et de l'Asie.

Genres principaux :

Hedera L., — Lierre. — Genre indigène.

H. helix L., lierre commun (fig. 1 à 4). — Plante grimpante qui entoure par sa tige les vieux troncs d'arbres et grimpe le long des murailles. Les racines adventives de la tige lui donnent l'aspect d'une plante parasite ; mais elle tire sa nourriture de la terre. Ses feuilles sont réputées vulnéraires.

Aralia L. — Diverses espèces de ce genre habitent l'Amérique, le Japon, la Nouvelle-Zélande ; quelques-unes sont sudorifiques et purgatives.

Panax L. Genre exotique.

La racine de *P. gingseng* jouit d'une grande célébrité chez les Chinois, comme médicament tonique. On a confondu cette espèce avec une autre de même genre habitant le Canada, *P. quinquefolium* (fig. 5 à 15).

CORNÉES.

Cette petite famille peut être regardée comme un lien entre les Ombellifères et les Caprifoliacées. On la réunit même parfois aux Caprifoliacées. Quant aux rapports avec les Ombellifères, elle en diffère par son style simple, par le fruit charnu, par l'embryon plus développé et par les feuilles opposées.

Les Cornées sont des arbres ou arbrisseaux à feuilles opposées, simples, entières ou dentelées, sans stipules (fig. 16). Fleurs hermaphrodites ou quelquefois dioïques par avortement, régulières (fig. 18), disposées en ombellule avec involucre (fig. 17) ou en corymbe. Calice supère à 4 dents. 4 pétales alternant avec les dents du calice, à préfloraison valvaire. 4 étamines alternant avec les sépales. Ovaire composé de 2 ou 3 carpelles soudés, bi- ou tri-loculaires (fig. 19) ; style simple, stigmate capité. Chaque loge de l'ovaire contient un ovule anatrope pendant. Fruit bacciforme ou drupacé (fig. 20), à noyau ossiforme (fig. 21, 22, 23 et 24), bi, tri, ou uniloculaire par avortement ; graine albuminée, embryon droit.

Les Cornées sont dispersées dans l'hémisphère du Nord ; en Europe, elles sont représentées par plusieurs espèces du genre *Cornus*. Leur écorce contient un principe amer appelé *cornine*, qui est employé en Amérique comme suppléant la quinine.

Genre indigène :

Cornus L. — Cornouiller.

Les fruits du *C. mascula* L. sont d'une saveur agréable et étaient jadis employés comme astringent (fig. 16 à 25).

EXPLICATION DES FIGURES.

1 à 4, *Hedera helix*, fig. 1, fragment d'une tige ; 2, diagramme ; 3, coupe verticale de la fleur ; 4, coupe verticale de la graine.

5 à 15, *Panax quinquefolia*, fig. 5, port ; 6, racine ; 7, inflorescence ; 8, fleur hermaphrodite ; 9, fleur mâle ; 10, calice et pistil ; 11, coupe verticale de l'ovaire ; 12, fruit coupé en travers ; 13, graine ; 14, coupe longitudinale de la graine ; 15, embryon.

16 à 25, *Cornus mascula*, fig. 16, port ; 17, ombellule de fleurs ; 18, fleur isolée ; 19, coupe verticale d'un pistil ; 20, fruit coupé en travers ; 21, noyau ; 22, noyau coupé verticalement, une loge et graine avortée ; 23, coupe transversale d'un noyau ; 24, coupe verticale d'un noyau à loge unique ; 25, embryon.

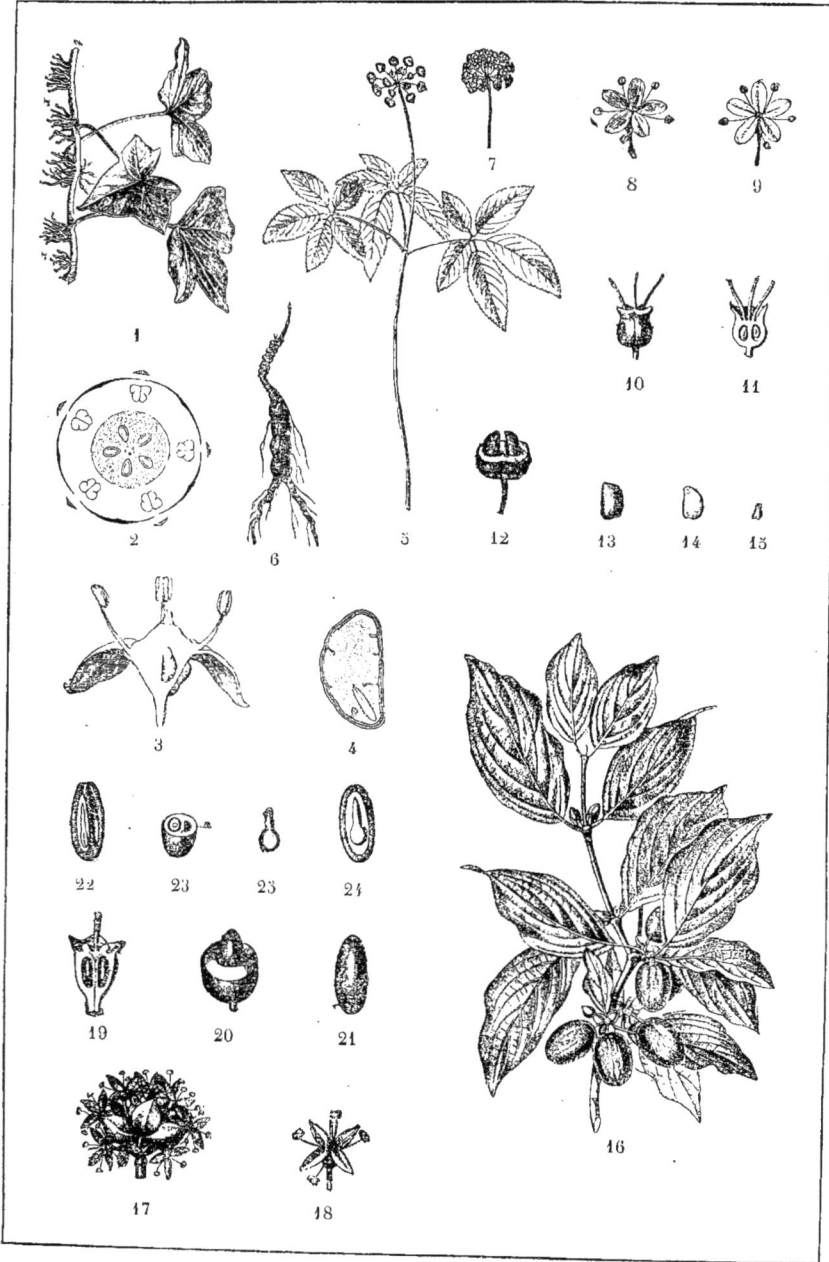

OMBELLIFÈRES.

Une des plus grandes familles du règne végétal et en même temps une des plus naturelles et des plus nettement circonscrites. Aussi les affinités des Ombellifères ne sont-elles pas trop nombreuses. Cette famille est étroitement liée aux Araliacées, et n'en diffère que par la nature du fruit. Elle présente également beaucoup d'affinités avec les Cornées, et s'en distingue par les feuilles, par les deux styles de l'ovaire, par le fruit et par l'embryon.

Les caractères principaux des Ombellifères sont basés sur le mode de l'inflorescence, sur le nombre et la disposition des parties de la corolle, sur le nombre des étamines, sur l'ovaire infère, sur l'ovule anatrope, sur la nature du fruit, etc.

Les Ombellifères sont des plantes herbacées, très rarement frutescentes, à racines vivaces et à tige le plus souvent sillonnée, fistuleuse ou remplie de moelle, noueuse. Les feuilles sont alternes, rarement entières, le plus souvent découpées, petiolées, à pétioles élargis en une gaine à la base (pl. LXIX, fig. 9). Les fleurs sont hermaphrodites, rarement polygames ou même dioïques par avortement, rarement irrégulières ; le plus souvent blanches, parfois jaunes, rarement bleues ; disposées en ombelles composées (pl. LXVII, fig. 3, 4) ou simples (pl. LXVII, fig. 2), rarement en verticilles ou en capitules (pl. LXVII, fig. 8, 6).

Les bractées forment souvent un involucre à la base des pédoncules de l'ombelle ; les ombellules peuvent être aussi munies d'un involucre ou en être privées. Calice à 5 lobes, souvent très petits. Corolle épigyne, composée de 5 pétales libres, parfois infléchis à leur extrémité, quelquefois bifides (pl. LXVII, fig. 5, 9 ; pl. LXVIII, fig. 1), à préfloraison valvaire ou subimbriquée. 5 étamines épigynes, alternant avec les pétales (pl. LXVII, fig. 7 et 5). Filets infléchis dans la préfloraison ; anthères biloculaires introrses. L'ovaire est composé de deux carpelles (pl. LXVIII, fig. 1); chaque loge porte un ovule pendant, anatrope. Deux styles attachés par leur base à un disque couvrent l'ovaire formant le *Stylopode* (pl. LXIX, fig. 2). Le fruit est composé de deux akènes réunis (pl. LXVIII, fig. 3, 4, 5, 14. etc.). A la maturité, ces deux akènes se séparent, mais restent attachés à un filament simple ou dédoublé, nommé *carpophore* ou *columelle* (pl. LXVIII, fig. 7). Chaque akène présente sur sa surface 5 côtes longitudinales, côtes *primaires*, et quelquefois 5 côtes intermédiaires, *secondaires* (pl. LXVIII, fig. 19) ; les 5 primaires se divisent en une médiane, deux latérales et deux intermédiaires. Entre les côtes, il y a des sillons, *vallécules* (pl. LXVIII, fig. 5). Dans le péricarpe, placé sous les vallécules, se trouvent souvent des canaux remplis d'un suc résineux (*vittae*) (pl. LXIX, fig. 5 et 12). La graine est pendante, libre ou adhérente (pl. LXIX, fig. 13). L'embryon très petit, droit, occupe le sommet de l'albumen, et présente un radicule supère (pl. LXVIII, fig. 13).

Les plantes de la vaste et importante famille des Ombellifères habitent les régions tempérées de l'Europe, de l'Asie et de l'Amérique. Dans les pays tropicaux, elles sont remplacées par la famille voisine, les Araliacées.

EXPLICATION DES FIGURES.

1, *Conium maculatum*, fig. 1, port.
2. *Didiscus cæruleus*, fig. 2, inflorescence.
3. *Daucus carota*, fig. 3, inflorescence (ombelle).
4 et 5, *Fœniculum officinale*, fig. 4, inflorescence ; 5, fleur.

6 à 8. *Eryngium campestre*, fig. 6, coupe verticale de l'inflorescence ; 7, diagramme ; 8, inflorescence (capitule).
9. *Scandix pecten veneris*, fig. 9, fleur.

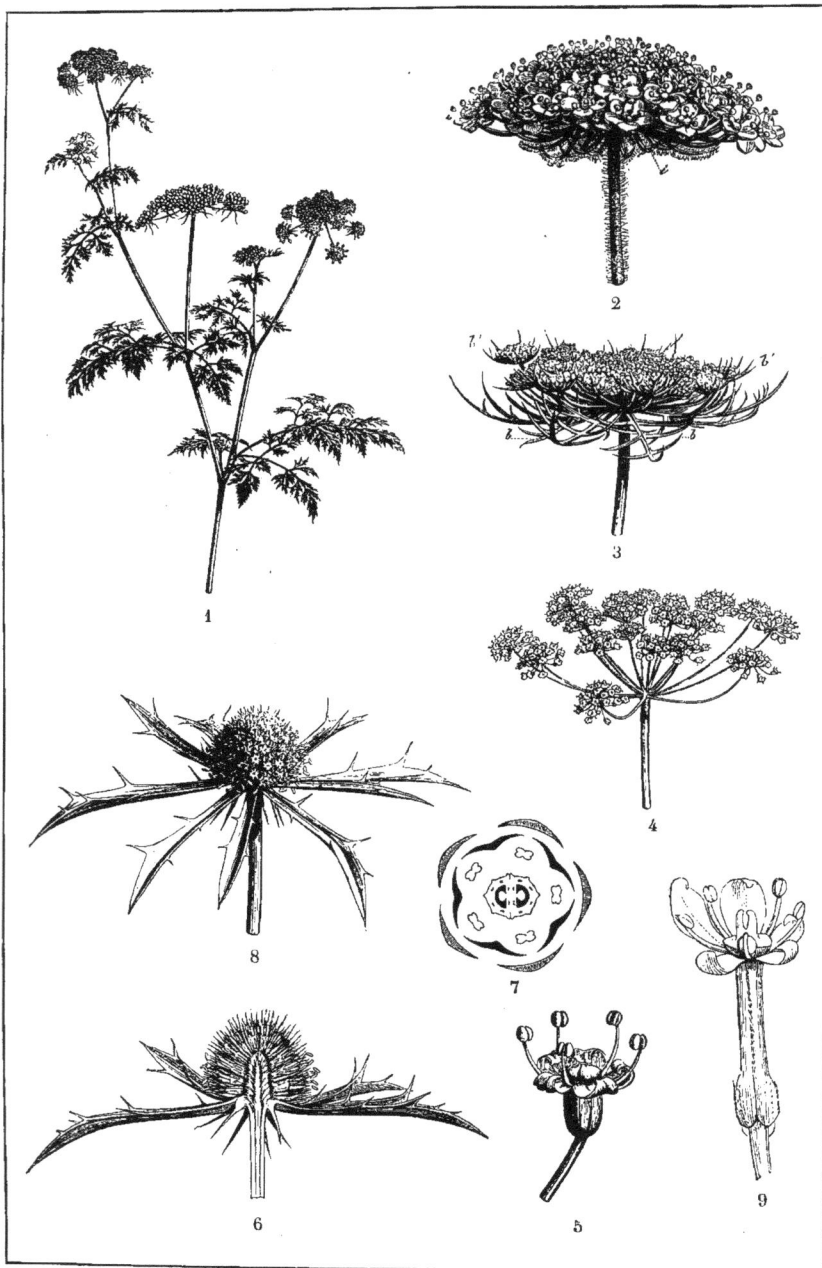

Les propriétés utiles des Ombellifères résident soit dans une huile volatile renfermée dans les bandelettes du fruit, soit dans les matières résineuses contenues dans la racine. Le suc de certaines Ombellifères est âcre et quelquefois très vénéneux ; les feuilles de quelques espèces sont alimentaires.

Les divisions de la famille des Ombellifères sont basées sur la forme et la structure de la graine. La face commissurale de la graine peut être plane, ou bien ses bords peuvent être enroulés en dedans ; ou bien enfin cette surface peut être concave. Suivant ces différences, on divise les Ombellifères en trois sous-familles, à savoir : Orthospermées, Campylospermées et Cœlospermées. Chaque sous-famille se subdivise en tribus. Les caractères distinctifs des genres sont basés surtout sur la forme et la structure des fruits.

PREMIERE SOUS-FAMILLE. — ORTHOSPERMÉES.

Face commissurale de la graine plane.

Genres principaux :

Hydrocotyle Tourn. — Feuilles simples. Calice à bord entier. Fruit orbiculaire, comprimé, à côtes rudimentaires, privé de bandelettes ; fleurs disposées en verticilles.

H. vulgaris L., (fig. 9 à 12). — Croît dans les lieux marécageux de nos contrées.
H. apatica L. — Habite les lieux humides des pays tropicaux ; était préconisée contre les maladies de la peau ; contient une huile spéciale nommée *velarine*.

Sanicula Tourn. — Sanicle. — Calice à petites dents ; fruit globuleux ne se divisant pas, hérissé de poils durs et crochus ; fleurs réunies en ombelle composée.
S. europæa L. — Plante commune dans nos bois.

Eryngium Tourn. — Panicaut. — Fleurs en capitules ; fruits striés, hérissés d'écailles, surmontés par les dents du calice ; feuilles épineuses.
E. campestre L. (pl. LXVII, fig. 5-7). — Son port roulant. Sa racine est réputée diurétique. ressemble à celui du chardon, d'où le nom de chardon *E. maritimum* L., commun sur les côtes.

Cicuta L. — Cicutaire (fig. 3 et 15). — Calice à 5 dents foliacées ; fruit ovoïde, arrondi, à 5 côtes peu saillantes, dont 2 latérales forment un rebord. Vallécules à une bandelette très saillante ; involucre formé d'un foliole ou nul.
C. virosa L. — Plante aquatique, dont toutes les parties, et principalement la racine, sont remplies d'un suc jaune qui est un poison violent.

Apium Hoffm. — Ache. — Calice sans bord visible ; fruit ovoïde ou globuleux, à 5 côtes filiformes lisses. Carpophore indivis ; ni involucre ni involucelle.
A. graveolens (fig. 1 à 6). — Croît dans les marais, dans les fossés, aux bords des ruisseaux. Vénéneuse à l'état inculte. Cultivée, elle fournit des espèces comestibles, *celeri ordinaire* (*A. dulce*) et *celeri rave* (*A. vesparum*).

Petroselinum Hoffm. — Persil. — Calice à bord entier, pétales arrondis, entiers, infléchis. Fruit ovoïde, comprimé latéralement, à 5 côtes filiformes ; vallécules à une seule bandelette ; involucre variable ; involucelle polyphylle.
P. sativum Hoffm. P. cultivé (fig. 2 et pl. LXIX, fig. 1 à 6). — Plante potagère, généralement cultivée.
P. segetum Koch. P. des moissons. — Se trouve dans les champs, sur les bords des chemins, etc.

EXPLICATION DES FIGURES.

1,   *Fœniculum officinale*, fig. 1, Coupe verticale d'une fleur.
2,   *Petroselinum sativum*, fig. 2, étamine.
3 à 5, *Smyrnium olusatrum*, fig. 3, fruit ; 4, coupe longitudinale ; 5, coupe transversale du fruit.
6 à 8, *Chærophyllum aromaticum*, fig. 6, fruit entier ; 7, deux coques séparées ; 8, coupe verticale d'une coque.

9 à 12, *Hydrocotyle vulgaris*, fig. 9, port ; 10, fruit ; 11, coupe verticale ; 12, coupe transversale du fruit.
13 à 15, *Cicuta virosa*, fig. 13, port ; 14, fruit ; 15, coupe transversale du fruit.
16 à 19, *Apium graveolens* fig. 16, port ; 17, fruit ; 18, coupe transversale d'un jeune fruit ; 19, coupe transversale d'un fruit mûr.

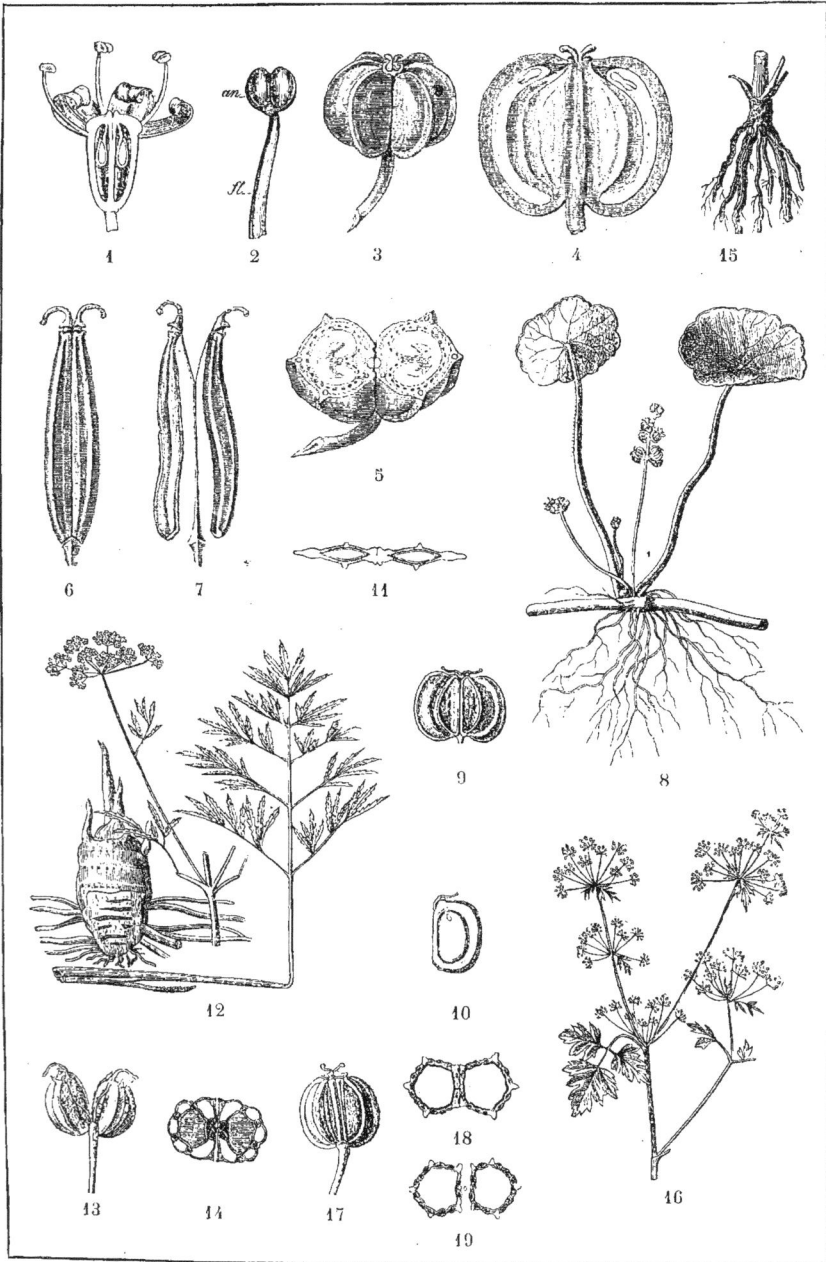

Helosciadium Koch. (fig. 7, 8). — Calice à 5 dents courtes; pétales entiers; fruit oblong, comprimé de côté, à 5 côtes filiformes, égales, un peu saillantes; carpophore entier; vallécules à une seule bandelette.

H. nodiflorum Koch. — Commune dans les ruisseaux, fontaines, fossés, etc.

H. repens Koch. (pl. LXIX, fig 7 et 8). — On la trouve dans les marais.

Ammi. Tournef. — Calice sans bord visible, pétales échancrés, infléchis. Fruit arrondi, comprimé, lisse, strié, couronné par les styles réfléchis; carpophore bipartite; involucre et involucelle.

A. majus L. — Croît dans les lieux cultivés.

Carum Koch. — Cumin. — Calice sans bord visible, stylopode comprimé; fruit à 5 stries égales, couronné par deux styles; involucre et involucelle polyphylles.

C. carvi L. (fig. 9 à 13). — C. des prés. — Fruit stimulant, employé dans les pays du Nord pour aromatiser le pain et le fromage.

C. bulbo castanium L. — Les tubercules sont comestibles.

Pimpinella L. — Boucage. — Calice sans bord visible; fruit strié, couronné par un stylopode épaissi et par les styles réfléchis. Carpophore bifide. Ni involucre ni involucelle.

P. anisum. — Anis (fig. 14 à 16). — Les fruits, d'un arome particulier, sont employés par les liquoristes et les confiseurs.

P. magna, P. dioica, P. dissecta, P. saxifraga, sont dispersées dans les bois, et dans les prés humides de toute l'Europe.

Sium Koch. — Berle.

S. sisarum, Koch. — Originaire de la Chine; cultivée quelquefois à cause de ses racines charnues et sucrées.

S. latifolium L. et *S. angustifolium* L. sont communes dans toute l'Europe.

Ægopodium L. — Vallécules sans bandelettes; ni involucre ni involucelle.

Æ. podagraria. Plante stimulante et diurétique. — Croît dans les vergers, dans les jardins, au bord des rivières.

Bupleurum L. — Feuilles simples; calice à bord entier; pétales roulés en dedans; fruit tronqué au sommet; fleurs jaunes.

B. falcatum, cristatum, rotundifolium, etc., sont les espèces communes de ce genre.

Œnanthe Link.

Œ. crocata L. — Navet du diable. — Croît sur les bords des fossés, dans les prés marécageux. Son suc jaunâtre est très vénéneux.

Œ. fistulosa L. — Persil des marais.

Phellandrium L. Phellandre. — Tige épaisse, fistuleuse; fruits brunâtres, ovoïdes, glabres; chaque vallécule à une bandelette; la face commissurale en a deux.

P. aquaticum L. (fig. 17). — Plante vénéneuse; croît dans les étangs et dans les marais; ses fruits sont employés en médecine, comme apéritifs, diurétiques et expectorants.

Æthusa L. — Ethuse. — Calice sans bord visible; pétales échancrés, infléchis, côtes élevées en forme de carène; carpophore bipartite; involucre le plus souvent nul.

Æ. cynapium L., Petite ciguë. — Plante vénéneuse, commune dans les lieux cultivés; on la confond souvent avec le persil.

Fœniculum Adans. — Fenouil. — Calice à bord entier; pétales entiers, infléchis; fruit allongé, comprimé, à 5 nervures peu saillantes, obtuses; ni involucre ni involucelle.

F. officinale (pl. LXVII, fig. 4 et 5, pl. LXVIII, fig. 1 et pl. LXX, fig. 2 à 7). — Plante aromatique, dont les fruits sont quelquefois employés dans la pharmacie.

F. dulce. — Sa tige, à l'état jeune, sert comme condiment.

EXPLICATION DES FIGURES.

1 à 5, *Petroselinum sativum*, fig. 1, port; 2, pistil; 3, fruit; 4, coupe transversale d'un jeune fruit; 5, coupe transversale d'un fruit mûr. 6 et 7, *Helosciadium repens*, 6, fruit; 7, coupe transversale d'un fruit. 8 à 13. *Carum carvi*, fig. 8, port; 9, feuille; 10, racine; 11, fruit; 12, coupe transversale; 13, coupe verticale du fruit. 14 à 16, *Pimpinella anisum*, fig. 14, port; 15, fruit; 16, coupe transversale du fruit. 17, *Phellandrium aquaticum*, fig. 17, port, fleur, fruit

Seseli L. — Calice à 5 dents persistantes; côtes peu saillantes; vallécules à 1 ou 2-4 bandelettes.

S. tortuosum L. — Fruits aromatiques. Commune dans le Midi.

Crithmum L. — Calice entier; fruit ovoïde, à côtes saillantes, carénées.

C. maritimum L. — Herbe à suc vermifuge; est employée comme condiment.

Angelica L. — Angélique. — Calice à bord entier; pétales lancéolés, entiers; fruits à trois côtes dorsales élevées, et à deux côtes membraneuses; carpophore bipartite.

A. archangelica (fig. 11). — Plante originaire du nord de l'Europe, et cultivée dans les jardins. Elle est très aromatique, excitante et stomachique.

Imperatoria L. — Calice entier; bordure du fruit large, plane; vallécules à une bandelette.

I. Ostruthium L. — Plante alpine; sa racine amère et aromatique est un stimulant énergique.

Peucedanum Koch. — Vallécule à un seul canal résinifère.

P. officinale L., *P. oreoselinum* Moench. — Les racines de ces deux espèces sont réputées excitantes; celle de *P. palustre* Moench a été employée contre l'épilepsie.

Anethum Hoff. — Calice entier; côtes dorsales saillantes; vallécules avec une large bandelette.

A. graveolens L. — Plante originaire d'Égypte, croît dans le midi de l'Europe. Ses fruits aromatiques sont employés comme épices.

Pastinaca L. — Panais. — Calice à bord entier; pétales entiers, infléchis; fruit comprimé à cinq nervures, deux latérales élargies; ni involucre ni involucelle.

P. sativa. — Plante cultivée, à racine alimentaire.

Heracleum L. — Berce. — Pétales rayonnants, bifides.

H. spondylium L. — La plus grande espèce parmi les Ombellifères indigènes. Tige sucrée; on obtient de son suc une boisson enivrante.

Opoponax K. — Calice entier; fruit oval ou elliptique convexe sur les deux faces.

O. chironium K. — Fournit une gomme-résine, usitée dans les pharmacies.

Ferula T. — Férule. — Calice à 5 dents; vallécules à plusieurs bandelettes cachées par le péricarpe.

F. asa fœtida (fig. 8). — Grande plante originaire de la Perse; fournit une gomme-résine d'une odeur particulière fétide et d'une saveur âcre et amère.

Dorema L.

D. amoniacum. — Fournit une substance surnommée *gomme ammoniaque*.

Cuminum L. — Cumin.

C. cyminum (fig. 9). — Plante aromatique originaire d'Égypte, cultivée dans l'Inde, la Chine et dans les pays méditerranéens (Sicile, Malte). Ses fruits sont employés en médecine et comme condiment. L'huile contenue dans ses bandelettes est un mélange de cuminol et du cyme.

Daucus L. — Carotte. — Calice à cinq dents très petites; pétales échancrés, infléchis, plus grands au bord de l'ombelle; fruit comprimé par le dos, hérissé de poils; vallécules à une vitta; vitta commissurale; involucre à folioles pinnatifides.

D. carota L., Carotte (pl. LXVII, fig. 5). — Cultivée en grand pour sa racine comestible, connue de tout le monde.

II. — SOUS-FAMILLE DES CAMPYLOSPERMÉES.

Face commissurale de la graine enroulée en dedans.

Chærophyllum L. — Cerfeuil. — Calice entier; fruit linéaire à côtes obtuses.

C. aromaticum (fig. 6 à 8, pl. LXVIII). — Plante condimentaire.

Anthriscus Hoffm. — Fruit dépourvu de côtes à sa partie inférieure prolongé en bec plus court que la partie qui contient la graine.

A. cerefolium Hoffm. — Est cultivé dans les jardins comme plante aromatique, condimentaire.

Scandix L. — Fruit à côtes obtuses, prolongé en bec plus long que la partie qui contient la graine.

S. pecten veneris L. — Aiguillette (fig. 9, pl. LXVII). — Commune dans les moissons.

Conium L. — Ciguë. — Calice à bord entier; fruit ovoïde, globuleux, à cinq côtes crénelées. Vallécules sans bandelettes, carpophore bifide au sommet; un involucre et un involucelle.

C. maculatum L., Grande ciguë (fig. 1, pl. LXVII). — Croît sur les bords des champs, sur les décombres. Très vénéneuse.

Smyrnium L. Macéron (II, fig. 3 à 5). — Calice à bord entier; fruit à trois côtes moyennes proéminentes; les deux latérales presque effacées, vallécules multivittés.

S. olusatrum L. — Plante du Midi dont les racines sont comestibles.

III. — SOUS-FAMILLE DES COELOSPERMÉES.

Face commissurale de la graine concave.

Coriandrum L.

C. sativum, L. — Plante cultivée, originaire d'Italie. Ses fruits frais sont fétides, mais deviennent aromatiques par la dessiccation. Ils entrent dans la préparation de *l'eau de Mélisse*.

EXPLICATION DES FIGURES.

1,	*Æthusa cynapium*, fig. 1, port.
2 à 7,	*Fœniculum officinale*, fig. 2, port; 3, fleur; 4, coupe transversale d'un fruit jeune; 5, coupe transversale d'un fruit mûr; 6 et 7, embryons.
8,	*Ferula asa fœtida*, fig. 8, port.
9 et 10,	*Cuminum cyminum*, fig. 9, port; fig. 10, fruit.
11,	*Angelica archangelica*, fig. 11, port.

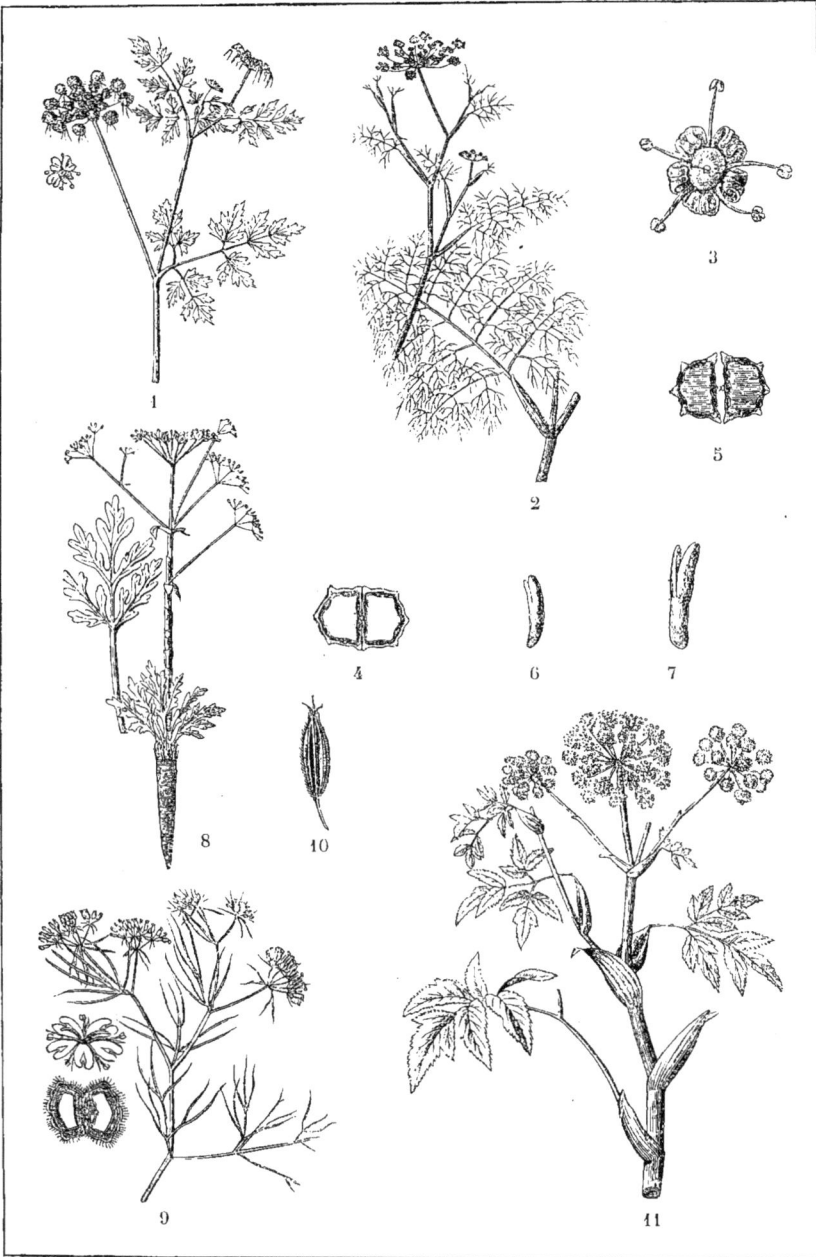

COMPOSÉES.

La famille des Composées ou des Synanthéracées est une des plus grandes (près de 10000 espèces) et en même temps une des plus naturelles du règne végétal. Elle est voisine des Dipsacées qui s'en distinguent cependant par leurs ovules pendants, leurs anthères libres, leurs involucelles spéciales enveloppant chaque fleur séparément dans la capitule, etc. Les ressemblances avec les Valérianées sont également très grandes, mais les Valérianées présentent un ovule pendant, des étamines libres, etc.

Les caractères les plus constants des Synanthéracées sont les suivants : fleurs sessiles sur un réceptacle commun entouré d'un involucre (fig. 3, *Anthemius*) et formant ainsi des capitules (fig. 16, *Helminthia*) ; corolle monosépale (fig. 1, *Catananche*) ; étamines soudées par leurs anthères (fig. 6, *Centaurea*) ; ovaire uniloculaire, uniovulé (fig. 7 et 8, *Centaurea*) ; ovule dressé, anatrope (fig. 12, *Cichorium*) ; graine exalbuminée ; embryon droit (fig. 8 et 12).

Les Composées sont des plantes herbacées, rarement ligneuses, à feuilles alternes (fig. 15 *Hieracium*), simples (fig. 15 et pl. LXXII, fig. 1, *Cichorium*), non stipulées ; rarement opposées ou composées et pourvues de stipules rudimentaires. Les capitules des fleurs (fig. 2, *Catananche*) sont disposées en cymes ou en glomérules. Les fleurs, ordinairement en très grand nombre, sont insérées sur un réceptacle commun (*Clinanthe*, fig. 3) et entourées extérieurement par un involucre formé des écailles ou folioles qu'on peut assimiler aux bractées rapprochées. Les fleurs isolées (*fleurons*, fig. 1, 3 et 5), formant la capitule, peuvent être soit toutes hermaphrodites, soit toutes mâles ou femelles ; soit celles du centre mâles, celles de la périphérie femelles, ou bien celles du centre hermaphrodites et celles de la périphérie femelles ou stériles (fig. 3). Le périanthe est formé uniquement par la corolle ; on pourrait regarder à la rigueur comme calice rudimentaire, les écailles (fig. 2), les folioles, les aigrettes ou couronnes de poils lisses, barbelées (fig. 6, *Centaurea*) ou stipitées (fig. 9), ou enfin des bourrelets ou cols membraneux (fig. 12, *Cichorium*), situés au-dessus de l'ovaire et soudés avec lui ; mais il existe des faits d'après lesquels on pourrait assimiler aussi bien plusieurs de ces formations à des disques modifiés. A la base de l'ovaire se trouvent quelquefois des paillettes, des écailles ou des soies (fimbrilles) dépendant du réceptacle et considérés comme bractéoles (fig. 3). La corolle périgyne, formant la véritable périanthe, est gamosépale, ordinairement tubuleuse (fig. 4, *Anthemis*), 4-5 dentée ou fendue sur le côté, et présentant les cinq limbes déjetés de côté (corolle liguleuse, fig. 5, *Anthemis*) ; chacun de ces limbes présente au lieu d'une nervure médiane, deux nervures marginales soudées avec celle des limbes voisins en une seule, et alternes avec les limbes (fig. 5) ; rarement la corolle est bilabiée (fig. 18, *Nassauvia*).

EXPLICATION DES FIGURES.

1 et 2, *Catananche cærulea*, fig. 1, fleur ; 2, capitule.
3 à 5, *Anthemis rigescens*, fig. 3, coupe de la capitule ; 4, fleur tubuleuse ; 5, fleur liguleuse.
6 à 8, *Centaurea cyanus*, fig. 6, coupe de la fleur ; 7, graine entière ; 8, graine coupée.
9 et 10, *Taraxacum officinale*, fig. 9, fruit ; 10, réceptacle et fruits.
11, *Tragopogon porrifolius*, fig. 11, fruit.
12 et 13, *Cichorium intybus*, fig. 12, fruit coupé ; 13, grains de pollen.
14, *Lactuca virosa*, fig. 14, style.
15, *Hieracium pilosella*, fig. 15, pied fleuri et stolons.
16, *Helmintia echinoïdes*, fig. 16, capitule.
17, *Senecio pseudoarnica*, fig. 17, diagramme.
18, *Nassauvia sp.* ?, fig. 18, fleur.

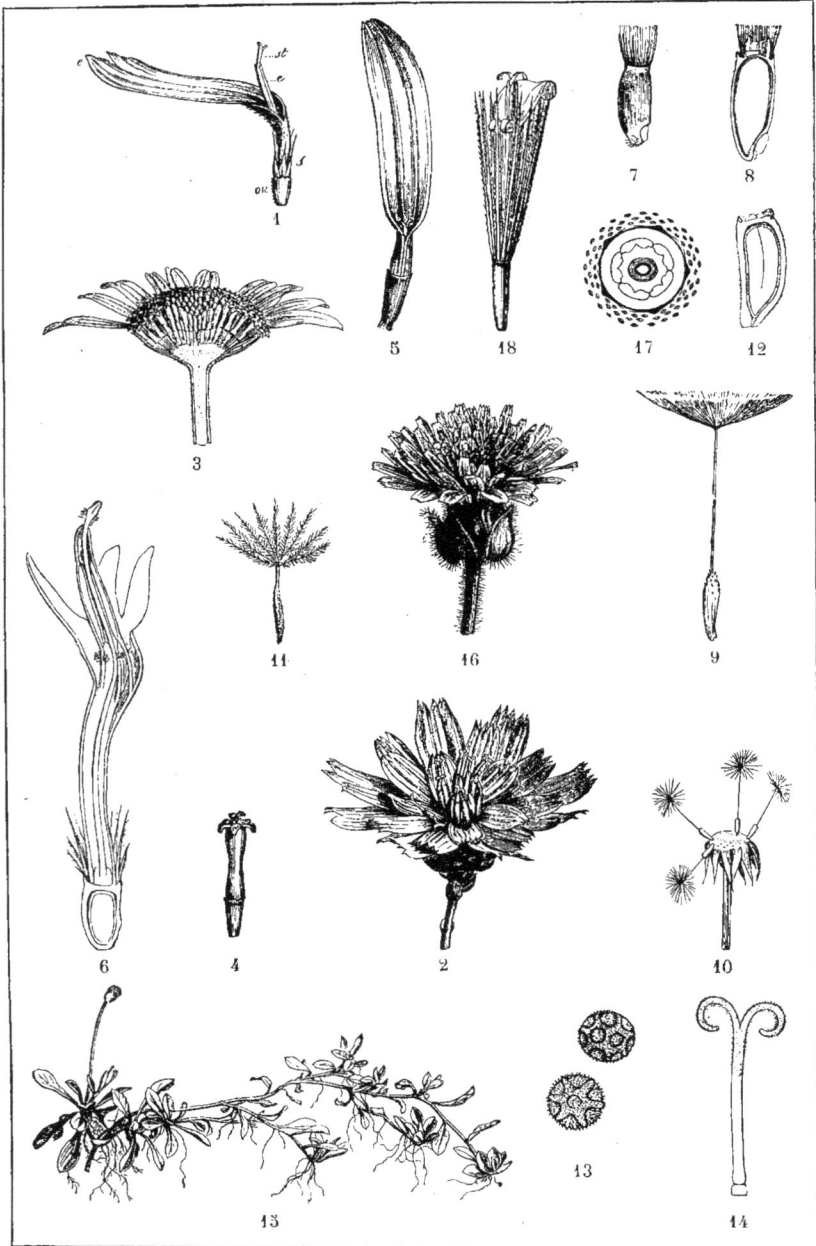

Les étamines au nombre de 5 ou 4 sont insérées sur la corolle (fig. 6, pl. LXXI, *Centaurea*); les anthères, biloculaires, introrses, sont soudées par leurs bords en un tube entourant le style (pl. LXXI, fig. 6 et pl. LXXVI, *Tussilago*, fig. 10). L'ovaire est uniloculaire (fig. 6 et 8, pl. LXXI) à ovule unique dressé. Le style est simple à branches stygmatifères soudées (fleurs mâles, fig. 12, pl. LXXVI, *Tussilago*) ou libres et bifurquées (fleurs femelles, fig. 14, pl. LXXI, *Lactuca*) et munies, outre les rangées de glandules stygmatiques, de nombreux poils collecteurs (fig. 14) à l'aide desquels les grains de pollen (fig. 13, *Cichorium*) sont recueillis pendant la croissance du style. Le fruit est un akène (fig. 7, 8, 9 et 11, pl. LXXI), contenant une graine exalbuminée (fig. 12) et un embryon droit.

Les Composées habitent dans toutes les régions du globe; les usages multiples de ces plantes seront donnés à propos de chaque genre.

On divise le plus souvent, les Composées en trois grandes sous-familles, d'après la forme de la corolle et des fleurons, et d'après la position relative de ces fleurons sur le réceptacle commun dans les capitules.

PREMIÈRE SOUS-FAMILLE. — LIGULIFLORES.

Les capitules sont formées de demi-fleurons, c'est-à-dire de fleurs toutes ligulées (fig. 1, *Cichorium*) et hermaphrodites. Cette sous-famille ne contient qu'une seule tribu,

TRIBU DES CHICORACÉES.

Style à branches filiformes (fig. 14, pl. LXXI). La plupart des plantes de cette tribu contiennent un suc laiteux renfermant souvent un principe narcotique.

Genres principaux :

Taraxacum Juss. — Pissenlit. — Involucre à folioles nombreuses imbriquées; akènes munis de côtes tuberculées et terminées par un bec filiforme (fig. 9, pl. LXXI).

T. officinale Web. (*T. Dens-Leonis* Desf.), Pissenlit (fig. 9 et 10, pl. LXXI et fig. 5). — Plante très commune.

Tragopogon L. — Salsifis. — Involucre à une seule rangée de folioles.

T. porrifolius L., Salsifis (fig. 11, pl. LXXI). — Ses racines sont comestibles.

Cichorium L. — Chicorée. — Akènes surmontés d'une aigrette courte, en collerette, formée des soies membraneuses (fig. 12, pl. LXXI.)

C. intybus L., Ch. sauvage ou Barbe-de-Capucin (fig. 1 à 3 et pl. LXXI, 12, 13), de même que *C. endivia*, Escarolle, Chicorée frisée, sont des plantes alimentaires connues de tout le monde; la racine de *C. intybus* torréfiée est employée avec, ou en place du café.

Lactuca L. — Laitue. — Akènes à côtes prolongées en bec capillaire; aigrette à soies disposées sur un seul rang.

Le suc de *L. virosa* L. (fig. 14, pl. LXXI et fig. 4) jouit des propriétés narcotiques. *L. sativa* L., Laitue commune, et ses variétés (Romanen, Laitue romaine, etc.), sont comestibles.

Hieracium Tourn. — Epervière. — Akènes presque cylindriques.

H. pilosella L., E. piloselle (fig. 15, pl. LXXI). — Plante commune en France.

Helminthia Juss. — Helminthie.

H. echinoïdes Gærtn., H. Fausse-Vipérine (fig. 16, pl. LXXI). — Assez rare aux environs de Paris.

EXPLICATION DES FIGURES.

1 à 3, *Cichorium intybus*, fig. 1, port; 2, feuille ; 3, racine.
4, *Lactuca virosa*, fig. 4, port.
5, *Taraxacum officinale*, fig. 5, port.
6 à 8, *Dumerilia paniculata*, fig. 6, port; 7, fleur; 8, capitule.
9 à 11, *Carduus picnocephalus*, fig. 9, fleuron; *C. nutans*, fig. 10, corolle; 11, ovaire.
12, *Echinops sphærocephalus*, fig. 12, corolle.
13, *Calendula officinalis*, fig. 13, ovaire.
14 et 15, *Centaurea cyanum*, fig. 14, fleur hermaphrodite; 15, fleur stérile.

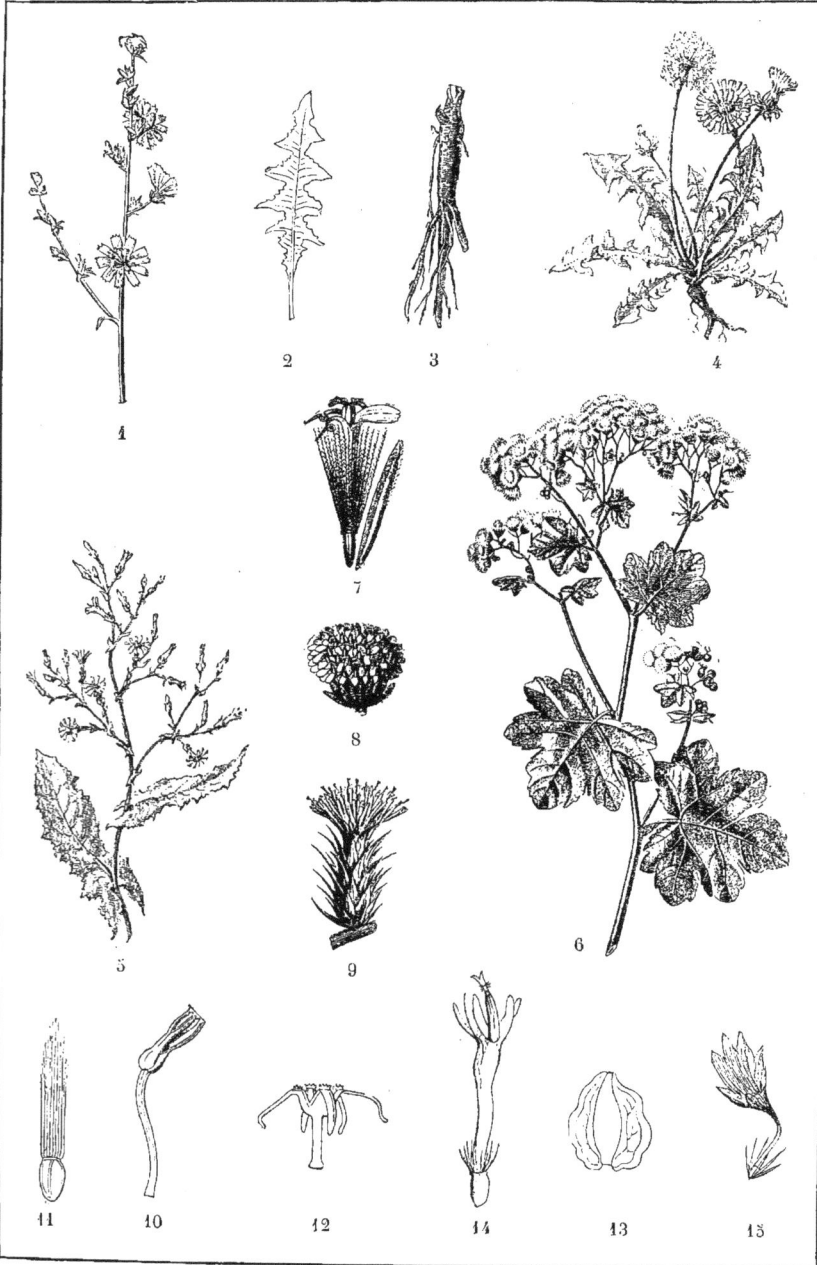

DEUXIÈME SOUS-FAMILLE. — LABIATIFLORES.

Corolle des fleurs hermaphrodites bilabiée (fig. 18, pl. LXXI).
Les plantes appartenant à cette famille habitent presque toutes l'Amérique du Sud.

TRIBU DES NASSAUVIÉES.

Les deux genres *Nassauvia* (fig. 18, pl. LXXI) et *Dumerilia* (fig. 7 et 8, pl. LXXII) sont les plus connus et viennent du Brésil ; ces plantes ne sont d'aucune utilité pour l'homme.

TROISIÈME SOUS-FAMILLE. — TUBULIFLORES.

Capitules tantôt flosculeux, c'est-à-dire formés de fleurs toutes hermaphrodites et à corolle tubuleuse (fig. 9, pl. LXXII, *Carduus*), tantôt radiés, c'est-à-dire formés de fleurons centraux tubuleux (pl. LXXIII, fig. 8, *Anthemis*) et de fleurs périphériques ligulées ou demi-fleurons (pl. LXXIII, fig. 8, *Anthemis*).

Cette sous-famille est des plus nombreuses; on la divise en cinq tribus : Cinarées, Vernoniacées, Senecionidées, Astéroïdées, Eupatoriacées; les deux premières tribus ont des capitules généralement flosculeux; les trois dernières, radiés.

PREMIÈRE TRIBU. — CINARÉES.

Capitules flosculeux (fig. 9, *Carduus*); style renflé supérieurement; bandes stigmatifères se réunissant vers le sommet du stigmate (fig. 13, *Calendula*).

Genres principaux :

Carduus L. — Chardon. — Aigrette caduque, se détachant d'une seule pièce ; involucre à folioles imbriquées épineuses (fig. 8, pl. LXXII).
C. pycnocephalus DC. (fig. 9, pl. LXXII) et *C. nutans* (fig. 10 et 11, pl. LXXII). — Sont fréquentes aux environs de Paris.

Carlina Tourn. — Carline. — Aigrette caduque; involucre à folioles imbriquées, les intérieures colorées.
C. subacaulis (pl. LXXIII, fig. 4). — Est commune dans la région méditerranéenne.

Cinara Vaill. — Artichaut.
C. scolymus, Artichaut. — Est cultivé pour son réceptacle charnu, comestible. | *C. cardunculus* L. — Les fleurs (*fleurs de chardonnette*) possèdent la propriété de cailler le lait.

Echinops L. — Echinops. — Aigrette persistante ; capitules uniflores, disposées en tête globuleuse.
E. sphærocephalus L. (fig. 12, pl. LXXII). — Cultivée et naturalisée aux environs de Paris.

Lappa Tourn. — Bardane. — Aigrette persistante; involucre à folioles imbriquées dont les extérieures ont les pointes recourbées en crochets, par lesquels cet involucre s'accroche à la toison des troupeaux, aux habits des passants, etc.
L. major DC. Grande Bardane (fig. 1 et 2). — Ses variétés sont indigènes; leur racine contient de l'*inuline* et s'employait jadis en médecine.

Centaurea L. — Centaurée. Aigrette persistante ; fleurons de la circonférence stériles (fig. 16, pl. LXXII).
C. cyanus L., Bluet (fig. 14 et 15, pl. LXXII et fig. 6 à 8, pl. LXXII). — Très commun dans nos champs; est employé | en médecine populaire contre les maladies des yeux (d'où le nom : *Casse-lunettes*).

Calendula L. — Fleurons de la circonférence ligulés ; achaines courbés ou en nacelle.
C. officinalis L. (fig. 13 et 14, pl. LXXII). — Le Souci, plante ornementale.

Carthamus L. — Aigrette nulle ; achaine tétragone, ovulaire.
C. tinctorius L., Safranum (fig. 3). — Plante de l'Inde et de l'Égypte, cultivée en Europe; la matière co- | lorante rose que contient cette plante sert à fabriquer une laque (rouge végétal).

EXPLICATION DES FIGURES.

1 et 2,   *Lappa major*, fig. 1, port et feuille; 2, racine.
3,   *Carthamus tinctorius*, fig. 3, port.
4,   *Carlina subacaulis*, fig. 4, port.

5,   *Matricaria camomilla*, fig. 5, port.
6 à 8.   *Anthemis pyrethrum*, fig. 6, port. *A. nobilis*, fig. 7, port. *A. rigescens*, fig. 8, fleur.

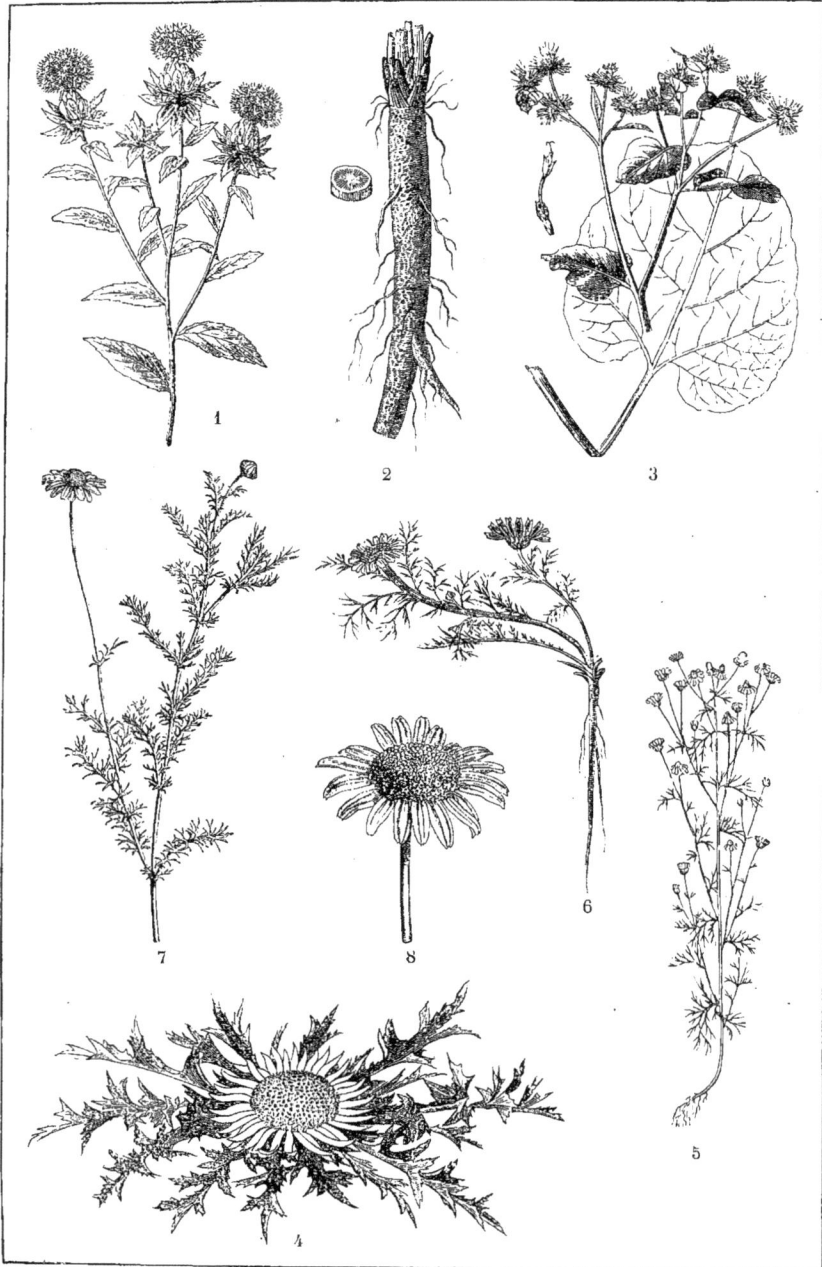

DEUXIÈME TRIBU. — SÉNÉCIONIDÉES.

Capitules généralement radiés (fig. 8, pl. LXXIII, *Anthemis*) style non renflé en nœud, mais cylindrique au sommet, bifide dans les fleurs hermaphrodites; stygmate tronqué ou terminé en un pinceau, avec ou sans appendice; les bandes stygmatifères vont parallèlement jusqu'au pinceau (fig. 11, *Helianthus*). Plusieurs espèces de cette grande tribu contiennent un principe amer et une huile volatile ayant des propriétés actives, et sont employées en médecine.

Genres principaux :

Anthemis L. — Anthémide. — réceptacle muni de paillettes; pas d'aigrette; achaines cylindriques involucre sphérique ou campanulé; feuilles très découpées, exhalant une odeur spécifique.

A. arvensis L., Camomille des champs. — Plante commune, à fleurons ligulés blancs et fleurons tubuleux jaunes; elle est inodore et ne possède aucune propriété utile à l'homme, de même que l'*A. rigescens* (fig. 3 à 5, pl. LXXI, et fig. 8, pl. LXXIII).

A. nobilis L., Camomille vraie ou *C. romaine* (fig. 7, pl.LXXIII). — Les fleurons du centre sont petits et peu nombreux; l'odeur de la plante est franche et caractéristique. Les capitules sont employés en médecine; on en prépare une infusion amère et tonique, et on en distille une huile essentielle employée surtout en frictions.

A. pyrethrum L. (*Anacyclus pyrethrum* DC.), Pyrèthre ou Œil-de-Bouc (fig. 6, pl. LXXIII). — Plante originaire de l'Afrique du Nord et de l'Asie; ses racines contiennent une huile essentielle ayant la propriété de produire une salivation abondante, et sont employées en médecine; cette racine, de même que les fleurs desséchées du Pyrèthre, sert à la préparation de poudres insecticides.

Pyrethrum Bieb. — Plusieurs espèces de ce genre, originaire du Caucase, sont utilisées dans la préparation des poudres insecticides.

Matricaria L.

M. camomilla L., Camomille commune (fig. 5, pl. LXXIII). — Plante d'une odeur prononcée, agréable, qui possède à peu près les mêmes propriétés que la *C. romaine*.

Artemisia L. — Armoise. — Fleurons jaunes, tous tubuleux; ceux de la circonférence presque filiformes et ordinairement femelles; achaines cylindriques, lisses; pas d'aigrette.

A. vulgaris L., A. commune (pl. LXXIV, fig. 1 à 3). — Feuilles de la plante adulte, glabres en dessus; croit spontanément dans toute l'Europe et est employée comme sudorifique.

A. Absinthium L., Absinthe (fig. 5). — Est cultivée dans nos jardins; cette plante renferme une huile volatile qui, étant distillée, s'emploie en médecine comme stimulant, fébrifuge, et anti-helminthique. L'absinthe distillée, mélangée à l'alcool, constitue une boisson dont l'usage immodéré est très nuisible à la santé.

A. pontica L., petite Absinthe (fig. 6). — Possède les mêmes propriétés que la précédente, mais moins prononcées.

A. glacialis L., Genipi vrai (fig. 4). — Plante alpine, possédant les propriétés des autres espèces du genre Absinthia.

A. maritima L. — Sert à la préparation du *semen-contra*, vermifuge efficace.

EXPLICATION DES FIGURES.

1 à 4, *Artemisia vulgaris*, fig. 1, port; 2, feuille; 3, fleur. *A. glacialis*, fig. 4, port.

5 et 6, *Artemisia absinthium*, fig. 5, port; *A. pontica*, fig. 6, port.

7 et 8, *Achillea moschata*, fig. 7, port. *A. nobilis*, fig. 8, inflorescence.

9, *Chrisanthemum parthenium*, fig. 9, port.

10, *Arnica montana*, fig. 10, port.

11 et 12, *Helianthus annuus*, fig. 11, stygmate; 12, ovaire.

Achillea L. — Capitules radiés, fleurons tous de même couleur ; achaines comprimés, dépourvus de côtes.

A. millefolium L., Millefeuille, *A. nobilis* (fig. 8, pl. LXXIV), et autres espèces, ont une saveur âcre et aromatique qui est encore plus prononcée que dans l'*A.*

nana L. (ou Ptarmica nana, DC.) (fig. 7, pl. LXXIV), l'*Herbarotta* des Italiens.

Chrysanthemum DC. — Chrysanthème. — Fleurons tous de même couleur (jaune) ; achaines de la circonférence pourvus de deux ailes latérales, ceux du centre simples, cylindriques.

C. parthenium Pers. (Matricaria parthenium, L.), Matricaire officinale (fig. 9, pl. LXXIV). — Fournit une huile volatile ayant des propriétés stomachiques. .

Arnica L. — Arnica. — Capitules radiés ; fleurons tous jaunes ; achaine cylindrique surmonté d'une aigrette à soies capillaires.

A. montana L., A. des montagnes (fig. 10, pl. LXXIV). — Plante des régions alpines ; ses fleurs sont usitées comme stimulant l'action de la peau.

Helianthus L. — Soleil. — Capitules radiés ; fleurons tous jaunes ; achaines subtétragones, surmontés de quatre écailles caduques.

H. annuus L., Grand soleil (fig. 11 et 12, pl. LXXIV). — Cultivé en Europe comme plante ornementale pour ses grandes fleurs (30 centimètres de diamètre) ; les fruits donnent une excellente huile fixe, comestible en Europe orientale et pouvant servir à la préparation des vernis

et des savons.

H. tuberosus L., Topinambour. — Les bourgeons des souches vivaces de cette plante se développent en tubercules constituant une bonne nourriture pour l'homme et pour les animaux domestiques.

Gnaphalium L. — Genre à fleurs tomenteuses ; plusieurs espèces, surtout le *G. Leontopodium*, sont des plus belles fleurs des hautes régions alpines.

Senecio. — Les nombreuses espèces de ce genre sont assez communes dans toute l'Europe, et ne possèdent aucune propriété prononcée.

S. pseudoarnica (fig. 17, pl. LXXI). — Est usitée en guise de thé par les Ghiliaks de Sakhaline.

TROISIÈME TRIBU. — ASTÉROIDÉES.

Capitules généralement radiés (fig. 9, *Solidago*) ; style des fleurs hermaphrodites cylindrique en haut et divisé en deux branches (fig. 6, *Bellis*) ; bandes stigmatiques saillantes, s'étendant jusqu'aux poils collecteurs.

Genres principaux :

Inula L. — Capitule radié à fleurons tous jaunes ; achaines surmontés d'une aigrette à soies capillaires et dépourvus de couronne extérieure.

I. helenium L., Aunée (pl. LXXV, fig. 1). — La racine de cette plante contient une substance analogue à l'amidon (*inuline*), qui se rencontre d'ailleurs dans d'autres Com-

posées (Topinambour, Dahlia, etc.) ; elle est employée en médecine.

Aster L. — Aster. — Capitule radié ; fleurons de la circonférence ordinairement bleus ; ceux du centre jaunes ; achaines comprimés.

A. chinensis L., Callistème (fig. 2 et 3). — Est une belle plante ornementale connue sous le nom de la *Reine-Marguerite*.

Bellis L. — Pâquerette. — Capitules radiés ; fleurons du centre jaunes, ceux de la périphérie blancs ou roses ; achaines comprimés.

B. perennis L., P. vivace (fig. 4 à 8). — Plante commune de nos champs.

EXPLICATION DES FIGURES.

1, *Inula helenium*, fig. 1, port.	9 à 12, *Solidago Virga-Aurea*, fig. 9, capitule ; 10, fleur centrale ; 11, fleur de la périphérie ; 12,. fruit.
2 et 3, *Aster chinensis*, fig. 2, port ; 3, fleur.	
4 à 8, *Bellis perennis*, fig. 4, port ; 5, fleur femelle ; 6, fleur hermaphrodite ; 7, réceptacle ; 8, fruit coupé.	14, *Gnaphalium, leontopodium*, fig. 13, port.

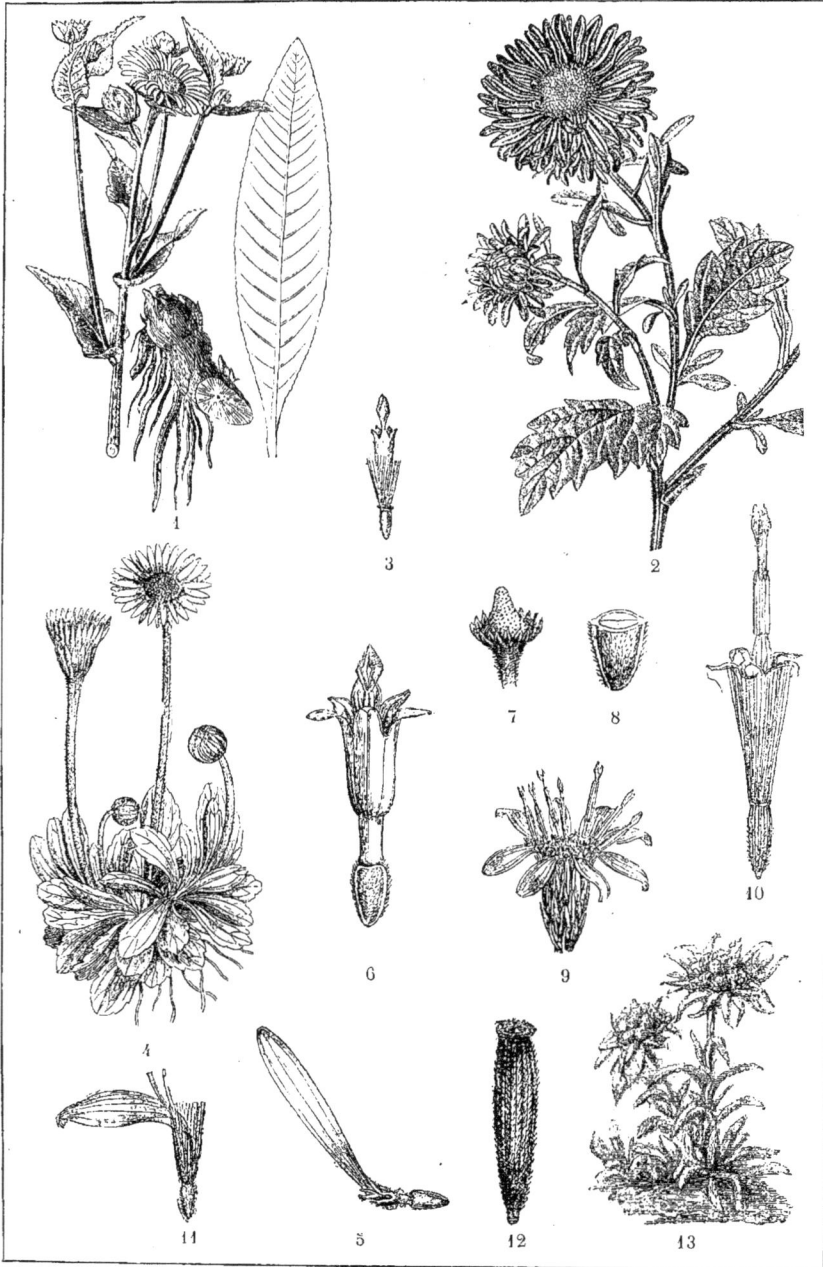

1   2   3   4   5   6   7   8   9   10   11   12   13

Solidago L. — Solidage. — Capitules rayonnés à fleurons jaunes ; achaines cylindriques surmontés d'une aigrette à soies capillaires.

S. Virga-Aurea L., S. à verge d'or (fig. 9 à 12, pl. LXXV). — Plante ornementale.

Dahlia. — Genre dont plusieurs espèces sont cultivées comme plantes ornementales ; leurs racines contiennent en grande quantité l'*inuline*.

QUATRIÈME TRIBU. — EUPATORIACÉES.

Capitules généralement radiés (fig. 15, *Eupatorium*) ; style des fleurs hermaphrodites à branches longues, presque en massue (fig. 11, *Tussilago*) ; bandes stigmatiques peu saillantes, s'arrêtant au-dessous de la partie moyenne des branches (fig. 11).

Genres principaux :

Cœlestina. — Genre dont quelques espèces, comme *C. cærulea* L. (pl. LXXV, fig. 3 à 5), sont cultivées comme plantes ornementales.

Tussilago L. — Tussilage. — Capitule radié à fleurons jaunes. Tiges chargées d'écailles.

T. Farfara L., Pas-d'Ane (fig. 6 à 13). — Plante affectionnant les lieux humides. Ses capitules doués d'une odeur forte et agréable sont employés quelquefois en infusion contre la toux.

Eupatorium Tourn. — Eupatoire. — Capitules à fleurons tous tubuleux et rougeâtres (pl. LXXV, fig. 9, *Eupatorium*) ; achaines presque cylindriques surmontés d'une aigrette à soies capillaires.

E. cannabinum L., E. d'Avicenne ou E. chanvrin (fig. 15 à 20). — Belle et grande plante indigène, dont les racines paraissent être fortement purgatives ; elle est cependant peu employée en médecine. — Plusieurs autres espèces d'Eupatorium sont très aromatiques et fournissent différentes substances servant à aromatiser les cigares ou s'employant comme excitants, etc.

CINQUIÈME TRIBU. — VERNONIACÉES.

Capitules généralement flosculeux (fig. 2, corolle de l'*vernonia*) ; le style des fleurs hermaphrodites est à branches longues ; bandes stigmatiques saillantes, s'arrêtant au-dessous de la partie moyenne des branches (fig. 1, *Vernonia*).

Cette tribu ne contient qu'un seul genre :

Vernonia Willd.

V. anthelminthica Willd., Calagéri ou Calagirah (fig. 1 et 2). — Plante de l'Inde dont les semences sont usitées comme anthelminthiques.

EXPLICATION DES FIGURES.

1 et 2, *Vernonia anthelminthica*, fig. 1, style ; 2, corolle de la fleur femelle.
3 à 5, *Cœlestina cærulea*, fig. 3, port ; 4, fleur ; 5, style.
6 à 14, *Tussilago Farfara*, fig. 6, port ; 7, réceptacle ; 8, réceptacle coupé verticalement ; 9, fleur hermaphrodite ; 10, étamines ; 11, style de la fleur femelle ; 12, style de la fleur mâle ; 13, fruit mûr ; 14, fruit.
15 à 20, *Eupatorium cannabinum*, fig. 15, capitule ; 16, fleur ; 17, corolle étalée ; 18, étamine ; 19, fruit entier ; 20, fruit coupé.

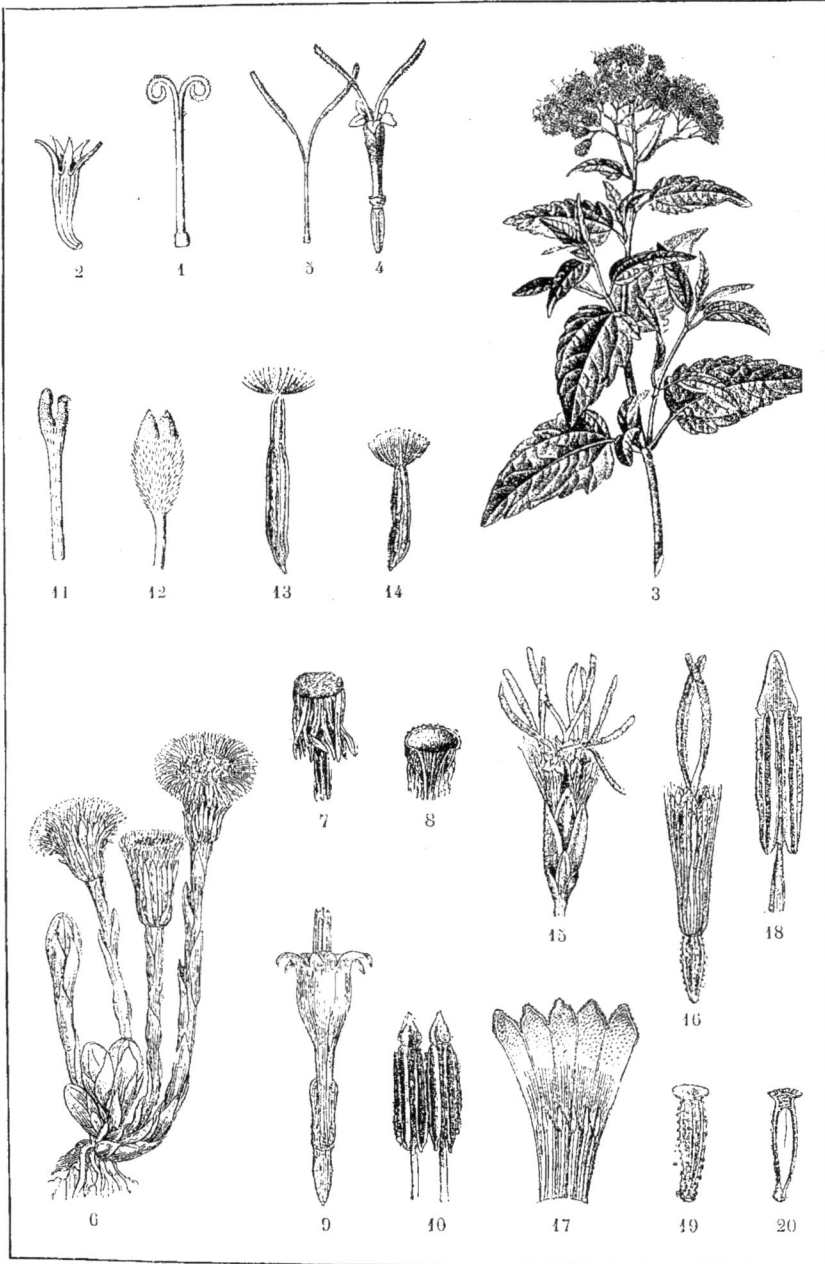

DIPSACÉES.

Cette famille est voisine des Composées, mais elle s'en distingue par les anthères non soudés; par la présence d'un involucelle particulier à chaque fleur, par la nervation des pétales, par la graine albuminée, etc. Les affinités des Dipsacées avec les Valérianées sont également considérables; les différences consistent principalement dans la nature de l'ovaire, des graines et dans l'inflorescence.

Les caractères essentiels des Dipsacées sont les suivants : fleurs réunies en capitules sur un réceptacle commun, mais munies chacune d'un involucelle particulier (fig. 9, *Dipsacus*); corolle gamosépale (fig. 3, *Scabiosa*); 4 étamines libres (fig. 5, *Scabiosa*); ovaire uniloculaire, uniovulé (fig. 5 et 4, *Scabiosa*); ovule pendant (fig. 10, *Dipsacus*); graine albuminée.

Les Dipsacées sont des herbes à tige munie quelquefois d'aiguillons (fig. 8, *Dipsacus*), à feuilles opposées, entières, non stipulées (fig. 1, *Scabiosa*). Les fleurs hermaphrodites (fig. 5) sont disposées en capitules (fig. 2, *Scabiosa*) sur un réceptacle commun entouré d'un involucre (fig. 8 et 9); ce réceptacle est nu ou muni de paillettes scarieuses à l'aisselle desquelles naissent les fleurs (fig. 9 et 11). Chaque fleur est munie d'un involucelle spécial (fig. 3, 9 et 10) qu'on peut regarder comme le verticille externe du calice gamosépale; cet involucelle, formé d'une seule foliole, est adhérent au fruit, tandis que le vrai calice ou le verticille interne du calice membraneux tubiforme est soudé avec le tube de la corolle au sommet de l'ovaire (fig. 4, *Scabiosa* et 10); il entoure le style et s'épanouit ensuite en un limbe divisé en lobes ou en arêtes sétifères formant une aigrette (fig. 10). La corolle est épigyne, gamopétale, tubuleuse-infundibuliforme (fig. 3, 4 et 10), à préfloraison imbriquée, à limbe 4 ou 5 lobé, irrégulier (fig. 3). Les étamines insérées sur le tube de la corolle (fig. 3 et 10) sont ordinairement en nombre de 4, à filets et anthères libres (fig. 3, 10, 5); l'ovaire est infère (fig. 3 et 10), uniloculaire (fig. 3 et 1), surmonté d'un style simple et renfermant un ovule anatrope pendant (fig. 10). Le fruit adhérant au calice et à l'involucre (fig. 6 et 7) est sec, indéhiscent et renferme une graine pendante albuminée (fig. 7); l'embryon est droit (fig. 7).

Les Dipsacées habitent les pays tempérés et chauds de l'ancien continent, et ne présentent pas des propriétés bien marquées.

Genres principaux :

Scabiosa L. — Scabieuse. — Involucelle tétragone : calice à cinq arêtes simples.

S. *succisa* L., S. officinalis (fig. 1). — Commune en France; s'emploie en médecine populaire.

S. *atropurpurea* L. (fig. 2 à 7). — Fleur de veuve, est cultivée comme plante d'agrément.

Dipsacus L. — Cardère. — Involucelle cylindrique; calice à quatre dents ciliées.

D. *fullonum* Willd., C. à foulon. — Plante cultivée en grand pour les capitules dont on fait usage dans les fabriques de drap (cardage des étoffes).

D. *sylvestris* Mill., C. sauvage (fig. 8 à 12). — Ses racines furent employées jadis en médecine.

EXPLICATION DES FIGURES.

1, *Scabiosa succisa*, fig. 1, port.
2 à 7, *Scabiosa atropurpurea*, fig. 2, capitule; 3, fleur; 4, coupe verticale de la fleur; 5, diagramme; 6, fruit; 7, fruit coupé.

8 à 12, *Dipsacus sylvestris*, fig. 8, port; 9, coupe d'une capitule; 10, coupe de la fleur; 1, fleur; 12, coupe du fruit.

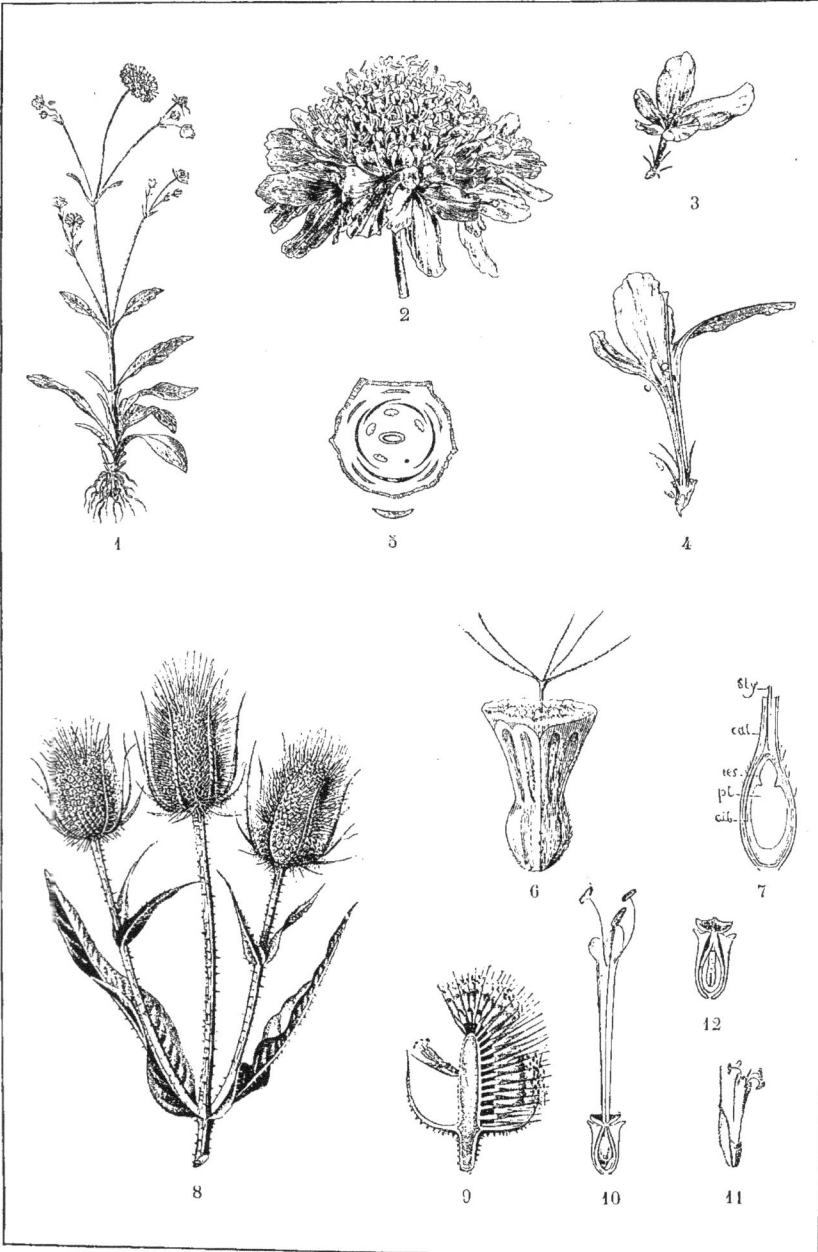

sty
cal
tes
pt
cib

CAMPANULACÉES.

Cette famille se rapproche beaucoup des Synanthérées par plusieurs de ses genres qui ont la même disposition des fleurs, des anthères, etc. ; la distinction principale consiste dans la structure de l'ovaire qui est pluriloculaire et pluriovulé dans les Campanulacées; dans la graine albuminée et dans l'absence des nervures parallèles sur les pétales.

Ce sont des plantes herbacées.à feuilles alternes, non stipulées (fig. 4, *Campanula*), et à fleurs hermaphrodites régulières (fig. 2, *Campanula*), disposées en panicules, en grappes, etc. Les fleurs présentent un calice à 5 sépales soudés en tube (fig. 2), à préfloraison valvaire (fig. 1) et une corolle épigyne (fig. 3, *Campanula*), campanuliforme à 5 pétales soudés (fig. 2) ou plus rarement à pétales libres. Les étamines en nombre égal de celui des pétales (fig. 1 et 3) ont leurs filets libres ou soudés avec la base de la corolle et leurs anthères libres ou cohérent en un tube et entourant un style simple à stigmates glabres divisés en plusieurs lobes. L'ovaire est complètement ou à moitié infère et présente 2 ou 8 loges (fig. 1) à ovules nombreux, anatropes, horizontaux (fig. 3). Le fruit est une capsule ou une baie à graines nombreuses contenant des embryons droits enveloppés dans un albumen charnu.

Les Campanulacées habitent les régions chaudes et tempérées des deux hémisphères ; presque toutes contiennent un suc laiteux, sans saveur, qui n'a pas de propriétés actives ; la plupart sont des plantes ornementales.

Genres principaux :

Campanula L. — Campanule. — Type du genre indigène.

C. rapunculus L., Raiponce (fig. 1 à 3). — Commune en France; ses racines charnues contiennent beaucoup de mucilage et sont comestibles. Plusieurs autres espèces : *C. trachelium, C. persicæ-folia,* etc., sont des plantes communes dans nos champs; *C. pusilla* (fig. 4) est une jolie plante des hautes régions alpines.

Platycodon DC.

Plusieurs espèces de ce genre : *P. Grandiflora* (fig. 5), *P. autumnalis* (fig. 6), etc., sont cultivées comme plantes ornementales.

Canarina. — Genre aux fruits charnus; les baies sont comestibles dans les îles des Canaries.

LOBÉLIACÉES.

Les Lobéliacées sont pour ainsi dire des Campanulacées à corolle irrégulière (fig. 13, *Lobelia*).

Ce sont des plantes pour la plupart exotiques, herbacées (fig. 7, *Lobelia*), parfois arborescentes, comme les Campanulacées, elles ont 5 étamines (fig. 12, *Lobelia*), un ovaire infère ou semi-infère, ou supère, pluriloculaire ; mais leur corolle est bi ou uni-labiée (fig. 13), et leur stigmate présente un anneau de poils au-dessous de ses deux lobes échancrés (fig. 13). Le fruit est capsulaire ou charnu (fig. 8 et 9) ; les graines nombreuses (fig. 9 et 10) renferment un embryon droit enveloppé d'albumen charnu (fig. 11).

Le suc laiteux, neutre dans les Campanulacées, est âcre, narcotique, vénéneux dans les Lobéliacées.

Genres principaux :

Lobelia L. — Espèce de genre américain.

L. inflata, L. siphylitica (fig. 7 à 11), etc., sont employées en médecine. — *L. Cardinalis* (fig. 12 et 13), la Cardinale bleue est cultivée en Europe.

Centropogon. — Genre à fruits charnus dont les baies sont comestibles en Amérique.

EXPLICATION DES FIGURES.

1 à 3, *Campanula rapunculus,* fig. 1, diagramme ; 2, fleur; 3, coupe de la fleur.
4, *Campanula pusilla,* fig. 4, port.
5 et 6, *Platycodon grandiflora,* fig. 5, fleur double. *P. autumnalis,* fig. 6, coupe de la fleur.

7 à 11, *Lobelia syphilitica,* fig. 7, port ; 8, fruit et calice; 9, fruit coupé horizontalement ; 10, graine ; 11, graine coupée.
12 et 13, *Lobelia cardinalis,* fig. 12, diagramme ; 13, fleur.

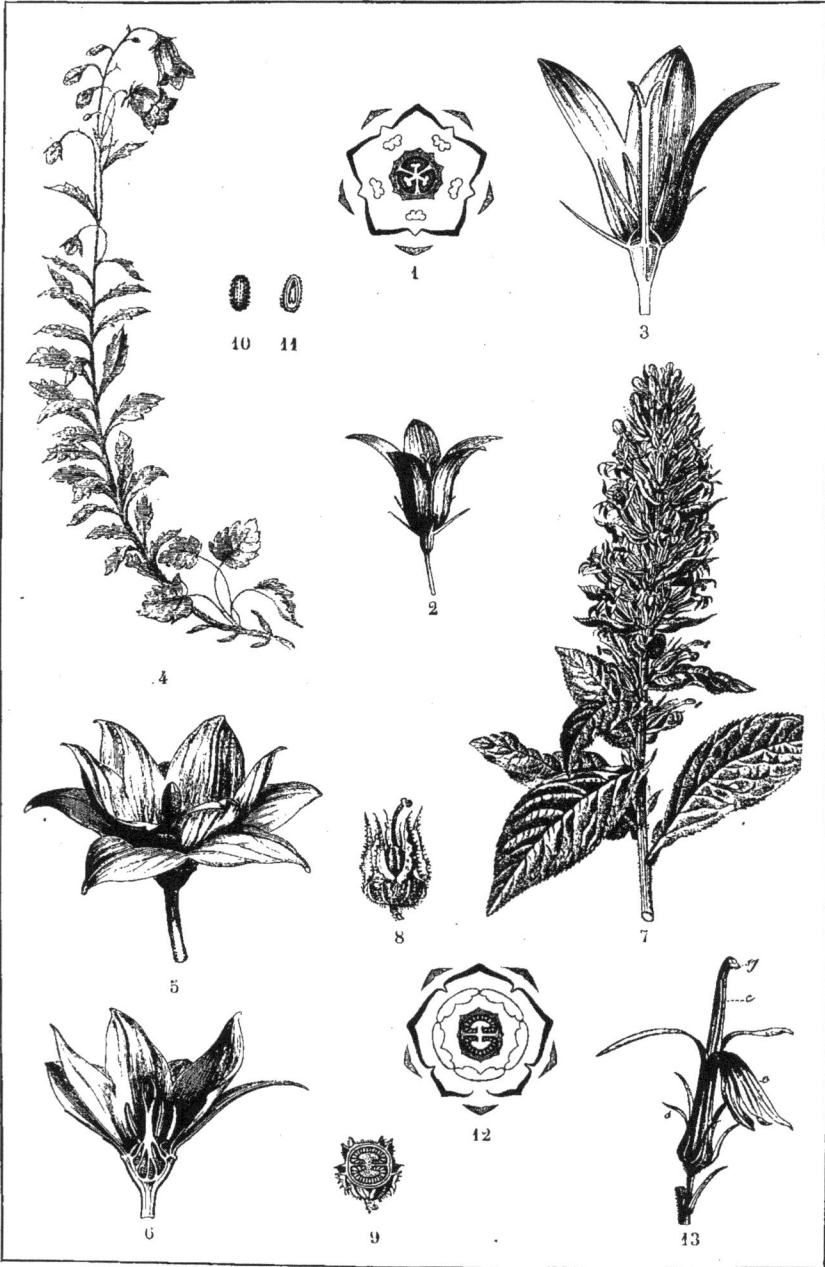

VALÉRIANACÉES.

Plusieurs caractères importants rattachent cette famille à celle des Dipsacées ; la différence entre les deux consiste dans la nature de l'ovaire (triloculaire dans le jeune âge chez
les Valérianacées) et de la graine (exalbuminée chez les Valérianacées). Les ressemblances
avec les Composées sont également considérables ; mais les anthères libres, la nervation
des pétales et les ovules pendants des Valérianacées suffisent pour les distinguer de cette
famille.

Les caractères constants des Valérianacées sont les suivants : réceptacle concave (fig. 11,
Centranthus), l'ovaire infère (fig. 7, *Valeriana*), corolle épigyne, monopétale (fig. 13,
Nardostachys), ovaire triloculaire, à deux loges stériles et une loge uniovulée (fig. 1,
Valeriana), ovule pendant (fig. 9, *Valeriana*) ; fruit sec (fig. 8 et 9, *Valeriana*), graine
exalbuminée (fig. 9).

Ce sont des plantes herbacées, annuelles ou vivaces, à rhizome souvent charnu (fig. 4,
Valeriana) et odorant et à feuilles simples ou composées (fig. 4, *Valeriana*),
les radiales en rosette, les caulinaires opposées (fig. 4 et 5). Les fleurs souvent irrégulières (fig. 11) sont hermaphrodites ou diclines par avortement (fig. 6, fleur mâle et
7, fleur femelle de *Valeriana*) ; le calice est soudé à l'ovaire et se termine soit par
1, 3 ou 4 dents accrescentes (fig. 12, *Valeriana*, 14, *Nardostachys*), soit par des
lanières filiformes enroulées pendant la floraison (fig. 6 et 7) et se déroulant après en une
aigrette plumeuse (fig. 8, *Valeriana*). La corolle gamopétale (fig. 13) à tube prolongé
parfois en un éperon (fig. 11) est insérée sur le disque couronnant l'ovaire. Les étamines
en nombre de 4 ou moindre (fig. 1 et 10) sont insérées sur le tube de la corolle (fig. 11)
et ont les filets libres et les anthères biloculaires, introrses. L'ovaire est à trois loges,
dont une seule contient l'ovule unique, tandis que les deux autres restent vides ; souvent
même elles manquent (fig. 10). Le fruit est sec, indéhiscent (fig. 8, 9, 12 et 14), unisé-
miné. La graine exalbuminée renferme un embryon droit.

Les Valérianacées sont propres aux régions tempérées et chaudes, surtout de l'ancien
continent. Les rhizomes de toutes ces plantes contiennent un principe âcre ayant des propriétés médicinales marquées.

Genres principaux :

Valeriana L. — Valériane. — Etamines trois ; corolle sans épine ; calice à limbe roulé en dedans pendant la floraison, se développant en aigrette à la maturité.

V. officinalis L., V. sauvage (fig. 1 à 3), est très | surtout contre les affections nerveuses Les racines de
commune en France, de même que la *V. dioica* (fig. 5 | *V. celtica* L., Nord celtique (fig. 4), des Alpes, et de
à 9). Sa racine, contenant une huile volatile et de l'acide | *Nardostachys* (Valeriana), *Jatamensi* (fig. 13 et 14) de
valérianique, est employée fréquemment en médecine, | l'Inde, sont également employées en médecine.

Valerianella Tourn. — Valérianelle. — Calice à limbe non enroulé pendant la floraison ; jamais en
aigrette.

V. eriocarpa, l'herbe jaune (fig. 12), *V. carinata*, *V. olitoria*, etc., vulgairement nommées mâches, doucettes, etc.,
se mangent en salade.

Centranthus DC. — Centranthe. — Etamine une ; corolle prolongée en éperon à la base.

C. ruber DC., C. rouge (fig. 10 et 11), est cultivé dans nos jardins.

EXPLICATION DES FIGURES.

1 à 3, *Valeriana officinalis*, fig. 1, diagramme ; 2, | 10 et 11, *Centranthus ruber*, fig. 10, diagramme ; 11, fleur
    port ; 3, racine. | coupée verticalement.
4,   *Valeriana celtica*, fig. 4, port. | 12,   *Valerianella eriocarpa*, fig. 12, fruit et calice.
5 à 9,   *Valeriana dioica*, fig. 5, port ; 6, fleur mâle ; | 13 et 14, *Nardostachys Jatamensi*, fig. 13, fleur ; 14, fruit
    7, fleur femelle ; 8, fruit ; 9, fruit coupé. | et calice.

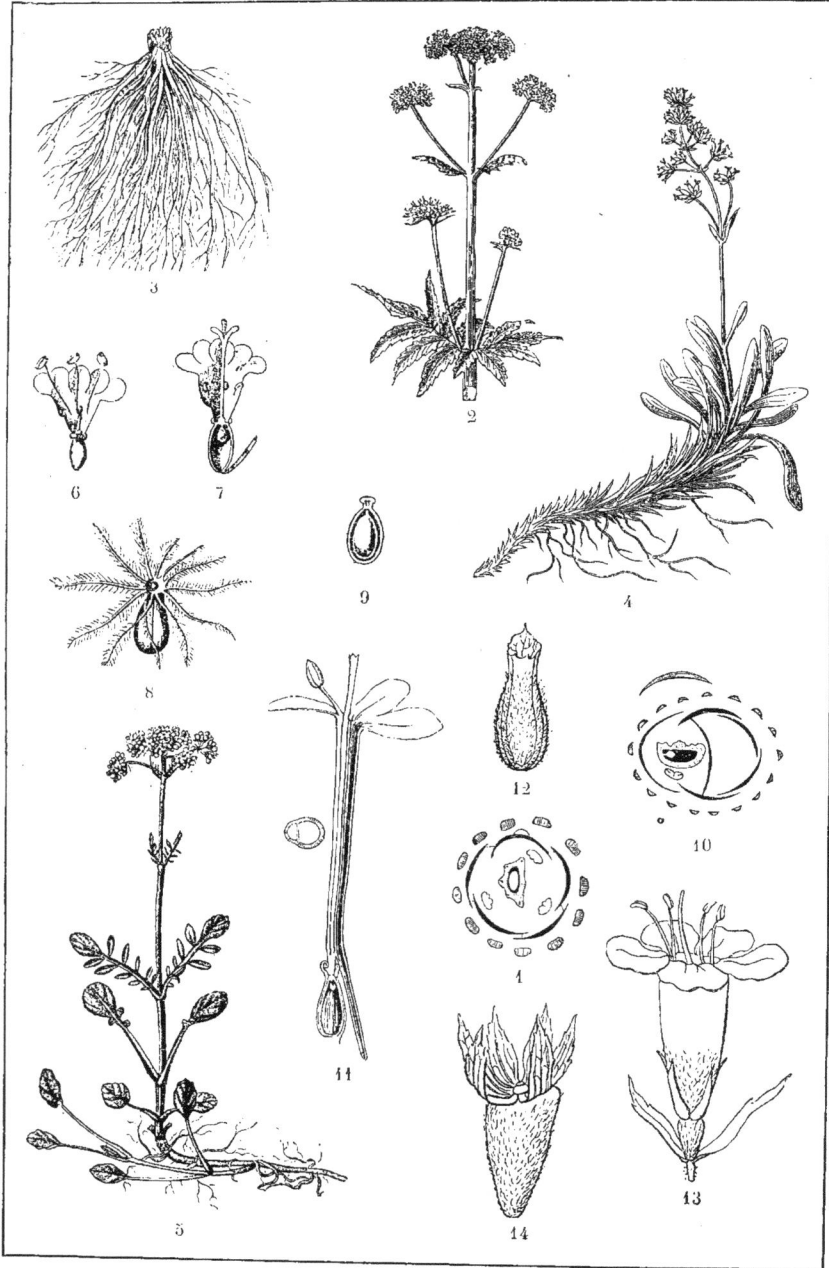

CAPRIFOLIACÉES.

Cette famille présente des affinités avec les Rubiacées d'une part, les Dipsacées et les Valérianacées de l'autre. Les différences portent sur le mode de préfloraison de la corolle, la constitution des feuilles (différence avec les Rubiacées), la nature du fruit et de la graine (différence avec les Valérianacées) et de l'ovaire (dissemblance avec les Dipsacées).

Les caractères communs à toutes les plantes de cette famille sont les suivants : corolle gamopétale épigyne (fig. 14, *Linnæa*), à préfloraison imbriquée (fig. 5, *Lonicera*); ovaire pluriloculaire (fig. 5); ovules pendants anatropes (fig. 2, *Sambucus*); fruit baccien (fig. 3, *Sambucus*); graine albuminée (fig. 11, *Symphoricarpus*); feuilles opposées, non stipulées (fig. 6, *Lonicera* et 12, *Linnæa*).

Ce sont des arbres ou arbrisseaux, rarement herbes, à feuilles opposées entières (fig. 12), quelquefois connées (fig. 6), non stipulées (fig. 7, *Symphoricarpus*). Les fleurs sont hermaphrodites, régulières (fig. 8, *Symphoricarpus*) ou non (fig. 6); le périanthe périgyne (fig. 14) est constitué par le calice à cinq dents (fig. 14 et 15, *Viburnum*) et par la corolle monopétale infundibuliforme (fig. 8) ou rotacée (fig. 2), à limbe 5-fide; les étamines libres, insérées sur le tube de la corolle (fig. 2 et 14), sont en nombre égal ou double de celui des divisions de la corolle. L'ovaire infère présente 2 ou 5 loges (fig. 14, 5) contenant des ovules solitaires pendants près du sommet de la loge (fig. 2); il est surmonté par un style terminé par 1 ou 5 stigmates (fig. 2, 8, 14). Le fruit est une baie (fig. 10) ou une drupe (fig. 3) uni ou pluriloculaire; les graines (fig. 4) renferment un embryon droit enveloppé dans l'albumen charnu (fig. 11).

Les Caprifoliacées habitent les régions tempérées des deux hémisphères; les fleurs de presque toutes les espèces possèdent une odeur suave et renferment des principes âcres, astringents.

PREMIÈRE TRIBU. — SAMBUCINÉES.

Corolle rotacée; stigmates 3, sessiles; fruit drupacé.

Genres principaux :

Sambucus L. — Sureau. — Fruits à 3 ou 5 graines.

S. nigra L., S. commun (fig. 1 à 4). — Les fleurs et les fruits sont employés en médecine comme sudorifique et purgatif.

Viburnum L. — Viorne. — Fruit monosperme par avortement.

V. opulus L., V. Obier (fig. 15). — Plante d'agrément dont les fruits sont laxatifs.

DEUXIÈME TRIBU. — LONICÉRÉES OU CAPRIFOLIÉES.

Corolle infundibuliforme; style filiforme ; fruit baccien.

Genres principaux :

Lonicera L. — Chèvrefeuille. — Ovaire 3-loculaire; étamines cinq.

L. caprifolium L., C. des jardins (fig. 5 et 6). — Plante ornementale dont les baies sont diurétiques.

Linnæa Gron. — Linnée. — Ovaire biloculaire; étamines quatre.

L. borealis Gron. (fig. 12 à 14). — Plante de Scandinavie, dont les feuilles sont employées dans ce pays comme sudorifique.

Symphoricarpus. — Symphorice. — Genre exotique.

S. racemosus Mich. (fig. 12 à 14). — Arbrisseau de la Caroline, dont l'écorce possède des propriétés fébrifuges.

EXPLICATION DES FIGURES.

1 à 4, *Sambucus nigra*, fig. 1, inflorescence ; 2, coupe de la fleur ; 3, fruit ; 4, graine.
5 et 6, *Lonicera caprifolium*, fig. 5, diagramme; 6, port.
7 à 11, *Symphoricarpus racemosus*, fig. 7, port; 8, fleur ; 9, fleur coupée, 10, fruit coupé; 11, graine.
12 à 14, *Linnæa borealis*, fig. 12, port; 13, fleur ; 14, fleur coupée.
15, *Viburnum opulus*, fig. 15, diagramme.

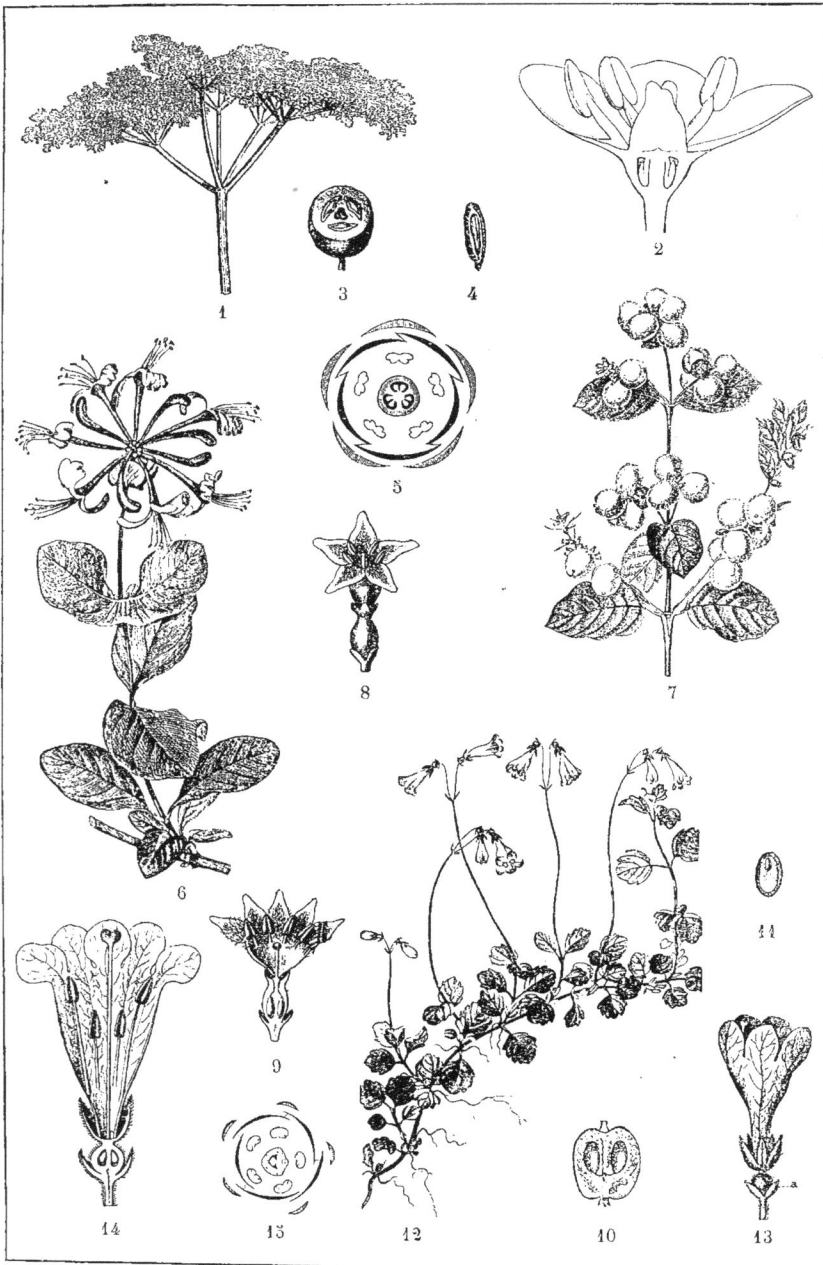

RUBIACÉES.

Les Rubiacées présentent des affinités avec les Caprifoliacées ; elles n'en diffèrent que par la préfloraison imbriquée de la corolle et les feuilles stipulées. Leurs analogies avec les Loganiacées sont encore plus grandes ; la seule différence qui existe entre ces deux familles consiste dans la position du gynécée ; il est épigyne dans les Loganiacées et hypogyne dans les Rubiacées.

Les caractères communs à toutes les plantes de cette famille sont les suivants : Fleurs régulières (fig. 2 et 3, *Rubia tinctorum*) ; réceptacle concave, renfermant l'ovaire biloculaire hypogyne (fig. 4, *Rubia*) ; périanthe et androcée épigynes (fig. 4) ; feuilles opposées, stipulées (fig. 8, *Gallium* et 13, *Scherardia*).

Les Rubiacées sont des plantes herbacées ou ligneuses à feuilles opposées (fig. 13), simples ; munies de stipules libres ou soudées, ayant souvent l'apparence des feuilles et simulant une disposition verticillée (fig. 8). Les fleurs sont régulières, hermaphrodites (fig. 2 et 3), disposées en cymes ou en panicules. Le périanthe est tantôt simple (fig. 2 et 3, *Rubia*), tantôt double (fig. 1, *Luculia*) ; le calice est petit, épigyne, à 2 ou 6 dents ; la corolle est gamopétale, épigyne, rotacée (fig. 9, *Gallium*) ou infundibuliforme (fig. 15, *Scherardia*), à 4, 5, ou 6 divisions (fig. 1, 2, 3 et 9). Les étamines libres, épigynes, insérées sur la corolle (fig. 4), sont au nombre de 4, 5 ou 6 (fig. 1, 2 et 9). Les anthères sont biloculaires, introrses, à déhiscence longitudinale (fig. 4). L'ovaire, contenu dans le réceptacle concave (fig. 4), est biloculaire (fig. 2 et 4) et surmonté d'un disque charnu (fig. 4 et 9) et d'un style simple à stigmate ordinairement bifide (fig. 4). Les loges de l'ovaire renferment chacune tantôt un ovule unique (fig. 2), tantôt plusieurs ovules (fig. 1) anatropes ou campylotropes, fixés à l'angle interne des loges (fig. 1, 2 et 4). Le fruit est tantôt sec, capsulaire (fig. 10, *Gallium*), tantôt charnu, bacciforme (fig. 5, *Rubia*), souvent uniloculaire et unispermé par avortement (fig. 6, fruit de *Rubia* avec une trace du deuxième carpelle). Les graines (fig. 11, 12, *Gallium*), souvent arillées, renferment un embryon droit (fig. 12) ou courbé (fig. 7, *Rubia*) enveloppé dans un albumen corné ou charnu (fig. 7 et 12).

Les Rubiacées sont pour la plupart cantonnées dans les pays intertropicaux ; quelques genres croissent cependant dans les zones tempérées. Presque toutes les plantes de cette famille contiennent des principes astringents, fébrifuges, toniques ou émétiques, ou des matières colorantes.

EXPLICATION DES FIGURES.

1,	*Luculia Sp.*, fig. 1, diagramme.
2 à 7,	*Rubia tinctorum*, fig. 2, diagramme ; 3, fleur ; 4, coupe de la fleur ; 5, fruit ; 6, fruit avec traces d'un deuxième carpelle ; 7, graine.
8 à 12,	*Gallium mollugo*, fig. 8, tige à feuilles verticillées ; 9, fleur 10, fruit ; 11, graine ; 12, graine coupée.
13 à 17,	*Scherardia arvensis*, fig. 13, port ; 14, pistil ; 15, fleur ; 16 et 17, fruit coupé verticalement dans les deux sens.
18,	*Psychotria emetica*, fig. 18, port et racine.

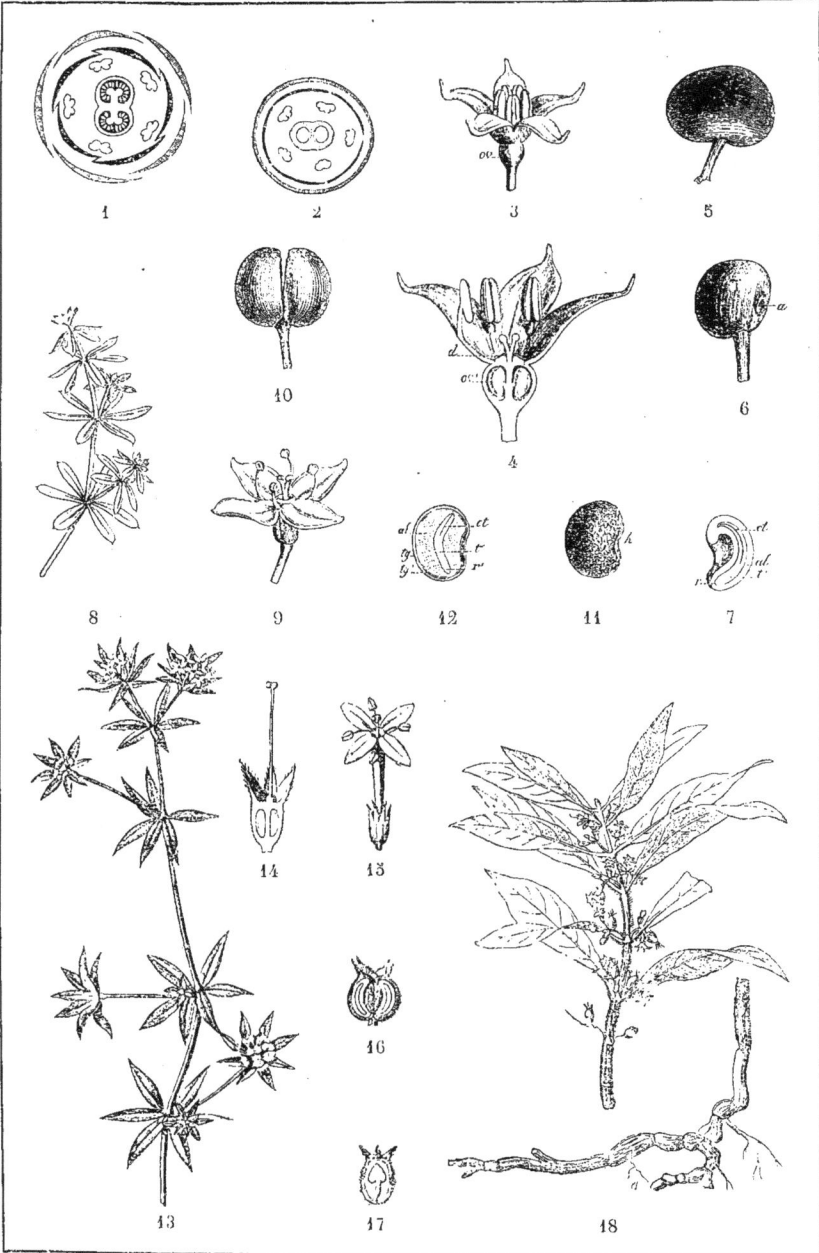

On divise aisément les Rubiacées en deux sous-familles ou tribus, d'après la nature de l'ovaire.

PREMIÈRE SOUS-FAMILLE. — COFFÉACÉES.

Ovaire à loges uni ou biovulées (fig. 2 et 4, pl. LXXXI). Fruits mono ou di-spermes (fig. 16 et 17, pl. LXXXI, *Scherardia*). Pour la facilité de l'exposition, on peut grouper les genres de Cofféacées en deux sections :

Première section. — Genres indigènes. — Plantes herbacées à feuilles en apparence verticillées.

Rubia Tourn. — Garance. — Corolle rotacée, plane, ordinairement à cinq lobes ; fruit charnu bacciforme, composé de deux carpelles ; calice rudimentaire.

R. tinctorum L., Garance (fig. 2 à 7, pl. LXXXI). — Plante qui croît spontanément dans l'Europe orientale et dans la région méditerranéenne ; elle est cultivée dans l'Europe centrale pour ses racines qui donnent, après avoir subi une préparation spéciale, une matière colorante rouge. La racine de garance s'employait beaucoup dans la teinture des étoffes, mais depuis qu'on a trouvé moyen de préparer artificiellement l'*Alizarine*, principe colorant de la Garance, sa culture a beaucoup diminué.

Galium L. — Gaillet. — Carpelle rotacé, plane, à quatre lobes ; fruit sec ; calice nul.

G. mollugo L., Mollugine (fig. 8 à 12, pl. LXXXI). — Était employée jadis en médecine, de même que *G. verum* (Caille-lait).

Scherardia L. — Schérardie. — Corolle infundibuliforme ; fruit sec, couronné par les six dents du calice.

S. arvensis L., S. des champs (fig. 13 à 17, pl. LXXXI). — Plante commune n'ayant aucune utilité pour l'homme.

Asperula L. — Aspérule. — Corolle infundibuliforme ou campanulée ; fruit sec, non surmonté par les limbes du calice.

A. odorata L., A. odorante. — Cultivée dans les jardins comme plante d'agrément, elle s'emploie quelquefois pour donner le bouquet à certains vins.

Deuxième section. — Genres exotiques. — Plantes pour la plupart ligneuses, à feuilles opposées.

Psychotria. — Fruit charnu, biloculaire ; graines recourbées.

P. emetica Plan., Ipecacuanha striée (fig. 18, pl. LXXXI). — Sa racine possède des propriétés émétiques à un très faible degré.

Cephælis Swarts. — Fleurs disposées en capitules terminaux, fruit drupacé.

C. ipecacuanha A. Richard., Ipecacuanha (fig. 7). — Petit arbuste du Brésil dont la racine (R. d'*Ipecacuanha* annelée) contient un alcaloïde (*émétine*) et s'emploie en médecine comme émétique.

Richardsonia Kunth. — Corolle à préfloraison valvaire ; fruit sec à 2 ou 4 noyaux ; stigmate bilobé.

R. brasiliensis Gomes, Ipecacuanha onduté (fig. 8). — Est quelquefois substitué au vrai Ipecacuanha (annelée), mais possède des propriétés émétiques bien moins marquées.

Ixora L. — Corolle à préfloraison tordue ; genre très voisin du Coffæa.

I. coccinea L., I. écarlate (fig. 9). — Plante exotique cultivée dans nos jardins.

EXPLICATION DES FIGURES.

1 à 6, *Coffæa arabica*, fig. 1, port ; 2, fleur ; 3, fruit ; 4, fruit coupé de façon à montrer la graine ; 5, graine entière ; 6, graine coupée.

7, *Cephælis Ipecacuanha*, fig. 7, port.
8, *Richardsonia Brasiliensis*, fig. 8, port.
9, *Ixora coccinea*, fig. 9, port.

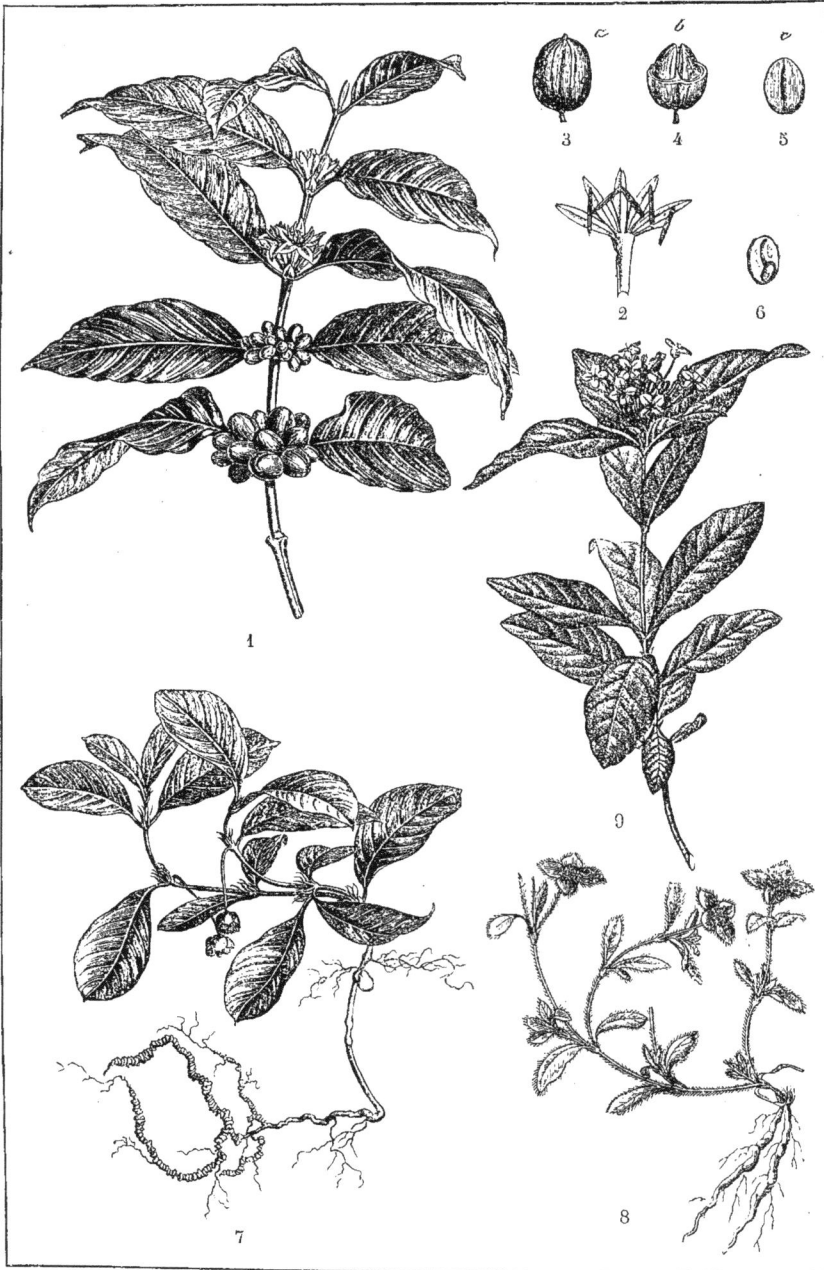

Coffæa L. — Caféier. — Fleurs disposées en cymes multiflores; ovules ascendants; fruit, une drupe à deux noyaux contenant chacun une graine à albumen corné (fig. 5 à 6, pl. LXXXII).

C. arabica L., Caféier (fig. 1 à 6, pl. II). — Arbre originaire d'Abyssinie et du Soudan, cultivé en Arabie, à Java, à Ceylan, dans les Antilles, au Brésil, etc. L'usage de la boisson connue de tout le monde qu'on prépare avec la graine de cet arbre ne s'est répandu dans l'Orient que vers la fin du treizième siècle; il fut introduit en Europe au commencement du dix-septième siècle; actuellement le café est un des principaux articles du commerce maritime international. La graine de café contient, outre les matières albumineuses, des huiles et un alcaloïde spécial, la *caféine* ou *théine*, qui est un excitant puissant du système nerveux; lorsque le café est torréfié, il s'y développe un autre principe, la *caféone*; pris en infusion chaude, le café exerce une action stimulante.

Chiococca Martins. — Caïnca. — Genre à ovules descendants; fleurs en grappes paniculées.

C. anguifera Mas., Caïnca. — Arbrisseau du Brésil dont la racine possède une propriété drastique. La racine d'une autre espèce, *C. racemosa* L., répandue dans les Antilles, y est employée contre la syphilis.

DEUXIÈME SOUS-FAMILLE. — CINCHONACÉES.

Ovaire à loges multi-ovulées (fig. 1, pl. LXXXI). Fruits pluri-spermés. Cette sous-famille ne contient que des genres exotiques.

Genres principaux :

Cinchona L. — Quinquina. — Corolle hypocratériforme (fig. 3 et 4) ; fruit sec à graines ailées (fig. 7). Les différentes espèces d'arbres appartenant à ce genre croissent spontanément sur les hauts plateaux (entre 1600 et 2400 mètres) des Cordillères des Andes, en Colombie, Ecuador, Pérou et Bolivie; certaines espèces sont acclimatées et cultivées à Java, à Ceylan, dans les Indes et à l'île Bourbon. Les Cinchona ont été connus en Europe depuis le dix-septième siècle, mais la première description de cet arbre si utile à l'humanité fut faite par La Condamine ; les travaux de Ruiz et Pavon, de Humboldt et Bonpland, de Weddell et de plusieurs autres botanistes nous ont fait connaître toutes les variétés de Quinquina. Les écorces de toutes les espèces contiennent, outre le tannin et les acides, plusieurs alcaloïdes dont les principaux sont la *Quinine* et la *Cinchonine* qui possèdent au plus haut degré les propriétés fébrifuges; l'écorce elle-même est en outre tonique. L'emploi considérable de la quinine en médecine est connu de tout le monde.

Les principales espèces qui fournissent l'écorce sont les suivantes :

C. calisaya Weddell. (fig. 1 à 7) du Pérou et de la Bolivie ; *C. succirubra* Pavon (fig. 8) de l'Équateur; *C. officinalis* L. (*C. Condaminea* H. B.) provenant de Lota (Equateur), localité la plus ancienne qui fournit le quinquina.

Cascarilla Wedd. — Genre voisin du précédent dont les nombreuses espèces comme *C. macrocarpa* Wed. (fig. 9 et 10), *C. magnifolia*, avec les plantes des genres *Condaminea*, *Exostemma*, etc., fournissent les *faux quinquinas*.

EXPLICATION DES FIGURES.

1 à 7, *Cinchona calisaya*, fig. 1, port; 2, portion de la feuille; 3. inflorescence; 4, corolle ouverte; 5, pistil; 6, fruits; 7, graines.

8, *Cinchona succirubra*, fig. 8, port.
9 et 10, *Cascarilla macrocarpa*, fig. 9, port; 10, fruits.

2

3

7

4

5

8

6

9

10

LOGANIACÉES (STRYCHNÉES).

Les Loganiacées sont très voisines des Rubiacées et n'en diffèrent que par l'ovaire supère; elles présentent également des affinités avec les Gentianées et les Solanées dont elles diffèrent principalement par la nature et la disposition des feuilles et par l'ovaire.

Les caractères communs à toutes les plantes de cette famille sont les suivants : réceptacle convexe (fig. 2, *Strychnos*); corolle gamopétale (fig. 1 et 2, *Strychnos*); étamines à filets soudés au tube de la corolle (fig. 2); ovaire supère (fig. 2), biloculaire (fig. 8, *Logania*); feuilles opposées, stipulées (fig. 5 et 7, *Strychnos*).

Ce sont des plantes ligneuses ou herbacées à feuilles opposées, stipulées, présentant souvent, outre la nervure médiane, 2 ou 4 nervures longitudinales parallèles au bord de la feuille (fig. 5 et 7). Les fleurs hermaphrodites ou rarement unisexuées (fig. 9 et 10, *Logania*) sont régulières, à périanthe double (fig. 1) et le plus souvent isostémones (fig. 1 et 8). Le calice est formé de 4 ou 5 sépales libres ou soudés (fig. 2), à préfloraison valvaire ou imbriquée (fig. 1 et 8); la corolle est gamopétale; son limbe présente 5 à 10 divisions, à préfloraison valvaire (fig. 1) ou convolutive. Les étamines en nombre égal des divisions de la corolle sont insérées sur cette dernière (fig. 2) et présentent des filets libres et des anthères biloculaires introrses à déhiscence longitudinale. L'ovaire supère (fig. 2), à 2 ou 4 loges (fig. 1 et 8), contient de nombreux ovules; il est surmonté d'un style simple à stigmate bilobé ou capité (fig. 2). Le fruit est tantôt une capsule s'ouvrant en 2 valves (fig. 11, *Logania*), tantôt une drupe ou une baie; les graines sont nombreuses ou solitaires; l'embryon droit, enveloppé dans un albumen charnu.

Les Loganiacées sont communes dans les régions tropicales des deux hémisphères; toutes contiennent un suc amer souvent vénéneux.

Genres principaux :

Strychnos L. — Strychnos. — Fruit bacciforme. Toutes les espèces de ce genre contiennent dans leur racine et dans leur graine un suc âcre et excessivement vénéneux qui doit ses propriétés à la présence de plusieurs alcaloïdes comme *strychnine, brucine, igasurine*.

S. *nux-vomica* L. Vomiquiées (fig. à 4). — Les graines (*noix vomiques*) sont employées en médecine.

S. *Tiete* (fig. 5 et 6), *Tjettek* des Javanais. — Fournit aux indigènes de Java un poison violent (*Upas-Tieté*).

Plusieurs espèces de Strychnos de la Guyane et du Brésil servent aux Indiens pour empoisonner leurs flèches; tels sont le S. *toxifera* Benth., le S. *Crevauxi* Plan. (fig. 7),

récemment trouvé à la Guyane par le docteur Crevaux, etc. Pour préparer le poison (*Curari* ou *Urari*), les indiens mêlent plusieurs autres plantes au strychnos.

S. *ignacii* L. — Arbrisseau des Philippines, dont les graines sont employées sous le nom de fèves de Saint-Ignace pour l'extraction de la strychnine.

Spigelia Lindl. — Fruit capsulaire; fleurs hermaphrodites.

S. *anthelmia* L., Brinvillière (fig. 12) du Brésil, et S. *marylandica* L. du Maryland, toutes les deux vénéneuses, sont employées en médecine.

Logania R. Br. — Fruit capsulaire; fleurs unisexuées.

L. *neriifolia* (fig. 8 à 11) est cultivée en Europe.

EXPLICATION DES FIGURES.

1 à 6, *Strychnos nux-vomica*, fig. 1, diagramme ; 2, coupe de la fleur; 3, graine entière ; 4, graine coupée verticalement. S. *Tiete*, fig. 5, port; 6, fruit.

7, *Strychnos Crevauxi*, fig. 7, port.

8 à 11, *Logania neriifolia*, fig. 8, diagramme ; 9, fleur mâle coupée verticalement; 10, fleur femelle coupée verticalement; 11, fruit.

12, *Spigelia anthelmia*, fig. 12, port.

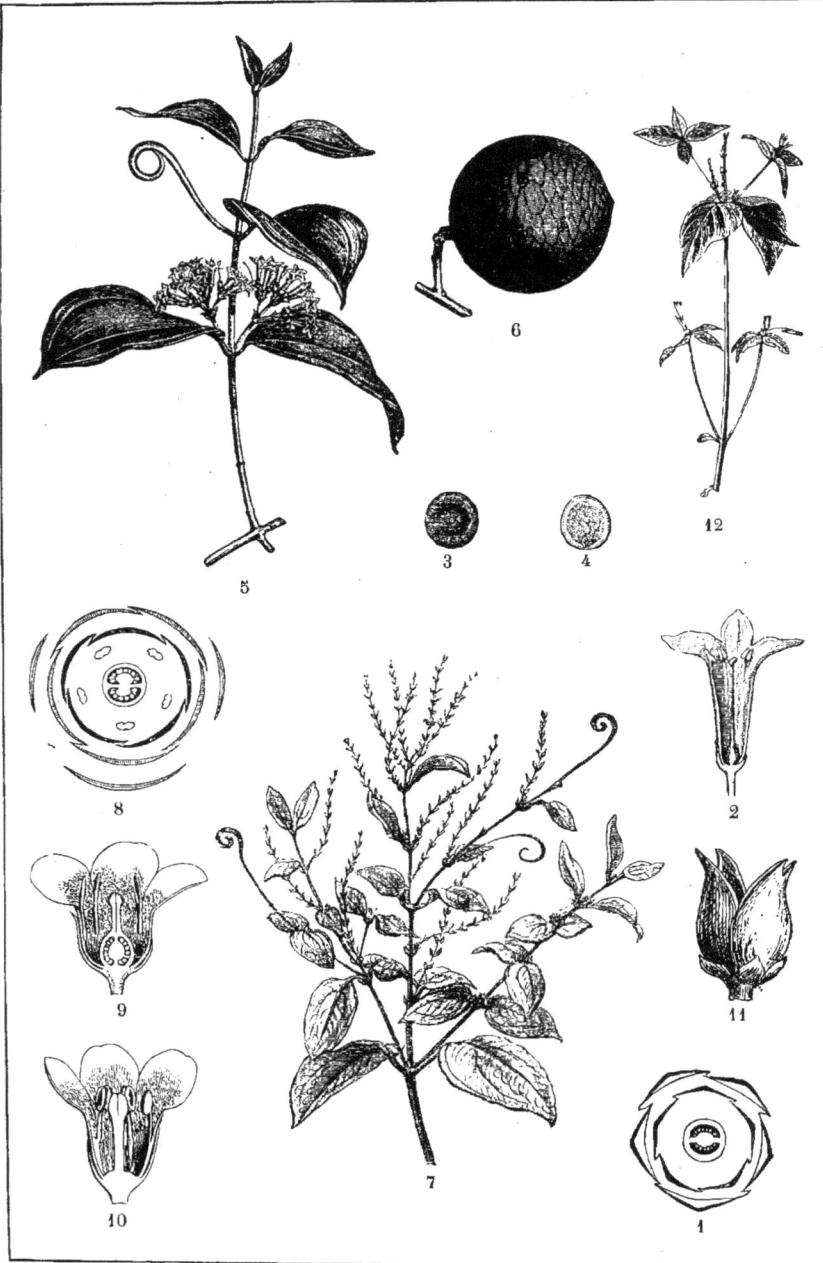

GENTIANÉES.

Les Gentianées sont rapprochées des Apocynées. Les caractères qui les distinguent sont le suc laiteux chez les Apocynées, et la cohésion de deux carpelles chez les Gentianées. Les Gentianées offrent en outre des affinités avec un grand nombre d'autres familles : avec les Asclépiadées ; avec les Gesneracées, dont elles diffèrent par la régularité des fleurs et l'isostémonie ; avec les Orobanchées, les Polémoniacées, etc.

Les caractères les plus constants des Gentianées sont la régularité des fleurs, la corolle monopétale, l'isostémonie, la structure de l'ovaire, le fruit capsulaire, la présence de l'albumen, etc.

Les Gentianées sont des plantes herbacées, rarement frutescentes, à suc aqueux. Feuilles opposées, verticillées, rarement alternes, simples (fig. 1, 10, 11), rarement composées (fig. 14), sans stipules. Fleurs hermaphrodites régulières (fig. 2 et 9), terminales ou axillaires, ordinairement en épis. Calice (fig. 4) de 4, 5, 6 ou 8 sépales plus ou moins soudés. Corolle monopétale, hypogyne, régulière (fig. 9, 12 et 16) à cinq lobes, ordinairement à préfloraison tordue. Étamines en nombre égal à celui des lobes de la corolle et alternes avec eux, insérées sur la gorge de la corolle (fig. 3). Anthères biloculaires introrses, à déhiscence longitudinale ; pistil composé de deux carpelles formant un ovaire uniloculaire, quelquefois biloculaire. Ovules anatropes, nombreux, rangés sur deux placentas pariétaux. Style simple (fig. 4), stygmate bifide. Fruit (fig. 5 et 6) capsulaire à deux valves. Graines nombreuses, très petites, albuminées. Embryon minime, occupant l'axe de l'albumen. Radicule voisine du hile, centrifuge.

Les Gentianées habitent tous les pays du globe ; mais elles préfèrent les régions tempérées. Il y a parmi les Gentianées des plantes alpines qui s'élèvent à de grandes hauteurs.

Toutes les Gentianées possèdent un principe amer, ce qui rend certains genres utiles à l'homme.

Les Gentianées ont été divisées en deux tribus : les *Gentianées vraies*, contenant des plantes terrestres, à feuilles opposées, à corolle à préfloraison tordue, et les *Menyanthées*, auxquelles appartiennent les plantes aquatiques à préfloraison induplicative et aux feuilles alternes.

Genres principaux :

Gentiana L. — Calice à 4 ou 5 divisions. Corolle en tube ou en cloche. Étamines 4 ou 5, aux anthères non contournées en spirale après la fécondation. Style à deux stigmates non capités. Fruit capsulaire, monoloculaire.

G. *lutea* L. (fig. 1 à 8). — Croît spontanément en France. Sa racine contient une substance amère et est employée contre la fièvre et contre les vers intestinaux.

G. *acaulis* L. (fig. 9), G. *purpurea* L. — Plantes alpines. G. *germanica* Willd., G. *pneumonante* L., la pulmonaire des marais, C. *nivalis* L., etc., sont communes en France.

Erythræa Rich. — Étamines cinq, anthères s'enroulant en spirales après la floraison, capsule bivalve.

E. *centaurium* (fig. 10 à 13), Rich. — Espèce employée en médecine pour les mêmes usages que le genre précédent.
E. *pulchella* Woods, E. *diffusa* Horn.

Menyanthes L. — Plante aquatique à feuilles alternes. Capsule aux graines arrondies, lisses, attachées au milieu des valves.

M. *trifoliata* L. (fig. 14 à 17). — Feuilles ternées. Employée comme fébrifuge, à cause de sa saveur amère. Croît sur les lieux marécageux, au bord des eaux.

Villarsia (Limnanthemum) Gmel. — Limnanthème. — La L. *nymphoides*, faux nénuphar, se rencontre souvent dans les étangs en France.

Chlora L. — **Licendia** Adans, etc.

EXPLICATION DES FIGURES.

1 à 9, *Gentiana lutea*, fig. 1, port ; 2, fleur ; 3, portion de la corolle avec étamines ; 4, pistil et calice ; 5, fruit ; 6, coupe horizontale du fruit ; 7, coupe verticale de la graine ; 8, racine.

9, *Gentiana acaulis*, fig. 9, port.
10 à 13, *Erythræa centaurium*, fig. 11, port ; 10, racine ; 12, corolle ; 13, pistil.
14 à 17, *Menyanthes trifoliata*, fig. 14, port ; 15, inflorescence ; 16, corolle ouverte ; 17, pistil.

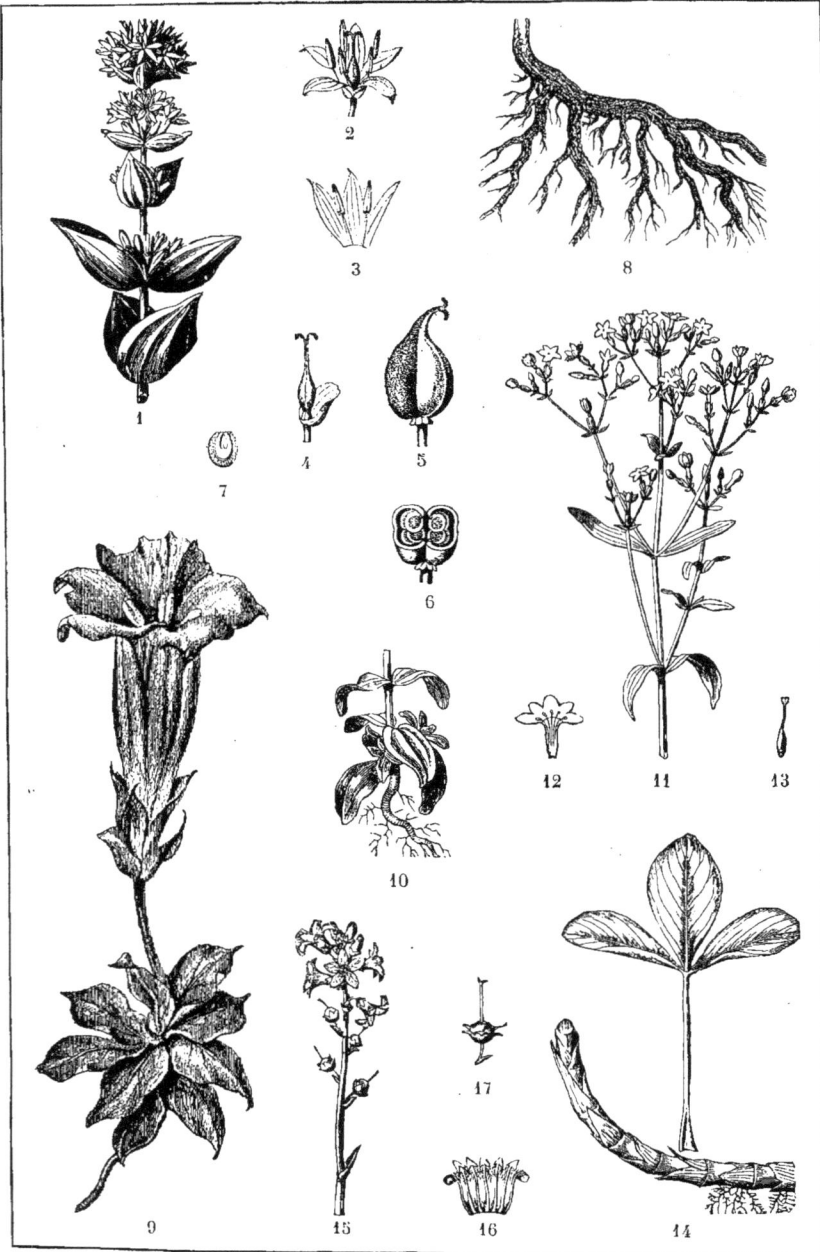

1　2　3　8　4　5　7　6　12　11　13　10　9　15　17　16　14

APOCYNÉES.

Les Apocynées sont très voisines des Asclépiadées et n'en diffèrent que par leur androcée normal. Elles sont aussi rapprochées des Loganiacées; les différences principales consistent dans la nature du suc, l'anisostémonie de la corolle, et dans l'ovaire composé pour la plupart des carpelles libres. Le suc et la nature ligneuse de la tige les éloignent aussi des Gentianées. Un grand nombre de caractères les rapprochent des Oléinées; elles présentent aussi des affinités notables avec les Rubiacées.

Les caractères principaux de la famille sont tirés de la régularité de la fleur, de l'isostémonie, du nombre des carpelles, de la présence d'un suc laiteux, etc.

Les Apocynées sont des plantes rarement herbacées, plus souvent ligneuses, à suc laiteux, à feuilles simples, entières, le plus souvent opposées, rarement verticillées ou alternes, sans stipules ou avec des glandes qui les remplacent (fig. 1 et 15). Fleurs hermaphrodites, régulières (fig. 16), ordinairement disposées en cymes. Calice libre (fig. 3 et 22), 4 à 5 fide ou 4 à 5 partit. Corolle monopétale, régulière, quelquefois munie à la gorge d'appendices ou de poils; limbe à 3 ou 5 lobes, à préfloraison tordue (fig. 4, 5, 17 et 2). Étamines insérées au tube de la corolle, en même nombre que les lobes et alternes avec eux, à filets très courts, aux anthères biloculaires souvent sagittées avec un prolongement du connectif (fig. 18), à déhiscence longitudinale. Pollen globuleux; gynécée composé de deux carpelles tantôt indépendants, tantôt cohérents en un ovaire biloculaire, unimême 3 ou 9 loculaire à la maturité (fig. 7, 8, 9, 20, 21). Ovules nombreux, anatropes. Styles réunis en un seul (fig. 19), terminé par un stigmate bifide. Fruit (fig. 10, 11) composé de deux follicules, membraneux ou capsulaire, biloculaire, drupacé ou bacciforme. Graines comprimées, souvent couvertes de poils, albuminées ou non. Embryon droit.

Les Apocynées, comme les Asclépiadées, habitent pour la plupart les pays tropicaux, surtout les contrées tropicales de l'Asie; dans les régions tempérées, elles ne sont représentées que par un petit nombre de genres.

Le suc laiteux de certaines Apocynées contient une gomme élastique analogue au *caoutchouc;* les autres ont un suc très vénéneux; il y a enfin des genres à suc très agréable pour le goût et recherché comme aliment.

Les Apocynées se divisent en quatre tribus : les Carissées, les Alamandées, les Ophioxylées et les Apocynées vraies.

Genres principaux :

Vinca L. — Pervenche. — Corolle hypocratériforme, semences nues ; habite les régions tempérées.
V. major L., *V. minor* L. (fig. 1 à 14). — Plantes ornementales.

Nerium L. — Corolle infundibuliforme à cinq divisions, semences plumeuses; feuilles ternées lancéolées.
N. oleander L., Laurier-Rose (fig. 15 à 22). — Habite le midi de l'Europe.

Strophantus.
S. hispidus Onaye. — Les graines sont très vénéneuses.

Collophora.
C. utilis, Urceola elastica, etc. — Fournissent le caoutchouc.

EXPLICATION DES FIGURES.

1 à 14, *Vinca minor,* fig. 1, port; 2, diagramme de la corolle; 3, calice; 4, corolle; 5, corolle ouverte; 6, anthère; 7, pistil; 8, coupe transversale de l'ovaire; 9, coupe verticale de l'ovaire; 10, fruit; 11, fruit ouvert; 12, graine; 13, coupe verticale de la graine; 14, coupe transversale de la graine.

15 à 23, *Nerium oleander,* 15, fragment du rameau; 16, fleur; 17, corolle ouverte; 18, étamine ; 19, pistil 20, coupe verticale de l'ovaire; 21, coupe horizontale du pistil; 22, calice après la fécondation.

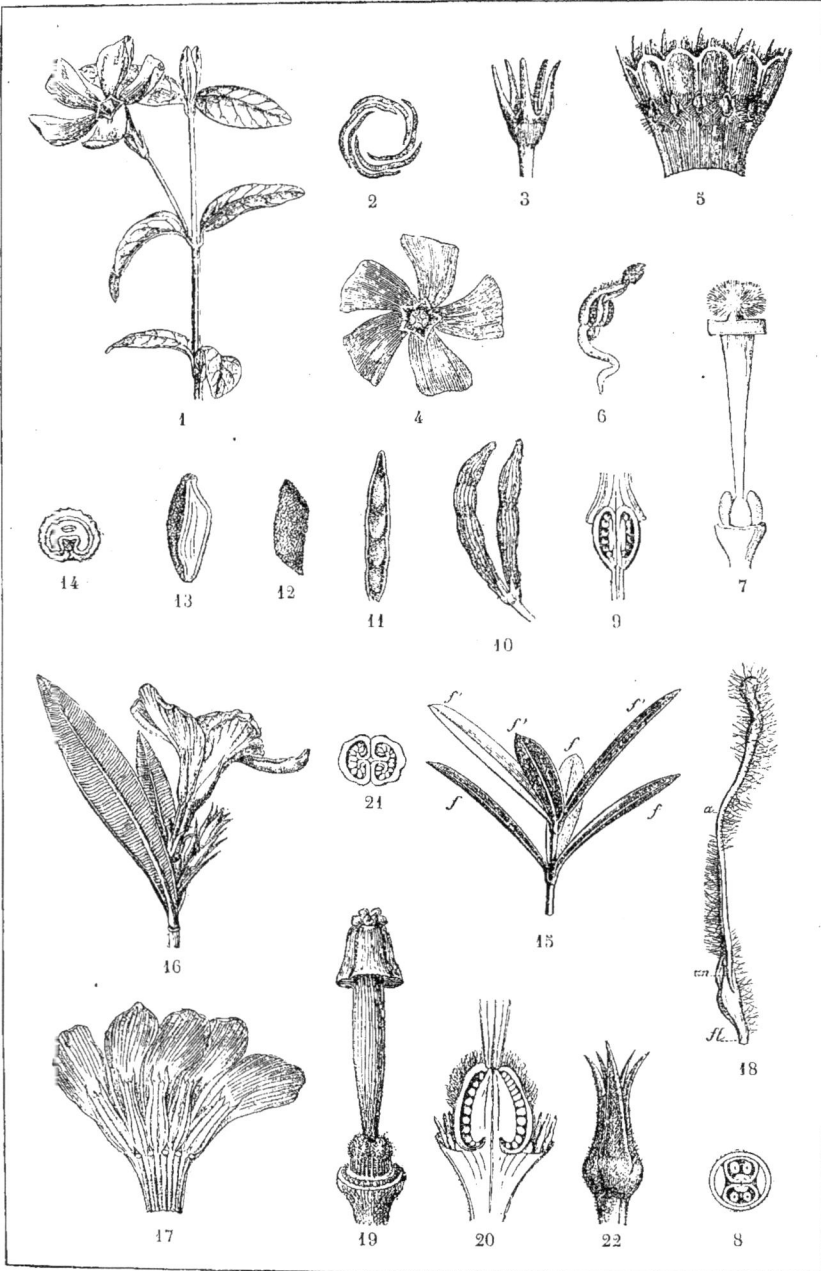

ASCLÉPIADÉES.

Famille très voisine des Apocynées, avec lesquelles elle a été autrefois réunie mais dont elle diffère réellement par la structure de l'androcée et par la présence de masses polliniques. Elle se rapproche aussi des Gesnériacées, mais les différences sont plus grandes entre ces deux familles et se rapportent à l'irrégularité des fleurs, à l'anisosté-monie, à la didynamie chez les Gesnériacées, etc.

Les caractères principaux des Asclépiadées sont tirés de la régularité des fleurs, du nombre des parties de la fleur construites sur le type 4-5, des étamines ordinairement soudées en tube, des grains de pollen réunis en masses polliniques, d'un ovaire double, des graines albuminées, etc.

Les Asclépiadées sont des plantes herbacées ou ligneuses, souvent volubiles, à suc lactescent, quelquefois charnues. Feuilles opposées, rarement verticillées, simples, entières, sans stipules (fig. 2 et 7). Fleurs hermaphrodites, régulières (fig. 8), très souvent disposées en ombelles ou en cymes, en grappes ou solitaires. Calice (fig. 14) libre, persistant, à cinq divisions, à préfloraison imbriquée. Corolle hypogyne, gamopétale à cinq divisions, à préfloraison contorte, munie à la gorge de cinq appendices de forme variée. Étamines insérées au fond de la corolle, alternes avec ses lobes. Filets rarement plus ou moins libres, le plus souvent réunis en tube nommé *gynostegium* (fig. 11) et munies chacun d'appendice de forme variable, renfermant l'anthère (fig. 9, 10). Anthères biloculaires, quelquefois 4-loculaires, soudées ordinairement en tube entourant le style et le stigmate, à déhiscence longitudinale ou apicale, ou quelquefois transversale (fig. 13). Les grains de pollen agglutinés en *masses polliniques* (fig. 12), correspondant chacune à une loge et réunies par un petit corps glandulaire sur la surface du stigmate. Ovaire biloculaire à deux carpelles distincts (fig. 14, 15, 16). Ovules nombreux, insérés à la suture ventrale, pendants, réfléchis. Styles courts, stigmates soudés en une masse épaisse à cinq angles. Fruits (fig. 4, 5, 17) folliculaires, contenant un grand nombre de graines munies souvent de poils, pour la plupart albuminées (fig. 18, 19). Embryon droit, radicule supère (fig. 20).

Les Asclépiadées habitent principalement les pays tropicaux; quelques genres s'avancent jusqu'aux régions tempérées. Leur suc laiteux est âcre, émétique, amer, quelquefois vénéneux, et c'est à lui que les Asclépiadées doivent leurs propriétés médicinales.

On les divise en trois tribus : les Périplocées, les Scamonées et les Asclépiadées vraies.

Genres principaux :

Cynanchum L.

C. Monspeliacum L., des bords de la Méditerranée.

Scamone.

S. emetica. — Plante originaire de l'Inde, émétique.

Vincetoxicum Mœnch, Dompte-Venin.

V. officinale Mœnch (fig. 1 à 5). — Croît dans tous les bois de l'Europe et de l'Asie. Les racines étaient réputées antidotiques, d'où le nom de Dompte-Venin.

Asclepias L. — Asclépiade.

A. syriaca L. (fig. 7 à 20). *A. Cornuti.* — Originaire de l'Amérique; subspontanée en France. Les poils des graines donnent une sorte de ouate.

Gonolobus.

G. condurango. — Liane de Colombie et de la Nouvelle-Grenade; on lui attribue une action efficace contre les affections cancéreuses.

EXPLICATION DES FIGURES.

1 à 5, *Vincetoxium officinale*, fig. 1, port; 2, feuille; 3, racine; 4, fruit; 5, fruit ouvert.

6 à 20, *Asclepias syriaca*, fig. 6, diagramme; 7, port; 8, fleur; 9, appendice pétaloïde; 10, le même coupé verticalement; 11, coupe verticale du gynosthème; 12, masses polliniques; 13, une étamine déhiscente; 14, calice avec deux ovaires; 15, coupe verticale de l'ovaire; 16, coupe transversale de l'ovaire; 17, coupe horizontale du fruit; 18, graine; 19, coupe verticale de la graine; 20, embryon.

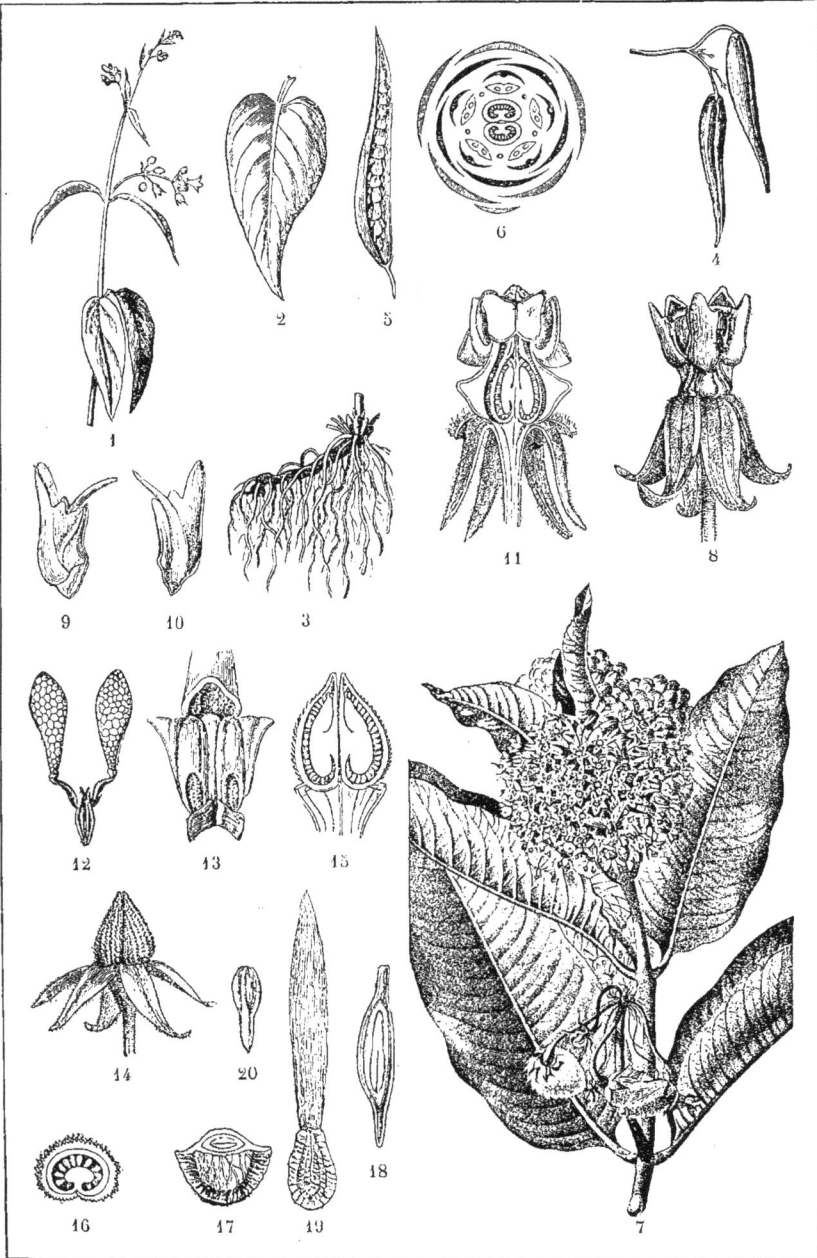

OLÉINÉES.

Famille très voisine des Jasminées, avec lesquelles on l'a souvent réunie. Elle n'en diffère en effet que par la préfloraison de la corolle, par la forme des anthères, des ovules et par l'abondance d'albumen. Les Oléinées offrent aussi beaucoup d'analogie avec les Apocynées, les Rubiacées, dont elles se distinguent par le nombre des étamines, les feuilles, etc. Les caractères essentiels des Oléinées sont la régularité des fleurs, deux étamines, ovaire biloculaire, ovules anatropes et suspendus, etc.

Les Oléinées sont des arbres ou arbrisseaux à feuilles opposées sans stipules, entières ou composées, pennées (fig. 1 à 6). Les fleurs sont hermaphrodites régulières (fig. 7) ou rarement unisexuées par avortement. Calice monosépale, libre, 4-denté ou nul. Corolle (fig. 8) hypogyne, composée de quatre pétales soudés en un tube ou presque libres, à préfloraison valvaire (fig. 2) ou nulle; deux étamines insérées sur la corolle (fig. 4, 5, 8); anthères biloculaires à déhiscence longitudinale (fig. 9); ovaire composé de deux carpelles, libre, biloculaire (fig. 5, 11). Chaque loge contient 2 ou 3 (rarement plusieurs) ovules pendants au sommet de la cloison, anatropes. Style simple à stigmate bifide (fig. 10). Fruit variable : drupacé, bacciforme (fig. 12), capsulaire ou samaroïde (fig. 13), bi ou uniloculaire. Graines pendantes, comprimées, pourvues d'albumen abondant; embryon droit.

Les Oléinées habitent les régions tempérées et chaudes de l'hémisphère boréale.

On les divise suivant la nature des fruits, en *Oléinées vraies* et en *Fraxinées*.

Genres principaux :

Olea L. — Olivier. — Fruit drupacé, uniloculaire par avortement. Arbre originaire de l'Asie et propagé dans la région méditerranéenne.

O. europæa (fig. 13). — Ses fruits, olives, sont d'une grande importance pour l'homme. Ils fournissent l'huile d'olive dont les usages sont nombreux.

Ligustrum F. — Troène. — Fruit, une baie.

L. vulgare (fig. 6 à 13). — Arbrisseau indigène; l'écorce est réputée astringente.

Fraxinus F. — Frêne. — Fleurs polygames sans calice ni corolle. Fruit samare. — Genre indigène.

F. excelsior L. (fig. 14). Frêne commun. — Arbre dont l'écorce a été proposée comme succédané du quinquina.

Ornus F. — Fleurs hermaphrodites. Le pistil et les fruits sont les mêmes que dans le genre précédent.

O. europæa Pers. et *O. rotundifolia*. — Deux arbres habitant le midi de l'Europe. Leur suc sucré, employé en médecine, est connu sous le nom de *manne*.

Syringa L. — Lilas. — Fruit capsule, s'ouvrant par déhiscence loculicide.

S. vulgaris L. Lilas (fig. 4 et 5). — Arbrisseau originaire de l'Orient et cultivé, ainsi qu'une autre espèce *S. persica*, dans tous les jardins à cause de la beauté et de l'odeur aromatique de ses fleurs.

JASMINÉES.

Famille très rapprochée de la précédente, de même que des Verbénacées, des Apocynées et des Ébénacées.

Ce sont des arbrisseaux ou arbres à feuilles opposées, ordinairement impaires, pennées (fig. 15). Fleurs hermaphrodites, régulières (fig. 16), à calice libre, monosépale, à 5 ou 8 divisions; à corolle monosépale, hypocratériforme, à préfloraison imbriquée à 4 ou 5 divisions (fig. 8); étamines deux, insérées sur le tube de la corolle, à filets très courts, aux anthères biloculaires introrses; ovaire biloculaire (fig. 20). Chaque loge contient 1 ou 2 ovules anatropes; fruit bacciforme ou capsulaire (fig. 21, 22); graines dressées (fig. 23), albumen minime, embryons à cotylédons charnus, à radicule infère.

Les Jasminées habitent pour la plupart les régions chaudes de l'Asie.

Genres principaux :

Jasminum F. — Jasmin. — Le fruit est une baie.

J. odoratissimum, J. officinale L., *J. Sambac*. — Cultivés dans nos jardins pour leurs fleurs parfumées.

Nyctanthes. — Fruit capsulaire à déhiscence septicide.

Mendora. — Fruit, une pyxide.

EXPLICATION DES FIGURES.

1 à 3, *Olea europæa*, fig. 1, port; 2, fleur; 3, fruit.
4 et 5, *Syringa vulgaris*, fig. 4, diagramme; 5, fleur coupée verticalement.
6 à 13, *Ligustrum vulgare*, 6, port; 7, fleur; 8, corolle et étamines; 9, étamines; 10, pistil; 11, coupe verticale de l'ovaire; 12, coupe verticale du fruit; 13, graine.
14, *Fraxinus*, fig. 14, fruit.
15 à 23, *Jasminum officinale*, fig. 15, port; 16, fleur; 17, corolle et étamines; 18, pistil; 19, coupe verticale de l'ovaire; 20, fruit; 21, coupe horizontale du fruit; 22, graine.

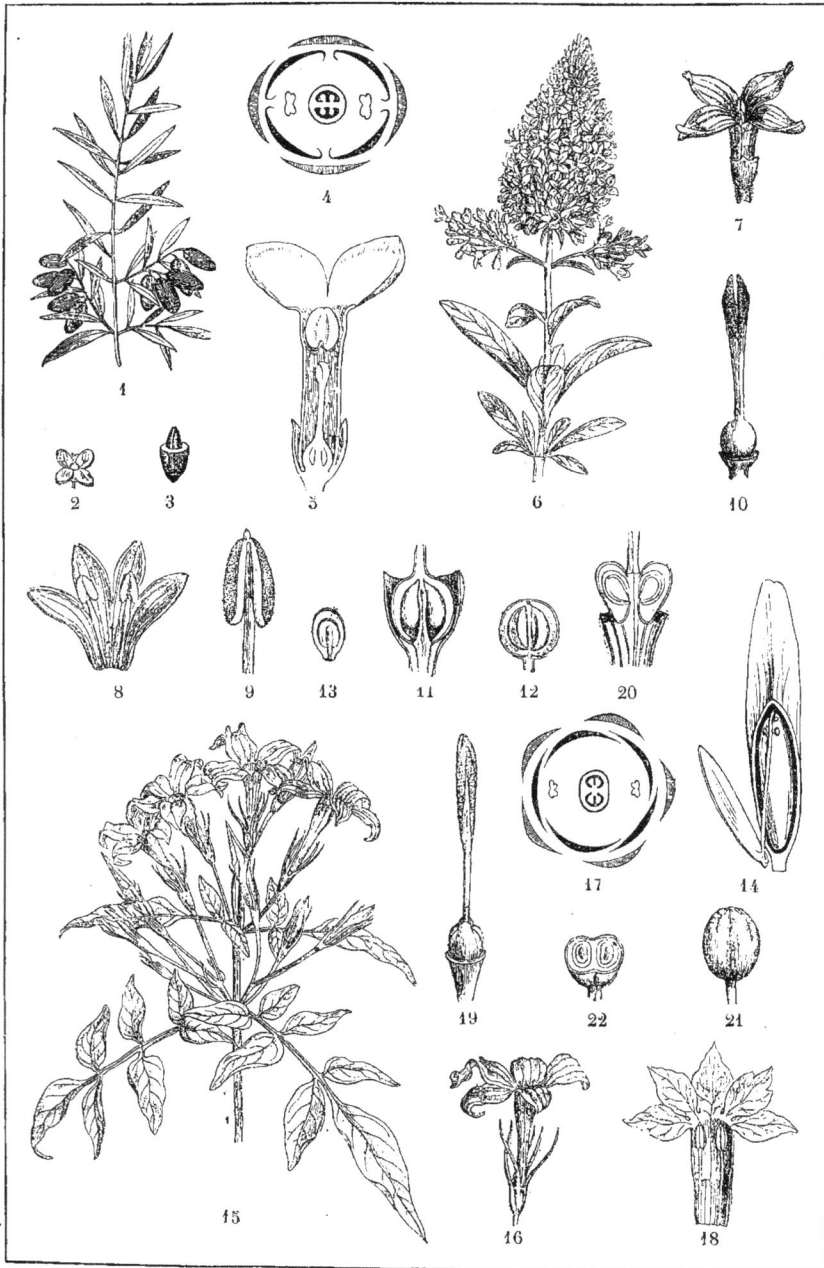

BORRAGINÉES.

Cette famille est voisine des Labiées; elle en diffère par les feuilles alternes, par la corolle régulière, par les étamines et par les ovules pendants. Les mêmes caractères, ainsi que l'ovaire, l'éloignent des Scrofularinées. Les Borraginées sont caractérisées par le nombre des parties de la fleur, par l'ovaire supère, par les ovules pendants, solitaires, etc.

Ce sont des plantes herbacées ou arborescentes, généralement hérissées de poils, d'où le nom des Aspérifoliées qu'on leur donne quelquefois. Feuilles alternes, simples, entières, dépourvues de stipules (fig. 2, 14, 20); fleurs hermaphrodites régulières, solitaires ou disposées en cimes; calice gamosépale à cinq divisions distinctes, persistantes (fig. 1, 8, 15 et 19); corolle monopétale tubuleuse (fig. 2) ou rotacée, ou campanulée, à préfloraison imbriquée, quelquefois munie à la gorge d'appendices nectarifères (fig. 3 et 4; étamines cinq, insérées au tube de la corolle, alternes avec les pétales (fig. 15); filets courts (fig. 22, 23), quelquefois munis d'un appendice dorsal (fig. 9); anthères biloculaires à déhiscence longitudinale. Pistil formé par deux carpelles, biloculaire d'abord, se divisant ensuite par des fausses cloisons en quatre loges; quelquefois ces quatre loges forment un ovaire 4-loculaire, le style est alors terminal (fig. 29); plus souvent chacune des loges est indépendante et le style est gynobasique, c'est-à-dire infère entre quatre loges (fig. 7, 11, 19). Chaque loge contient un ovule pendant, anatrope ou semi-anatrope. Fruit composé de quatre achaines (fig. 26) ou drupacé, à 2 ou 4 noyaux. Graines solitaires, albuminées ou non. Embryon droit (fig. 28, 30, 31).

Les Borraginées sont des plantes des régions tempérées; elles contiennent un mucilage réuni quelquefois à un principe amer ou astringent et sont employées en médecine.

Genres principaux :

Borrago Tourn. — Bourrache. — Écailles nectarifères dans la gorge de la corolle. Corolle sans tube distinct, à lobes pointus.

B. officinalis (fig. 8 à 12). — Commune dans nos contrées. Les fleurs sont employées en médecine populaire.

Symphytum Tourn. — Consoude. — Corolle munie d'écailles, cylindrique, renflée, à limbe droit.

S. officinale (2 à 7). — Commune dans nos régions.

Cynoglossum Tourn. — Corolle munie d'écailles, à tube distinct, à lobes arrondis; fruits hérissés d'aiguillons.

C. officinale (fig. 20 à 27). — Réputée narcotique.

Anchusa L. — Buglosse. — Corolle infundibuliforme avec des appendices creux à la gorge.

A. officinale et *A. italica* L. (fig. 13) sont des espèces employées en médecine.

Pulmonaria L. — Corolle infundibuliforme munie de cinq bouquets de poils.

P. officinalis L. — Était réputée comme efficace contre les maladies de la poitrine.

Myosotis. — Corolle hypocratériforme à cinq écailles. Jolie petite plante, dont plusieurs espèces : *M. palustris* (fig. 15-17), *sylvatica* (fig. 18, 19), *repens, intermedia, stricta*, sont très communes dans nos contrées.

Echium L. — Corolle irrégulière.

E. vulgare L., Vipérine.

Alkanna L.

A. tinctoria L. (fig. 14). — La racine est employée dans la teinture.

Tous ces genres sont caractérisés par leur style gynobasique et forment une sous-famille des Borraginées vraies.

Les genres caractérisés par leur style terminal forment une deuxième sous-famille, celle des Ebretiées qui se divisent en deux tribus :

1° Les Ebretiées à l'ovaire indivis, genre *Ebretia*.

2° Les Tournefortiées, ovaire 4-lobé; exemple : *Heliotropium europæum* (fig. 29-31.)

EXPLICATION DES FIGURES.

1,	*Symphytum asperrimum*, 1, fleur.
2 à 7,	*Symphytum officinale*, 2, port ; 3, corolle étalée ; 4, la même, la partie antérieure du limbe enlevée ; 5, portion inférieure du pistil ; 6, coupe de l'ovaire ; 7, calice avec les fruits.
8 à 12,	*Borrago officinalis*, 8, fleur ; 9, étamine à filet appendiculé ; 10, pistil ; 11, calice avec deux fruits ; 12, coupe verticale du fruit.
13,	*Anchusa italica*, 13, fleur.
14,	*Alcanna tinctoria*, 14, port.
15 à 19,	*Myosotis palustris*, 15, diagramme ; 16, port ; 17, calice. *M. sylvatica*, 18, pistil ; 19, calice et fruits.
20 à 27,	*Cynoglossum officinale*, 20, port ; 21, coupe de la fleur ; 22, étamine ; 23, id. vue d'en haut ; 24, pistil ; 25, disque ; 26, fruits ; 27, coupe du pistil.
28,	*Rochelia stellulata*, 28, coupe de deux fruits.
29 à 31,	*Heliotropium europæum*, 29, pistil ; 30, coupe verticale d'un fruit ; 31, embryon.

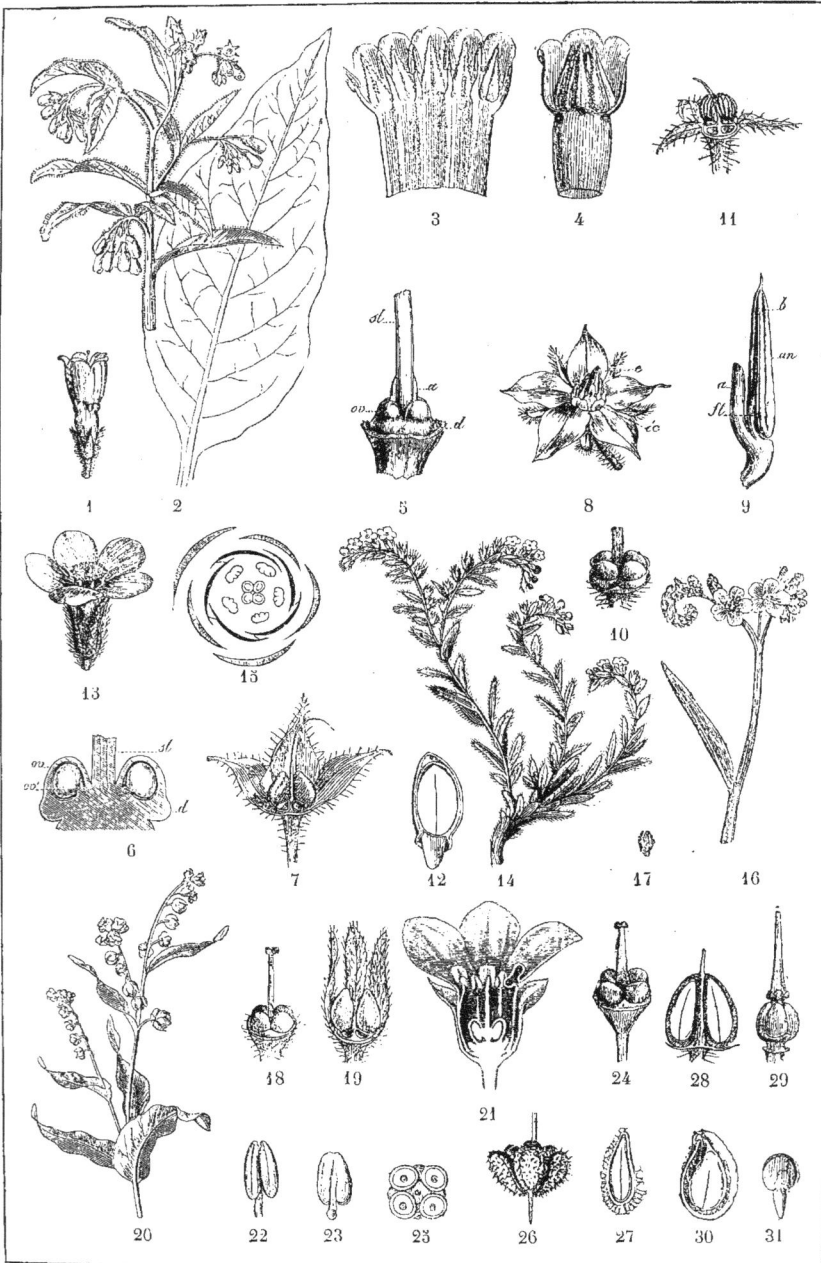

1 2 3 4 11

5 8 9

13 15 10

6 7 12 14 17 16

18 19 21 24 28 29

20 22 23 25 26 27 30 31

SOLANÉES.

Cette famille est une des plus intéressantes du règne végétal, tant par la diversité et l'abondance de ses espèces, que par sa grande utilité pour l'homme. Le groupe est bien naturel, quoique ses affinités avec les autres familles soient nombreuses. Les Solanées se rapprochent des Convolvulacées et des Polémoniacées, dont elle diffère par l'ovaire biloculaire, par la disposition des placentaires et par l'embryon courbé. L'affinité est aussi grande avec les Scrofularinées ; les Solanées s'en distinguent seulement par leur corolle régulière et par l'isostémonie. Les Verbascées sont des formes transitoires entre ces deux familles.

Les caractères principaux des Solanées sont basés sur la régularité de la corolle et du calice, sur le type 5 de ces parties et des étamines, sur le mode d'insertion des étamines, sur l'ovaire biloculaire, sur les ovules anatropes, sur la présence de l'albumen dans la graine, etc.

Les Solanées sont des plantes herbacées sous-frutescentes, rarement arborescentes, à suc aqueux, souvent narcotique. Feuilles alternes, simples, sans stipule (fig. 13), les supérieures souvent géminées. Fleurs hermaphrodites, régulières, disposées en cymes, le plus souvent terminales, ou en corymbes, à pédoncules extra-axillaires par suite de leur soudure avec les rameaux, sans bractées. Calice monosépale libre, le plus souvent à 5, quelquefois à 4 ou 6 divisions (fig. 2 et 14), persistant en tout ou en partie (fig. 15 ; pl. XCI, 15). Corolle hypogyne, gamopétale, campanulée, rotacée, infundibuliforme, hypocratériforme ; limbe ordinairement à cinq lobes (rarement à 4 ou 6), à préfloraison plissée ou induppliquée (fig. 2, 14 ; pl. XCI, fig. 5, 13, 14'. Etamines en nombre correspondant à celui des divisions de la corolle, alternes avec elles (fig. 14 ; pl. XCI, fig. 5), insérées sur le tube de la corolle. Anthères quelquefois conniventes, biloculaires, introrses, s'ouvrant par des fentes longitudinales ou quelquefois par un pore terminal (fig. 3). Pistil composé de deux feuilles carpellaires formant un ovaire biloculaire (pl. XCI, fig. 18 et 19); les deux loges peuvent être elles-mêmes subdivisées par des fausses cloisons (pl. XCII, fig. 2). Ovules nombreux dans chaque loge, disposés sur les placentaires adossés à la cloison ; campylotropes. Style simple terminal (fig. 5), stigmate indivis ou lobé. Fruit tantôt capsulaire à déhiscence loculicide (pl. XCII, fig. 4), septicide ou circulaire (pl. XCI, fig. 16, 17), tantôt bacciforme, charnu ou pulpeux, biloculaire (fig. 8, 9, 15, 16, 17 ; pl. XCI, fig. 6, 7, 8). Graines nombreuses, ordinairement réniformes, albuminées (fig. 19 ; pl. XCI, fig. 20, 21). Embryon arqué ou annulaire (fig. 20 ; pl. XCI, fig. 22).

Les Solanées habitent pour la plupart les contrées tropicales, surtout de l'Amérique; elles sont plus rares dans les régions tempérées.

Les plantes de cette famille contiennent souvent des alcaloïdes divers, auxquels elles doivent leurs propriétés médicales. Les alcaloïdes narcotiques se trouvent dans les fruits, dans les graines, dans les feuilles, quelquefois dans la plante tout entière. Quelques-unes des Solanées contiennent de grandes quantités de fécule, ce qui les rend très importantes pour l'alimentation de l'homme.

EXPLICATION DES FIGURES.

1 à 10, *Solanum nigrum*, fig. 1, port; 2, fleur; 3, étamines connées; 4, corolle fendue longitudinalement; 5, pistil; 6, coupe horizontale de l'ovaire ; 7, coupe verticale de l'ovaire ; 8, fruits; 9, coupe verticale du fruit; 10, coupe verticale du noyau.

11, *Solanum dulcamara*, fig. 11, port.

12, *Solanum tuberosum*, fig. 12, tige souterraine et racine.

13 à 16, *Atropa belladona*, fig. 13, port; 14, corolle fendue; 15, fruit et calice ; 16, fruit coupé.

17 à 20. *Physalis alkekenge*, fig. 17, fruit; 18, coupe verticale de la baie ; 19, coupe verticale de la graine ; 20, embryon.

SOLANÉES.

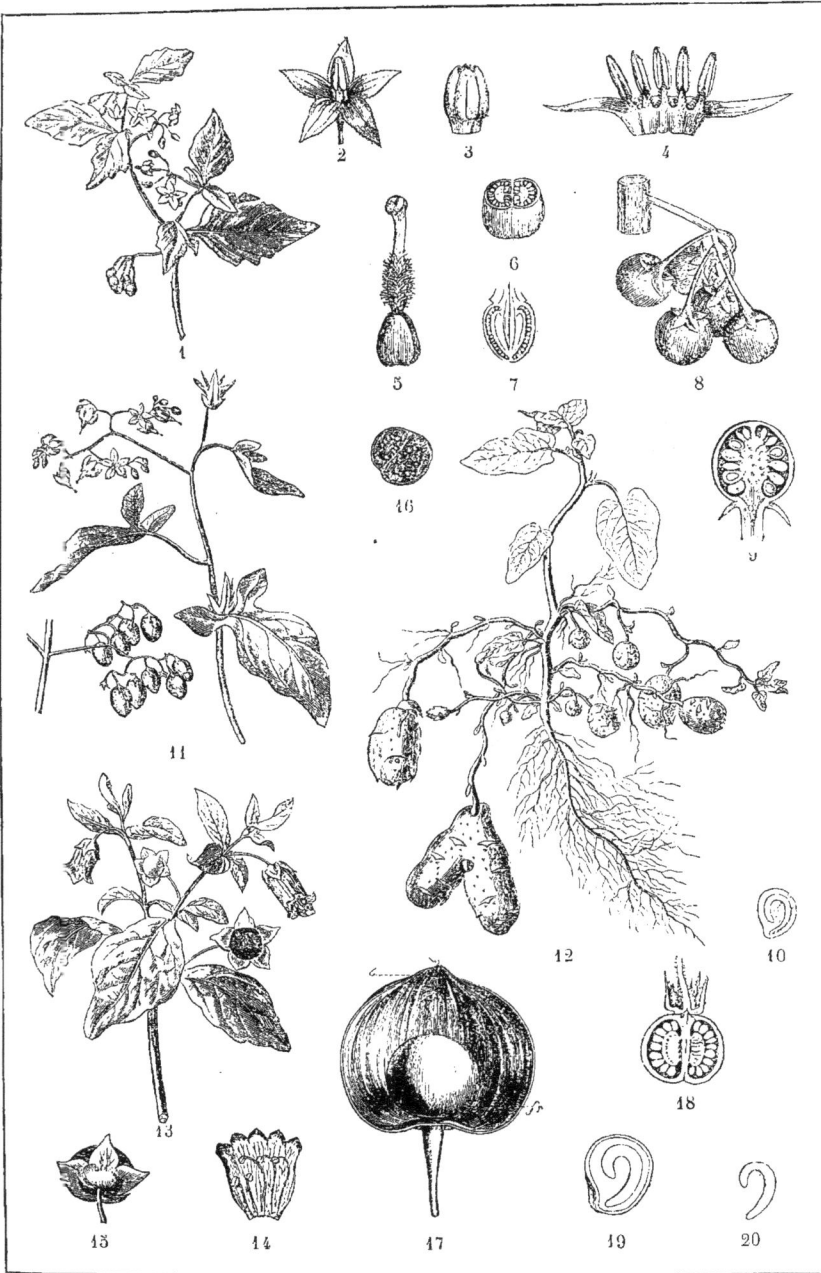

Les Solanées, suivant la forme de leurs fruits, se divisent naturellement en quatre tribus. Les plantes à fruit bacciforme, biloculaire, appartiennent à la tribu des *Solanées vraies;* dans la tribu des *Hyoscyamées* le fruit est une pyxide, capsule à déhiscence circulaire; dans les *Daturées,* c'est une capsule ou baie à quatre loges incomplètes. Enfin, dans les *Nicotianées,* le fruit est une capsule biloculaire à deux valves septicides.

Genres principaux :

TRIBU DES SOLANÉES VRAIES.

Solanum L. — Morelle. — Corolle rotacée; étamines cinq, conniventes par leurs anthères, s'ouvrant par deux pores.

S. nigrum L. (pl. XC, fig. 1 à 10). — Tige herbacée, feuilles simples, sinuées ou dentées, baies noires; très commune en France. Plante légèrement narcotique. Ses feuilles sont quelquefois mangées comme épinards. C'est des fruits de cette plante qu'on a extrait pour la première fois l'alcaloïde vénéneux, la *solanine.*

S. dulcamara L., Douce-Amère (pl. XC, fig. 11). — Tige ligneuse, grimpante, à fleurs violettes; baies rouges; commune dans les haies et les bois. Employée quelquefois comme purgative. Contient aussi la *solanine.*

S. tuberosum L. (pl. XC, fig. 12) Pomme de terre. — Plante herbacée; rameaux souterrains s'épaississant en tubercules; feuilles composées de 5 ou 7 folioles. Fleurs violettes, bleues, rougeâtres ou blanches, disposées en corymbe. Baies rouges brunâtres. La pomme de terre est originaire du Chili où elle croît spontanément sous une forme que l'on voit encore dans nos plantes cultivées; il est douteux que son habitation naturelle s'étendait jusqu'au Pérou et la Nouvelle-Grenade, comme on l'a affirmé quelquefois. Sa culture était cependant répandue, avant la découverte de l'Amérique, du Chili à la Nouvelle-Grenade. Introduite probablement dans la seconde moitié du XVIe siècle, dans la partie des États-Unis appelée aujourd'hui Virginie et Caroline du Sud, elle fut importée de là en Europe, d'abord par les Espagnols, et ensuite par les Anglais lors des voyages de W. Raleigh (1580-1585). Elle s'est répandue plus ou moins rapidement dans toute l'Europe et est devenue une des plantes alimentaires des plus importantes. Dans certains pays pauvres (Irlande, Galicie, Silésie), elle est encore l'aliment principal des habitants. Les tubercules de la pomme de terre renferment une grande quantité d'amidon; ils sont aussi employés pour la fabrication du sucre et de l'eau-de-vie.

S. mammosum. Morelle mammiforme. — Originaire des îles d'Amérique. Les fruits sont très vénéneux.

Lycopersicum Tournefort. — Tomate. — Genre voisin des Morelles, se distingue par le type sept des parties de la fleur.

L. esculentum (pl. XCI, 1, 2). — Originaire des Antilles, cultivé dans nos jardins. Ses fruits sont alimentaires.

Atropa Cærtn. — Belladone. — Fleurs solitaires, calice 5-partit, étalé à la maturité; corolle campanulée, anthères s'ouvrant longitudinalement, baies biloculaires à graines nombreuses, réniformes.

A. belladona (pl. XC, fig. 13 à 15). — Les baies et toutes les parties de la plante sont vénéneuses. Elles contiennent un alcaloïde nommé *atropine,* qui agit spécialement sur la pupille en la dilatant.

Physalis L. — Coqueret. — Calice renflé à la maturité, coloré, renfermant le fruit.

P. alkekengi L. — Alkekenge (pl. XC, fig. 17 à 20). — Les baies et les graines sont quelquefois employées en médecine populaire comme diurétiques.

Capsicum Tournef.

C. annuum (pl. XCI, fig. 6 à 9), Piment. — Plante originaire de l'Inde, cultivée dans nos pays. Ses fruits très âcres sont employés comme condiment.

C. frutescens L. — Originaire de Cayenne, est encore plus âcre que l'espèce précédente.

Mandragora Tournef. — Baie ovoïde jaunâtre, à une loge polysperme.

M. officinalis Mill. et *M. vernalis* (fig. 3 à 5). — Jouissent des mêmes propriétés que la Belladone; étaient employées par les sorciers comme douées de propriétés surnaturelles.

Lycium L. — Lyciet. — Corolle infundibuliforme; étamines velues à la base.

L. vulgare, L. barbatum. — Croissent dans les haies et dans les jardins.

EXPLICATION DES FIGURES.

1 à 2, *Lycopersicum esculentum,* fig. 1, port; 2 fruit.
3 à 5, *Mandragora vernalis,* fig. 3, port; 4, fruit; 5, corolle fendue verticalement.
6 à 9, *Capsicum annuum,* fig. 6, fruit coupé; 7, coupe transversale du fruit dans la partie supérieure; 8, id. dans la partie inférieure; 9, coupe de la graine.

10 et 11, *Hyoscyamus albus,* fig. 10, port; 11, corolle fendue.
12 à 22, *Hyoscyamus niger,* fig. 12, port; 13, corolle fendue; 14, fleur coupée; 15, calice et fruit; 16, fruit; 17, fruit ouvert; 18, coupe du fruit; 19, fruit coupé en travers; 20, graine; 21, coupe de la graine; 22, embryon.

1 2 3 4 5 6 7 8 9 10 11 12 13 14 15 16 17 18 19 20 21 22

TRIBU DES HYOSCYAMÉES.

Le fruit est une pyxide.

Hyoscyamus Tourn. — Jusquiame. — Calice campanulé, persistant, corolle infundibuliforme à cinq lobes inégaux, obliques.

H. niger L. (pl. XCI, fig. 12 à 22). — Tige rameuse couverte, ainsi que les feuilles, de longs poils. Feuilles ovales, lancéolées, sinuées ou découpées. Les semences de fruits deviennent noires à la maturité.

La Jusquiame est douée des propriétés vénéneuses, dues à un alcaloïde nommé *hyoscyamine*. La hyoscyamine dilate la pupille ; à doses élevées elle est très hypnotique et dangereuse. On l'emploie souvent en médecine.

H. albus L. (pl. XCI, fig. 10, 11). — Tige peu rameuse. Les semences des fruits restent blanches à la maturité. Jouit des mêmes propriétés que l'espèce précédente.

Scopolia Schulf. — Plante de l'Europe orientale.

TRIBU DES DATURÉES.

Capsule à quatre loges incomplètes.

Datura Linn. — Stramoine. — Calice tubuleux à cinq dents, caduc en partie ; corolle très grande, infundibuliforme ; étamines cinq, stigmates à deux lames ; fruit épineux, déhiscent en valvules loculicides.

D. stramonium L. (fig. 1 à 3). Pomme épineuse. — Tige haute de 5 à 12 centimètres. Feuilles ovales, larges, glabres, pointues, à dents allongées. Fleurs blanches en entonnoir plissé. Croît dans les lieux cultivés, sur les bords des chemins, etc.

Le stramoine est une plante narcotique et vénéneuse.

Le principe actif est contenu dans le suc et dans les semences ; on l'a extrait sous forme d'un alcali cristallisable, nommé *daturine*. La daturine a des propriétés analogues à celles de l'atropine.

D. tatula L., *ferox*, *lævis*, *arborœa*, ont les mêmes propriétés que l'espèce précédente.

Solandra. — Plante voisine de Datura ; elle n'en diffère que par son fruit bacciforme. On la cultive dans les orangeries.

TRIBU DES NICOTIANÉES.

Fruit capsulaire, biloculaire, à déhiscence septicide.

Nicotiana L. — Calice tubulé, divisé en cinq dents, corolle monopétale infundibuliforme à cinq lobes, cinq étamines alternes avec les lobes. Ovaire à deux loges ; fruit sec, capsulaire, s'ouvrant par une déhiscence septicide en deux valves, et laissant dans le milieu une cloison chargée de graines.

N. tabacum L. (fig. 7 à 15). — Plante haute de 1 m,60 ; corolle à tube allongé, renflé vers le sommet ; limbe à couleur rose à cinq lobes ; capsule ovale.

N. rustica L. (fig. 6). — Hauteur de 60 centimètres à 1 mètre ; fleurs petites à corolle vert-jaunâtre, à tube court ; limbe à quatre lobes. Capsule arrondie.

Les deux espèces sont originaires d'Amérique ; leur patrie primitive semble être l'Ecuador et les pays avoisinants. Plusieurs variétés sont cultivées ; on emploie les feuilles de ces plantes à la fabrication du tabac. Intro-

duites en Europe vers le milieu du seizième siècle (le *N. tabacum*, par Jean Nicot, ambassadeur de France près de la cour de Lisbonne), leur usage s'est répandu rapidement d'abord parmi les gens de mode et après dans toutes les classes de la population. Les propriétés narcotiques du tabac sont dues à un alcaloïde renfermé dans les feuilles et nommé *nicotine*. La nicotine est un poison violent.

Le *N. suaveolens* de la Nouvelle-Hollande et le *N. fragrans* de la Nouvelle-Calédonie sont les seules espèces non américaines.

EXPLICATION DES FIGURES.

1 à 5, *Datura stramonium*, fig. 1, port ; 2, coupe transversale de l'ovaire ; 3, coupe verticale du fruit ; 4, fruit déhiscent ; 5, graine.

6, *Nicotiana rustica*, fig. 6, port.

7 à 16, *Nicotiana tabacum*, fig. 7, port ; 8, fleur ; 9, coupe verticale de la fleur ; 10, diagramme ; 11, coupe transversale de l'ovaire ; 12, coupe verticale de l'ovaire ; 13, fruit ; 14, graine ; 15, coupe verticale de la graine ; 16, embryon.

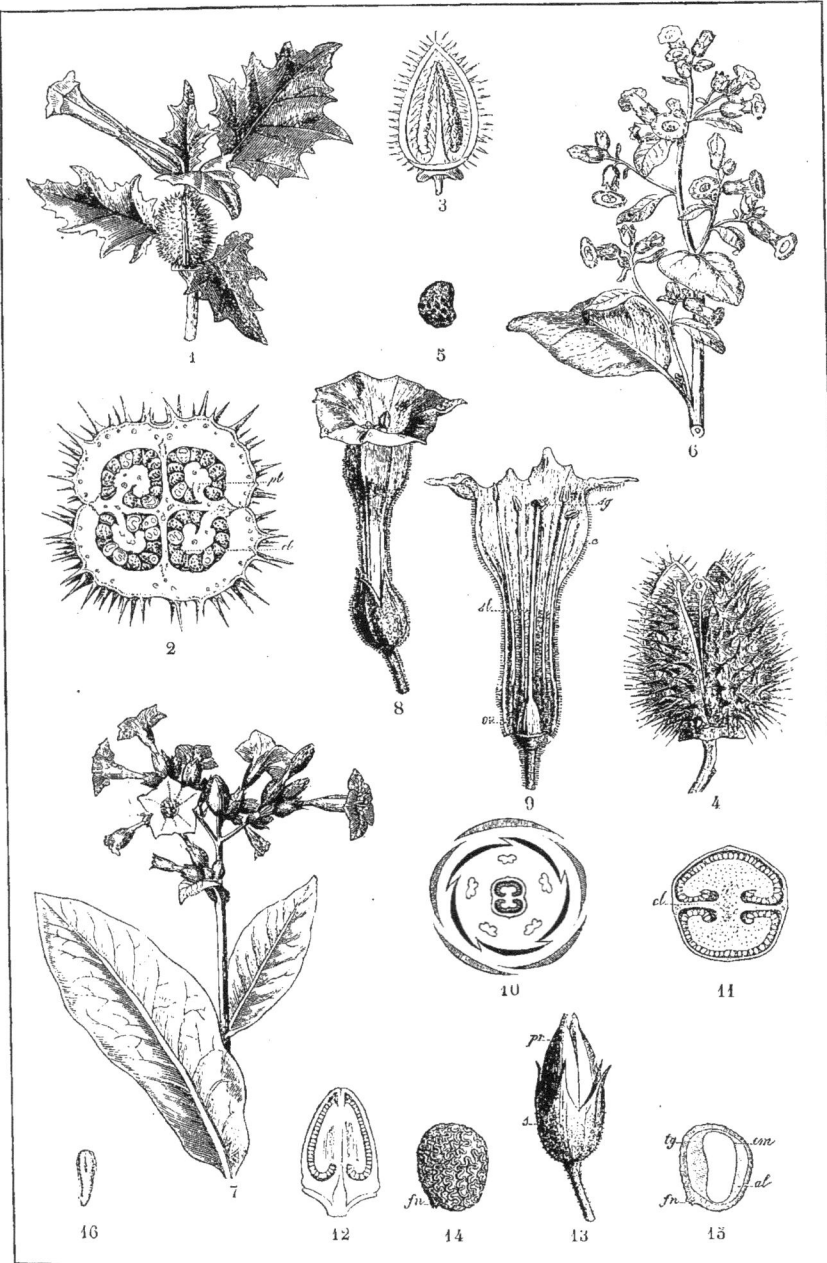

VERBÉNACÉES.

Famille très voisine des Labiées, dont elle a gardé presque tous les caractères principaux. Elle diffère néanmoins des Labiées par la cohérence des parties de l'ovaire et par son fruit baccien. Comme les Labiées, les Verbénacées ont beaucoup d'affinités avec les Borraginées, et n'en diffèrent que par l'irrégularité de leurs fleurs, par anisostémonie, par la disposition des ovules, etc. On a aussi établi des rapprochements entre les Verbénacées et un grand nombre de familles, comme les Acanthacées, les Stilbinées, les Globulariées et même les Jasminées.

Les caractères principaux des Verbénacées sont basés sur l'irrégularité de la corolle, sur la didynamie, sur la structure de l'ovaire, sur l'existence d'un seul ovule dans chaque loge, sur la position de cet ovule, etc.

Les Verbénacées sont des plantes herbacées, frutescentes, arbrisseaux ou arbres à tiges le plus souvent quadrangulaires. Feuilles ordinairement simples, opposées (fig. 1, 13), quelquefois alternes ou composées, privées de stipules. Fleurs hermaphrodites, irrégulières (fig. 3, 15), disposées en épis, grappes, cymes, corymbes ; ou en têtes, munies d'une bractée. Calice libre, gamosépale, tubuleux, à 4 ou 5 divisions égales ou inégales, persistant. Corolle monopétale, insérée sur le réceptacle tubuleux ; limbe 4-5 lobé, bilabié, quelquefois presque régulier, à préfloraison imbriquée (fig. 2, 14). Étamines quatre, didynames, insérées sur le tube ou à la gorge de la corolle (fig. 15 et 3); quelquefois deux, par avortement, ou même cinq. Anthères (fig. 18) à deux loges, quelquefois divergentes, à déhiscence longitudinale. Ovaire libre à 2, 4 ou 8 loges (fig. 7, 8, 16, 17). Chaque loge contient 1 ou 2 ovules (fig. 6, 20) dressés et anatropes, ou ascendants, semi-anatropes. Style unique (fig. 5, 19) à stigmate simple ou bifide. Fruit : une baie ou une drupe à 2, 3 ou 4 noyaux, uni ou biloculaires, monospermes. Graines (fig. 11, 12) dressées ou ascendantes, albuminées ou non. Embryon droit à cotylédons foliacés, à radicule infère.

Les Verbénacées habitent surtout les pays tropicaux du nouveau monde ; elles sont plus rares dans les régions tempérées d'Europe et d'Asie.

Elles contiennent une huile volatile et un principe astringent.

Genres principaux :

Verbena Tourn. — Verveine. — Calice tubuleux à cinq dents, dont une plus courte que les autres; corolle-tube courbée; limbe à cinq lobes irréguliers; étamines quatre, didynames. Fruit enfermé dans le calice, capsulaire, se divisant à la maturité en quatre loges.

V. officinalis L. (fig. 12). — Plante aromatique, commune dans nos pays. Était très vénérée par les anciens et employée par eux à différents usages. Plusieurs espèces exotiques du genre *Verbena* sont cultivées dans les jardins.

Lippia L. — Fruit se divisant en deux akènes.

L. citriodora L. — Originaire de l'Amérique du Sud, cultivée dans nos jardins ; les feuilles sont employées pour aromatiser les crèmes.

Vitex L. — Gattilier. — Fruit drupacé.

V. agnus-castus, L. — Agneau chaste. — Arbrisseau des pays chauds (France méridionale, Italie, Levant). — Réputé chez les anciens comme anti-aphrodisiaque.

V. incisus.
V. littoralis. — Son bois est employé pour les constructions.

Tektona L. — Tek.

T. grandis L. — Arbre de l'Inde et de la Malaisie. Fournit un excellent bois pour les constructions.

Lantana. — Genre brasilien.

Clerodendron. — Arbre de l'Inde à fleurs aromatiques.

EXPLICATION DES FIGURES.

1 à 12, *Verbena officinalis*, fig. 1, port; 2, diagramme; 3, coupe verticale de la fleur; 4, étamine; 5, pistil; 6, ovule; 7, coupe transversale de l'ovaire; 8, coupe verticale de l'ovaire; 9, fruit mûr; 10, carpelle isolé; 11, coupe verticale; 12, coupe horizontale d'un noyau.

13, *Vitex incisa*, fig. 13, port.
14 à 20, *Vitex agnus castus*, fig. 14, diagramme; 15, coupe verticale de la fleur; 16, coupe horizontale de l'ovaire; 17, coupe verticale de l'ovaire; 18, étamine; 19, sommet du style; 20, ovule.

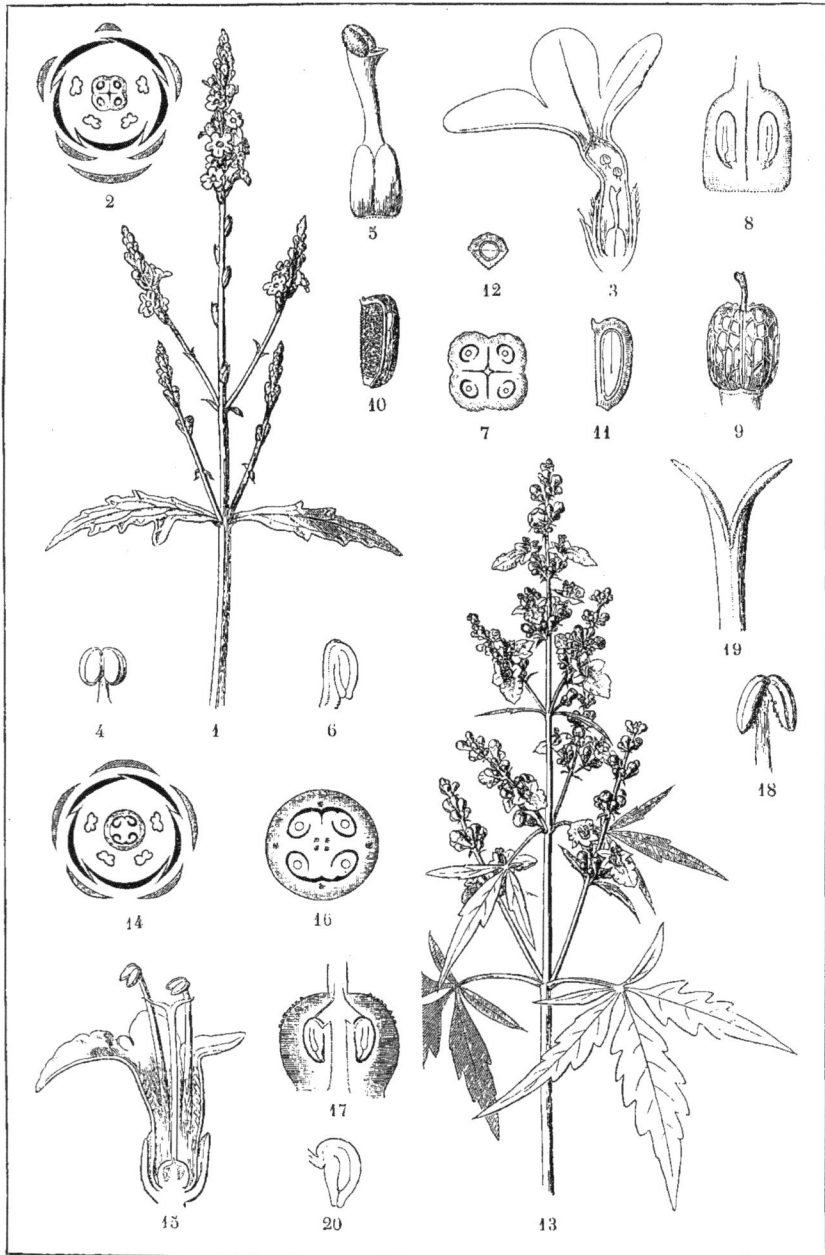

LABIÉES.

Les Labiées forment une famille nettement distincte des autres groupes du règne végétal, une famille des plus naturelles. Les affinités des Labiées sont peu nombreuses. Elles se rapprochent sous quelques rapports des Borraginées, mais en diffèrent par leur corolle régulière, par la structure de l'ovaire, par le fruit, etc. Les Verbénacées sont plus rapprochées des Labiées; la différence porte principalement sur la position du style et des parties de l'ovaire, sur la nature du fruit, etc.

Les caractères principaux des Labiées sont basés sur l'irrégularité des fleurs du type pentamère, sur l'avortement d'une étamine au moins, sur la présence d'un ovaire à quatre loges uniovulaires et d'un style gynobasique, sur la position des ovules, etc.

Les Labiées sont des plantes herbacées, rarement arbrisseaux, à tige quadrangulaire. Feuilles opposées ou verticillées, entières ou divisées, privées de stipules (fig. 1, 16; pl. XCV, fig. 1, 17). Fleurs hermaphrodites irrégulières, solitaires ou géminées, disposées en petites cymes bipares (fig. 16; pl. XCV, fig. 25). Calice gamosépale (fig. 3; pl. XCV, fig. 15, 23), tubuleux, à cinq divisions, presque régulier ou bilobé. Corolle (fig. 2, 7, 17, 21; pl. XCV, fig. 9, 10, 18, 24), monopétale, tubuleuse, insérée sur le réceptacle, quelquefois presque régulière (fig. 2, 7); le plus souvent à limbe irrégulier partagé en deux lèvres : la supérieure présentant deux, l'inférieure, trois pétales; quelquefois presque unilabié, la lèvre supérieure étant très courte (fig. 8). Étamines quatre, didynames (fig. 10; pl. XCV, fig. 10) insérées sur le tube de la corolle, quelquefois deux par avortement (fig. 7, 15, 16). Anthères biloculaires pl. XCV, fig. 19), aux loges confluentes au sommet, quelquefois séparées par un long connectif filiforme (fig. 17, 18). Ovaire composé de deux carpelles, formant quatre loges (fig. 20; pl. XCV, fig. 20) uniovulées, porté sur un disque épais. Ovules dressés, anatropes. Style (fig. 12, 8, 15) simple sortant au milieu du disque; stygmate bifide. Fruit (fig. 4, 13, 21, 22; pl. XCV, 13, 22) quadruple akène, entourée par le calice persistant (pl. XCV, fig. 13). Graines dressées, exalbuminées, renfermant un embryon droit (fig. 23).

Les Labiées sont répandues sur toute la surface du globe, mais elles sont rares dans les pays tropicaux et abondent surtout dans les régions tempérées de l'ancien continent.

Elles contiennent une huile volatile aromatique, un principe amer et un principe astringent; de là leur usage en médecine. Beaucoup d'espèces sont usitées comme condiment.

Les Labiées ont été divisées suivant la forme des diverses parties de la fleur en plusieurs tribus : Menthées, Teucriées, Salviées, Marrubiées, Melissées, Origanées, Nepetées, Scutellariées, Betonicées, etc. Nous énonçons ici seulement les principaux genres, sans insister sur les caractères différentiels des tribus.

Genres principaux :

Mentha L. — Menthe. — Corolle presque régulière, quatre étamines. Plante aromatique, très commune. Fournit l'essence de menthe, dont on a extrait un hydrocarbure aromatique, nommé *menthol*.

M. piperita L. (fig. 1). — Feuilles pétiolées, allongées; fleurs purpurines en épis; pedicelles et calice glabres; étamines incluses. Plante usitée en médecine.

M. sylvestris L. (fig. 2 à 5). — Couverte de poils blanchâtres. Feuilles sessiles dentées profondément, à dents allongées en pointe. Fleurs rougeâtres en longs épis.

M. aquatica L. — Fleurs en capitules terminaux.

M. sativa L. — Fleurs en verticilles axillaires écartés. Calice tubuleux à dents lancéolées acuminées.

Lycopus L. — Lycope. — Corolle presque régulière. Deux étamines.

L. europæus L. (fig. 6 et 7). — Croît aux bords des eaux.

EXPLICATION DES FIGURES.

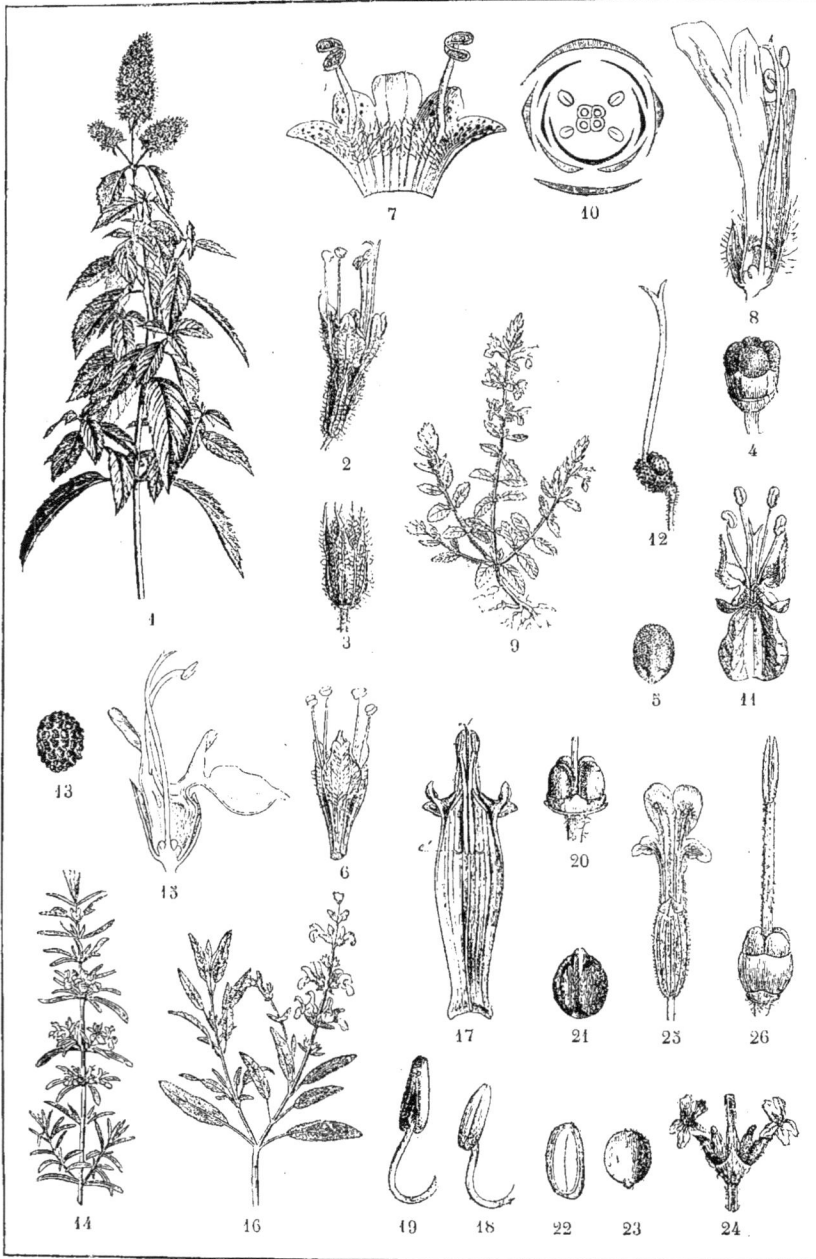

Ajuga L. — Bugle. — Corolle en apparence unilabiée. Lèvre supérieure très courte, bidentée.

A. reptans L. — Plante stolonifère très commune. — *A. pyramidalis* (XCIV, fig. 8). — Plante des montagnes.

Teucrium L. — Germandrée. — Corolle en apparence unilabiée. Lèvre supérieure fendue profondément.

T. chamædrys (XCIV, fig. 9 à 13). — Sensiblement aromatique ; est employée comme stomachique.

Rosmarinus L. — Romarin. — Deux étamines à anthères rapprochées.

R. officinalis (XCIV, fig. 14 et 15). — Plante aromatique ; fournit l'essence de romarin.

Salvia L. — Sauge. — Deux étamines. Anthères séparées par un long connectif filiforme.

S. officinalis (XCIV, fig. 16). — Aromatique et stimulante. Employée souvent en médecine.

S. pratensis (XCIV, fig. 18 à 23), peut remplacer la sauge officinale. *S. splendens* (XCIV, fig. 17).

Marrubium L. — Quatre étamines incluses. Dix dents calicinales.

M. vulgare, Marrube blanc. — Contient un principe amer.

Lavandula L. — Lavande. — Quatre étamines incluses, 5 dents calicinales, la postérieure plus large.

L. vera DC. (XCIV, fig. 24 à 26). — Plante aromatique originaire de la Perse et du midi de l'Europe ; cultivée dans le midi. Était employée pour la toilette ; fournit une essence de lavande (huile de spic ou d'aspic). *L. aspic* DC., Aspic. — Fournit l'huile d'Aspic, employée contre les rhumatismes.

Melissa Lin. — Mélisse. — Quatre étamines exsertes. Tube calicinal aplati.

M. officinalis (XCV, fig. 1, à 2) L. — Croit dans le midi de la France ; est employée comme antispasmodique.

Satureia L. — Sarriette. — Quatre étamines, filets peu divergents. Fleurs en cymules pauciflores, calice en entonnoir à gorge nue.

S. hortensis L. — Est employée comme condiment en remplacement de thym.

Origanum L. — Origan. — Quatre étamines. Filets très divergents, solitaires, gorge de calice fermée par un anneau de poils.

O. vulgare L., *O. Majorana* (la marjolaine), *O. Tourneforti*, fournissent diverses essences aromatiques.

Thymus L. — Thym. — Quatre étamines. Filets très divergents, solitaires. Fleurs en cymules, pluriflores ; calice bilabié à gorge fermée par un anneau de poils.

T. serpyllum L., Serpolet (fig. 3 et 4). — Aromatique, employé comme assaisonnement.

T. vulgaris L — Aromatique ; fournit l'essence de thym, contenant le thymène et le thymol.

Hyssopus L. — Hyssope. — Quatre étamines très divergentes. Calice à gorge nue.

H. officinalis (fig. 5 à 7). — Contient un principe connu sous le nom de l'hyssopine.

Glechoma L. — Quatre étamines parallèles, les postérieures plus longues. Anthères divergentes.

G. hederacea L., Lierre terrestre (fig. 17 à 20). — Plante d'une saveur amère, employée en médecine.

Brunella L. — Quatre étamines parallèles à filets bifurqués, les postérieures plus courtes, calice à deux lèvres fermant l'entrée du tube.

B. vulgaris Mœnch., Brunette, charbonnière. — Commune dans les bois.

Scutellaria L. — Toque. — Étamines quatre, parallèles, à filets entiers. Calice à deux lèvres fermant l'entrée du tube, la lèvre supérieure munie d'un appendice.

S. peregrina (fig. 21 et 22), *S. galericulata* (fig. 23 et 24), autrefois employées en médecine.

Galeopsis L. — Galeope. — Quatre étamines parallèles. Anthères à déhiscence transversale.

G. ladanum L. — Ortie rouge. — Communes dans les moissons.

Lamium L. — Lamier. — Quatre étamines parallèles. Anthère à déhiscence longitudinale Tube de la corolle tronqué ; lèvre supérieure en forme de casque, l'inférieure à lobe médian très grand.

L. album L., Ortie blanche, *L. purpureum*, *L. maculatum*, etc., sont des espèces communes.

Galeobdolon L. — Lobes de la lèvre inférieure presque égaux.

G. luteum (fig. 14 et 16). — Plante très commune.

Ballota L. — Ballote. — Tube corollin muni d'un anneau de poils. Étamines inférieures parallèles.

B. nigra L. — Croit dans les décombres et le long des haies.

Stachys L. — Épiaire. — Tube corollin muni de poils. Étamines inférieures déjetées en dehors.

S. palustris, *S. recta*, *S. sylvatica*, sont des espèces très communes de ce genre.

Betonica L. — Tube corollin arrondi, sans poils, étamines non déjetées.

B. officinalis L. (fig. 25). — Plante anciennement très usitée en médecine.

EXPLICATION DES FIGURES.

1 à 2, *Melissa officinalis*, fig. 1, port ; 2, fleur.
3 et 4, *Thymus serpyllum*, fig. 3, port ; 4, fleur.
5 à 7, *Hyssopus officinalis*, fig. 5, port ; 6, fleur ; 7, fleur grossie
8 à 10, *Lamium maculatum*, fig. 8, corolle ; 9, étamine ; 10, coupe verticale d'un carpelle.
11 et 12, *Betonica officinalis*, fig. 11, port ; 12, fleur.
13, *Betonica alopecurus*, fig. 13, calice fructifère.

14 à 16, *Galeobdolon luteum*, fig. 14, corolle ; 15, calice ; 16, coupe verticale d'un carpelle.
17 à 20, *Glechoma hederacea*, fig. 17, port ; 18, corolle ; 19 étamine ; 20, coupe verticale de l'ovaire.
21 et 22, *Scutellaria peregrina*, fig. 21, partie d'inflorescence ; 22, coupe verticale d'un carpelle.
23 et 24, *Scutellaria galericulata*, fig. 23, calice 24 corolle.

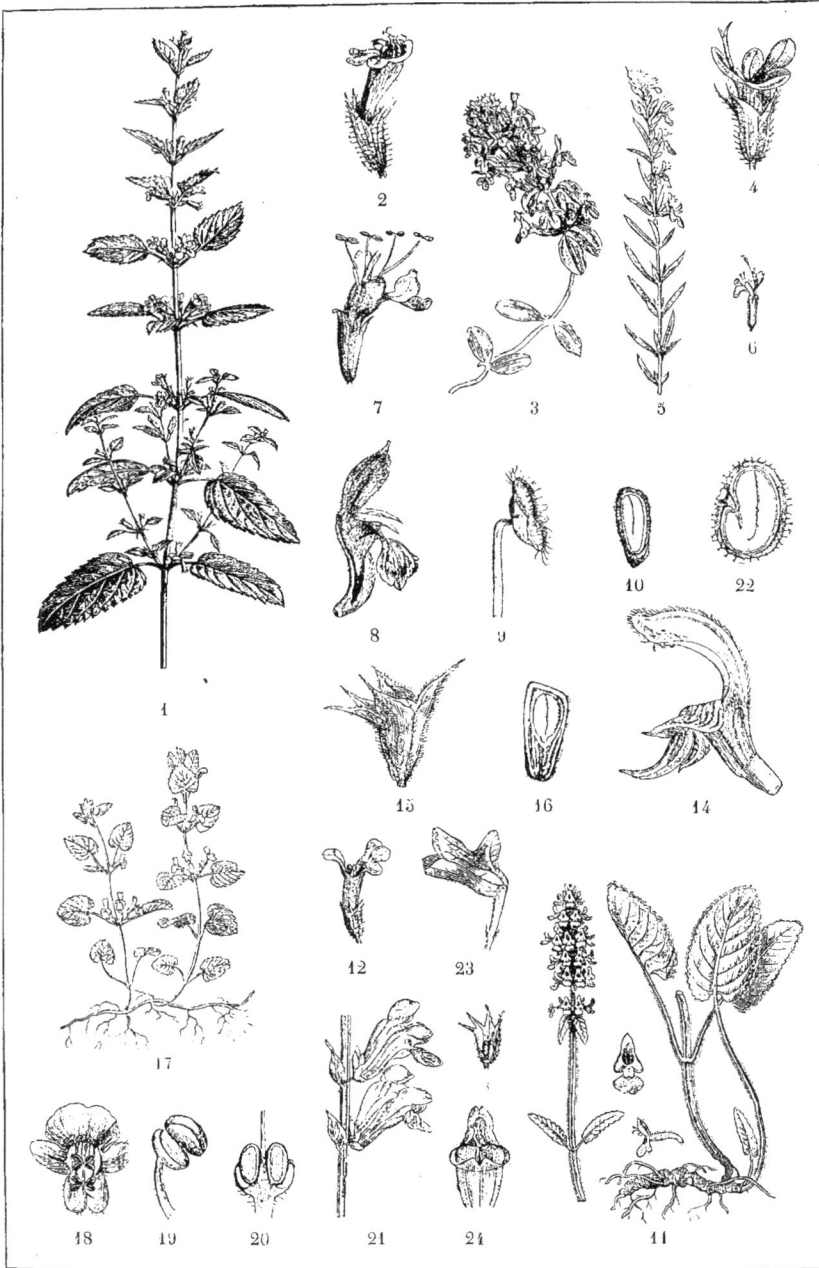

SCROFULARINÉES OU PERSONNÉES.

Famille intéressante à cause de la beauté des fleurs et des nombreux usages qu'on en fait en médecine. Elle est voisine des Solanées, et n'en diffère que par l'irrégularité des fleurs. La structure de l'ovaire, la forme des ovules ainsi que la présence de l'albumen dans la graine, éloignent les Scrofularinées des Acanthacées et des Bignoniacées, avec lesquelles elles ont nombre des caractères communs. Elles sont aussi voisines des Orobanchées; comme ces dernières, quelques Scrofularinées sont aussi des plantes parasites.

Les Scrofularinées sont des plantes herbacées, sous-arbrisseaux ou arbustes à feuilles simples, alternes, opposées ou verticillées (fig. 7, 15, 19), sans stipules. Fleurs hermaphrodites, irrégulières (fig. 1, 6, 13, 16). Calice gamosépale à 4 ou 5 divisions persistantes (fig. 18). Corolle monopétale hypogyne, irrégulière, à tube quelquefois prolongé en éperon (fig. 6), bilabiée ou personnée (en forme de masque) (fig. 1), à préfloraison imbriquée (fig. 12). Étamines insérées sur le tube; quatre, didynames, quelquefois cinq; parfois, deux seulement sont fertiles (fig. 20). Anthères bi ou uniloculaires (fig. 8, 17). Pistil composé de deux carpelles formant un ovaire bi, (rarement uni,) loculaire (fig. 9). Ovules nombreux, le plus souvent anatropes. Style simple (fig. 14), stigmate bilobé. Fruit capsulaire, s'ouvrant par des valvules (fig. 10, 18) ou par des pores situés au sommet (fig. 2); biloculaire (fig. 3, 21). Graines nombreuses, horizontales, ascendantes ou pendantes, pourvues d'albumen (fig. 4, 5, 23). Embryon droit; radicule rapprochée du hile.

Les Scrofularinées se rencontrent partout, mais plus souvent dans les régions tempérées. Elles contiennent une grande diversité de substances amères, âcres, astringentes, etc., auxquelles elles doivent leurs propriétés différentes.

Les Scrofularinées peuvent être divisées en trois sous-familles : les Salpiglossidées, les Antirrhinées et les Rhinanthées.

Genres principaux :

Antirrhinum L. — Muflier. — Corolle personnée à deux lèvres. Tube de la corolle bossu à la base.
A. majus (fig. 1 à 5). — Réputée jadis comme vulnéraire; cultivée à cause de la beauté de ses fleurs.
Linaria Tourn. — Linaire. — Tube de la corolle prolongé en éperon. Corolle personnée.
L. vulgaris (fig. 6), *arenaria*, *œlnolenca*, *arvensis*, etc. — Communes dans les champs.
Gratiola L. — Gratiole. — Corolle campanulée, quatre étamines, dont deux stériles.
G. officinalis. — Employée dans la médecine populaire comme purgative.
Scrofularia L. — Corolle globuleuse. Étamines 4, didynames, la cinquième est rudimentaire. Anthères uniloculaires.
S. nodosa (fig. 11 à 14). — Réputée jadis comme un remède contre la scrofule, d'où le nom.
Digitalis L. — Digitale. — Calice sans bractée. Corolle campanulée. Quatre étamines didynames.
D. purpurea (fig. 15 à 16). — Fleurs purpurines. Plante commune, cultivée dans les jardins. Toutes les parties de la plante, mais surtout les feuilles, sont émétiques et toxiques en grandes doses; en petites quantités elles produisent sur l'organisme de l'homme des effets variés, dont la médecine peut se servir. Ils sont dus à un alcaloïde très énergique connu sous le nom de la *digitaline*. *D. lutea.* — Fleurs jaunes. *D. grandiflora* (fig. 15 et 16).

Veronica L. — Véronique. — Corolle rotacée. Étamines deux. Genre commun et riche en espèces.
V. officinalis (fig. 19). — Plante d'une saveur amère; était jadis employée en médecine. *V. beccabunga*, *V. teucrium*, *V. chamædrys*, *V. prostrata* (fig. 20 à 23), etc., espèces très communes.
Euphrasia L.
V. officinalis L., Casse-lunette. — Était jadis employée contre les maladies des yeux.
Melampyrum L.
M. arvense L. — Croît dans les moissons.

EXPLICATION DES FIGURES.

1 à 5, *Antirrhinum majus*, fig. 1, fleur; 2, fruit; 3, coupe transversale du fruit; 4, graine; 5, coupe verticale de la graine.
6, *Linaria vulgaris*, fig. 6, fleur.
7 à 10, *Gratiola officinalis*, fig. 7, port; 8, étamine; 9, coupe transversale de l'ovaire; 10, fruit déhiscent.
11 à 14, *Scrophularia nodosa*, fig. 11, fleur ouverte; 12, diagramme; 13, fleur; 14, pistil.
15 et 16, *Digitalis purpurea*, fig. 15, port; 16, fleur.
17 et 18, *Digitalis grandiflora*, fig. 17, étamine; 18, fruit.
19, *Veronica officinalis*, fig. 19, port.
20 à 24, *Veronica prostrata*, 20, fleur; 21, coupe verticale du fruit; 22, coupe horizontale du fruit; 23, coupe verticale de la graine.

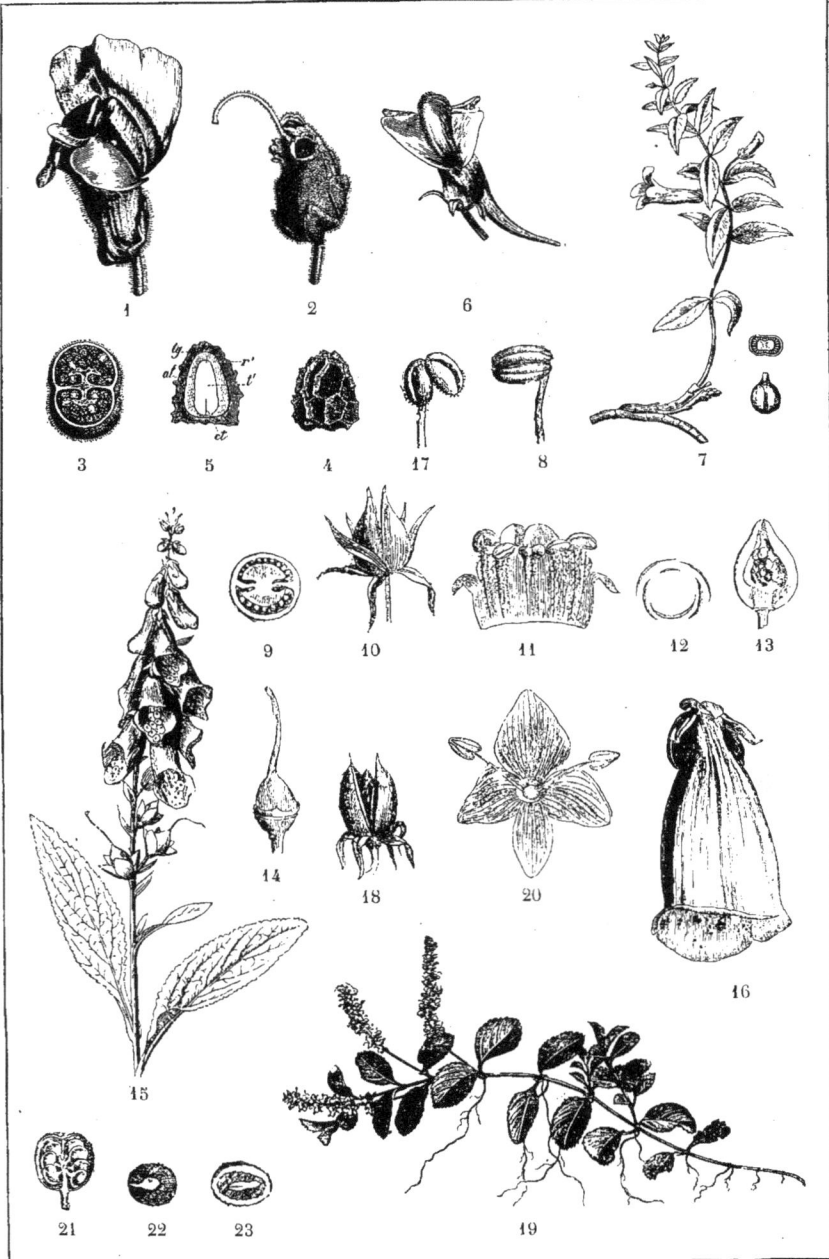

OROBANCHÉES.

Les Orobanchées forment une petite famille très intéressante à cause de son parasitisme et de l'absence complète de la matière verte dans les feuilles et dans les tiges. Elles sont étroitement liées avec les Scrophularinées, dont elles conservent beaucoup de caractères ; mais elles s'en éloignent par leur port singulier, par l'ovaire qui est le plus souvent uniloculaire et par la placentation pariétale. D'autre côté, les Orobanchées se rapprochent des Gesneriacées, dont elles ne diffèrent guère que par le parasitisme, par le port et par l'embryon basilaire.

Les principaux caractères différentiels des Orobanchées sont leur parasitisme, l'irrégularité de leurs fleurs bilabiées, la didynamie des étamines, la présence d'un ovaire uniloculaire à placentation pariétale, leur fruit capsulaire, les graines albuminées, etc.

Les Orobanchées sont des plantes herbacées, privées de la matière verte, parasites sur les racines des autres plantes. Tige charnue. Feuilles remplacées par des écailles blanchâtres ou colorées, alternes, sessiles (fig. 1 et 14). Fleurs (fig. 1, 2, 16) hermaphrodites, irrégulières, munies ordinairement de bractées, solitaires ou plus souvent disposées en épis, en grappes. Calice gamosépale, persistant, tubuliforme ou campanulé (fig. 23 et 28), 4-5 fide ou à quatre sépales soudés deux à deux et formant en apparence un calice diphylle (fig. 26). Corolle monopétale irrégulière, bilabiée (fig. 2, 5, 17 et 27), la lèvre supérieure indivise ou bifide, l'inférieure composée de trois lobes. Quatre étamines didynames insérées sur le tube de la corolle (fig. 5, 17 et 27), superposées aux quatre sépales (fig. 15); filets dilatés à la base. Anthères biloculaires, introrses, s'ouvrant par des fentes longitudinales. Pistil (fig. 8 et 19) composé de deux carpelles réunis en un ovaire uniloculaire (fig. 9, 21, 22) à placentation pariétale, entouré à la base par un disque. Ovules nombreux, anatropes. Style simple, stigmate indivis ou lobé (fig. 20). Fruit capsulaire (fig. 10 et 29) s'ouvrant par deux valves. Graines nombreuses, albuminées. Embryon très petit.

Les Orobanchées habitent les pays tempérés de l'hémisphère boréal. Elles sont très nuisibles pour les plantes sur lesquelles elles vivent.

Genres principaux :

Orobanche L. — Calice en apparence diphylle. Ce genre compte un grand nombre d'espèces.

O. epithymum (fig. 1 à 13), parasite sur le serpolet ; *O. rapum*, sur les racines du genêt ; *O. hederæ* ; *O. pruinosa*, sur la fève ; *O. rubens*, sur la luzerne, etc.

Lathræa L. — Se distingue par la présence d'une glande à la base de l'ovaire.

L. squamaria (fig. 14 à 24), *L. clandestina.*

Phelipæa Deff. — Fleurs munies de trois bractées.

P. ramosa (fig. 26 à 30). — Parasite du chanvre, du maïs et du tabac. *P. cærulea*, sur l'Achillea millefolium.

EXPLICATION DES FIGURES.

1 à 13, *Orobanche epithymum*, fig. 1, port; 2, fleur; 3, diagramme de la corolle ; 4, fragment de la corolle avec deux étamines ; 5, corolle ouverte avec étamines ; 6, deux anthères du côté interne ; 7, anthère du côté externe ; 8, pistil ; 9, coupe transversale de l'ovaire ; 10, fruit jeune ; 11, fruit mûr ; 12, valvule du fruit vue du côté interne ; 13, graine. 14 à 24, *Lathræa squamaria*, fig. 14, port ; 15, diagramme ; 16, fleur ; 17, corolle ouverte avec étamines et pistil ; 18, étamine ; 19, pistil ; 20, partie supérieure du style ; 21, coupe horizontale ; 22, coupe verticale de l'ovaire ; 23, calice fructifère ; 24, graine.

25 à 30, *Phelipæa ramosa*, fig. 25, corolle ; 26, calice ; 27, corolle ouverte avec étamines et pistil; 28, calice fructifère ; 29, fruit; 30, coupe verticale de la graine.

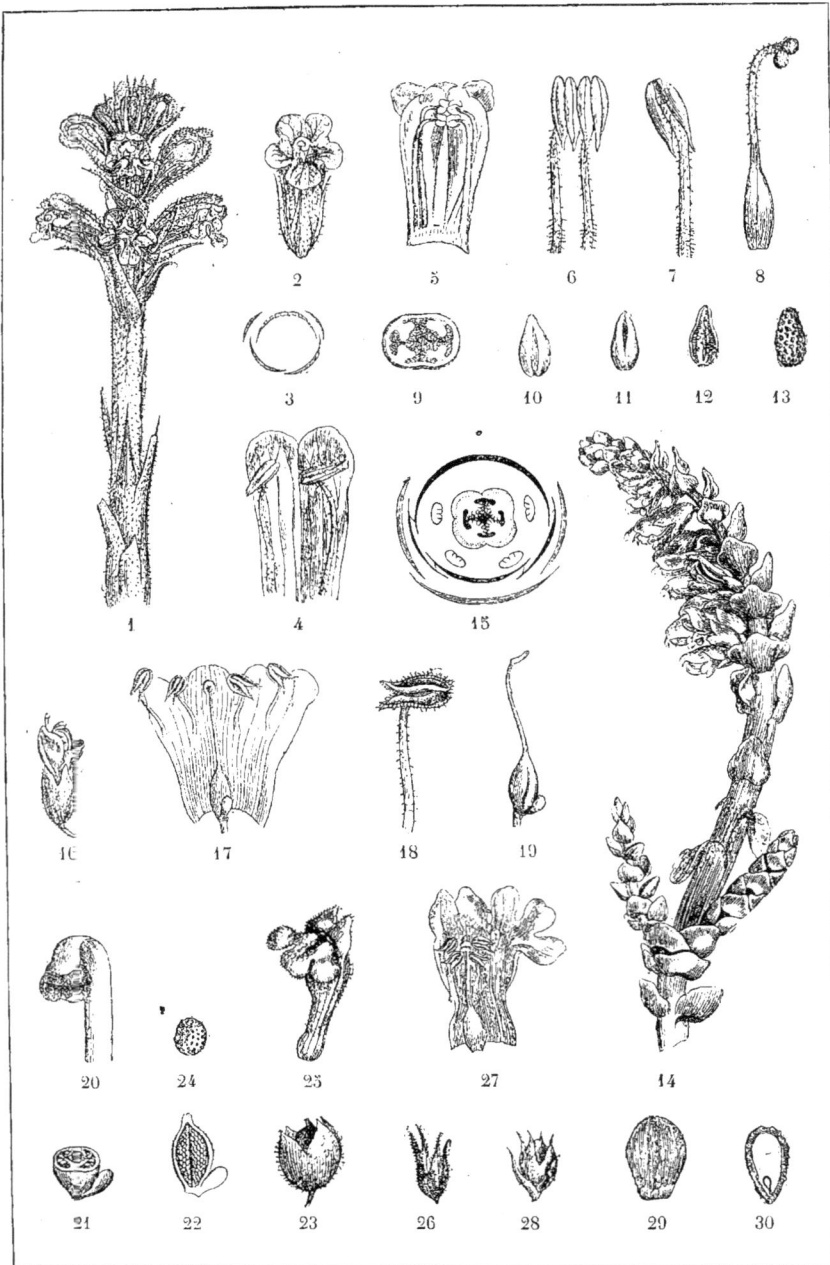

GESNERIACÉES.

Famille de plantes exotiques, très rapprochée des Crobanchées. Elle n'en diffère que par la présence de la chlorophylle, par le port et par la position de l'embryon. Tous les autres caractères importants sont ceux des Orobanchées. Les Gesneriacées sont aussi voisines des Bignoniacées, dont elles diffèrent pourtant par le nombre d'étamines, par l'ovaire et par la graine.

Les caractères principaux des Gesneriacées sont tirés de leur corolle bilabiée, du nombre des étamines, de leur ovaire uniloculaire à placentation pariétale, de leurs ovules ana-tropes, etc.

Les Gesneriacées sont des plantes herbacées, sous-ligneuses ou ligneuses à feuilles opposées ou verticillées sans stipules (fig. 1). Fleurs hermaphrodites irrégulières (fig. 2). Calice monosépale 5-partit, persistant (fig. 3) Corolle bilabiée ; la lèvre supérieure bilobée, l'inférieure 33-lobée. Étamines quatre, didynames, la cinquième étant stérile (fig. 4), ou deux. Anthères bi ou uniloculaires, déhiscentes, s'ouvrant par fentes longitudinales. Ovaire libre ou infère, uniloculaire à deux placentas pariétaux. Ovules nombreux anatropes. Fruit charnu ou capsulaire (fig. 5, 6) s'ouvrant par deux valves. Graines très petites albu-minées ou non (fig. 7, 8). Embryon droit, radicule voisine du hile (fig. 9).

Les Gesneriacées sont des plantes tropicales ou subtropicales du Nouveau Continent et de l'Asie ; elles sont plus rares en Afrique. On les cultive souvent dans nos serres chaudes pour leurs fleurs.

Genres principaux :

Gesneria (fig. 1 à 9), **Gloxinia, Columnea, Besleria, Aeschinanthus,** etc.

ACANTHACÉES.

Famille exotique voisine des Scrophularinées dont elle diffère par la préfloraison, par la forme des ovules, par l'absence de l'albumen. La forme de la fleur, les étamines, les graines, la rapprochent des Labiées, mais le fruit capsulaire, les ovules, les en éloignent. Les Acanthacées ont aussi de grandes affinités avec les Bignoniacées ; les seules différences notables sont la forme des ovules, et es appendices provenant des placentas.

Les Acanthacées sont des plantes herbacées, sous-ligneuses ou ligneuses à feuilles opposées ou verticillées sans stipules (fig. 10). Fleurs irrégulières (fig. 11). Calice 6-fide. Corolle monopétale, tubuleuse, à limbe ordinairement bilabié (fig. 12), à préfloraison imbriquée. Étamines insérées sur le tube de la corolle, ordinairement quatre (fig. 12), la cinquième étant toujours stérile. Anthères bi- ou uniloculaires. Ovaire libre, composé de deux carpelles, biloculaire ; chaque loge 2 ou 4, rarement multiovulée. Ovules campylo-tropes ou semi-anatropes, insérés sur des processus du placentaire. Style simple, stigmate bifide (fig. 13). Fruit capsulaire, coriace, s'ouvrant en deux loges renfermant 2 ou 4 graines, rarement plusieurs (fig. 1, 15 et 16). Graines soutenues par le prolongement de la cloison, exalbuminées (fig. 14). Embryon ordinairement courbe, à cotylédons larges, à radicule centripète.

Les Acanthacées sont des plantes presque exclusivement intertropicales. Une seule espèce se trouve dans la région méditerranéenne (Acanthus). Nombre d'espèces de cette famille sont cultivées dans les serres chaudes à cause de la beauté de leurs fleurs.

Genres principaux :

Acanthus (fig. 11 à 14), **Ruella** (fig. 16 et 17), **Thunbergia, Justicia.**

EXPLICATION DES FIGURES.

1 à 9, *Gesnera grandis,* fig. 1, port ; 2, fleur ; 3, ca lice et pistil ; 4, corolle et étamines ; 5, fruit ; 6, fruit coupé horizontalement ; 7, graine ; 8, graine coupée verticalement ; 9, embryon.

10 à 14, *Acanthus mollis,* fig. 10, port ; 11, fleur ; 12, corolle et étamines ; 13, pistil ; 14, graine. 15 à 17, *Ruella ornata,* fig. 15, fruit ; 16, fruit ouvert.

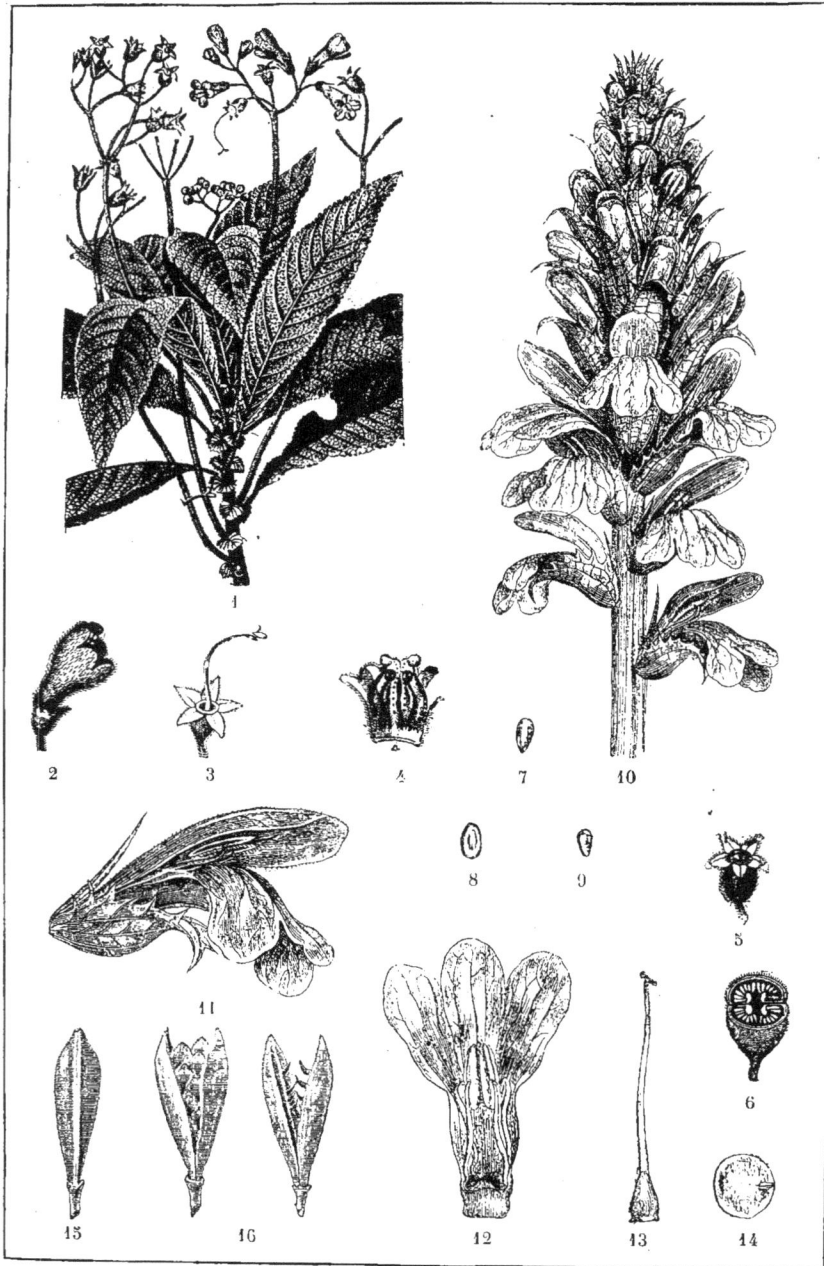

BIGNONIACÉES.

Plantes exotiques, voisines des Acanthacées, dont elles diffèrent par les ovules anatropes et par l'absence de processus provenant du placentaire. Elles sont très étroitement liées à la famille des Sesamées, avec lesquelles elles ont été réunies par certains auteurs en une seule famille ; elles n'en diffèrent en réalité que par leurs graines ailées.

Un grand nombre de caractères réunit les Bignoniacées aux Scrophularinées, aux Gesneriacées et aux Polemoniacées.

Les Bignoniacées sont des arbrisseaux (ou des arbres) à tige grimpante, volubile, à feuilles opposées ou verticillées, simples ou composées, sans stipules (fig. 1). Fleurs hermaphrodites, irrégulières. Calice monosépale 5-partit ou b-labié, ou à limbe entier (fig. 3). Corolle monopétale, tubuleuse ; limbe à cinq divisions bilabié (fig. 1 et 2). Etamines cinq, insérées sur le tube de la corolle, rarement toutes fertiles ; le plus souvent la cinquième est stérile et les quatre autres didynames (fig. 2). Anthères biloculaires à déhiscence longitudinale. Ovaire libre (fig. 4), entouré à sa base par un disque charnu ; composé de deux carpelles ; bi ou uniloculaire. Ovules nombreux, insérés sur la cloison ou pariétaux. Style simple. Stigmate bifide (fig. 3). Fruit capsulé, biloculaire ou uniloculaire, quelquefois siliquiforme (fig. 5), s'ouvrant par deux valves. Graines rangées en une ou plusieurs séries, ailées, dépourvues d'albumen (fig. 6). Embryon droit. Radicule variable (fig. 7).

Les Bignoniacées sont des plantes exclusivement intertropicales. Plusieurs espèces sont cultivées dans nos serres chaudes à cause de leur beauté

Genres principaux .

Bignonia Juss. Une étamine avortée.
B. lactiflora (fig. 1 à 7), *B. æquinoctialis.* — Originaires des Antilles.

Catalpa Juss. — Trois étamines avortées.
C. syringifolia L. — Employée quelquefois contre l'asthme.

SESAMÉES.

Famille très voisine de la précédente, dont elle ne diffère que par ses graines. Elle a aussi de nombreuses affinités avec les Acanthacées, les Gesneriacées, les Verbenacées, etc.

Ce sont des plantes herbacées, à feuilles opposées, sans stipules (fig. 8 et 18). Fleurs irrégulières, hermaphrodites (fig. 9). Calice monosépale 5 fide ou 5-partit. Corolle monopétale à tube cylindrique, à limbe bilabié (fig. 8 et 10). Etamines quatre, dont une ou trois stériles (fig. 10). Anthères biloculaires, à connectif prolongé en un appendice glanduleux. Ovaire entouré d'un disque, 2-4 ou uniloculaire (fig. 11). Ovules anatropes. Style simple (fig. 11). Fruit drupacé ou capsulaire (fig. 12, 13, 14). Graines pendantes, sans albumen (fig. 15, 16). Embryon droit à radicule supère, infère ou centripète.

Les Sesamées sont aussi des plantes intertropicales. Les graines d'un genre de cette famille contiennent une huile comestible très appréciée dans tout l'Orient.

Genres principaux :

Sesamum L.
S. orientale L. — Originaire de l'Inde, croît dans toute l'Asie ; en Egypte et même en Italie. Ses graines fournissent l'*huile de sésame*, qui peut remplacer sous certains rapports l'huile d'olive.

Martynia (fig. 8 à 17), **Pedalinum, Josephinia.**

Crescentia. — Considérées par certains auteurs comme une famille particulière des *Crescentiées.*
C. cujete L., Calebassier. — Arbre originaire des Antilles, à fruits très gros, durs, dont la coque est employée pour la fabrication des divers ustensiles de ménage et la pulpe sert à la fabrication du *sirop de calebasse.*
C. lethifera (fig. 18). — Plante vénéneuse.

EXPLICATION DES FIGURES.

1 à 7, *Bignonia lactiflora,* fig. 1, port ; 2, corolle ouverte ; 3, calice et pistil ; 4, ovaire ; 5, fruit ; 6, graine ; 7, embryon.
8 à 17, *Martynia angulosa,* fig. 8, port ; 9, fleur ; 10, corolle ouverte ; 11, pistil ; 12, fruit ;
13, fruit dépouillé de son enveloppe extérieure ; 14, coupe horizontale du fruit ; 15, graine ; 16, graine sans enveloppe ; 17, embryon.
18, *Crescentia lethifera,* fig. 18, port.

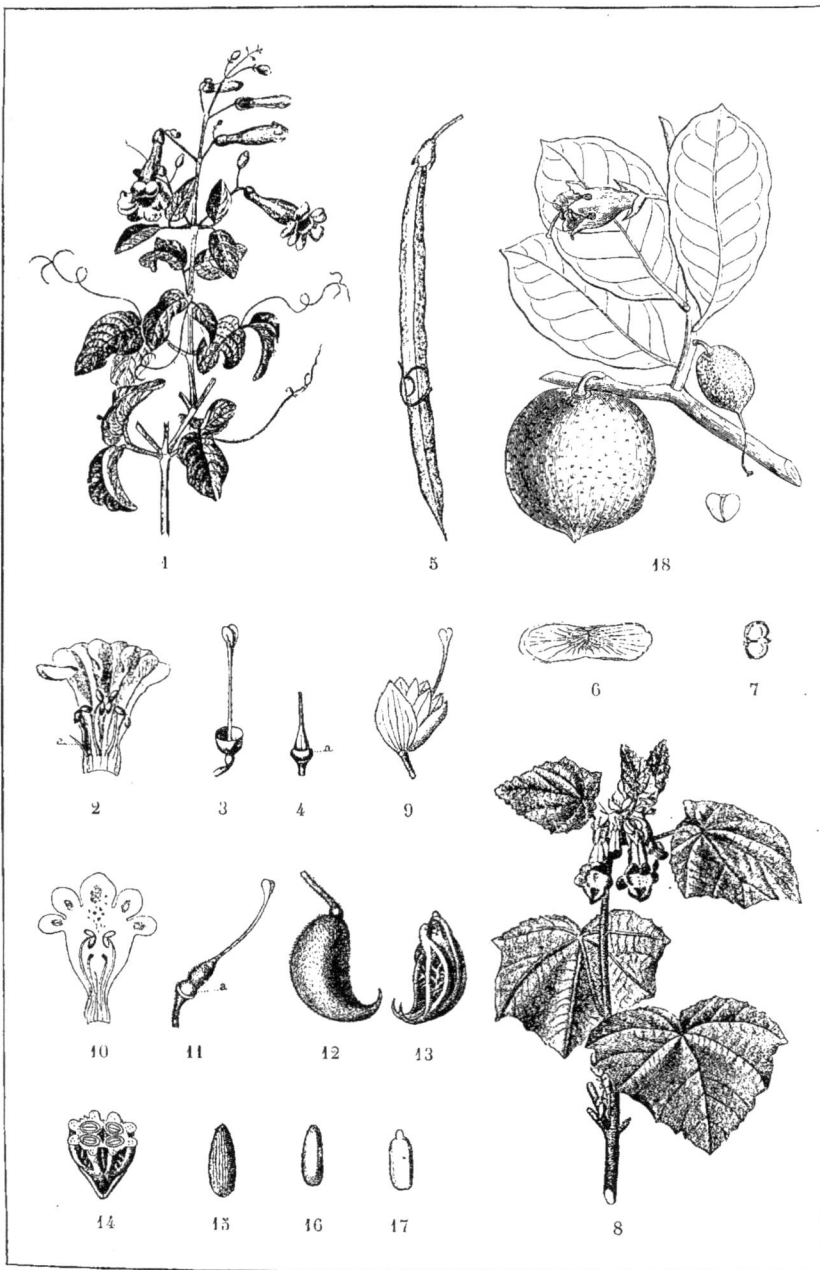

UTRICULARIÉES OU LENTICULARIÉES.

Cette famille ne contient que trois genres. Elle se rapproche des Scrophularinées par la corolle irrégulière, bilabiée, par l'androcée, mais s'en éloigne par la structure de l'ovaire, etc. D'autre part, c'est l'ovaire avec la placentation centrale qui la rapproche des Primulacées.

Les Utriculariées sont des plantes herbacées aquatiques ou palustres. Feuilles radicales entières, charnues (fig. 11) ou divisées, multifides (fig. 1) chargées de vésicules (*ascidies*) (fig. 2, 3). Fleurs solitaires ou en épis, portées sur les hampes nues, écailleuses, hermaphrodites, irrégulières, munies de bractées. Calice à 2 ou à 5 sépales. Corolle monopétale. insérée sur le réceptacle, bilabiée ou personée, prolongée en éperon à la base à gorge close par un palais saillant (fig. 1, 12, 13). Étamines deux, insérées à la base de la lèvre supérieure de la corolle (fig. 5, 14), à filets cylindriques, arqués (fig. 6), aux anthères uniloculaires s'ouvrant par deux valves (fig. 7, 15). Ovaire libre, composé de deux carpelles, uniloculaire à placentation centrale (fig. 8, 16, 17). Style court, épais. Stigmate à deux lèvres. Ovules nombreux, anatropes. Fruit (fig. 9, 4, 18, 19) capsulaire, uniloculaire, se rompant irrégulièrement ou s'ouvrant par deux valves. Graines nombreuses privées d'albumen. Embryon droit.

Les Utriculariées sont répandues dans tous les pays; la plupart habitent les eaux dormantes et les lieux marécageux de l'Amérique du Nord et de l'Australie.

Genres principaux :

Utricularia L. — Calice à deux sépales. Feuilles multifides, chargées de vésicules (ascidies). A l'état jeune, ces plantes ont leurs ascidies pleines de mucus; avant la floraison, elles se remplissent d'air et font monter la plante à la surface. Après la fécondation, l'air s'échappe des ascidies, la plante devient plus lourde et tombe au fond de l'eau pour y mûrir ses fruits. En outre, les Ascidies servent à capturer les petits animaux aquatiques qui contribuent probablement à la nutrition de la plante.

U. vulgaris L. (fig. 1, 2, 4). — Fleurs jaunes, marquées de lignes rouges.
U. minor L. (fig. 3 à 9). — Fleurs d'un jaune pâle, éperon très court.
U. neglecta Lehm. — Lèvre supérieure plus longue que le palais.

Pinguicula Tourn. — Grassette. — Calice de cinq sépales. Feuilles entières. Les ascidies présentent les mêmes propriétés que celles du genre précédent.

P. vulgaris L. (fig. 11 à 19). — Fleurs bleues. *P. lusitana*. — Fleurs blanches.

VERBASCÉES.

Petite famille étroitement liée aux Scrophulariées, dont elle ne diffère que par le nombre des étamines ; elle se rapproche aussi des Solanées.

Ce sont des plantes herbacées à feuilles alternes, simples, sans stipules (fig. 20). Fleurs irrégulières (fig. 21), hermaphrodites, en grappe. Calice monosépale, persistant, à cinq divisions profondes (fig. 24). Corolle monopétale, rotacée ; l'imbe un peu irrégulier à cinq lobes inégaux, à préfloraison imbriquée. Étamines cinq, insérées sur le tube de la corolle (fig. 23), à filets inégaux. Anthères réniformes. Pistil (fig. 26) composé de deux carpelles formant un ovaire biloculaire. Chaque loge renferme un grand nombre d'ovules anatropes insérés sur un placenta axile (fig. 27). Style simple dilaté au sommet. Fruit capsulaire s'ouvrant par deux valves septicides (fig. 28, 29). Graines petites albuminées (fig. 30). Embryon droit.

Les Verbascées contiennent un seul genre, Verbascum, répandu dans les régions tempérées de l'ancien continent. Les feuilles de certaines espèces sont astringentes, les fleurs des autres sont un peu aromatiques ; on les emploie en médecine.

Genre unique :

Verbascum L. — Molène. Un grand nombre d'espèces de ce genre sont indigènes.

V. thapsus (fig. 20, 21, 28 et 30), Bouillon blanc. — Espèce très répandue.
V. nigrum (fig. 22 à 27), *V. phlomoides*, *V. Lychnitis*, etc.

EXPLICATION DES FIGURES.

1 à 4, *Utricularia vulgaris*, fig. 1, fragment de tige ; 2, ascidie; 3, coupe verticale de l'ascidie ; 4, fruit ouvert.
5 à 10, *Utricularia minor*, fig. 5, lèvre supérieure avec les étamines ; 6, étamines ; 7, étamine vue de côté; 8, pistil ; 9, fruit jeune ; 10, fleur.
11 à 19, *Pinguicula vulgaris*. fig. 11, port; 12, diagramme; 13, fleur; 14, fleur étalée; 15. étamine ; 16, pistil ; 17, coupe du pistil ;

18, fruit ; 19, le même, une valvule enlevée.
20 et 21, *Verbascum thapsus*, fig. 20, sommité fleurie ; 21, fleur.
22 à 27, *Verbascum nigrum*, fig. 22, diagramme; 23, corolle ouverte ; 24, calice avec pistil; 25, étamine ; 26, pistil ; 27, coupe de l'ovaire.
28 à 30, *Verbascum thapsus*, fig. 28. fruit mûr ; 29 fruit ouvert ; 30, coupe verticale de la graine.

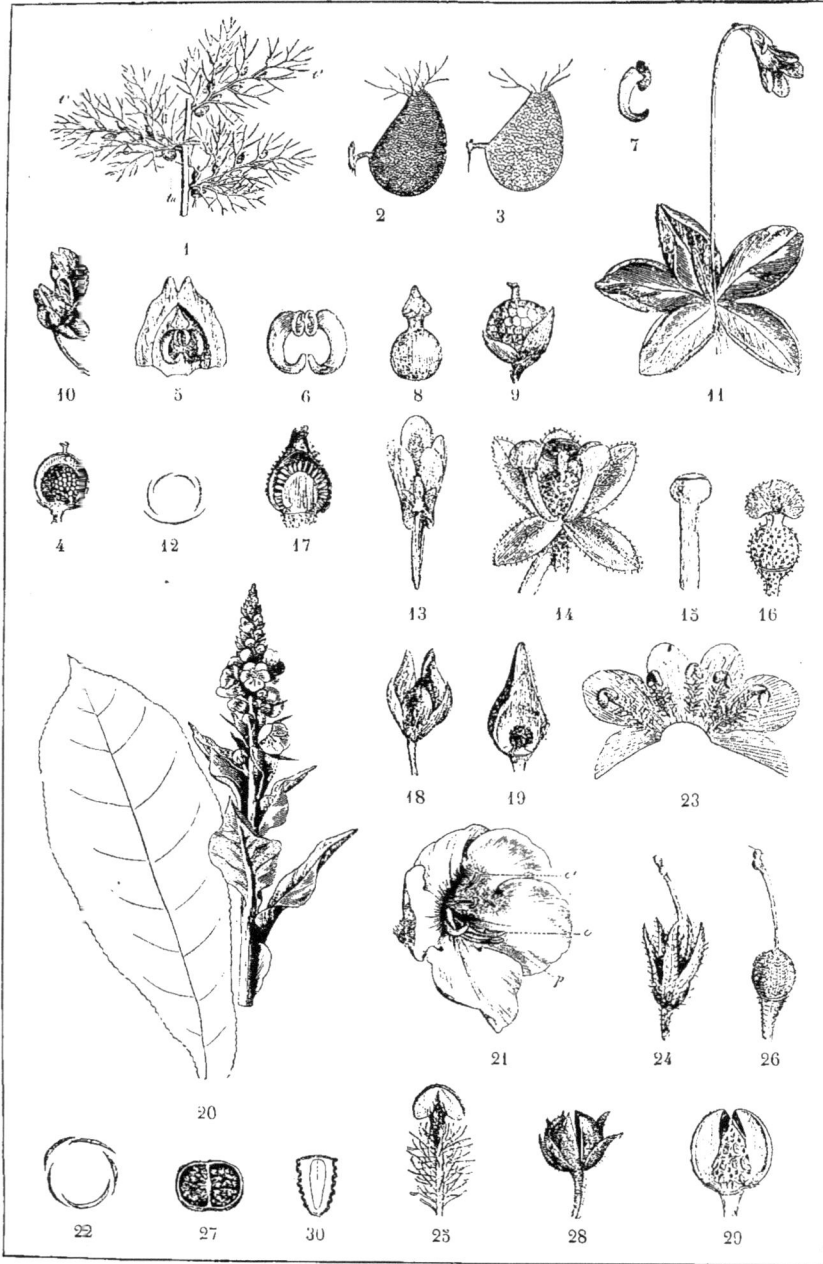

PRIMULACÉES.

Cette famille est étroitement liée aux Myrsinées, qui ne sont que des Primulacées ligneuses à fruit bacciforme. Elle diffère des Lenticulariées par la corolle régulière, et des Plumbaginées par les ovules nombreuses, par le stigmate simple, par l'albumen non farineux. Nombre de caractères rapprochent les Primulacées des Plantaginées.

Les caractères constants de la famille sont : les étamines alternes avec les sépales et égales à leur nombre, l'ovaire uniloculaire, le placenta central pluriovulé, etc.

Les Primulacées sont des plantes herbacées, à feuilles radicales ou opposées ; verticillées, ou rarement alternes, sans stipules (fig. 7 et 15). Fleurs hermaphrodites, régulières (fig. 1, 10 et 21) ; solitaires ou ombellées (fig. 1), ou en grappes axillaires ou terminales. Calice ordinairement libre, monosépale à 5 ou 7 divisions. Corolle le plus souvent régulière, monopétale, à préfloraison imbriquée ou contournée (fig. 2, 8), quelquefois irrégulière, très rarement nulle. Étamines insérées au tube de la corolle, opposées à ses lobes (fig. 3, 5) ; quelquefois accompagnées de staminodes et alternant avec eux. Filets courts. Anthères biloculaires introrses, à déhiscence longitudinale. Ovaire libre, quelquefois semi-infère (fig. 25), uniloculaire, à placenta central, portant des ovules nombreux (fig. 12, 13). Ovules semi-anatropes. Style terminal simple, indivis (fig. 14). Fruit capsulaire s'ouvrant par des valves (fig. 11) ou par une déhiscence transversale (fig. 17, 18). Graines nombreuses (fig. 19 et 20) à hile ventral ou rarement basilaire. Embryon droit, renfermé dans l'albumen charnu. Cotylédons cylindriques.

Les Primulacées appartiennent presque exclusivement à l'hémisphère du Nord. Plusieurs espèces sont alpines et s'avancent jusqu'à la région des neiges persistantes.

Les Primulacées contiennent dans leur racine un principe âcre et amer, mais sont peu usitées en médecine. On les recherche plutôt pour la beauté de leurs fleurs.

Genres principaux :

Primula L. — Primevère. — Calice monosépale. Corolle infundibuliforme. Étamines cinq, placées soit dans la partie supérieure du tube, et alors le style est court (fleurs brachystyles, fig. 3), soit dans sa partie inférieure, et alors le style est long (fleurs macrostyles, fig. 5). Feuilles toutes radicales.

P. veris (fig. 1 à 6), *P. elatior*, *P. grandiflora*, etc., sont des espèces répandues dans toute l'Europe.

Androsace Tourn. — Renferme des espèces alpines.

A. septentrionalis L. (fig. 21) et *A. carnea* L., sont communs dans les Alpes.

Cyclamen Tourn. — Fleurs à type cinq, corolle tubuliforme, à limbe réfléchi. Fruit, capsule charnue, polysperme à cinq valves.

C. europæum (fig. 7 à 9). — Feuilles radicales, rondes, longuement pétiolées. La racine est vivace, très âcre, émétique, purgative, mais peu employée en médecine.

Lysimachia L. — Fleurs à type cinq. Capsule globuleuse s'ouvrant par valves. Feuilles opposées.

L. europæa (fig. 10 à 13), *L. nummularia* L., *L. nemorum* L., sont des espèces répandues dans nos contrées.

Hottonia L.

H. palustris L. — Plante aquatique.

Glaux Tourn. — Calice pétaloïde, coloré. Corolle nulle.

G. maritima L. (fig. 22, 23), dans les pâturages maritimes.

Anagalis L. — Mouron. — Corolle en roue, à cinq lobes. Capsule globuleuse, s'ouvrant en travers. Feuilles opposées, entières.

A. arvensis (fig. 15 à 20), commune dans les champs. *A. cærulea* Lam., était réputée comme antisyphilitique.

Centunculus L. — Centenille. — Fleurs à type cinq. Capsule s'ouvrant en travers.

C. minimus (fig. 24), C. nain ; dans les marais et lieux humides.

Samolus L. — Ovaire semi-infère.

S. valerandi L. (fig. 25), Mouron d'eau ; dans les lieux humides.

EXPLICATION DES FIGURES.

1 à 6,	*Primula veris*, fig. 1, ombelle ; 2, diagramme ; 3, corolle ouverte (fleur brachystyle) ; 4, fruit ; 5, corolle ouverte (fleur macrostyle) ; 6, placentaire avec les graines.
7 à 9,	*Cyclamen europæum*, fig. 7, port ; 8, diagramme ; 9, fruit.
10 à 14,	*Lysimachia vulgaris*, 10, fleur ; 11, fruit ; 12, coupe verticale ; 13, coupe transversale de l'ovaire ; 14, pistil.
15 à 19,	*Anagalis arvensis*, 15, port ; 16, fleur ; 17, fruit fermé ; 18, fruit ouvert ; 19, graine.
20,	*Anagalis latifolia*, fig. 20, graine coupée.
21,	*Androsace septentrionalis*, fig. 21, fleur.
22 et 23,	*Glaux maritima*, fig. 22, fleur ; 23, id., ouverte.
24,	*Centunculus minimus*, fig. 24, port.
25,	*Samolus valerandi*, fig. 25, coupe de la fleur.

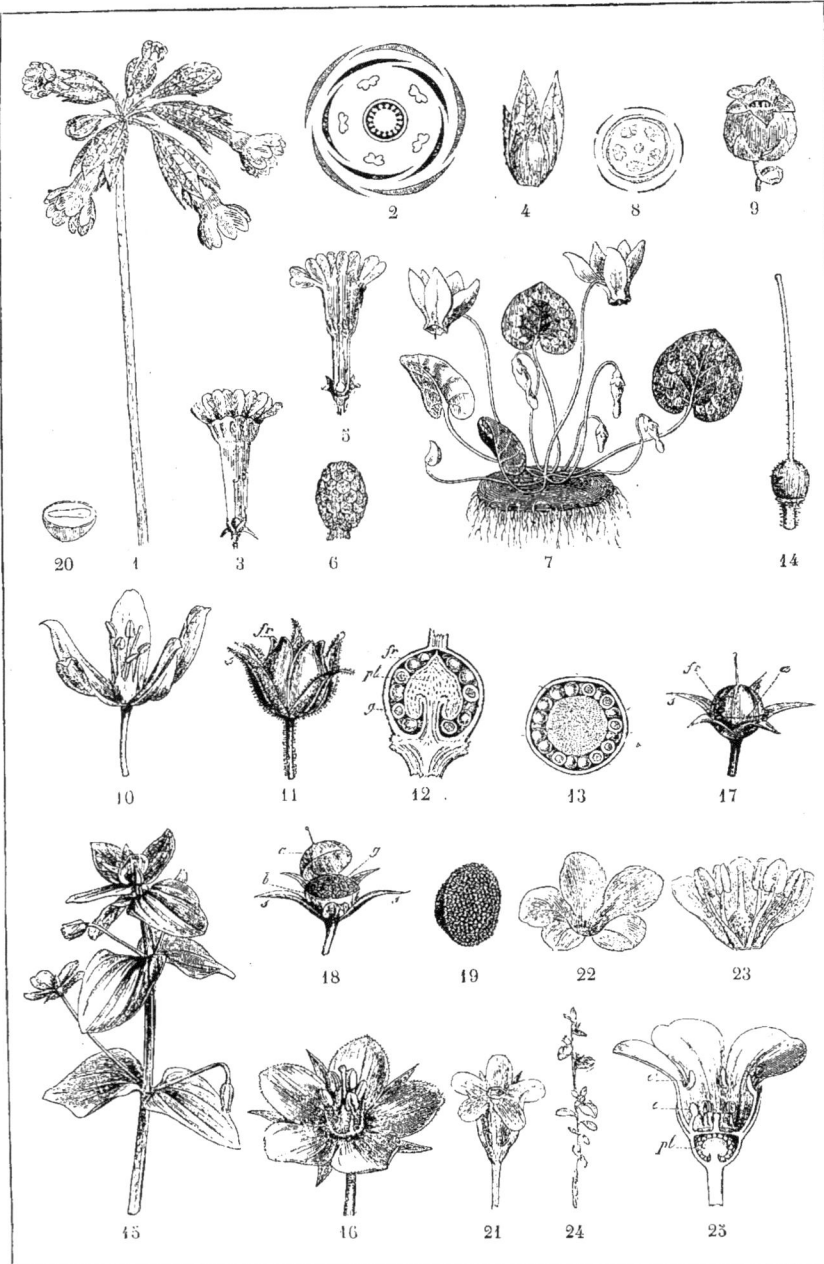

PLUMBAGINÉES.

Petite famille très rapprochée des Primulacées, dont elle diffère principalement par son placenta uniovulaire. Elle est aussi voisine des Plantaginées, dont elle se distingue surtout par l'ovaire composé de cinq carpelles.

Les caractères essentiels de la famille sont l'isostémonie, l'alternance des étamines avec les sépales, l'ovaire uniloculaire, le placenta filiforme portant l'ovule anatrope

Les Plumbaginées sont des plantes le plus souvent herbacées, à feuilles entières, alternes ou réunies à la base de la tige, engainante, sans stipule (fig. 1). Fleurs hermaphrodites, régulières (fig. 3, 12), disposées en têtes ou en épis (fig. 15) ou en grappes; construites sur le type 5. Calice tubuleux, persistant. Corolle gamopétale, tubuliforme ou formée de pétales égaux, soudés légèrement à la base et portant chacun une des cinq étamines opposées aux pétales (fig. 2). Anthères biloculaires, s'ouvrant par des fentes longitudinales. Ovaire libre, composé de cinq carpelles, uniloculaire, à un seul ovule anatrope suspendu à l'extrémité d'un placenta filiforme (fig. 14). Styles cinq, distincts (fig. 13) ou cohérents en un seul (fig. 5). Stigmate 5-fide (fig. 5). Fruit akène ou capsule s'ouvrant par cinq valves (fig. 10, 11 et 14). Graine (fig. 7) inverse, albuminée. Embryon droit. Cotylédons plans, radicule droit.

La petite famille des Plumbaginées est dispersée sur tout le globe. Les Statices sont des plantes littorales des régions tempérées, les Plumbago (sauf une espèce) appartiennent aux pays tropicaux.

Genres principaux :

Plumbago L. — Dentelaire. — Calice herbacé. Corolle monopétale. Styles soudés. Fruit capsulaire.

P. *europæa* L. (fig. 1 à 8). — Croît dans le midi de la France. Sa racine était employée autrefois contre les maladies de la peau et des dents.

Statice. — Calice scarieux. Corolle à cinq pétales libres. Cinq styles distincts. Fleurs en épis.

S. *pubescens* (fig. 9 à 11), S. *limonium*, etc.

Armeria. — Corolle à cinq pétales, cinq styles. Fleurs en grappes.

A. *maritima* (fig. 12 à 14).

PLANTAGINÉES.

Cette famille contient un petit nombre de genres. Elle est voisine des Plumbaginées et des Primulacées, elle n'en diffère que par l'ovaire 2-loculaire.

Les Plantaginées sont des plantes herbacées à rhizome souterrain, à feuilles toutes radicales. Fleurs hermaphrodites (fig. 16) ou unisexuées (fig. 21), disposées en épis simples. Calice et corolle à quatre divisions régulières. Étamines 4 (ou 1, 2) insérées sur le tube de la corolle, alternes avec ses lobes, ou nulles. Ovaire libre 1-2-4-loculaire (fig. 19). Chaque loge contient un petit nombre d'ovules ou un ovule unique. Ovules campylotropes. Dans les fleurs femelles, l'ovaire est réduit à un rudiment insignifiant (fig. 22). Fruit (fig. 20, 24, 25) capsulaire à déhiscence transversale (pyxide) 1-4-loculaire, ou un akène; graines peu nombreuses, albuminées; embryon droit, cylindrique, occupant l'axe de l'albumen.

Les Plantaginées sont des plantes cosmopolites, mais on les trouve surtout dans les régions tempérées des deux hémisphères.

Genres principaux :

Plantago L. — Plantain. — Fleurs hermaphrodites. Très répandu dans nos contrées; contient un grand nombre d'espèces.

P. *lanceolata* (fig. 15), P. *alpina* (fig. 16 à 19), P. *major* (fig. 20), P. *media*, etc.

Littorella. — Plante monoïque.

L. *maritima* (fig. 21 à 24).

EXPLICATION DES FIGURES.

1 à 8, *Plumbago europæa*, fig. 1, port; 2, diagramme; 3, fleur; 4, corolle coupée verticalement; 5, pistil; 6, coupe verticale de l'ovaire; 7, coupe verticale de la graine; 8, embryon.	15, *Plantago lanceolata*, fig. 15, épi de fleurs.
	16 à 19, *P. alpina*, fig. 16, fleur; 17, diagramme; 18, pistil; 19, coupe transversale de l'ovaire.
9 à 11, *Statice pubescens*, fig. 9, port; 10, calice fructifère; 11, coupe verticale du fruit.	20, *P. major*, fig. 20, fruit sans la partie supérieure.
12 à 14, *Armeria maritima*, fig. 12, fleur; 13, fruit; 14, coupe verticale du fruit.	21 à 25, *Littorella lacustris*, fig. 21, fleur mâle; 22, étamines et rudiment du pistil; 23, fleur femelle; 24, coupe verticale du fruit; 25, coupe transversale du fruit.

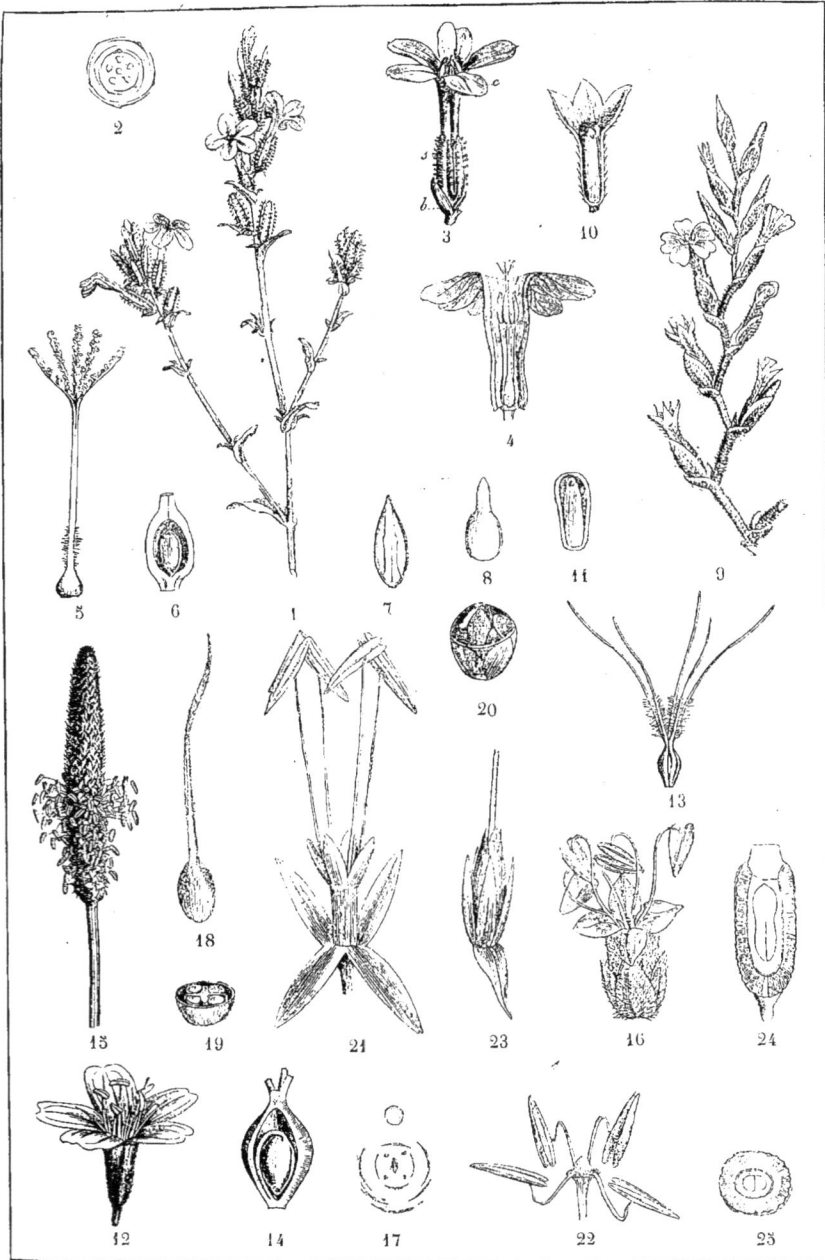

GLOBULARIÉES.

Petite famille formée par un genre unique, *Globularia*, présentant des affinités réelles avec les Labiflores et surtout avec les Verbenacées, dont elle diffère par son fruit. Elle est aussi voisine des Dipsacées, mais s'en distingue surtout par l'ovaire libre.

Les Globulariées sont des plantes herbacées ou arbrisseaux, à feuilles alternes, simples, entières (fig. 1). Fleurs hermaphrodites, irrégulières (fig. 4), disposées en capitules (fig. 3). Calice tubuleux, monosépale, à limbe régulier ou bilabié, à préfloraison imbriquée (fig. 2), Etamines quatre, à filets libres, alternes avec la corolle. Anthères bi- et uniloculaires après l'épanouissement de la fleur. Ovaire libre uniloculaire, uniovulé. Ovule unique, pendant, anatrope. Style simple, stigmate bifide (fig. 7). Fruit caryopse, enveloppé par le calice persistant (fig. 8, 9, 10). Graine unique, albuminée. Embryon droit.

Les Globulariées habitent les contrées méridionales de l'Europe.

Genre unique.

Globularia L. — Globulaire.

G. *alypum* L. (fig. 1), croît dans le midi; ses feuilles sont purgatives. G. *vulgaris*, G. *longifolia* (fig. 2 à 11).

MYRSINÉES.

Famille très voisine des Primulacées, dont elle ne diffère que par sa tige ligneuse et par son fruit bacciforme.

Ce sont des arbres ou arbrisseaux à feuilles alternes, simples, coriaces (fig. 11). Fleurs hermaphrodites, régulières (fig. 12). Calice 4-5-fide (fig. 13). Corolle monopétale ou polypétale, isostémone. Etamines cinq, opposées aux lobes de la corolle; en outre, quelquefois, cinq staminodes alternant avec les étamines. Ovaire uniloculaire, à placenta central, pluriovulé, quelquefois uniovulé. Style et stigmate simples (fig. 15). Fruit bacciforme. Graines (fig. 17) albuminées. Embryon le plus souvent arqué, à cotylédons cylindriques ou planes, à radicule infère.

Les Myrsinées sont des plantes exclusivement tropicales ou subtropicales.

Genres principaux :

Ardisia. — Les fruits de quelques Ardisia sont comestibles.

A. *coriacea* (fig. 11-17).

Jacquinia, Clavia, Mœsa.

SAPOTÉES.

Famille très voisine de la précédente; elle en diffère par l'anisostémonie, par l'ovaire pluriloculaire, par les ovules anatropes.

Ce sont des arbres à suc laiteux, à feuilles alternes, coriaces, entières (fig. 18), sans stipules. Fleurs hermaphrodites régulières. Calice infère, libre, à 4 ou 8 sépales. Corolle hypogyne, monopétale, à 4 ou 8 divisions (fig. 19). Etamines en nombre égal à celui des pétales ou en plus grand nombre. Ovaire composé de plusieurs loges, uniovulé. Fruit bacciforme ou drupacé (fig. 26). Graines albuminées ou non, à tégument osseux formant un noyau. Embryon droit, radicule infère.

Les Sapotées habitent les régions tropicales et subtropicales.

Genres principaux :

Sapota.

S. *Achras*. — Arbre des Antilles. Fournit des fruits comestibles.

Bassia.

B. *longifolia* (fig. 18 à 21). — Ses graines fournissent l'*huile d'Hipi*, très estimée dans l'Inde.

Lucuma mammosa De Vriese. — Arbre des Antilles et de la Colombie. Fruits comestibles.

Isonandra Hook. (*Dichopsis*, Benth. et Hook.)

I. *gutta* Hook. — Son suc laiteux donne une substance très importante dans l'industrie, la *gutta-percha*.

I. (*Dichopsis*) *Krantziana* Pierre (fig. 22-26). — Arbre de la Cochinchine, fournit aussi la gutta-percha.

EXPLICATION DES FIGURES.

ÉBÉNACÉES.

Famille voisine des Styracées, avec lesquelles on la réunissait autrefois; elle présente aussi des affinités avec les Oléinées, les Illicinées et les Sapotées.

Ce sont des arbres ou arbrisseaux à bois souvent très dur et noir. Feuilles alternes, coriaces, entières, sans stipules (fig. 1). Fleurs le plus souvent polygames ou dioïques par avortement (fig. 2, 5), régulières. Calice gamosépale à 3 ou 6 lobes, persistant (fig. 4). Corolle gamopétale, urcéolée, à 3 ou 6 divisions (fig. 3 à 7). Etamines en nombre 2 ou 4 fois plus grand que le nombre des lobes de la corolle. Ovaire libre, sessile, à trois ou plusieurs loges uniovulées. Ovules pendants, anatropes. Fruit bacciforme (fig. 7). Graines inverses, à testa membraneux. Embryon albuminé. Cotylédons foliacés, radicule supère.

Les Ebénacées sont presque exclusivement des plantes tropicales ou subtropicales et se rencontrent rarement dans la région méditerranéenne.

Genres principaux :

Diospyros L. — Plaqueminier. — Plusieurs espèces fournissent le bois noir connu sous le nom d'*ébène*.

D. reticulata de l'île Maurice ; *D. ebenum* de Ceylan ; | sont comestibles; *D. kaki* L. Arbrisseau du Japon et de *D. lotus* (fig. 1 à 19), croît dans la Méditerranée. Ses fruits | la Chine dont les fruits sont très estimés.

STYRACINÉES.

Famille voisine des Ebénacées, se rapprochant des Caméliacées et offrant quelques analogies avec les Philadelphiées.

Les Styracinées sont des arbres ou arbrisseaux à feuilles alternes, simples, sans stipules (fig. 10). Fleurs régulières, hermaphrodites (fig. 11). Calice plus ou moins soudé avec l'ovaire, 4-5-lobé (fig. 12). Corolle monopétale, le plus souvent à 5, quelquefois à 4, 6, 7 divisions. Etamines insérées à la base de la corolle, 8, 10, ou nombreuses; libres, ou plus ou moins cohérentes. Anthères biloculaires à déhiscence introrse ou latérale (fig. 13). Ovaire infère ou semi-infère à 2, 3, 5 loges bi ou pluriloculaires. Ovules pendants, horizontaux ou ascendants, anatropes. Fruit charnu (fig. 15), le plus souvent uniloculaire par avortement. Graine albuminée (fig. 16). Embryon droit, cotylédons plans, radicule supère (fig. 17).

Les Styracinées habitent l'Asie et l'Amérique tropicale, elles se trouvent aussi dans les régions extratropicales, au Japon, dans l'Amérique du Nord et même dans la Méditerranée. Elles fournissent des baumes d'une grande valeur.

Un des genres principaux :

Styrax.

S. benzoin. — Plante des Moluques et des îles de la | *S. officinale*, Aliboufier (fig. 10 à 17). — Arbre de la Sonde, fournit un baume (*benjoin*). | Méditerranée, fournit le baume *styrax*.

MONOTROPÉES.

Plantes parasites vivant sur les racines des arbres ; jamais vertes. Feuilles réduites à des écailles (fig. 18). Fleurs hermaphrodites, groupées en épis, la terminale 4, les latérales 5-mères (fig. 19, 20). Calice composé de sépales pétaliformes ; persistant, quelquefois nul. Corolle persistante composée de pétales plus ou moins cohérents prolongés en éperons. Etamines en nombre double des pétales, insérées à leur base (fig. 21). Anthères uniloculaires. Ovaire supère à 4 ou 5 loges multiovulées ou uniloculaire, à placentation pariétale (fig. 22). Style simple, creux. Stigmate en entonnoir (fig. 23). Fruit capsulaire 4-5 loculaire, s'ouvrant par 4 ou 5 valves (fig. 24, 25). Graines nombreuses très petites (fig. 26). Embryon indivis.

Les Monotropées sont très rapprochées des Éricinées et des Pyrolacées, dont elles diffèrent surtout par leur parasitisme, par le port et par l'absence des feuilles. Elles habitent l'Europe et l'Amérique du Nord.

Un des genres principaux :

Monotropa L.

M. hippopithys (fig. 20 à 26).

EXPLICATION DES FIGURES.

1 à 9, *Diospyros lotus*, fig. 1, port ; 2, fleur mâle ; 3, corolle ouverte ; 4, calice ; 5, fleur femelle ; 6, corolle ouverte ; 7, fruit ; 8, graine ; 9, embryon.

10 à 17, *Styrax officinale*, fig. 10, port ; 11, fleur ouverte ; 12, calice et pistil ; 13, étamine ; 14, coupe de l'ovaire ; 15, fruit ; 16, graine ;

17, coupe de la graine.

18 à 26, *Monotropa hippopithys*, fig. 18, port ; 19, fleur latérale ; 20, fleur terminale ; 21, pistil et étamines ; 22, coupe de l'ovaire ; 23, coupe verticale de l'ovaire ; 24, fruit fermé ; 25, fruit sans valvules ; 26, graine.

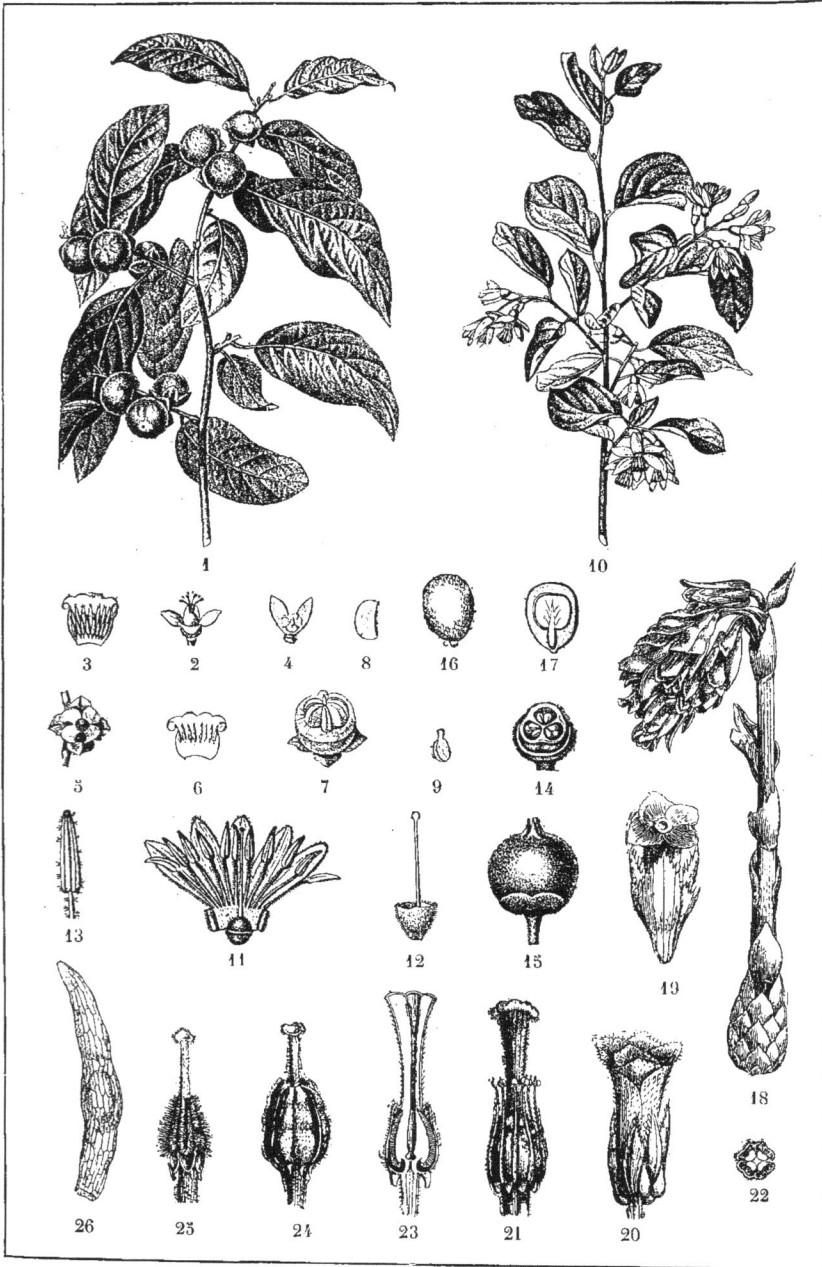

ÉRICACÉES ou ÉRICINÉES.

Famille très rapprochée des Monotropées, des Pyrolacées, des Vacciniées et des Rhodoracées ; certains auteurs réunissent même les Éricacées et les Rhodoracées en un groupe spécial, celui des *Bicornes*. Les Éricacées diffèrent des Pyrolacées par leur corolle monopétale et des Vacciniées par leur ovaire supère ; quant aux Rhodoracées, elles sont souvent considérées comme une tribu des Éricacées. Les Éricacées sont aussi voisines des Épacridées, des Caméliacées, etc.

Ce sont des arbrisseaux ou sous-arbrisseaux à feuilles alternes, rarement opposées, persistantes, entières ou dentelées ; souvent très petites en forme d'écailles, sans stipules (fig. 1, *Erica* et fig. 15, *Arbutus*). Fleurs régulières, hermaphrodites (fig. 3, 14). Calice 4-5 fide persistant. Corolle gamopétale (rarement polypétale), à 4-5 dents, urcéolée ou campanulée à préfloraison tordue ou imbriquée (fig. 2). Étamines 8 ou 10, rarement 4 ou 5. Filets libres ou un peu adhérents (fig. 5). Anthères à deux loges, s'ouvrant par deux pores munis souvent d'un appendice dorsal (fig. 4). Ovaire libre à 4 ou 5 loges, appliqué sur un disque hypogyne (fig. 5, 6, 7). Chaque loge contient ordinairement plusieurs ovules, rarement peu ou un. Ovules anatropes ; style simple. Le fruit est une baie, une drupe ou une capsule s'ouvrant par autant de valvules qu'il y a de loges (fig. 8, 9, 10). Graines petites (fig. 12), nombreuses, insérées sur les placentaires axiles (fig. 11) ; albuminées. Embryon droit, cylindrique, occupant l'axe de l'albumen (fig. 12, 13).

Les Éricacées sont des plantes cosmopolites. En Europe, elles recouvrent souvent à elles seules de grandes surfaces. Mais elles abondent surtout dans l'Afrique australe En Amérique, elles sont remplacées par la famille voisine, celle des Vacciniées ; en Australie, par les Épacridées.

Les Éricacées possèdent des propriétés amères et astringentes, grâce auxquelles certaines espèces sont usitées en médecine.

Genres principaux :

Erica L. — Bruyère. — Corolle plus longue que le calice ; 8 étamines.

E. carnea L. (fig. 1 à 13), *E. longiflora*, *E. cinerea*, *E. ciliaris*, *E. tetralix*, *E. stricta* (fig. 14) sont des espèces répandues en Europe.

Calluna Sallisb. — Corolle plus courte que le calice ; 8 étamines.

C. vulgaris. — Bruyère commune. — Se rencontre dans les landes et les lieux arides.

Arbutus L. — Arbousier. — 10 étamines ; capsule à 5 loges.

A. unedo L. — Arbousier fraisier. — Arbre de l'Europe méridionale et du Levant ; les fruits sont comestibles mais peu savoureux.

A. uva ursi L. (fig. 15), *Arctostaphylos uva-ursi*, Busserole. — Arbrisseaux des Alpes, des Pyrénées, des Vosges. Les feuilles sont réputées diurétiques.

RHODORACÉES.

Famille considérée souvent comme une tribu des Éricacées, dont elle ne diffère que par la corolle souvent irrégulière, par le fruit à déhiscence septicide, par les fleurs planes, etc. Les Rhodoracées habitent les régions tempérées de l'hémisphère du Nord. Un grand nombre parmi elles sont alpines. Les Rhodoracées contiennent une quantité de genres remarquables par la beauté des fleurs

Genres principaux :

Rhododendron (fig. 16 et 17), **Loiseleuria** (fig. 18 à 25), **Azalea**, **Dabœcia**, **Lœdum**, etc.

EXPLICATION DES FIGURES.

1 à 13,	*Erica carnea*, fig. 1, port ; 2, diagramme ; 3, fleur ; 4, étamine ; 5, pistil et filets ; 6, coupe transversale de l'ovaire ; 7, coupe verticale de l'ovaire ; 8, fruit ; 9, fruit déhiscent ; 10, fruit ouvert ; 11, columelle du fruit ; 12, graine ; 13, coupe verticale de la graine.
14,	*Erica stricta*, fig. 14, fleur.
15,	*Arbutus unedo*, fig. 15, port.

16 et 17, *Rhododendron hirsutum*, fig. 16, port ; 17, diagramme.

18 à 25, *Loiseleuria procumbens*, 18, deux fleurs ; 19, corolle ouverte ; 20, calice et pistil ; 21, pistil ; 22, fruit ; 23, fruit ouvert ; 24, fruit coupé transversalement ; 25, coupe verticale de la graine.

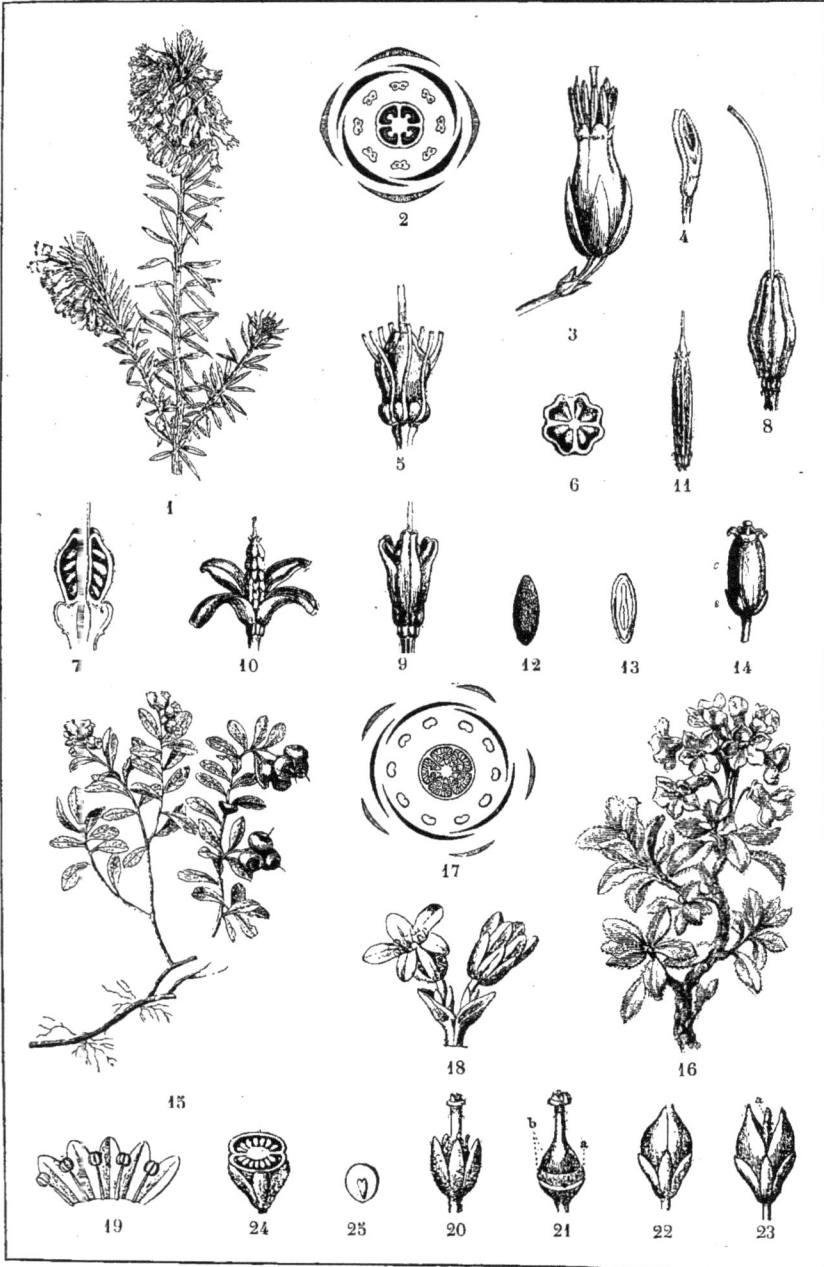

VACCINIÉES.

Les Vacciniées ne diffèrent des Éricacées que par leur ovaire adhérent ; aussi les considère-t-on souvent comme une tribu de la famille des Éricacées.

Les Vacciniées sont des arbrisseaux à feuilles épaisses, alternes, caduques ou persistantes, coriaces, sans stipules (fig. 1). Fleurs régulières, hermaphrodites (fig. 4). Calice régulier, persistant ou non, à 4, 5 ou 6 lobes. Corolle épigyne, tombante, urcéolée ou rotacée à 4, 5 ou 6 lobes, tombante, à préfloraison imbriquée (fig. 3). Étamines 8 à 10 insérées sur le sommet du tube calicinal (fig. 5). Anthères biloculaires, à loges prolongées en tube perforé à son extrémité, souvent munies d'un appendice dorsal (fig. 7). Ovaire infère, composé de 4, 5 ou 6 feuilles carpellaires, formant 4, 5, 6 ou 10 loges. Chaque loge contient plusieurs ovules anatropes. Style simple. Fruit, une baie ou une drupe à 4 ou 5 loges polyspermes (fig. 8). Graines pendantes (fig. 9). Embryon occupant le milieu de l'albumen (fig. 10).

Les Vacciniées habitent l'hémisphère du Nord et sont surtout nombreuses en Amérique. Elles jouissent des mêmes propriétés que les Éricacées.

Genres principaux :

Vaccinium L. — Airelle. — Corolle urcéolée ou campanulée à 4, 5 dents.

V. myrtillus L. (fig. 2 à 10). — Mirtille, Raisin des bois. — Baies bleues, comestibles. Croît abondamment dans les bois.

V. vitis idaea (fig. 1). — Herbe rouge. — Baies rouges. Abondante dans les bruyères et les bois montagneux.

Oxycoccus Tourn. — Canneberge. — Corolle rotacée à 4 divisions profondes.

O. palustris (*O. vulgaris*) Pers. — Commune dans les marais des montagnes.

Thibaudia et **Macleania** sont des genres exotiques.

PYROLACÉES.

La petite famille des Pyrolacées est très rapprochée des Éricacées ; elle en diffère principalement par la structure des graines. Elle est aussi étroitement liée aux Monotropées, et n'en diffère que par le port et par le mode de vie non parasitaire. Elle offre aussi quelques affinités avec les Droséracées.

Les Pyrolacées sont des plantes herbacées ou sous-frutescentes à feuilles persistantes, coriaces, éparses ou presque verticillées, sans stipules (fig. 11). Fleurs hermaphrodites régulières (fig. 13), en grappe ou en corymbe. Calice à cinq sépales persistants. Corolle à cinq pétales libres, hypogynes, tombants, à préfloraison imbriquée (fig. 12). Étamines dix aux anthères biloculaires s'ouvrant chacune par un pore terminal (fig. 14, 15). Ovaire libre, 3-5 loculaire, loges multiovulées. Style filiforme. Stigmate capitulé. Fruit capsulaire (fig. 16, 17) à 3 ou 5 loges, à déhiscence loculicide. Graines très petites à testa prolongé en aile, albuminées (fig. 18). Embryon très petit, indivis.

Les Pyrolacées habitent les régions tempérées de l'hémisphère du Nord. Elles contiennent un principe âcre et résineux.

Genre indigène :

Pyrola L. — Pirole.

P. rotundifolia L. (fig. 11 à 18). — Verdure d'hiver. — Fleurs blanches ou rosées, style arqué.

P. minor. — Fleurs rosées en style droit. Croît dans les lieux couverts, montueux.

EXPLICATION DES FIGURES.

1,	*Vaccinium vitis idaea*, fig. 1, port.	9, graine ; 10, graine coupée verticalement.
2 à 10,	*Vaccinium myrtillus*, fig. 2, rameau fleuri ; 3, diagramme ; 4, fleur coupée verticalement ; 5, fleur dépouillée de sa corolle ; 6, corolle ; 7, étamine ; 8, fruit coupé en travers ;	11 à 18, *Pyrola rotundifolia*, fig. 11, port ; 12, diagramme ; 13, fleur ; 14, étamine vue de côté ; 15, étamine vue de face ; 16, fruit ; 17, fruit coupé en travers ; 18, graines.

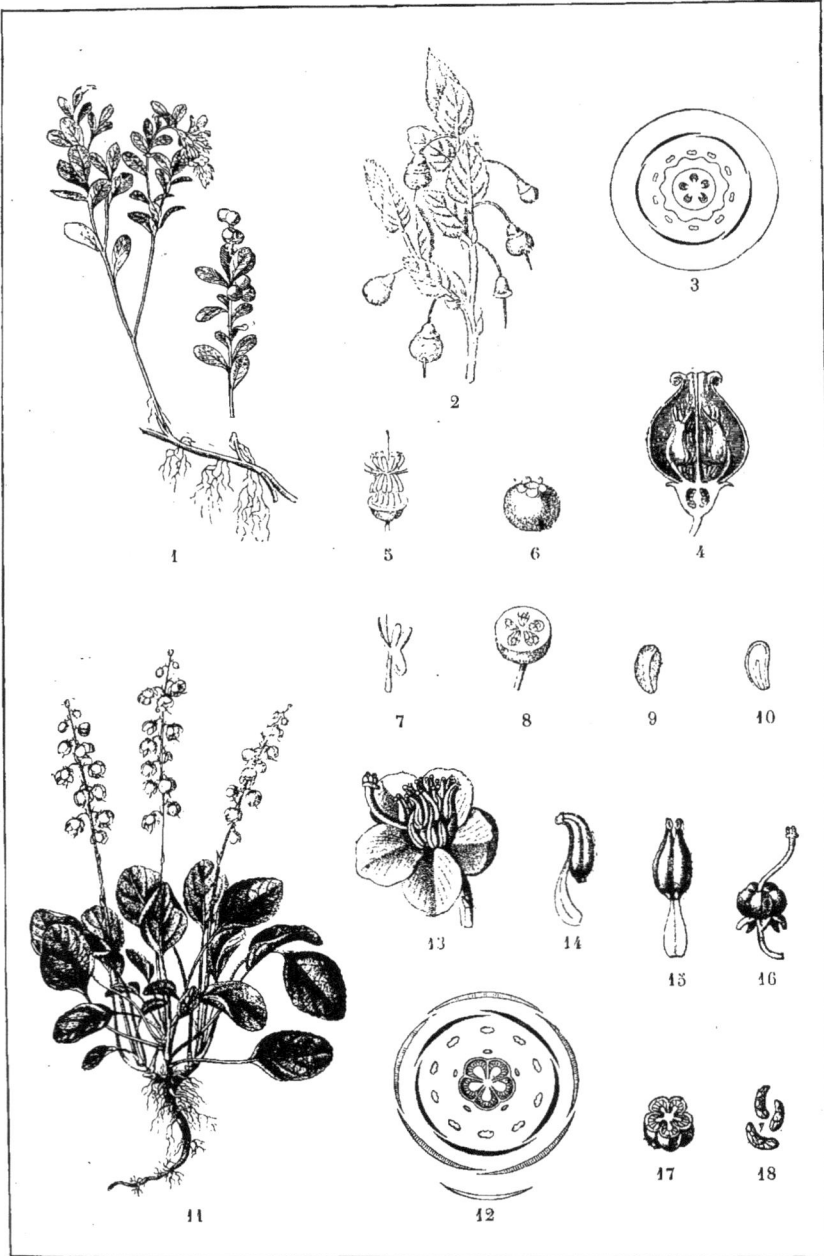

1   2   3   4   5   6   7   8   9   10   11   12   13   14   15   16   17   18

POLÉMONIACÉES.

Cette famille est très rapprochée des Convolvulacées; elle en diffère cependant par l'ovaire 3-loculaire, par les loges multiovulées, par l'embryon droit, par l'abondance de l'albumen dans la graine, etc. Les Polémoniacées sont aussi voisines des Hydrophyllacées, mais s'en éloignent par la préfloraison de la corolle, par la structure de l'ovaire et de la graine, etc.

Les Polémoniacées sont des plantes herbacées ou frutescentes à tige droite ou rarement volubile, à suc aqueux; à feuilles alternes, rarement opposées, sans stipules (fig. 1). Fleurs hermaphrodites subrégulières, solitaires ou en tête, en corymbe, en panicule. Calice libre monosépale à 5 divisions (fig. 5). Corolle monopétale (fig. 3, 4) insérée sur le réceptacle tubuliforme ou hypocratériforme, à limbe 5-partit, à préfloraison imbriquée (fig. 2). Étamines cinq, insérées dans la gorge de la corolle, alternes avec ses divisions (fig. 6). Anthères biloculaires à déhiscence longitudinale. Ovaire entouré par un disque nectarifère (fig. 7), 3-, rarement 5-loculaire. Ovules solitaires dans chaque loge, anatropes, ou plusieurs ovules semi-anatropes. Style simple divisé à l'extrémité en trois branches stigmatiques. Fruit (fig. 9, 10, 11) capsulaire, à 3 ou 5 valves. Graines (fig. 12, 13) dressées, ascendantes, albuminées. Embryon droit. Radicule infère.

Les Polémoniacées appartiennent pour la plupart à l'Amérique occidentale extratropicale. Quelques-unes seulement habitent les régions tempérées de l'ancien continent. On les cultive souvent dans nos jardins à cause de la beauté de leurs fleurs.

Genres principaux :

Polemonium L. — Polémoine. — Genre indigène.

P. cæruleum (1 à 14). — Croît dans le Midi et l'Est de la France; est cultivé dans les jardins sous le nom de Valériane grecque.

Cobaea L. — Genre exotique.

C. scandens. — Plante originaire du Mexique et cultivée dans nos jardins.

Phlox. — Plusieurs espèces de ce genre exotique sont cultivées comme plantes ornementales.

HYDROPHYLLACÉES.

Très voisines des Polémoniacées. Elles en diffèrent par le fruit bicarpellé, uniloculaire, à déhiscence loculicide. Leur inflorescence scorpioïde les rapproche des Borraginées, dont elles diffèrent cependant par un grand nombre de caractères importants.

Les Hydrophyllacées sont des plantes herbacées de l'Amérique du Nord. Quelques genres sont cultivés dans nos parterres à cause de la beauté de leurs fleurs.

Genres principaux :

Hydrophyllum L.

H. virginicum L. (fig. 15 à 23).

Cosmanthus, Nemophila, Eutoca, etc.

EXPLICATION DES FIGURES.

1 à 13, *Polemonium cæruleum*, fig. 1, port; 2, diagramme; 3, corolle; 4, corolle ouverte; 5, calice et pistil; 6, étamines et pistil; 7, ovaire avec le disque; 8, calice fructifère; 9, coupe transversale d'un jeune fruit; 10, un jeune fruit; 11, fruit déhiscent; 12, graine; 13, embryon.

14 à 22, *Hydrophyllum virginicum*, fig. 14, port; 15, fleur; 16, corolle et étamine; 17, pistil; 18, coupe transversale de l'ovaire; 19, fruit; 20, graine; 21, coupe verticale de la graine; 22, embryon.

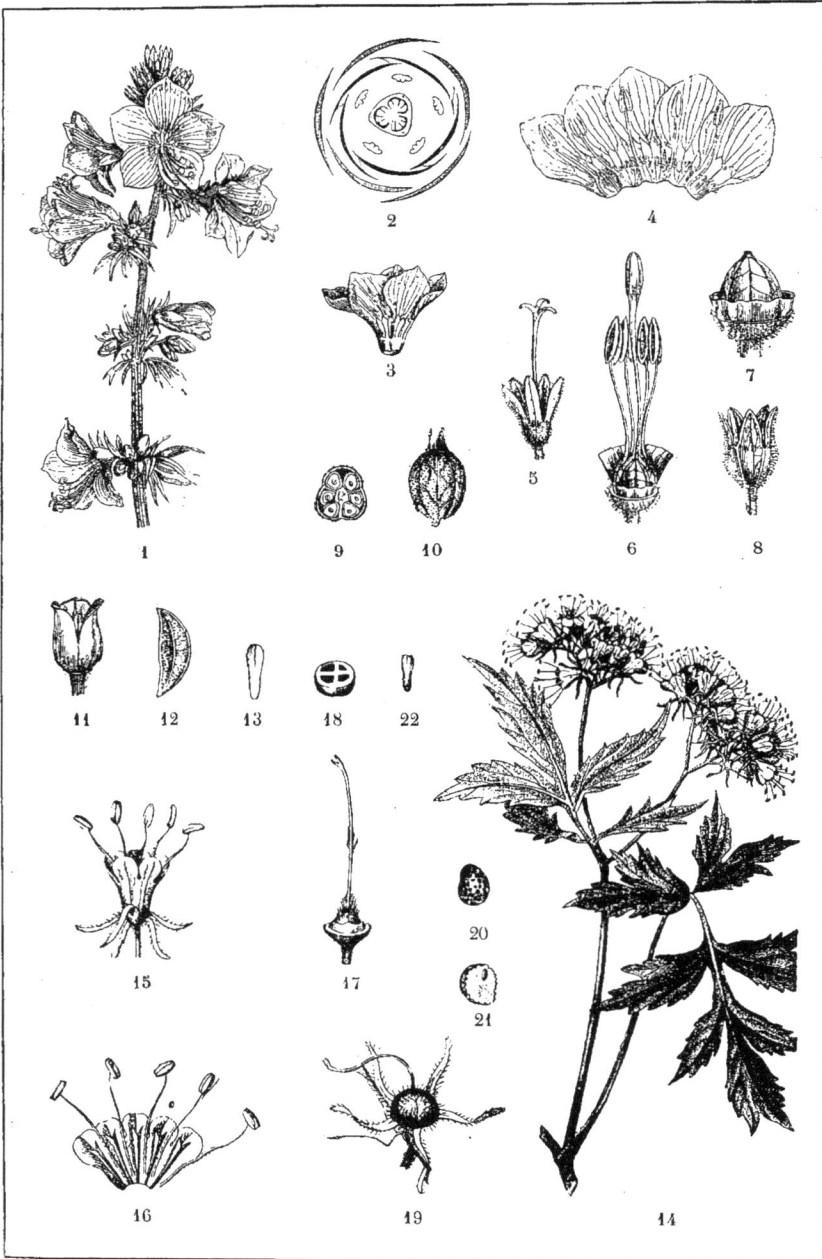

CONVOLVULACÉES.

Les Convolvulacées sont étroitement liées aux Cuscutacées, et n'en diffèrent que par la cohérence de leurs feuilles carpellaires. Elles ont aussi des affinités avec les Solanées, surtout par leurs ovules, par leurs graines et par l'embryon. La structure de l'ovaire les rapproche des Borraginées et même, par l'intermédiaire de celles-ci, des Labiées.

Les Convolvulacées sont des arbres ou arbrisseaux à tige souvent volubile, à feuilles alternes, entières ou palmatilobées, sans stipules (fig. 1, *Ipomaea*). Fleurs hermaphrodites, régulières (fig. 3, *Calystegia*), munies souvent de deux bractées rapprochées à la base. Calice à cinq sépales, persistant. Corolle insérée sur le réceptacle, à cinq pétales soudés en un tube; campanulée, hypocratériforme à limbe entier ou à cinq plis, à préfloraison tordue. Étamines cinq, insérées au fond du tube de la corolle, alternes avec ses lobes (fig. 2 et 4). Anthères introrses biloculaires (fig. 5). Ovaire biloculaire (fig. 16, *Convolvulus*), quelquefois uniloculaire; chaque loge contient 1 ou 2 ovules. Style (fig. 6, 14) simple ou bi-partit. Fruit (fig. 7 et 8, *Calystegia*) capsulaire à déhiscence valvaire; ou bacciforme; 1-4-loculaire. Graines (fig. 9) dressées, pourvues d'albumen. Embryon (fig. 10 et 11) courbé à cotylédons foliacés, à radicule infère.

Les Convolvulacées habitent pour la plupart les régions intertropicales; mais elles arrivent pourtant jusqu'aux contrées tempérées. Elles contiennent très souvent un suc gommo-résineux, caractérisé par ses propriétés purgatives; quelques espèces renferment de grandes quantités de fécule et sont alimentaires, les autres sont aromatiques, etc.

Genres principaux :

Convolvulus L. — Liseron. Bractées distantes de la fleur; stigmates longs.

C. *arvensis* L. (fig. 13 à 20). — Très commune dans nos champs.

C. *scammonia* (fig. 12). — Originaire des régions méditerranéennes de l'Asie. Le suc de la racine fournit un produit nommé *scammonée* (de Smyrne, d'Alep, d'Antioche, etc.) qui est un purgatif violent.

Calystegia R. Br. — Bractées situées immédiatement sous la fleur; stigmates longs.

C. *sepium* (fig. 2 à 11), grand Liseron, et C. *soldanella* se rencontrent dans le Midi de la France.

Ipomaea. — Stigmates courts et globuleux.

I. *turpethum* R. Br., Turbith. — Originaire de l'Inde et de Ceylan. La racine est un fort purgatif.

I. *purga* Hayne (fig. 1) Exagonium purga Bentham. — Originaire du Mexique. La racine fournit le meilleur jalapa, produit usité en médecine comme purgatif.

(La racine de Jalap, mais d'une qualité inférieure, est fournie par les autres Convolvulacées, comme *Convolvulus jalapa, C. schredeanum.*)

Batatas. — Genre exotique aux racines tuberculeuses.

B. *edulis* Choisy (Convolvulus batatas L.). — Plante d'origine douteuse, peut-être américaine et cultivée dans toutes les contrées chaudes. Ses racines produisent des tubercules contenant une grande quantité de fécule. Elles sont alimentaires (*Patates douces*).

CUSCUTACÉES.

Famille très voisine de la précédente; elle en diffère principalement par les feuilles carpellaires divisées et par son mode de vie parasitaire.

Ce sont des plantes à tiges très fines (fig. 20), dépourvues totalement de feuilles, se fixant sur leurs hôtes à l'aide des petits suçoirs en forme de racines subventices. Fleurs (fig. 21) disposées en glomérules, hermaphrodites, régulières. Calice gamosépale, urcéolé, à cinq dents. Corolle urcéolée. Ovaire biloculaire; chaque loge contient deux ovules dressés. Styles deux, distincts (fig. 22). Fruit capsulaire à déhiscence transversale (fig. 23). Embryon sans cotylédons, filiforme, entouré en spirale autour de l'albumen (fig. 27).

Les Cuscutacées sont des plantes cosmopolites, vivant sur un grand nombre de plantes différentes; elles causent souvent à l'homme des dégâts considérables.

Genre unique.

Cuscuta L. — Barbe-de-moine, Cheveux-de-Vénus, Teigne.

C. *major* D. C. (fig. 20 à 27), C. *minor* D. C. (fig. 28), C. *densiflora, C. monogyna*, etc., sont des espèces indigènes de ce genre.

EXPLICATION DES FIGURES.

1,   *Ipomaea purga*, fig. 1, port.
2 à 11,   *Calystegia sepium*, fig. 2, diagramme; 3, fleur; 4, androcée et gynécée; 5, étamine; 6, pistil; 7, fruit; 8, coupe de la capsule; 9, coupe de la graine; 10, embryon; 11, le même, cotylédons étalés.
12,   *Convolvulus scammonia*, fig. 12, port.
13 à 19,   *C. arvensis*, fig. 13, fleur; 14, pistil; 15, coupe verticale du pistil; 16, coupe du fruit; 17, coupe transversale du fruit; 18, coupe de la graine; 19, embryon.
20 à 28,   *Cuscuta major*, fig. 20, port; 21, fleur (corolle fendue); 22, coupe du pistil; 23, fruit; 24, fruit sans couvercle; 25, calice et graines; 26, graine; 27, embryon; 28, *C. minor*.

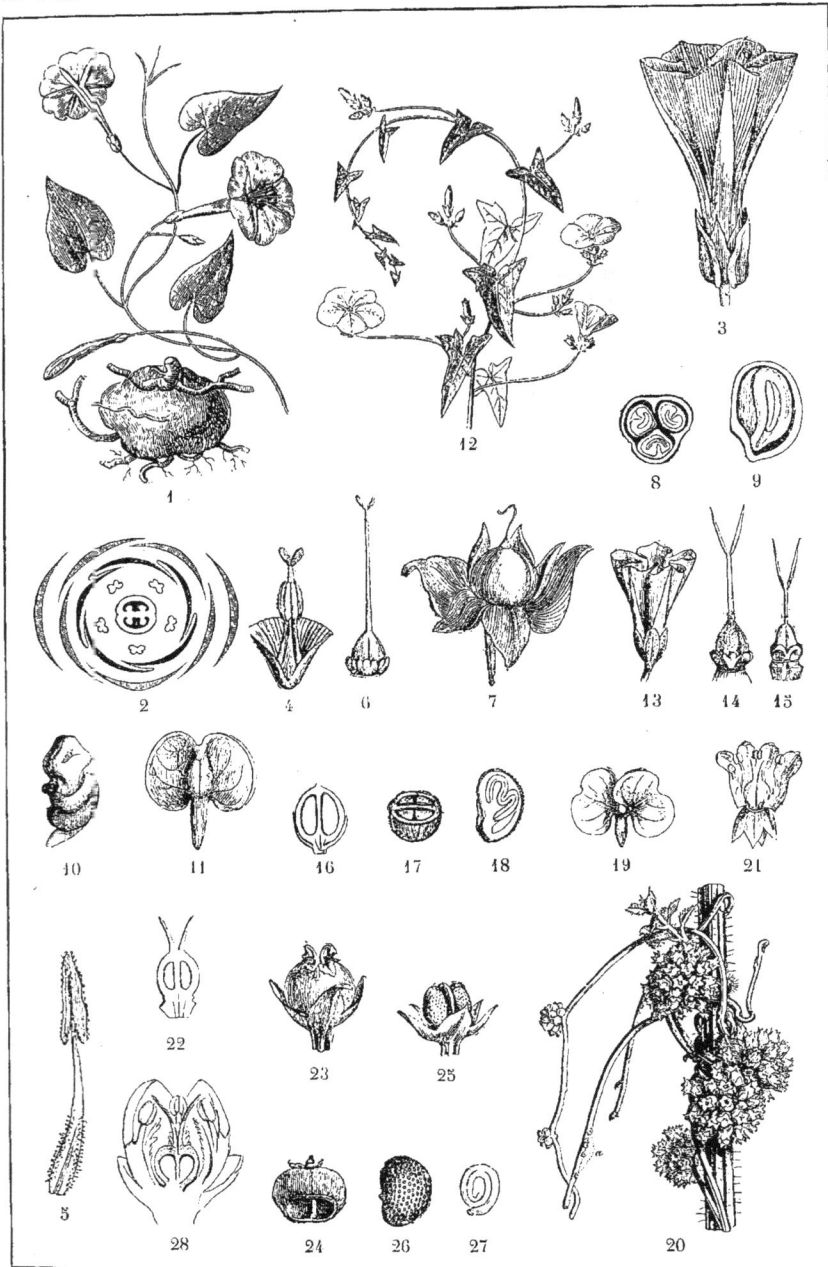

POLYGONÉES.

Les plantes appartenant à cette famille présentent beaucoup d'affinités avec les Chénopodées, dont elles diffèrent surtout par la présence de l'ochrea, par le nombre des parties de la fleur, par les ovules orthotropes. La situation des ovules, tout en les rapprochant des Caryophyllées, les éloigne des Paronychiées, avec lesquelles elles ont beaucoup de caractères communs.

Caractères principaux de la famille : ovaire supère, uniloculaire; ovule orthotrope; fruit — un akène; graine albuminée.

Les Polygonées sont des plantes herbacées ou arborescentes, à tige articulée. Feuilles (fig. 1, 2 et 19) alternes, simples, très souvent entières, a bords enroulés pendant la préfloraison, pétiolées, pourvues de stipules unies en une ochrea, c'est-à-dire une gaine entourant la tige au-dessous de l'insertion des feuilles (fig. 2 et 4) Fleurs ordinairement hermaphrodites, parfois unisexuées par avortement, solitaires ou disposées en épis ou en grappes terminales (fig. 1 et 19); nues ou pourvues d'un involucre. Elles se composent (fig. 5, 9 et 14) : d'un périanthe à 3, 4, 5 ou 6 sépales libres ou cohérents par leur base, disposés en un ou en deux verticilles (fig. 6 et 15); des étamines en nombre de 1 à 15, ordinairement 6 à 9, périgynes, insérées sur un disque occupant le fond du périanthe et épaissi parfois en un anneau glanduleux, à filets libres ou soudés, aux anthères biloculaires, déhiscentes longitudinalement; d'un ovaire unique libre, uniloculaire, contenant un seul ovule (fig. 10). L'ovaire est surmonté par 2 ou 4 styles distincts ou plus ou moins soudés, et par autant de stigmates. Ovule unique, orthotrope, basilaire dressé. Le fruit est un akène libre (fig. 11, 16, 17 et 18), tétragone ou trigone, couvert par le périanthe persistant. Graine unique, dressée, renfermant un albumen abondant; embryon droit (fig. 7, 8, 12, 17 et 18). Cotylédons linéaires ou aigus. Radicule supère.

Les Polygonées sont répandues dans toutes les régions tempérées du globe, mais elles abondent surtout en Europe. Elles renferment des acides, tannique et gallique, et un principe purgatif; elles sont employées en médecine.

Genres principaux :

Polygonum L. — Renouée. — Calice à 4-5 divisions à peu près égales, style divisé en trois stigmates multiples. Fleurs solitaires, axillaires, fasciculées. Plusieurs espèces sont communes en France.

P. bistorta L. (fig. 1 à 3), Bistorte. — Racine noire, très contournée, neuf étamines, tige simple, feuilles inférieures décurrentes sur le pétiole. La racine est employée comme astringente et tonique.

P. lapathifolium L (fig. 5), *P. aviculare* L (fig. 6), *P. orientale* (fig. 4) *P. nodosum, P. convolvulus* L (fig. 7), etc.

Phagopyrum. — Sarrasin. — Fleurs en groupes axillaires longuement pédonculés, formant une panicule ou un corymbe.

P. esculentum (fig. 9 à 13). — Fleurs blanches, mêlées de rose, en grappes terminales. Fruit trigone lisse. Originaire de l'Asie septentrionale et cultivée dans toute l'Europe comme une plante alimentaire importante.

P. tataricum L. — Fleurs verdâtres. Fruit trigone rugueux. Est cultivée comme la précédente.

Rumex L. — Rumex. — Calice à six divisions. Étamines six. Styles trois. Capsule triangulaire. Fleurs verdâtres, verticillées en épis. Nombreuses espèces, dont quelques-unes alimentaires, connues sous le nom de différentes oseilles.

R. acetosus L., *R. alpinus, R. scutatus, R. obtusifolius* DC. (fig. 14), *R. crispus* (fig. 16 et 17), *R. hamata* (fig. 18).

Rheum. — Fleurs à réceptacle cupuliforme; neuf étamines; ovaire uniloculaire surmonté de trois styles.

R. officinale H. Bn. (fig. 19). — La racine de cette plante, de même que celle de *R. palmatum* L., fournissent un purgatif excellent, connu sous le nom de rhubarbe; ce sont en outre des plantes ornementales.

Le *R. palmatum*, à feuilles plus profondément lobées et plus aiguës que celle de *R. officinale*, croît spontanément dans la province de Kan-sou (Chine occidentale), et dans les montagnes du Tibet oriental, vers les sources du fleuve Jaune. Il a été cultivé en Russie et en Écosse aux XVIIe et XVIIIe siècle, et tout récemment le voyageur Prjevalski en a apporté des graines qui ont germé en Russie. Le *R. officinale* a été cultivé en France par M. Baillon des graines qui ont été procurées à Han-kou, sur le Yang-tzé kiang, et provenaient probablement du Tibet oriental. La racine de rhubarbe, importée de Chine, est fournie par ces deux espèces mélangées.

EXPLICATION DES FIGURES.

1 à 8, *Polygonum bistorta*, fig. 1, axe florifère ; 2, feuille ; 3, racine. *P. orientale*, fig. 4, feuille avec l'ochrea. *P. lapathifolium*, fig. 5, fleur ouverte. *P. aviculare*, fig. 6, diagramme. *P. convolvulus*, fig. 7, section transversale de la graine ; 8, section longitudinale de la graine.

9 à 13, *Fagopyrum esculentum*, fig. 9, fleur ; 10, coupe longitudinale du pistil ; 11, fruit ; 12, coupe transversale de la graine ; 13, embryon.

14 à 18, *Rumex obtusifolius*, fig. 14, fleur ; 15, diagramme ; *R. crispus*, 16, fruit ; 17, coupe transversale du fruit ; *R. hamata*, 18, coupe longitudinale du fruit.

19, *Rheum officinale*, fig. 19, port.

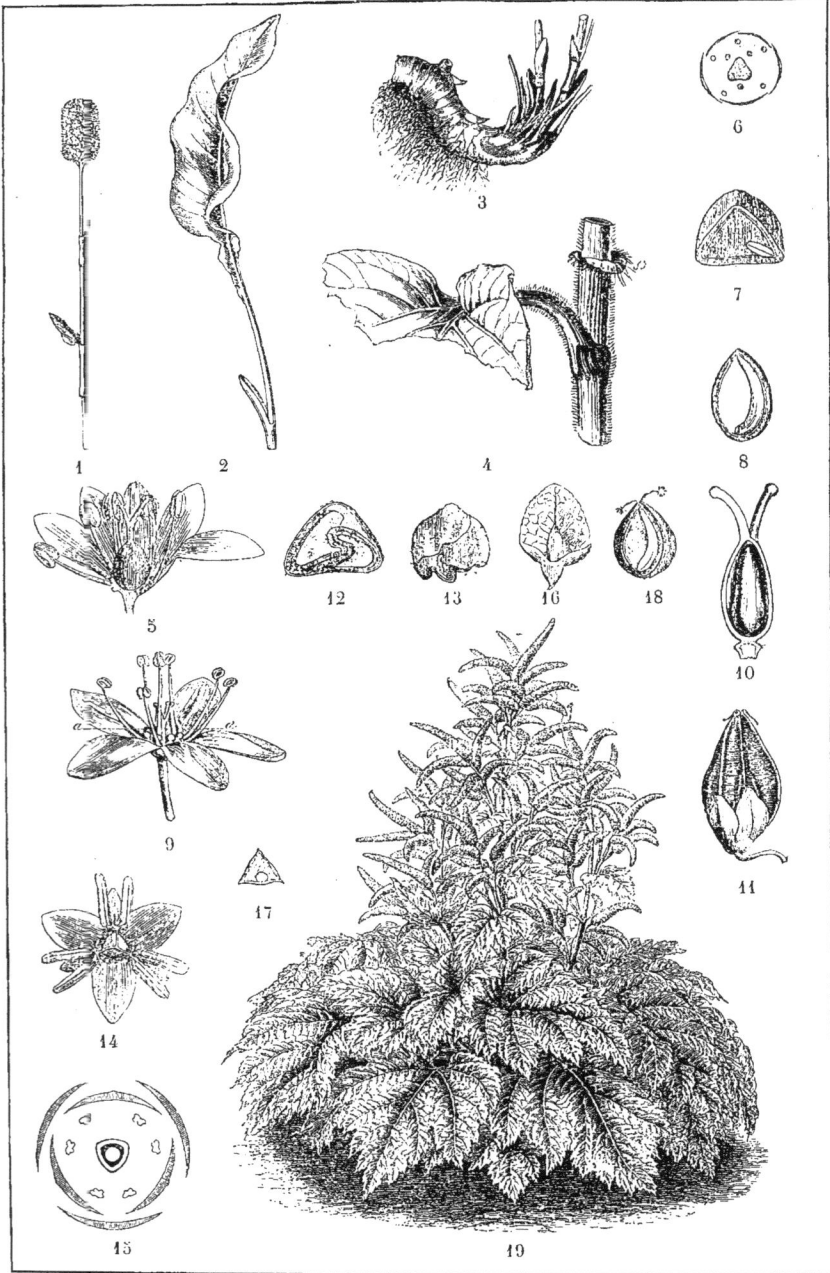

1 2 3 4 5 6 7 8 9 10 11 12 13 14 15 16 17 18 19

CHÉNOPODIÉES.

Cette famille est étroitement liée aux Amaranthacées, dont elle ne diffère que par son style et par sa corolle herbacée. Elle est aussi voisine des Phytolacées, mais s'en distingue par l'absence de la corolle, la position des étamines, etc.

Caractères principaux : absence de la corolle, étamines superposées au calice, ovaire uniloculaire, ovule campylotrope, fruit sec.

Les Chénopodiées sont des plantes annuelles ou vivaces, herbacées ou sous-frutescentes, à feuilles alternes ou opposées, entières, dentées (fig. 1) ou incisées, quelquefois linéaires ou charnues, privées de stipules. Fleurs très petites, hermaphrodites (fig. 3, 14), ou diclines par avortement (fig. 17, 30), régulières, solitaires ou le plus souvent réunies en glomérules (fig. 8, 21) ou en cymes et en panicules; munies de bractées ou non. Périanthe caliciforme à 5 ou à 2, 3, 4 sépales plus ou moins réunis à leur base (fig. 3, 13, 18, 23), à préfloraison imbriquée (fig. 2, 22), persistant, s'accroissant pour envelopper le fruit (fig. 11, 26). Etamines en nombre correspondant à celui des sépales, opposées (fig. 17, 22), insérées au fond du calice. Filets distincts (fig. 4, 10, 14, 17, 24), quelquefois soudés à leur base. Anthères biloculaires, introrses, à déhiscence longitudinale. Ovaire libre, uniloculaire (fig. 25). Ovule unique inséré au fond de la loge ou porté sur un podosperme ascendant, campylotrope. Stigmates 2 ou 4, distincts, ou réunis à leur base en un style. Fruit (fig. 5, 15, 19, 20, 27, 31) ordinairement sec, renfermé dans le calice accru. Graine unique (fig. 6, 16, 28), à tégument simple ou double. Albumen abondant ou nul. Embryon tantôt cylindrique, annulaire, entourant l'albumen (fig. 7, 27), tantôt enroulé en spirale (fig. 16).

Les Chénopodiées croissent en abondance aux bords de la mer et sur les rivages des lacs salés. On les trouve en Europe, en Asie et en Australie, mais elles sont rares dans les pays tropicaux.

Suivant la forme de l'embryon, on a divisé les Chénopodiées en deux tribus : Cyclolobées (embryon annulaire) et Spirolobées (embryon spiral).

Genres indigènes principaux :

Chenopodium C. A. Meyer. — Ansérine. — Tige continue; divisions du périgone restant libres autour du fruit. C. *album* L (fig. 2 à 7), C. *ambrosioïdes* L (fig. 1), C. | *vulvaria*. — Quelques espèces sont employées comme *fœtidum*, C. *Bonus Henricus*, C. *murale*, C. *glaucum*, C. | épinard.

Blitum Linn. — Blite. — Divisions du périgone charnu se soudant pour envelopper le fruit. B. *capitatum* (fig. 8 à 11), B. *virgatum*, B. *polymorphum*. — Commune dans toute l'Europe.

Camphorosma — Plantes ligneuses, feuilles fasciculées. C. *monspeliaca* L. — Croît aux environs de Montpellier.

Salsola L. (fig. 14). — Soude. — Feuilles cylindriques charnues; capsule à 5 ailes. S. *kali* (fig. 14). — Croît dans les lieux maritimes des régions tempérées en France, en Espagne, etc. Renferme de grandes quantités de soude.

Atriplex L. — Arroche. — Fleurs hermaphrodites, à graine horizontale; fleurs femelles à graine verticale; 2 styles. A. *hortensis* L (fig. 19), Belle-dame, alimentaire. A. | A. *littoralis* L (fig. 17), etc., sont des plantes communes *hastata* L, A. *crassifolia* M. T., A. *patula* L (fig. 18), | en Europe.

Halimus (fig. 28) Wallr. — Plantes ligneuses voisines de précédentes; servent à faire des clôtures au bord de la mer.

Beta Tourn. — Périgone coriace soudé au péricarpe; feuilles entières. Les feuilles de l'espèce B. *cycle* (Poirée) sont alimen- | une grande quantité de sucre et servent comme base à taires. Les racines de B. *rapa* (betterave) contiennent | tout une branche importante d'industrie.

Spinacia Tourn. — Fleurs dioïques; mâles à 4-5 sépales; femelles tubuleuses à 2-4 divisions; 4 styles. S. *oleracea* L (fig. 30 et 31), Épinard. — Originaire de la Perse, cette plante alimentaire est cultivée, et presque spontanée autour des habitations, en Europe.

EXPLICATION DES FIGURES.

1 à 7,	*Chenopodium ambrosioïdes*, fig. 1, port. C. *album*, fig. 2, diagramme; 3, fleur; 4, fleur (un sépale enlevé); 5, fruit; 6, graine; 7, coupe horizontale de la graine.	17 à 19,	*Atriplex littoralis*, fig. 17, fleur mâle ou-verte. A. *patulæ*, fig. 18, fleurs femelle avec une fleur mâle. A. *hortensis*, fig. 19, fruit mûr.
8 à 11,	*Blitum capitatum*, fig. 8, glomérule de fleurs; 9, fleur séparée; 10, fleur (sans périanthe); 11, un jeune fruit.	20,	*Halimus portulacoïdes*, fig. 20, fruits mûrs.
12 et 13,	*Camphorosma monspeliaca*, fig. 12, fleur ou-verte, 13, fleur.	21 à 29,	*Beta vulgaris*, fig. 21, fleurs; 22, diagramme; 23, fleurs (gr.); 24, fleur vue de face; 25, coupe longitudinale d'une fleur; 26, fruit; 27 coupe horizontale du fruit; 28, graine; 29, embryon.
14,	*Salsola kali*, fig. 14, pistil et étamines.	30 et 31,	*Spinacia oleracea*, fig. 30, fleur femelle ou-verte; 31, fruit.
15 et 16,	*Schoberia maritima*, fig. 15, fruit; 16, coupe transversale de la graine.		

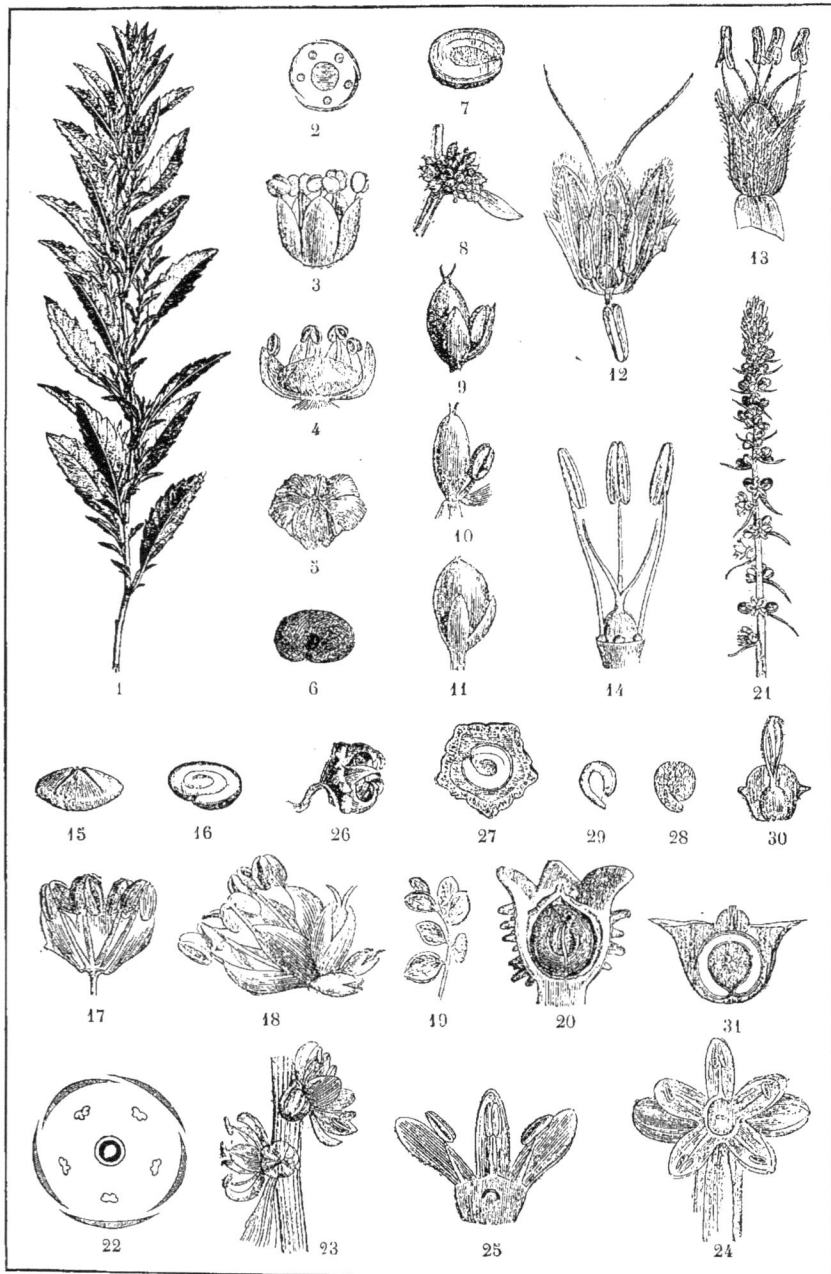

AMARANTHACÉES.

Les Amaranthacées sont à tel point voisines des Chénopodiées, qu'on les a pendant long-temps réunies avec cette famille. Elles s'en distinguent seulement par le port et par quelques autres caractères tout à fait secondaires. Elles se rapprochent aussi des Phyto-lacées, et en diffèrent surtout par leur ovaire monocarpellé.

Les caractères principaux de ces plantes sont tirés de l'absence de la corolle, des éta-mines hypogynes, des anthères souvent uniloculaires, de l'ovaire libre, monocarpellé, du fruit, de l'embryon annulaire contenu dans l'albumen, etc.

Les Amaranthacées sont des plantes herbacées ou frutescentes, à tige rameuse et à feuilles alternes, entières ou sinuées, sans stipule (fig. 1). Fleurs hermaphrodites ou uni-sexuées par avortement, disposées en épis, en têtes, en glomérules; ou solitaires, pourvues de bractées. Calice simple de 3 à 5 sépales le plus souvent réunis a leur base, à préflorai-son imbriquée; persistant (fig. 3 et 7). Corolle nulle. Étamines 3 ou 5 ou 10 (cinq stériles [fig. 2, 7]), disposées en deux verticilles, libres ou réunies à leur base. Anthères uniloculaires ou biloculaires à déhiscence longitudinale Ovaire supère, monocarpellé à 2 ou 3 styles. Ovule unique ou nombreux. Fruit (fig. 9) capsulaire, s'ouvrant en pyxide, ou indéhiscent, rarement une baie. Graine unique ou nombreuses. Embryon (fig. 5) annu-laire ou arqué. Albumen abondant. Cotylédons incombants. Radicule infère.

Les Amaranthacées sont pour la plupart des plantes tropicales. Elles sont assez rares dans les pays tempérés. Plusieurs espèces sont cultivées dans les jardins pour la beauté de leurs fleurs.

Genres principaux :

Amaranthus. — Amarante. — Étamines libres. Fruit, une pyxide.

A. sylvestris, A. adscendens (fig. 8 et 9), *A. deflexus* L., *A. paniculatus* (fig. 1 à 7). — Plusieurs espèces sont ali-taires (comme *A. blitum* qui peut remplacer épinard).

Polycnemum L. — Polycnème. — Fruit capsulaire, membraneux, indéhiscent.

P. majus All. et *P. arvense* L., sont des espèces européennes.

Celosia, Gomphrena, etc. — Genres exotiques, cultivés pour leurs belles fleurs

NYCTAGINÉES.

Les Nyctaginées, qui forment une famille bien caractérisée, ont été placées à côté des Polygonées et des Phytolacées, dont elles ne diffèrent que par leur préfloraison et par le manque de stipules.

Les Nyctaginées sont des plantes annuelles, vivaces, arbres ou arbrisseaux à racines parfois charnues (fig. 12), à feuilles pétiolées, alternes, sans stipules (fig. 10 et 11). Fleurs le plus souvent hermaphrodites (fig. 13), solitaires ou disposées en épis, en cymes, en panicules, en glomérules, munies de bractées. Les bractées souvent réunies en un invo-lucre entourant les fleurs. Périanthe pétaloïde composé de cinq pétales réunis en tube persistant et élargi au sommet en limbe 5-fide caduc (fig. 13). Étamines 8 à 30, attachées au périanthe, souvent à filets inégaux. Anthères introrses, 2-loculaires à déhiscence lon-gitudinale. Ovaire libre, uniloculaire, uniovulé, à ovule dressé. Style filiforme, stigmate quelquefois rameux ou en forme de pinceau. Fruit (fig. 15 et 16), akène membraneux entouré par le tube du périanthe. Graine dressée. Embryon dressé ou rarement droit. Albumen abondant. Cotylédons foliacés Radicule infère.

Les Nyctaginées sont principalement des plantes exotiques, tropicales. Quelques espèces sont cultivées dans nos jardins.

Genres principaux :

Mirabilis (fig. 12 à 18). — Nyctage.

M. Jalappa (Belle de nuit), *M. dichotoma* et *M. longiflora* (fig. 13) fournissent une racine (faux jalap) réputée comme purgative.

Bachavea. — Plante brésilienne.

B. hirsuta. — Est employée contre l'ictère.

EXPLICATION DES FIGURES.

1 à 5,	*Amaranthus paniculatus,* fig. 1, port; 2, fleur mâle; 3, fleur femelle; 4, fruit déhiscent; 5, embryon.	10,	*Mirabilis viscosa,* fig. 10, port
		11 et 12,	*Mirabilis longiflora,* fig. 11, port; 12, racine.
6 à 9,	*Amaranthus adscendens,* fig. 5, diagramme; 7 fleur mâle; 8, fleur femelle; 9, fruit.	13 à 16,	*Mirabilis,* fig. 13, fleur; 14, coupe longitu-dinale de la fleur; 15, fruit; 16, coupe verticale du fruit.

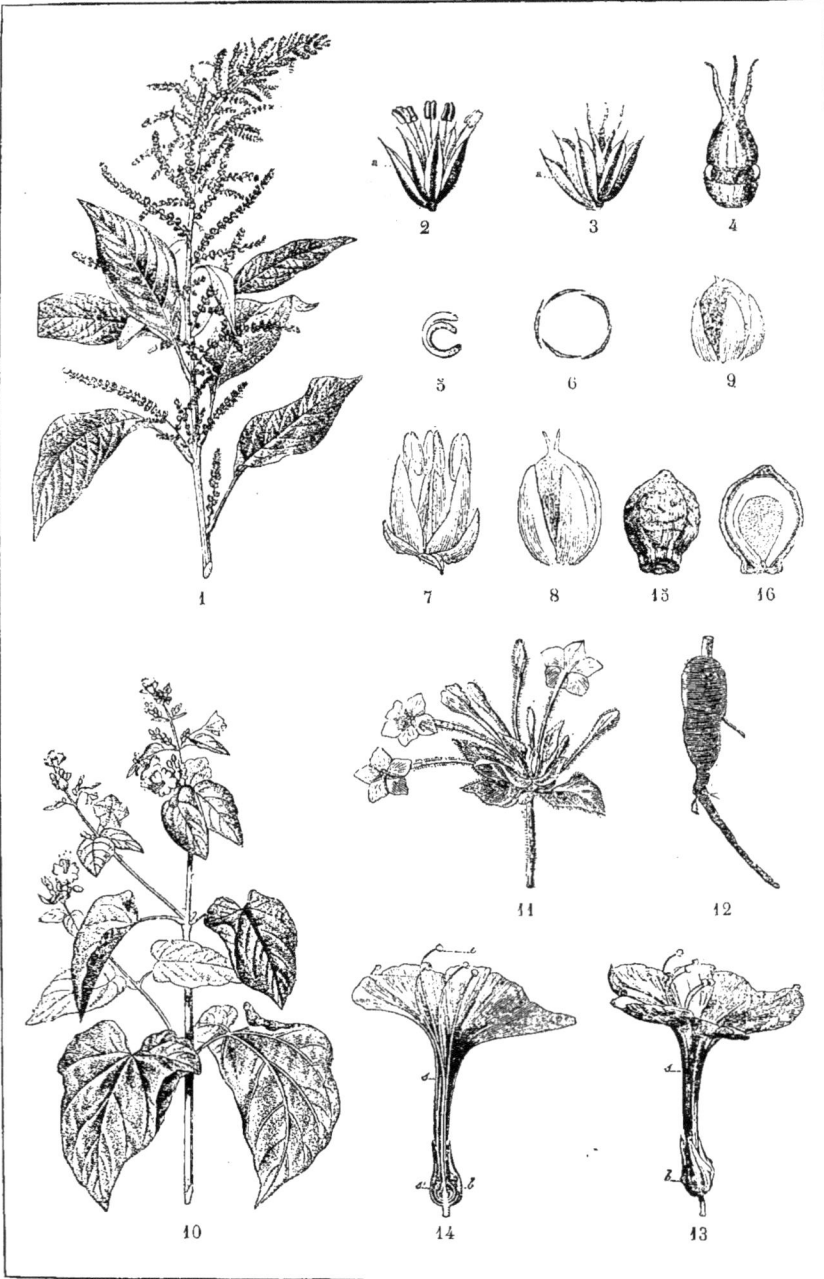

THYMÉLÉES (DAPHNACÉES).

Les Thymelées présentent des affinités avec un grand nombre de familles. D'une part, elles sont voisines des Rosacées et en diffèrent seulement par leur périanthe, leurs feuilles opposées, leur manque de stipule et leur principe âcre. D'autre part, elles se rapprochent des Santalacées ; mais la vie parasitique, l'ovaire infère et surtout la structure des ovules les en fait distinguer facilement.

Les caractères principaux des Daphnacées sont basés sur le périanthe simple, sur le nombre et le mode d'insertion des étamines, sur l'ovaire libre, sur les ovules anatropes, etc.

Ce sont des arbres ou arbrisseaux, rarement herbes. Feuilles disposées en spirale ou opposées, entières, souvent linéaires, sans stipules (fig. 1). Fleurs hermaphrodites ou dioïques ; solitaires ou disposées en têtes, en épis. Périanthe simple, pétaloïde, monosépale (fig. 1, 3) 4-tubuleux, limbe à 4 ou 5 lobes, à préfloraison imbriquée. Étamines en nombre égal à celui des lobes du périanthe et alternes avec eux ; ou en nombre double, disposées en deux rangs, sur la gorge et dans le tube du périanthe. Ovaire libre, uniloculaire (fig. 4 et 5), rarement biloculaire, contenant un seul ovule pendant, rarement 2 ou 3. Style simple à stigmate latéral. Fruit drupacé ou sec (fig. 9 et 10), entouré par le tube du périanthe, ordinairement monosperme. Graine pendante. Embryon avec ou sans albumen. Cotylédons plans, convexes. Radicule supère.

Les Thymelées renferment quelques espèces indigènes. La plupart habitent l'Australie et l'Afrique du Sud. Elles sont caractérisées par leur suc âcre et caustique.

Genres indigènes :

Daphne L. — Calice caduc. Fruit, une baie charnue. Arbrisseaux.

D. mezereum (fig. 1 à 8). — Arbustes de nos bois. Les fleurs paraissent pendant l'hiver. Elles sont roses ou blanches.	*D. gnidium* (fig. 9) Garou. — Croît dans le midi de la France et de l'Europe. Graine et écorce étaient jadis usitées comme purgatifs.

Passerina L. — Fruit sec renfermé dans le périgone persistant. Herbes.

P. annua Spr. (fig. 10 et 11). — Commune en France sur les terrains arides.

PROTÉACÉES.

Cette famille de plantes exotiques, très remarquables par la beauté des fleurs, présente quelques affinités avec les Thymélées. Les différences consistent dans leur préfloraison valvaire, dans le nombre et la disposition des étamines, dans la radicule infère et surtout, dans la position du mycropyle. Ce dernier caractère les éloigne aussi des Eleagnées.

Les caractères principaux sont tirés du nombre des parties de la fleur (4), de la position des étamines, de la position du mycropyle, du fruit, de l'embryon, etc.

Ce sont des arbrisseaux ou arbres, rarement plantes herbacées à feuilles le plus souvent alternes, coriaces, entières, dentées, incisées ou composées, sans stipules (fig. 11). Fleurs le plus souvent hermaphrodites, en capitules, en épis, en grappes ou solitaires, quelquefois entourées par un involucre caliciforme. Périanthe simple, pétaloïde ; à quatre sépales, valvaires dans la préfloraison, souvent soudés en un tube ; limbe clos ou 4-fide régulier ou non (fig. 12). Étamines quatre, opposées aux sépales. Filets courts, soudés au calice. Ovaire libre uniloculaire, monocarpellé, à 1, 2 ou plusieurs ovules anatropes ou orthotropes, à mycropyle toujours inférieur. Style filiforme (fig. 13). Fruit (fig. 14 à 16) indéhiscent, monosperme, akène, drupe ; ou déhiscent ou polysperme à 1 ou 2 valves, coriace, ligneux. Graines (fig. 17) dépourvues d'albumen. Embryon droit. Radicule infère.

Les Protéacées abondent dans les régions extra-tropicales de l'Afrique et de l'Australie ; elles sont moins fréquentes en Amérique du Sud. On les cultive pour la beauté de leurs fleurs dans les jardins et dans les serres.

Genre principal :

Protea L.

P. coronata Lam. (fig. 10 à 13), *P. argentea* (fig. 14 à 16), etc.

EXPLICATION DES FIGURES.

1 à 7, *Daphne mezereum*, fig. 1, rameau en fleur ; 2, rameau en fruit ; 3, fleur ouverte ; 4, pistil ; 5, coupe verticale du pistil ; 6, embryon. *D. gnidium*, fig. 7, port. 8 à 10, *Passerina annua*, fig. 8, fleur ouverte ; 9, fruit	avec le calice ; 10, fruit sans calice. 11 à 17, *Protea coronata*, 11, port ; 12, fleur ; 13, pistil. *P. argentea*, fig. 14, fruit et calice ; 15, fruit sans calice ; 16, fruit avec la moitié du péricarpe enlevée ; 17, graine.

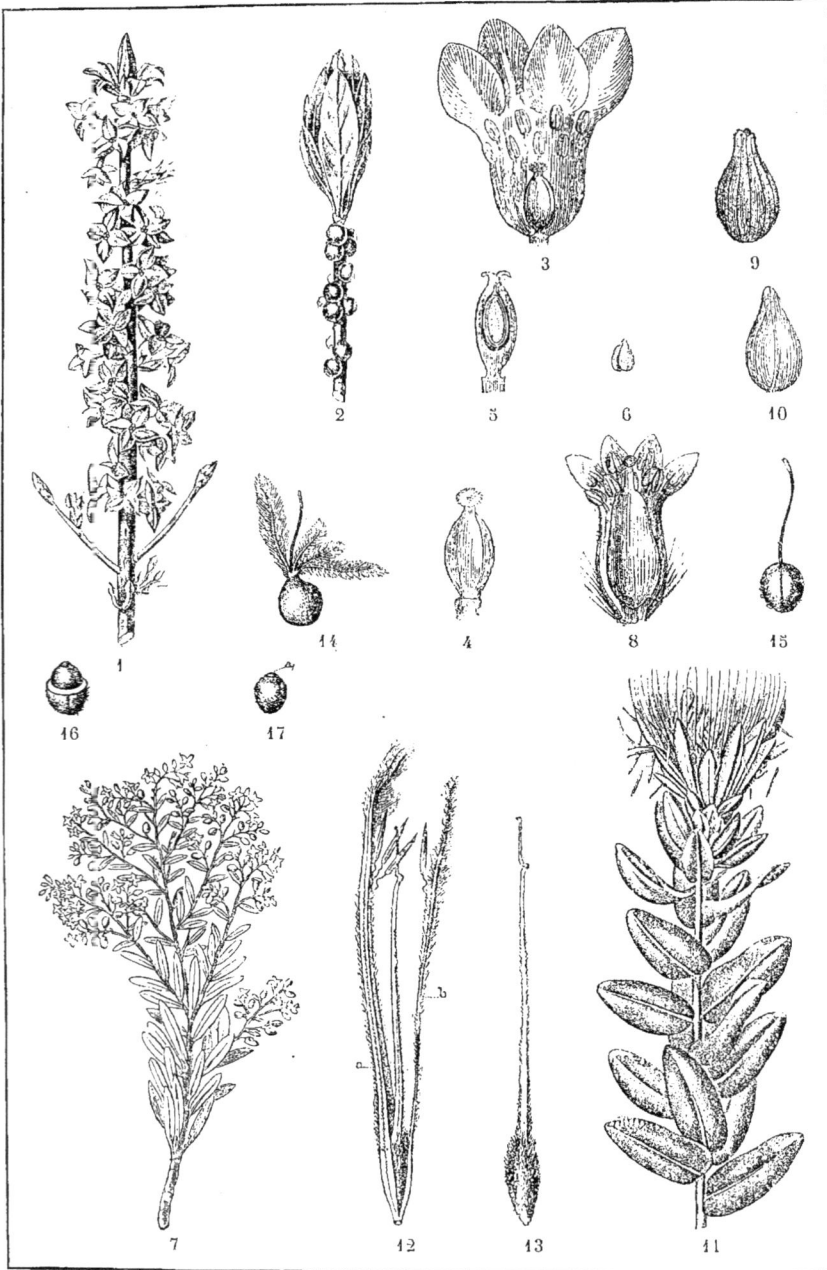

LAURINÉES.

Cette famille, riche en espèces, est étroitement liée par ses caractéres généraux avec la famille des **Thymelées**, dont elle diffère surtout par le mode de déhiscence des Anthères. C'est ce mode de déhiscence, ainsi que les propriétés aromatiques, qui font rapprocher les Laurinées des Monimiacées ; mais les Laurinées en diffèrent cependant par leur ovaire, par l'ovule pendant et par l'absence de l'albumen.

Les caractères principaux des Laurinées sont basés sur le périanthe simple, sur les étamines pérygines, sur le mode de déhiscence des anthères, sur la position de l'ovule, sur l'absence de l'albumen, etc.

Les Laurinées sont pour la plupart des arbres ou arbrisseaux, très rarement des herbes. Feuilles (fig. 1, 2, et 12) alternes, entières, coriaces, g andulifères, privées de stipules. Fleurs hermaphrodites ou unisexuées par avortement, régulières, disposées en grappes, en pannicules ou en ombelles. Périanthe calicinal, monosépale (fig. 3, 6, et 13), a 4, 6 (ou 9) lobes disposés en deux rangées alternes. Disque charnu soudé avec le fond du périanthe. Etamines pérygines, en nombre égal, double, triple ou quadruple de celui des sépales. Dans les fleurs femelles, les étamines sont remplacées par des staminodes (fig. 7 et 8). Dans les fleurs hermaphrodites et mâles, les étamines sont toutes extrorses; ou les intérieures extrorses et les extérieures introrses. La verticille intérieure est souvent munie de deux étamines abortives (fig. 4 é é). Filets libres ou quelquefois monadelphes. Anthères 2 ou 4-loculaires, s'ouvrant par des valvules (fig. 4). Ovaire libre (fig. 9) uniloculaire. Ovule unique, pendant, anatrope. Fruit (fig. 11 et 14), une baie monosperme, quelquefois entourée par le périanthe persistant. Graine à testa membraneux, privée d'albumen. Embryon droit à cotylédons larges. Radicule très court, supère.

Les Laurinées sont des plantes par excellence tropicales. Un petit nombre seulement se trouve en Amérique du Nord, en Australie et même en Europe méridionale. Elles sont caractérisées par les propriétés aromatiques de leur écorce, de leurs feuilles et de leurs fleurs. L'arome est dû à une huile volatile, qui, suivant les espèces, change de propriétés

Genres principaux :

Laurus L. — Laurier. — Fleurs dioïques ou hermaphrodites calice à quatre divisions tombantes. Étamines douze, en trois séries, toutes fertiles, portant deux glandes.

L. nobilis L. — L. commun (fig. 3 à 11). — Spontanée en Europe, cette plante est cultivée en France; elle est usitée comme assaisonnement et employée en médecine.

Sassafras (fig. 2). — Fleurs dioïques à six divisions caduques Etamines neuf en trois séries toutes fertiles; anthères à quatre loges.

S. officinalis Nees. — Sassafras (fig. 2). — Croît dans la Virginie, la Caroline et la Floride. Son bois et son écorce très aromatiques sont employés comme condiment et, en médecine, comme sudorifiques.

Cynamonum. — Cannellier. — Fleurs hermaphrodites ou polygames. Perianthe à six divisions constantes, étamines 2 à 4 séries, toutes fertiles, anthères à 4 loges. L'écorce de cet arbre, d'une saveur âcre et sucrée, est recherchée comme condiment et employée quelquefois en médecine. On l'appelle, *cannelle.* On connaît deux espèces de cannelle.

C. zeilanicum Breyn. — Vrai cannellier (fig. 12 à 14). — Originaire du Ceylan.
C. aromaticum Nees. (*C. cassia*, fig. 15 et 16.) — Originaire de la Chine; est de beaucoup moins estimé que la précédente. Elle forme néanmoins l'objet d'exportation considérable dans la province de Kouang Si.

Camphora. — Fleurs hermaphrodites. Calice à six divisions. Etamines quinze; anthère à quatre loges.

C. officinarum Nees. (*Laurus camphora* L.) Camphre du Japon (fig. 1). — Croît en Chine et au Japon. Son bois, l'écorce et les feuilles, contiennent une substance volatile, incolore, d'une odeur pénétrante, d'une saveur âcre, connue sous le nom de *camphre* et employé très souvent en médecine.

Persea. — Avocatier. — Fleurs hermaphrodites. Périanthe à 6 divisions. Étamines douze, anthères à quatre loges. Arbre originaire de l'Amérique méridionale. Ses fruits sont alimentaires.

EXPLICATION DES FIGURES.

1,	*Camphora officinalis*, fig. 1, port.
2,	*Sassafras officinalis*, fig. 2. port.
3 à 11,	*Laurus nobilis*, fig. 3, fleur mâle; 4, étamine (*a, a,* valvule et étamines abortives); 5, fleurs femelles; 6, fleur femelle; 7, staminode;

8, pistil ; 9, ovaire; 10, fruit; 11, fruit ouvert.

12 à 14, *Cynamomum zeilanicum*, fig. 12, port; 13 fleur; 14, fruits.

15 et 16, *Cynamomum cassia*, fig. 15, port; 16, fleur.

LAURINEES.

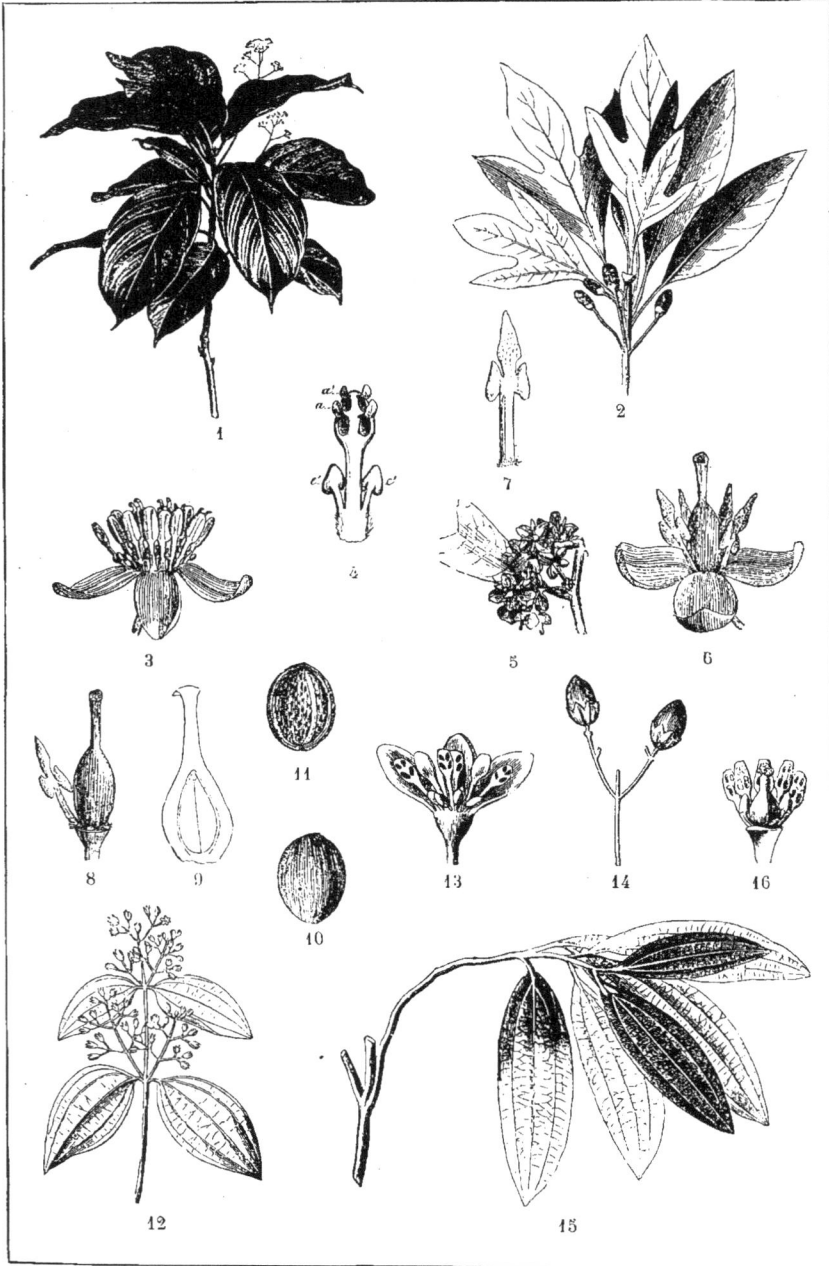

ÉLÉAGNÉES.

Cette petite famille a peu de représentants dans la flore européenne. Elle est étroitement liée aux Protéacées, et n'en diffère que par ses fleurs régulières, par la position des étamines et par le fruit monosperme. Elle se rapproche aussi des Santalacées, qui s'en distinguent surtout par les ovules nus et par l'ovaire infère.

Les caractères principaux de cette famille sont basés sur la simplicité du périanthe, sur le nombre et la position des étamines, sur la position des ovules, etc.

Ce sont des arbres ou arbrisseaux à feuilles alternes ou opposées, entières, couvertes de poils à leur face inférieure, non stipulées. Fleurs régulières, hermaphrodites ou unisexuées, solitaires ou disposées en épis, en grappes, en cymes; les mâles (fig. 2) formées d'un périanthe simple à 2 ou 4 sépales soudés ; les hermaphrodites et femelles (fig. 3) d'un périanthe simple à 2, 4 ou 6 lobes, munis d'un disque. Étamines en nombre double ou égal à celui des lobes du calice: anthères presque sessiles. Ovaire monocarpellé, libre, inclus dans le tube du périanthe (fig. 4, 5 et 6), uniloculaire, uniovulé. Ovule anatrope. Fruit indéhiscent, monosperme, charnu ou osseux, enveloppé par le tube du périanthe (fig. 7 et 8). Graine ascendante (fig. 9); albumen très peu développé. Embryon droit. Cotylédons épais. Radicule infère.

Les Éléagnées croissent dans les montagnes de l'Asie tropicale et tempérée et sont dispersées dans l'Europe centrale et dans l'Amérique du Nord.

Genres principaux :

Elæagnus L. — Chalef. — Arbrisseau européen et asiatique. Les fruits de quelques espèces de ce genre sont comestibles.

E. angustifolius L. — Olivier de Bohême (fig. 1 à 10), *E. hortensis, E. orientalis.*

Hippophae L. — Argousier. — Arbrisseau indigène.

LORANTHACÉES.

Plantes parasites sur les végétaux ligneux, ou seulement épiphytes, toujours vertes. Elles sont très étroitement liées aux Santalacées auxquelles elles ressemblent par le mode de leur vie, par la forme et la structure des fleurs, de l'ovaire et surtout par les ovules nus, réduits au sac embryonnaire. D'autre part elles se rapprochent des Protéacées par le nombre des parties du périanthe, et des étamines, et par l'ovaire.

Ce sont des arbrisseaux à rameaux très nombreux, souvent articulés, à feuilles opposées, entières, charnues, quelquefois remplacées par des écailles sans stipules (fig. 11 et 21), Fleurs hermaphrodites ou unisexuées, petites, peu apparentes ou colorées, pourvues de bractées. Périanthe simple, supère à 4, 6 ou 8 sépales libres ou soudées en un tube (fig. 12 et 13). Étamines au nombre correspondant à celui des sépales, opposées avec les lobes, insérées avec eux, à filets libres, quelquefois soudés. Anthères (fig. 14) s'ouvrant par des pores ou par des fentes transversales. Ovaire infère, couronné par un disque. Ovule unique, orthotrope, réduit au sac embryonnaire. Style simple terminal (fig. 15). Fruit bacciforme, monosperme (fig. 16). Graine dressée (fig. 17). Albumen abondant. Embryon (quelquefois plusieurs) droit ou arqué (fig. 19 et 20), à cotylédons oblongs, à radicule supère.

Les Loranthacées sont des plantes par excellence tropicales ; elles ne sont représentées en Europe que par trois genres. L'écorce des Loranthacées contient une matière visqueuse, connue sous le nom de *glu.*

Genres principaux :

Loranthus L. Genre exotique.

L. parviflorus Icq. (fig. 11 à 20). — Habite l'Europe, parasite des châtaigniers et du chêne.

Viscum L. — Gui des Druides. — Genre indigène à petites fleurs sessiles monoïques ou dioïques.

V. album L. (fig. 21 et 22). — Croît sur les arbres fruitiers, sur le chêne et sur les autres espèces; commun en Europe.

Arcentobum. — Oxycèdre. — Parasite sur le *Juniperus oxyceder.*

EXPLICATION DES FIGURES.

1 à 10, *Elæagnus angustifolius,* fig. 1, port; 2, fleur mâle; 3, fleur hermaphrodite ; 4, pistil avec le périanthe ; 5, pistil avec un stygmate en spirale ; 6, coupe verticale du pistil ; 7, fruit; 8, coupe verticale du fruit: 9, graine ; 10, embryon.

11 à 20, *Loranthus parviflorus,* fig. 11, port; 12, fleur ; 13, fleur ouverte ; 14. étamine; 15, calice et pistil ; 16, fruit ; 17, fruit coupé verticalement; 18, graine ; 19, embryon ; 20, embryon, les cotylédons écartés.

21 et 22, *Viscum album,* fig. 21, port ; 22, inflorescence.

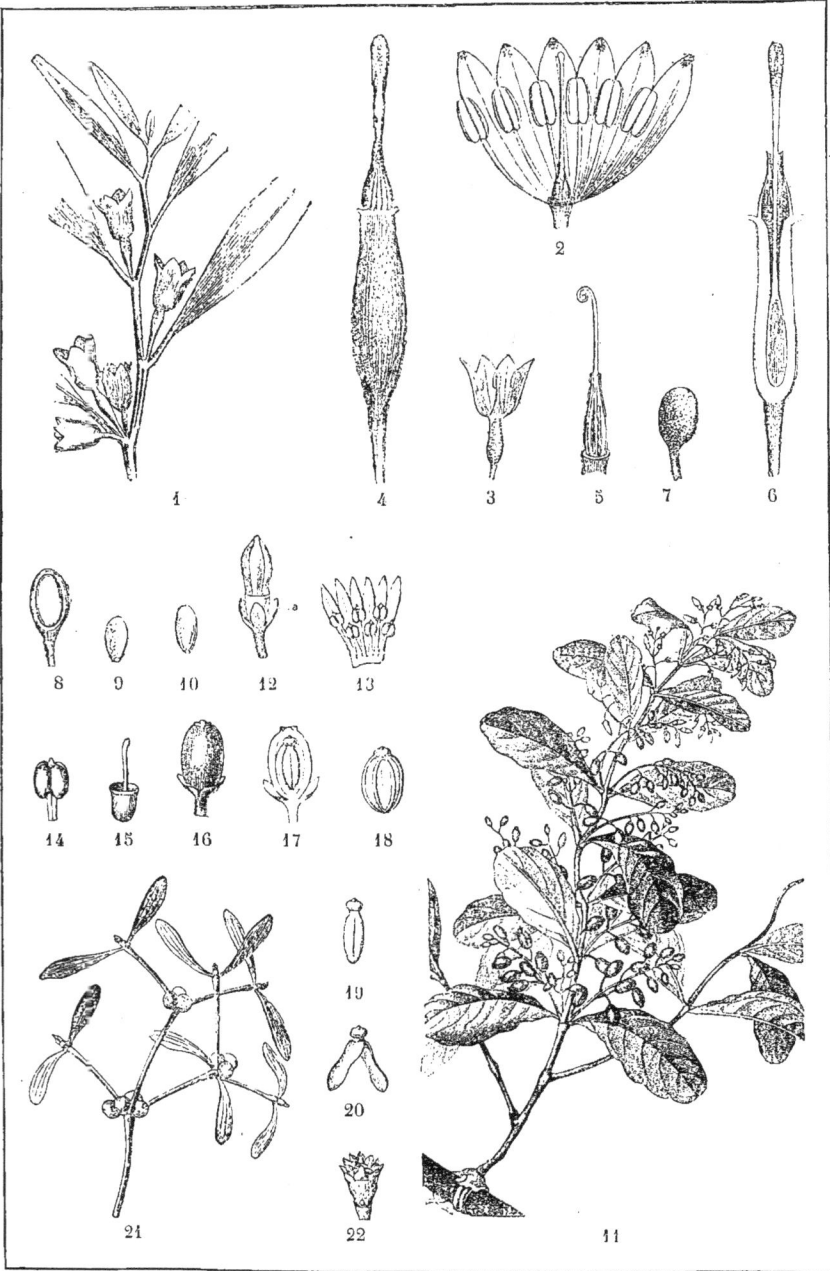

SANTALACÉES.

Cette famille, composée pour la plupart des plantes exotiques, est très voisine des Loranthacées. Elle s'en rapproche par sa préfloraison, par la position des étamines, par la structure des ovules, etc., et se distingue par le nombre et la position des ovules, par le développement d'un placentaire, etc. Les Santalacées sont également voisines des Protéacees, des Thymélées et des Eléagnées.

Leurs caractères essentiels sont basés sur la position des étamines, sur la structure de l'ovaire uniloculaire, renfermant un placentaire à 2 ou 3 ovules; sur le manque des enveloppes des ovules, sur la nature du fruit et sur la forme de l'embryon.

Les Santalacées sont des plantes herbacées, arbres ou arbrisseaux. Leurs feuilles (fig. 1) sont alternes ou opposées, entières, coriaces ou charnues, non pétiolées, dépourvues de stipules, parfois réduites à de petites squamules. Fleurs hermaphrodites (fig. 4 et 12), polygames ou diclines (fig. 18 et 19), très petites, disposées en épis, grappes, panicules, ou solitaires (fig. 1, 2, 10, 17), pourvues de bractéoles. Périanthe simple. adhérent, à limbe supère 5-4-3-lobé, valvaire en préfloraison (fig. 3). Etamines 4 ou 5, opposées aux lobes du périanthe (fig. 3) et insérées à leur base ou à leur milieu (fig. 12, 18). Filets courts (fig. 6), anthères biloculaires, introrses, s'ouvrant par deux fentes longitudinales. L'ovaire est infère (fig. 5), uniloculaire, renfermant 2, 3 ou 5 ovules portées sur un placenta central libre en forme de colonne (fig. 5). Style entier au sommet ou divisé en 3 ou 4 lobes opposés ou alternes avec les étamines (fig. 5, 7, 19 et 20). Ovules privés de tégument, en nombre de 3-5, dont un seulement se développe. Fruit (fig. 8, 9, 13, 14 et 21) sec ou drupacé, indéhiscent, surmonté souvent par le périanthe persistant; monosperme par avortement. Graine unique (fig. 15, 22), embryon droit albuminé. Cotylédons cylindriques plus courts que la radicule. Radicule supère.

Les Santhalacées sont en grande partie parasites des plantes vivantes, comme les Loranthacées. Elles se fixent sur les rameaux ou sur les racines des autres plantes et se nourrissent de la sève de leurs hôtes. Sauf deux genres, *Osyris* et *Thesium*, ils habitent les pays exotiques : le cap de Bonne-Espérance, l'Australie, l'Asie, et font défaut en Amérique et en Afrique tropicale.

Genres principaux :

Thesium L.

T. pratense Ehrh. (fig. 10 à 16), *T. alpinum*. L. — Croissent en Europe. Leurs racines sont astringentes.

Osyris L.

O. alba L. (fig. 17 à 20). — Croît dans le midi de la France et de l'Europe.

Santalum L. — Santal. — On connaît plusieurs espèces de cet arbre exotique.

S. album Roxburgh (fig. 1 à 9). — Croît dans l'Asie australe. Son bois, connu sous le nom de santal, d'une couleur fauve, est très dure et exhale une odeur aromatique spéciale. On l'emploie dans l'ébénisterie et dans la parfumerie.

S. orato..., originaire de la Nouvelle-Hollande, *S. ellipticum*, des îles Sandwich.

Cervantesia.

C. tomentosa. — Croît dans le Pérou. Les graines sont comestibles.

Pyrularia.

P. pulchra. — De la Caroline et de la Virginie. — Ses graines fournissent une sorte d'huile comestible.

EXPLICATION DES FIGURES.

1 à 9, *Santalum album*, fig. 1, port ; 2, rameau florifère ; 3, diagramme; 4, fleur ; 5, fleur coupée verticalement ; 6, étamine avec l'appendice ; 7, pistil; 8, fruit; 9, fruit coupé verticalement.

10 à 16 *Thesium pratense*. fig. 10, port; 11, fleur (gr.); 12, fleur ouverte, étamines et pistil ; 13, coupe verticale d'un jeune fruit; 14, coupe verticale d'un fruit mûr; 15, graine; 16, placentaire avec ovules.

17 à 22, *Osyris alba*, fig. 17, branche avec des fleurs mâles; 18, fleur mâle (grossi); 19, fleur femelle; 20, pistil (grossi); 21, fruit; 22, coupe verticale de la graine.

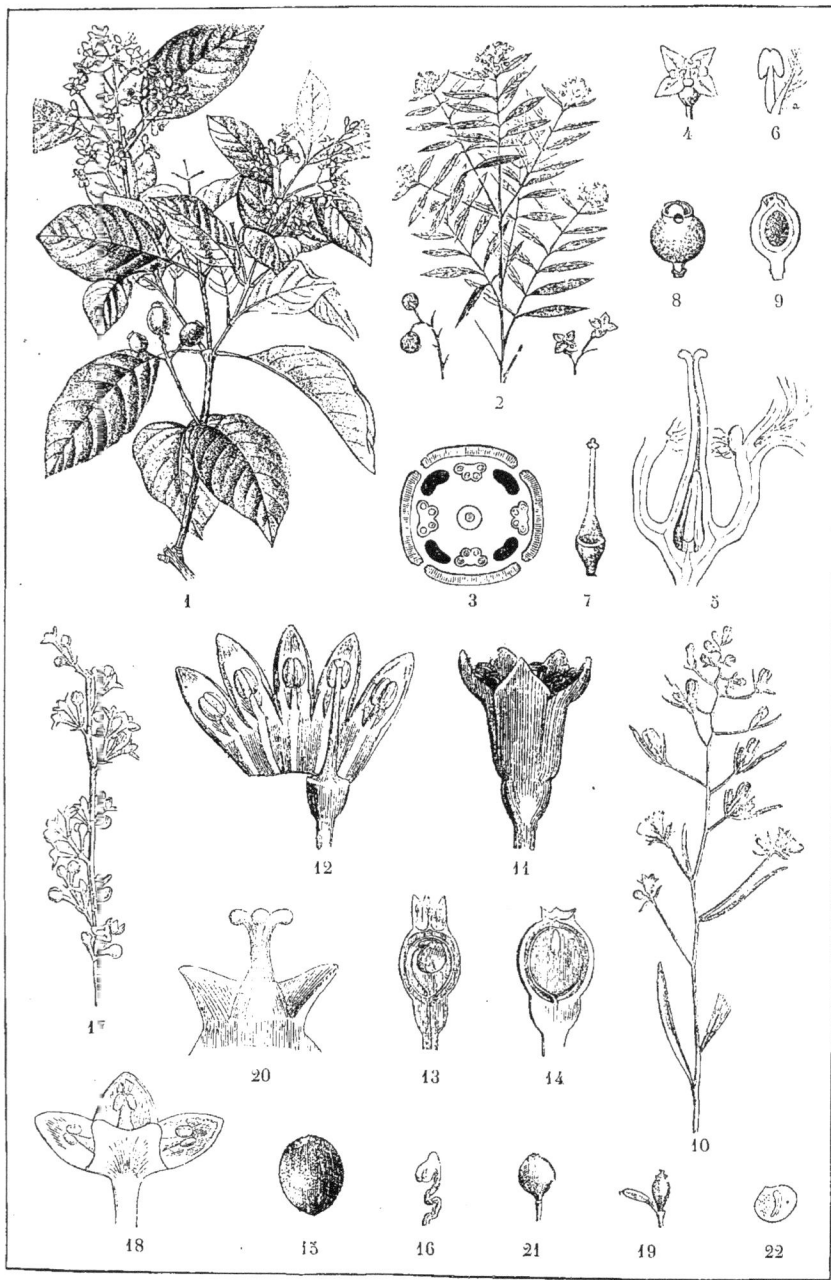

CYTINÉES.

Les Cytinées sont des plantes parasites qui par leur structure particulière, s'éloignent beaucoup des autres familles. Elles n'ont d'analogues que des familles également parasites, les Rafflesiacées et les Balanophorées.

Les fleurs de ces plantes sont ordinairement unisexuées et présentent un périanthe simple, charnu, composé de 4 à 8 lobes, à préfloraison imbriquée (fig. 2). Dans les fleurs mâles (fig. 3 et 4), les étamines sont en nombre double de celui des lobes, soudées en une colonne centrale ; les anthères biloculaires, s'ouvrant par des fentes longitudinales, entourent le sommet de la colonne. Dans les fleurs femelles, l'ovaire est infère, composé de huit carpelles, uniloculaire en bas, à 8 ou 16 loges en haut (fig. 5 et 6); placentaires pariétaux, distincts, multiovulés (fig. 9). Style unique. Stigmate divisé en lobes, en nombre correspondant à celui des carpelles (fig. 7 et 8). Fruit baccien ou coriace. Embryon sans albumen, indivis.

Les Cytinées vivent en parasites sur les racines de divers végétaux. Elles habitent généralement les pays chauds. Une espèce croît dans le midi de l'Europe.

Genres principaux :

Cytinus L. (fig. 1 à 11). — Cytinel.

C. hypocystis L. — Parasite sur les racines des espèces du genre Cistus. Feuilles squamiformes. Tiges, feuilles et fleurs jaunes, bractées rouges. On préparait autre- fois de cette plante le suc d'Hypociste — usité comme astringent.

Hydnora. — Plante africaine à fleurs hermaphrodites, parasite sur les Euphorbes

RAFFLESIACÉES.

Plantes parasites comme les précédentes, d'un aspect bizarre, rapprochées, quant à la structure des leurs organes, des Cytinées, et surtout du genre Hydnora.

Les Rafflesiacées ont des fleurs (fig. 12) dioïques ou hermaphrodites, de dimensions souvent énormes (jusqu'à 1 mètre de diamètre). Périanthe à 5 ou 10 divisions à préfloraison valvaire ou imbriquée. Anthères disposées en une série, à la circonférence d'une colonne staminale (fig. 12, 14 et 15); elles s'ouvrent par un pore unique. L'ovaire est infère, uniloculaire, à plusieurs placentas multiovulés. Péricarpe charnu. Graines recourbées, pourvues d'albumen. Embryon indivis, axile.

Les Rafflesiacées sont des plantes exotiques. Ils habitent les îles de l'archipel Indien.

Genres principaux :

Rafflesia. — Plantes parasites de Sumatra.

R. Arnoldi. — Est remarquable par la forme bizarre de ses fleurs et par leurs dimensions.

Brugmansia. — Employée dans l'archipel indien contre les hémorragies.

BALANOPHORÉES.

Plantes parasites présentant des affinités avec les Rafflesiacées et les Cytinées. Elles sont charnues, dépourvues de feuilles. Fleurs unisexuées, disposées en épi ou en capitule. Périanthe simple à 3 ou 6 sépales ou lobes. Dans les fleurs mâles, étamines 3 ou 1, libres ou soudées en une colonne. Anthères 1-2-loculaires, à déhiscence longitudinale ou transversale. Dans les fleurs femelles, un ovaire infère 1-2-loculaire; ovules pendants, orthotropes. Style filiforme. Fruit sec. Graine pourvue d'albumen. Embryon indivis.

Les Balanophorées, sauf un seul genre, appartiennent aux pays exotiques.

Genres principaux :

Cynomorium.

C. coccineum (fig. 13 et 14). — Plante de l'Algérie.

EXPLICATION DES FIGURES

1 à 11, *Cytinus hypocystis*, fig. 1, port; 2, diagramme; 3, fleur mâle ; 4, coupe verticale d'une fleur mâle; 5, fleur femelle; 6, coupe verticale d'une fleur femelle; 7, coupe verticale; 8, coupe transversale d'un stigmate; 9, coupe horizontale du placentaire ; 10, fleur mâle; 11, fleur femelle d'une variété jaune.
12 à 15, *Rafflesia Arnoldi*, fig. 12, fleur; 13, bouton coupé verticalement; 14, anthère ; 15, anthère coupée.

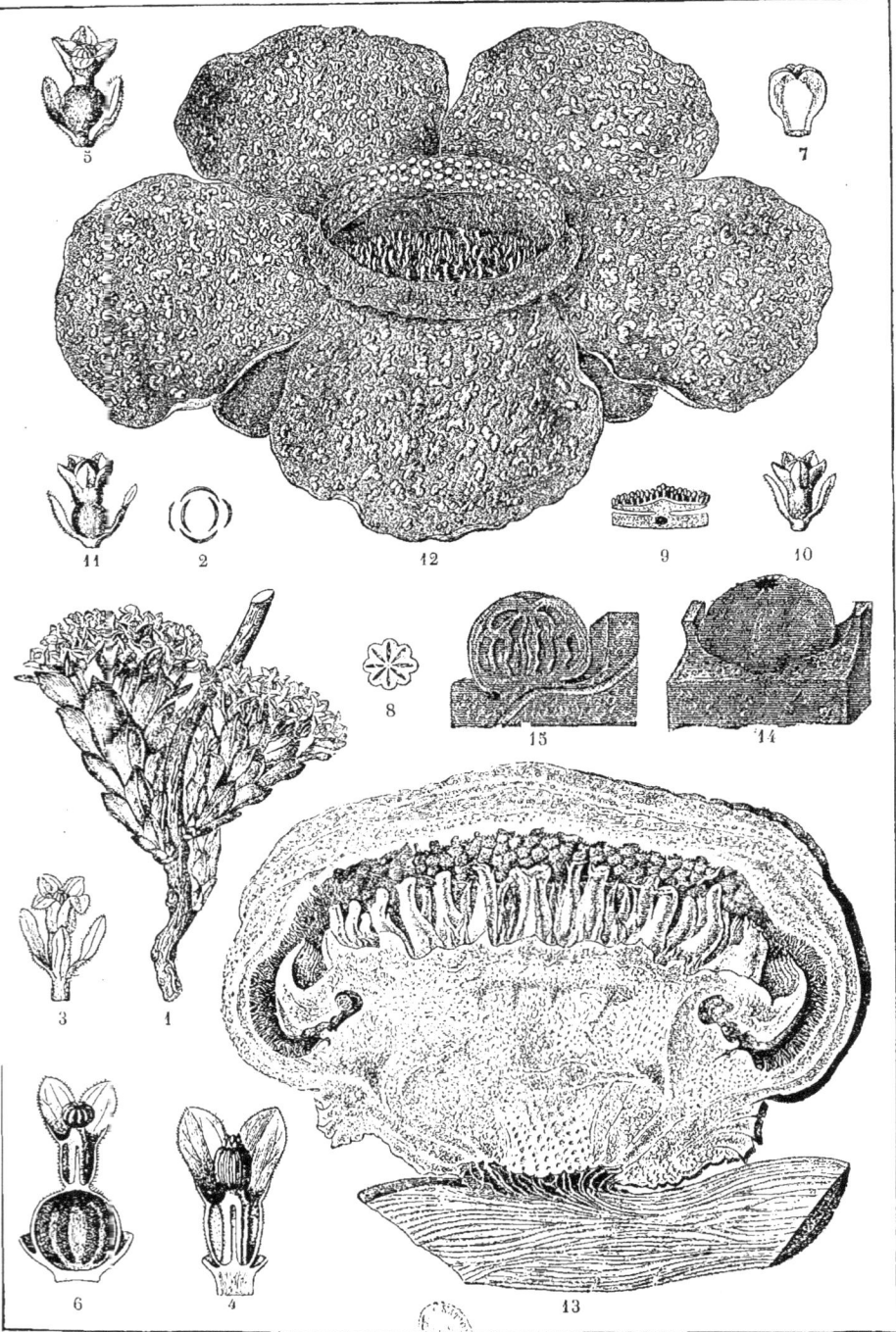

NÉPENTHÉES

Cette famille, composée d'un seul genre, présente des difficultés quant à l'établissement de ses affinités avec les autres familles. Les étamines réunies en colonne et les anthères extrorses la rapprochent des Cytinées; mais elle s'en éloigne par la disposition des folioles du périanthe, par son ovaire supère, par ses ovules anatropes. Les Népenthées ont été rapprochées aussi des Aristolochiées, à cause de la simplicité de leur périanthe, de la structure de l'ovaire, etc.; mais elles en diffèrent par la diclinie, par le type tétramère des fleurs et par leur ovaire supère.

Les Népenthées sont des plantes frutescentes; le bois de la tige ne présente pas de couches concentriques. Les feuilles sont très caractéristiques et donnent aux plantes de cette famille un aspect particulier. Elles sont alternes, simples, sans stipules; leur nervure médiane se prolonge au delà de la lame, en un filet spiralé et se termine par une sorte d'urne (*ascidie*), munie d'un couvercle (*opercule*) à charnière, qui ouvre et ferme l'ascidie (fig. 1 et 13 *Nepenthes*). L'urne elle-même est remplie d'un liquide sécrété par ses parois. Il existe probablement un rapport entre la forme bizarre de ces feuilles et le mode de nutrition des Népenthées.

Les fleurs sont unisexuées, dioïques, disposées en grappe ou en panicule (fig. 1). Les fleurs mâles se composent d'un périanthe simple, caliciforme, de quatre sépales réunis à leur base (fig. 3), à préfloraison imbriquée (fig. 2); et des étamines soudées en une colonne centrale, dont l'extrémité est entourée par seize anthères. Ces anthères sont composées de deux loges opposées et contiguës; elles adhèrent à la colonne par toute la largeur de leur connectif et s'ouvrent par des fentes longitudinales (fig. 5). Les fleurs femelles ont aussi un calice à quatre sépales soudés (fig. 4), comme les fleurs mâles. Le pistil allongé est muni d'un stigmate sessile, discoïde, à quatre lobes. Les feuilles carpellaires sont soudées en un ovaire. Les quatre placentas s'avancent vers le centre et divisent la cavité en quatre compartiments (fig. 7 et 8). Les ovules, en grand nombre, sont anatropes, ascendants et insérés sur les cloisons. Le fruit (fig. 6, 7 et 8) est une capsule surmontée par le stigmate; il présente quatre loges et se divise à la déhiscence en quatre valves, portant chacune un placenta (fig. 9). Les graines sont nombreuses, très allongées (fig. 10), couvertes d'un tégument membraneux; leur raphé est terminé par une chalaze. Un albumen charnu englobe l'embryon (fig. 11 et 12) droit, à cotylédons longs, à radicule courte infère.

Les Népenthées habitent l'Inde, Madagascar, la Malaisie, la Nouvelle-Guinée et l'Australie et se trouvent dans les lieux marécageux.

Elles sont très recherchées dans les serres, à cause de leurs feuilles bizarres.

Genre unique :

Nepenthes Lam. — Népenthès (fig. 1 à 13). — Ce genre comprend les espèces suivantes :
N. indica (fig. 1 à 8 et 10 à 12), *N. distillatoria* (fig. 9), *N. ampullaria* Jack. (fig. 13).

EXPLICATION DES FIGURES.

1 à 8, 10 à 12, *Nepenthes indica*, fig. 1, port; 2, disposition des folioles du périanthe; 3, fleur mâle; 4, fleur femelle; 5, anthères; 6, fruit; 7, fruit coupé longitudinalement; 8, fruit coupé transversalement; 10, graine; 11, situation de l'embryon; 12, embryon.
9, *Nepenthes distillatoria*, fig. 9, fruit.
13, *Nepenthes ampullaria*, fig. 13, feuilles.

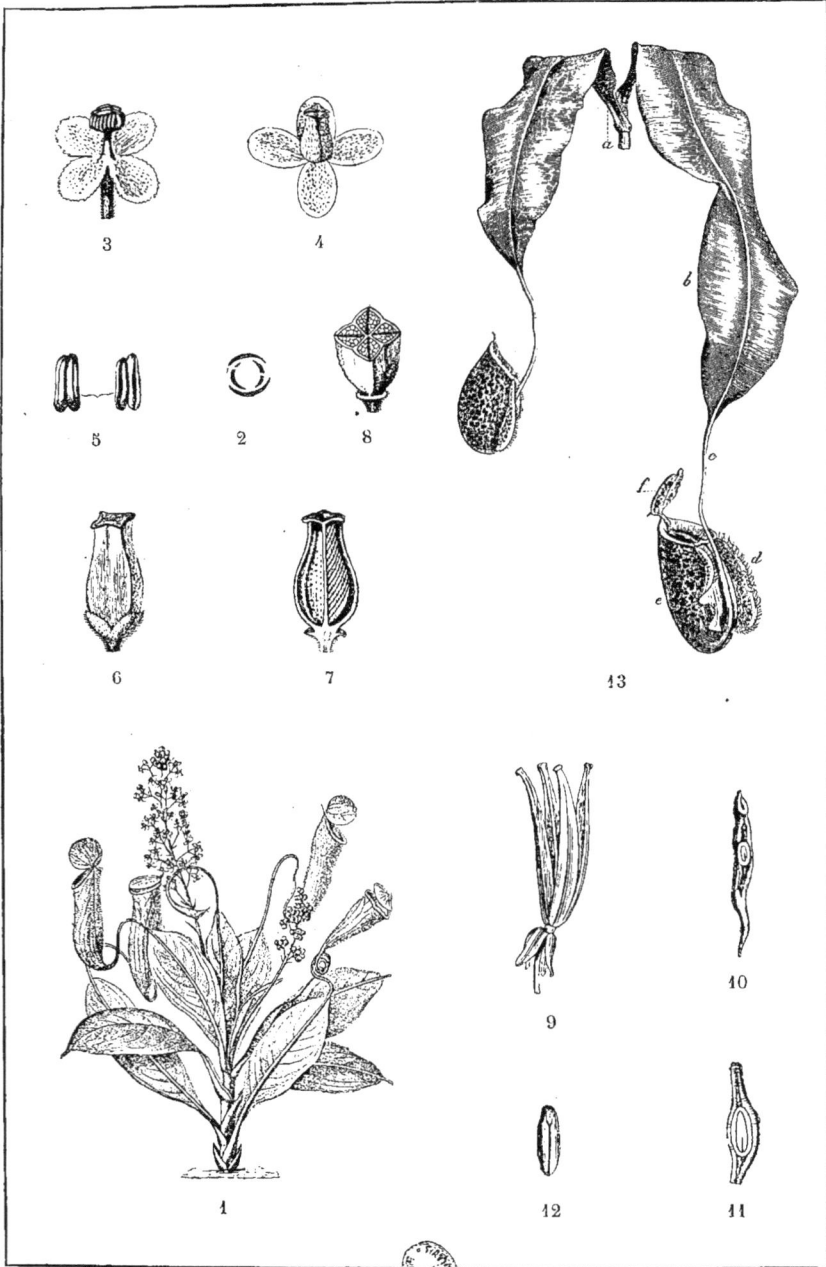

ARISTOLOCHIÉES

Cette intéressante famille, dont les affinités sont encore incertaines, contient un assez petit nombre de genres, pour la plupart exotiques. Le périanthe simple, l'ovaire multiloculaire, les anthères extrorses, la rapprochent des Népenthées; mais elle en diffère par l'hermaphrodisme de ses fleurs. Le périanthe et l'ovaire la mettent aussi à côté des Cytinées. Quelques caractères, comme la volubilité ces tiges, l'alternance des feuilles, permettent de la rapprocher des Cucurbitacées.

Les principaux caractères des Aristolochiées sont basés sur la simplicité du périanthe, sur l'épigynie des étamines, sur la structure des ovaires, etc.

Les Aristolochiées sont des plantes frutescentes ou herbacées à rhizome rampant ou tubéreux; souvent volubiles ou grimpantes. Feuilles alternes parfois écailleuses, pétiolées (fig. 1 et 9), à limbe entier, de formes très variées, sans stipules. Fleurs le plus souvent solitaires (fig. 10), rarement fasciculées en grappes ou en épis; hermaphrodites. Périanthe simple, régulier ou irrégulier (fig. 11), soudé avec l'ovaire, se prolongeant en un tube renflé, qui renferme les étamines et se termine en 1 ou 2 lobes. Les étamines épigynes sont au nombre de 6 ou 12 (fig. 2), tantôt sessiles, soudées avec le style (fig. 13), tantôt à filets libres (fig. 3). Anthères le plus souvent extrorses; parfois le connectif se prolonge en une pointe (fig. 4). Ovaire infère, rarement un peu supère. Styles six, soudés entre eux et se terminant par un stigmate à six divisions (fig. 3 et 13). Ovules anatropes. Le fruit est une capsule (fig. 16), rarement une baie, à 4 ou à 6 loges; tantôt déhiscent irrégulièrement, tantôt à déhiscence septicide (fig. 6 et 16). Graines nombreuses, à périsperme charnu (fig. 7) ou corné, (fig. 17 et 18), embryon très petit, droit (fig. 8 et 18); radicule centripète ou droite.

Les Aristolochiées sont en grande partie des plantes tropicales: on trouve des représentants de cette famille en Amérique, plus rarement en Asie. Dans les régions tempérées, elles ne sont représentées que par deux genres : *Aristolochia* et *Asarum*.

Plusieurs espèces contiennent dans leurs tissus une huile volatile et une substance résineuse amère.

On divise les Aristolochiées en trois tribus : les Asarées, les Brangantiées et les Aristolochiées.

Genres principaux :

Asarum A. Gray. — Asaret. — Feuilles inférieures remplacées par des écailles, supérieures réniformes. Fleurs solitaires; douze étamines à filets libres, dont six plus courts que les autres (fig. 3). Ovaire infère à six loges. Fruit, une capsule polysperme à six lobes.

A. europæum L. (Asaret d'Europe) (fig. 1 à 8). — Croît surtout dans les lieux ombragés des Alpes et de la France méridionale. La racine grise, quadrangulaire, couverte de radicules, fournit, à la distillation, une huile camphrée cristallisable, et une autre huile grasse très

amère. Cette racine a des propriétés purgatives et émétiques.

A. canadense. — Espèce très voisine de la précédente. Croît dans l'Amérique du Nord.

Aristolochia Tourn. — Aristoloche. — Tige flexible ou volubile, fleurs très régulières (fig. 11). Périanthe simple, soudé inférieurement avec l'ovaire, renflé au dessus; à limbe ligulé, bifide ou trifide. Étamines six, presque sessiles, insérées sur un disque soudé avec la base du style (fig. 13). Stigmate à six divisions; capsule à six loges (fig. 13).

A. clematitis L. (fig. 9). — Plante commune dans les bois de l'Europe, surtout dans le Midi de la France. Fleurs ramassées en groupe de 3 ou 6. Périanthe coloré entièrement en jaune; racine non tubéreuse.

A. rotunda L. (fig. 10). Périanthe jaune au dehors, orange en dedans; racine tubéreuse. Croît dans les pays chauds et dans le Languedoc et la Provence.

A. sipho L'Hérit. (fig. 11). — Espèce exotique à rameaux sarmenteux ; sert pour garnir les treillages

A. pistolochia L. — Petite espèce du Midi de la France, à fleurs roses et à racine non tubéreuse.

A. serpentaria. — Croît dans l'Amérique du Nord. La plante est employée avec succès contre les morsures de serpents.

EXPLICATION DES FIGURES.

1 à 8, *Asarum europæum*, fig. 1, port; 2, diagramme; 3, androcée et pistil ; 4, une étamine ; 5, ovaire coupé verticalement; 6, fruit déhiscent ; 7, graine ; 8, graine coupée longitudinalement.

9 à 18, *Aristolochia clematitis*, fig. 9, port; *A. rotunda*, fig. 10, sommité et souche; *Aristolochia sipho*, fig. 11, fleur; 12, fleur coupée verticalement; 13, pistil et androcée; 14, fruit ouvert longitudinalement; 15, coupe transversale du fruit; *A. longa*, fig. 16, fruit déhiscent; 17, graine entière; 18, graine coupée horizontalement.

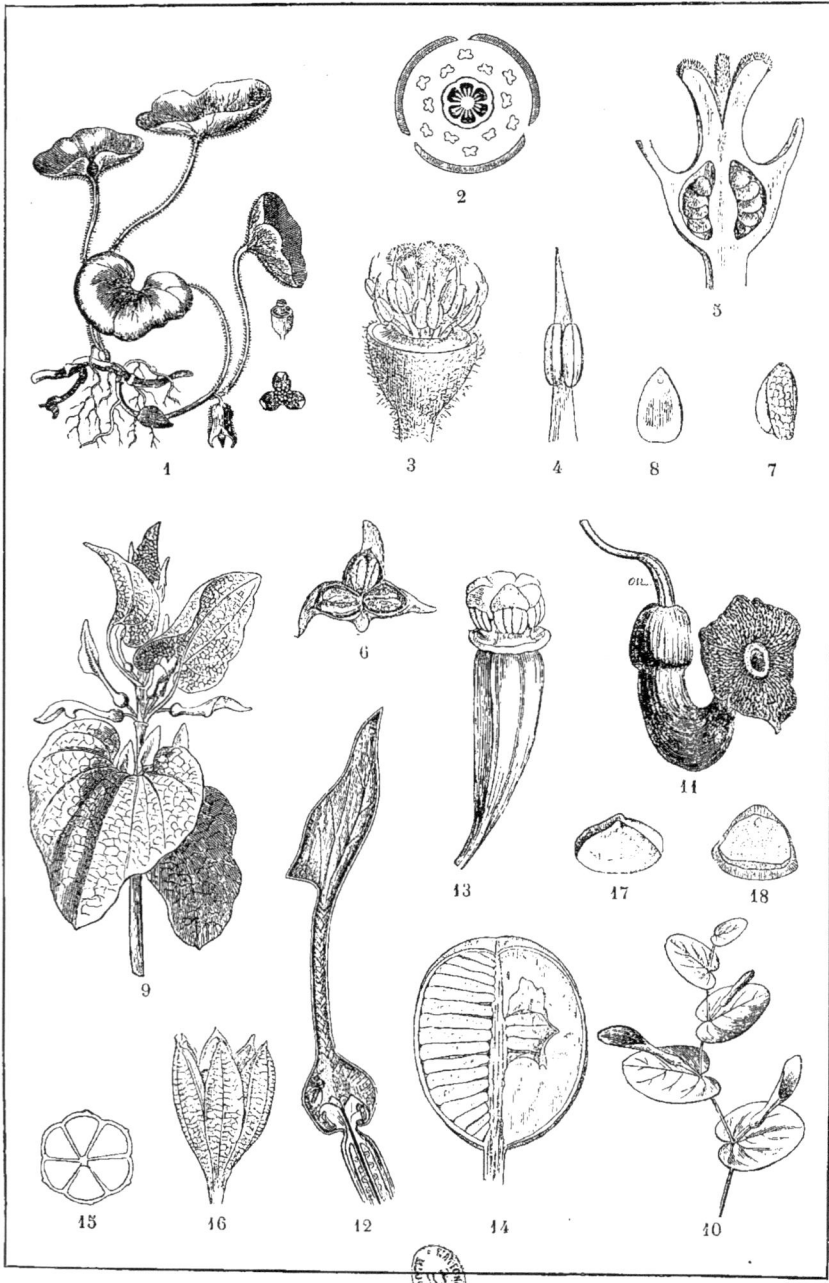

EUPHORBIACÉES

La grande famille des Euphorbiacées, dont on trouve les représentants surtout dans les pays tempérés, a de nombreuses affinités avec plusieurs autres familles. Elle se rapproche des Urticées, des Malvacées, des Rhamnées, des Ménispermées. Les Urticées en diffèrent par l'ovaire uniloculaire, par le style simple, par l'ovule orthotrope et par le fruit. Les Malvacées, par l'hermaphrodisme de leurs fleurs, par la position des ovules, par la structure des graines. Les Rhamnées, par l'hermaphrodisme de leurs fleurs, par les ovules, par la situation des étamines.

Les caractères principaux des Euphorbiacées sont tirés de la diclinie de leurs fleurs, de la structure de l'ovaire (à 3, rarement 2 loges), de la nature du fruit et de la graine, et de la position de l'embryon.

Les Euphorbiacées sont des plantes herbacées, arbres ou arbrisseaux, à suc souvent laiteux, à tiges ayant parfois l'aspect de cactus (fig. 2). Feuilles le plus souvent alternes, quelquefois opposées ou verticillées, entières (fig. 13), dentées (fig. 14) ou rarement palmées ou digitées (pl. CXX, fig. 12), parfois très réduites, pourvues de deux stipules. Fleurs unisexuées, monoïques ou dioïques, solitaires ou disposées en grappe ou en épis ; quelquefois les mâles et les femelles sont enveloppées par un involucre commun et prennent l'apparence d'une fleur hermaphrodite (fig. 5 et 6). Calice libre, formé de 3 ou 5 sépales plus ou moins soudés (pl. CXX, fig. 4 et 8). Corolle nulle ou polypétale, plus rarement monopétale, de forme et coloration variées ; pétales alternes avec les sépales, s'ils leur sont égaux par le nombre. Dans les fleurs mâles, les étamines sont en nombre déterminé ou indéterminé, centrales ou insérées au fond ou à la base du calice (fig. 5). Filets libres ou soudés, quelquefois ramifiés, chaque rameau portant alors une anthère uniloculaire (pl. CXX, fig. 14). Ordinairement les anthères sont biloculaires et didynames (pl. CXX, fig. 5), s'ouvrant soit par des fentes longitudinales ou horizontales, soit par des pores. Ovaire ordinairement 3-loculaire (fig. 9), rarement bi-pluriloculaire ; chaque loge contient 1 ou 2 ovules. Style se divisant en autant de stigmates qu'il y a de loges. Ovules anatropes, pendants, collatéraux. Fruit sec ou charnu, s'ouvrant en loges bivalves (fig. 10, 16 ; pl. CXX, fig. 9, 10). Chaque coque contient deux graines pendantes, arillées (fig. 11). Albumen plus ou moins abondant. Embryon à cotylédons foliacées. La radicule supère (fig. 12) ne se trouve pas en rapport avec le micropyle dont les bords sont épaissis en une caroncule.

Les Euphorbiacées, surtout répandues dans l'Amérique tropicale, sont relativement rares dans l'Asie tropicale ; quelques genres et plusieurs espèces peuvent être rangés parmi les plantes habituelles de nos climats.

EXPLICATION DES FIGURES.

1,   *Hippomane mancenilla*, fig. 1, port.
2 à 4, *Euphorbia resinifera*, fig. 2, port ; 3, Cyme 3-flore ; 4, inflorescence.
5,   *Euphorbia canariensis*, fig. 5, inflorescence ouverte.
6 et 7, *Euphorbia Gerardiana*, fig. 6, inflorescence ouverte ; 7, style.

8,   *Euphorbia characias*, fig. 8, diagramme.
9 à 13, *Euphorbia lathyris*, fig. 9, coupe transversale de l'ovaire ; 10, fruit ; 11, graine ; 12, graine coupée longitudinalement ; 13, port.
14 à 16, *Jura crepitans*, fig. 14, port ; 15, fragment d'une branche ; 16, fruit.

EUPHORBIACÉES.

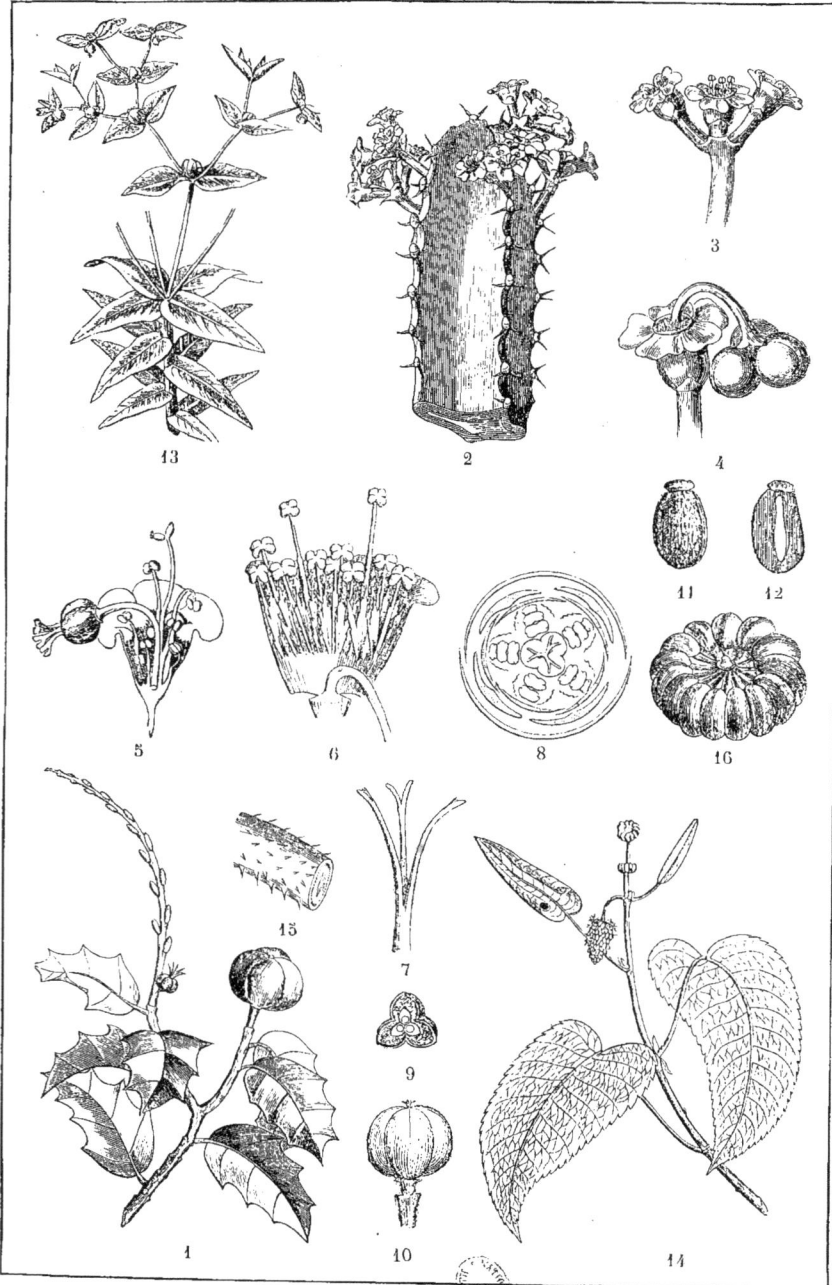

Les Euphorbiacées contiennent très souvent dans leur suc laiteux des substances âcres, très vénéneuses, employées parfois en médecine. Certaines espèces fournissent aussi des substances alimentaires. Les graines sont huileuses et possèdent des propriétés purgatives. Les racines contiennent quelquefois une grande quantité de substances nutritives.

On a divisé les Euphorbiacées, en se basant sur la structure de leur embryon, en deux grandes sections :

Les Sténolobées, à cotylédons semi-cylindriques, aussi larges que la radicule.

Et les Platylobées, à cotylédons plus larges que la radicule.

La première section est divisée en trois, la deuxième en dix tribus.

SECTION DES STÉNOLOBÉES

Ne renferme que des plantes de l'Australie.

Genres principaux :

Caletia J. Mull..
Poranthera. — Petits arbustes : fleurs à 6 étamines.
Micranthea. — Fleurs à 3 étamines.
Ricinocarpus J. Mull., **Betya, Amperea** A. Juss., etc.

SECTION DES PLATYLOBÉES

Les genres appartenant à cette section sont répandus sur tout le globe terrestre.

Euphorbia L. — Euphorbe. — Fleurs mâles et femelles renfermées dans un involucre ayant la forme d'un calice. Fleurs mâles en grand nombre ; chacune composée d'une seule étamine et d'une petite écaille correspondant au périanthe ; fleur femelle unique, centrale, composée d'un ovaire pédicellé, à trois loges. Style à stigmate 3-2-fide. Capsule à trois coques monospermes.

C'est un genre très nombreux en espèces, répandues surtout en Amérique tropicale. Les diverses espèces sont d'aspect très varié, mais toutes contiennent un suc laiteux plus ou moins vénéneux.

E. palustris L., *E.* des marais ; *E. dulcis* L., *E.* pourpré ; *E. amygdaloides* L. ; *E. lathyris* L., Épurge (fig. 9 à 13, pl. CXIX etc.), sont connus par leurs propriétés purgatives.

E. cyparissias L., *E.* petit cyprès ; *E. Gerardiana* Jq. (fig. 6, pl. CXIX) ; *E. esula* L., etc. — Ce sont des espèces indigènes. Parmi les espèces exotiques, il faut noter :

E. Ipecacuanha. — Sa racine a des propriétés émétiques, et sert à falsifier la vraie racine d'Ipécacuanha.

E. resinifera (pl. CXIX, fig. 3). — La tige a l'apparence de cactus. Cette plante est originaire du Maroc ; on en obtient par l'incision, un suc résineux, la gomme-résine, employé en médecine comme excitant.

E. canariensis (fig. 5). — Des Iles Canaries.
E. balsemifera. — Le suc laiteux est inoffensif.
E. catinifolia. — Le suc est un poison violent.

Hippomane. — Ovaire à six ou huit loges uniovulés.

H. mancenilla (fig. 13, pl. CXIX). Mancenilier. — Arbre de l'Amérique, réputé extrêmement dangereux, même pour les personnes qui s'en approchent. On a prétendu même que le sommeil, sous cette plante dangereuse, cause nécessairement la mort. Les recherches modernes n'ont pas confirmé cette assertion.

Hura. — Fleurs monoïques ; fleurs mâles portant une colonne centrale chargée de plusieurs anthères.

H. crepitans L. (fig. 14 à 16, pl. CXIX), Sablier. — Arbre de l'Amérique très vénéneux. Le fruit est une capsule composée de 12 à 18 coques, déhiscent avec une grande élasticité. Il contient aussi un poison violent.

Syphonia.

S. elastica Pers. *Jatropha elastica* L. — Croît en Guyane et au Brésil. Son suc laiteux contient une masse résineuse, qui donne la matière connue sous le nom de *caoutchouc*.

EXPLICATION DES FIGURES.

1 à 11, *Mercurialis annua*, fig. 1, plante mâle ; 2, plante femelle ; 3, épi de fleurs mâles ; 4, fleur mâle ; 5, étamine ; 6, fleurs femelles ; 7, une fleur femelle grossie ; 8, pistil ; 9, jeune fruit coupé longitudinalement ; 10, fruit mûr ; 11, graine coupée longitudinalement.

12 à 17, *Ricinus communis*, fig. 12, port ; 13, fleur mâle ; 14, étamine ; 15, fleur femelle ; 16, fruit ; 17, le même, loge antérieure enlevée.

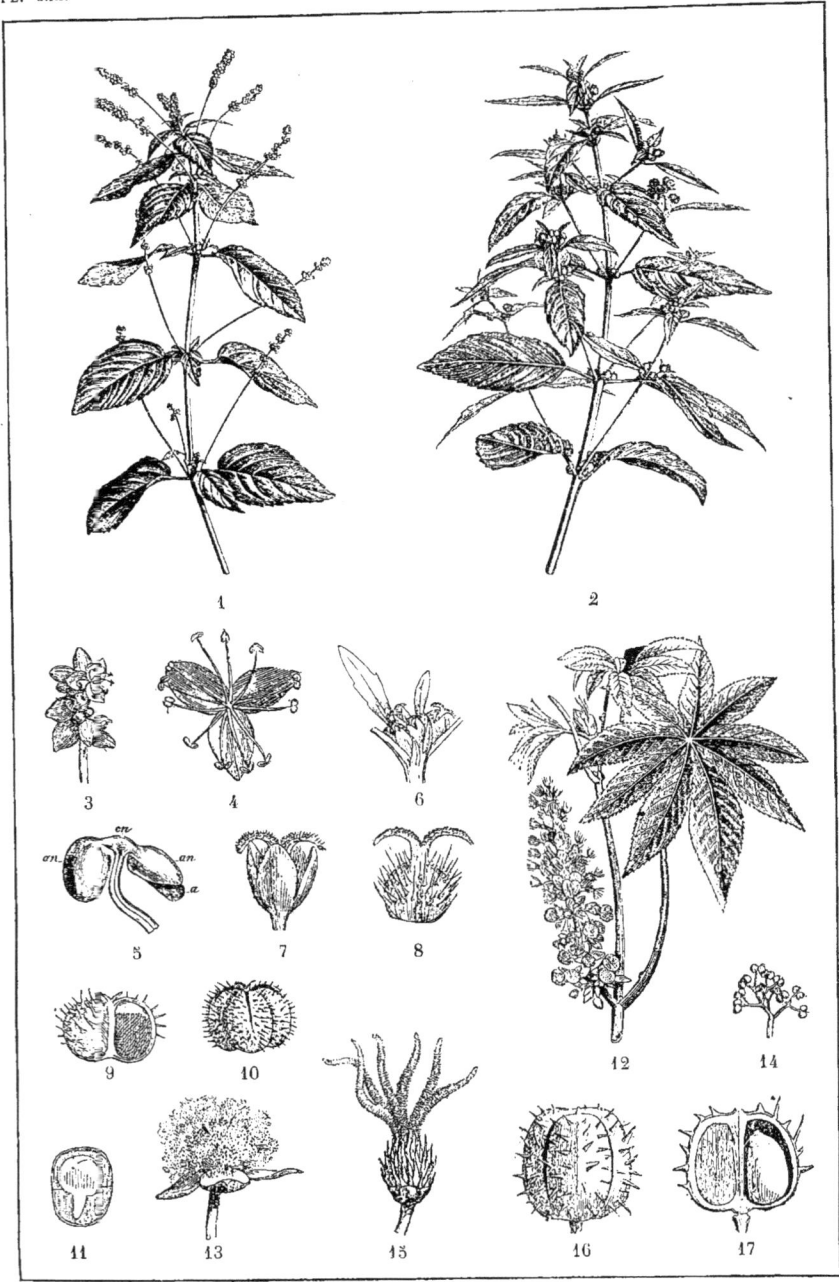

Manihot Plum. — Plantes à fleurs apétales, cultivées en Amérique et dans l'Afrique tropicale. Les racines contiennent une grande quantité d'amidon et constituent un aliment très important.

M. aipi. — Les racines peuvent être employées comme aliment sans aucune préparation.

M. utilissima Poll (*Jatropha manihot*). — Doit être préalablement préparée, parce que, dans l'état frais, elle contient un poison violent. L'amidon qu'on retire de cette plante porte le nom de *manioc* ou *cassave* et sert à la fabrication du *tapioca*.

Mercurialis L. — Mercuriale. — Capsule à deux coques; vingt étamines.

M. perennis L. M. vivace. — Habite les contrées tempérées de l'Europe.

M. annua L. M. annuelle (fig. 1 à 11, pl. CXX), *M. ambigua* L., etc.

Ricinus L. — Ricin. — Fleurs mâles en nombre indéterminé, portant plusieurs étamines ou filaments ramifiés.

R. communis L. (Pl. CXX, fig. 12 à 17). — Plante originaire de l'Afrique intertropicale, cultivée dans le midi de l'Europe et en France. Les graines de cette espèce, de même que celles de plusieurs de ses variétés, fournissent l'huile de ricin, ayant des propriétés purgatives bien connues.

Crozophora. — Étamines en deux verticilles : externe à 5, interne à 3 pétales.

C. tinctoria Neck., Tournesol. — Croît dans le midi de la France. Fournit une matière colorante bleue, employée en chimie comme réactif.

Croton L. — Croton. — Plantes monoïques de l'Amérique et de l'Afrique tropicales; 4 verticilles à 5 étamines chacune.

C. Tiglium L. Petit-Pignon (fig. 5 à 7). — Tous les organes de cette plante sont couverts de poils brûlants; le bois a des propriétés purgatives. — *C. Eluiheria*, Benn., Cascarille. L'écorce est employée contre la dyssenterie.

Adrachne. — Étamines monadelphes; lames glanduleuses en face des pétales.

A. telephoides (fig. 8 à 16). — Plante européenne.

Excœcaria Agallocha. — Arbre aveuglant. — Grand arbre des îles Moluques. Son suc laiteux est un poison très énergique.

Emblica. — Fruit charnu; trois étamines.

E. officinalis Gærtn. (*Phyllanthus emblica* L.). — Arbuste de l'Asie méridionale. Les fruits, nommés myrobolans emblic, étaient employés autrefois contre la dyssenterie.

BUXINÉES

Cette petite famille, contenant un seul genre indigène, est encore très souvent considérée comme une simple tribu des Euphorbiacées. Elle s'en distingue cependant par son suc aqueux, par la position du style sur l'ovaire, par la placentation, etc.

Les Buxinées sont des arbres, arbrisseaux ou plantes herbacées. Feuilles opposées ou alternes, entières ou lobées, sans stipules. Fleurs unisexuées, monoïques, solitaires ou disposées en épi ou en grappe. Les mâles, formées d'un calice simple 4-partit (fig. 18 et 19), à préfloraison imbriquée, ont quatre étamines opposées aux lobes du calice et un ovaire avorté central (fig. 20). Fleurs femelles formées d'un calice 4-12-partit, à préfloraison imbriquée (fig. 21, 22 et 23). Ovaire supère, 2-3-loculaire (fig. 24). Chaque loge contient deux ovules suspendus au sommet, anatropes. Styles 2 ou 3, n'occupant pas le sommet de l'ovaire. Fruit capsulaire ou charnu à 2, 3 ou 4 loge unique par avortement (fig. 25), Graines pendantes à testa noire. Embryon au milieu de l'albumen courbé. Radicule supère.

Parmi les Buxinées, une espèce seulement, du genre Buxus, s'avance jusqu'aux régions tempérées. Les autres habitent l'Asie et l'Amérique tropicales.

Genre principal :

Buxus L. (fig. 17 à 26). — Buis. — Dans nos contrées, c'est un petit arbrisseau employé quelquefois comme bordure dans les jardins. Son bois, très dur, est recherché par les graveurs. Les feuilles ont des propriétés purgatives.

B. sempervirens L. — Espèce unique du genre dans les climats tempérés.

EXPLICATION DES FIGURES.

1 à 4, *Manihot utilissima*, fig. 1, port; 2, fleur mâle; 3, fleur femelle; 4, racine.

5 à 7, *Croton Tiglium*, fig. 5, port; 6, fleur femelle; 7, fruit.

8 à 16, *Adrachne telephioides*, fig. 8, rameau fleuri; 9, fleur mâle; 10, fleur femelle; 11, pistil; 12, fruit; 13, section transversale du fruit; 14, fruit ouvert; 15, fruit avec la graine; 16, graine coupée verticalement.

17 à 25, *Buxus sempervirens*, fig. 17, rameau fleuri; 18, glomérule de fleurs mâles (gr.); 19, fleur mâle; 20, étamine et rudiment de pistil; 21, glomérule de fleurs avec une fleur femelle terminale; 22, diagramme d'une fleur mâle; 23, fleur femelle (gr.); 24, coupe transversale de l'ovaire; 25, fruit.

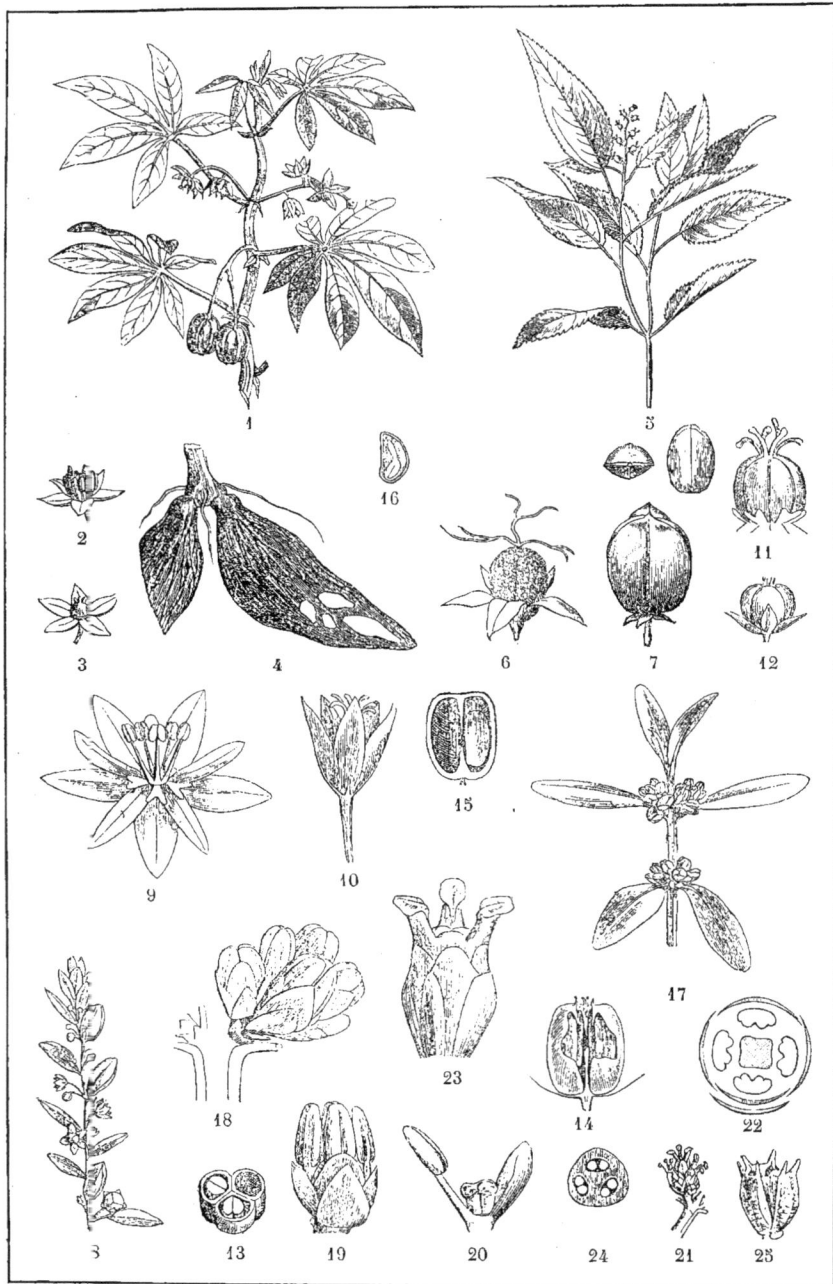

CALLITRICHINÉES

Cette petite famille, ne contenant qu'un seul genre, est très voisine des Euphorbiacées par ses fleurs unisexuées, par l'absence du périanthe, par l'ovaire à loges uniovulaires, par la nature du fruit. Elle s'en éloigne par la structure de l'ovaire et de la graine ; mais ces différences ont si peu d'importance, que les Callitrichinées ont été considérées par plusieurs botanistes comme une tribu des Euphorbiacées. D'autre part, elles se rapprochent par un grand nombre de caractères des Haloragées, dont elles diffèrent pourtant par l'absence du périanthe et par leur fruit.

Les Callitrichinées sont des plantes aquatiques annuelles, à feuilles opposées, sessiles, entières, sans stipules (fig. 1). Fleurs hermaphrodites ou unisexuées par avortement, axillaires (fig. 2). Involucre composé de deux feuilles (fig. 3) opposées, un peu charnues, persistantes ou tombantes. Périanthe nul. Étamines 1 ou 2, hypogynes. Filets allongés. Anthères réniformes, uniloculaires, s'ouvrant par une fente circulaire (fig. 4 et 5). Ovaire libre, formé de deux carpelles soudés en deux loges biovulées. Ovules courbés, attachés près du sommet de la loge. Styles deux, écartés (fig. 4 et 6). Fruit membraneux, 4-loculaire (fig. 7 et 8). Graine à testa membraneux. Embryon arqué (fig. 9 et 10) entouré par l'albumen. Cotylédons courts. Radicule infère.

Les Callitrichinées habitent les eaux des fossés et des ruisseaux, en Europe et en Amérique du Nord. Elles ne renferment aucun principe utile.

Genre unique :

Callitriche L. — Callitrique. — Renferme un grand nombre d'espèces indigènes.

C. verna Kutz., C. printanière (fig. 1 à 10); *C. platicarpa* Kutz., C. à fruits plats ; *C. autumnalis* L. ; *C. stagnalis* Scop., C. des étangs, etc.

CÉRATOPHYLLÉES

Cette famille ne comprend également qu'un seul genre. Elle est quelquefois rangée à côté des Callitrichinées, à cause de l'absence du périanthe et de la structure de l'ovaire. Mais tous les autres caractères importants font des Cératophyllées une famille complètement distincte, dont les affinités sont difficiles à établir. Elle offre, du reste, quelques analogies avec les Pipéracées et les Urticées.

Les caractères principaux sont basés sur la diclinie des fleurs, sur l'absence du périanthe, sur le nombre des étamines, sur la forme et la structure de l'embryon, etc.

Les Cératophyllées sont des plantes aquatiques à tige filiforme, à feuilles verticillées, disséquées, à divisions dicho-trichotomes, filiformes, sans stipules (fig. 11). Fleurs solitaires, axillaires (fig. 12), privées de périanthe. Les fleurs mâles sont entourées par un involucre de 10 à 12 folioles (fig. 13 et 14) ; anthères en nombre indéfini (fig. 15, 16 et 17) sessiles, à 2 ou 3 pointes au sommet, biloculaires, s'ouvrant par déchirures irrégulières. Les fleurs femelles (fig. 18) entourées également d'un involucre, se composent d'un ovaire unique, uniloculaire, uniovulé. Ovule pendant, orthotrope. Fruit (fig. 19 et 20) sec, monosperme, enveloppé par l'involucre persistant. Graine pendante sans albumen. Embryon (fig. 21) anatrope. Cotylédons ovales. Radicule infère. Gemme polyphylle.

Les Cératophyllées habitent les eaux stagnantes de l'Europe et de l'Amérique du Nord.

Genre unique :

Ceratophyllum L. (fig. 13 à 22). — Cornifle. — Les espèces suivantes sont indigènes :

C. demersum L., Hydre cornu, *C. submersum* L., Hydre lisse et *C. platyacanthum* Cham.

EXPLICATION DES FIGURES

1 à 10, *Callitiche verna*, fig. 1, port; 2, fleur mâle et femelle; 3, fleur femelle; 4, fleurs hermaphrodites ; 5, une fleur hermaphrodite ; 6, pistil ; 7, fruit; 8, coupe du fruit ; 9, embryon ; 10, embryon, les cotylédons enlevés.

11 à 21, *Ceratophyllum demersum*, fig. 11, port; 12, fleurs mâle et femelle; 13, fleur mâle ; 14, involucre; 15, anthère vue d'en haut ; 16, anthère vue de face ; 17, coupe transversale de l'anthère ; 18, fleur femelle; 19, fruit ; 20, fruit ouvert ; 21, embryon.

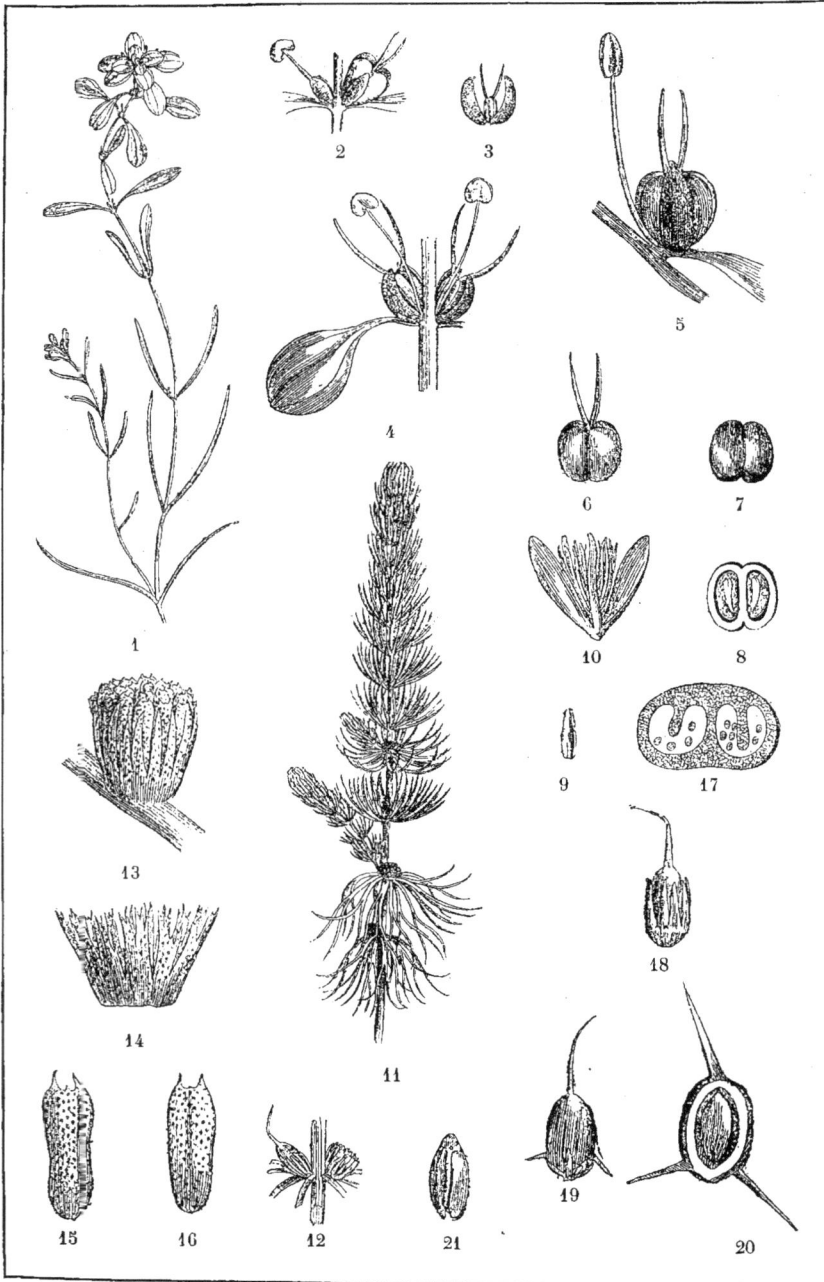

URTICÉES

Les Urticées forment une famille assez riche en genres (près de quarante), mais beaucoup plus nombreuse en individus, surtout dans les pays tempérés. Elles sont très étroitement liées avec les Cannabinées, qui ont été longtemps considérées comme appartenant à la même famille. La simplicité des fleurs, l'ovaire uniloculaire et uniovulé, la radicule supère les rapprochent aussi des Morées, des Ulmacées et des Celtidées. Elles sont également voisines des Pipéracées, des Chloranthées, et ont même quelques affinités avec les Tiliacées.

Les principaux caractères distinctifs des Urticées sont basés sur la polygamie des fleurs, sur la forme du périanthe des fleurs mâles, sur les étamines aux filets irritables, sur l'ovule dressé, orthotrope, sur la présence de l'albumen plus ou moins abondant, etc.

Les Urticées sont des herbes, arbrisseaux ou arbres. La tige, de même que les feuilles, sont très souvent hérissées de poils (fig. 6 et 7) renfermant un acide brûlant. Feuilles entières (fig. 8), dentées ou palmées, opposées ou alternes, pétiolées, pourvues de stipules ordinairement persistants. Les fleurs petites, rarement colorées, sont disposées en cymes solitaires ou réunies en têtes, épis, grappes; polygames; ou, par avortement, monoïques ou dioïques. Les fleurs mâles (fig. 12) ont un périanthe simple, gamosépale, tétra ou pentamère. Les étamines sont en nombre correspondant aux divisions du périanthe (fig. 2, 10) et opposées à ces dernières; leurs filets élastiques sont marqués de rides transversales (fig. 12). Anthères biloculaires introrses. Le pistil demeure rudimentaire. Dans les fleurs femelles, le périanthe est libre, à 2 ou 4 sépales, souvent soudés entre eux en un tube; ou nul (fig. 13). Les étamines sont parfois rudimentaires, plus souvent nulles. Le gynécée est composé d'un ovaire libre, uniovulé, uniloculaire (fig. 14) et d'un pistil terminé par un filament ou par un stigmate multipartit (fig. 14). Ovule dressé, droit. Fruit sec, monosperme, indéhiscent (akène) (fig. 4) ou charnu; nu ou renfermé dans le périanthe. Graine à périsperme entourant un embryon droit. Radicule supère.

Les Urticées sont communes et très abondantes dans toutes les régions tempérées. Elles y sont représentées principalement par deux genres : *Urtica* et *Parietaria*. Quant aux autres genres, ils appartiennent presque exclusivement aux régions intertropicales; on en trouve en Amérique, en Asie, en Océanie et en Afrique.

Genres principaux :

Urtica L. — Ortie. — Feuilles et tige souvent hérissées de poils (fig. 6 et 7), contenant de l'acide formique. Fleurs unisexuelles, les mâles en grappes (fig. 1), un périanthe tétramère (fig. 2), quatre étamines; ovaire supère, stigmate sessile, velu; fruit enfermé par le périanthe persistant. Les espèces principales sont :

U. urens L., O. brûlante. — Tige haute de 30 à 50 centimètres; fleurs monoïques, les poils sont très brûlants. Se rencontre partout.
U. dioica L. (fig. 1 à 17). — Hauteur jusqu'à 1 mètre. Fleurs dioïques; sert comme fourrage aux animaux domestiques.

U. cannabina. — Se rencontre dans le nord-est d'Asie. Les fibres corticales de cette espèce, de même que celles de la précédente, sont employées comme matière textile.

Parietaria L. — Pariétaire. — Fleurs polygames réunies en groupes composés d'une seule fleur femelle et de plusieurs hermaphrodites (fig. 10). Étamines recourbées se redressent avec force pendant la fécondation; ovaire supère, style filiforme, stigmate en pinceau (fig. 14); fruit, akène inclus dans le périanthe.

P. officinalis (fig. 8 à 14). — Se rencontre souvent sur les vieux murs. Elle contient une grande quantité de nitrates, et fut jadis, à cause de cela, employée en médecine comme diurétique.

Boehmeria.

B. utilis. — Les fibres de cette espèce sont utilisées en industrie sous le nom de *China grass.*

EXPLICATION DES FIGURES.

1 à 7, *Urtica dioica,* fig. 1, plantes avec des fleurs mâles; 2, fleur mâle; 3, plante avec des fleurs femelles; 4, fruit; 5, fruit ouvert; 6, poil; 7, extrémité du poil.
8 à 14. *Parietaria officinalis,* fig. 8, rameau florifère; 9, fleurs grossies; 10, diagramme d'une inflorescence polygame; 11, fleur hermaphrodite; 12, étamine vue en face; 13, fleur femelle; 14, pistil.

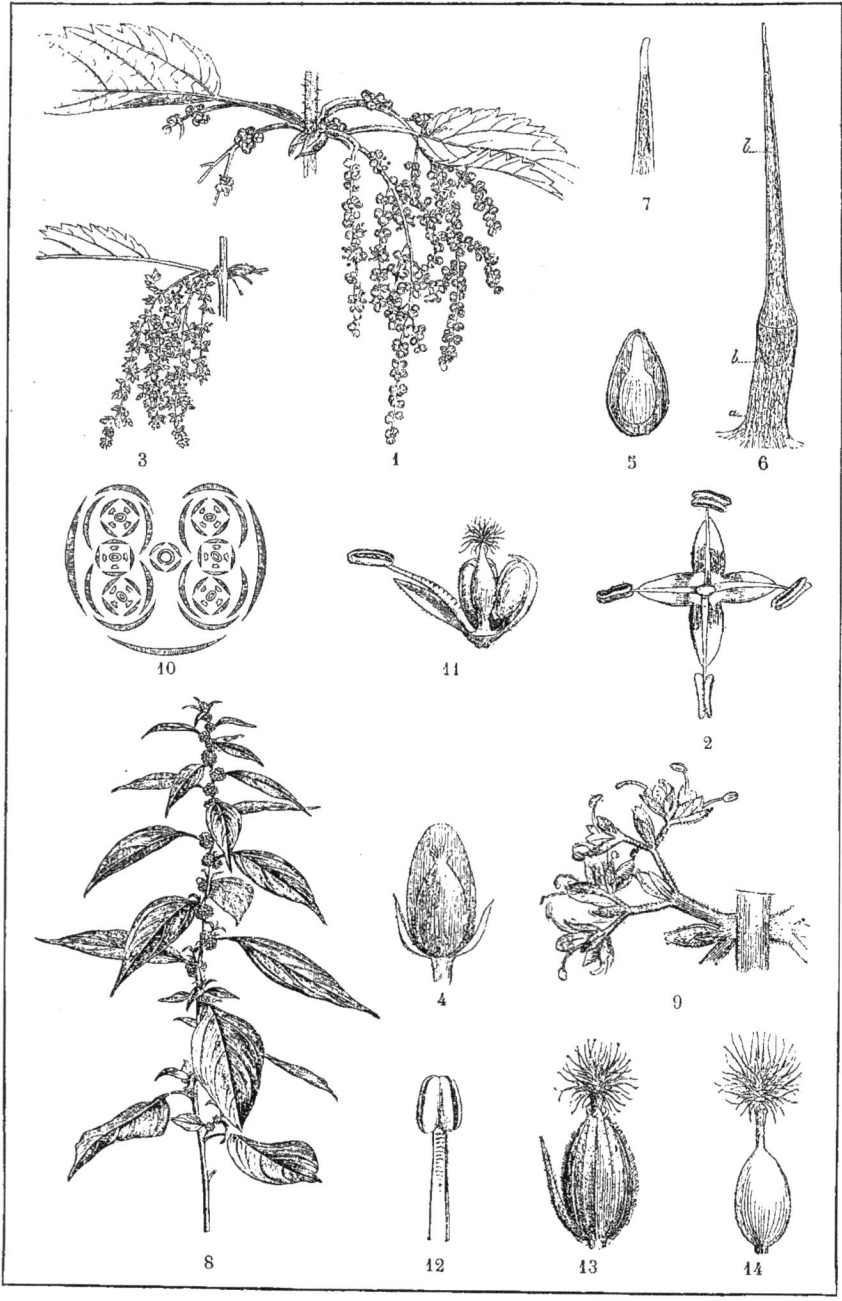

PIPÉRACÉES

Cette famille exotique est étroitement liée aux petites familles, également exotiques, des Saururées et des Chloranthacées. Elle a aussi des affinités avec les Urticées, dont elle diffère par l'hermaphrodisme des fleurs, par le manque complet de périanthe, par l'inflorescence, etc. On rapproche aussi les Pipéracées des Polygonées et des Loranthacées.

Les caractères principaux de cette famille sont tirés de l'inflorescence, de la simplicité de la fleur, du fruit, etc.

Les Pipéracées sont des plantes herbacées ou arbrisseaux à tiges articulées; la structure de la tige rappelle celle des Monocotylédonées. Feuilles opposées ou verticillées, quelquefois alternes, simples, entières (fig. 1, 12 et 13), dépourvues de stipules. Fleurs hermaphrodites pourvues d'une seule bractée, disposées en épi sur un spadice long, souvent charnu (fig. 1, 2, 14, 20). Périanthe nul. Étamines 2 ou 3, ou un nombre plus considérable (fig. 6). Filets courts, anthères biloculaires, extrorses. Ovaire sessile supère, uniloculaire et unispermé (fig. 8, 9 et 15). Ovule basilaire, orthotrope; stigmate simple ou trilobé. Fruit, une baie monosperme (fig. 3, 4, 10 et 19). Graine pourvue d'endosperme. L'embryon occupe une cavité de l'endosperme au sommet de la graine (fig. 11). Il est très petit, renfermé dans son sac embryonnaire. Cotylédons très courts, radicule supère.

Les Pipéracées sont des plantes exotiques, surtout répandues en Amérique; on les trouve aussi en Océanie et dans l'archipel Indien; elles sont rares en Afrique.

Toutes les plantes de cette famille renferment une résine, une huile volatile et un principe âcre, auquel elles doivent leurs propriétés.

Genres principaux :

Piper L. — Poivre. — Fleurs hermaphrodites, bractées oblongues, sessiles. Deux étamines, stigmates 4-5-fides, baies sessiles.

P. nigrum (fig. 1 à 4). — Croît spontanément dans les îles de l'archipel Indien; on le cultive aussi à cause de ses fruits surtout à Java et à Sumatra. Ses fruits sont des baies d'une couleur rouge, s'ils sont récoltés avant la maturité complète; desséchés, ils deviennent noirs, et c'est sous cette forme qu'on les trouve dans le commerce (*poivre noir*). Les fruits privés de leur péricarpe âcre par macération donnent ce qu'on appelle le *poivre blanc*.

P. revolutum (fig. 5 à 11), *P. lævigatus* et *P. betel* L., Betel, dont les feuilles, mélangées avec la noix d'arec et la chaux, servent de masticatoire aux habitants de l'Asie équatoriale et de la Mélanésie.

P. methysticum Forts., Kawa. — Croît dans les îles de l'Océan Pacifique. Ses racines servent à la préparation d'une boisson enivrante et narcotique (*kawa*), en usage surtout chez les Polynésiens.

Peperomia Jacq.

P. blanda Jacq. (fig. 13 à 16), *P. obtusifolia* (fig. 20), etc.

Cubeba Miq. — Plantes grimpantes à fleurs dioïques; fruits pédonculés.

C. officinalis Miq. *Piper cubeba* L. Fil. (fig. 12). — Croît à Java. Son fruit fournit un remède contre les maladies des voies urinaires.

Chævica Miq. — Fruits, petites baies étroitement serrées sur un axe commun pédonculé.

C. officinarum Miq. *Piper longum* L. — Fournit le *poivre long*. Il croît sur les îles de la Sonde et dans les Philippines.

Arthante Miq. — Arbustes à feuilles acuminées; fleurs parfois unisexuées, à 4 étamines.

A. elongata Miq. (*Piper augustifolium* Ruiz et Par.). — Plante originaire de la Bolivie et du Pérou. Ses feuilles, connues sous le nom de *matico*, donnent un excellent remède contre les maladies des voies urinaires.

EXPLICATION DES FIGURES.

1 à 4, *Piper nigrum*, fig. 1, port; 2, portion d'épi; 3, fruit; 4, fruit coupé verticalement.	12, *Cubeba officinalis*, fig. 12, port.
5 à 9, *Piper revolutum*, fig. 5, portion d'épi; 6, fleur; 7, coupe horizontale d'une étamine; 8, pistil; 9, pistil coupé verticalement.	13 à 16, *Peperomia blanda*, fig. 13, port; 14, portion d'épi; 15, fleur; 16, pistil; 17, portion d'épi chargée de fruits; 18, fruit; 19, fruit coupé verticalement.
10 et 11, *Piper lævigatum*, fig. 10, fruit coupé verticalement; 11, graine coupée verticalement.	20, *Peperomia obtusifolia*, fig. 20, portion d'épi chargée de fleurs.

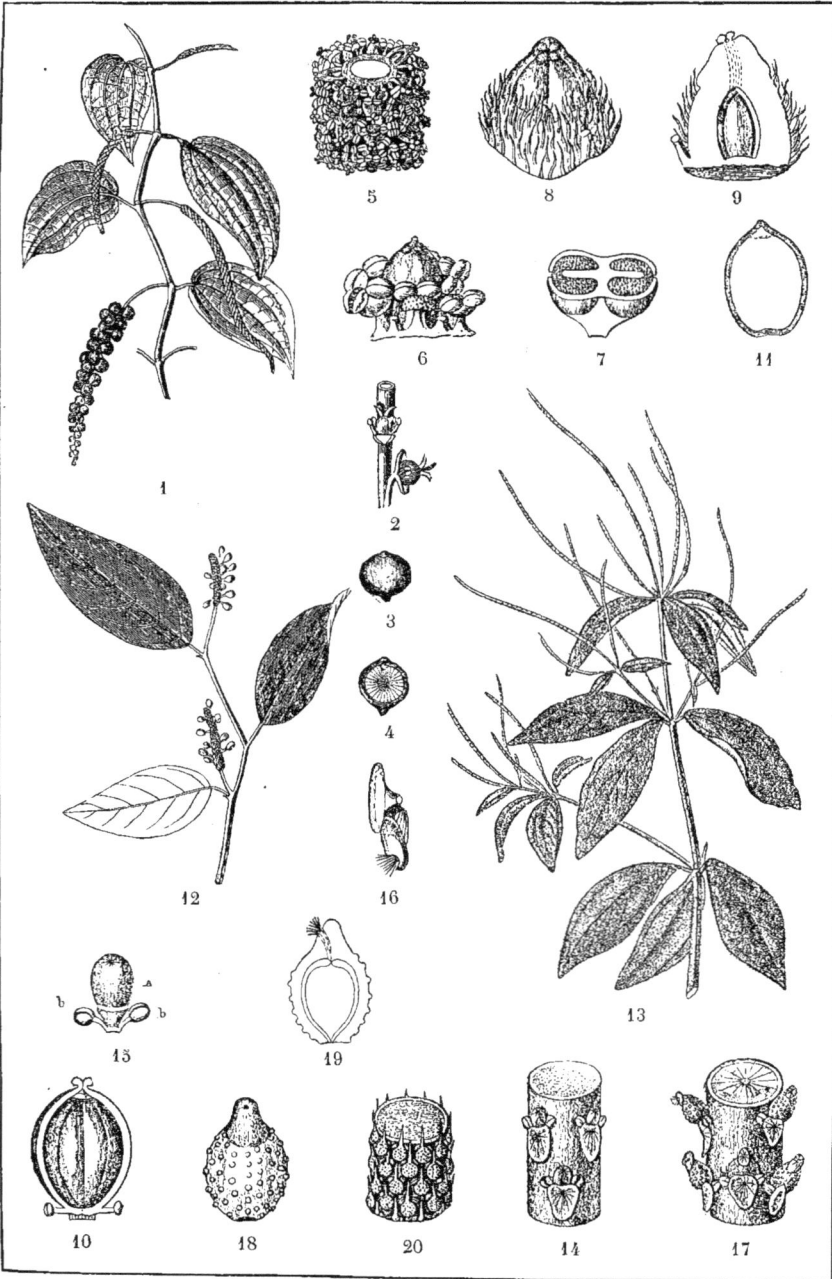

CANNABINÉES.

Les Cannabinées sont très voisines des Urticées; elles s'en rapprochent par leurs fleurs incomplètes, par les étamines opposées aux sépales, par l'ovaire uniloculaire, par les fruits, etc. Elles ressemblent, d'autre part, beaucoup aux Ulmacées. Aussi toutes ces familles ont-elles été regardées comme des tribus d'une seule grande famille des Ulmacées.

Les caractères essentiels des Cannabinées sont tirés de la diœcie des fleurs, du périanthe bractéiforme des fleurs femelles (fig. 3 et 11), du style divisé en deux stigmates (fig. 4, 11), du fruit sec, de la graine dépourvue d'albumen, etc.

Les Cannabinées sont des plantes annuelles ou vivaces à feuilles pour la plupart opposées, incisées (fig. 1) ou lobées (fig. 7), pourvues de stipules persistantes ou caduques. Les fleurs sont dioïques; les mâles disposées en grappe (fig. 1) ou en panicule ont un périanthe simple, pentamère (fig. 2, 8 et 9); leurs étamines sont au nombre de cinq (fig. 2, 9) opposées aux sépales (fig. 8), à filaments courts, dressés. Les fleurs femelles sont disposées en grappe ou en chatons (fig. 7, Houblon); elles sont pourvues de bractées (fig. 3 et 11). Le périanthe monophylle embrasse le gynécée formé de deux feuilles soudées en un ovaire; ce dernier est libre, uniloculaire, pourvu d'un style à deux stigmates longs, filiformes, pubescents. L'ovule est campylotrope; micropyle supère. Le fruit (fig. 5, 6 et 13) est un caryopse bivalve, déhiscent, ou un akène renfermé dans le périanthe accru et persistant. La graine pourvue d'un teste et d'une endopleure est privée d'albumen. L'embryon est plié (fig. 6) ou enroulé en spirale (fig. 14).

Les Cannabinées sont répandues dans toutes les régions tempérées de l'hémisphère du Nord. On les cultive depuis les temps les plus reculés. Elles contiennent dans la tige un principe amer (la *lupuline*); les feuilles et la racine de Cannabis contiennent un principe narcotique; les graines de chanvre renferment une huile fixe.

Il n'existe que deux genres de cette famille, cultivés dans tous les pays civilisés: *Cannabis* (le Chanvre) et *Humulus* (le Houblon).

Cannabis L. — Chanvre. — Tige droite; feuilles divisées jusqu'à la base en lobes étroits découpés sur les bords en dents aiguës (fig. 1). Les fleurs sont disposées en grappes. L'embryon est plié. L'espèce unique de ce genre:

C. sativa (fig. 1 à 6) croît spontanément en Sibérie méridionale; mais il s'est répandu dans tous les pays civilisés; on le cultive partout à cause de ses fibres corticales, matière textile excellente servant à la confection de toiles et de cordages. Les glandes placées à la surface des feuilles et de la tige exsudent une matière glutino-résineuse qui se distingue par ses propriétés enivrantes et narcotiques. C'est surtout dans le chanvre cultivé dans l'Inde et en Perse (dont on a fondé, à tort, une espèce distincte, *Cannabis indica*), que ces propriétés se manifestent le plus. On obtient la résine en exprimant la plante dans une toile, et on la vend après sous le nom de *cherris*. La plante elle-même séchée est connue sous le nom de *gunja* et de *bang*. En Arabie, on prépare avec les feuilles de Cannabis une boisson enivrante célèbre, le *hachich*. Les graines fournissent une huile fixe qui est usitée comme comestible en Russie.

Humulus L. — Houblon. — Tige volubile, feuilles 3-5 lobées (fig. 7); fleurs mâles en grappes. Les fleurs femelles sont disposées en cônes (fig. 10), formés d'écailles membraneuses. Le fruit est complétement enveloppé par le périanthe formant un sac membraneux, vésiculaire, jaunâtre, couvert de glandes (fig. 13). L'embryon est enroulé en spirale (fig. 14). On ne connaît également qu'une espèce.

H. Lupulus L. (fig. 7 à 14). — Le houblon croît spontanément dans les régions tempérées de l'Europe, de l'Asie-Mineure et de la Sibérie; mais on le cultive avec soin à cause de ses cônes. Les glandes du périanthe persistant contiennent de l'huile, de la matière résineuse et de la matière amère. Elles se détachent facilement du périanthe et forment une poussière jaune connue sous le nom de *lupulin*. C'est à cause du lupulin que l'emploi du houblon prend une importance dans l'industrie, notamment dans la fabrication de la bière.

EXPLICATION DES FIGURES.

1 à 6,   *Cannabis sativa*, fig. 1, sommité fleurie de l'individu mâle; 2, fleur mâle; 3, fleur femelle; 4, gynécée; 5, coupe transversale de la graine; 6, coupe longitudinale de la graine.

7 à 14,   *Humulus lupulus*, fig. 7, plante femelle; 8, diagramme d'une fleur mâle; 9, fleur mâle; 10, chaton de fleur femelle; 11, fleur femelle; 12, cône; 13, fruit; 14, coupe transversale de la graine.

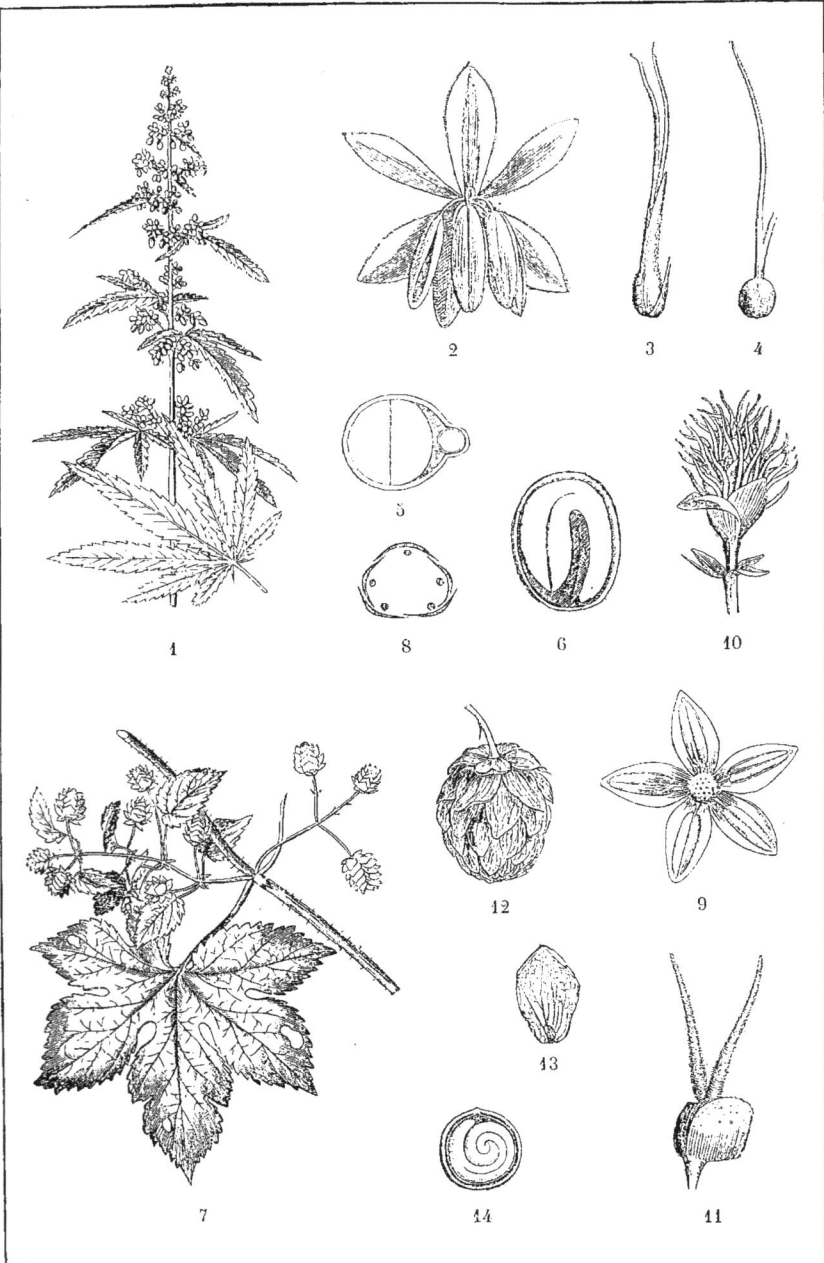

ULMACÉES.

Les caractères de cette famille la rapprochent beaucoup des Celtidées; elle n'en diffère que par l'inflorescence, par les anthères et les ovules. Les Ulmacées sont également si voisines des Urticées et des familles analogues (Mûrées, Artocarpées, Cannabinées), qu'on les réunit souvent toutes dans une grande famille des Ulmacées ou des Urticinées.

Les principaux caractères des Ulmacées sont tirés de leur périanthe simple, de leur ovaire, du style, des ovules anatropes, du fruit et de l'embryon.

Ce sont de grands arbres ou arbrisseaux à feuilles alternes, pétiolées, pourvus de stipules caduques. Les fleurs, réunies en fascicules (fig. 1), sont hermaphrodites ou, par avortement, unisexuées (fig. 2, 3, 4 et 5). Périanthe campanulé (fig. 3 et 5), à 5 ou 8 divisions, herbacé, imbriqué dans l'estivation (fig. 2), persistant. Etamines insérées au fond du périanthe (fig. 4), correspondant au nombre de ses divisions (fig. 5). Anthères dorsifixes. Ovaire libre (fig. 4), biloculaire ou uniloculaire. Chaque loge contient un ovule anatropes suspendu au sommet de la cloison de la loge (fig. 4 et 6). Styles deux, couverts sur leur face interne de papilles stigmatiques (fig. 4). Fruit, une samare (fig. 7, 10, 11) ou un akène. Dans la graine (fig. 8), le testa est membraneux; raphé saillant, embryon dépourvu d'albumen (fig. 9), radicule supère.

Les Ulmacées sont répandues dans tout l'hémisphère boréal.

Leur écorce contient des principaux astringents et toniques.

Genres principaux :

Ulmus L. — Orme. — Ovaire biloculaire, fruit-samare (pain de hanneton). Cotylédons plans. Arbre commun dans nos bois. L'écorce de certaines espèces a été employée jadis contre l'hydropisie et contre les maladies de la peau. On le trouve encore dans le commerce, sous le nom de l'*orme pyramidal*. Le bois d'orme est employé pour la confection des roues. Les excroissances ligneuses sur les bois d'orme sont très recherchées pour la confection des meubles. Les espèces les plus connues sont les suivantes :

U. campestris Sm., Ormeau (fig. 5 à 9). — Fleurs sessiles, fruit glabre, 4 à 6 étamines. Les feuilles de l'ormeau nourrissent bien le bétail.

U. effusa Willd., O. blanc (fig. 11). — Fleurs pédonculées, fruit cilié, huit étamines.

U. suberosa Ehrh. (fig. 1 à 4). — Écorce tubéreuse.

U. fulva Mx. — Croît en Amérique. L'écorce renferme une grande quantité de mucilage.

Planera. — Ovaire uniloculaire. Fruit-akène ; cotylédons su >sinueux.

P. abelicea Schultz. — Fournit un bois aromatique (faux-Santal).

CELTIDÉES.

Famille très voisine de la précédente. Elle en diffère seulement par son ovule campylotrope, par ses anthères et par ses fleurs solitaires. D'autre part elle se rapproche des Mûrées, dont elle ne diffère que par son inflorescence et par le fruit.

Les Celtidées sont des arbres ou arbrisseaux à feuilles alternes, entières ou dentelées (fig. 12, 18), pourvues de stipules caduques. Fleurs solitaires (fig. 12) ou disposées en grappes ; hermaphrodites ou unisexuées. Périanthe simple, herbacé; cinq sépales plus ou moins soudés vers la base, imbriqués dans l'estivation, persistants (fig. 13 et 14). Etamines cinq, opposées aux sépales (fig. 13), à filets courts (fig. 16), aux anthères dorsifixes. Ovaire libre, uniloculaire (fig. 15). Ovule unique fixé au sommet de la loge, campylotrope (fig. 5 et 17). Deux stigmates indivis ou bifides (fig. 14 et 15). Fruit, une drupe charnue (fig. 18). Graine pendante, arquée (fig. 19 et 20). Embryon courbé (fig. 21); albumen peu abondant; radicule supère.

Les Celtidées habitent les pays tropicaux et tempérés de l'Asie et de l'Amérique, sauf le genre Celtis, qui se trouve dans la région méditerranéenne.

On emploie le bois de certaines espèces, et les graines, pour en tirer de l'huile.

Genre principal :

Celtis, Tourn. — Micocoulier.

C. australis L (fig. 12 à 24). — Se trouve dans la région méditerranéenne.

C. mentalis. — Se trouve dans l'Europe orientale.

EXPLICATION DES FIGURES.

1 à 4,	*Ulmus suberosa,* fig. 1, inflorescence; 2, diagramme ; 3, fleur; 4, coupe de la fleur.
5 à 9,	*U. campestris,* fig. 5, fleur; 6, ovule ; 7, fruit; 8, graine ; 9, embryon.
10,	*U. montana,* fig. 10, fruit.
11.	*U. effusa,* fig. 11, fruit,
12 à 21,	*Celtis australis,* fig. 12, port; 13, diagramme; 14, fleur; 15, coupe de la fleur ; 16, étamine ; 17, ovule; 18, fruit; 19, coupe longitudinale ; 20, coupe transversale du fruit 21, embryon.

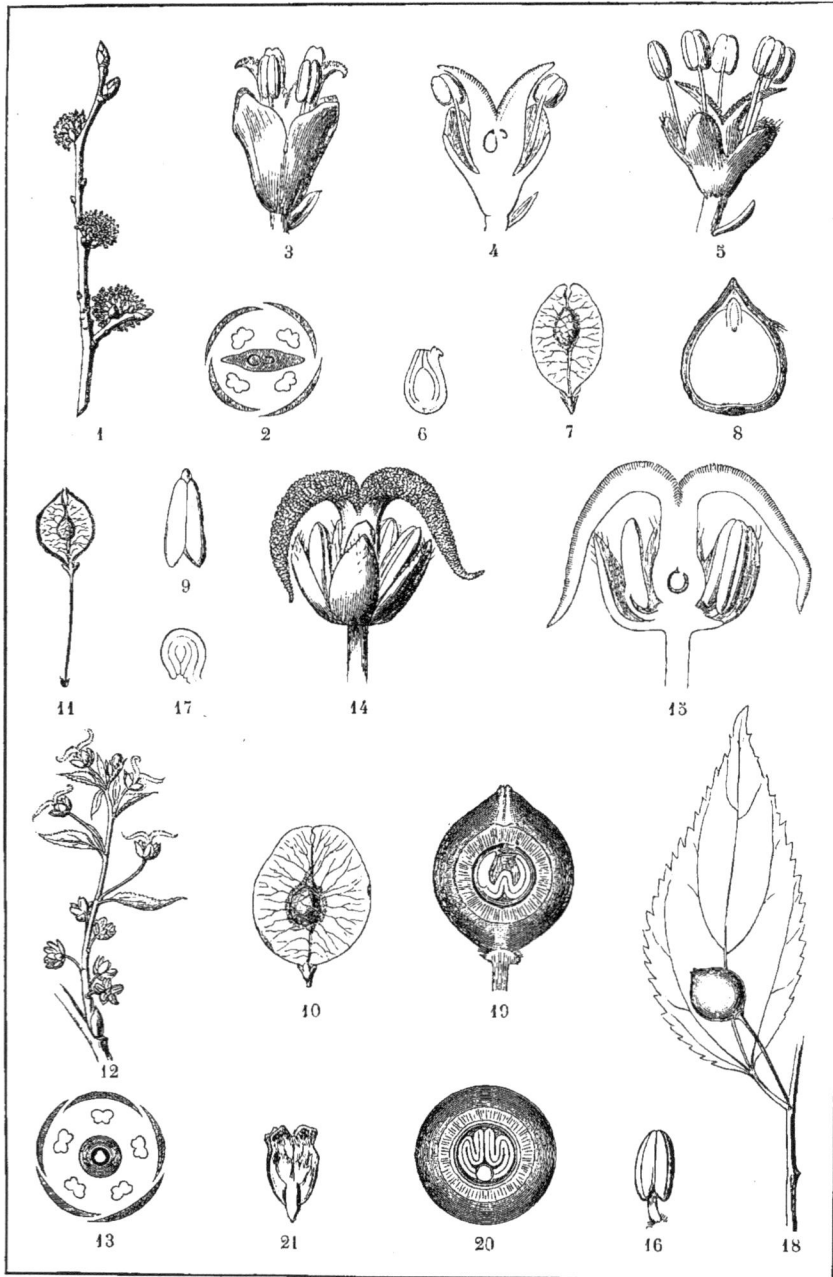

MORÉES.

Les Morées et les Artocarpées, quelquefois considérées comme des familles distinctes, ne doivent en réalité en former qu'une seule, les différences de ces plantes (l'inflexion des étamines avant la préfloraison chez les Morées, manque de cette inflexion chez les Artho- carpées) étant minimes et inconstantes. Avec les Urticées, les Cannabinées, etc., elles étaient comprises par de Jussieu dans la grande famille des Urticinées.

Les caractères des Morées sont tirés surtout de la diclinie des fleurs, de la simplicité du périanthe, de l'ovaire uniloculaire et uniovulaire, du fruit, de l'embryon, etc.

Ce sont des arbres à suc laiteux, parfois âcre; rarement herbes (*Dorstenia*, fig. 13). Feuilles alternes à stipules caduques ou persistantes. Fleurs très petites, dioïques ou mo- noïques. Chez les dioïques, les fleurs mâles sont disposées en cymes, les fleurs femelles en têtes; chez les monoïques tantôt les fleurs mâles et femelles sont disposées séparément en épis, tantôt le réceptacle florifère est élargi en forme de disque (fig. 13) ou présente la forme d'une poire (fig. 4 et 5) portant sur sa face supérieure ou interne les fleurs mâles et femelles entremêlées. Les fleurs mâles ont un périanthe simple, 4-partite (pl. CXXVIII, fig. 2), 3-partite (fig. 2 et pl. CXXVIII; fig. 11) ou nul. Étamines cor- respondant au nombre des lobes du périanthe, 4, 3, parfois 2. Le périanthe des fleurs femelles est composé de 3, 4 ou 5 sépales plus ou moins soudés, parfois nul (pl. CXXVIII, fig. 13). Ovaire uniloculaire, uniovulé (fig. 3). Ovule campylotrope, ana- trope ou orthotrope. Style simple ou à deux branches couvertes à leur face interne de papilles stygmatiques. Les fruits sont des akènes souvent entourés par le périanthe persistant, charnu. Ils sont soudés en une *mûre* ou sorose (pl. CXXVIII, fig. 7, 14) ou portés sur un réceptacle élargi en forme de disque (fig. 13 et 14) ou recourbé et fermé en forme de poire (figue) (fig. 4 et 5). Embryon à albumen abondant ou nul, à cotylé- dons plans, à radicule supère (fig. 8).

Les Morées sont propres aux pays tropicaux. Quelques genres seulement se trouvent dans la région méditerranéenne et quelques espèces dans les contrées tempérées de l'Amérique du Nord. Les Artocarpées sont exclusivement tropicales et se trouvent en Amérique, en Afrique, en Australie et dans l'Inde.

La famille des Morées contient plusieurs espèces très importantes au point de vue de l'industrie et de l'alimentation de l'homme.

Genres principaux :

Ficus, Tourn. — Figuier. — Le sommet de l'axe floral se développe en réceptacle ayant la forme d'une poire (fig. 4, 5 et 11); sur la face interne de ce réceptacle apparaissent des fleurs : les femelles au fond de la poire, les mâles près de l'ouverture. Le réceptacle, avec les fruits, devient charnu après la floraison et forme ce que l'on appelle une *figue*.

F. carica L. (fig. 1 à 9). — Est cultivé surtout dans les régions de la Méditerranée. Là, il s'élève jusqu'à 5 et 8 mètres de hauteur; dans les régions tempérées, il de- vient un arbrisseau de 3 à 5 mètres. Son réceptacle, vul- gairement appelé fruit, est connu sous le nom de *figue*. Le goût agréable de la figue en fait un aliment très apprécié. On l'emploie à l'état frais ou desséché; sous cette der- nière forme elle est l'objet d'un commerce considé- rable.

EXPLICATION DES FIGURES

1 à 9, *Ficus carica*, fig. 1, branche fructifère; 2, fleur mâle; 3, fleur femelle coupée verticale- ment; 4, fruit; 5, coupe longitudinale d'une figue; *pd*, pédoncule; *re*, réceptacle; *fr*, fruit; 6, un fruit sec; 7, fruit sur un gy- nophore devenu pulpeux; 8, graine; 9, graine coupée verticalement.

10 à 12, *Ficus religiosa*, fig. 10, port; 11, section du fruit; 12, rameau couvert de figues.

13 et 14, *Dorstenia contrayerva*, fig. 13, port; 14, coupe de l'inflorescence, deux fleurs femelles et fleurs mâles.

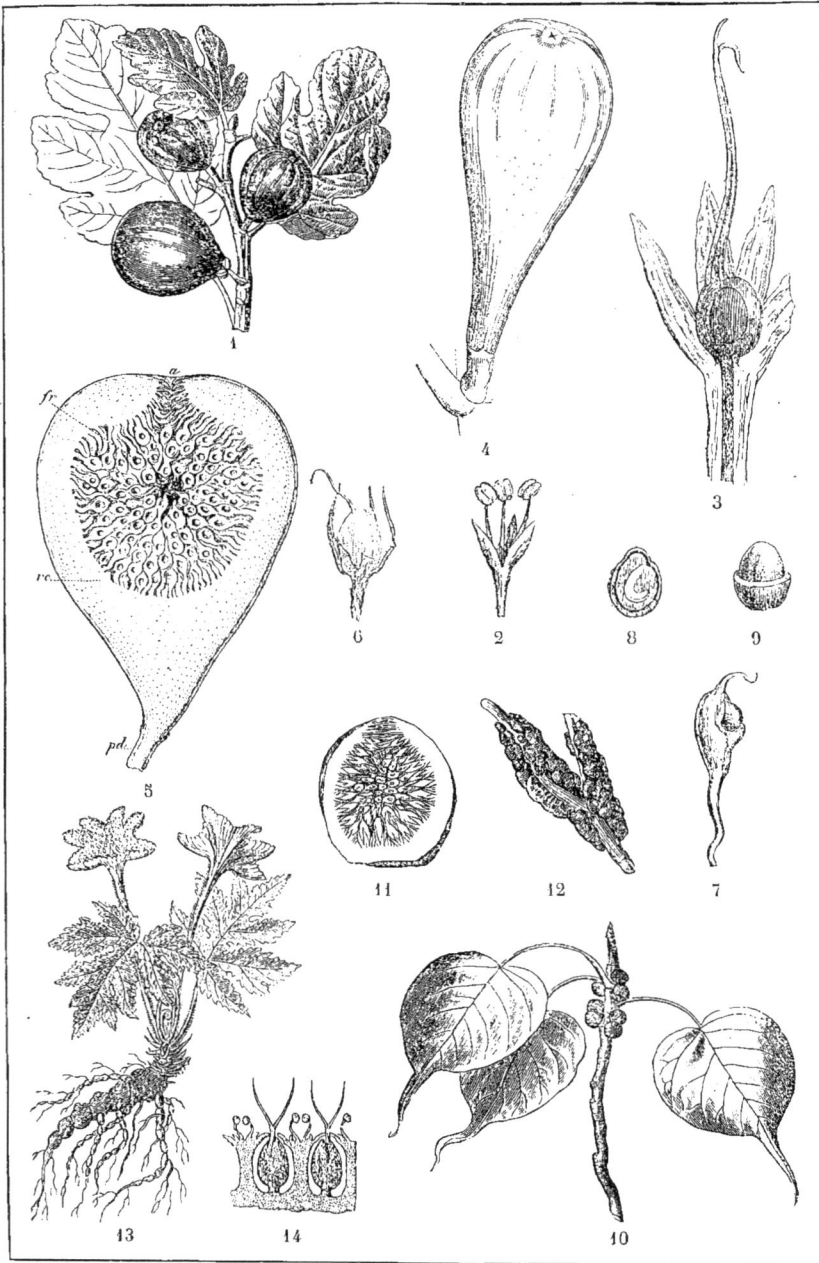

F. religiosa L. (pl. CXXVII, fig. 10 à 12). — Grand arbre, caractérisé par les racines adventives qui, des branches, se dirigent directement vers le sol, et qui donnent à l'arbre un aspect particulier. C'est sur cette espèce habitant l'Inde que vit la cochenille nommée *Coccus lacca*. Les femelles de cet insecte se rassemblent en grandes masses sur les jeunes branches de Ficus et sécrètent une matière résineuse, dont on se sert dans l'industrie pour la fabrication de la cire à cacheter, dans la chapellerie et dans la teinturerie. On connaît trois sortes de laque : en bâton, en grains et en écaille.

F. sicomora L. — Habite l'Égypte. Son fruit sert à l'alimentation. Son bois, très léger, a été employé par les habitants de l'ancienne Égypte pour la conservation de leurs momies.

F. elastica, F. indica, F. laccifera. — Le suc laiteux de ces espèces contient une quantité considérable de caoutchouc.

Dorstenia. — Plante herbacée. L'axe florifère se termine par un réceptacle plan et élargi portant des fleurs mâles et femelles entremêlées (pl. CXXVII, fig. 13 à 14). Les deux espèces principales sont :

D. brasiliensis Lam. — Originaire du Brésil. Feuilles entières. Réceptacle orbiculaire. La racine tubéreuse, allongée, est considérée comme un remède contre les morsures de serpents.

D. contrayerva (pl. CXXVII, fig. 13 et 14). — Croît au Mexique. Feuilles pinnatifides, réceptacle lobé.

Morus Tourn. — Mûrier. — Fleurs monoïques; mâles en chatons ovales, femelles en chatons arrondis. Fruit formant une baie recouverte par le périanthe persistant, pulpeux. Une réunion de fruits provenant du même chaton forme ce qu'on appelle vulgairement *fruit des mûriers* (la mûre), une sorose. Les deux espèces les plus connues sont :

M. nigra L. (fig. 1 à 9). — Fruits noirâtres, feuilles rudes. Originaire de l'Orient, mais introduit en Europe depuis l'antiquité. Ses fruits, d'un goût agréable, sont alimentaires. La racine est purgative et vermifuge.

M. alba. — Fruits blanchâtres, feuilles lisses. Espèce très importante dans l'industrie à cause de ses feuilles qui servent à la nourriture des vers à soie. Originaire de la Chine, elle a été apportée à Constantinople sous le règne de Justinien, d'où elle a passé en Sicile, et de là en Italie et en France.

Brussonetia. — Style simple; calice des fleurs femelles monosépale, tubuleux.

B. papyrifera, de Ventenat. — Mûrier à papier. Arbre très répandu en Chine et en Corée. Son écorce sert à la confection du papier et des étoffes.

Maclura. — Style divisé au sommet en deux branches stygmatifères d'inégale grandeur.

M. aurantiaca Nutt. — Croît en Louisiane. La sorose de cet arbre est employée par les Indiens pour le tatouage.

M. tinctoria Nutt. — Croît aux Antilles et au Mexique. Son bois est employé pour la teinture en jaune.

Artocarpus. — Jacquier. — Arbre à pain. — Arbres dioïques; fleurs femelles sur un réceptacle globuleux; fleurs mâles en épis; ovaire uniloculaire par avortement.

A. incisa L. (fig. 10 à 15). — Répandue dans toutes les îles de l'Océanie. C'est un grand arbre de 13 à 14 mètres de hauteur. Ses soroses atteignent la grandeur d'une tête. Ils contiennent une pulpe farineuse qui, légèrement grillée, a le goût agréable du pain, et sert comme pain aux habitants.

A. integrifolia. — Spontanée dans l'archipel Malais et dans l'Inde. Son fruit est recherché comme aliment.

Galactodendron utile, Kunth. — Arbre à la vache, Arbre de la Colombie. — Son suc laiteux a toutes les qualités du lait. Les habitants l'obtiennent très facilement par l'incision du tronc.

EXPLICATION DES FIGURES.

1 à 9, *Morus nigra*, fig. 1. port; 2, fleur mâle; 3, inflorescence femelle; 4, fleur femelle; 5, fleur femelle (les folioles latérales écartées); 6, ovaire; 7, sorose; 8, graine, coupée longitudinalement; 9, embryon.

10 à 15, *Artocarpus incisa*, fig. 10, port; 11, fleur mâle; 12, la même dont on a fendu le calice; 13, trois fleurs femelles; 14, coupe longitudinale du fruit; 15, graine avec son endocarpe.

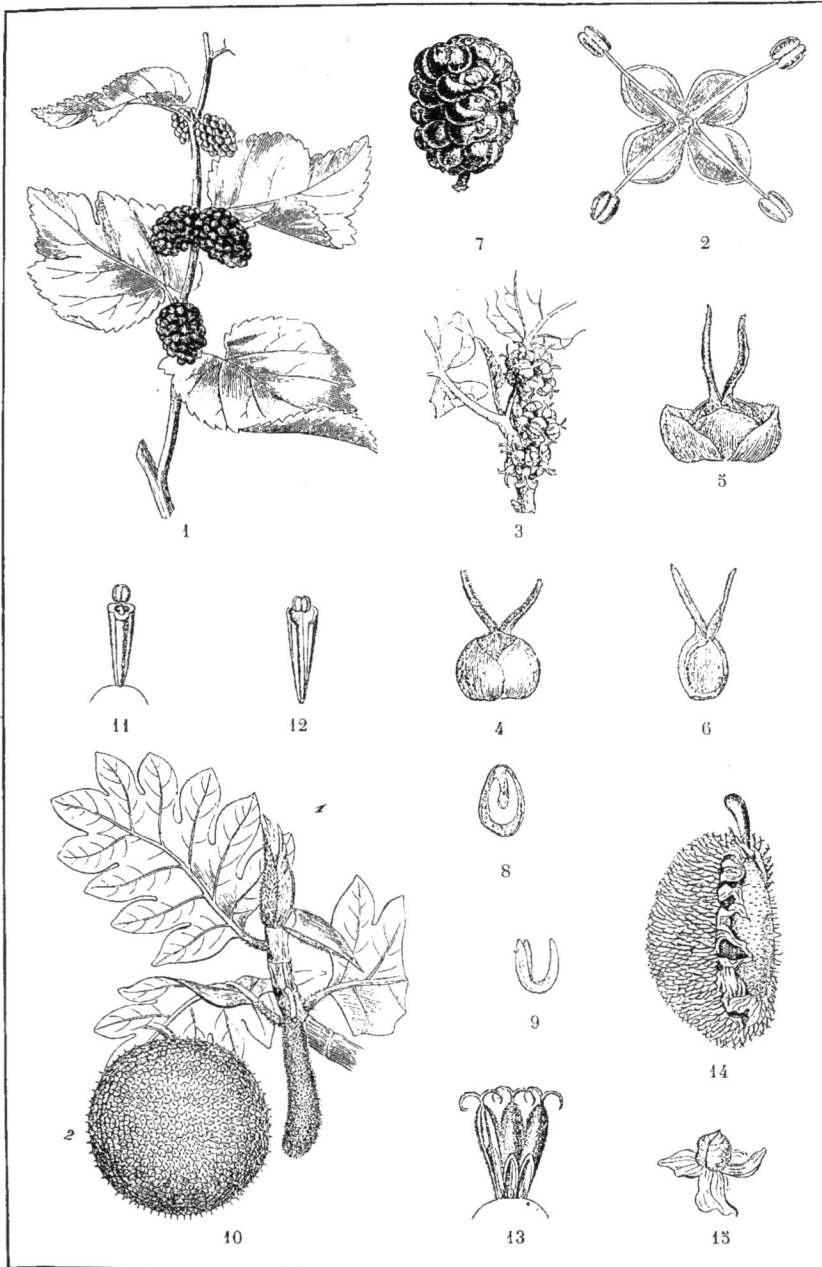

MYRISTICÉES

Cette petite famille présente beaucoup d'affinités avec les Laurinées. Elle s'en rapproche par le nombre des parties de la fleur, par la structure de l'ovaire, par les feuilles, par les principes aromatiques qu'elle renferme, et n'en diffère que par l'androcée. Les Myristicées présentent une quantité de caractères communs avec les Anonacées et les Magnoliacées. Elles sont aussi liées aux Monimiacées par leurs feuilles ponctuées, par les fleurs unisexuées, par le nombre des étamines, par les ovules, par les graines, etc.

Les caractères principaux des Myristicées sont basés sur la diœcie des fleurs, sur le périanthe simple, trimère, sur l'androcée monadelphe, sur la structure de l'ovaire et des ovules, sur la nature des téguments de la graine, etc.

Les Myristicées sont des arbres ou arbrisseaux à suc astringent qui devient rouge au contact de l'air. Feuilles alternes, entières, coriaces, sans stipules (fig. 1). Fleurs dioïques axillaires, disposées en grappes ou en panicules (fig. 2), munies de bractées caduques. Fleurs mâles (fig. 3 et 5) à périanthe simple, urcéolé ou tubuleux, 2-3-4-fide. Étamines 3 à 15, soudées en une colonne cylindrique. Anthères uniloculaires, linéaires, extrorses, déhiscentes par une fente longitudinale, adhérantes dans toute leur longueur à la colonne (fig. 5). Fleurs femelles (fig. 3 et 6) également à périanthe simple, monosépale, urcéolé ou tubulé. Ovaire libre, supère, mono (rarement bi) carpellé, uniloculaire, uniovulé (fig. 6 et 7). Style terminal court, stigmate indivis. Ovule unique, anatrope, inséré sur un placenta basilaire. Le fruit est une baie charnue, déhiscente en deux valves. Graine unique ascendante (fig. 8 à 12) entourée par une arille ; testa dur. Albumen abondant, corné, plissé par les prolongements de la membrane de la graine (fig. 12); aromatique. Embryon petit, droit (fig. 13). Cotylédons foliacés, planes ou plissés.

Les Myristicées habitent les régions tropicales de l'Asie et de l'Amérique. Toutes les parties de ces plantes renferment un principe aromatique.

Genre unique :

Myristica. — Muscadier. — Différentes espèces de ce grand arbre, *M. aromatica (fragrans), fatua*, etc., sont cultivées principalement aux Moluques et à Cayenne. Leurs graines (muscades), renfermant des grandes quantités d'un principe aromatique et employées comme condiment, sont l'objet d'un commerce considérable.

MONIMIÉES

Plantes exotiques très voisines des Myristicées, présentant aussi des analogies avec un grand nombre de familles, notamment avec les Laurinées, les Rosacées, les Magnoliées, etc.

Ce sont des arbres ou arbrisseaux à feuilles opposées ou verticillées, persistantes, parfois ponctuées, glanduleuses, sans stipules (fig. 14). Fleurs le plus souvent monoïques, solitaires ou disposées en grappes, en panicules, en cymes, pourvues de bractées caduques. Périanthe simple à 4, 3, 5 ou à un grand nombre de divisions. Fleurs mâles (fig. 15, 16 et 17) à étamines en nombre indéfini, quelquefois transformées en staminodes. Anthères biloculaires, s'ouvrant par des fentes longitudinales ou par des valvules. Fleurs femelles (fig. 19, 20 et 21) renfermant plusieurs carpelles uniloculaires, uniovulés. Ovules anatropes, pendants ou dressés. Fruit (fig. 22 et 23) drupe ou akène, renfermé dans le périanthe. Graine pourvue d'albumen. Embryon droit.

Les Monimiacées sont des plantes aromatiques des régions tropicales.

Genres principaux :

Monimia (fig. 14 à 27), **Caurelia**, **Ephiplaudra**.

EXPLICATION DES FIGURES.

1 à 13 *Myristica aromatica*, fig. 1, port; 2, fleurs mâles; 3, une fleur mâle; 4, fleur femelle ; 5, fleur mâle sans calice ; 6, fleur femelle sans calice ; 7, coupe verticale du pistil ; 8, graine arillée ; 9, graine sans arille ; 10, coupe transversale de la graine ; 11, graine, une partie de la tunique enlevée; 12, coupe longitudinale de la graine; 13, embryon isolé.

14 à 27, *Monimia rotundifolia*, fig. 14, port, individu mâle, individu femelle ; 15, fleur mâle en bouton ; 16, fleur mâle ouverte ; 17, fleur mâle vue d'en haut ; 18, étamine ; 19, fleur femelle; 20, coupe verticale d'une fleur femelle ; 21, pistil ; 22, fruit ; 23, fruit, partie du calice enlevé ; 24, péricarpe isolé ; 25, péricarpe coupé transversalement ; 26, péricarpe coupé verticalement ; 27, embryon.

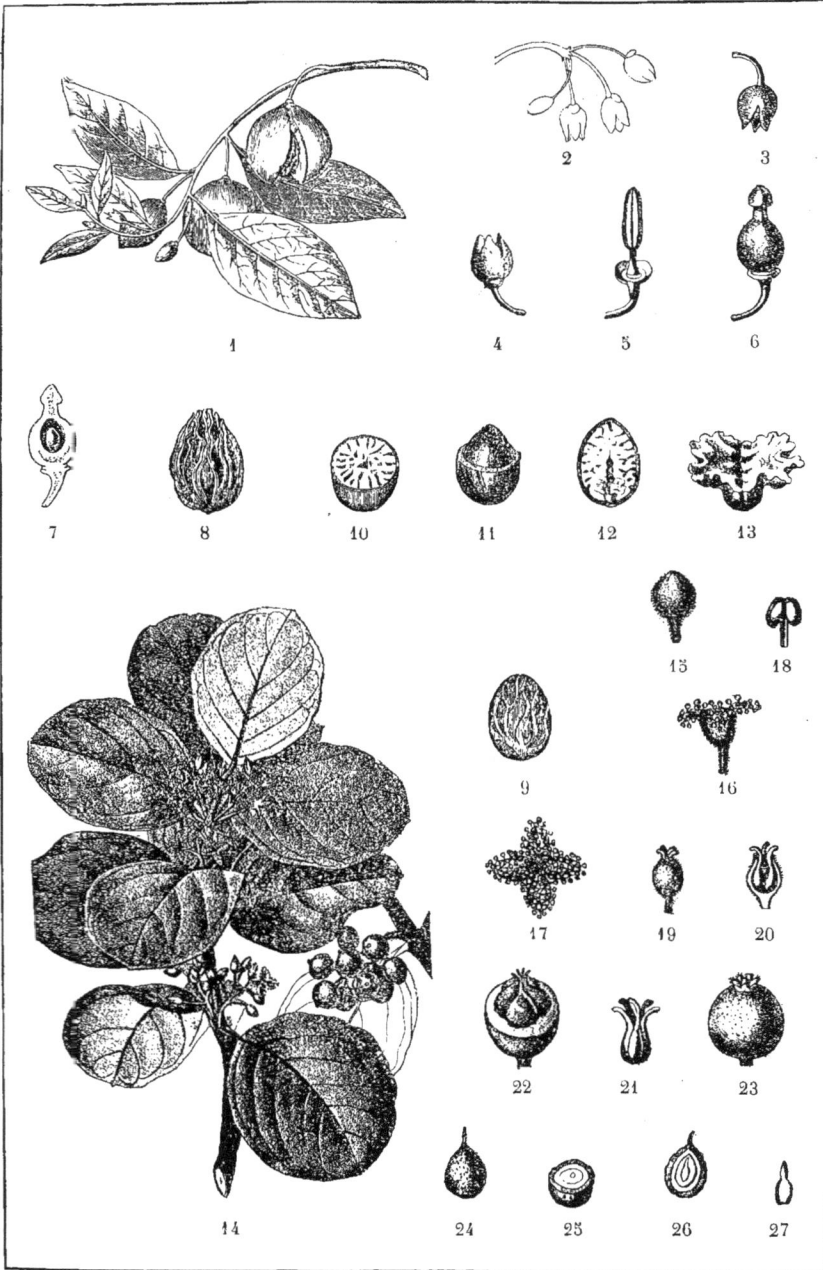

PLATANÉES.

Petite famille ne contenant qu'un genre unique, *Platanus*. Elle se rapproche des Balsamifluées, mais elle en diffère par les ovaires, par les loges uniovulées, par les ovules orthotropes et par le fruit capsulaire. Elle est aussi voisine des Hamamélidées, et, par une série de formes transitoires, des Philadelphées et même des Saxifragées, avec lesquelles elle était jadis réunie en une vaste famille, les Saxifragées.

Les caractères principaux de cette famille sont tirés de la diclinie des fleurs, du remplacement du périanthe par des écailles, de la forme et de la position des étamines, des ovaires uniloculaires, des ovules orthotropes, du fruit, etc.

Les Platanées sont des grands arbres à feuilles alternes, pétiolées, palminervées et palmilobées, couvertes de poils, étiolées, caduques, pourvues de deux stipules réunis en un tube embrassant le rameau. Fleurs monoïques réunies en capitules globuleux unisexués (fig. 1 et 4). Fleurs mâles (fig. 1) disposées sur un réceptacle commun, petites. Elles sont formées par 3 ou 6 étamines entourées par deux sortes d'appendices : par 3 ou 6 bractées squammiformes, très petites, munies de poils au sommet, et par des organes intérieurs, plus longs, linéaires, claviformes, tronqués (des sépales ou des étamines avortées). Les filets sont très courts, les anthères allongées, claviformes, composées de deux loges, adnées dans toute leur longueur au connectif qui se termine au-dessus d'elles par un sommet tronqué (fig. 2 et 3). Fleurs femelles également insérées sur un réceptacle, entourées de 3 ou 4 bractées ; composées de 3 ou 4 sépales claviformes, de staminodes alternant avec elles, très petits, parfois nuls, et de 2 à 8 carpelles opposés aux lobes du périanthe et formant chacun un ovaire libre uniloculaire (fig. 5). Style allongé, recourbé au sommet, stigmatifère du côté interne. Ovule unique inséré au sommet de la loge, pendant, orthotrope (fig. 6). Le fruit est composé (fig. 7); il est formé d'un grand nombre de nucules disposées sur un réceptacle commun. Chaque nucule (fig. 8, 9 et 10), couverte de longs poils et surmontée par le style persistant, renferme une graine pendante à tégument mince. Albumen nul ou presque nul. L'embryon (fig. 11) à cotylédons oblongs, à radicule supère.

Les Platanées croissent dans l'Asie méditerranéenne et dans l'Amérique du Nord. Elles sont cultivées dans nos jardins.

Genre unique :

Platanus L. — Platane. — Grand arbre cultivé comme plante d'ornement. Il présente beaucoup de variétés qui peuvent être réunies en deux ou trois espèces distinctes. Les plus communes sont :

P. orientalis **L.** (fig. 1 à 11) à feuilles profondément lobées et *P. occidentalis*, à feuilles moins profondément lobées.

BALSAMIFLUÉES.

A côté des Platanées, il faut placer une famille qui leur est très voisine, celle des Balsamifluées. Le seul genre appartenant à cette famille est le **Liquidambar**. Le *L. styraciflua*, de Java, fournit le baume de Liquidambar, qui sert à falsifier le baume de Tolu.

EXPLICATION DES FIGURES.

1 à 11, *Platanus orientalis*. fig. 1, rameau mâle; 2, fleur mâle; 3, section transversale des étamines; 4, rameau femelle; 5, coupe longitudinale d'une fleur femelle; 6, ovule; 7, rameau chargé de fruits; 8, deux akènes 9, coupe longitudinale du fruit; 10, coupe transversale du fruit; 11, embryon.

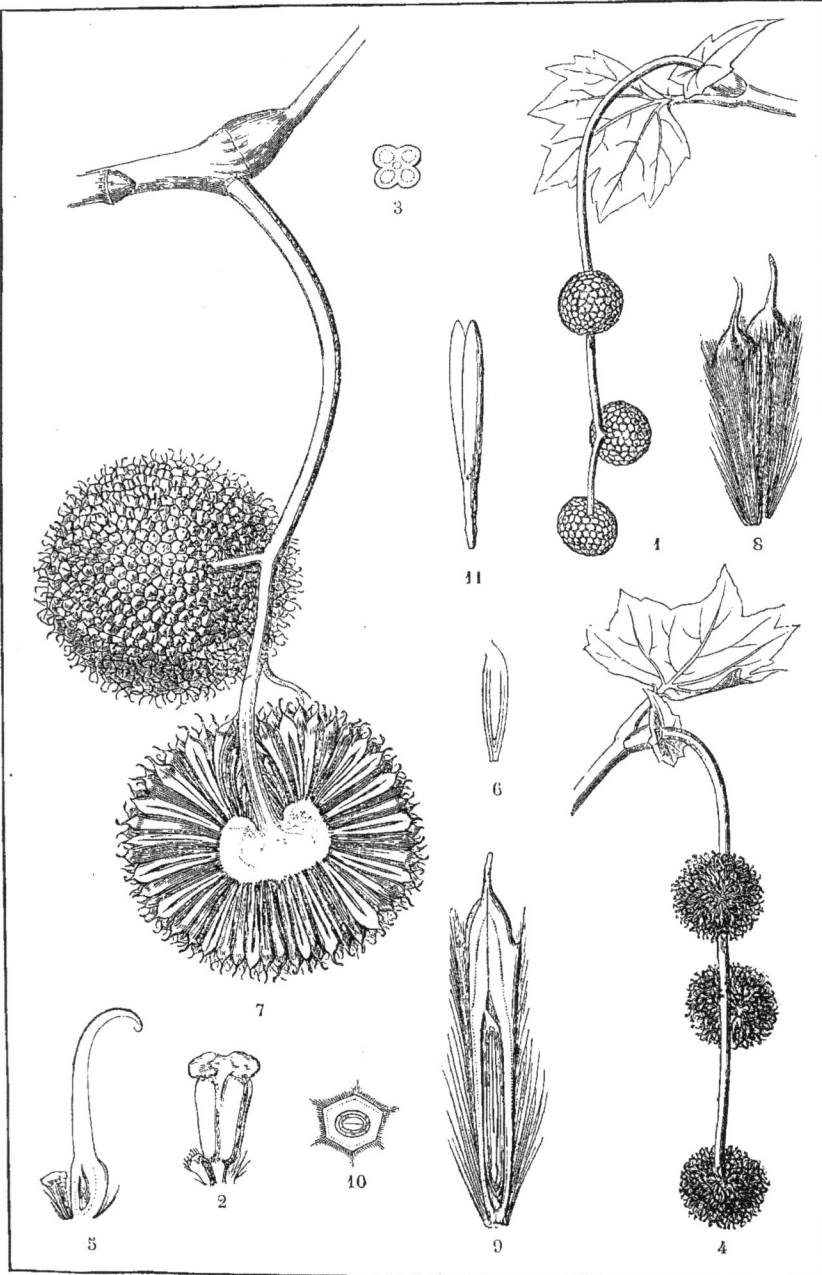

BÉTULINÉES.

Petite famille voisine des Cupulifères, dont elle diffère par le fruit. Elle se rapproche des Ulmacées, mais s'en sépare par l'inflorescence et par la diclinie des fleurs.

Ce sont des arbres ou arbrisseaux à feuilles alternes, pétiolées, entières ou dentées, à stipules libres, caduques. Fleurs unisexuées, monoïques, en chatons axillaires ou terminaux (fig. 1 et 9). Chatons mâles composés d'écailles bractéiformes portant chacune 2 ou 3 fleurs (fig. 10). Périanthe régulier, 4-lobé, ou une écaille (fig. 2). Étamines 4, bilobées, ou 2 à filets bifides dont chaque branche porte une loge (fig. 2 et 3). Chatons femelles pendants, aux écailles caduques (fig. 1) ou dressés, aux écailles persistantes (fig. 9 et 15); formés tantôt d'écailles trilobées, portant chacune trois ovaires (fig. 4 et 5), tantôt d'une écaille moyenne et de deux latérales portant deux ovaires (fig. 11). Périanthe nul. Ovaire biloculaire (fig. 7); chaque loge contient un ovule anatrope (fig. 6). Stigmates deux, filiformes (fig. 5, 7 et 11). Fruits, nucules ailées ou anguleuses (fig. 8 et 12), souvent uniloculaires, monospermes par avortement, réunis en strobile (fig. 13). Graine (fig. 14) dépourvue de périsperme. Embryon droit (fig. 13).

Les Bétulinées habitent les régions tempérées et froides de l'hémisphère boréal. Leur écorce contient un principe astringent et s'emploie dans la tannerie.

Genres principaux :

Betula Tourn. — Bouleau. — Périanthe de la fleur mâle remplacé par une squamule. Chatons femelles dressés, aux écailles caduques. Fruit membraneux. Le Bouleau s'avance jusqu'aux régions polaires. Son bois est employé dans l'industrie et comme combustible; son écorce sert à la confection de différents objets et même comme aliment chez les populations du Nord.

B. alba L. (fig. 1 à 8), bois à balai, et *B. pubescens*, Ehrh. arbres; *B. nana* L. arbrisseau de la flore indigène.

Alnus Tourn. — Aulne. — Périanthe de la fleur mâle caliciforme. Fruit dur.

A. glutinosa Gaertn. (fig. 9 à 15). — Son écorce a été employée contre les angines. — *A. viridis* DC.

SALICINÉES.

Les affinités de cette famille sont difficiles à établir Par l'inflorescence, la diclinie, l'ovaire, elle se rapproche des Cupulifères et des Bétulinées, mais elle s'en éloigne par la structure des fleurs, de l'ovaire, etc. Elle ne diffère des Balsamifluées que par la dioïcie et la placentation des ovaires.

Les Salicinées sont des arbres ou arbrisseaux à feuilles entières ou dentées, pourvues de stipules écailleuses et caduques, ou foliacées et persistantes. Fleurs unisexuées, dioïques, en chatons (fig. 16, 22 et 26); munies d'une bractée, de glandes nectarifères, et d'un disque charnu entourant l'ovaire (fleurs femelles), ou donnant insertion aux étamines (fleurs mâles). Fleurs mâles (fig. 17, 18 et 27) sans périanthe. Étamines deux ou plus, à filets distincts, libres ou soudés. Fleurs femelles sans périanthe (fig. 19 et 28), composées d'un ovaire sessile ou pédonculé, à deux carpelles uniloculaires. Styles très courts; stigmate 2-3-lobé. Ovules nombreux, ascendants, anatropes (fig. 21 et 29), à placentation pariétale (fig. 20 et 30). Fruit capsulaire à deux valves s'enroulant en dehors (fig. 23). Graines très petites, enveloppées de poils longs, soyeux (fig. 24). Embryon (fig. 25) sans albumen, droit. Cotylédons plans, convexes.

Les Salicinées sont répandues dans les régions tempérées et froides de l'hémisphère boréal. Elles contiennent dans leur écorce un principe astringent, fébrifuge, dont la partie la plus active a été extraite dans ce dernier temps sous la forme de *salicine*.

Genres principaux :

Salix Tourn. — Saule. — Étamines 1-5. Écailles de chatons entières.

S. alba L., *S. fragilis* L., *S. purpurea* L. *S. rubra* Huds., osier rouge. *S. capræa* L. (fig. 16 à 25). — Le bois de Saule est employé par les vanniers et les tonneliers;   les feuilles servent parfois à la nourriture des bestiaux. Quelques espèces (*S. Babilonica* L., Saule pleureur) sont ornementales.

Populus Tourn. — Peuplier. — Étamines nombreuses. Les écailles des chatons incisées.

P. nigra L., *P. tremula* L., tremble, *P. virginiana*, Despl. (fig. 26 et 27), *P. pyramidalis*, P. d'Italie (fig. 28 à 30).

EXPLICATION DES FIGURES.

1 à 8,   *Betula alba*, fig. 1, port; 2, fleur mâle; 3, étamine; 4, trois fleurs femelles; 5, leur diagramme; 6, ovule; 7, coupe de l'ovaire; 8, fruit.

9 à 15,   *Alnus glutinosa*, fig. 9, chatons mâles et femelles; 10, diagramme de trois fleurs mâles; 11, deux fleurs femelles; 12, fruit; 13, embryon; 14, sa coupe verticale; 15, chaton.

16 à 25, *Salix capræa*; fig. 16, chatons mâles; 17, fleur mâle; 18, diagramme d'une fleur mâle; 19, fleur femelle; 20, coupe de l'ovaire; 21, ovule; 22, chaton femelle; 23, fruit déhiscent; 24, graine; 25, embryon.

26 et 27, *Populus virginiana*, fig. 26, chaton mâle; 27, fleur mâle.

28 à 30, *P. oulamensis*, fig. 28, ovaire; 29, ovule; 30, coupe longitudinale de l'ovaire.

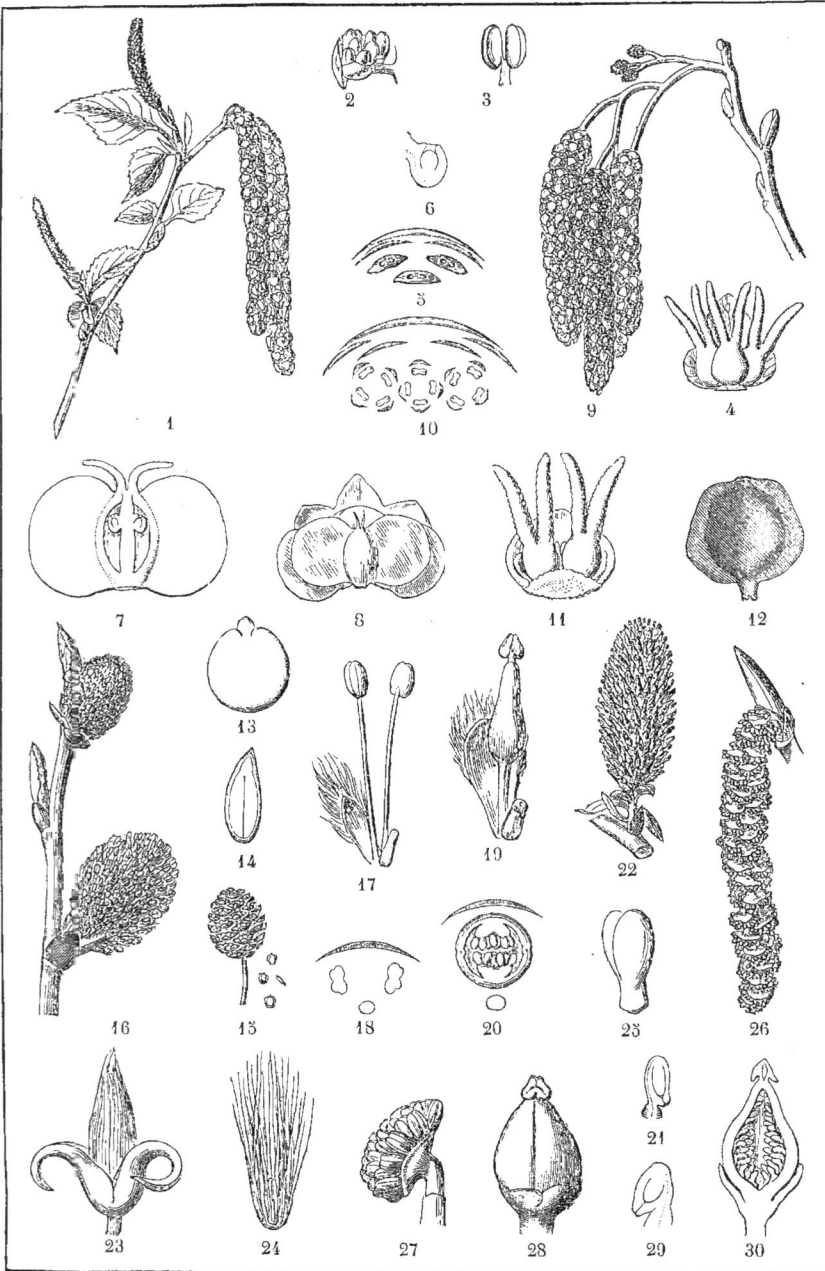

CORYLACÉES.

Cette petite famille, étroitement liée aux Cupulifères, n'en diffère que par l'absence du périanthe dans les fleurs mâles et par son l'embryon droit. Plusieurs caractères la rapprochent des Bétulinées, des Smyricacées, etc., avec lesquelles on la réunit parfois dans une seule famille, les Castanées.

Les caractères principaux des Corylacées sont basés sur la diclinie des fleurs, sur la structure des fleurs mâles, sur la simplicité du périanthe des fleurs femelles, sur la structure de l'ovaire, sur l'involucre enveloppant le fruit, etc.

La famille des Corylacées ne contient que des arbres ou arbrisseaux. Ce sont des plantes à feuilles alternes, dentées, pourvues de stipules (fig. 1). Fleurs unisexuées, monoïques, en épis unisexués. Fleurs mâles disposées en longs chatons (fig. 2 et 12), privées de périanthe, mais pourvues d'une bractée unique ou accompagnées de deux petites bractéoles (fig. 3 et 13). Etamines en grand nombre, attachées à la base des bractées. Filets quelquefois bifides ; aux anthères uniloculaires, pourvues de poils courts au sommet (fig. 14, 15 et 16). Fleurs femelles réunies en chatons (fig. 1, 4, 6, 12 et 17) pourvues d'une bractée attachée aux deux fleurs, et de petites bractéoles. Périanthe simple, supère. Ovaire infère, biloculaire, pourvu de deux placentaires dont un seulement porte deux ovules (fig. 8 et 20). Ovules anatropes, pendants. Style court. Stigmates deux, allongés (fig. 5 et 7). Fruit, une nucule (fig. 9 et 21), renfermé dans un involucre foliacé ou vésiculeux (fig. 11) ; monosperme par avortement. Graine (fig. 10) dépourvue d'albumen. Embryon droit. Radicule supère.

Les Corylacées habitent les pays tempérés et froids de l'hémisphère boréal.

Genres principaux :

Corylus Tourn. — Coudrier. — Fleurs femelles réunies en bourgeons écailleux sessiles. Fruit monosperme (noisette), entouré par un involucre en forme de calice ; foliacé, à bord lascinié. Feuilles presque orbiculaires.

C. avelana L. (fig. 2 à 11). — C'est un arbrisseau répandu dans les bois de l'hémisphère boréal. Ses fruits (noisettes), d'un goût agréable, sont alimentaires. On en tire aussi une huile grasse, non siccative.

C. tubulosa, C. coturna. — Espèces du Midi de l'Europe. Leurs fruits servent aussi comme aliment.
C. americana (fig. 1). — Croît en Amérique du Nord.

Carpinus Tourn. — Charme. — Fleurs femelles en chatons, composées de larges écailles, foliacées, 3-lobées ; feuilles elliptiques.

C. betulus L. (fig. 12 à 22). — C'est un arbre commun de nos bois. Dans les jardins, on en forme des haies très pittoresques. Son bois est employé pour la confection des roues de moulins, des manches d'outils, etc.

EXPLICATION DES FIGURES.

1, *Corylus americana*, fig. 1, port.
2 à 11. *Corylus avelana*, fig. 2, chatons mâles et femelles ; 3, fleur mâle ; 4, chaton femelle ; 5, pistil ; 6, chaton femelle en voie de développement ; 7, fruit jeune ; 8, coupe verticale d'un fruit jeune ; 9, fruit mûr ; 10, coupe verticale d'un fruit mûr ; 11, fruit mûr avec l'involucre.

12 à 22, *Carpinus betulus*, fig. 12, chatons mâles et femelles ; 13, fleur mâle ; 14, anthère ; 15, anthère avec pollen ; 16, coupe transversale d'une anthère ; 17, chaton femelle ; 18, pistil ; 19, un pistil jeune avec l'involucre ; 20, coupe longitudinale d'un ovaire ; 21, coupe longitudinale d'un fruit ; 22, fruit mûr.

CORYLACÉES.

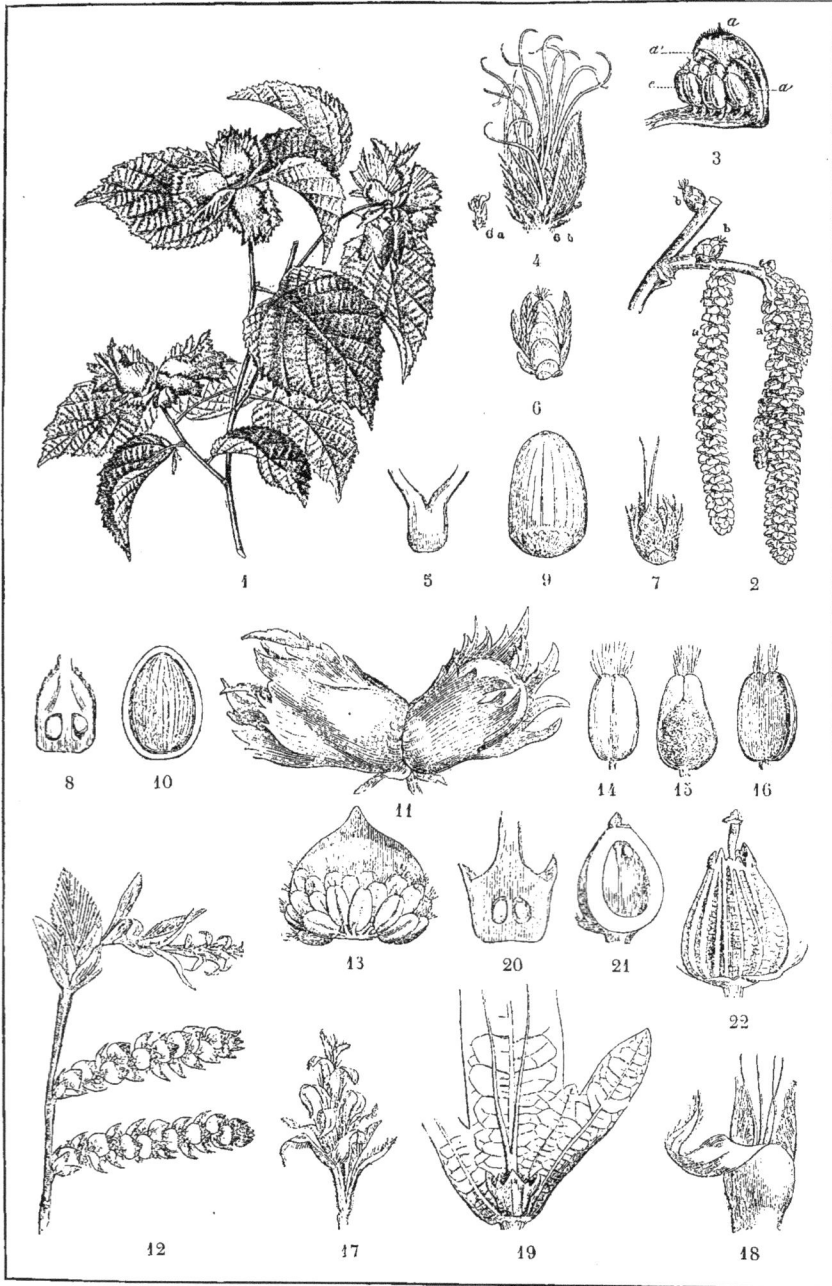

CUPULIFÈRES.

Cette importante famille se rapproche des Bétulinées par beaucoup de caractères. Elle en diffère par l'ovaire infère et par la structure du fruit. Ses affinités sont encore plus grandes avec les Corylacées, lesquelles se distinguent ces Cupulifères seulement par leurs fleurs mâles privées du périanthe et par l'involucre de leur fruit. Les Myricées, les Balanopsidées, etc., sont aussi voisines des Cupulifères. Souvent même on réunit toutes ces plantes en une grande famille, les Castanées.

Les caractères principaux des Cupulifères sont basés sur la diclinie des fleurs, sur la simplicité du périanthe, sur l'ovaire infère, sur la structure du fruit, etc.

Ce sont des arbres, rarement arbrisseaux, à feuilles entières, dentées (fig. 13) ou lobées, pourvues de stipules. Fleurs unisexuées, monoïques, disposées en épis unisexués (fig. 1 et 13). Les *Mâles* réunies en chatons cylindriques (fig. 1 et 13), nues ou pourvues de bractées, composées d'un périanthe simple (fig. 2, 8 et 14) et des étamines en nombre de 5 à 20, libres. Les fleurs *femelles* (fig. 3 et 9), sessiles, renfermées 1 à 5 dans un involucre commun (fig. 3, 9 et 15), à périanthe supère, régulier (fig. 10 et 16). Ovaire infère à 2 ou 6 loges (fig. 4 et 5). Chaque loge renferme deux ovules dressés ou pendants, anatropes. Styles et stygmates en nombre correspondant à celui des loges. Involucre-*cupule* (fig. 12 et 18) enferme complètement le fruit (fig. 18) et s'ouvre en quatre valvules, ou l'enveloppe seulement à la base (fig. 6). Fruit uniloculaire, monosperme par avortement (fig. 7). Graine dépourvue d'albumen. Embryon droit, cotylédons charnus, farineux.

Les Cupulifères sont répandues dans les régions tempérées de l'hémisphère boréal. Quelques espèces s'avancent même jusqu'aux régions équatoriales de l'Asie et de l'Amérique. En Afrique elles sont très rares.

Les plantes de cette famille possèdent dans l'écorce une grande quantité de tannin et d'acide gallique.

Genres principaux :

Quercus Lin. — Chêne. — Involucre composé d'écailles soudées en une capsule hémisphérique ; trois loges, trois stigmates. Fruit, gland uniloculaire monosperme, muni à la base d'une capsule.

C'est un arbre des plus utiles à l'homme. Son bois a des qualités supérieures qui permettent de l'employer à beaucoup d'usages, à la construction des habitations, des navires, des meubles, etc. Son écorce renferme beaucoup de tannin et d'acide gallique, et rend d'immenses services à la fabrication du cuir. Les glands fournissent une nourriture excellente pour quelques espèces de bestiaux. Sous l'influence de la piqûre d'un insecte (Cynips), les feuilles de chêne développent des excroissances connues et vendues sous le nom de *noix de galle ;* ils contiennent du tannin et de l'acide gallique.

Q. pedunculata Ehrb. (fig. 1 à 7), *Q. sessiliflora* W. Smith, *Q. pubescens* Wild. — Espèces communes dans nos bois. *Q. suber* croît en Espagne, en Italie et dans | le midi de la France et fournit le liège. *Q. ægilops* croît en Sicile et en Asie. *Q. tinctoria*, espèce américaine, contient un principe colorant jaune, *Q. coccifera*, etc.

Fagus Tourn. — Hêtre. — Involucre ligneux renfermant un fruit trigone, monosperme.

T. sylvatica (fig. 8 à 12). — Son fruit nommé faîne est récolté dans les forêts, pour en extraire une huile très | usitée dans l'est de la France. Le bois est employé pour la fabrication des meubles.

Castanea Tourn. — Châtaignier. — Involucre 4-lobé, globuleux, hérissé d'épines, renfermant 1 à 6 fruits (châtaignes) uniloculaires.

C. vesca (fig. 13 à 18). — Arbre qui acquiert quelquefois des dimensions considérables. Les fruits (châtaignes) | fournissent un aliment important aux populations des pays méridionaux de l'Europe.

EXPLICATION DES FIGURES.

1 à 7, *Quercus pedunculata*, fig. 1, port; 2, fleur mâle; 3, fleurs femelles; 4, coupe verticale d'une fleur femelle; 5, coupe transversale d'une fleur femelle; 6, gland; 7, le même sans cupule coupé transversalement.

8 à 12, *Fagus sylvatica*, fig. 8, fleur mâle; 9, chaton femelle; 10, fleur femelle; 11, coupe transversale d'un jeune fruit; 12, fruit mûr.

13 à 18, *Castanea vesca*, fig. 13, port; 14, fleur mâle; 15, fleurs femelles contenues dans l'involucre; 16, fleur femelle; 17, coupe verticale d'un jeune fruit; 18, fruit mûr.

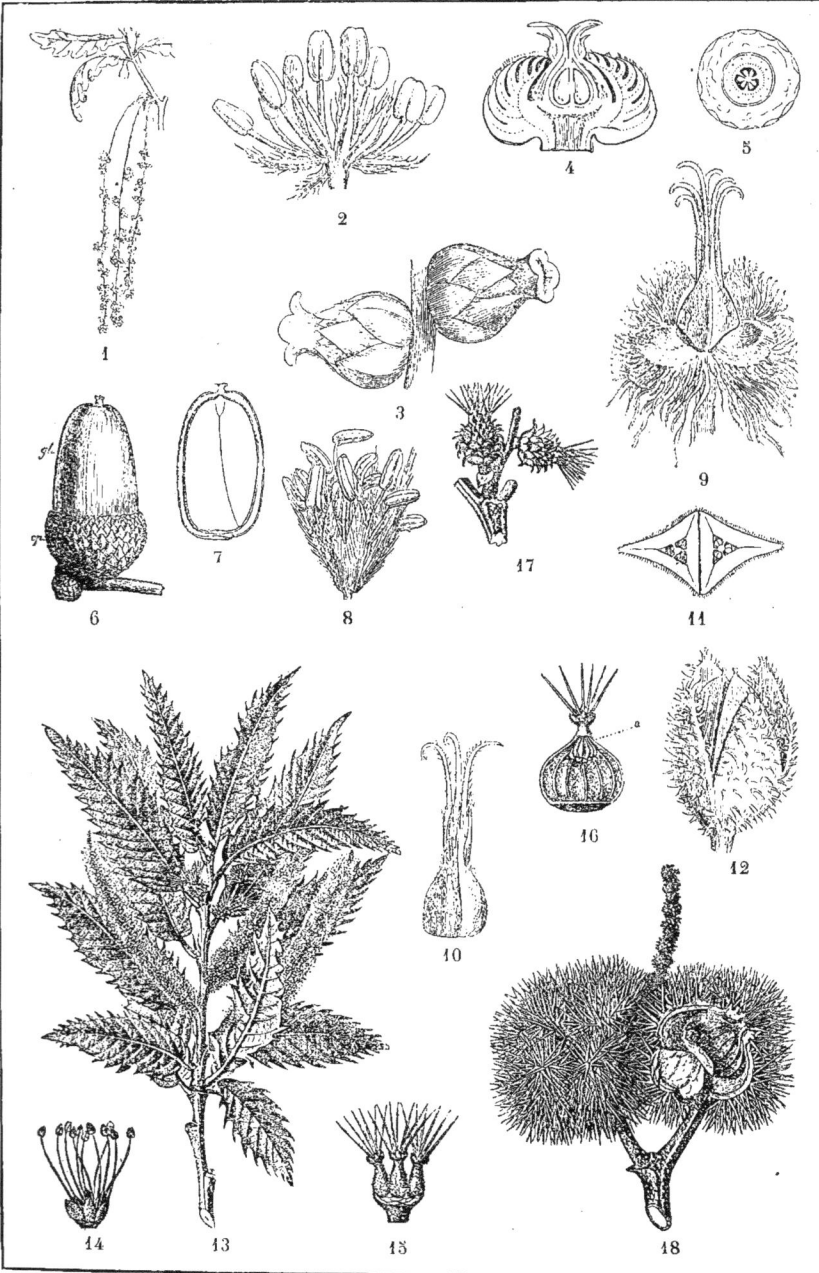

JUGLANDÉES.

Cette petite famille est très voisine des Myricées; elle en diffère par la présence du périanthe, par l'ovaire infère et par la forme et la structure des fruits. Les Juglandées sont aussi liées avec les Bétulinées et les Cupulifères, par la simplicité du périanthe, par la diclinie des fleurs, par la structure des graines, par les feuilles pennées. D'autre part, elles se rapprochent des Térébinthacées, dont elles diffèrent cependant par l'inflorescence, par l'absence de pétales, par la structure des ovules, etc.

Les Juglandées sont des arbres ou arbrisseaux à feuilles composées, pennées, non stipulées (fig. 1). Fleurs monoïques, les mâles et femelles en chatons; les mâles en chatons cylindriques (fig. 2), pourvues de bractées ou non. Périanthe simple de 2, 3 ou 6 lobes (fig. 3 et 4) inégaux ou nuls. Étamines 3 à 36, insérées à la base du périanthe ou de la bractée. Filets (fig. 5 et 6) très courts, libres. Anthères (fig. 5, 6 et 7) biloculaires à déhiscence longitudinale; connectif prolongé au delà des loges. Fleurs femelles en chatons courts (fig. 9), munies d'une bractée. Elles sont composées d'un involucre et d'un périanthe, soudés avec l'ovaire (fig. 8 et 10); involucre 2 ou pluri-denté au sommet; périanthe à quatre divisions ; deux ovaires uniloculaires devenant incomplètement 2-4-loculaires (fig. 10 et 11). Placentaire central court. Ovule unique, dressé, orthotrope. Style court. Stigmates 2 ou 4. Fruit (fig. 11 et 12) charnu (cerneaux, noix), indéhiscent ou déhiscent en deux valves, divisé en quatre demi-loges. Graine sinueuse à la surface (fig. 13), sans albumen. Embryon droit, cotylédons très développés, huileux. Radicule très courte.

Les Juglandées sont des arbres appartenant pour la plupart à l'Amérique du Nord. Quelques genres sont originaires du Caucase ou de la Perse. Un genre se trouve à Java et un autre en Chine.

Genres principaux :

Juglans L. — Noyer.

J. regia, L. (fig. 1 à 13), N. commun. — Grand arbre originaire de la Perse, répandu dans toute l'Europe tempérée. Son bois est recherché par les ébénistes. Les graines sont alimentaires; on en extrait une huile d'un goût agréable.

J. nigra, N. noir. — Espèce provenant de l'Amérique.

Carya, Pterocarya, etc.

MYRICÉES.

Famille composée de deux genres et très voisine des Juglandées, dont elle diffère par l'absence de périanthe, par l'ovaire libre, par le fruit et par les feuilles entières. Elle se rapproche également des Bétulinées ainsi que des Casuarinées.

Ce sont des arbres ou arbrisseaux à feuilles alternes, dentées, coriaces, pourvues de glandes (fig. 14). Fleurs très petites unisexuées disposées en chatons tantôt formés uniquement par les fleurs mâles ou femelles, tantôt composés de fleurs mâles en haut et de fleurs femelles en bas. Fleurs mâles sans périanthe (fig. 15 et 16). Étamines 3 à 16, insérées à la base d'une bractée, libres ou soudées à la base et munies de deux bractéoles. Fleurs femelles (fig. 17, 18 et 19) pourvues de bractées, se composant d'un ovaire libre uniloculaire muni de 2 à 4 petites squamules. Ovule unique attaché au fond de la loge, dressé (fig. 22). Embryon sans albumen. Cotylédons charnus; radicule supère.

Les Myricées croissent spontanément dans l'Afrique du Sud et dans l'Amérique du Nord. Une espèce du genre Myrica croît dans les lieux marécageux en France, en Hollande et dans divers pays du nord de l'Europe.

Genre principal ·

Myrica, L.

M. cerifera. — Fruits couverts de glandes sécrétant une sorte de cire.

M. gale (fig. 16 à 22). — Espèce indigène, fournit une huile volatile. *M. arguta* (fig. 14 et 15).

EXPLICATION DES FIGURES.

1 à 13, *Juglans regia,* fig. 1, port; 2, chaton mâle; 3, fleur mâle vue de face; 4, id., de côté; 5, étamine vue de face ; 6, id., de côté; 7, étamine coupée ; 8, diagramme d'une fleur femelle ; 9, chaton femelle; 10, section verticale de l'ovaire ; 11, id., du fruit; 12, section horizontale du fruit ; 13, graine. 14 à 22, *Myrica arguta,* fig. 14, port; 15, fleur mâle. *M. gale,* fig. 16, fleurs mâles; 17, fleurs femelles; 18, chaton femelle ; 19, fleur femelle ; 20, chaton de fruits ; 21, fruit ; 22, section du fruit.

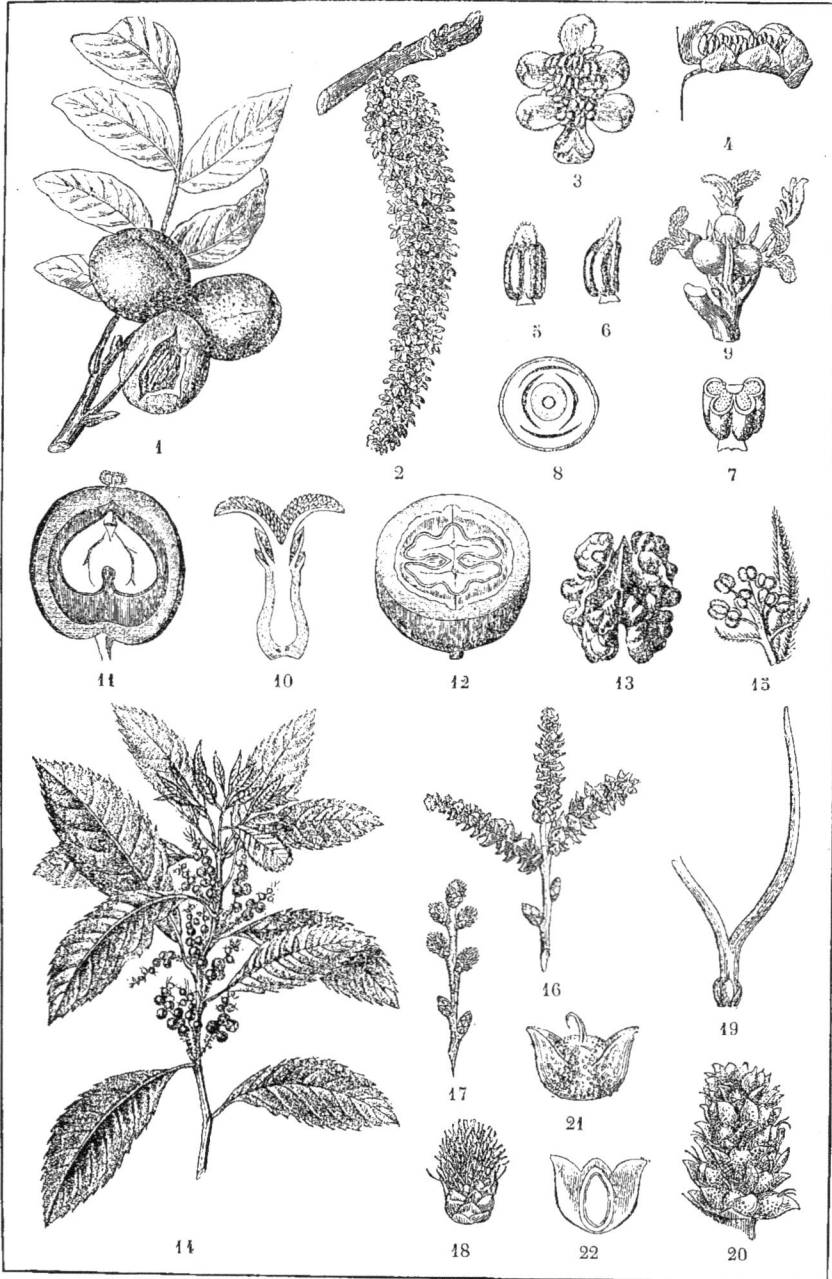

ORCHIDÉES.

Nous commençons avec cette famille la série des plantes *Monocotylédones*.

Les Orchidées présentent un groupe très naturel et ayant des caractères spéciaux, de sorte que les affinités avec les autres familles sont difficiles à établir; quelques caractères les rattachent aux Cannées, et la petite famille des Tacacées les relie aux Liliacées.

Les caractères communs à toutes les plantes de cette famille sont les suivants : fleurs irrégulières (fig. 3 et 4, *Orchis*), une des pièces de la corolle étant transformée en *labellum* (fig. 4, *Orchis*); ovaire infère (fig. 3, *Orchis*), uniloculaire, à trois placentas pariétaux (fig. 2, *Orchis*); étamines et style soudés en une colonne-gynostème (fig. 3 et 4, *Orchis*, et 17, *Herminium*); grains de pollen réunis en *masses polliniques* (fig. 7, *Orchis*) disposées de différentes façons.

Les Orchidées sont des plantes herbacées (fig. 1, *Orchis*), parfois épiphytes (fig. 7, pl. CXXXVII, *Epidendrum*) ou aquatiques (fig. 16, pl. CXXXVII, *Malaxis*) ou sarmenteuses (fig. 1, pl. CXXVII, *Vanile*), à racines fibreuses ou accompagnées de tubercules ovoïdes (fig. 1 et 9) ou palmés, digités (fig. 13, *Orchis*). Feuilles simples, lancéolées, linaires (fig. 1) ou ovoïdes, engaînantes (fig. 1), présentant des nervures parallèles. Les fleurs sont toujours irrégulières, hermaphrodites et disposées le plus souvent en épis (fig. 1). Le périanthe est pétaloïde et formé de deux verticilles; les trois folioles du verticille externes sont semblables entre elles (fig. 1 et 6, pl. CXXXVI) : deux sont latérales et une inférieure, devenant supérieure par suite de la torsion de l'ovaire ou du pédicelle; des trois folioles du verticille interne (fig. 1 et 3), les deux latérales sont dissemblables et la supérieure (devenant inférieure) est transformée en *labelle* affectant les formes les plus variées; tantôt elle est plane (fig. 1), tantôt profondément excavée (fig. 9, pl. CXXXVI, *Cypripedium*) ou prolongée en éperon (fig. 3, *Orchis*); le labelle est le plus souvent trilobé (fig. 1), mais parfois 2-3-5-lobé (fig. 4 et fig. 1, pl. CXXXVI, *Aceras*). Les étamines devraient être normalement au nombre de trois, comme dans la plupart des monocotylédones, mais ordinairement les deux latérales, et plus rarement la supérieure, avortent, de sorte qu'il n'y a qu'une seule (fig. 2) ou deux (fig. 15, *Cypripedium*) étamines. Ces étamines sont soudées avec le style en un organe nommé *colonne* ou *gynostème* (fig. 3 et 4) qui présente en haut une cavité (clynandre) où est logée l'anthère unique (fig. 3 et 4), au-dessus du stigmate. Dans le cas de deux étamines, elles sont situées latéralement sur le gynostème et l'étamine stérile et pétaloïde les surmonte (fig. 14, *Cypripedium*). L'anthère est formée de 2 ou 4 loges contenant chacune des grains de pollen groupées par quatre et réunies en paquets pyramidaux retenus à leur tour au moyen de filaments élastiques (fig. 8); ou simplement agglutinées en 2 ou 4 *masses polliniques* ou *pollinies* (fig. 7). Ces pollinies sont le plus souvent munies de prolongements (*caudicules*) (fig. 7) formés par la réunion des filaments élastiques et se terminant par des disques accolées à un bout de substance gluante (*rétinacle*) (fig. 7); le rétinacle est logé dans une sorte de poche (*rostellum*, fig. 6 et 5) qui n'est autre chose qu'un stigmate transformé. Le Rostellum présente souvent deux minces membranes qui recouvrent le rétinacle (*bursicules*), et un bec médian auquel on donne aussi le nom de *rostellum*. L'ovaire uniloculaire, souvent tordu, présente trois placentas pariétaux auxquels sont attachés des ovules nombreux; il est surmonté par le gynostème qui devrait porter normalement trois stigmates; mais ordinairement il n'en porte que deux, réduits à deux surfaces plus ou moins confluentes entre elles (fig. 4), le troisième étant transformé en rostellum. La fécondation est rarement directe; le plus souvent elle est opérée, comme l'ont si bien démontré Darwin et F. Muller, par l'intermédiaire des insectes, grâce à des dispositions merveilleuses des différentes parties de la fleur, particulières à chaque genre ou espèce. Le fruit est une capsule membraneuse, cylindrique ou ovoïde, s'ouvrant en trois valves médio-placentaires (fig. 11 et 12, *Orchis*); les graines sont nombreuses, exalbuminées (fig. 10) et renferment un embryon minime.

EXPLICATION DES FIGURES.

1 à 12, *Orchis mascula*, fig. 1, port; 2, diagramme; 3, fleur vue de profil et ayant l'éperon du labelle coupé; 4, fleur vue de face; 5, rostellum avec les rétinacles; 6, coupe du rostellum et du rétinacle; 7, pollinie; 8, paquets de grains de pollen; 9, tubercules; 10, fruit en déhiscence; 11, coupe du fruit; 12, graine.

13, *Orchis maculata*, fig. 13, tubercules.
14 et 15, *Cypripedium*, fig. 14, gynostème; 15, diagramme.
16 à 18, *Herminium monorchis*, fig. 16, fleur; 17, gynostème; 18, pollinie.
19 et 20, *Serapias lingua*, fig. 19, labellum; 20, gynostème.

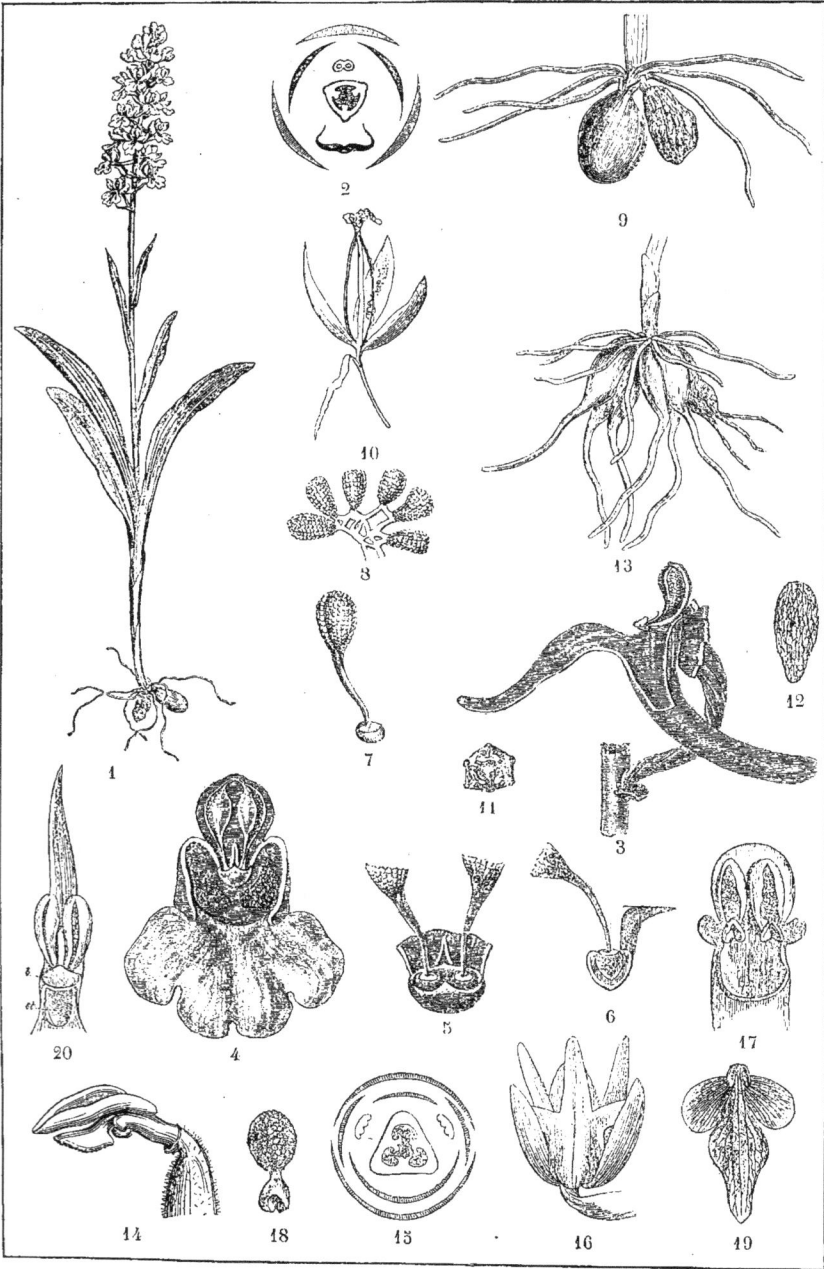

Les Orchidées sont répandues dans toutes les régions du globe ; le plus grand nombre se trouve cependant dans les pays tropicaux, surtout en Amérique.

On divise les Orchidées en sept tribus suivant la forme et la nature des anthères et des pollinies. Nous les diviserons en outre en deux groupes :

Premier groupe : Tribu à 2 ou 3 anthères fertiles.

PREMIÈRE TRIBU. — CYPRIPÉDIÉES.

Cette tribu contient deux genres :

Cypripedium L. — Cypripède. — Deux étamines latérales fertiles.

C. calceolum L., Sabot-de-Vénus (fig. 9 à 11 et fig. 14 et 15 de la pl. CXXXV). — Belle plante ornementale à une grande fleur unique, dont le labelle excavé a la forme d'un sabot ; cette forme est en rapport avec la fécondation de la plante, car les insectes sont obligés d'entrer dans le sabot pour y puiser le nectar par une fente en fer à cheval formée par ses bords et l'étamine stérile en forme de bouclier : en entrant ainsi ils touchent le stigmate, et en sortant par l'un des côtés de la fente, les anthères, dont le pollen se colle après eux.

Uropedium Lindl. — Trois étamines fertiles. Genre exotique dont quelques espèces à fleurs très grandes sont cultivées dans les serres.

Deuxième groupe : Tribus à une seule anthère fertile.

DEUXIÈME TRIBU. — OPHRYDÉES.

Pollinies formées de paquets réunis par les fils élastiques et collées au rostellum à l'aide d'un caudicule non élastique ; plantes terrestres.

Genres principaux :

Orchis Sw. — Orchis. — Labelle éperonné ; pollinies ayant deux rétinacles distincts ; ovaire contourné.

O. mascula L., O, mâle (fig. 1 à 12, pl. CXXXV). — Plante commune de nos bois. La fécondation opérée par les insectes dans cette espèce est favorisée par la structure remarquable de toutes les parties de la fleur (voir fig. 3 et 4, pl. CXXXV). Pour puiser le nectar qui se trouve probablement entre deux couches de l'épiderme du prolongement éperonné du labelle, le papillon est obligé d'y plonger sa trompe ; en faisant cela il touche nécessairement le rostellum dont le tissu, extrêmement sensible, se rompt et laisse à nu les rétinacles gluants, qui ne tardent pas à se coller sur la trompe de l'insecte en entraînant avec eux les pollinies. En quelques secondes (le temps nécessaire à l'insecte pour puiser le nectar et s'envoler vers une autre fleur), les pollinies qui se sont collées perpendiculairement à la trompe, effectuent un mouvement d'inclinaison et deviennent parallèles à cette dernière, de sorte que quand l'insecte enfonce sa trompe dans l'éperon d'une autre fleur, les pollinies sont exactement appliquées vers la surface stigmatique, dont la viscosité suffit pour rompre les filaments élastiques et fixer quelques grains de pollen.

O. maculata L., O. taché (fig. 13, pl. CXXXV), *O. militaris* L., *O. purpurea* Huds. etc., sont communes dans nos bois. Les tubercules de toutes ces espèces sont riches en substances féculentes et fournissent le *Salep*, matière comestible.

Anacamptis. — Genre voisin du précédent, mais à rétinacle unique.

A. pyramidalis Rchb., (O. pyramidalis), — Son rétinacle unique possède la faculté de s'enrouler autour de la trompe des papillons, et, en divergeant les pollinies, permet à l'insecte de les placer exactement à l'endroit des stigmates qui se trouvent dans cette espèce au-dessus du rostellum.

Herminium Lind. — Lobes latéraux du labelle plus courts que le médian, ovaire contourné.

H. monorchis R. Br. (fig. 16 à 18, pl. CXXXV). — Espèce à fleurs jaunâtres commune dans l'Europe centrale.

Serapias L. — Gynostème prolongé en un bec, ovaire contourné.

S. lingua L., Helleborine (fig. 19 et 20, pl. CXXXV). — Fleurs pourprines. Commune en France.

Aceras R. Br. — Un seul rétinacle ; ovaire contourné ; labelle allongé, à division moyenne bifide.

A. anthropophora, A., homme pendu (fig. 1 à 3). — Commune dans les pâturages.

EXPLICATION DES FIGURES.

ORCHIDÉES.

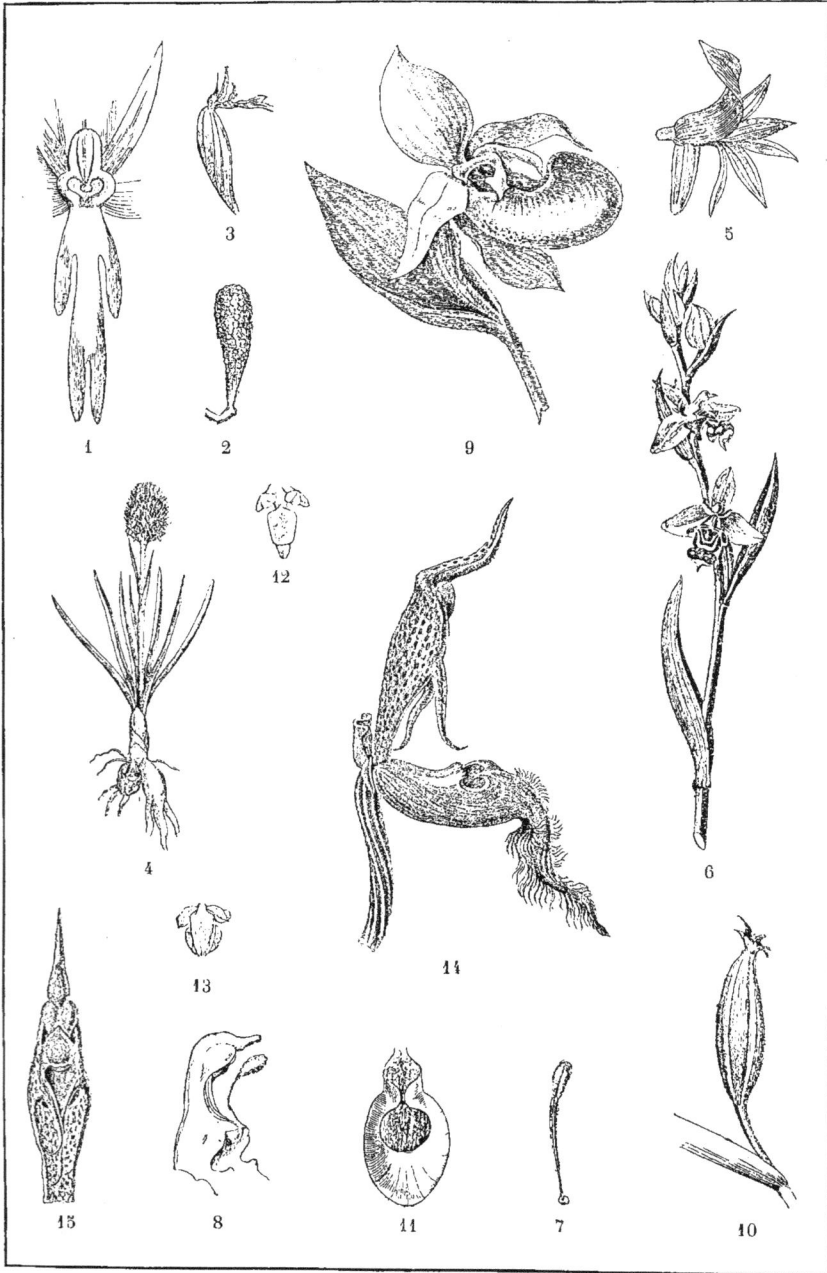

Nigritella Rich. — Deux rétinacles nus ; ovaire non contourné.

N. angustifolia (N. nigra) Rich. (fig. 4 et 5, pl. CXXXVI). — Plante des régions montagneuses de l'Europe.

Ophris L. — Labelle velouté non prolongé en éperon ; ovaire non contourné.

O. apifera Huds., *O. abeille* (fig. 6 à 8, pl. CXXXVI). — Une des rares Orchidées dont la fécondation s'opère | sans le secours des insectes ; la ténuité des caudicules permet aux pollinies de s'incliner vers les stigmates.

TROISIÈME TRIBU. — VANDÉES.

Grains de pollen en masses cireuses attachées au rostellum par une caudicule élastique. Plantes des régions intertropicales, pour la plupart grimpantes et épiphytes.

Genres principaux :

Angræcum. Genre du Madagascar et des îles avoisinantes.

A. sesquipedale. — Est remarquable par ses énormes fleurs ; l'éperon seul ne mesure pas moins de 35 centi- | mètres. *A. fragrans* est employé en médecine sous le nom de *thé Tourbon.*

Catasteum.

C. sacentum (fig. 14 et 15, pl. CXXXVI). — Présente des fleurs bizarres ; les appendices du gynostème (fig. 14), excités par le mouvement de l'insecte qui se met sur le | labellum, font rompre la mince membrane qui retient la caudicule élastique (fig. 14) et cette dernière, devenue libre, projette les pollinies à une grande distance.

QUATRIÈME TRIBU. — ARÉTHUSÉES.

Pollinies formées de lobules anguleux ; pas de rétinacle.

Genres principaux :

Cephalanthera Rich. — Genre européen.

C. pallens Rich., *C. blanchâtre* (fig. 5 et 6). — Plante des bois assez commune en France.

Vanilla Swartz. — Vanille. — Genre exotique à tige sarmenteuse.

V. planifolia D. Andrew. (fig. 1 à 4). — Plante originaire du Mexique et de la Guyane, et cultivée dans l'Inde Néerlandaise, à l'île Bourbon, etc. Son fruit, capsule siliquiforme, contient des graines entourées d'une | enveloppe sécrétant une huile balsamique. Ce fruit est employé comme parfum ; il doit ses propriétés odorantes à une substance, *vaniline*, qu'on est parvenu à préparer artificiellement dans ce dernier temps.

CINQUIÈME TRIBU. — NÉOTTIÉES.

Pollinies en masses cireuses attachées au rostellum sans l'intermédiaire de caudicule.

Genres principaux :

Neottia Rich. — Néottie. — Labelle, bifide au sommet ; feuilles remplacées par des écailles.

N. nidus-avis Rich., *N. nid-d'oiseau* (fig. 9 à 11). — Racines à fibres entrelacées en forme de nid d'oiseau ; vermifuge.

Listera R. Br. — Labelle pendant, bifide ; deux feuilles opposées sur la tige.

L. ovata R. Br. (fig. 8). — Plante à fleurs jaunes-verdâtres commune dans nos bois.

Epipactis Rich. — Labelle étalé, entier au sommet ; un seul rétinacle.

E. palustris Crantz (fig. 12) et *E. latifolia*. — Plantes indigènes ; jadis préconisées contre la goutte.

Goodiera R. Br. — Labelle concave à la base, en lame liguliforme au sommet ; un seul rétinacle.

G. repens R. Br., *G. rampante* (fig. 14 et 15). — Plante des régions montagneuses, commune dans les Alpes.

SIXIÈME TRIBU. — MALAXIDÉES.

Pollinies céracées non attachées au rostellum ; pas de caudicule. Plantes des marécages.

Genres principaux :

Malaxis Sw. — Labelle entier ; un seul rétinacle.

M. paludosa Sw. (fig. 16 et 17). — Espèce européenne.

Liparis Rich. — Labelle entier ; deux rétinacles.

L. Lœselii Rich. (fig. 11). — Plante commune des tourbières de toute l'Europe centrale et occidentale.

Corralorhiza Haller. — Corraline. — Labelle trilobé ; racine corraliforme.

C. innata R. Br., *C. parasite* (fig. 18 et 19). — Plante des régions montagneuses de l'Europe, venant sur le bois mort.

SEPTIÈME TRIBU. — ÉPIDENDRÉES.

Pollinies céracées munies de caudicules, mais non attachées au rostellum ; ce dernier est souvent réduit à un amas de matière visqueuse. Plantes épiphytes.

E. guttatum L. (fig. 7). — Plante épiphyte des régions tropicales.

EXPLICATION DES FIGURES

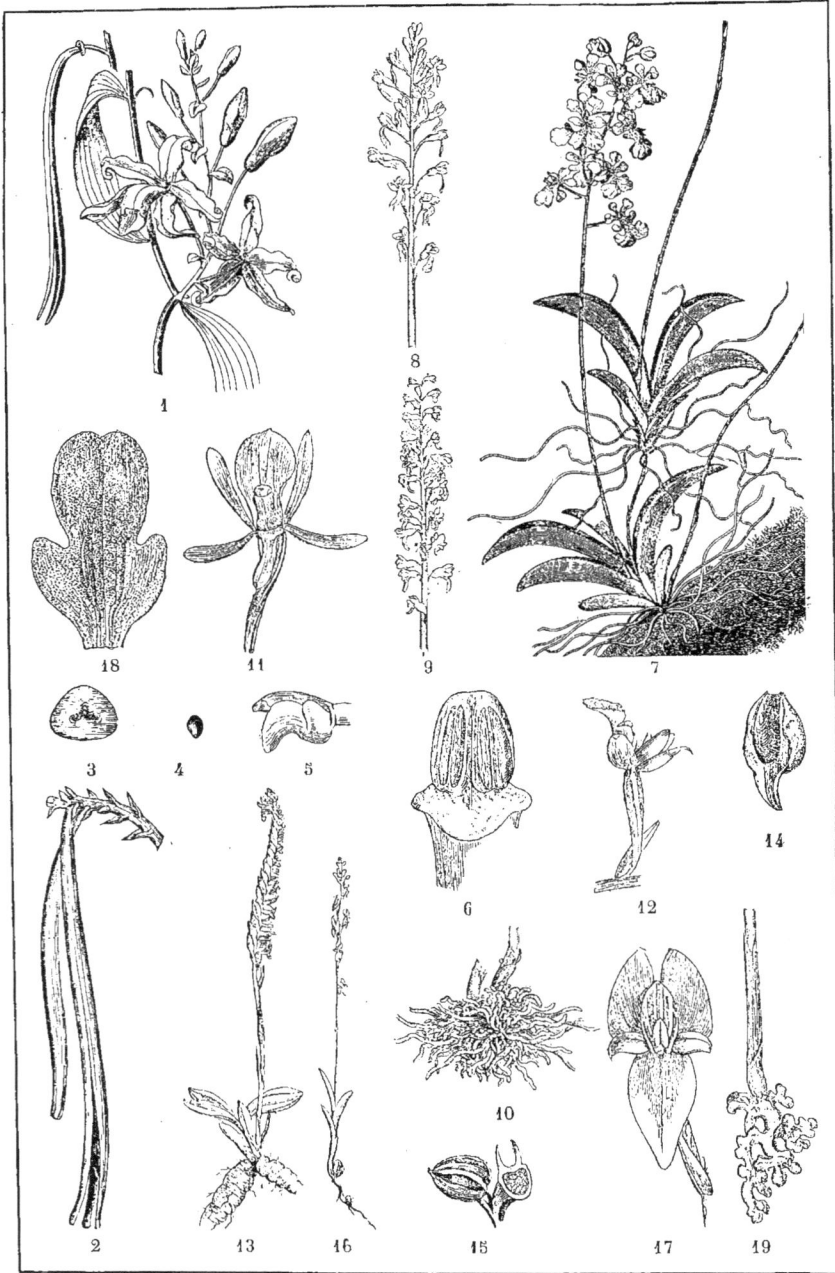

CANNACÉES.

Cette famille est très voisine des Zingibéracées, de sorte qu'on réunit quelquefois ces deux familles en une seule (Amomacées). Certains botanistes réunissent encore les Amomacées et les Musacées pour former la famille des Scitaminées. La principale différence entre les Zingibéracées et les Cannacées consiste en ce que les premières ont l'anthère uniloculaire et la graine pourvue d'un seu. albumen, tandis que les secondes ont l'anthère biloculaire et la graine à albumen doub.le. Quant aux Musacées, elles se distinguent des deux familles précédentes parce qu'elles ont plus d'une étamine fertile, parce qu'elles ne présentent pas de staminodes, etc.

Les Cannacées sont des plantes herbacées (fig. 2, *Canna*), à rhizome charnu ; à feuilles simples, offrant souvent une sorte de nodosité à l'union du limbe et du pétiole engainant (fig. 2). Les fleurs sont irrégulières, à périanthe présentant plusieurs verticilles dont les externes ont le caractère du calice, les internes de la corolle ; il existe en outre deux verticilles de staminodes (fig. 1, *Tholia*) : l'externe pétaloïde, et l'interne formé de deux staminodes dont un est labelliforme (fig. 3, *Canna*) et l'autre anthérifère (fig. 7, *Canna*) ; des deux loges de l'anthère, il n'y en a qu'une qui se développe (fig. 7). L'ovaire infère est uni- ou triloculaire (fig. 1), pluri ou uniovulé (fig. 1), le fruit est une capsule à déhiscence loculicide (fig. 4 et 5, *Canna*) ; les graines renferment un seul albumen.

Les Cannacées sont exclusivement des plantes de l'Amérique tropicale ; leur rhizome est riche en amidon.

Genres principaux :

Canna.

Différentes espèces de ce genre : C. *flaccida* (fig. 2 à 6), C. *peduncula* (fig. 2), etc., sont cultivées comme plantes d'agrément, de même que plusieurs espèces du genre **Tholia** (fig. 1).

Marantha Plum.

Les rhizomes de M. *arundinacea* et de M. *indica* (fig. 17), cultivées aux Antilles, fournissent une fécule nutritive connue sous le nom d'*arrow-root*.

ZINGIBÉRACÉES.

Herbes à rhizome rampant, à feuilles toutes radicales (fig. 11, *Amomum*) ; les fleurs sont irrégulières (fig. 8, *Zingiber*), à périanthe double. Calice tubuleux ou spatiforme (fig. 8). Corolle tubuleuse. Staminodes soudés au tube de la corolle. Etamine unique à filet libre ; anthère biloculaire (fig. 8). Ovaire infère, triloculaire, pluri ou uniovulé. Le fruit capsulaire (fig. 13, *Amomum*) renferme des graines à albumen double.

Les Zingibéracées sont surtout nombreuses dans l'Asie intertropicale ; leurs rhizomes contiennent des huiles volatiles aromatiques et parfois des principes colorants.

Genres principaux :

Zingiber Gœrtn. — Anthère surmontée d'un long appendice tubulé.

Z. *officinale* Roscoe, Gingembre (fig. 8). — Le rhizome de cette plante contient une huile volatile aromatique et une résine qui lui communique une saveur fort piquante ; il est employé comme condiment.

Curcuma L. — Anthère munie de deux éperons à sa base.

C. *longa* L., Curcuma. — Le rhizome contient une substance colorante jaune (*curcumine*) et une huile volatile ; il est employé dans la teinture et comme condiment.   C. *angustifolia* Roxb. — Est cultivée dans l'Inde pour la fécule de ses rhizomes (arrow-root de l'Inde).

Amomum Screb. — Anthère surmontée d'une crète. Graines arillées.

Les fruits épineux de l'A. *xanthioides* Wallich. (fig. 11) et ceux de l'A. *racemosum* (fig. 9 et 10) sont employés comme condiment sous le nom de *cardamones*. Les fruits d'*Elattaria cardamomum* Mat. (fig. 15 à 16) de Malabar et d'E. *major* (fig. 12 à 14) de Ceylan, sont employés sous le même nom et pour le même usage.

EXPLICATION DES FIGURES

1,	*Tholia d-albalta*, fig. 1, diagramme.
2 à 7,	*Canna flaccida*, fig. 2, port ; 3, corolle ouverte ; 4, fruit ; 5, fruit coupé horizontalement ; 6, graine coupée. C. *pedoncula*, fig. 7, style et étamine.
8,	*Zingiber officinale*, fig. 8, fleur.

9 à 11,	*Amomum racemosum*, fig. 9, port ; 10, fruit. A. *xanthioides*, fig. 11, port.
12 à 16,	*Elattaria major*, fig. 12, fruit : 13, fruit coupé ; 14, graine. E. *cardamomum*, fig. 15, fruit ; 16, fruit coupé.
17,	*Maranta indica*, fig. 17, port.

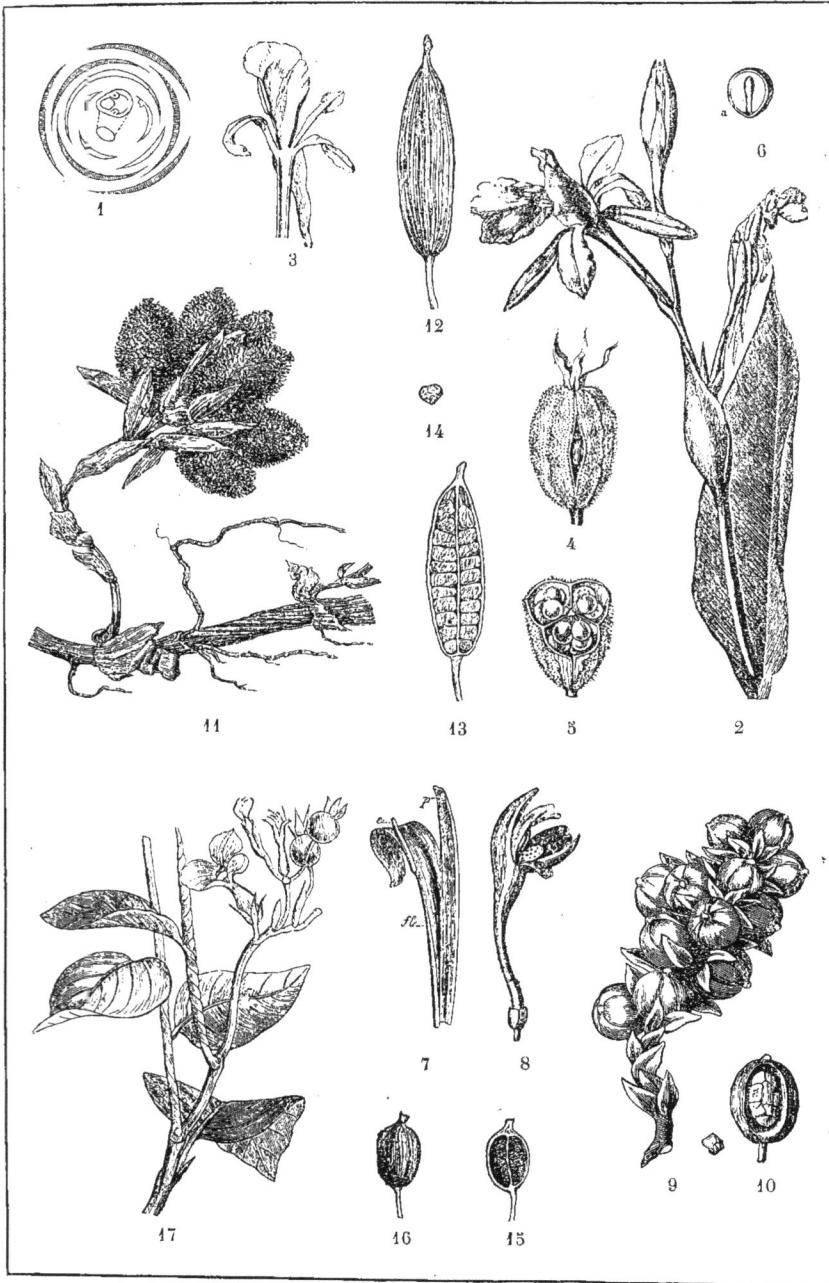

MUSACÉES.

Cette famille est voisine des Zingibéracées et des Cannacées auxquelles on la réunit parfois pour former un groupe plus vaste, connu sous le nom de Scitaminées.

Les Musacées sont des plantes herbacées qui acquièrent souvent des dimensions gigantesques et prennent un port semblable à celui des arbres (fig. 3, *Musa*) ; dans ce cas le faux-tronc est formé de gaines foliaires se recouvrant l'une l'autre (fig. 3). Les feuilles sont grandes, alternes, simples, munies d'un fort pétiole engainant à sa base (fig. 3). Les fleurs irrégulières sont hermaphrodites ou unisexuées par avortement (fig. 4 et 5, fleur mâle et fig. 6 et 7, fleur femelle de *M. paradisiaca*), disposées en longues grappes (*régimes*) (fig. 3). Le périanthe épigyne est pétaloïde, à six folioles disposées de différentes façons, tantôt les deux internes latérales soudées en un tube renfermant les étamines (fig. 2, *Strelitzia*), tantôt les trois externes et les deux internes formant un tube ouvert postérieurement et 5-lobé au sommet (fig. 3 et 4, *Musa*), etc. Les étamines sont au nombre de six, dont une est presque toujours avortée (fig. 2, 5 et 7). L'ovaire est infère, triloculaire, à ovules nombreux (fig. 8, *Musa*) ou solitaires. Le fruit est charnu, indéhiscent, à graines noyées dans la pulpe (fig. 9 et 10, *Musa*), ou bien à péricarpe charnu et endocarpe corné, dur et déhiscent en valves ou coques. Les graines, souvent munies d'une collerette bleue ou rouge, renferment un albumen charnu et un embryon droit ou fongiforme.

Les Musacées sont propres à la zone intertropicale des deux continents ; mais elles sont cultivées dans tous les pays chauds à cause de leur fruit qui est un aliment précieux pour l'homme.

Genres principaux :

Musa L. — Fleurs parfois diclines ; fruit indéhiscent.

M. paradisiaca L., *M. sapientum* L. (fig. 3 à 10) Bananier. — Originaire des îles de l'océan Indien et cultivé dans tous les pays chauds des deux continents ; fournit un aliment farineux et sucré et une boisson rafraîchissante et forme la base d'alimentation dans ces pays. Les fibres des tiges de certaines variétés servent comme matière textile, et les feuilles s'emploient pour couvrir les cases.

Strélitzia. — Fruit déhiscent ; les deux segments internes du périanthe soudés en tube.

S. reginæ (fig. 1 et 2). — Plante ornementale.

Ravenala. — Fruit déhiscent ; segments du périanthe tous distincts.

R. Madagascarensis. — Est connue sous le nom de l'arbre du voyageur, car on trouve parfois dans la gaine spacieuse de ses feuilles une provision d'eau, liquide précieux dans le désert.

BROMÉLIACÉES.

Cette famille se compose de plantes originaires de l'Amérique mais cultivées dans l'ancien continent ; elle se rapproche le plus des Amaryllidées.

Les Broméliacées sont des plantes herbacées ou sous-frutescentes ; souvent épiphytes, acaules (fig. 11, *Bromelia*) et ne présentant que des feuilles radicales. Les feuilles sont dures, coriaces, longues, canaliculées, engainantes, bordées de dents épineuses (fig. 11 et 13, *Ananassa*). Les fleurs, munies chacune d'une bractée scorieuse et réunies en un épi ou en grappe, sont presque régulières et présentent un périanthe double : la verticille externe est formée de trois folioles sépaloïdes, et la verticille interne de trois folioles pétaloïdes souvent vivement colorées (fig. 12, *Bromelia*). Les étamines sont au nombre de six ; l'ovaire infère ou semi-infère présente trois loges pluri-ovulées ; le fruit est baccien ou capsulaire ; les graines albuminées.

Genres principaux :

Ananassa Lindl.

A. sativa L., Ananas (fig. 13). — Plante cultivée dans tous les pays chauds, et dont les fruits charnus privés de graines et réunis ensemble forment, avec les bractées, un fruit agrégé connu sous le nom d'*ananas* et fort estimé pour son goût délicat.

Bromelia.

B. pinguis A. sauvage (fig. et 12). — Mêmes propriétés. Les feuilles fournissent des fibres textiles très fines.

EXPLICATION DES FIGURES

1 et 2, *Strelitzia Reginæ*, fig. 1, inflorescence ; 2, fleur sans calice.
3 à 10, *Musa sapientum s. paradisiaca*, fig. 3, port ; 4, fleur mâle ; 5, id., sans calice ; 6, fleur femelle ; 7, id., sans calice ; 8, ovaire ; 9, fruit ; 10, coupe transversale du fruit.
11 et 12, *Bromelia pinguis*, fig. 11, port ; 12, fleur.
13, *Ananassa sativa*, fig. 13, sommité fructifère.

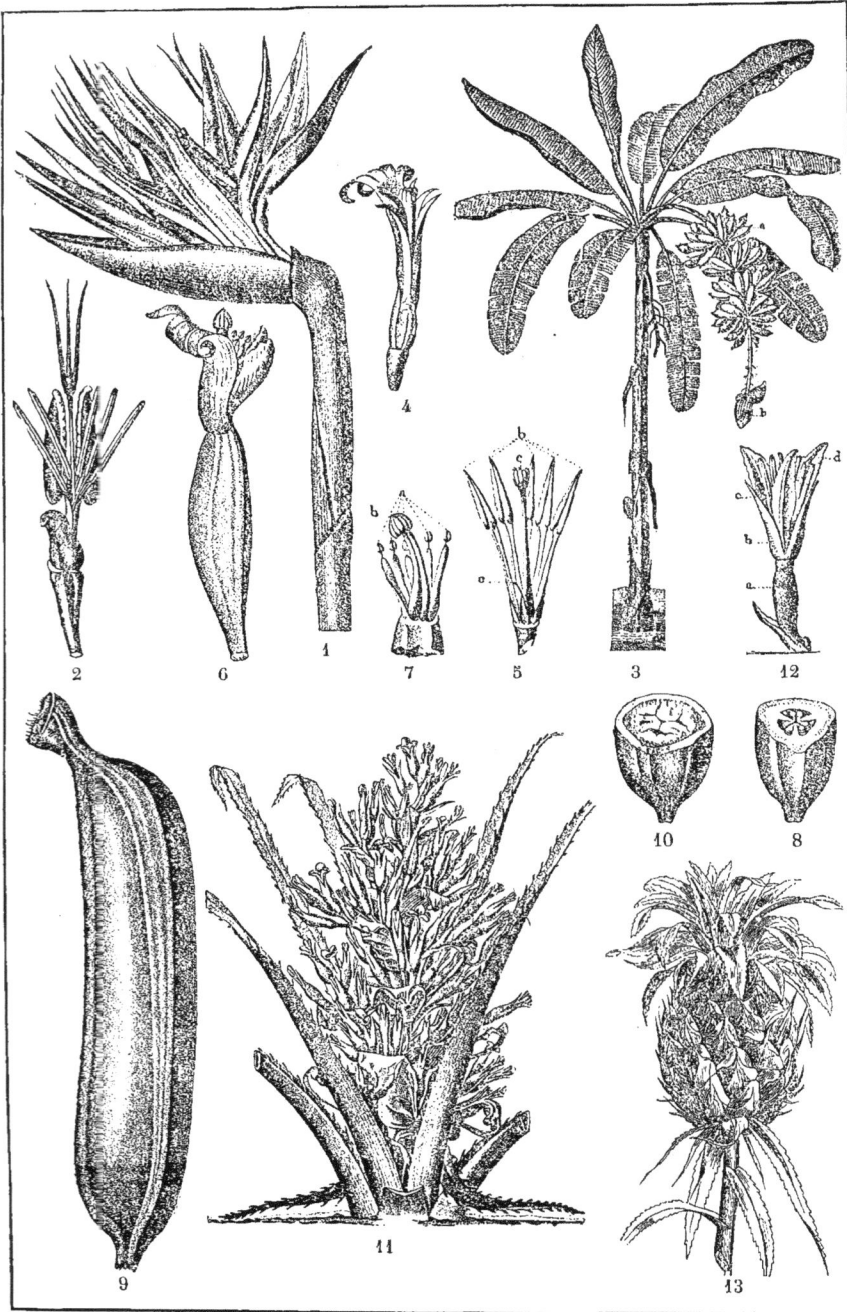

AMARYLLIDÉES.

Cette famille se rattache aux Liliacées et n'en diffère que par l'ovaire infère ; elle présente aussi des affinités avec les Iridées; le nombre des étamines et la nature des anthères distinguent cependant ces deux familles.

Les caractères essentiels des Amaryllidées sont tirés de la position infère de l'ovaire (fig. 2, *Narcissus*), de la forme régulière des fleurs (fig. 3, *Narcissus*), du nombre des étamines, toujours six ou plus (fig. 5, *Leucoium*) et de la nature des graines (albuminées, fig. 11, *Pancratium*).

Ce sont des plantes herbacées, vivaces, à tige très courte, presque acaules (fig. 1, *Narcissus*), à feuilles radicales engainantes (fig. 1) et à racine le plus souvent bulbeuse (fig. 1). Les fleurs hermaphrodites régulières (fig. 3), généralement entourées d'une spathe (fig. 3), sont le plus souvent solitaires (fig. 1). Leur périanthe est tubuleux, infundibuliforme (fig. 3 et 2), souvent muni à la gorge d'une couronne pétaloïde formée de lamelles adjacentes aux pétales (fig. 2 et 3) et affectant des formes diverses (fig. 2 et 9, *Pancratium*). Les étamines au nombre de 6, rarement 12-18, sont insérées le plus souvent sur le tube ou la gorge du périanthe (fig. 2 et 9) ; elles sort à filets libres et aux anthères biloculaires introrses insérées par leur base (fig. 8, *Leucoium*) ou par leur dos (Amaryllis), parfois apiculées (fig. 13, *Galanthus*). L'ovaire est triloculaire (fig. 4), infère (fig. 3), surmonté d'un style simple à stigmate entier (fig. 7, *Leucoium*) ou trilobé. Le fruit est une capsule à trois loges polyspermes à déhiscence loculicide (fig. 10, *Pancratium*); rarement indéhiscent, bacciforme (fig. 12, *Stembergia*). Les graines sont albuminées et renferment un embryon droit (fig. 11, *Pancratium*).

Les Amaryllidées sont propres aux zones tempérées et intertropicales ; les genres dépourvus de couronne sont rares en Europe. Le jus de certaines espèces est vénéneux; les bulbes contiennent souvent un principe âcre ayant des propriétés émétiques. Plusieurs genres sont cultivés comme plantes d'agrément pour leur parfum.

Genres principaux :

Narcissus L. — Narcisse. — Périgone muni d'une couronne à la gorge ; étamines cachées dans le tube; fleurs blanches ou jaunes; couronne campanulée.

N. pseudo-narcissus L., Porillon (fig. 1). — Plante commune de nos prés humides ; le jus des fleurs est vénéneux à grandes doses.

N. poeticus L., Jeannette (fig. 2 à 4), — Couronne en coupe, crénelée, rouge ; commune dans nos prairies.

Pancratium L. — Pancrace. — Périgone munie d'une couronne; étamines saillantes.

P. maritimum L. (fig. 9 à 11). — Croît au bord de la mer; les bulbes ont des propriétés émétiques.

Leucoium L. — Nivéole. — Pas de couronne ; anthères non apiculées.

L. Vernum L. et *L. æstivum* L. (fig. 5 à 8). — Plantes communes dans toute l'Europe.

Galanthus L. — Galanthine. — Pas de couronne ; anthères apiculées.

G. nivalis L., Perce-neige (fig. 13). — Plante fréquente même dans l'extrême Nord de l'Europe.

Stembergia W. et Kit. — Genre exotique à fruits indéhiscents.

S. colchiciflora (fig. 11). — Est cultivé dans le Midi de l'Europe.

On rattache aux Amaryllidées, le groupe des **Agavées**, plantes des pays tropicaux, qui s'en distinguent par leurs feuilles charnues, épineuses (fig. 14, *Agave*), par l'absence de bulbes et la tige développée (fig. 14).

A. americana (fig. 14 à 19). — Cultivée dans nos jardins sous le nom d'*Aloès*, c'est une plante du Mexique, très utile. On extrait de son jus une boisson alcoolique analogue au rhum (*pulqué*), et les fibres de ses feuilles donnent une matière textile très fine (*soie végétale*); le suc des feuilles est réputé anti-syphilitique.

EXPLICATION DES FIGURES.

1 à 4, *Narcissus pseudo-narcissus*, fig. 1, port. *N. poeticus*, fig. 2, coupe de la fleur; 3, fleur ; 4, fruit coupé.

5 à 8, *Leucoium æstivum*, fig. 5, diagramme; 6, port ; 7, ovaire et étamine; 8, anthère.

9 à 11, *Pancratium maritimum*, fig. 9, périgone étalé;

10, fruit ; 11, graine.

12. *Stembergia colchiciflora*, fig. 12, fruit.

13, *Galanthus nivalis*, fig. 13, étamine.

14 à 19, *Agave americana*, fig. 14, port; 15, groupe de fleurs ; 16, fleur; 17, fleur coupée ; 18, fruit ; 19, fruit coupé.

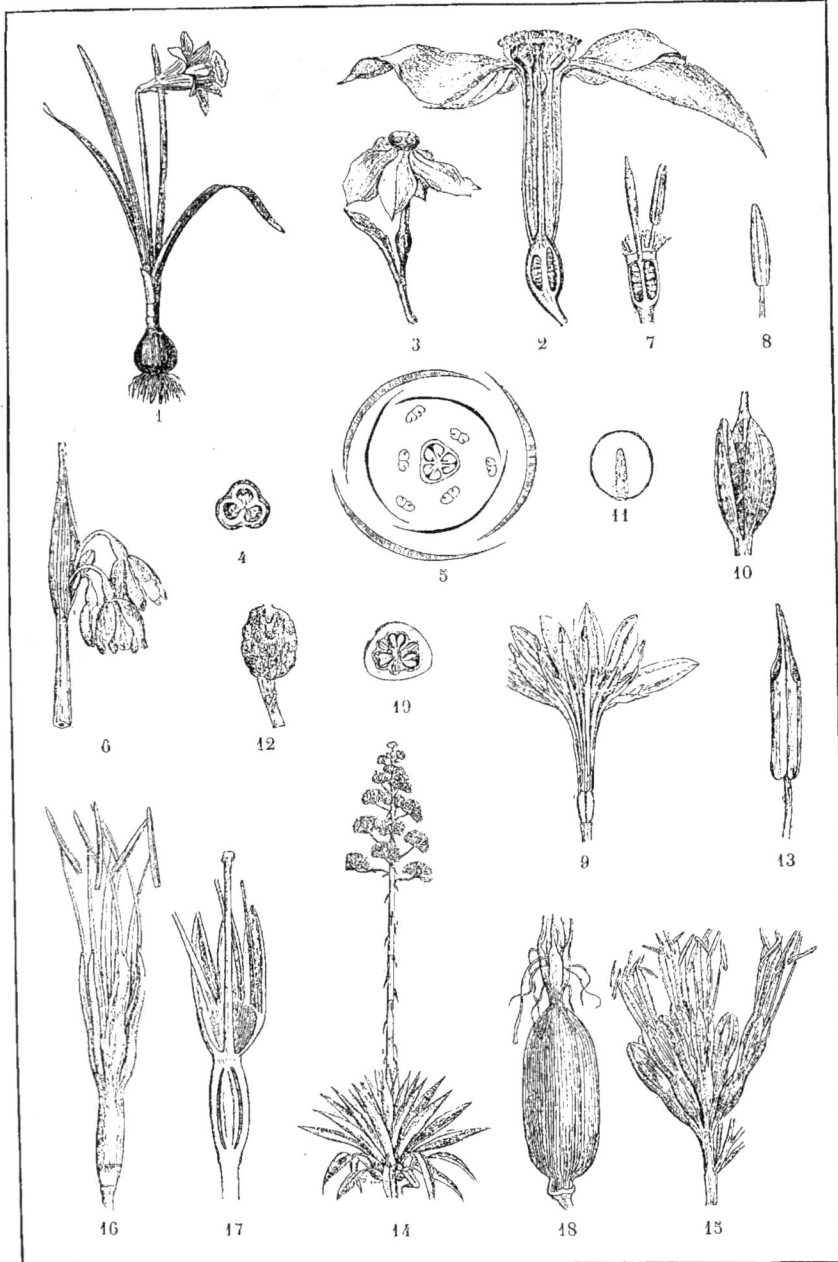

IRIDÉES.

Cette famille se distingue de plusieurs autres, voisines d'elles (Amaryllidées, Liliacées, etc.), par le nombre des étamines, par les anthères extrorses, etc.

Les caractères principaux des Iridées sont les suivants : Périanthe pétaloïde, bisérié (fig. 1, *Iris*); ovaire infère (fig. 9, *Cladiolus*), triloculaire (fig. 2, *Iris*); trois étamines (fig. 9 et 2); anthères extrorses; graines albuminées (fig. 5, *Iris*).

Ce sont des plantes herbacées, vivaces, terrestres ou aquatiques, à rhizome horizontal, charnu (fig. 1) ou bulbeux (fig. 6, *Crocus*); à feuilles toutes radicales, entières, engaînantes (fig. 1 et 12, *Ferraria*). Les fleurs sont hermaphrodites, grandes, terminales, renfermées avant la floraison dans des bractées spathiformes, membraneuses (fig. 1). Le périanthe supère est pétaloïde, vivement coloré, régulier ou non, à six divisions bisériées (fig. 1). L'androcée est formé de trois étamines (fig. 2) à filets libres ou soudés, aux anthères biloculaires extrorses. L'ovaire infère (fig. 9) est triloculaire (fig. 3), pluriovulé (fig. 9). Les ovules sont insérés à l'angle interne des loges (fig. 9 et 3). Le style est simple, mais les stigmates pétaloïdes affectent des formes variées; tantôt ils sont pétaloïdes (fig. 1), tantôt fasciculés et enroulés (fig. 13, *Ixia*), tantôt disposés en coupe (fig. 7 et 8, *Crocus*), tantôt dilatés au sommet (fig. 10, *Cladiolus*), etc. Le fruit est une capsule (fig. 4, *Iris*), triloculaire, rarement uniloculaire (*Hermodactylus*), à déhiscence loculicide, plurispermée (fig. 4). Les graines, parfois ailées (fig. 11, *Cladiolus*), renferment un embryon droit englobé dans l'albumen.

Les Iridées sont le mieux représentées dans les régions extratropicales. Les rhizomes de ces plantes contiennent, outre une grande quantité d'amidon, une matière âcre et une huile volatile ayant des propriétés stimulantes.

Genres principaux :

Iris L. — Iris. — Les trois divisions externes du périgone étalées, portant souvent des poils; les trois divisions internes, plus petites que les précédentes, dressées; stigmates pétaloïdes réfléchis en dehors et recouvrant les étamines (fig. 1 et 2).

I. germanica L., Flambe (fig. 1 à 5). — Belles plantes à fleurs bleues cultivées dans nos jardins; les fleurs traitées par la chaux servent à la préparation d'une couleur verte.
I. pseudo-acorus L., Iris des marais, à fleurs jaunes. — Est commune dans les eaux stagnantes.

Le rhizome de plusieurs espèces d'Iris, mais surtout celui d'*I. florentina*, est purgatif à l'état frais et stimulant étant desséché; dans ce dernier état, il a l'odeur des violettes et s'emploie en parfumerie et pour la préparation des pois à cautères.

Crocus L. — Safran. — Périanthe régulier, à tube cylindrique, à limbe campanulé, infundibuliforme; stigmates élargis, enroulés dans leur partie supérieure; bulbe plein.

C. sativus L., S. médicinal (fig. 6 à 8). — Fleurs violacées paraissant naître directement du bulbe. Est cultivé dans beaucoup de pays pour ses stigmates contenant une substance colorante jaune employée dans l'industrie et en

médecine comme excitant; dans le Midi, on l'emploie comme condiment. Plusieurs autres espèces de safran, *C. luteus* à fleurs jaunes, *C. vernus* à fleurs bleues, etc., sont cultivées dans nos jardins.

Cladiolus L. — Glaïeul. — Genre à fleurs irrégulières; stigmates étalés.
C. communis L. (fig. 9 à 11), *C. palustris*, etc. — Espèces communes en Europe.

Ixia L. — Ixie. — Périanthe en entonnoir; stigmates bilobés ou bipartites.
I. bulbocodium L. (fig. 13). — Plante à fleurs bleues, commune dans le Midi.

Ferraria L. — Genre exotique.
F. nudulata L. (fig. 12), *F. purgans* et autres espèces sont employées en Amérique comme plantes médicinales.

EXPLICATION DES FIGURES.

1 à 5, *Iris germanica*, fig. 1. port; 2, diagramme; 3, ovaire coupé; 4, fruit coupé longitudinalement; 5, graine coupée.	9 à 11, *Cladiolus communis*, fig. 9, fleur coupée verticalement; 10, stigmate; 11, graine.
6 à 8, *Crocus sativus*, fig. 6, port; 7, stigmate; 8, stigmate grossi.	12, *Ferraria nudulata*, fig. 12, port.
	13, *Ixia bulbocodium*, fig. 13. pistil et étamines,

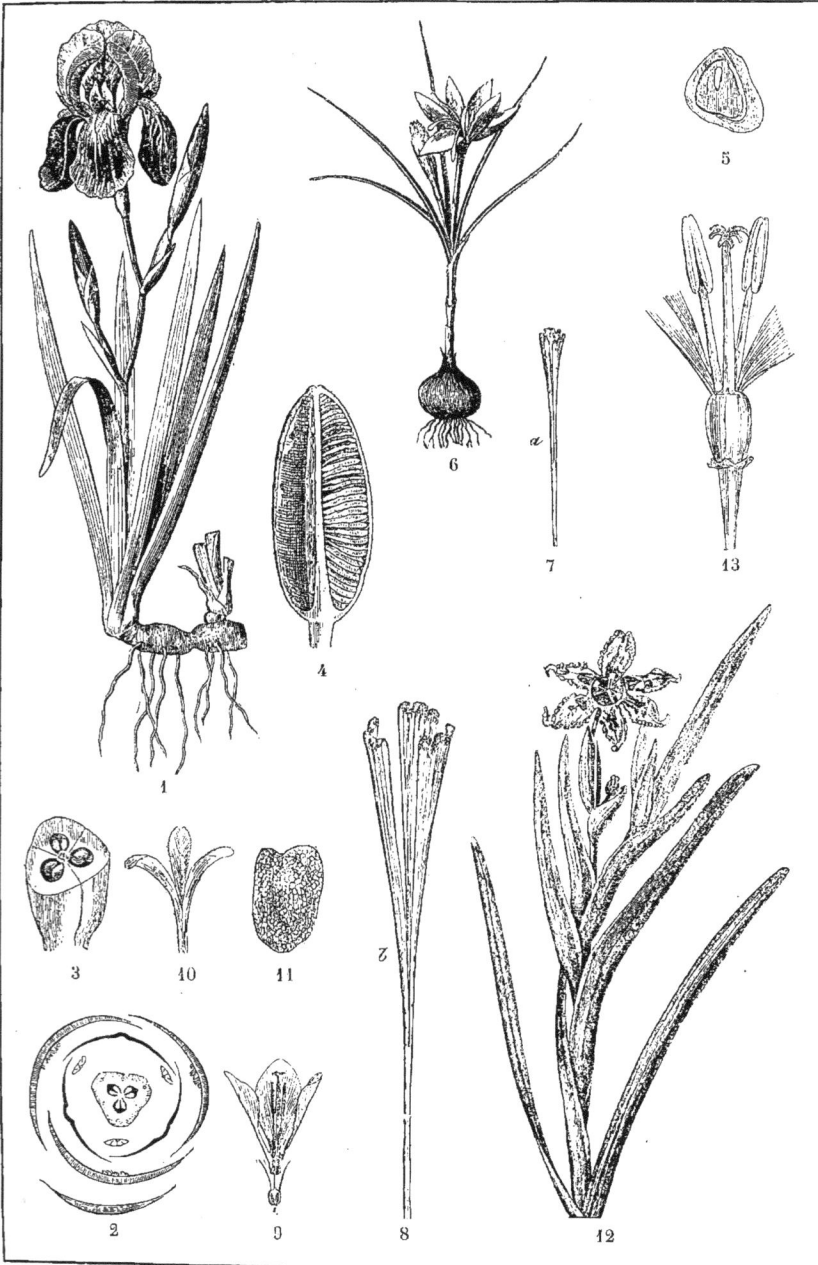

COLCHICACÉES OU MELANTACÉES.

Cette famille est étroitement liée aux Liliacées et n'en diffère que par le mode de déhiscence du fruit, par le style trifide et par les anthères extrorses.

Les caractères essentiels des Colchicacées sont tirés de la nature pétaloïde du périanthe (fig. 1, *Colchicum*), du nombre des étamines (six, fig. 2, *Colchicum*), de la position des anthères (extrorses), de la nature du fruit (trois capsules à déhiscence septicide fig. 5, 6 et 7, *Colchicum*), de la présence de trois styles libres (f g. 4, *Colchicum*) ou soudés en partie (fig. 18, *Bulbocodium*).

Ce sont des herbes à tige souvent raccourcie (fig. 1), à racines tantôt bulbeuses (fig. 1 et 3, *Colchicum*), tantôt fibreuses (fig. 10, *Veratrum*), et à feuilles toutes radicales, entières, le plus souvent engaînantes (fig. 1). Les fleurs sont hermaphrodites, parfois unisexuées par avortement (fig. 11, fleur mâle, 12, fleur hermaphrodite de *Veratrum*), régulières, à périanthe pétaloïde, hexamère (fig. 1 et 2), à divisions libres (fig. 13, *Veratrum*) ou soudées en tube (fig. 1). Les étamines, au nombre de six (fig. 2), insérées sur le tube ou à la base du périgone, présentent des filets libres et des anthères biloculaires extrorses dans le bouton. L'ovaire est formé de trois carpelles plus ou moins soudés (fig. 2 et 5), surmontés de trois styles libres (fig. 4) ou soudés en partie (fig. 18). Les ovules nombreux sont insérés dans l'angle interne des loges (fig. 6). Le fruit est une capsule triloculaire (fig. 5 et 6) à déhiscence septicide (fig. 7); les graines sont albuminées et renferment un embryon droit (fig. 15 et 16, *Veratrum*).

Les Melantacées sont répandues sur toute la terre. Le suc de toutes ces plantes est plus ou moins vénéneux: les bulbes contiennent un principe âcre ayant des propriétés émétiques.

On peut diviser les Colchicacées en deux groupes ou tribus, suivant la forme des racines et du périanthe.

PREMIÈRE TRIBU. — COLCHICACÉES.

Racine bulbeuse; périanthe plus ou moins tubuleux.

Genres principaux :

Colchicum L. — Colchique. — Périanthe tubuleux; styles libres.

C. autumnale L., Tue-Chien, Viellot (fig. 1 à 7). — Plante commune dans toute l'Europe. Les fleurs violettes naissent directement d'un bulbe plein, souterrain; elles apparaissent tard en automne (fig. I); les feuilles et les fruits ne se développent qu'au printemps suivant (fig. 5). Toutes les parties de cette plante sont vénéneuses, et trouvent leur emploi en médecine.

Bulbocodium L. — Bulbocode. — Périanthe à divisions longues, onguiculées, rapprochées en tube (fig. 17). Styles soudés en partie.

B. vernum L. (fig. 17 et 18). — Plante indigène à fleurs blanches ou violacées.

DEUXIÈME TRIBU. — VÉRATRÉES.

Racine fibreuse; périanthe à divisions libres, étalées.

Genres principaux :

Veratrum L. — Veratre. — Périanthe sans involucre. Toutes les espèces de ce genre contiennent dans leurs racines un alcaloïde très actif (*Veratrine*) et sont employées en médecine comme purgatif drastique ou comme émétique.

V. album L., Ellébore blanc (fig. 8 à 10). — Commune dans les régions alpines; espèce le plus souvent employée en médecine.

Le *V. nigrum* L., Ellébore noir (fig. 11 à 16) de l'Europe méridionale et le *V. viride* L., sont moins actifs que le précédent.

Les graines de *V. officinale* Schl. (Ceridule) sont employées pour l'extraction de la vératrine.

Tofieldia Huds. — Périanthe avec un petit involucre trilobé.

T. calyculata Wahl., Tofieldie à collerette (fig. 19 et 20). — Plante des régions montagneuses de l'Europe.

EXPLICATION DES FIGURES.

1 à 7, *Colchicum autumnale*, fig. 1, port; 2, diagramme; 3, tubercules; 4, style; 5, feuilles et fruit; 6, fruit coupé; 7, fruit en déhiscence.

8 à 10, *Veratrum album*, fig. 8, port; 9, feuille; 10, racine.

11 à 16, *Veratrum nigrum*, fig. 11, fleur mâle; 12, fleur hermaphrodite; 13, inflorescence; 14, fruit 15. graine; 16, graine coupée.

17 et 18 *Bulbocodium vernum*, fig. 17, fleur; 18, style.

19 et 20, *Tofieldia calyculata*, fig. 19, port; 20, fruit.

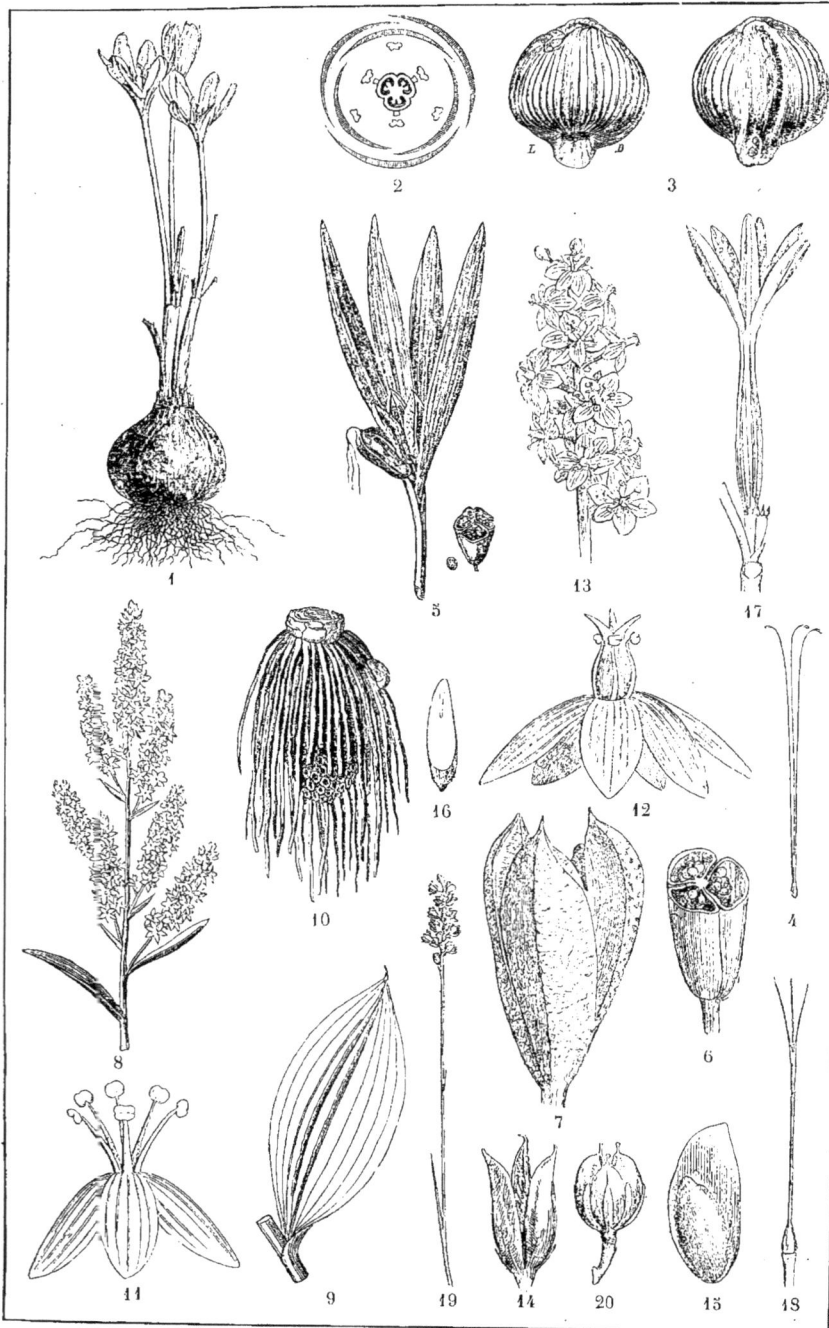

LILIACÉES.

Les Liliacées sont si étroitement liées aux Asparaginées et aux Smilacées qu'on réunit souvent les trois familles en une seule (Liliacées) en la subdivisant en 2 ou 3 sous-familles (Liliées et Asparagées, ou Liliées, Asparagées et Smilées). La différence principale entre les Liliacées et les deux autres familles consiste dans la nature du fruit; il est sec et déhiscent dans les Liliacées, charnu et indéhiscent dans les Asparagées. Les Amaryllidées, les Iridées, les Colchicacées, les Dioscorées, etc. présentent des affinités avec les Liliacées (Voy. ces familles).

Caractères principaux : Fleurs régulières, hermaphrodites, à périanthe hexamère, bisérié (fig. 7, *Lilium*); étamines six (fig, 11); ovaire supère (fig. 5, pl. CXLIV, *Alium*); fruit capsulaire à déhiscence loculicide (fig. 2, *Tulipia*); graines albuminées.

Ce sont des plantes terrestres herbacées, vivaces, à rhizome bulbeux (bulbe imbriqué fig. 9, *Lilium*), à tige non feuillée ou pourvue de feuilles entières lancéolées ou linéaires à nervures parallèles, engaînantes (fig. 10, *Fritillaria*). Les fleurs solitaires (fig. 7) ou disposées en grappes et munies de bractées scarieuses (fig. 4, pl. CXLIV, *Alium*) sont hermaphrodites, régulières; périanthe double formé de 6 folioles pétaloïdes disposées sur deux verticilles (fig. 11), libres ou soudées entre elles, parfois nectarifères (fig. 8, *Lilium*). Les étamines au nombre de six (fig. 7 et 11) sont insérées sur le réceptacle à la base du périanthe (fig. 5, pl. CXLIV); leurs filets, de forme variable, sont libres, et leurs anthères biloculaires et introrses, sont tantôt dorsi tantôt basifixes. L'ovaire est supère, triloculaire, pluriovulé (fig. 11 et 14, *Hemerocallis*); les ovules anatropes sont insérés à l'angle interne des loges (fig. 11 et 14). Le style est simple et porte trois stigmates plus ou moins soudés entre eux (fig. 4, *Tulipia*). Le fruit est une capsule à trois loges, à déhiscence loculicide (fig. 2), accompagnée très rarement d'une déhiscence septicide secondaire. Les graines nombreuses, sont globuleuses (fig. 15) ou aplaties, à testa membraneux ou crustacé (fig. 13, *Fritillaria*). L'embryon courbé ou droit est enveloppé dans un albumen charnu (fig. 5).

Les Liliacées sont répandues dans toutes les régions du globe, mais surtout dans la zone tempérée. Elles renferment un mucilage et une substance âcre de même qu'une huile volatile à saveur forte et piquante, et trouvent leur emploi en médecine ou comme aliments. Certains genres sont recherchés comme plantes d'ornement.

On divise les Liliacées en quatre tribus en se basant principalement sur la forme des graines, la nature du périanthe, de la racine, etc.

PREMIÈRE TRIBU. — TULIPACÉES.

Périanthe à folioles distinctes (fig. 7); graines comprimées (fig. 5); rhizome bulbeux (fig. 9).

Genres principaux :

Tulipia T. — Tulipe. — Périanthe campanulé (fig. 1); stigmate sessile trilobé (fig. 4).

T. gesneronia L., Tulipe des fleuristes (fig. 1 et 2), originaire de l'Asie Mineure; *T. sylvestris* L., Tulipe sauvage (fig. 3 et 6), spontanée en France, et plusieurs autres espèces sont cultivées comme plantes ornementales. Autrefois, en Hollande, la passion pour les Tulipes fut si grande, qu'on payait des centaines de mille francs pour telle ou telle variété; au fond, ces fleurs n'étaient qu'un prétexte pour l'agiotage financier.

EXPLICATION DES FIGURES.

1 à 6, *Tulipia gesneriana*, fig. 1, fleur; 2, fruit en déhiscence. *T. sylvestris*, fig. 3, étamine; 4, ovaire et stigmate; 5, coupe de la graine.
6, *Polyanthes tuberosa*, fig. 6, port.
7 à 9, *Lilium martagon*, fig. 7, fleurs; 8, foliole du périanthe; 9, bulbe.
10 à 13, *Fritillaria imperialis*, fig. 10, port. *F. pyre-*naica, fig. 11, diagramme; 12, pistil; 13, graine.
14 et 15, *Hemerocallis flavum*, fig. 14, ovaire coupé; 15, graine.
16, *Phormium tenax*, fig. 16, port.
17 et 18, *Uropetalum serotinium*, fig. 17, fleur; 18, étamine.

LILIACÉES.

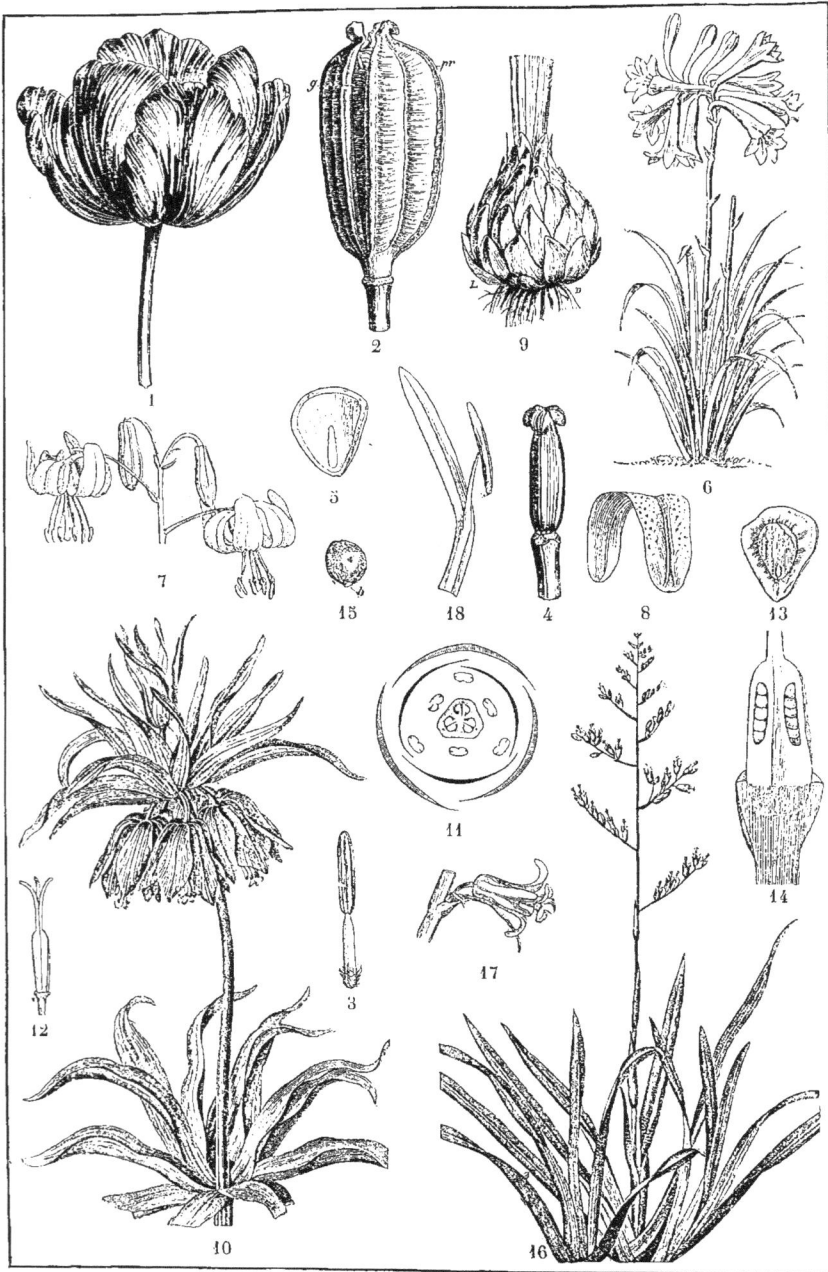

Lilium L. — Lis. — Périanthe à folioles renversées (fig. 7, pl CXLIII), nectarifères (fig. 8).
L. *candidum* L., L. blanc ou commun (fig. 9), L. *martagon* L. (fig. * à 9), etc. Plantes ornementales.

Fritillaria L.— Fritillaire. — Périanthe campanulé, nectarifère(fig.10, pl. CXLIII); stigmate trilobé (fig.12).
F. *pyrenaica* L. (fig. 10 à 13, pl. CXLIII) de nos montagnes et F *imperialis* L., Couronne impériale (fig. 10) originaire de l'Orient, sont cultivées pour leurs fleurs.

Uropetalum Gawl. — Uropétale. — Périanthe infundibuliforme; anthères dorsifixes.
U. *Serotinum* Gawl., U. tardif (fig. 17 et 18). — Commune dans le Midi.

Yucca. — Genre exotique, cultivé parfois en Europe; ses fruits sont purgatifs.

DEUXIÈME TRIBU. — HÉMÉROCALLIDÉES.

Périanthe tubuleux (fig. 19, pl. CXLIII); graines comprimées; racine tubéreuse ou fibreuse (fig. 19).

Genres principaux :

Hemerocallis L. — Genre indigène.
H. *flava* L., Lis jaune (fig. 14 et 15, pl. CXLIII). — Est cultivé comme plante ornementale.

Phormium Forst. — Genre exotique.
P. *tenax* Forster, Lin de la Nouvelle-Zélande (fig. 16). — Cultivé en France; les fibres de ses feuilles servent à la fabrication des cordes.

Polyanthes. — Tubéreuse. — Genre exotique cultivé en Europe.
P. *tuberosa*, T. de l'Inde (fig. 6, pl. CXLIII). — Trouve son emploi en parfumerie.

TROISIÈME TRIBU. — ALOINÉES.

Périanthe tubuleux sex-fide ou sex-partite, étalé (fig. 2); graines comprimées ou anguleuses (fig. 3); racines fibreuses; herbes ou arbres à feuilles charnues (fig. 1).

Genres principaux :

Asphodelus L. — Asphodèle. — Genre indigène à feuilles ordinaires.
A. *albus* Wild., A. blanc (fig. 2 et 3). — Plante des hautes montagnes.

Aloe Tourn. — Aloès. — Genre exotique à feuilles charnues et périanthe tubuleux.
L'A. *soccotorina* Lourk. (fig. 1), l'A. *vulgaris*, originaire de l'Afrique et cultivé dans les pays chauds, l'A. *ferox* Mill., et plusieurs autres espèces de ce genre contiennent dans leurs feuilles une substance résineuse amère et une huile essentielle qui sont employées en médecine comme purgatif drastique.

QUATRIÈME TRIBU. — HYACINTHINÉES.

Périanthe tubuleux (fig. 13); graines globuleuses (fig. 17); racine bulbeuse ou fibreuse.

Genres principaux :

Allium L. — Ail. — Périanthe à divisions presque libres; filets élargis et soudés entre eux. Toutes les espèces de ce genre contiennent dans leurs bulbes une huile volatile sulfurée.
A. *sativum* L., A. cultivé (fig. 6). — Employé en médecine comme vermifuge; usité comme assaisonnement. Plusieurs espèces: A. *cepa* L., Oignon (fig. 7), A. *porrum*, Poireau (fig. 8), A. *Ascalonicum*, Echalote, A. *sphærocephalum* L. (fig. 4), A. *spiralis* W. (fig. 5), etc., sont cultivées ou acclimatées dans nos pays comme plantes alimentaires.

Scilla L. — Scille. — Périanthe étalé; filets filiformes; anthères dorsifixes.
S. *amœna* L., S. élégante (fig. 10 à 12). — Commune dans le Midi.
S. *maritima* L. — Commune en Algérie; est employée en médecine comme diurétique.

Ornithogalum L. — Périanthe étalé; filets élargis jusqu'au sommet.
O. *umbellatum* L., Dame d'onze heures (fig. 9). — Est cultivée comme plante d'ornement.

Albucca Rehb. — Filets élargis, avec deux pointes entre lesquelles se trouve l'anthère.
A. *nutans* Rehb. (fig. 10). — Assez commune dans le Midi.

Hyacinthus Tourn. — Hyacinthe. — Périanthe à divisions soudées; filets soudés au périanthe.
H. *orientalis* L., Jacinthe d'Orient (fig. 13) et autres espèces sont cultivées pour leurs belles fleurs.

Muscari Tourn. — Muscari. — Périanthe en godet.
M. *botrioides* DC., M. raisin (fig. 14). — Était jadis employée en médecine.

Gagea Salisb. — Filets filiformes; anthères basifixes.
G. *stenopetala* Fr. (fig. 15). — Commune en Europe.

Agraphis Link. — Etamines d'inégale grandeur, en deux séries.
A. *campanulata* (fig. 16 et 17). — Spontané en Europe.

EXPLICATION DES FIGURES.

1,   *Aloe soccotorina*, fig. 1, port.
2 et 3, *Asphodelus albus*, fig. 2, fleurs; 3, graine.
4 à 8,   *Allium spherocephalum*, fig. 4, capitule de fleurs. A. *spiralis*. fig. 5, fleur. A. *sativum*, fig. 6, capitule. A. *cepa*, fig. 7, port. A. *porrum*, fig. 8, bulbe.
9,   *Ornithogalum umbellatum*, fig. 9, étamine.
10,   *Albucca nutans*, fig. 10, étamine.
11 à 12, *Scilla amœna*, fig. 11, port; 12, fruit.
13,   *Hyacinthus orientalis*, fig. 13, port.
14,   *Muscari botrioides*, fig. 14, sommité fleurie.
15,   *Gagea stenopetala*, fig. 15, ovaire.
16 et 17, *Agraphis campanulata*, fig. 16, périanthe étalé; 17, graine.

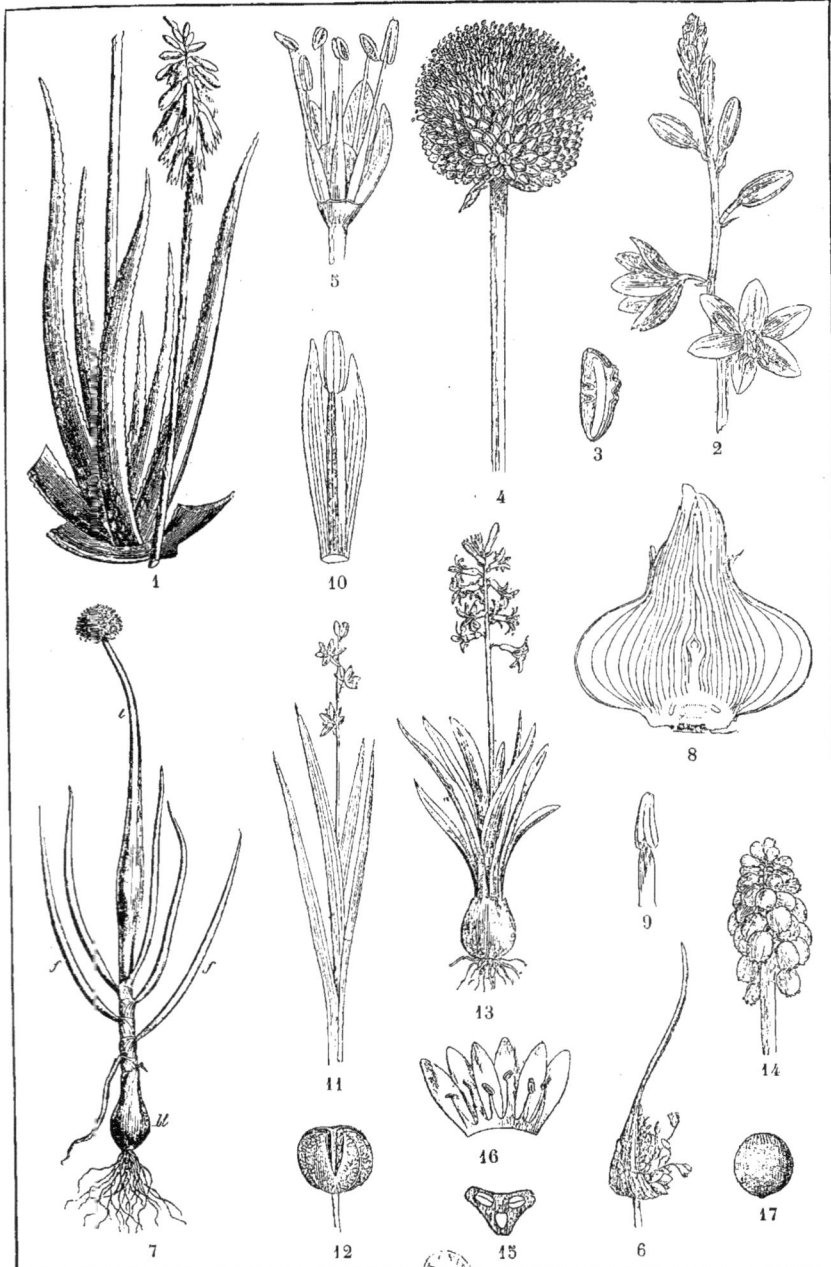

ASPARAGINÉES.

Cette famille est étroitement liée aux Liliacées et ne s'en distingue que par les fruits bacciens. Plusieurs botanistes la divisent en deux ou trois tribus (Asparagées, Smilacées, Paridées), mais nous nous bornerons à énumérer les différents genres sans faire des coupures plus générales.

Les caractères communs à toutes les Asparaginées sont les suivants : périanthe infère (fig. 4, *Asparagus*), fruit baccien (fig. 6 et 7, *Asparagus*), graines albuminées (fig. 9). Ce sont des herbes (fig. 19, *Convallaria*), arbres ou arbrisseaux sarmenteux (fig. 12, *Smilax*) à rhizome fibreux (fig. 5, *Asparagus*) ou rampant (fig. 22, *Polygonatum*, type de *Sympode*), à feuilles sessiles, engaînantes (fig. 19), pétiolées ou écailleuses (fig. 3). Les rameaux de la tige sont souvent transformés en expansions élargies (*Ruscus*, fig. 16) ou cylindriques (fig. 3) ayant l'apparence des feuilles (*Cladodes*). Les fleurs sont régulières (fig. 19, 13, etc.), hermaphrodites, parfois dioïques par avortement (fig. 13, *Smilax*, fleur mâle); leur périanthe est pétaloïde, campanuliforme à 3-4-6 divisions. Les étamines au nombre de six sont insérées au fond du tube du périanthe (fig. 21, *Convallaria*) et présentent des anthères biloculaires, introrses, s'ouvrant parfois par des pores (fig. 12 *Dianella*); l'ovaire supère (fig. 4), triloculaire (fig. 20) à ovules orto ou anatropes. Le fruit est une baie succulente, globuleuse (fig. 6, 11, etc.), renfermant une ou plusieurs graines à testa membraneux (fig. 14 et 15, *Smilax*) ou dur, crustacé (fig. 8); l'embryon droit est enveloppé d'un albumen dense ou charnu (fig. 9 et 15).

Les Asparaginées habitent les régions chaudes et tempérées des deux continents; le suc du rhizome de certaines espèces est diurétique, souvent vénéneux.

Genres principaux :

Asparagus L. — Asperge. — Fleurs dioïques; cladodes cylindriques; feuilles rudimentaires, écailleuses.

A. officinalis L., A. officinale (fig. 3 à 9). — Est cultivée en grand dans toute l'Europe pour ses racines qui sont alimentaires et faiblement diurétiques à cause d'une substance, *asparagine* (amide de l'acide malique), qu'elles renferment. Les graines ont été proposées comme succédané du café.

Dianella Lins. — Genre exotique aux anthères s'ouvrant par des pores apicaux.

D. cærulea Sins. (fig. 1 et 2). — Originaire de Java; cultivée en Europe.

Smilax L. — Smilax. — Fleurs dioïques; feuilles grandes, alternes, munies de vrilles.

S. aspera L., Liseron épineux (fig. 13 à 15). — Commune en France. Les différentes espèces américaines (S. *salsaparilla* (fig. 12), S. *officinalis*), ou asiatique (S. *China*), etc., sont employées en médecine comme antisyphilitiques.

Ruscus L. — Tragon. — Cladodes foliacées; trois étamines.

R. aculeatus L., Houx frelon, petit Houx (fig. 16 à 18). — Sa racine contient un principe âcre, mucilagineux, diurétique.

Paris L. — Parisette. — Fleurs hermaphrodites; périanthe 8-partite; feuilles verticillées; ovules anatropes; styles distincts.

P. quadrifolia L., Raisin de renard (fig. 10 et 11). — Ses feuilles et ses racines sont vénéneuses.

Convallaria L. — Muguet. — Fleurs hermaphrodites en grappe terminale; périanthe à six divisions renversées.

C. maialis L., Muguet de mai (19 et 21). — Est connue par l'odeur suave de ses fleurs.

Polygonatum T. — Polygonatum. — Fleurs axillaires; périanthe à six divisions dressées.

P. multiflorum All. (fig. 22) et *P. vulgare* Desf., sont connues sous le nom de *Sceau de Salomon* à cause des empreintes que les tiges florales laissent sur leurs rhizomes.

Mayanthemum Wiggers. — Périanthe à quatre divisions étalées.

M. bifolium DC. (fig. 23). — Se rencontre dans nos bois.

Dracœna. — Genre exotique.

D. Draco, Dragonnier. — Fournit la résine rouge (sang de dragon) et est célèbre par un de ses spécimens qui croît dans l'île de Ténériffe et présente un immense tronc haut de 24 mètres et ayant près de 5 mètres de diamètre; cet arbre est considéré comme le plus ancien représentant du règne végétal actuel.

EXPLICATION DES FIGURES.

1 et 2, *Dianella cærulea*, fig. 1 et 2, étamines.
3 à 9, *Asparagus officinalis*, fig. 3, cladodes; 4, fleur ouverte; 5, rhizome; 6, fruit; 7, id. coupé; 8, graine; 9, id. coupée.
10 et 11, *Paris quadrifolia*, fig. 10, port; 11, fruit coupé.
12 à 15, *Smilax salsaparilla*, fig. 12, port. S. *aspera*, fig. 13, fleur mâle; 14, graine; 15, graine coupée.
16 à 18, *Ruscus aculeatus*, fig. 16, rameau fleuri; 17, fleur; 18, anthères.
19 à 21, *Convallaria maialis*, fig. 19, port; 20, diagramme; 21, fleur.
22, *Polygonatum multiflorum*, fig. 22, rhizome.
23, *Mayanthemum bifolium*, fig. 23, fleur.

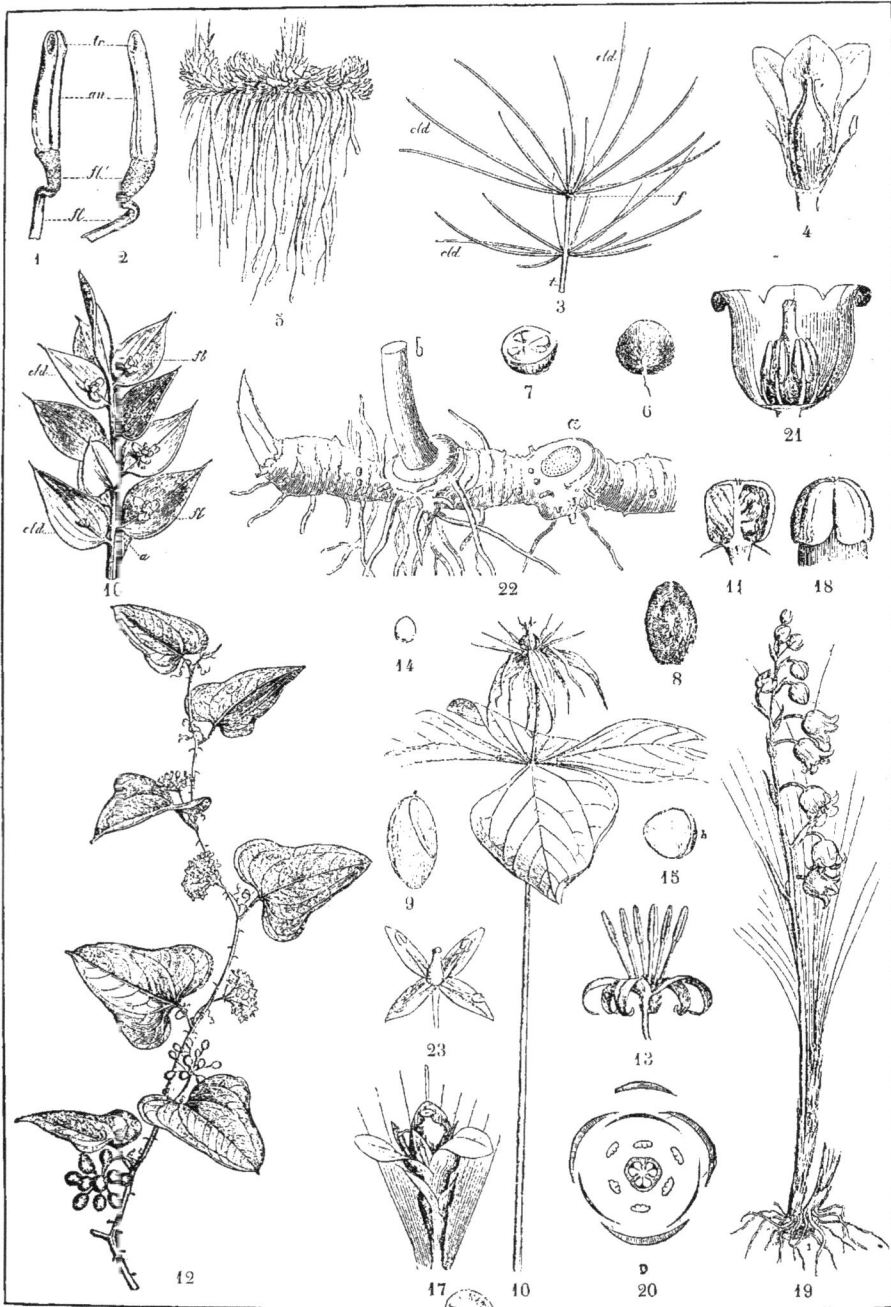

DIOSCORÉES.

Les Dioscorées ne diffèrent des Smilacées que par l'ovaire infère.

Ce sont des plantes des pays chauds, pour la plupart sarmenteuses ou volubiles, à tige grêle, à rhizome bulbeux, charnu et à feuilles alternes, cordiformes (fig. 1) ou lancéolées, présentant une nervure rétractée. Les fleurs hermaphrodites ou dioïques par avortement (fig. 2 et 3, *Tamus*) sont à périanthe simple, tubuleux, présentant six divisions à la base desquelles sont insérées les six étamines (fig. 3) ; l'ovaire infère est triloculaire, pluriovulé. Le fruit est tantôt une capsule munie de trois ailes (fig. 5, *Dioscoræa*), tantôt une baie (*Tamus*, fig. 4). Les graines sont albuminées.

Genres principaux :

Tamus L. — Tamisier. — Fruit baccien. Genre indigène.

T. communis L., Sceau de la Vierge (fig. 1 à 4). — Commune en Europe, surtout au pied des Alpes.

Dioscorea. Ignames. — Genre exotique.

D. Batatas Decais. Igname Patate (fig. 5), *D. sativa* L. et autres espèces sont cultivées dans toute la zone inter- | tropicale, pour leurs bulbilles et tubercules qui fournis-sent un aliment quotidien aux Chinois, aux Malais, etc.

TRACCACÉES.

On place parfois à côté des Dioscorées la famille des *Traccacées*, qui présente en même temps le type régulier hexandre des Orchidées. La *T. pinnatifides* de l'Océanie fournit un aliment dans le genre de l'*arrowroot*.

COMMÉLYNÉES.

Petite famille qu'on rattachait jadis aux Juncacées, mais qui se distingue de ces plantes de même que de toutes les autres Monocotylédones, sauf les Alysmacées, par son périanthe double, présentant une corolle et un calice distincts (fig. 6, *Commelyna*).

Ce sont des plantes herbacées (fig. 7) des régions intertropicales. Le périanthe de leurs fleurs présente un calice à trois sépales et une corolle à trois pétales (fig. 6) ; les étamines au nombre de six (fig. 6) ont des filets garnis de poils articulés. L'ovaire est 2-3-loculaire, pluriovulé ; ovules orthotropes ; le fruit est une capsule ; les graines sont albuminées.

Genres principaux :

Commelyna.

Certaines espèces américaines, *C. virginica* (fig. 6), *C. tuberosa*, etc., sont alimentaires.

Tradescantia L.

T. virginica L. (Éphémérine) et *T. diuretica* sont considérées comme plantes médicinales.

JONCÉES OU JUNCACÉES.

Les Joncées forment le passage des familles qui se groupent autour des Liliacées, aux Cypéracées et aux Graminées, dont elles diffèrent surtout par la nature du fruit : capsule déhiscente en trois valves (fig. 12 et 13, *Lugula*).

Ce sont des herbes des régions froides et tempérées, à tiges cloisonnées et à feuilles engaînantes (fig. 8, *Lugula*). Les fleurs hermaphrodites ou diclines par avortement sont disposées en cyme (fig. 14), épi (fig. 8) ou tête ; munies de bractées (fig. 10 et 15), elles présentent un périanthe glumacé (voir les *Graminées*), 3 à 5 étamines (fig. 9) ; ovaire supère (fig. 11 et 16) uni ou triloculaire (fig. 9), renfermant des ovules anatropes et surmonté d'un style simple à trois stigmates filiformes (fig. 11 et 16). Le fruit capsulaire (fig. 12) renferme trois ou plusieurs graines albuminées (fig. 17, 18 et 19, *Juncus*).

Genres principaux :

Lugula DC. — Lugule. — Capsule uniloculaire à trois graines.

L. campestris DC. (fig. 8 à 13). — Se rencontre dans tous les pays, surtout sur les hautes montagnes.

Juncus L. — Jonc. — Capsule triloculaire, plurisperméce.

J. acutus L., J. des jardiniers (fig. 14 à 19), *J. glaucus*, Ehrh. et autres espèces sont répandues sur toute la surface | du globe. La moelle de certaines espèces est employée en Chine et en Asie centrale pour fabriquer les chandelles.

EXPLICATION DES FIGURES.

1 à 4,   *Tamus communis*, fig. 1, port ; 2, fleur fe-melle ; 3, fleur mâle ; 4, fruit coupé.

5,   *Dioscorea Batatas*, fig. 5, rameau fructifère.

6,   *Commelyna virginica*, fig. 6, fleur.

7,   *Tradescantia virginica*, fig. 7, port.

8 à 13,   *Lugula campestris*, fig. 8, port ; 9, diagramme ;

10, fleurs et bractées ; 11, fleur ; 12, fruit ; 13, fruit ouvert.

14 à 19, *Juncus acutus*, fig. 14, port ; 15, groupe de fleurs ; 16, fleur ; 17, fruit coupé longitudinalement ; 18, *id.* coupé transversalement ; 19, graine coupée.

CYPÉRACÉES.

Cette famille présente des caractères communs avec es Juncacées; mais des affinités plus étroites la rattachent aux Graminées et souvent même on réunit ces deux familles en un seul groupe des Glumacées. Les distinctions principales entre les Graminées et les Cypéracées sont tirées de la nature des tiges, des feuilles, de l'embryon, etc.

Les caractères essentiels des Cypéracées sont les suivants : tige anguleuse, feuilles à gaîne fermée en tube (fig. 1, *Carex*, 10, *Scirpus*), tristiques (fig. 1 et 10). Fleurs en épis (fig. 10); fruits, akènes (fig. 2, *Carex*); embryon simple albuminé.

Ce sont des herbes à rhizome souvent rampant (fig. 1), à tige anguleuse, dépourvue de nœuds dans sa portion aérienne. Les feuilles linéaires sont tristiques et présentent une gaîne en tube continu (fig. 1 et 10) et des stipules membraneuses. Les fleurs hermaphrodites ou diclines (fig. 5 et 6, *Carex*) sont disposées en petits épis formés des *épillets* (voir les *Graminées*) (fig. 4, *Carex*, 9, *Cyperus*); chaque fleur est pourvue d'une ou deux bractées scarieuses (fig. 5 et 6) analogues aux glumes des Graminées (voir cette famille); le périanthe manque complètement ou n'est représenté que par des soies au nombre de 3 ou 6 disposées sur un ou deux rangs (fig. 11, *Scirpus*). Les étamines, le plus souvent au nombre de trois (fig. 5), ont des filets libres, allongés, et des anthères biloculaires introrses (fig. 5). L'ovaire est libre, souvent uniloculaire et contient un seul ovule anatrope, dressé (fig. 3, *Carex*); il est surmonté de 3 ou 2 styles plus ou moins soudés à leur base (fig. 3 et 6). Le fruit est un akène (fig. 2 et 7) contenant une graine albuminée (fig. 2); l'embryon (fig. 2 et 7) simple est logé dans l'extrémité de l'albumen (fig. 2).

Les Cypéracées sont répandues sur toute la Terre, mais surtout dans les régions froides et tempérées; elles ne possèdent pas de propriétés bien marquées et ne sont presque d'aucune utilité pour l'homme; on emploie quelques Cypéracées pour fabriquer le *papier dit de Chine*.

Genres principaux :

Carex L. — Carex. — Fleurs unisexuées (fig. 5 et 6); fruit trigone (fig. 7).

C. arenaria L., Laiche des sables (fig. 1). — Employée jadis en médecine.
C. caespitosa Good., *C. gazonnante* (fig. 2), *C. palu-* *dosa* Good, (fig. 5 à 7), *C. ornithopoda* Willd. (fig. 4) et plusieurs autres espèces sont communes au bord de nos eaux courantes ou stagnantes.

Cyperus L. — Louchet. — Fleurs hermaphrodites (fig. 9); écailles florales (glumes) distiques (fig. 9).

C. fuscus L. (fig. 8) et *C. thermalis* (fig. 9). — Sont communes en Europe. Les tubercules de la souche de *C. esculentus* L., cultivé jadis en Égypte et actuellement en Espagne et dans le midi de la France, sont comestibles.
C. papyrus L. — Le papyrus est une des plus grandes Cypéracées; sa tige atteint jusqu'à trois mètres de hauteur et 10 centimètres d'épaisseur. Cette plante fournissait aux anciens Égyptiens, aux Grecs et aux Romains, la matière pour la fabrication de leur papier.

Scirpus L. — Scirpe. — Écailles florales (glumes) imbriquées de tous les côtés (fig. 10); fleurs hermaphrodites; soies incluses, courtes.

S. lacustris L., Jonquine (fig. 10 et 11). — Commune dans les lacs et les étangs; sert à la fabrication des paillassons.
S. tuberosus. — Est cultivé en Chine comme plante alimentaire.

Eriophorum L. — Linaigrette. — Glumes imbriquées de tous les côtés (fig. 12); soies nombreuses, dépassant longuement les glumes et s'accroissant après la floraison (fig. 13 et 14).

E. augustifolium Roth. (fig. 12 à 14). — Croît dans les prairies tourbeuses.

Rhynchospora Vahl. — Deux stigmates; glumes inférieures plus petites que les supérieures.

R. fusca R. et Sch. (fig. 15). — Plante des marais tourbeux.

EXPLICATION DES FIGURES.

1 à 7, *Carex arenaria*, fig. 1, port. *C. caespitosa*, fig. 2, coupe du fruit avec son urcéole. *C. ornithopoda*, fig. 4, épillets. *C. paludosa*, fig. 5, fleur mâle; 6, fleur femelle; 7, fruit coupé.
8 et 9, *Cyperus fuscus*, fig. 8, port. *C. thermalis*, fig. 9, épilet.

10 et 11, *Scirpus lacustris*, fig. 10, sommité fleurie; 11, fleur sans glume.
12 à 14, *Eriophorum augustifolium*, fig. 12, coupe de l'épi; 13, épillette fructifère; 14, fruits et soies.
15, *Rhynchospora fusca*, fig. 15, épillet.

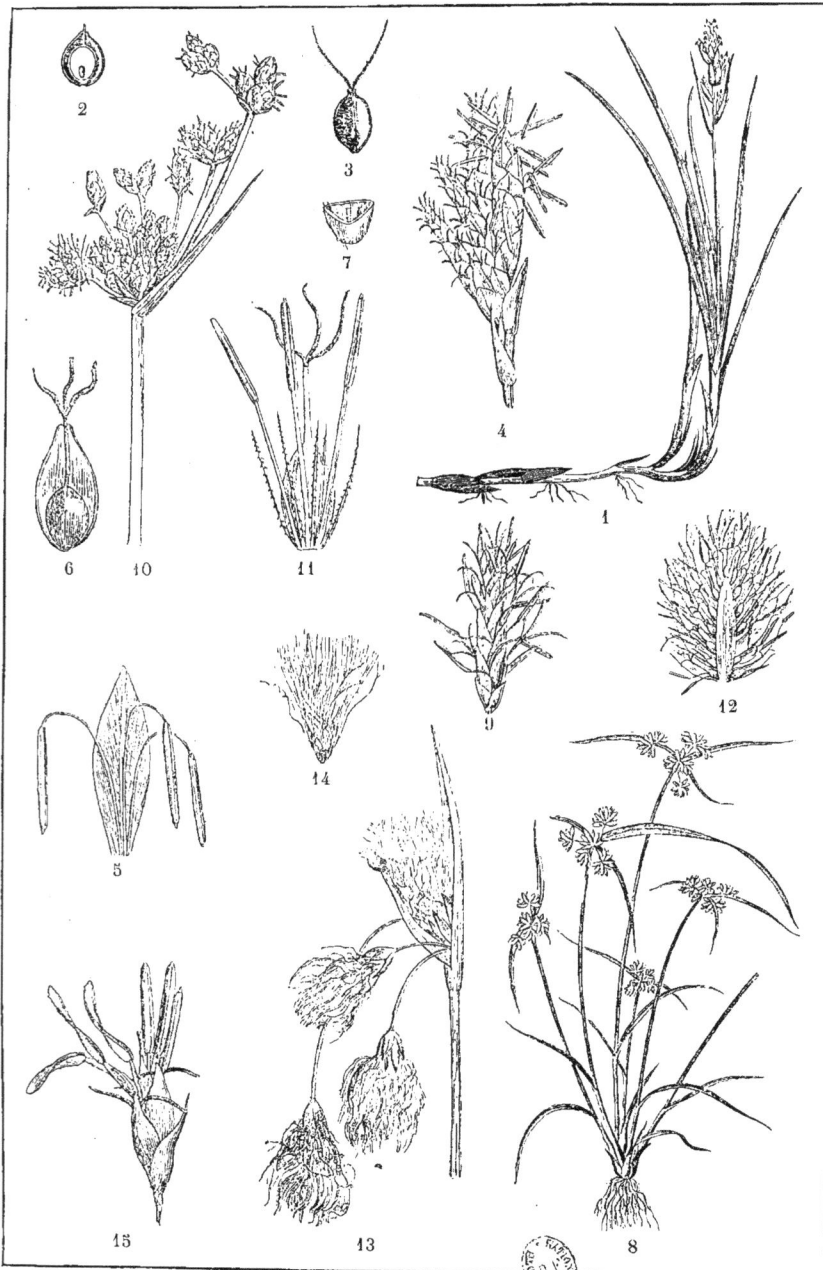

GRAMINÉES.

Famille peut-être la plus riche en espèces du règne végétal ; en même temps elle est une des plus naturelles et présente par conséquent peu d'affinités avec les autres groupes ; seuls les Cypéracées s'en rapprochent, tout en présentant plusieurs caractères différentiels (gaîne des feuilles non. fendue, chaume sans cloisons, graines peu albuminées, etc.).

Les caractères communs à toutes les Graminées sont tirés de la nature du périanthe, de l'inflorescence (voir plus bas), de la tige (*Chaume*) et des feuilles à pétioles engaînants et aux limbes ligulés.

Les Graminées sont des plantes généralement vivaces, herbacées (fig. 7, *Avena*), plus rarement frutescentes ou arborescentes (fig. 2, pl. CLI, *Bambou*). La tige est ordinairement simple, incrustée de silice, fistuleuse, ronde ; elle présente des cloisons intérieures et des nœuds bien marqués, annulaires, à l'insertion des feui les ; elle porte, à cause de ces particularités, le nom de *Chaume* (fig. 7, *Avena*). Les feuilles sont simples, linéaires, incomplètement distiques ; à pétiole engaînant la tige de façon à laisser une fente entre ses bords (fig. 8, pl. CXLIX). Au point de réunion du pétiole avec le limbe, on remarque une languette membraneuse (*ligule*) (fig. 8, pl. CXLIX), probablement de nature stipulaire. Les fleurs hermaphrodites, rarement unisexuées, sont disposées en *épillets* (fig. 5, *Lolium*) qui, à leur tour, sont groupés en *épis*, quand ils sont sessiles sur la tige (fig. 1, *Lolium* ; fig. 1, pl. CXLIX, *Triticum*), ou en *panicule* quand ils sont portés sur des pédoncules rameux (fig. 7, *Avena* et fig. 1, pl. CLI, *Bromus*) Chaque *épillet* est formé d'une ou plusieurs fleurs (fig. 5) et muni à sa base d'une sorte d'involucre formé de deux bractées ou *glumes* (fig. 5, 8 et 10 GL) insérées à des niveaux différents. Chaque fleur présente à sa base deux bractées, *glumelles* ou *paillettes* (fig. 5, 8 et 10 BB), dont l'externe ou l'inférieure (fig. 8) est munie d'une nervure médiane (*paillette imparinervée*) qui se prolonge parfois en une arête terminale (fig. 8). Cette glumelle externe englobe une autre, *interne* ou *supérieure* (fig. 5, 8 et 10), qui présente deux nervures (*paillette parinervée*) et est souvent échancrée ou bifide (fig. 2 g, *Lolium*). Les glumes et les glumelles peuvent présenter des côtes ou arêtes latérales et terminales (*gl. aristées*, fig. 8), ou en être dépourvues (*gl. mutiques*, fig. 5). Le périanthe de la fleur n'est représenté que par trois petites écailles membraneuses *glumellules* (fig. 2 g et 10) situées à la base de l'ovaire ; deux de ces paillettes sont opposées à la glumelle parinervée ; la troisième, opposée à la paillette imparinervée, est le plus souvent avortée (fig. 10). Les étamines sont généralement au nombre de trois, deux internes opposées à la paillette imparinervée et une externe opposée à la paillette parinervée (fig. 2 et 10). Dans certains genres, on trouve 1, 2, 4, 6 ou un nombre plus considérable d'étamines. Les filets sont longs, filiformes, et les anthères en forme d'un X allongé, biloculaires, introrses, à déhiscence longitudinale (fig. 2). L'ovaire est libre, infère, uniloculaire, uniovulé (fig. 2, 3 et 4), surmonté de 2 (rarement 3) styles à stigmates poilus (fig. 2 et 3). Telle est la constitution des fleurs complètes ; mais à côté de ces dernières il y a des fleurs avortées (fig. 5, 8 et 10 A), réduites aux glumelles, qui se trouvent placées au-dessus ou au-dessous des fertiles dans le même épillet. L'ovule est anatrope, presque toujours ascendant (fig. 4). Le fruit est sec, indéhiscent (Caryops), à péricarpe membraneux, adhérent aux enveloppes de la graine qui en occupe la plus grande partie (fig. 14 à 16, *Avena*). La graine renferme un albumen abondant, farineux, très épais (fig. 6 *Zea*, 15 et 16), et un embryon situé en dehors de ce dernier et d'une forme spéciale. Sa tigelle terminée par la gemmule (fig. 6) donne naissance latéralement à une lame aplatie (*scutelle* ou *écusson*) (même figure) recouvrant et la tigelle et la radicule enveloppée dans son coléorhize (*id.*) ; cette scutelle n'est autre chose que le cotylédon.

EXPLICATION DES FIGURES.

1 à 5, *Lolium perenne*, fig. 1, extrémité fleurie ; 2, fleur ; 3, ovaire ; 4, *id.* coupé longitudinalement ; *L. italicum*, fig. 5, épillet.

6, *Zea Mais*, fig. 6, coupe de la graine.

7 à 16, *Avena pubescens*, fig. 7, port ; *A. sempervivens*, fig. 8, épillet de deux fleurs ; 9, embryon.

A. sativa, fig. 10, diagramme ; 11, paillette externe ; 12, paillette interne vue de face ; 13, *id.* vue de dos ; 14, fruit ; 15, *id.* coupé transversalement ; 16, *id.* coupé longitudinalement.

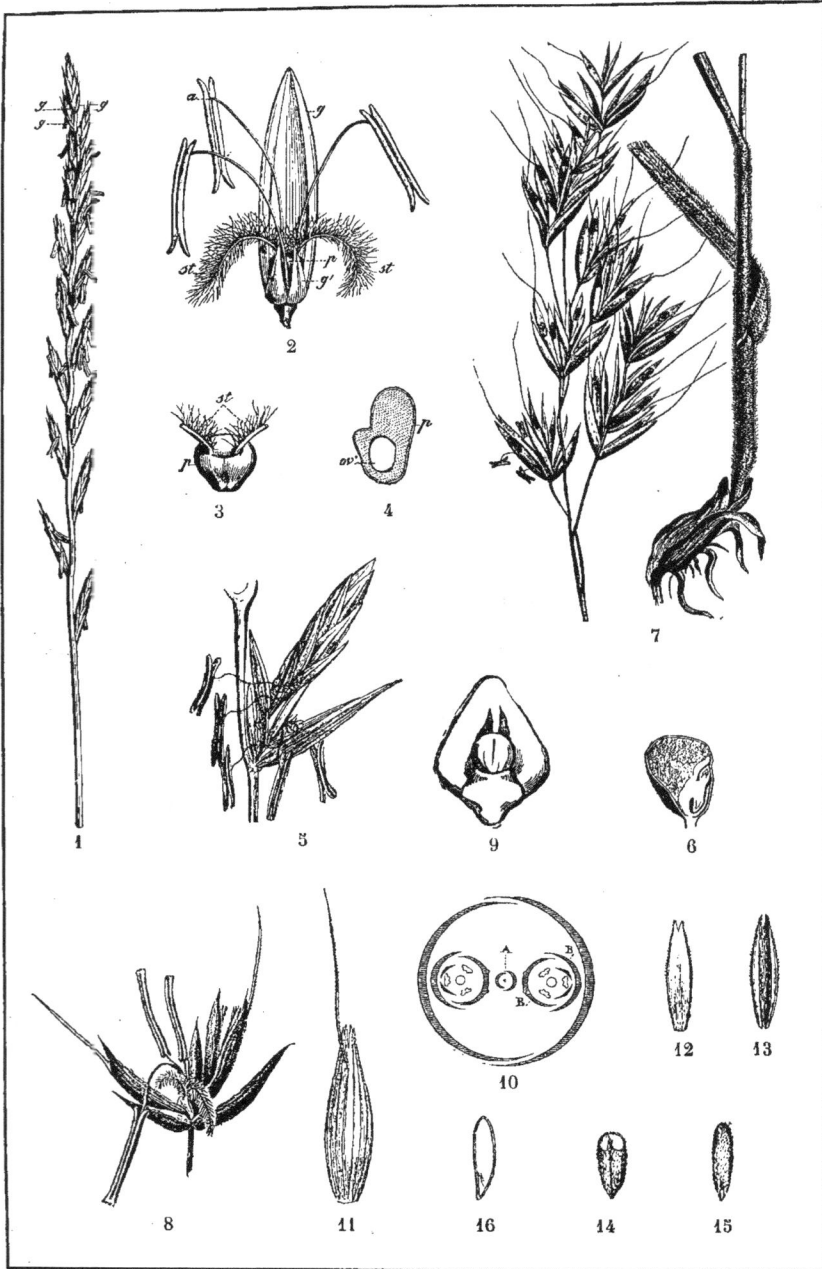

Les Graminées sont répandues ou cultivées sur toute la surface du globe, depuis l'équateur jusqu'aux régions polaires. Il n'est pas nécessaire d'insister sur l'immense utilité qu'ont pour l'homme toutes les parties de ces plantes, mais surtout les graines et les tiges.

Comme dans toute famille très naturelle, il est difficile d'établir dans les Graminées les divisions secondaires, mais ayant recours à la diversité dans la forme du ligule, dans la disposition des stigmates et des fleurs stériles et fertiles, dans l'inflorescence, dans la nature des glumes, etc., on peut y constituer 13 tribus distinctes.

PREMIÈRE TRIBU. — TRITICÉES.

Stigmates longs sortant de la fleur sur les côtés ou vers la base (fig. 2 et 8, pl. CXLVIII); épillets hermaphrodites, 1-2-multiflores (fig. 5 et 8, pl. CXLVIII, et fig. 3 et 2); fleur supérieure avortée (fig. 2).

Genres principaux :

Triticum L. — Froment. — Épillets de 3 à 5 fleurs munis de deux glumes d'égale grandeur, coriaces, carénées, arrondies au sommet.

D'innombrables races de froment sont cultivées dans beaucoup de pays, mais elles sont toutes issues de quelques espèces, peu nombreuses, probablement spontanées à l'origine, quoique actuellement on ne puisse indiquer, et encore avec réserve, qu'un pays où le froment croît spontanément, c'est l'Asie occidentale. Le blé forme la base de l'alimentation dans plusieurs pays, non seulement pour l'homme, mais aussi pour les animaux (par sa paille). La zone de sa culture dépasse difficilement 62° de latitude nord.

T. vulgare Villars, Froment ordinaire (fig. 1 à 5). — Cultivé depuis les temps préhistoriques en Europe et en Asie ; on a trouvé de ses graines dans les habitations lacustres de Suisse, dans les pyramides d'Egypte et dans les stations de l'âge de la pierre en Hongrie ; *T. turgidum* L., gros blé, Petanielle, et *T. durum*, cultivés dans la région méditerranéenne ; *T. polonicum* L., cultivé en Europe orientale. Dans toutes ces espèces, les graines se séparent facilement à la maturité de leurs enveloppes, tandis que dans le *T. spelta* L., ou Epéautre, cultivé en Allemagne méridionale, dans *T. monococcum* L., des régions montagneuses de l'Europe, etc., les graines adhèrent intimement aux enveloppes, et il faut avoir recours à une opération spéciale pour les en séparer. *T.* (*Agropyrum*) *repens*, chiendent (fig. 5), mauvaise herbe redoutée par les agriculteurs.

Ægilops L. — Genre voisin du précédent et non cultivé ; deux glumes non carénées à un ou plusieurs arêtes ou dents.

Æ. ovata L. et *Æ. triaristata* Willd. (fig. 11) sont connus sous le nom de *blé sauvage* dans la région méditerranéenne ; mais rien ne fait présumer que le blé cultivé en dérive.

Secale L. — Seigle. — Épillets à deux fleurs fertiles et une fleur incomplète ; glumelle inférieure aristée.

La zone de culture du seigle est encore plus vaste que celle du froment, et s'étend beaucoup plus au Nord, mais la culture même est moins ancienne. Le seigle fournit une bonne nourriture pour l'homme et les animaux.

S. cereale L., S. cultivé (fig. 6). — Originaire probablement de la Hongrie et de la Russie méridionale, cette plante est cultivée actuellement jusqu'à 66° de latitude nord en Europe.

Hordeum L. — Orge. — Épillets uniflores groupés par trois : les deux latéraux quelquefois mâles ; stigmates sessiles.

L'orge est cultivé dans toute l'Europe, surtout dans le Nord (jusqu'à 70° degré de latitude) où il forme la base de l'alimentation du peuple ; dans le Midi, c'est une plante fourragère ; dans l'Europe centrale, ses graines servent à la préparation de la *bière*.

H. distichum L., O. à deux rangées (fig. 7). — Espèce la moins productive, trouvée spontanée en Asie occidentale ; elle semble avoir donné naissance à deux autres variétés cultivées : *H. vulgare* et *H. hexastichum* L., à six rangées d'épillets.

Lolium L. — Ivraie. — Épillets de 5 à 25 fleurs, les latérales à une seule glume, la terminale à deux glumes.

L. perenne L., I. vivace (fig. 1 à 4, pl. CXLVIII), et *L. italicum* Braun (fig. 5, pl. CXLVIII). — Fournissent d'excellents gazons et pâturages.

L. temulentum L., I. enivrante. — Est faiblement vénéneuse.

EXPLICATION DES FIGURES

1 à 5, *Triticum vulgare*, fig. 1, épi ; 2, diagramme ; 3, épillet ; 4, coupe du fruit. *T. repens*, fig. 5, port.
6, *Secale cereale*, fig. 6, épi.
7, *Hordeum distichum*, fig. 7, épi.

8, *Holcus lanatus*, fig. 8, port.
9 et 10, *Melica nutans*, fig. 9, épillet ; 10, paillette inférieure.
11, *Ægilops triaristata*, fig. 11, paillette inférieure.

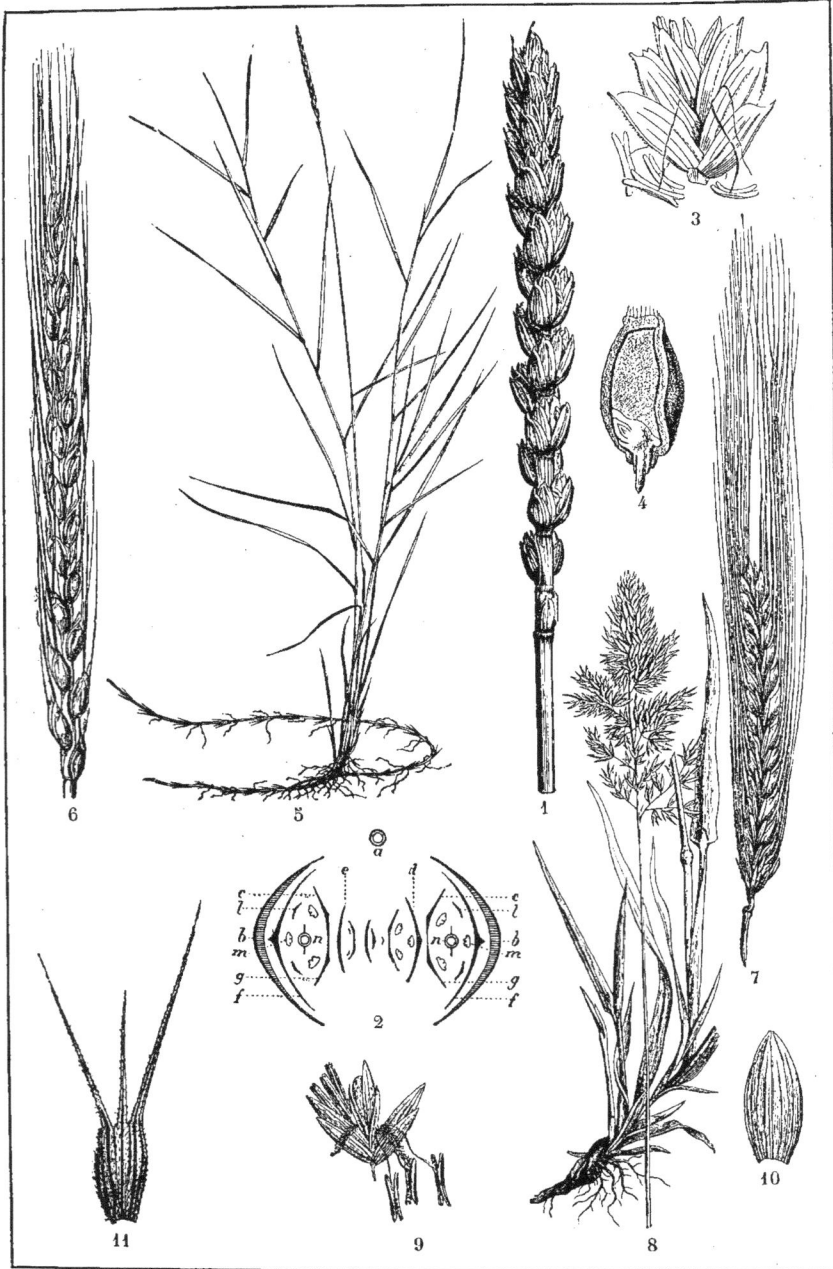

DEUXIÈME TRIBU. — AVENÉES.

Stigmates sessiles, sortant de la fleur sur les côtés (fig. 7 et 8, pl. CXLVIII); épillets tous fertiles, en panicule, 2-multiflores (fig. 7 et 8, pl. CXLVIII), glumelle inférieure ordinairement aristée (fig. 8, pl. CXLVIII).

Genres principaux :

Avena L. — Avoine. — Épillets de 2 à 6 fleurs (fig. 7 et 8, pl. CXLVIII).

A. pubescens L. (fig. 7, pl. CXLVIII), *A. sempervirens* Will. (fig. 8 et 9, pl. CXLVIII) et plusieurs autres espèces des pays tempérés fournissent une excellente nourriture pour e bétail, tant par leurs graines que par leurs tiges; on ne connaît pas d'avoine à l'é'at de plante spontanée.

Holcus L. — Houlque. — Épillets à une fleur hermaphrodite et à une fleur supérieure mâle (fig. 8, pl. CXLIX).

H. lanatus L., H. laineuse (fig. 8, pl. CXLIX). — Plante fourragère de nos prés.

TROISIÈME TRIBU. — FESTUCÉES.

Stigmates sessiles, sortant de la fleur vers la base (fig. 9, pl. CXLIX); épillets bi-multiflores; fleur supérieure ou inférieure rudimentaire ou mâle (fig. 9, pl. CXLIX).

Genres principaux :

Melica L. — Mélique. — Glumelle inférieure arrondie, entière au sommet (fig. 10, pl. CXLIX).

M. nutans L., M. penchée (fig. 9 et 10, pl. CXLIX). — Plante commune dans toute l'Europe, servant de pâture aux animaux.

Poa L. — Paturin. — Épillets de 2 à 10 fleurs; glumelle inférieure carénée (fig. 1).

P. pratensis L. (fig. 1) et *P. trivialis* L. — Plantes précoces fournissant un bon fourrage.

Brisa L. — Glumelle inférieure orbiculaire au sommet, en cœur à la base; épillets de 5 à 15 fleurs (fig. 2).

B. media L., Tremblette, Amourette (fig. 2). — Plante fourragère commune dans les prairies sèches.

Festuca L. — Fétuque. — Glumelle inférieure à dos arrondi, ordinairement aristée; fleurs en panicule rameuse (fig. 3); feuilles souvent larges.

F. pratensis Huds. (*F. elatior* L.), *F. ovina* L., *F. rubra* L., etc. — Plantes fourragères qui viennent sur des terrains arides et ingrats.

Bromus L. — Brome. — Glumelle inférieure bifide au sommet avec une arête.

Toutes les espèces de ce genre (*B. arvensis* L., *B. mollis* L., etc.), excepté le *B. sterilis* L. (fig. 1, pl. CLI), qui présente des épillets pointus, sont des plantes fourragères.

Bambusa Schreb. — Genre exotique, formé des plantes arborescentes, souvent hautes de plusieurs mètres (fig. 2, pl. CLI); fleurs à 6 étamines.

B. arundinacea Wild. — Grand bambou, originaire de la Chine où il est employé à différents usages : pour la construction des maisons, des meubles; pour la confection des vases, des cannes, etc.; les lanières d'écorce servent à la fabrication du papier; les jeunes pousses sont comestibles. Les entre-nœuds de la tige renferment des concrétions riches en silice, connues sous le nom de *Tabachir*.

Il existe plusieurs autres espèces de bambou : *B. tagoura*, *B. verticillata*, *B. Tuoarsi* (fig. 2, pl. CLI), etc., dans l'Inde, à Java, dans l'Amérique tropicale, etc.

Dactylis L. — Glumelle inférieure carénée.

D. glomerata L. (fig. 14, pl. CLI). — Est commune dans nos champs.

Cynosurus L. — Cynosure. — Epillets fertiles et stériles.

C. cristatus L. (fig. 3, pl. CLI) et autres espèces sont fourragères.

EXPLICATION DES FIGURES.

1, *Poa pratensis*, fig. 1, port.
2, *Brisa media*, fig. 2, port.
3 et 4, *Festuca pratensis*, fig. 3, port; 4, graine.
5 et 6, *Agrostis vulgaris*, fig. 5, port; 6, graine.
7, *Arundo donax*, fig. 7, épillet.
8, *Polypogon maritimum*, fig. 8, graine.

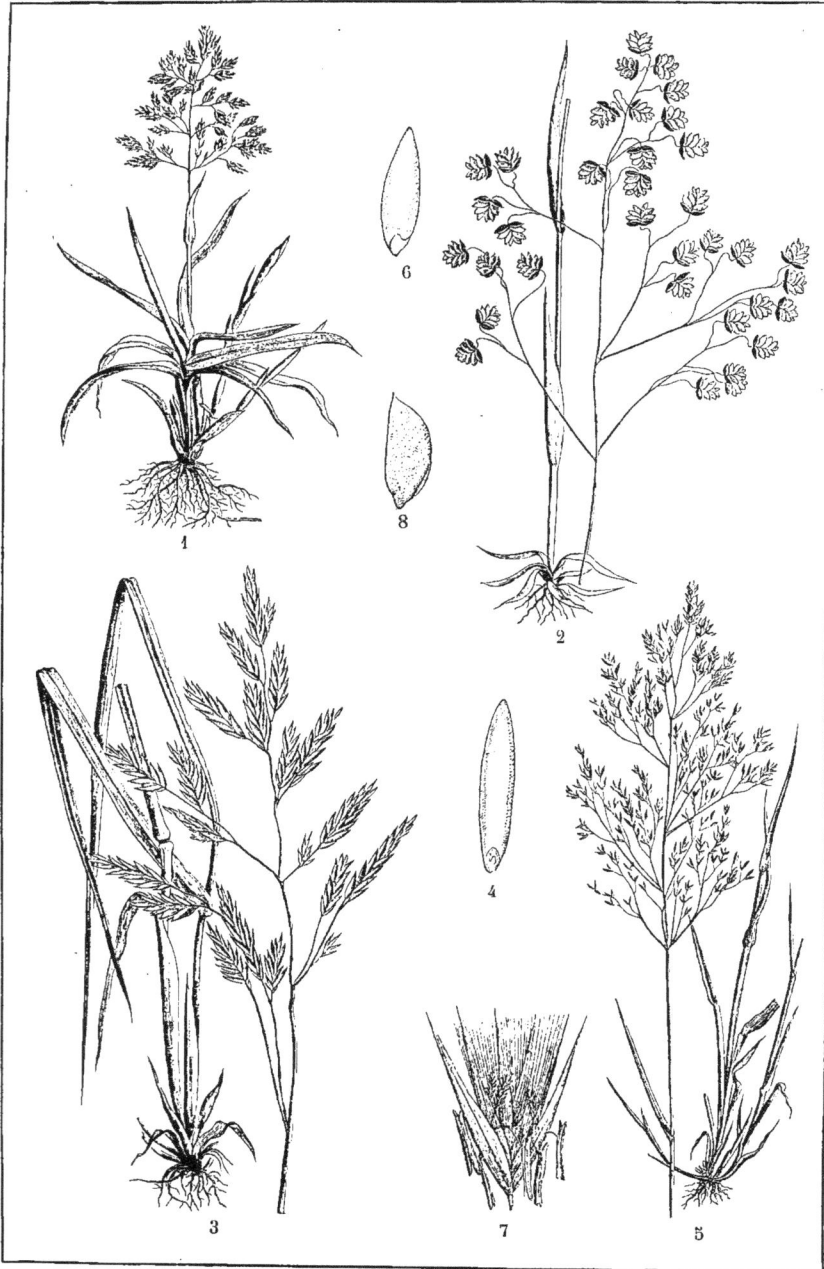

NEUVIÈME TRIBU. — ANDROPOGONÉES.

Épillets polygones, le médian fertile, les latéraux mâles ou neutres, composés d'une fleur hermaphrodite et d'une fleur mâle ou neutre (fig. 2).

Genres principaux :

Saccharum L. — Canne. — Épillets tous hermaphrodites à deux fleurs, dont l'inférieure est neutre.

S. officinarum L., Canne à sucre (fig. 1). — Plante originaire probablement de la Cochinchine et du Bengale, et cultivée depuis les temps les plus reculés dans l'Inde et en Malaisie ; au deuxième siècle de notre ère la canne fut introduite en Chine ; au moyen âge, les Arabes ont répandu sa culture en Egypte, en Sicile et en Espagne ; de Sicile, les Portugais l'ont transporté, au commencement du seizième siècle, aux îles Canaries et de là au Brésil, d'où sa culture s'est propagée au Mexique, à la Guadeloupe, à la Martinique, etc. Tout le monde connaît l'usage du suc cristallisable de la canne pour la fabrication du sucre et l'emploi du résidu non cristallisable (*mélasse*) pour la distillation des liqueurs fermentées (rhum ou tafia).

Sorghum Pers. — Sorgho. — Genre difficile à caractériser nettement ; épillets uniflores, polygames ; les épillets hermaphrodites aristés sont situés supérieurement (fig. 2).

S. vulgare Pers. (*Holcus sorghum* L.). — D'origine probablement africaine, est cultivée dans la région méditerranéenne (surtout en Egypte sous le nom de *Dowrra*) comme plante alimentaire. — *S. alepensis* Pers., S. d'Alep (fig. 2). Croît spontanément dans le midi de la France ; il n'est d'aucune utilité pour l'homme. — *S. saccharatum* Pers. (*Holcus saccharatum* L., *Andropogon saccharatum* Rosb.). Est cultivé dans les pays tropicaux pour le grain, qui est moins nutritif que celui de *S. vulgare*; dans les pays tempérés on l'emploie comme fourrage. Sa tige renferme du sucre et en Chine on en distille l'alcool.

DIXIÈME TRIBU. — PHALARIDÉES.

Stigmates longs ; épillets à deux fleurs (hermaphrodites, mâles ou femelles) ou à 2-3 fleurs, la supérieure seule fertile.

Genres principaux :

Phalaris L. — Épillets à une seule fleur fertile ou à deux fleurs incomplètes.

P. aquatica L. (fig. 4), *P. canarensis* L., etc. — Sont cultivées pour leurs graines et comme plantes fourragères.

Anthoxanthum L. — Flouve. — Fleur supérieure fertile, les deux inférieures rudimentaires.

A. odoratum L. (fig. 3). — Plante fourragère très odorante.

Zea L. — Maïs. — Genre monoïque à épis mâles en panicule terminale, les femelles en épis axillaires (fig. 5 à 7).

Z. mais L., Blé de Turquie (fig. 5 à 7 et fig. 6, pl. CXLVIII). — Plante originaire de l'Amérique et cultivée actuellement dans tous les pays chauds et tempérés ; elle constitue, avec le riz, le blé et le seigle, le fond de la nourriture de la majeure partie de l'humanité. Dans les pays riches elle sert aussi de nourriture aux bestiaux.

ONZIÈME TRIBU. — PANICÉES.

Épillets tous fertiles composés d'une fleur hermaphrodite avec une fleur mâle ou neutre située inférieurement.

Un des genres principaux :

Panicum L. — Panil.

P. miliaceum L., Millet commun (fig. 8 et 9). — D'origine arabe, cette plante est cultivée actuellement dans toute l'Europe et l'Asie. — *P. italicum*, originaire de la Chine, est cultivée en Europe et en Asie centrale et orientale.

DOUZIÈME TRIBU. — STIPÉES.

Stigmates longs ; glumelle inférieure pourvue au sommet d'une arête simple ou 3-fide.

Genres principaux :

Milium L. — Millet. — Épillets uniflores.

M. effusum L. (fig. 10 et 11), M. aromatique, *M. multiflorum* Cav., etc., donnent de médiocres fourrages.

Machrochloa.

Le *M. tenocinium* est usité dans la sparterie et dans la fabrication du papier.

Lasiagrostis.

Une espèce de ce genre, la *L. splendens*, croît dans les déserts de l'Asie centrale, surtout dans le désert de *Gobi* où elle forme des buissons hauts de 3 à 4 mètres ; ses tiges sont dures comme le fil de fer.

EXPLICATION DES FIGURES.

1, *Saccharum officinarum*, fig. 1, port.
2, *Sorghum halepensis*, fig. 2, branche et épis.
3, *Anthoxanthum odoratum*, fig. 3, port.
4. *Phalaris aquatica*, fig. 4, port.
5 à 7, *Zea mais*, fig. 5, port ; 6, épi de fruits mûrs ;
7, épi de fleurs femelles.
8 et 9, *Panicum miliaceum*, fig. 8, port ; 9, graine.
10 à 12, *Milium effusum*, fig. 10, épillet ; 11, graine ; 12, sommet d'une panicule.

PALMIERS.

La famille des Palmiers, qui compte près de 1000 espèces, est tellement bien caractérisée qu'elle ne présente point d'affinités avec aucune autre famille des Monocotylédones. Les caractères constants des Palmiers sont les suivants : tige ligneuse (fig. 7, *Phœnix*); fleurs sessiles sur un spadice simple ou rameux (fig. 2, *Chamœrops*) à périanthe trimère (fig. 3 et 6, *Chamœrops*); étamines 6 (fig. 3 et 6), rarement plus ; gynécée formé de trois carpelles libres ou soudés (fig. 4 et 5), uniovulés; graine albuminée (fig. 14, *Sagus*).

Les Palmiers sont des plantes ligneuses présentant un port caractéristique (fig. 7). La tige est le plus souvent dressée, non ramifiée, mais parfois aussi sarmenteuse (*Calamus*); tantôt elle est longue de plusieurs mètres, tantôt réduite à quelques centimètres. Les feuilles qui couronnent ordinairement la tige en formant une belle touffe sont très grandes et divisées profondément suivant deux types : penné (fig. 12) et en éventail (fig. 1). Les fleurs sont petites et réunies, en très grand nombre en spadices (régimes) simples ou rameux (fig. 2), enveloppés d'une spathe commune (fig. 2), membraneuse ou demi-ligneuse et parfois de spathes secondaires. Ces fleurs sont polygames, monoïques ou dioïques (fig. 3, fleur mâle; fig. 4, fleur femelle), rarement hermaphrodites; à périanthe double (fig. 3 à 6). Calice à trois sépales; corolle à trois pétales (fig. 3 à 6). Les étamines sont ordinairement au nombre de six (fig. 3 à 6), dans quelques espèces au nombre de 3 à 24. L'androcée est formé de trois carpelles libres ou cohérents (fig. 4); dans les fleurs mâles il est réduit à un ovaire uniloculaire (fig. 5) ou fait défaut. Le fruit est une drupe ou une baie à mésocarpe ordinairement ligneux (fig. 15 et 16, *Areca*). Les graines ont leur testa uni à l'endocarpe (fig. 11, *Phœnix*); elles sont albuminées et renferment vers la périphérie un petit embryon conique ou cylindrique (fig. 14).

Les Palmiers croissent dans la zone intertropicale mais quelques espèces dépassent cette zone et s'étendent jusqu'à 43° 40' lat. N. (*Chamœrops humilis*) et 44° lat. S, (*Rhopalostylis sapida*). La plus grande quantité des Palmiers se trouve en Malaisie, dans l'Inde et l'Indo-Chine, le Brésil, le Pérou et l'Amérique centrale. Les usages des Palmiers sont très multiples; après les Graminées, ce sont les plantes les plus utiles à l'homme.

Genres principaux :

Chamœrops L. — Palmiste. — Feuilles à divisions disposées en éventail et présentant des bords redressés; fleurs dioïques ou hermaphrodites.

C. humilis L. (fig. 1 à 6). — Seule espèce habitant l'Europe; plante ornementale.

Phœnix L. — Dattier. — Feuilles pennées, panicules à bords redressés; fleurs dioïques; fruits charnus.

Les fruits de *P. dactylifera* L. (fig. 7 à 10), de *P. spinosa* et d'autres espèces répandues en Afrique, en Arabie, | dans l'Inde et cultivées en Europe méridionale, fournissent la nourriture aux indigènes de ces pays.

Cocos L. — Cocotier. — Pennules des feuilles à bords rabattus; fleurs diclines; fruit drupacé.

C. nucifera (fig. 18, pl. CLIV, fig. 18), *C. flexuosa* et autres espèces sont d'une immense utilité pour les peuples des régions intertropicales; elles leur fournissent le bois | de construction, la matière textile, le sucre, l'huile, le lait, etc. ; on peut dire que cet arbre suffit à tous leurs besoins.

Elaeis Jacq. — Avoine. — Genre africain.

Une espèce, *E. guineensis*, est cultivée en Amérique et sert à l'extraction de l'huile de palme.

Borassus L. — Rondier. — Pennules des feuilles en éventail, à bords redressés; fleurs dioïques.

B. flabelliflora. — La sève sert à l'extraction du sucre et à la préparation d'une boisson alcoolique (arraka).

EXPLICATION DES FIGURES.

1 à 6, *Chamærops humilis*, fig. 1, port; 2, spadice ; 3, fleur mâle; 4, fleur femelle; 5, fleur hermaphrodite ; 6, diagramme de la fleur mâle.

7 à 11, *Phœnix dactylifera*, fig. 7, port; 8, fleur femelle; 9, fleur mâle; 10, ovaires isolés; 11,

coupe du fruit.

12 à 14, *Sagus Rumphii*, fig. 12, port; 13, fruit; 14, fruit coupé.

15 et 16, *Areca catechu*, fig. 15, fruit; 16, fruit coupé.

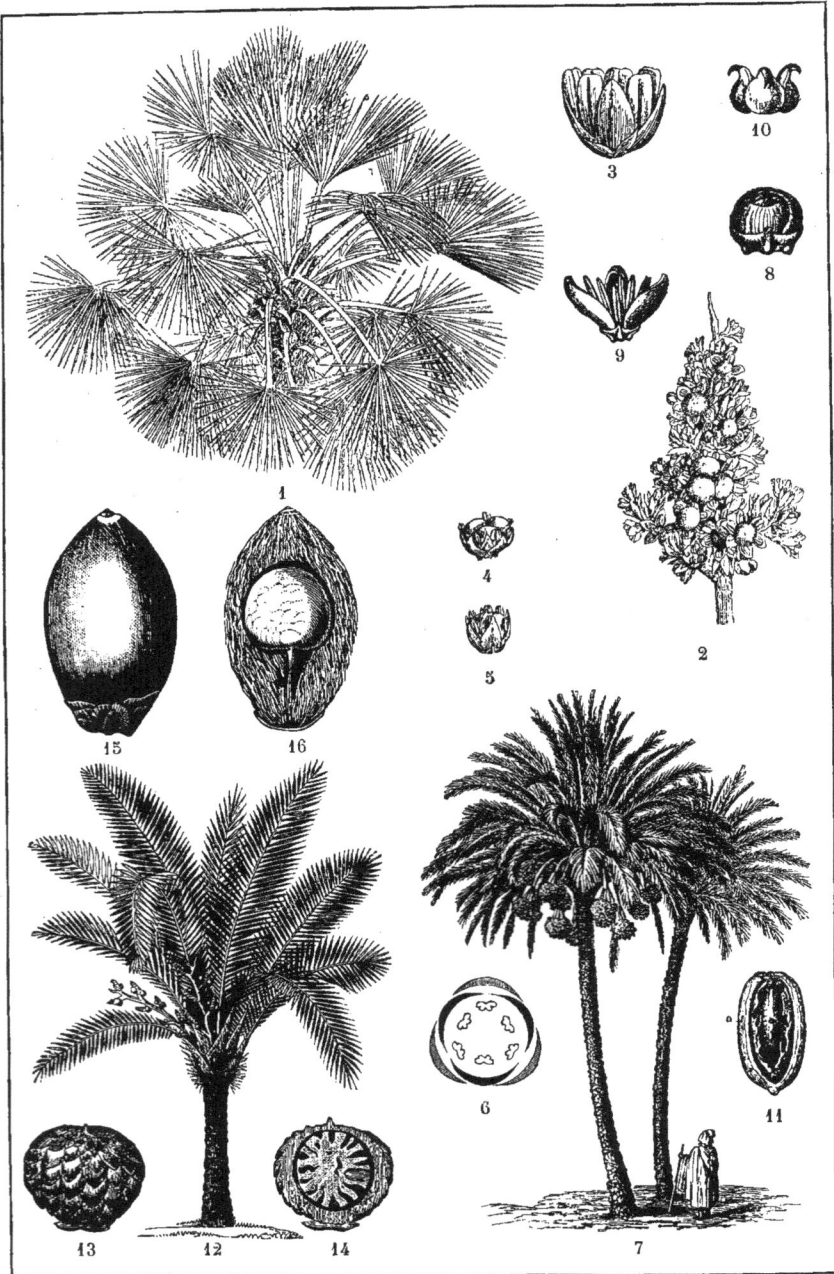

Sagus Gærtn. — Sagoutier. — Pennules des feuilles à bords rabattus; fleurs diclines; fruit couvert d'écailles; tronc épais, dressé.

S. Rumphii Mart., Metrotylon (fig. 12 à 14, pl. CLIII). — La moelle de son tronc est très riche en fécule et sert à la préparation du *Sagou.*

Calamus L. — Rotang. — Pennules à bords rabattus; tige grêle, sarmenteuse, atteignant parfois 500 mètres de longueur et servant à fabriquer les cannes.

C. draco. — Les fruits sont enduits d'une résine rouge (*Sang-Dragon*) employée dans la fabrication de vernis.

Areca L. — Feuilles pennées; pennules à bords rabattus; fruit, une drupe trilobée; fleurs polygones.

A. catechu L. (fig. 15 et 16, pl. CLIII). — Les graines sont riches en tannin et sont employées avec le bétel et | la chaux comme masticatoire dans toute la Malaisie et dans les contrées environnantes.

AROIDÉES.

Les Aroïdées présentent des affinités avec les Typhacées (elles ne s'en distinguent que par la structure des étamines), et avec les Lemnacées dont elles diffèrent par la nature du fruit.

Caractères constants : fleurs insérées sur un spadice simple, pourvu d'une spathe (fig. 1, *Arum*); fruit baccien (fig. 4, *Arum*); anthères extrorses (fig. 6, *Arum*).

Ce sont des plantes herbacées (fig. 1), parfois acaules ou arborescentes, ou sarmenteuses. Les feuilles sont alternes, à pétioles engainants (fig. 1 et 8), entières ou découpées. Les fleurs hermaphrodites, plus souvent diclines, sont réunies sur un spadice (fig. 2), qui est entouré toujours d'une spathe unifoliée (fig. 1). Parfois son extrémité n'est pas couverte de fleurs (fig. 2). Dans la diclinie les fleurs mâles sont situées au-dessus des fleurs femelles (fig. 2 et 3). Le périanthe est nul dans les fleurs unisexuées, plurifide dans les hermaphrodites. Les étamines sont libres ou cohérentes; les anthères biloculaires extrorses (fig. 3 et 4). Les ovaires sont uni ou pluriloculaires (fig. 5), pluriovulés; le fruit est une baie (fig. 6); la graine est ordinairement albuminée (fig. 7).

Les Aroïdées croissent dans les pays chauds; quelques espèces viennent dans la zone tempérée et même froide.

Tous les tissus des Aroïdées renferment des cristaux en abondance.

PREMIÈRE TRIBU. — CALLACÉES.

Fleurs hermaphrodites ou mâles et femelles sur le même spadice.

Genres principaux :

Acorus L. — Fleurs hermaphrodites, périanthées.

A. calamus L., Acore (fig. 8 à 14). — Plante indigène dont le rhizome aromatique et amer contenant une huile volatile était jadis employé en médecine.

Calla. — Fleurs hermaphrodites et femelles, apérianthées.

C. palustris (fig. 16 et 17). — S'avance en Europe vers le 64e de latitude nord, et sert d'aliment aux Lapons.

DEUXIÈME TRIBU. — ARACÉES.

Fleurs diclines, apérianthées.

Genres principaux :

Arum T. — Spadice terminé en massue au sommet.

A. maculatum L., Pied de veau ou Gouet (fig. 1 à 7). | vénéneux, mais par l'ébullition perdent leur pouvoir
— Les rhizomes et les feuilles de cette plante sont | toxique et deviennent comestibles.

Dracunculus. — Spadice terminé en pointe.

D. vulgaris (fig. 15). — Plante médicinale.

Colocasia et autres genres sont cultivés dans les pays tropicaux comme plantes alimentaires.

PANDANÉES.

Cette famille est voisine des Aroïdées et des Typhacées.

Elle est formée par des arbres ou arbrisseaux des pays tropicaux, à tige élancée, parfois rampante et aux feuilles imbriquées, amplexicaules, souvent épineuses (fig. 1, *Pandanus*). Les fleurs sont dioïques et situées sur des spadices simples ou rameux, entourés de spathes uni ou plurifoliées ; les fleurs mâles sont en chatons et présentent des étamines nombreuses ; les fleurs femelles sont à un ou plusieurs ovaires uniloculaires, uniovulés. Le fruit est formé par une réunion de drupes fibreuses (fig. 1 et 3) à endocarpe osseux, contenant des graines albuminées (fig. 2, 4 et 5).

Genres principaux :

Pandanus. — Vaquoi, Baquoi.

P. utilis Wild. (fig. 1 à 5) et autres espèces renferment un suc astringent ; leurs feuilles servent à faire des nattes.

Bryantia. — Ce genre contient une espèce.

B. butyrophora qui est comestible.

TYPHACÉES.

Cette famille est liée aux Aroïdées, et, par le genre *Sparganium*, aux Pandanées.

Les Typhacées, répandues dans tous les pays chauds et tempérés, sont des herbes aquatiques ou plantes à rhizome rampant, à feuilles engainantes, alternes (fig. 6, *Typha* ; 8, *Sparganium*). Elles sont monoïques et portent leurs fleurs, disposées sur des spadices, soit en capitules (fig. 8), soit en épis compactes (fig. 6), les mâles au-dessus de femelles (fig. 6). Les fleurs n'ont pas de périanthe et sont constituées les mâles uniquement par des étamines (fig. 9, *Sparganium*) ; les femelles par des ovaires uniovulés, accompagnés de squammules (fig. 10, *Sparganium*). Les fruits sont drupacés ou secs, sessiles (fig. 11, *Sparganium*) ou pédiculés (fig. 7, *Typha*), indéhiscents (fig. 11) ou fendus d'un côté. Graine albuminée (fig. 7).

Genres principaux :

Typha L. — Massette. — Fleurs en épi compacte cylindrique (fig. 6) ; fruit pédiculé, s'ouvrant par une fente (fig. 7).

T. angustifolia L. (fig. 7 et 8). — Présente seule, parmi les monocotylédones, une racine persistante.

Sparganium. — Rubanier. — Fleurs en capitules (fig 8) ; frui s sessiles, indéhiscents (fig. 11).

S. simplex (fig. 9 à 12). — Plante commune de nos étangs.

LEMNACÉES.

Cette famille, formée de petites plantes aquatiques des régions chaudes et tempérées, est voisine des Naïadées et de certains genres des Aroïdées.

Ce sont des plantes qui nagent à la surface des eaux et dont les racines sont submergées ; leur tige est transformée en disque lenticulaire, foliiforme (fig. 12, *Lemna*). Sur le bord de ce disque se développe un épaississement conique, entouré d'une sorte de spathe membraneuse (fig. 13, *Lemna*) et portant un ovaire au milieu de deux étamines (fig. 13). Ce sont des fleurs hermaphrodites ; parfois on trouve aussi des fleurs unisexuées. Les ovaires sont uniloculaires (fig. 14), uniovulés ; ovule anatrope, campilotrope (fig. 14, *Lemna*) ou orthotrope. Le fruit est une capsule indéhiscente (fig. 15, *Lemna*) ; les graines sont albuminées (fig. 16) et munies d'une membrane près du micropyle (fig. 16).

Lemna, L. — Lentille d'eau.

L. minor L. (fig. 13 à 19). — Est commune dans nos eaux stagnantes.

EXPLICATION DES FIGURES.

1 à 5, *Pandanus utilis*, fig. 1, branche fructifère ; 2, graine coupée ; 3, fruit (drupe) isolé ; 4, *id.* coupé ; 5, graine.

6 et 7, *Typha angustifolia*, fig. 6, port ; 7, fruit.

8 à 11, *Sparganium simplex*, fig. 8, port ; 9, capitule de fleurs mâles ; 10, capitule de fleurs femelles ; 11, fruits.

12 à 16, *Lemna minor*, fig. 12, port ; 13, fleur hermaphrodite ; 14, coupe du pistil ; 15, coupe du fruit ; 16, coupe de la graine.

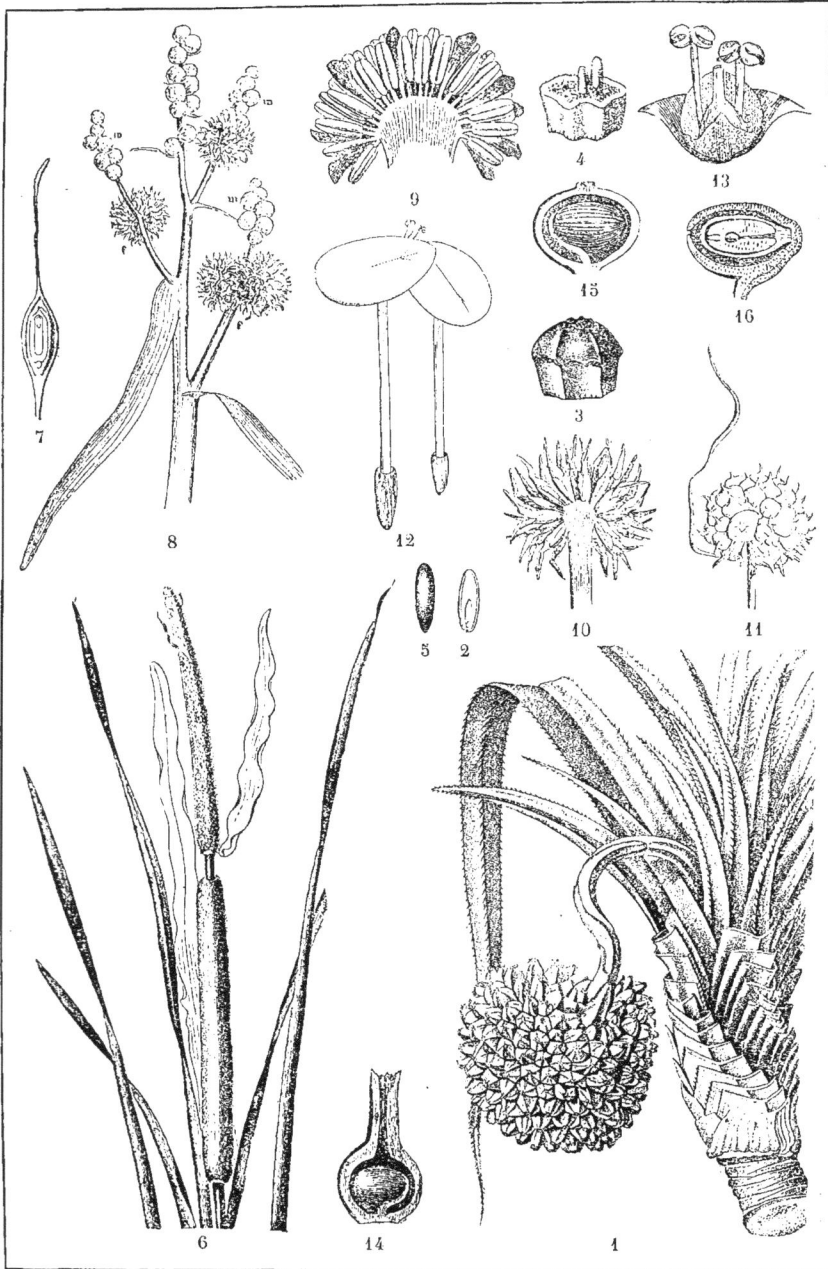

NAIADÉES.

Cette famille, comprenant des plantes aquatiques, marines ou fluviales, présente quelques affinités avec les Lemnacées.

Les Naïadées sont des herbes à feuilles linéaires, engainantes (fig. 1, *Zostera*). Les fleurs sont hermaphrodites ou monoïques (fig. 2, *Zostera*) ou dioïques, tantôt réunies sur un spadice entouré d'une spathe foliacée (fig. 2), tantôt agglomérées à l'aisselle des feuilles (fig. 5 et 6). Le périanthe est tubuleux (fig. 5 et 6) ou nul (fig. 2). Les fleurs mâles sont réduites à une (rarement plus) étamine dont le filet est rudimentaire et l'anthère uni- (fig. 4, *Zostère*) ou 2-4-loculaire. Les fleurs femelles sont formées par l'ovaire uniloculaire, uni ou pluriovulé (fig. 3, *Zostère*), surmonté de 2 ou 3 stigmates (fig. 3 et 7, *Nayas*). Le fruit est une capsule indéhiscente (fig. 7) renfermant des graines exalbuminées.

Genres principaux :

Zostera L. — Zostère. — Plantes marines, monoïques; fleurs réunies sur un spadice.

Z. Noltii Hornem. (fig. 1 à 4), *Z. maritima* L., et autres espèces croissent en abondance le long des côtes de l'Océan ; on les utilise en Hollande dans la construction des digues.

Nayas L. — Naïade. — Plantes des eaux douces, dioïques; fleurs à l'aisselle des feuilles.

N. major Roth. (fig. 5 à 7). — Vit submergée dans les eaux ; commune en Europe.

POTAMÉES.

Famille voisine de la précédente. Les plantes qui la composent vivent dans les eaux saumâtres ou dans les eaux douces stagnantes.

Ce sont des herbes à feuilles submergées (excepté parfois la supérieure) (fig. 8, *Potamogeton*). Les fleurs hermaphrodites ou polygames sont solitaires ou disposées en épi (fig. 8). Périanthe nul ou à quatre folioles (fig. 8). Les étamines au nombre de 2 ou de 4 sont sessiles (fig. 8, *Potamogeton*), aux anthères biloculaires (fig. 11). L'androcée est formé de 1 à 6 ovaires (fig. 9) uniloculaires, uniovulés (fig. 10, *Potamogeton*). Le fruit est une nucule indéhiscente contenant une graine albuminée.

Genres principaux :

Potamogeton L. — Potamot. — Fleurs hermaphrodites.

P. crispus (fig. 8 à 11), *P. pectinosus* et plusieurs autres espèces sont communes dans nos étangs

Zanichella L. — Fleurs unisexuées.

Z. palustris. — Croît dans nos marais.

HYDROCHARIDÉES.

Les Hydrocharidées forment le passage entre les Naïadées et les familles formant le groupe des *Fluviales* qui vont être décrites.

Ce sont des plantes submergées, nageantes, des eaux douces (rarement marines), à feuilles toutes radicales, pétiolées (fig. 15, *Valisneria*). Les fleurs sont dioïques (fig. 16 et 17, *Valisneria*), renfermées dans une spathe membraneuse présentant le plus souvent un périanthe bisérié (fig. 17). Les étamines sont au nombre de 3 à 12, à filets libres (fig. 16, *Valisneria*), ou monadelphes, (fig. 12). L'ovaire, rudimentaire dans les fleurs mâles, est développé dans les fleurs femelles (fig. 17) ; il est infère, uni ou pluriloculaire, pluriovulé, surmonté de 3 à 6 stigmates. Le fruit est une utricule ou une baie renfermant des graines exalbuminées.

Genres principaux :

Hydrocharis L. — Etamines 12, à filets semi-monadelphes (fig. 12); ovaire à 6 loges.

H. morsus-ranæ L., H. des grenouilles (fig. 12 à 14). — Plante commune dans nos étangs.

Valisneria L. — Etamines 3, à filets libres (fig. 15); ovaire uniloculaire.

V. spiralis L. (fig. 15 à 18). — Plante submergée rétractant les pédoncules de ses fleurs pour entraîner l'ovule fécondé au fond de l'eau.

EXPLICATION DES FIGURES.

1 à 4, *Zostera Noltii*, fig. 1, port; 2, spadice et son spathe foliacée, rejeté de côté; 3, pistil; 4, anthère.

5 à 7, *Nayas major*, fig. 5, plante mâle; 6, fleur mâle; 7, fruit.

8 à 11, *Potamogeton crispus*, fig. 8, port; 9, fleur (les trois pétales éloignés) ; 10, coupe de l'ovaire; 11, anthère.

12 à 14, *Hydrocharis morsus-ranæ*, fig. 12, fleur mâle (sans périanthe) ; 13, fleur femelle (id.); 14, port.

15 à 18, *Valisneria spiralis*, fig. 15, plante femelle, port; 16, fleur mâle ; 17, fleur femelle ; 18, coupe du fruit.

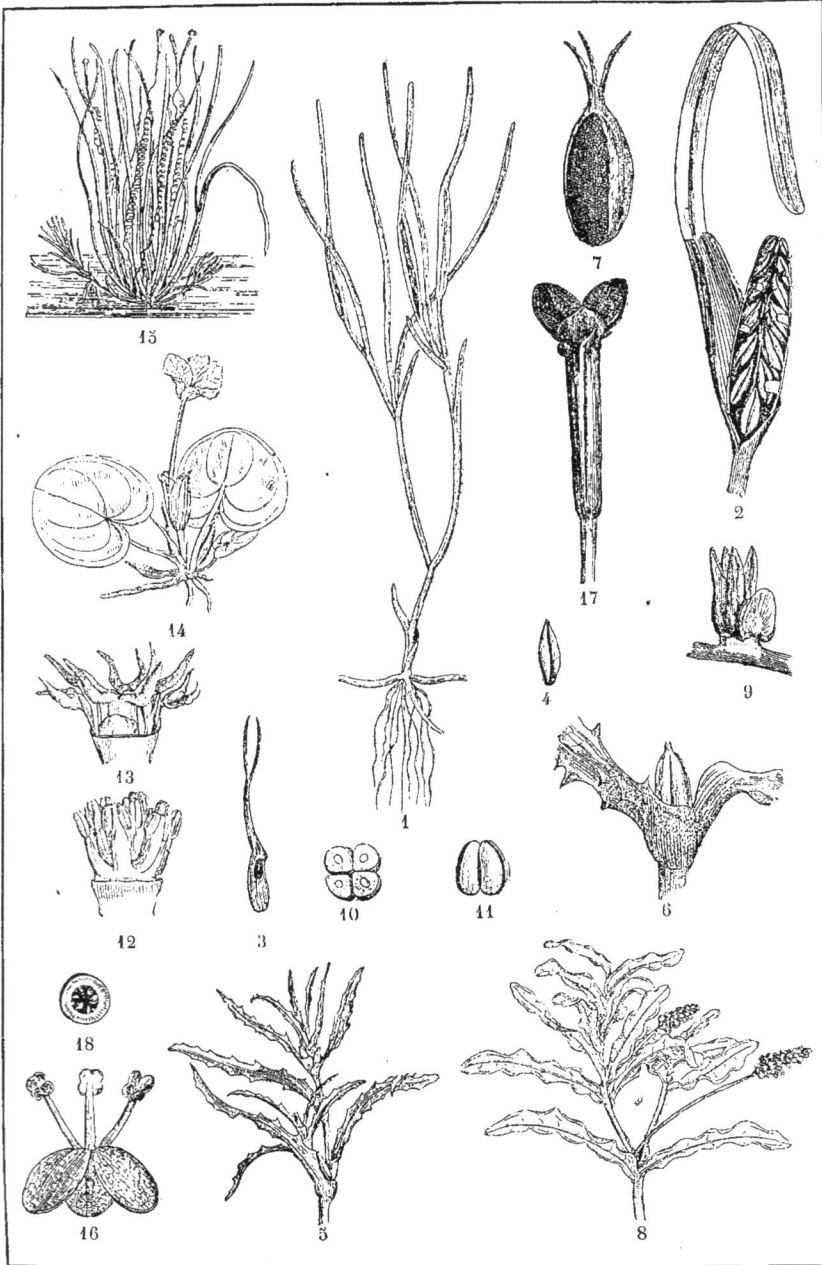

JUNCAGINÉES.

Les plantes constituant cette famille sont voisines des Alismacées et des Naïadées ; elles habitent les marais des régions tempérées de l'ancien et du nouveau continent. Ce sont des herbes à feuilles engainantes, à fleurs hermaphrodites (fig. 2, *Triglochin*) ou dioïques, présentant un périanthe à six divisions. Étamines six, insérées à la base des folioles du périanthe (fig. 3) ; anthères biloculaires extrorses. Carpelles 3 ou 6, libres ou réunis en un ovaire à six loges (fig. 4) uni ou biovulées. Le fruit est une capsule à 3 ou 6 loges (fig. 5, *Triglochin*), déhiscente ou non ; les graines sont dressées, exalbuminées.

Genres principaux :

Triglochin L. — Troscart. — Feuilles toutes radicales.

T. palustre L., Juncago (fig. 1 à 5). — Est commune dans nos marais, de même que le *T. maritimum* L. le long de nos côtes.

Scheuchzeria L. — Feuilles caulinaires et radicales.

S. palustris L. — Croît dans les marais des hautes montagnes.

ALISMACÉES.

Très voisines des Juncaginées, n'en différant que par les anthères introrses, les Alismacées présentent également des affinités avec les Butomées.

Ce sont des herbes aquatiques (fig. 11, *Sagittaria*) qui croissent dans les régions tropicales et tempérées des deux hémisphères. Les feuilles, toutes radicales, forment parfois un renflement bulboïde à la base de la tige ; limbe souvent linéaire. Les fleurs sont hermaphrodites (fig. 7, *Alisma*), rarement monoïques (fig. 12, fleur femelle de *Sagittaria*), disposées en grappe ou en panicule. Le périanthe est à six divisions, les trois extérieures herbacées, les trois intérieures pétaloïdes (fig. 7). Les étamines, au nombre de 6, 12 ou davantage, sont hypogynes, insérées à la base du périanthe ; anthères biloculaires introrses. 6, 12 ou un plus grand nombre de carpelles, libres ou réunis en un ovaire pluriloculaire, uni ou biovulé. Le fruit est composé de carpelles s'ouvrant par la suture ventrale (fig. 9, *Alisma*, fig. 15, *Sagittaria*). Les graines sont recourbées, exalbuminées (fig. 10, *Alisma*) ; l'embryon crochu à radicule infère (fig. 16, *Sagittaria*).

Genres principaux :

Alisma L. — Fluteau. — Fleurs hermaphrodites ; étamines 6.

A. plantago L., Plantain d'eau (fig. 6 à 10), *A. natans* L. et *A. ranunculoides*. — Ce sont des plantes indigènes ; leur tige contenant un suc âcre, était jadis employée en médecine.

Sagittaria L. — Sagittaire. — Fleurs monoïques ; étamines nombreuses.

S. sagittifolia L., Flèche d'eau (fig. 11 à 16). — Est répandue dans toute l'Europe et l'Asie ; ses racines féculentes servent d'aliment aux nomades des steppes de l'Asie centrale. La *S. sinensis* est cultivée en Chine comme plante alimentaire.

BUTOMÉES.

Famille de plantes aquatiques voisine de la précédente ; elle n'en diffère que par le nombre des ovules et leur placentation.

Ce sont des herbes des pays chauds et tempérés, à feuilles toutes radicales, engainantes. Les fleurs sont hermaphrodites, à périanthe hexaphyle, bisérié (fig. 18). Les étamines hypogynes sont au nombre de 6 ou 9 (fig. 18) ; les anthères introrses. Les six carpelles uniloculaires sont libres et renferment chacun une grande quantité d'ovules insérés sur les parois des loges (fig. 19 et 20, *Butomus*). Le fruit est composé de plusieurs capsules à déhiscence ventrale renfermant des graines exalbuminées (fig. 21, *Butomus*).

Genre unique :

Butomus L. — Butome.

B. umbellatus L., Jonc fleuri (fig. 17 à 19). — Est commun dans toute l'Europe et dans le nord de l'Asie où ses rhizomes servent d'aliment.

EXPLICATION DES FIGURES.

1 à 5, *Triglochin palustre*, fig. 1, port ; 2, fleur ; 3, étamine et pétale ; 4, pistil ; 5, fruit.

6 à 10, *Alisma plantago*, fig. 6, port ; 7, fleur ; 8, pistil ; 9, fruit ; 10, graine.

11 à 16, *Sagittaria sagittifolia*, fig. 11, port ; 12, fleur femelle ; 13, capitule avec les pistils, coupe longitudinale ; 14, capitule fructifère ; 15, fruit ; 16, embryon.

17 à 21, *Butomus umbellatus*, fig. 17, port ; 18, diagramme ; 19, coupe transversale de l'ovaire ; 20, coupe longitudinale de l'ovaire ; 21, fruit.

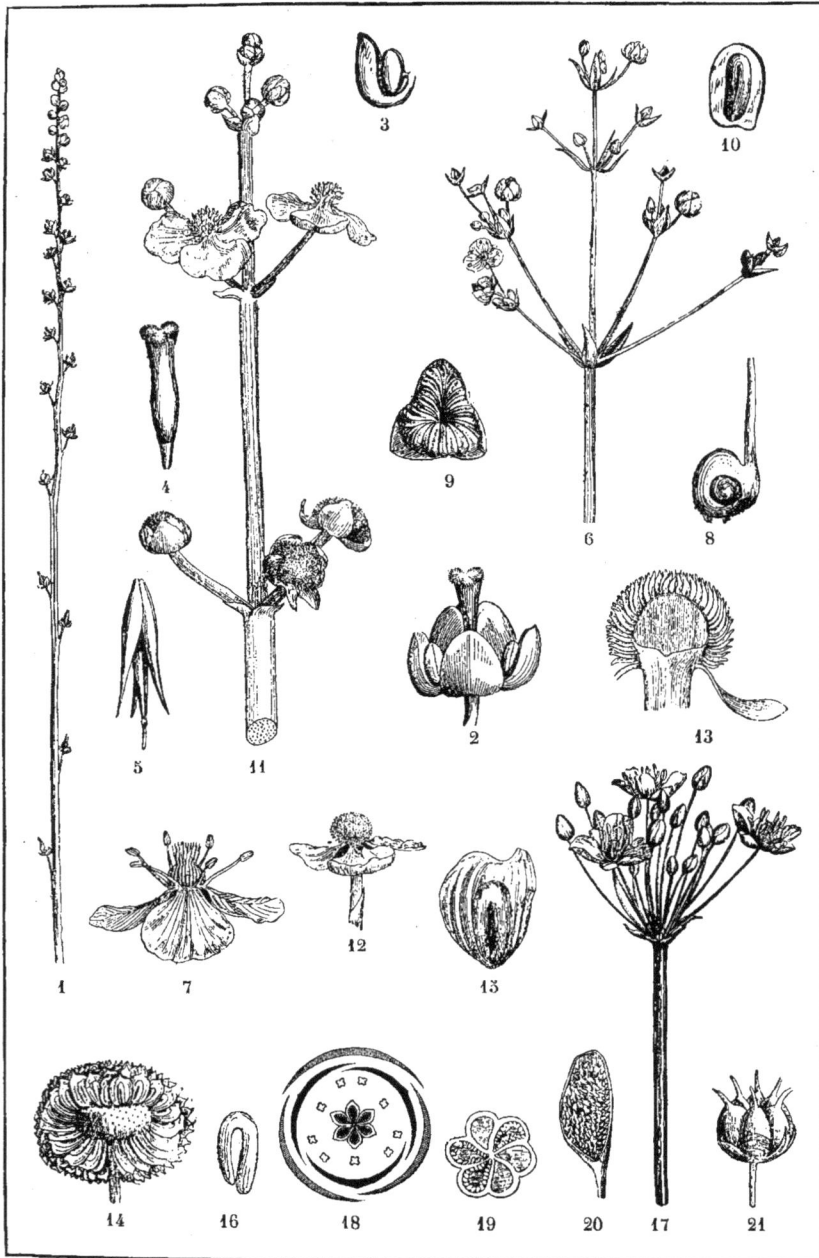

GNÉTACÉES.

Cette petite famille est très importante au point de vue morphologique, car elle présente des caractères intermédiaires entre la grande division des Dicotylédonés et celle des Gymnospermes.

Les caractères principaux, comme l'organisation particulière du pollen, la présence d'un ovule nu, etc., mettent les Gnétacées à côté des Conifères et des Cycadées dans la division des Gymnospermes. Mais, par le genre Ephedra, elles se rapprochent des Casuarinées. Le genre Gnetum peut être regardé comme intermédiaire entre les Gnétacées et les Loranthacées.

Les Gnétacées sont des arbres, arbrisseaux ou sous-arbrisseaux. Feuilles tantôt ovales, penninervées; tantôt très réduites, soudées en une petite gaine entourant les articulations des branches (Ephedra, fig. 1); tantôt très grandes, mais peu nombreuses (souvent deux seulement), larges, penninervées et présentant très probablement les cotylédons accrus (fig. 11). Les fleurs sont unisexées, dioïques, monoïques ou même hermaphrodites (Welwitschia). Les fleurs mâles (fig. 2 et 3) sont composées d'une petite gaine bifide, caliciforme, et d'une colonne qui porte au sommet 2 ou un plus grand nombre, 6 ou 8 (Ephedra, fig. 4), anthères bi ou triloculaires, s'ouvrant par des pores ou des valvules. Les fleurs femelles (fig. 6 et 7) sont aussi pourvues d'une gaine caliciforme et renferment un ovule solitaire, dressé, orthotrope, pourvu d'un seul ou de deux segments. Le segment interne se prolonge quelquefois (Gnetum) en une sorte de style. Graine (fig. 9) à testa charnue, pourvue d'albumen. Embryon (fig. 10) à deux cotylédons. Radicule supère.

Les Gnétacées réduites aux trois genres n'abondent nulle part. Quelques espèces d'Ephedra se trouvent en Europe, dans les régions alpines et maritimes. Le genre Gnetum croît dans l'Asie et l'Amérique tropicale. Le genre Welwitschia semble être cantonné en Afrique méridionale.

Les Gnétacées ne sont presque d'aucune utilité pour l'homme. Les feuilles et le fruit de quelques espèces de Gnetum sont cependant alimentaires.

Genres principaux :

Ephedra Tourn. — Arbrisseaux à l'écorce verte; feuilles très petites; étamines nombreuses soudées en une colonne, biloculaires.

E. helvetica, habite la Suisse, *E. distachys* (fig. 1 à 10), habite les côtes d'Europe. *E. americana, E. triandra*, etc.

Gnetum. — Arbre à feuilles ovales, penninervées; Étamine unique, biloculaire.

G. Gnemon plante alimentaire cultivée à Java.

Welwitschia Hook. — Etamines 6, triloculaires (fig. 13). Plante très remarquable d'Afrique méridionale découverte il y a quelque vingt ans par M. Welwitsch. La plante se compose d'une tige courte, haute d'un pied et large de 2 à 4 pieds, et de deux énormes feuilles (parfois divisées profondément en longues lanières), très épaisses, coriaces (fig. 11), qui sont les cotylédons accrus et persistant pendant toute la vie de la plante (100 ans ou plus). Sur la tige, au-dessus des cotylédons, naissent les pédoncules floraux dichotomes, portant des chatons à leur extrémité (fig. 12). Les chatons sont couverts par 70 à 90 squammules, portant chacune une fleur solitaire (fig. 14). Après la floraison, les cônes grandissent et atteignent deux pieds de hauteur.

W. mirabilis Hook. (fig. 11 à 14). — Croît dans le voisinage du cap Negro et au pays des Damaras (Afrique sud-occidentale).

EXPLICATION DES FIGURES.

1 à 10, *Ephedra distachys*, fig. 1, rameau avec les fleurs mâles; 2, chaton mâle; 3, fleur mâle; 4, anthères; 5, rameau avec les fleurs femelles; 6, chaton femelle; 7, fleur femelle; 8, fruit; 9, coupe verticale de la graine ; 10, embryon.

11 à 14, *Welwitschia mirabilis*, fig. 11, port; 12, chatons ; 13, pistil et étamines; 14, coupe de la fleur.

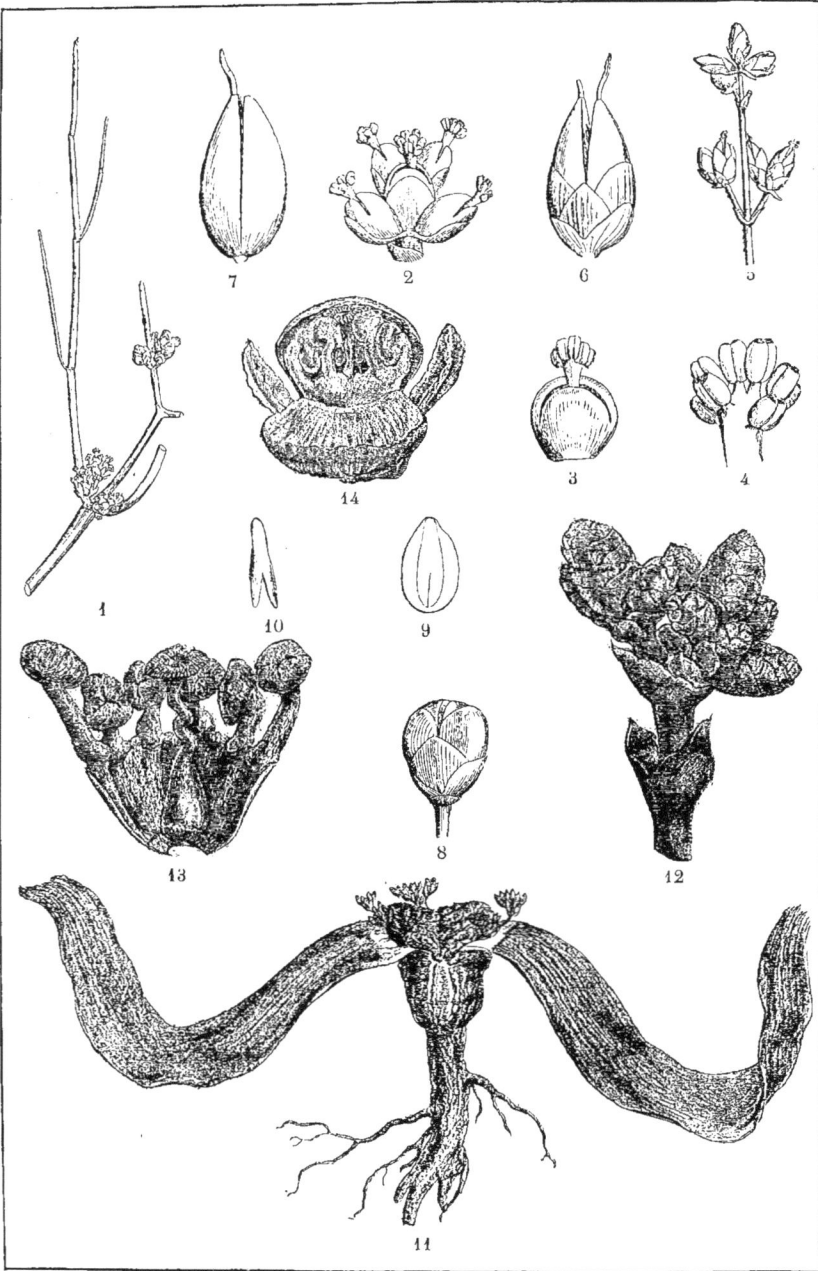

CONIFÈRES.

Cette grande division des Gymnospermes comprend un grand nombre de plantes arborescentes répandues sur toute la surface du globe. Elle n'était pas moins bien représentée également durant les époques géologiques. Les Conifères sont étroitement liées aux Cycadées, qui peuvent être regardées, sous certains rapports, comme une forme transitoire entre les Gymnospermes et les Cryptogames, et avec les Gnétacées, qui, de l'autre côté, relient les Conifères aux Angiospermes.

Les Conifères sont des arbrisseaux ou des arbres, quelquefois de très grandes dimensions, à bois dépourvu de vaisseaux et composé de fibres ponctuées. Feuilles sans stipules plus souvent aciculaires, parfois réunies en faisceaux (fig. 11); très rarement pétiolées, à lame élargie, ovale, réniforme ou bilobée. Les fleurs sont unisexuées, monoïques ou dioïques, dépourvues de périanthe proprement dit, disposées en cônes ou chatons. Chatons mâles cylindriques (fig. 12), composés d'écailles rangées sur un axe commun et portant chacune une ou plusieurs anthères (fig. 8 et 13) à déhiscence longitudinale ou quelquefois transversale. Grains de pollen (fig. 14), souvent pluricellulaires, pourvus quelquefois de deux vésicules aérifères (fig. 14 e), qui diminuent leur poids par rapport au volume et facilitent leur dispersion. Les fleurs femelles en cônes (fig. 9) ou en chatons (fig. 5); elles sont composées des écailles plus ou moins développées; à l'aisselle de chaque écaille se disposent deux ou plusieurs fleurs, composées chacune d'un sac béant (ovaire suivant les uns, enveloppe d'ovule suivant les autres) renfermant un ovule orthotrope (fig. 3 et 4; pl. CLX, fig. 11). Fruit composé, formant un cône (fig. 9), quelquefois charnu, bacciforme (pl. CLX, fig. 12, 13, 14, 17; et pl. CLXI, fig. 6 et 7). Les graines, toujours albuminées, contiennent souvent plusieurs embryons rudimentaires, dont un seulement se développe; il est renfermé au centre de l'albumen et présente deux ou plusieurs cotylédons (fig. 7 et pl. CLX, fig. 19).

La famille des Conifères se divise, suivant la structure des fleurs femelles, en trois grandes tribus qui ont l'importance de sous-familles.

TRIBU DES ABIÉTINÉES.

Les Abiétinées sont des arbres de grande taille à rameaux souvent verticillés, ou des arbrisseaux à rameaux divariqués. Feuilles le plus souvent aciculées, disposées en fascicules 1-7 foliés, pourvues d'une gaine à la base (fig. 1, 10 et 11); quelquefois lancéolées ou elliptiques; le plus souvent persistantes. Fleurs monoïques ou rarement dioïques. Chatons mâles (fig. 12 et pl. CLX, fig. 1, 9) composés d'étamines nombreuses (fig. 7 et 13; pl. CLX, fig. 2, 10), à filets très courts, prolongés en un connectif élargi, aux anthères 2-3 pluriloculaires. Pollen (fig. 14; pl. CLX, fig. 3) à deux vésicules aérifères. Fleurs femelles formées d'écailles ovulifères, réunies en chatons ou cônes, souvent munies d'une bractée (fig. 15, 3,4, 16 et 17; pl. CLX, fig. 5, 11, 15). Les ovules (ou les ovaires) solitaires ou en nombre de 2, 5 ou 9, insérés à l'écaille par la base ou par toute leur longueur; renversés, orthotropes ou rarement anatropes. Fruit composé (strobile), ligneux, formé par la réunion des écailles séminifères (fig. 1, 4, 9). Graines inverses, adhérant à l'écaille ou caduques, souvent ailées, pourvues d'albumen (fig. 5, 6 et 18). Embryon à cotylédons cylindriques. Radicule supère ou infère (pl. CLX, fig. 7, 19).

EXPLICATION DES FIGURES

1 à 7,	*Pinus Pinea*, fig. 1, branche fleurie et fructifère; 2, chaton femelle (coupe verticale); 3, écaille ovulifère; 4, écaille détachée d'un fruit mûr; 5, graine; 6, coupe verticale de la graine; 7, graine et embryon.
8,	*Cypressus sempervirens*, fig. 8, écaille et étamines.
9,	*Pinus silvestris*, fig. 9, cône.
10,	*Pinus Laricio*, fig. 10, extrémité d'une branche feuillée et fleurie.
11,	*Pinus strobus*, fig. 11, faisceau de feuilles.
12 à 18,	*Picea vulgaris*, fig. 12, chaton mâle; 13, anthère; 14, grain de pollen; 15, chaton femelle; 16, écaille ovulifère du côté extérieur; 17, la même du côté des ovules; 18, graine.

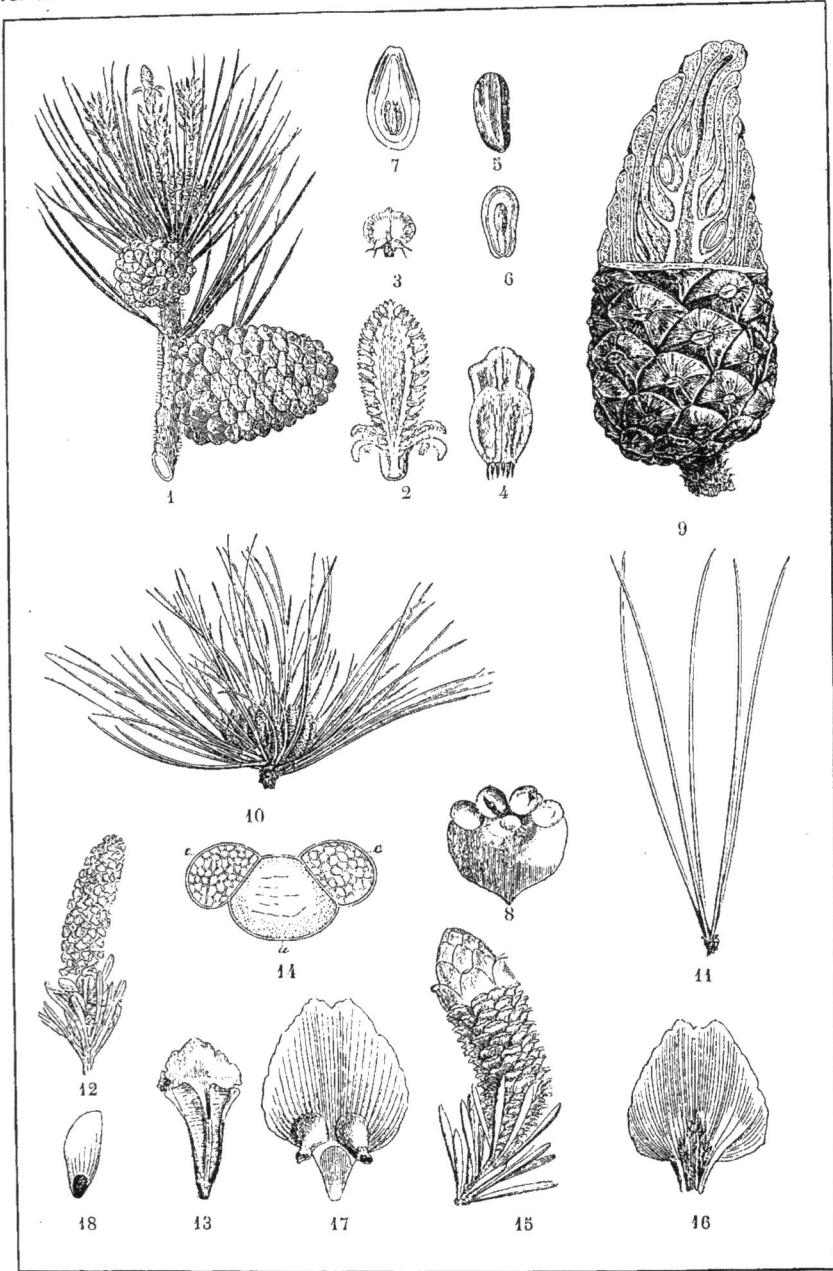

Les Abiétinées sont répandues sur toute la terre et recouvrent de vastes espaces dans les montagnes des régions tempérées et dans les régions froides de l'hémisphère boréal. Elles sont abondantes aussi dans l'hémisphère austral, le continent africain excepté.

Les Abiétinées sont des arbres très utiles à l'homme. Leur bois a des qualités excellentes et sert pour un grand nombre d'usages, entre autres pour les constructions des navires. On extrait aussi des Abiétinées quelques substances très usitées en médecine et dans l'industrie, comme la *térébenthine*, le *goudron*, et plusieurs espèces de résines et de baumes, etc. Les graines de quelques espèces sont comestibles.

Genres principaux :

Pinus Lmk. — Pin (pl. CLIX, fig. 1-11). — Fleurs monoïques ; les mâles en grappes formées d'écailles staminifères à une étamine biloculaire ; les femelles en cônes à écailles imbriquées ; chaque écaille porte deux ovules renversés. Feuilles persistantes, réunies en deux ou en plus grand nombre dans une gaine courte cylindrique.

On trouve plusieurs espèces de ce genre dans les régions tempérées.

P. maritima Link. (*P. pinaster* Soland), Pin de Bordeaux ou Pin maritime. — Cône obtus, jaune ; feuilles longues d'un centimètre à deux dans la même gaine. Grand arbre cultivé dans les Landes ; on en retire la térébenthine de Bordeaux et la plupart des résines employées en France. La sève du pin maritime a été proposée contre les maladies de poitrine.

P. rubra, Pin d'Ecosse. — Cône pointu au sommet ; jeunes pousses rouges.

P. sylvestris L., Pin de Russie. — Cône pointu ; jeunes pousses vertes ; écailles des cônes terminées en massues quadrangulaires. Arbre s'élevant parfois à 25 mètres de hauteur ; commun dans les montagnes de l'Europe.

P. laricio Poiret, Pin de Corse. — Cône pointu ;

écailles non anguleuses ; feuilles de 14 à 19 centimètres. Grand arbre s'élevant à la hauteur de 30 à 50 mètres. Croît en Corse, en Hongrie et dans l'Amérique du Nord.

P. pinea L., Pin à pignons (fig. 1 à 7). — Arbre originaire de l'Orient et répandu dans la région méditerranéenne. Les graines, connues sous le nom de *pignon doux*, sont alimentaires. L'écorce est employée pour le tannage.

P. sabiniana. — Arbre de l'Amérique ; fournit une substance sucrée (pinte).

P. cembra L. — Habite les Alpes et la Sibérie. Les graines sont alimentaires.

P. strobus, Pin de Weymouth (fig. 11). — Arbre canadien.

Picea Lmck. — Epice, Faux sapin (pl. CLIX, fig. 12-18). — Feuilles solitaires, éparses, linéaires, quadrangulaires ; anthères à déhiscence longitudinale, cônes pendants, écailles échancrées au sommet.

P. vulgaris (*Pinus picea*) L. — Habite les montagnes de l'Europe. Arbre s'élevant jusqu'à 40 mètres de hauteur. Produit une térébenthine épaisse (*Poix de Bourgogne*).

Abies Link. — Sapin. — Feuilles solitaires le plus souvent piquantes ; anthères à déhiscence transversale. Cône composé des écailles tombantes après la maturité.

A. pectinata DC., Sapin argenté. — Feuilles déjetées en deux rangs, blanchâtres en dessus. Arbre élancé des hautes montagnes de l'Europe ; il est utilisé pour la construction des navires.

A. balsamea. — Croît au Canada, fournit le *baume de Canada* employé en médecine et en technique microscopique.

Larix Tourn. — Mélèze (fig. 1-9). — Feuilles caduques, d'abord réunies sur les jeunes rameaux, puis devenant solitaires ; cônes sessiles.

L. europæa DC. — Arbre haut de 20 à 30 mètres, croît dans les Alpes, en Russie, en Sibérie. Fournit un bois pour construction très durable, une sorte de téré-

benthine connue sous le nom de *térébenthine de Venise*, et une matière sucrée employée autrefois sous le nom de *manne de Briançon*.

Cedrus Loud. — Feuilles persistantes, réunies sur de courts rameaux ; cône à écailles caduques.

C. Libani L. — Originaire du Liban. Un des plus grands et des plus beaux arbres connus. Dans l'antiquité, on le brûlait comme parfum.

Araucaria. — Les écailles du cône femelle ne portent qu'un seul ovule. Fréquent dans les montagnes du Brésil et du Chili.

Dammara, Sequoia, Podocarpus. — Plantes exotiques. — Le suc de *Dammara orientalis* donne le *faux copal*, celui de *D. australis* sert à faire les vernis.

EXPLICATION DES FIGURES.

1 à 7, *Abies pectinata*, fig. 1, chatons mâles ; 2, étamine ; 3, un grain de pollen ; 4, chaton femelle ; 5, écaille avec les ovules ; 6, la même vue extérieurement ; 7, embryon.

8 à 19, *Larix europæa*, fig. 8, rameau florifère ; 9, coupe verticale d'un chaton mâle ; 10, étamine ; 11, écaille ovulifère avec les ovules ; 12, cône non mûri ; 13, cône mûri non dessé-

ché ; 14, cône mûri sec ; 15, carpelle avec deux graines non mûries ; 16, base de la carpelle grossie ; 17, carpelle avec une graine ; 18, coupe verticale de la graine ; 19, embryon.

20, *Voltzia heterophylla*, fig. 20, branches et cônes.

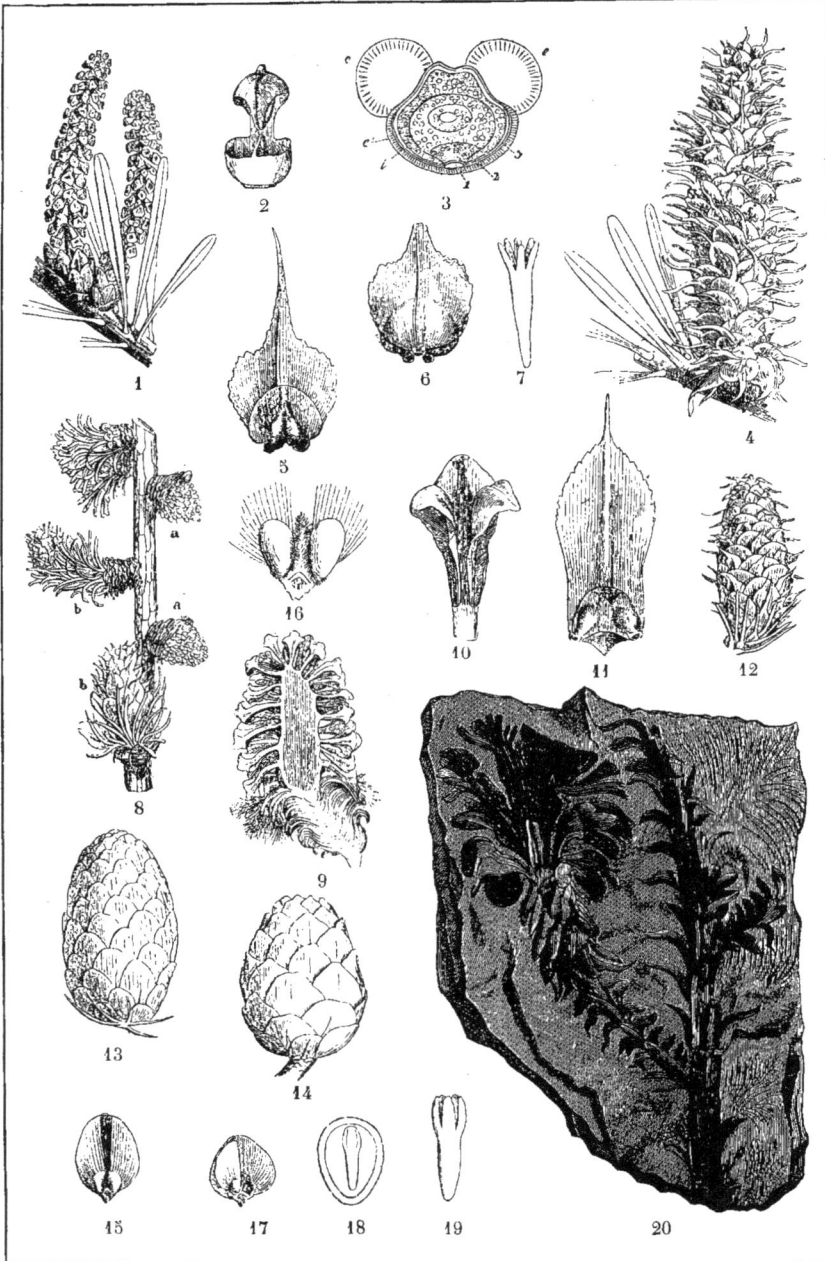

TRIBU DES CUPRESSINÉES.

Arbres ou arbrisseaux à feuilles persistantes, opposées ou verticillées, quelquefois squammiformes et imbriquées (fig. 1, 12 et 18). Fleurs monoïques ou dioïques, pour la plupart dépourvues de bractées. Chatons mâles formés d'écailles staminales; étamines nues à filets courts se prolongeant en un connectif squammiforme; anthères 2-3 loculaires. Chatons femelles formés d'écailles peu nombreuses *peltées*, portant un ou plusieurs ovules *dressés* (fig. 5, 10, 15 et 16) orthotropes. Fruit composé, strobilacé, ligneux ou charnu (fig. 6, 7, 11 et 17). Graines 1-2 ou rarement plusieurs, albuminées. Embryon a 2-9 cotylédons. Radicule cylindrique supère

Les Cupressinées sont peu nombreuses en espèces. Elles habitent principalement les régions tempérées de l'Europe, de l'Asie, de l'Amérique septentrionale et de l'Afrique australe

Les plantes de cette famille contiennent, comme les Abiétinées, des matières résineuses et un principe amer, et fournissent des extraits employés en médecine. Leur bois est souvent utilisé dans l'industrie.

Genres principaux :

Juniperus L. — Genévrier (fig. 1-11). — Fleurs mâles en petits chatons ovoïdes; fleurs femelles réunies au nombre de trois dans un involucre charnu, qui, après la fécondation, devient une baie.

J. communis L., G. commun. — Arbrisseau à fruits bacciformes, charnus, violets. L'extrait de baies du genévrier est employé en médecine. On en prépare aussi une eau-de-vie connue sous le nom de genièvre.

J. oxycedrus L., Cade. — Il fournit un liquide (*Huile de Cade*), employé en médecine.

J. Sabina L , Sabine (fig. 8 à 11). — Arbrisseau à fruits d'un bleu foncé. Croît dans le midi de l'Europe. Ses feuilles contiennent une huile médicinale.

J. Virginiana L. Cèdre rouge. — Son bois est employé dans la fabrication des crayons.

Cupressus. Tourn. (fig. 12-17). — Feuilles disposées sur quatre rangées; cônes presque sphériques.

C. sempervirens L. — Arbre originaire de l'Asie; souvent spontané dans l'Europe méridionale ou planté (surtout dans les cimetières).

Thuia L. (fig. 18). — Genre exotique.

T. orientalis L. — Arbrisseau originaire de la Chine. Planté comme ornement dans nos jardins.
T. occidentalis provient de l'Amérique.

Voltzia Brongn. — Genre éteint dont le *V. heterophylla* Brongn. (pl. CLX, fig. 20) du grès bigarré est le type; il se rapproche du genre actuel CRYPTOMERIA du Japon.

TRIBU DES TAXINÉES.

Arbres ou arbrisseaux à feuilles alternes (fig. 19), linéaires, quelquefois flabelliformes ou réduites à une écaille. Fleurs mâles (fig. 20) disposées en chatons courts, composées des étamines à filets courts, aux anthères 2-3-8 loculaires s'ouvrant longitudinalement (fig. 21 et 22); ovule unique, sessile, dressé, orthotrope, entouré à la base par un disque cupuliforme, accrescent, qui, après la fécondation, devient charnu et donne au fruit l'aspect d'une baie. Graine dressée, pourvue d'albumen. Embryon à deux cotylédons, à radicule supère.

Les Taxinées se rencontrent dans les régions tempérées du globe. Elles contiennent un suc résineux et un principe amer.

Genres principaux :

Taxus L. — Fleurs dioïques; les femelles à disque accrescent, devenant charnu et formant une baie.

T. baccata L. — If (fig. 19 à 24). — Arbre de 8 à 10 mètres de hauteur. Spontané et cultivé en Europe. Les fruits sont d'une saveur agréable; l'écorce et les feuilles sont réputées vénéneuses.

Cephalotaxus S. et Z. — Croît au Japon et en Chine.

Salisburya Sm. — Genre exotique.

S. adiantifolia Sm. Gingko (fig. 25). — Originaire du Japon et de la Chine, cultivé dans le midi de l'Europe. Les graines sont comestibles.

EXPLICATION DES FIGURES.

1 à 7, *Juniperus communis*, fig. 1, rameau mâle ; 2, rameau femelle ; 3, chaton mâle ; 4, fleur femelle ; 5, fleur femelle coupée longitudinalement ; 6, fruit ; 7, fruit coupé en travers.

8 à 11, *Juniperus Sabina*, fig. 8, rameau mâle ; 9, rameau femelle ; 10, chaton femelle ; 11, fruit coupé en travers.

12 à 17, *Cypressus sempervirens*, fig. 12, rameau ; 13, chaton mâle ; 14, fleur mâle ; 15, chaton femelle ; 16, fleur femelle ; 17, fruit.

18, *Thuia orientalis*, fig. 18, rameau.

19 à 24, *Taxus baccata*, fig. 19, rameau ; 20, chaton mâle ; 21, fleur femelle ; 22, coupe verticale d'une fleur femelle ; 23, fruit débarrassé de la capsule ; 24, fruit avec la capsule, coupé verticalement.

25, *Cephalotaxus pedunculata*, fig. 25, rameau.

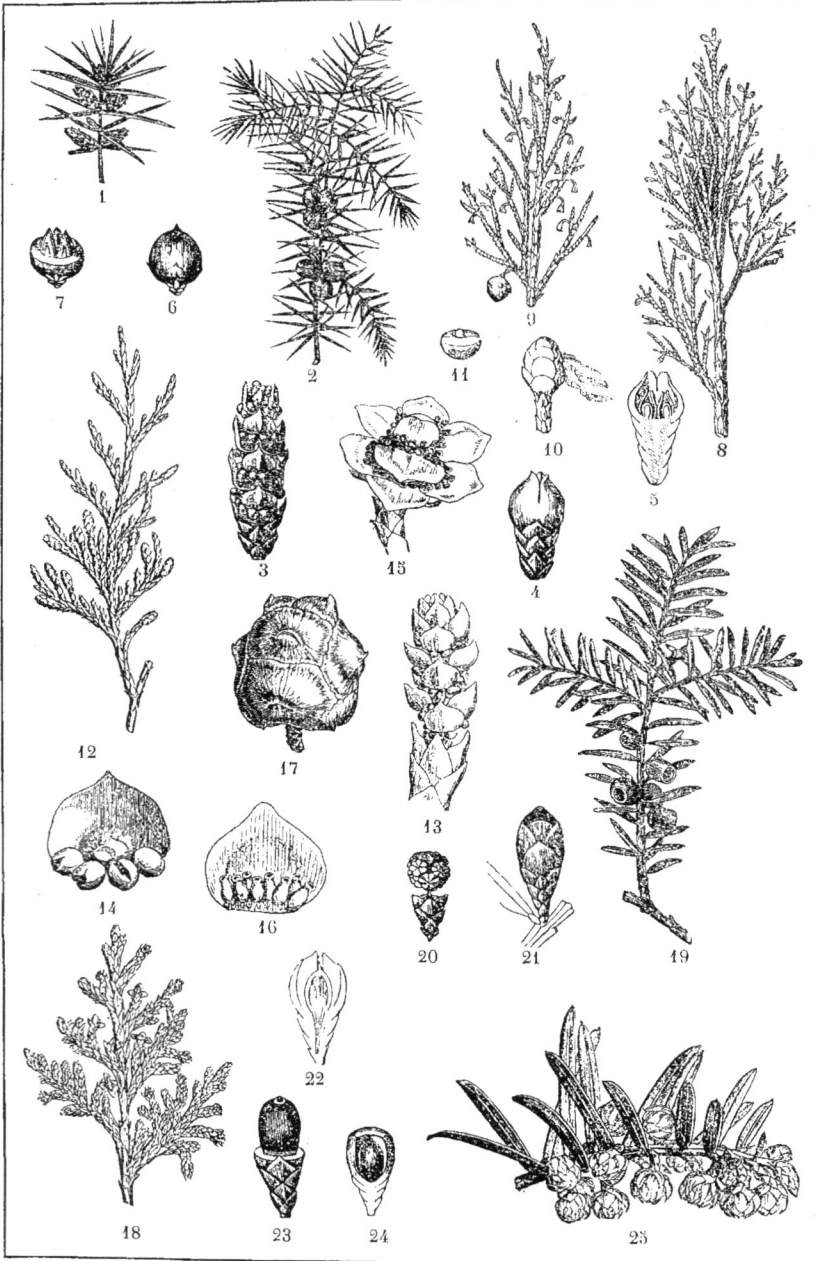

CYCADÉES.

La famille des Cycadées peut être considérée comme terme de passage entre les Gymnospermes et les Cryptogames. Les organes de reproduction des Cycadées sont en effet identiques à ceux des autres Gymnospermes, tandis que leurs feuilles, surtout dans la préfoliation, se rapprochent des feuilles des Fougères.

Les Cycadées sont des arbres à tige droite, non rameuse, couverte de cicatrices des pétioles (fig. 1). Les feuilles sont de deux sortes : les unes courtes, squammiformes, disposées sur le bourgeon terminal; les autres disposées au tour de l'extrémité de la tige en un large bouquet, grandes, composées, pennées, à folioles entières ou réduites à une côte saillante, le plus souvent roulées en crosse dans la préfoliation, quelquefois pliées le long de leur nervure médiane. Fleurs unisexuées, dioïques, disposées en épis ou en cônes. Fleurs mâles disposées en cônes volumineux (fig. 2 et 3), composées d'écailles staminales. Les anthères uniloculaires, s'ouvrant par une fente longitudinale (fig. 7), recouvrent toute la surface supérieure de l'écaille (fig. 4, 5 et 6), ou sont rangées le long de sa nervure médiane. Les fleurs femelles sont composées, soit de folioles crénelées, imbriquées en cône, portant les ovules sur leurs bords, soit d'écailles peltées, stipitées (en forme de T) portant deux ovules nus, orthotropes, quelquefois entourés à la base par une sorte de capsule. Fruits : drupes agrégées en cônes (fig. 8 et 9). Graine couverte d'un tégument épais, adhérent au péricarpe, contenant un albumen charnu. Embryon (fig. 10 et 11), à deux cotylédons charnus; radicule se prolongeant en un long filament enroulé en spirale. La graine contient quelquefois plusieurs embryons, dont un seul parvient à se développer complètement.

Les Cycadées n'abondent pas actuellement sur le globe. Quelques genres habitent l'Inde, les autres l'Afrique australe, l'Amérique tropicale et l'Australie. Mais, dans les époques géologiques, elles formaient de vastes forêts et occupaient une place importante dans la végétation du globe. On les retrouve déjà dans les terrains houillers (genre *Nœggeratia*) et surtout dans les terrains secondaires (genre *Zamites*, *Pterophyllum* (fig. 14), *Pterozamites*, etc.).

La moelle des Cycadées contient une grande quantité de fécule et fournit une sorte de *Sagou*. Les graines de Cycas sont aussi alimentaires.

Genres principaux :

Cycas. — Fleurs femelles insérées sur les deux côtés d'un pédoncule foliacé; feuilles à folioles réduites à une côte saillante. Habite les Indes et la Nouvelle-Hollande.

C. circinalis (fig. 1 à 11), C. angulata.

Zamia (fig. 12 à 14). — Fleurs femelles portées par deux sur une écaille stipitée et peltée; folioles à nervures multiples, simples. Croît dans l'Amérique tropicale.

Encephalartos et **Ceratozamia.** — Deux genres moins importants.

EXPLICATION DES FIGURES.

1 à 11, *Cycas circinalis*, fig. 1, individu mâle; 2, cône mâle; 3, cône mâle coupé verticalement; 4, une écaille du cône mâle; 5, la même, vue du côté des anthères; 6, la même, vue par le bout; 7, anthères; 8, coupe verticale du fruit; 9, coupe horizontale du fruit; 10, embryon; 11, embryon avec quelques autres embryons avortés.

12 à 14, *Zamia montana*, fig. 12, chaton mâle; 13, écaille staminale, face antérieure; 14, la même, face postérieure.

15, *Pterophyllum Jaegeri*, empreinte d'une feuille.

CYCADÉES.

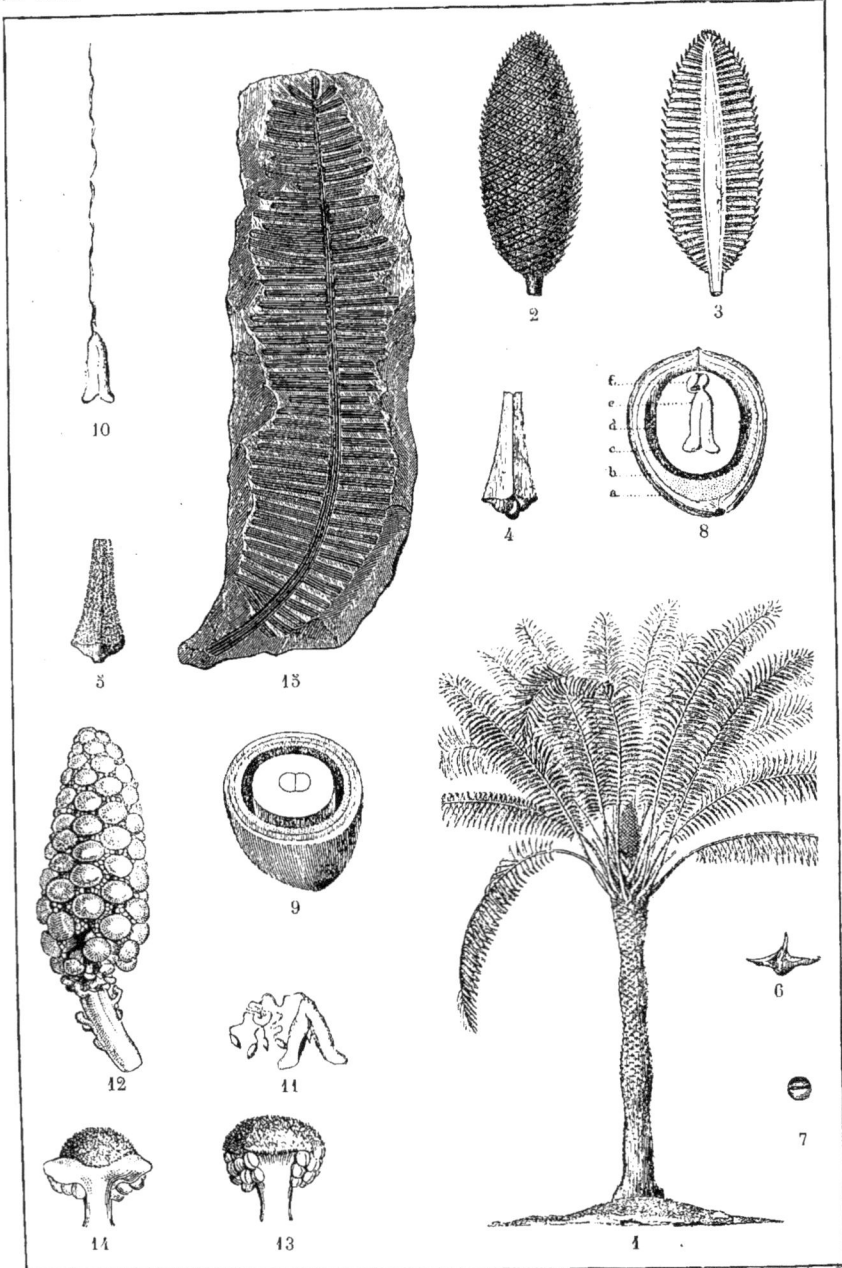

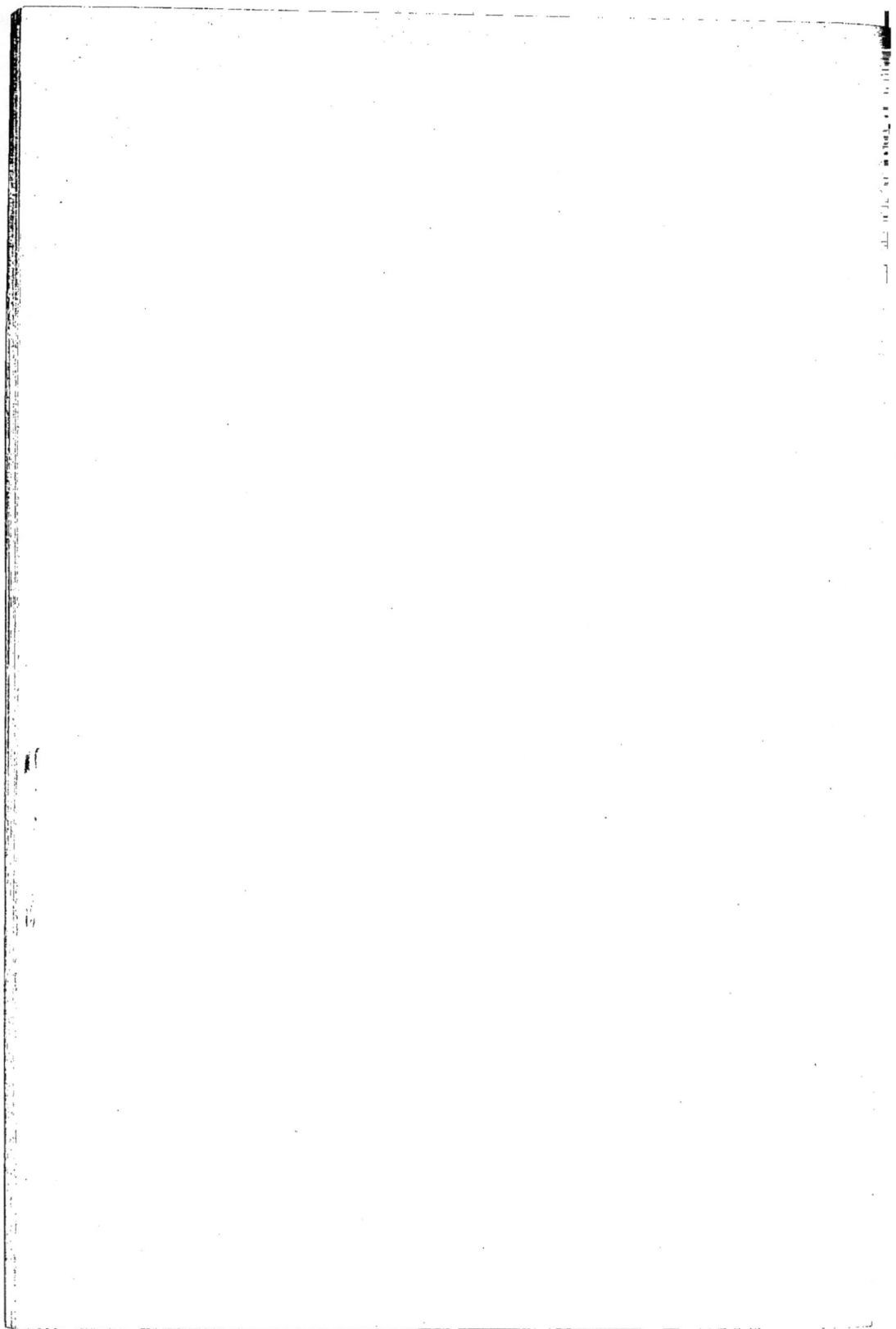

CRYPTOGAMES

EMBRANCHEMENT DES CRYPTOGAMES VASCULAIRES.

Les Cryptogames vasculaires, autrefois considérés comme très éloignés des plantes Phanérogames, présentent pourtant un nombre de formes intermédiaires qui comblent la lacune séparant ces deux vastes embranchements du règne végétal. La structure anatomique des organes végétatifs et le mode de développement présentent nombre de caractères communs, et nous retrouvons dans les Cryptogames vasculaires, sous un autre nom, presque tous les organes de reproduction des Phanérogames. Les grains de pollen portent chez les Cryptogames vasculaires le nom de *microspores;* les anthères, celui de *microsporanges;* le sac embryonnaire s'appelle *macrospore;* le nucelle, le *macrosporange;* l'endosperme, le *prothalle,* etc.

Les Cryptogames vasculaires présentent deux phases de développement, deux générations : asexuée et sexuée.

La génération asexuée, qui occupe une période de temps plus considérable que l'autre, produit les *spores.* (Lycopode, Fougère, etc.)

La génération sexuée, beaucoup plus courte, a reçu le nom de *prothalle* (fig. 9) et naît d'une spore de la génération asexuée. Le prothalle porte des organes mâles (anthéridies) et des organes femelles (archégones); Les anthéridies produisent les éléments mâles (anthérozoïdes); les archégones, l'élément femelle (œuf). Après sa fécondation par l'anthérozoïde, l'œuf produit la plante adulte qui se greffe sur le prothalle (fig. 8).

Dans quelques familles de Cryptogames vasculaires, les archégones et les anthéridies se développent sur le même prothalle. Dans d'autres (*Equisétacées*), ils se développent sur les prothalles différents par leur forme. Dans d'autres encore, la différence s'étend non seulement au prothalle, mais à la spore qui le produit, et au sporange dans lequel la spore avait pris naissance. Nous arrivons ainsi à des plantes Hétérosporées, ayant deux formes de spores : mâles (microspores) et femelles (macrospores). Le prothalle se développe alors peu et dans la macrospore même, et l'on a ainsi des formes qui rappellent la reproduction des Phanérogames (fig. 10).

On divise les Cryptogames vasculaires en trois classes : *Lycopodinées, Equisétinées* et *Filicinées.*

Classe des Lycopodinées.

Tige ordinairement très développée; feuilles simples, généralement petites; racines à ramification dichotome. Sporanges solitaires, naissant à la face supérieure des feuilles. Les spores sont tantôt toutes uniformes et les prothalles monoïques; tantôt elles sont de deux sortes : macro et microspores.

Les Lycopodinées se divisent en deux ordres : *Lycopodinées hétérosporées* pourvues de deux sortes de spores, et *Lycopodinées isosporées,* à spores uniformes.

EXPLICATION DES FIGURES.

1 et 2, *Cyathea arborea,* fig. 1, port; *C. medullaris,* fig. 2, fécondation.	7, *Nephrodium (Polystichum) Filix-mas,* fig 7, portion de deux vaisseaux rayés.
3 et 4, *Marsilia salvatrix,* fig. 3, logette mûre avec les macro et les microsporanges. *M. quadrifolia,* fig. 4, anthérozoïde s'échappant d'une spore.	8, *Adiantum Capillus-Veneris,* fig. 8, prothalle avec une plantule.
	9, *Asplenium septentrionale,* fig. 9, germination de la spore, formation du prothalle.
5 et 6, *Lycopodium clavatum,* fig. 5, rameau fructifère; 6, spores.	10, *Isoëtes lacustris,* section longitudinale du prothalle inclus dans la macrospore.

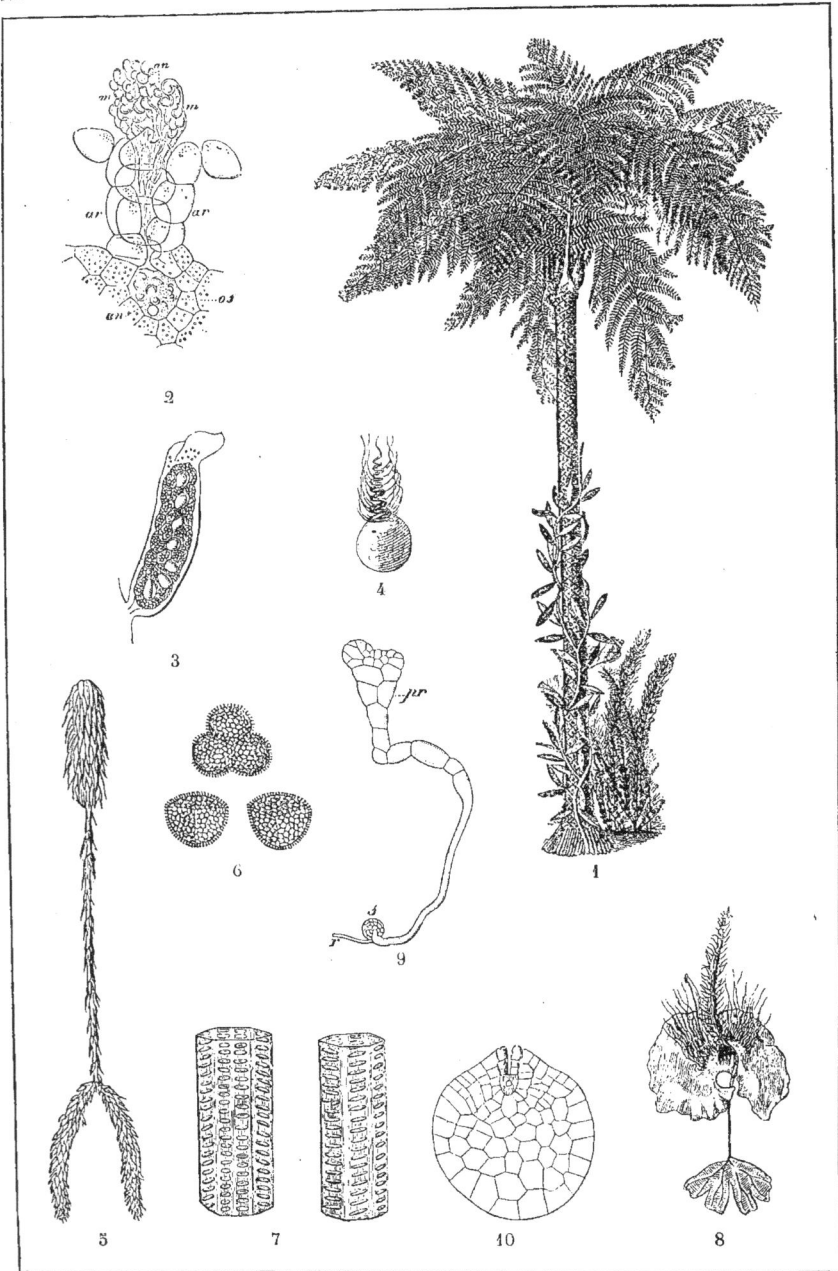

SELAGINELLÉES.

ORDRE DES LYCOPODINÉES HÉTÉROSPORÉES.

FAMILLE DES SELAGINELLÉES.

La tige des Selaginellées est grêle, mais elle s'accroît rapidement et produit de nombreuses branches qui, sortant latéralement, simulent souvent une dichotomie. Les feuilles sont toujours simples, non ramifiées (fig. 1), pourvues d'un seul faisceau de vaisseaux, pointues et petites (le port de la plante dépend ainsi uniquement des tiges et des branches). Elles sont le plus souvent de deux sortes : feuilles grandes sur la face inférieure et feuilles plus petites, disposées en quatre rangées, sur la face supérieure (éclairée) de la plante. Au-dessus de la base des feuilles, sur la face antérieure, se trouve un petit appendice nommé *ligule*.

Toutes les espèces sont pourvues de vraies racines ; à chaque ramification, la tige produit une racine qui se bifurque bientôt ; les deux branches se développent quelquefois également ; mais le plus souvent c'est une des deux qui se développe seule. Quelquefois les racines produisent des bourgeons adventifs et se continuent en un rameau feuillé.

Les sporanges sont, relativement à la feuille, de dimensions considérables ; ils sont insérés à la base des feuilles, et disposés ordinairement au sommet d'une branche formant un épi (fig. 2 et 3). Ce sont des capsules globulaires, pourvues de petits pédicelles ; les macrosporanges (fig. 4) contiennent 2-4-8 macrospores ; les microsporanges, une grande quantité de microspores. Le développement des sporanges rappelle celui des Lycopodiacées.

Avant de quitter le microsporange, les microspores se divisent en deux cellules inégales ; l'une d'elles reste stérile, l'autre produit, par des cloisonnements successifs, des cellules mères des anthérozoïdes (après la dissémination des microspores). Les anthérozoïdes sont pourvus de deux cils ; ils sortent par une fente de la microspore et restent en mouvement pendant une demi-heure ou trois quarts d'heure.

La macrospore se divise, elle aussi, encore dans le macrosporange, en deux cellules, dont la supérieure produit le prothalle femelle (fig. 5, *pt*), et l'inférieure, plus grande, reste indivise. Après la dissémination, le prothalle forme des archégones (fig. 5, *ar* et 6), la membrane de la spore se déchire, la cellule inférieure se divise à son tour et fournit des matériaux au développement de l'œuf.

Le développement de l'œuf en embryon diffère de celui des Cryptogames et offre des analogies avec les Phanérogames. Des deux premières cellules, la supérieure produit le suspenseur (fig. 7 et 8) ; l'inférieure donne naissance à l'embryon. A cet effet, elle se divise longitudinalement en deux moitiés ; une de ces moitiés donne la tige et la première feuille ; l'autre, le pied et également une feuille. La racine apparaît ensuite entre le pied et le suspenseur (fig. 9).

Les Selaginellées, dont on connaît 200 espèces, sont par excellence des plantes des tropiques ; mais elles s'avancent quelquefois dans les régions tempérées et alpestres où elles arrivent jusqu'aux limites des neiges persistantes.

Cette petite famille renferme un seul genre, **Selaginella**.

EXPLICATION DES FIGURES.

1 à 3, *Selaginella inæqualifolia*, fig. 1, port ; 2, extrémité d'une branche terminée par un épi sporifère ; 3, section longitudinale de l'épi avec des microsporanges à droite et des macrosporanges à gauche.

4 à 9, *Selaginella Martensii*, fig. 4, macrosporange ; 5, microspore germée (*ex*, exospore déchirée ; *pt*, prothalle ; *ar*, archégone) ; 6, coupe longitudinale d'un archégone (*pt*, prothalle ; *cc*, cellule centrale ; *os*, oosphère ; *mg*, macule-germe ; *c*, canal ; 1. 1, 2, 2, cellules du col ; *m*, mucilage provenant de la cellule du canal) ; 7, embryon très jeune (*s*, suspenseur ; *c*, cellules de l'embryon) ; 8, coupe longitudinale d'une macrospore en état de germination avancée (*pa*, parenchyme remplissant la macrospore ; *pt*, prothalle ; *e, e*, deux embryons ; *s*, suspenseur ; *r*, première racine ; *p*, pied ; *t*, tige ; *pc*, le pseudocotylédon ; *d*, diaphragme) ; 9, embryon plus avancé (*p*, pied ; *r*, racine ; *t*, tige ; *pc*, pseudocotylédons ; *s*, suspenseur).

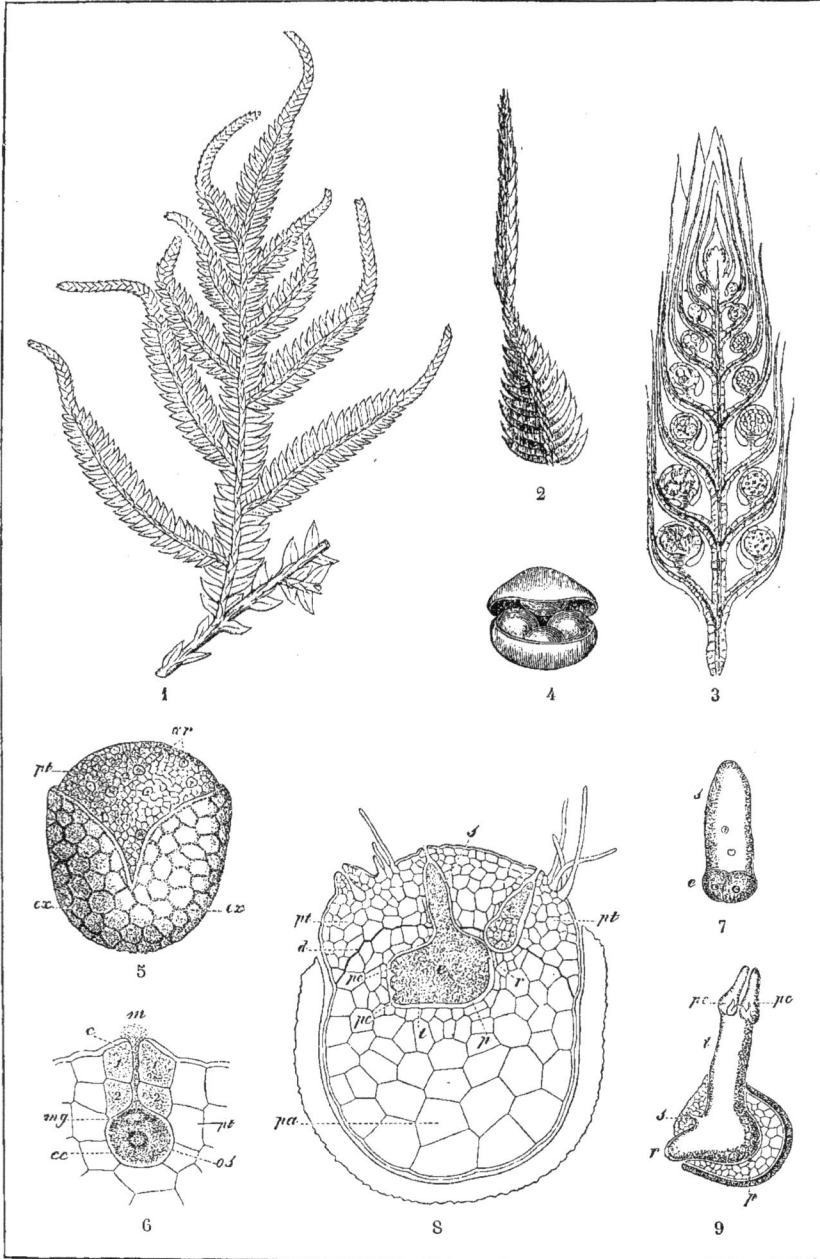

FAMILLE DES ISOÉTÉES.

La tige est très courte, non ramifiée (fig. 1); son extrémité supérieure, portant les feuilles, est creusée en entonnoir; elle se distingue des tiges de toutes les autres plantes Cryptogames actuelles par son mode de croissance (production des tissus secondaires dans le cylindre central).

Les feuilles sont grandes (4 à 60 centimètres), composées d'une gaine et d'un limbe (fig. 2). La face antérieure de la gaine présente une grande excavation (*fovea*) dans laquelle est situé le sporange (fig. 3); le bord supérieur du *fovea* se prolonge en une membrane (*indusie*) recouvrant le sporange. Au-dessus du *fovea* et séparé de lui par la *selle*, on trouve une petite excavation, *fovéole*, dont le bord supérieur, portant le nom de *lèvre*, se prolonge en un appendice nommé *ligule*. Les racines s'échappent des sillons longitudinaux qui parcourent la face inférieure de la tige. Elles sont nombreuses et disposées en deux séries.

Les micro et les macrosporanges se ressemblent par a forme et la structure. Ils sont insérés dans les fovéoles des feuilles (fig. 2, 3). Les microsporanges contiennent une grande quantité (jusqu'à un million) de spores. Au printemps, elles germent et se divisent en deux cellules : une petite, stérile, représentant le prothalle mâle et une grande qui, par des cloisonnements successifs, produit l'anthéridie; des deux cellules de cette dernière naissent les quatre anthérozoïdes.

La macrospore, après sa mise en liberté, se remplit aussi de cellules. La membrane s'ouvre par une fente et laisse échapper une partie du prothalle femelle sur laquelle se forme un archégone.

Après la fécondation, l'œuf se divise en huit segments; deux segments produisent le pied, la racine, la tige et la première feuille.

Cette famille contient un seul genre, **Isoetes**, répandu dans le monde entier, mais plus spécialement dans la région méditerranéenne.

Les espèces les plus connues d'Isoetes, sont : *I. lacustris* et *I. velata*.

FAMILLE DES LÉPIDODENDRNÉES.

Les plantes appartenant à cette famille n'ont pas de représentants dans la flore actuelle de notre globe. Mais elles abondaient dans les périodes géologiques antérieures, pendant l'époque paléozoïque, depuis le terrain silurien supérieur jusqu'au carbonifère et permien. Suivant la structure de leur tige, on les divise en deux groupes : les Diploxylées et les Monoxylées.

GROUPE DES DIPLOXYLÉES.

La tige est pourvue de deux bois.

Les Diploxylées se divisent en deux tribus suivant le mode d'insertion des feuilles.

Tribu I. Sphénophyllées. — Les feuilles fertiles sont verticillées et serrées en épi : chacune d'elles porte les sporanges; la tige est rameuse, sillonnée à la surface; les feuilles sont cunéiformes, lobées, à nervures dichotomes.

Genre **Sphenophyllum** (Carbonifère) (fig. 6).

Tribu II. Sigillariées. — Feuilles isolées, épis latéraux.

Genres **Sigillaria** (Carbonifère et Permien) (fig. 7), **Sigillariopsis, Poroxylon.**

GROUPE DES MONOXYLÉES.

Le deuxième groupe contient une seule tribu.

Tribu III. Lépidodendrées. — Tige à un seul bois. Feuilles isolées, épis terminaux.

Genres principaux : **Lepidodendron** (Devonien et Permien) fig. 9), **Psilophyton** (Silurien supérieur), **Knorria.**

EXPLICATION DES FIGURES.

1 à 5, *Isoetes lacustris*, fig. 1, port (r, racines ; g, gaines des feuilles ; *lb, lb,* leur limbe); 2, base d'une feuille grossie (g, gaine ; s, sporange avec ses trabécules ; *l,* ligule ; *lc,* lacunes ; 3, coupe longitudinale des mêmes parties (s, microsporange ; *ff,* fossette ; *sl,* selle ; *lv,* la lèvre ; *l,* ligule ; *f', f',* fovéole); 4, coupe transversale du rhizome ;

5, coupe transversale des bases de frondes, montrant la disposition des sporanges mâles et femelles (grossi).

6, *Sphenophyllum angustifolium.* feuilles.
7, *Sigillaria tessellata,* fragment d'un tronc.
8, *Sigmaria,* portion d'un tronc.
9, *Lepidodendron aculeatum,* tronc et racines

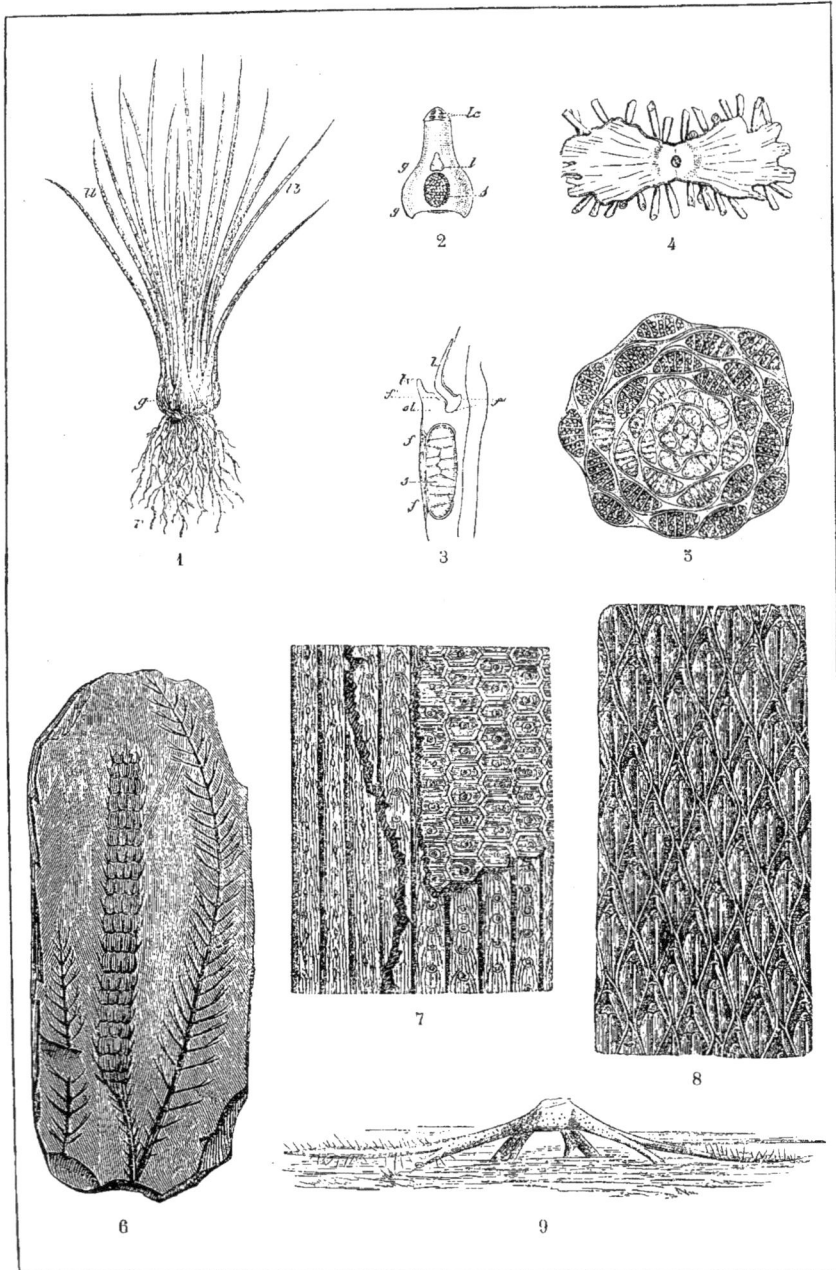

ORDRE DES LYCOPODINÉES ISOSPORÉES.

FAMILLE DES LYCOPODIACÉES.

Ce sont des plantes terrestres, le plus souvent vivaces, rarement annuelles, ayant l'aspect de mousses; à racines d'abord filiformes, puis dichotomes, rarement fusiformes (*Psilotum*) quelquefois nulles. Elles croissent au sommet par un groupe de cellules mères. Tige herbacée, couverte de feuilles (fig. 1), rampante ou dressée, simple ou ramifiée; la ramification prend quelquefois l'aspect d'une dichotomie (fig. 9). Feuilles simples, sessiles, tantôt toutes uniformes, verticillées autour de l'axe, tantôt présentant deux formes différentes et disposées par paires croisées; glabres ou pubescentes, vertes, quelquefois rouges. Les feuilles et les tiges, ainsi que les racines, proviennent *non d'une seule cellule mère*, mais d'un groupe de cellules, comme dans les Phanérogames.

Les sporanges sont tous uniformes (fig. 8,10). Ils sont insérés sur la face supérieure des feuilles. Les feuilles fertiles portant les sporanges sont souvent rassemblées en épis, chatons ou cônes terminaux; rarement elles sont disposées à l'extrémité d'une hampe nue sortant d'une rosette de feuilles (*Phylloglossum*). Les feuilles fertiles sont tantôt semblables aux feuilles stériles, tantôt différentes. Dans ce dernier cas, elles sont ordinairement plus petites (*Lycopodium*); biloculaires à l'endroit où se séparent les deux folioles de la feuille (fig. 7). Les sporanges proviennent d'un groupe de cellules superficielles de la feuille; une rangée de ce groupe produit les cellules-mères des spores. Le sporange s'ouvre en deux valves par une fente longitudinale (*Tmesipteris*) ou transversale (*Lycopodium, Phylloglossum*), ou bien par trois fentes dans les sporanges triloculaires (*Psilotum*).

Le développement de la spore en plante adulte est encore peu connu. On a observé cependant la formation du prothalle chez le *Lycopodium inundatum*, et l'on a vu le prothalle du *L. annotinum* (fig. 4, 5 et 6). Le prothalle de cette dernière plante est souterrain, privé de chlorophylle. Sur sa face supérieure on a trouvé des anthéridies, mais pas d'archégones : à leur place on a constaté de jeunes plantes.

Les Lycopodiacées sont dispersées sur presque tout le globe.

Le genre *Lycopodium* est commun jusqu'aux régions polaires. On en connaît plus de cent espèces. Le *Phylloglossum* a été trouvé en Nouvelle-Zélande et en Australie, le *Tmesipteris* est aussi une plante australienne ; les *Psilotum* habitent Madagascar.

Des Lycopodiacées fossiles, voisines des genres *Psilotum, Lycopodium*, etc., ont été trouvées dans les terrains carbonifères et dans les couches du miocène.

Les Lycopodes sont souvent employés en médecine populaire. Les spores du Lycopode sont usitées en pharmacie comme dessiccatifs, et en pyrotechnie.

Les Lycopodiacées se divisent en deux tribus.

Tribu I. Psilotées. — Sporanges groupés et soudés.

Genres principaux : **Tmesipteris** (fig. 7 et 8), **Psilotum** (fig. 9 et 10).

Tribu II. Lycopodiées. — Sporanges solitaires.

Genres : **Phylloglossum, Lycopodium** (fig. 1 à 6).

EXPLICATION DES FIGURES.

1, *Lycopodium clavatum*, fig. 1, pied en fructification.	longitudinale d'un prothalle (*pt*, prothalle; *p*, le pied; *r*, la racine; *t*, tige); 6, coupe longitudinale d'un jeune prothalle (*an*, anthéridies ; *pr*, poils radicaux).
2 à 3, *Lycopodium sp.?*, fig. 2, Microsporange après la déhiscence; 3, microspore.	
4 à 6, *Lycopodium annotinum*, fig. 4, jeune pied tenant encore au prothalle (*pt*, prothalle; *t*, tige; *r*, racine primordiale; *t'*, base de la tige; *r*, racine d'une autre plante); 5, coupe	**7 et 8,** *Tmesipteris tannensis*, fig. 7, port; 8, feuilles avec le sporange.
	9 et 10, *Psilotum triquetrum*, fig. 9, port; 10, portion d'une tige avec un sporange.

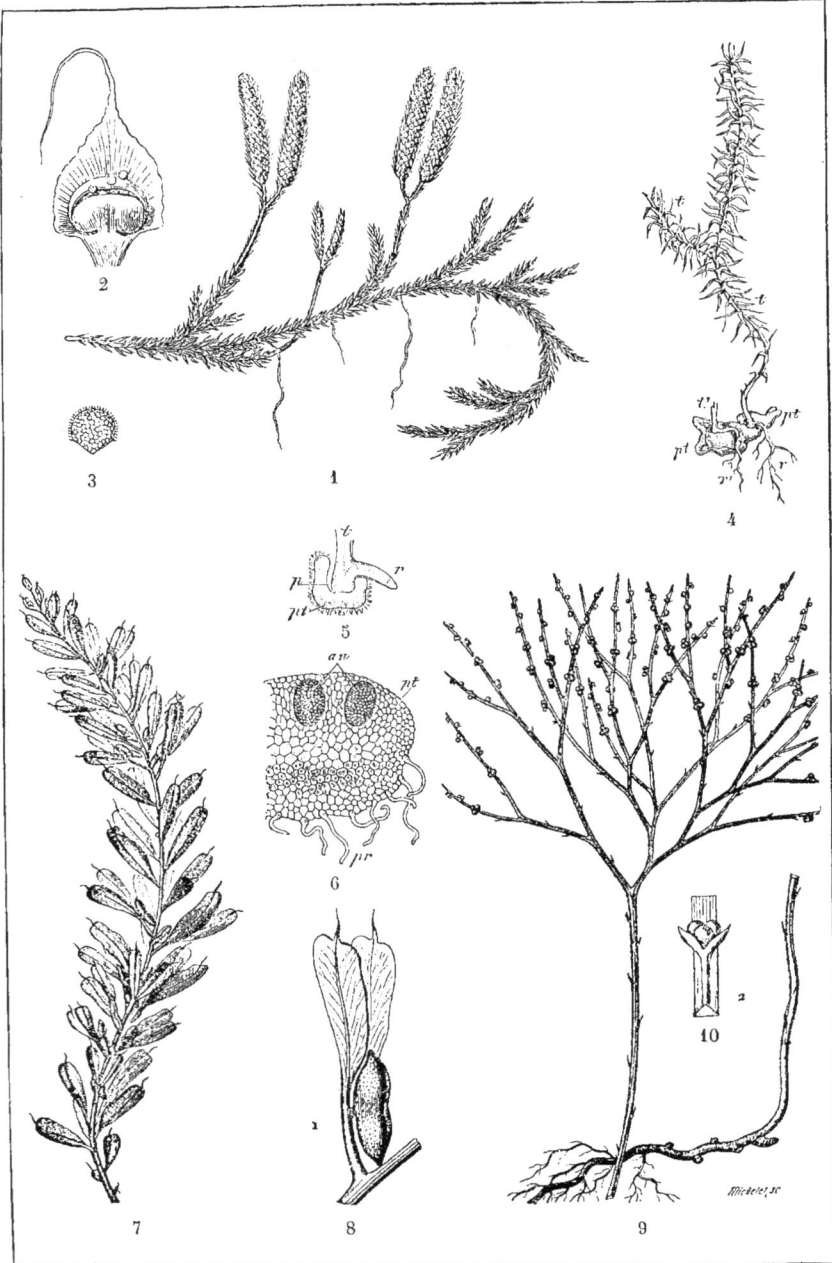

Classe des Équisétinées

Cette classe se distingue des autres Cryptogames vasculaires surtout par les organes végétatifs. Les feuilles, très petites, sont disposées en verticilles. Les rameaux sont également disposés en verticilles. Les sporanges sont groupés en épis terminaux ; les spores proviennent d'une seule cellule mère. Il y a, comme chez les autres Cryptogames vasculaires, deux générations, l'une portant les anthéridies et les archégones, l'autre produisant les spores.

On divise les Équisétinées en deux ordres suivant que leurs spores sont uniformes (*Equisétinées isosporées*) ou qu'il existe deux sortes de spores (*Équisétinées hétérosporées*)

ORDRE DES ÉQUISÉTINÉES ISOSPORÉES.

Il est formé par une seule famille.

FAMILLE DES ÉQUISÉTACÉES.

Cette famille comprend des plantes vivaces, terrestres ou aquatiques (fig. 1). Leur tige est composée d'un rhizome rampant sous le sol et atteignant parfois 15 mètres de longueur, souvent couvert de poils, quelquefois renflé dans ses entre-nœuds en bulbes remplis d'amidon. Ce rhizome donne naissance aux branches aériennes verticales qui forment les tiges, portant les feuilles très petites, disposées en verticilles alternants. Les feuilles d'un même verticille se soudent à la base en une gaine (fig. 2). Les tiges et le rhizome sont formés par deux entre-nœuds ordinairement sillonnés, présentant des cavités centrales fermées par des diaphragmes correspondant à la base du verticille des feuilles. Les tiges sont simples, ou ramifiées, alternantes avec les feuilles. L'épiderme de la tige et des rameaux est pourvu de stomates et recouvre une couche parenchymateuse, abondante en chlorophylle.

Les spores naissent sur les feuilles modifiées, disposées en verticille ou sur les tiges ordinaires, ou bien sur les tiges spéciales, non ramifiées. La réunion des feuilles constitue un épi (fig. 2). Cet épi est formé de pédicelles horizontaux (fig. 3 et 4), disposés en verticilles et dilatés à leur extrémité libre en une expansion verticale (*clypéoles*) dont la face interne porte 5 à 10 sporanges (fig. 3, s). Les spores naissent par quatre dans les cellules-mères ; elles sont très nombreuses, libres, et portent deux appendices (*élatères*) qui s'enroulent autour de la spore (fig. 6) ou se déroulent (fig. 5) suivant l'état d'humidité de l'atmosphère. En germant, les spores produisent un prothalle.

Les prothalles sont ordinairement *monoïques*. Les *mâles*, plus petits (fig. 7), portent les anthéridies à l'extrémité de leurs lobes. Les anthérozoïdes (fig. 8), nés dans les anthéridies, sont grands, munis de nombreux cils et portent une vésicule renfermant des grains d'amidon. Les prothalles *femelles*, plus grands, portent les archégones (fig. 9) sur leur face supérieure. Leur structure rappelle celle des archégones des Filicinées. Après la fécondation, l'œuf se divise en 2, 4, 8 cellules. Les quatre octants postérieurs produisent le pied et la première racine ; des quatre octants antérieurs, les deux inférieurs produisent la tige et la deuxième feuille ; les deux supérieurs, la première feuille. La jeune tige forme 10 à 15 entre-nœuds et produit une branche plus forte qu'elle ; celle-ci produit une branche encore plus forte, etc. C'est la troisième pousse qui forme le premier rhizome vivace (fig. 10, 11).

Les Équisétacées appartiennent aux régions tempérées. Les espèces fossiles sont nombreuses dans tous les terrains secondaires et tertiaires ; l'*E. arenaceum* est une des plus gigantesques.

Genre unique : **Equisetum** (Prêle) (fig. 1 à 11).

ORDRE DES ÉQUISÉTINÉES HÉTÉROSPORÉES.

Cet ordre est entièrement éteint.

FAMILLE DES ANNULARIÉES.

Les représentants de cette famille se rencontrent surtout dans les couches du Dévonien et du Permien.

EXPLICATION DES FIGURES.

1, *Equisetum fluviatile*, fig. 1, port.
2 et 3, *Equisetum arvense*, fig. 2, sommité d'une tige fertile (*g*, gaine supérieure ; *a*, anneau ; *e*, épi ; *cl*, clypéoles) ; 3, coupe transversale de l'épi (*cl*, clypéoles ; *s*, sporocarpes).
4, *Equisetum sp.?*, fig. 4, une clypéole.
5, *E. arvense*, fig. 5, une spore *sp* avec ses deux élatères en croix *el*.
6 à 8, *E. limosum*, fig. 6, spore mûre (*el*, élatères enroulés) ; 7, prothalle mâle (*r*, poils radicaux ; *an*, anthéridies encore fermées ; *an'*, anthéridies émettant des anthérozoïdes ; *an''*,

anthéridies vidées) ; 8, anthérozoïdes libres.
9 à 11, *E. arvense*, fig. 9, coupe verticale d'une portion de prothalle femelle (*ar'*, *ar'*, deux archégones non fécondés ; *ar*, archégone fécondé ; *e*, embryon) ; 10, coupe longitudinale d'une portion de prothalle femelle *pr*, avec un embryon développé sur une jeune plante (*r*, racine *t*, tige) ; 11, jeune plante quatre mois après le semis (*r*, *r*, *r*, racines ; 1, 2, 3, les trois premières pousses ; 4, la quatrième pousse qui se dirige en bas et qui va former un rhizome).

ÉQUISÉTACÉES.

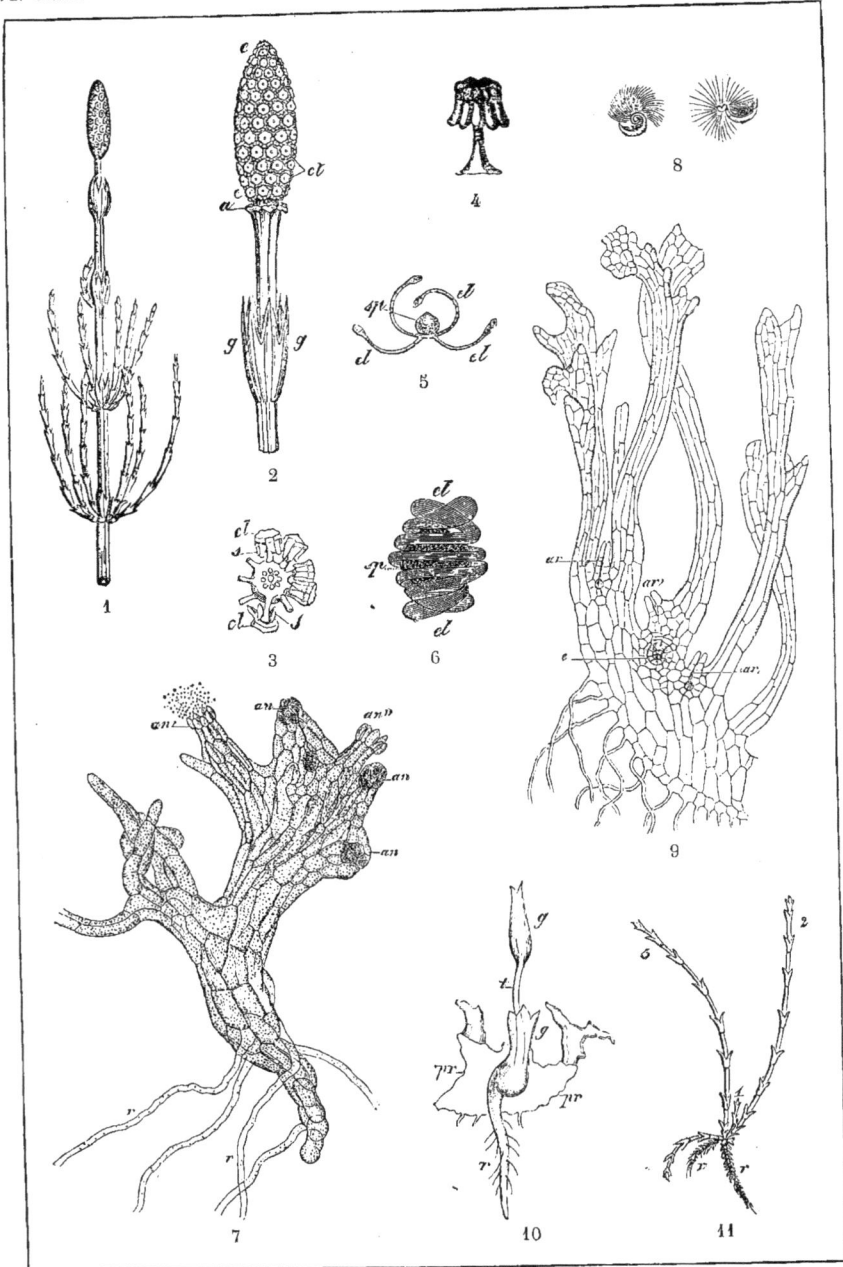

Classe des Filicinées.

La plupart des Filicinées produisent des spores d'une seule sorte; l'œuf produit une tige pourvue de feuilles, et ces dernières portent des sporanges procédant ordinairement d'une seule cellule épidermique.

On divise les Filicinées en *Hétérosporées* (spores de deux sortes) comprenant l'ordre des *Hydroptéridées*, et en *Isosporées* (spores d'une seule sorte) comprenant les *Marattioïdées* et les *Fougères*.

ORDRE DES HYDROPTÉRIDES.

Plantes vivant dans les lieux humides, à tige bilatérale portant sur sa face dorsale des feuilles normales, et sur sa face ventrale des racines ou des feuilles modifiées. Les sporanges sont de deux sortes, les uns renfermant des macrospores, les autres des microspores. Ils sont entourés d'une portion de feuille modifiée, nommée *sporocarpe*. Le prothalle femelle est lié à la macrospore, le prothalle mâle est très peu développé.

On divise les Hydroptérides en deux familles : les Salviniacées et les Marsiliacées.

FAMILLE DES SALVINIACÉES.

Ce sont des plantes aquatiques à tige rameuse, à feuilles tantôt cellulaires sans stomates, tantôt pourvues de stomates. Dans le genre *Salvinia*, les feuilles sont verticillées, disposées par trois dans chaque nœud ; parmi ces trois feuilles, la plus inférieure se divise en longs poils qui prennent l'aspect et la fonction de racines, dont les Salvinia sont dépourvues. Dans l'*Azolla*, les feuilles sont disposées en deux rangs sur la face dorsale de la tige; la face ventrale porte les racines également disposées en deux rangées. La tige s'accroît par une cellule-mère cunéiforme.

Les macro et les microspores sont renfermées dans des sporocarpes disposés à la base des feuilles (fig. 1) ou sur la face inférieure de la première feuille de chaque branche.

Les *microsporanges*, longuement pédonculés, sont nombreux dans chaque sporocarpe (fig. 2, *sc'*, *mi*). Ils contiennent 64 microspores arrondies. Les microspores ne se disséminent pas ; elles germent dans la microsporange même, et produisent des tubes qui forment le prothalle rudimentaire. Les tubes-anthéridies, renfermés dans leur cellule séminale, donnent naissance à quatre cellules-mères d'anthérozoïdes (fig. 5, 6, 7 et 8).

Les *macrosporanges* ne contiennent qu'une grande spore *macrospore*) entourée d'une couche gélatineuse épaisse (*épispore*); cette couche s'ouvre en trois valves ou se prolonge en un pinceau de poils. La macrospore donne naissance à un prothalle (fig. 4), qui prend chez les Salvinia l'aspect d'un chapeau tricorne. Il est toujours vert et porte ordinairement plusieurs archégones (fig. 9 et 10).

L'œuf fécondé se divise en huit octants. Dans les Salvinia, quatre octants postérieurs forment le pied; un des deux antéro-inférieurs la tige, l'autre inféro-antérieur reste stérile, et les deux antéro-supérieurs forment la feuille. Dans l'Azolla, l'un des octants supéro-postérieurs produit la racine, l'autre reste stérile, et l'un des inféro-antérieurs produit une seconde feuille.

Cette famille ne contient que deux genres, dont l'un (*Salvinia*) se trouve en Europe, et l'autre (*Azolla*) au Brésil et à la Nouvelle-Hollande.

Salvinia L. — Genre européen, représenté par l'espèce *S. natans* (fig. 1 à 10).

Azolla. — Genre exotique, comprenant les espèces *A. caroliniana*, *A. macrophylla* (fig. 11 à 13), plantes d'Amérique ; *A. nilotica*, de l'Afrique, etc.

EXPLICATION DES FIGURES

1 à 10, *Salvinia natans*, fig. 1, portion d'une plante (*ff*, feuilles aériennes; *fr*, feuilles submergées; *t*, tige; *sc*, sporocarpes); 2, coupe longitudinale de deux sporocarpes (*sc'*, sporocarpe mâle; *sc"*, sporocarpe femelle; *ma*, macrosporanges; *mi*, microsporanges; *cl*, columelle); 3, coupe transversale d'un sporocarpe ; 4, germination d'une macrospore; *p*, pied ; *t*, tige; *b*, bourgeon terminal; *pr*, prothalle; *pr'*, deux prolongements aliformes; *ec*, première feuille bilobée de la jeune plante); 5, microsporange (*ta*, tubes anthéridiens); 6, un de ces tubes; 7, un de ces tubes à cellules anthéridiennes ouvertes; 8, quatre cellules mères d'anthérozoïdes sorties d'une de ces cellules ; 9, coupe longitudinale d'une macrospore germée; *ex*, exospore ; *en*, endospore avec sa couche externe (*en'*) et son feuillet interne (*en"*); 10, jeune archégone (*cc*, cellule centrale ; *c*, *ca*, cellule du canal ; *cf*, cellules de clôture; *c*, col; *pr*, prothalle).

11 à 13, *Azolla macrophylla*, fig. 11, port (gr. nat.); 12, plante grossie montrant ses feuilles aériennes et submergées et ses sporocarpes; 13, une des feuilles aériennes, bilobées (grossie).

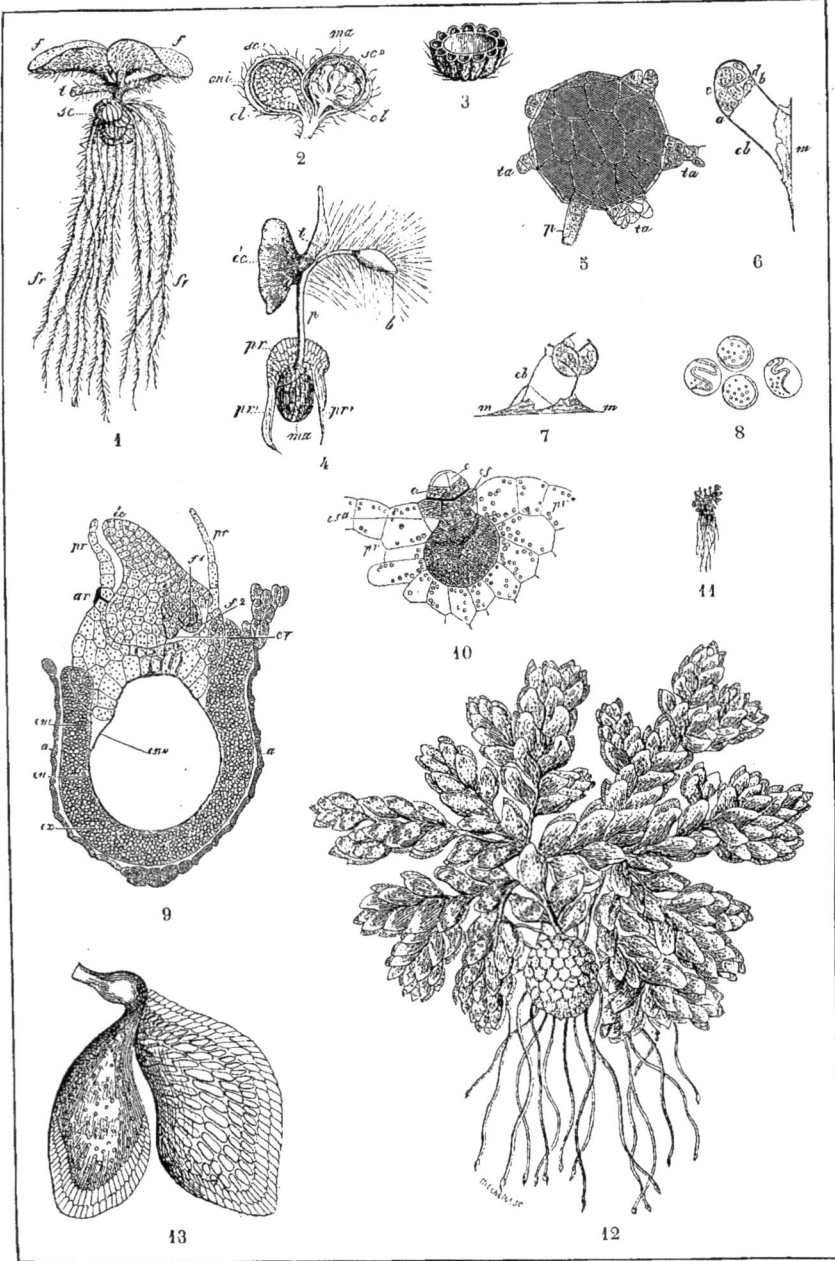

FAMILLE DES MARSILIACÉES.

Petite famille, très rapprochée des Salviniacées; elle en diffère par les sporocarpes pluriloculaires renfermant plusieurs groupes de spores.

La tige rampante et rameuse porte sur sa face ventrale des racines, et sur sa face dorsale deux séries de feuilles enroulées en crosse dans le jeune âge, fiiformes (fig. 1, *Pilularia*) ou composées de quatre folioles, disposées en croix, munies de nervures et présentant les phénomènes du sommeil (fig. 9, *Marsilia*).

Le sporocarpe des Marsiliacées est globuleux ou réniforme; situé près du rhizome, il présente un segment d'une feuille portant plusieurs sores et les enveloppant dans une cavité. Il est divisé, dans les *Pilularia*, en 2, 3 et 4 loges (fig. 2 et 3). Chaque loge porte un bourrelet contenant les macro et les microsporanges. Dans les *Marsilia* (fig. 10, 11 et 12), le sporocarpe renferme un cylindre muqueux portant des sporanges oblongs (fig. 11 et 12). Chaque sporange renferme des micro et des macrospores.

Les microsporanges contiennent soixante-quatre microspores provenant d'une seule cellule qui donne naissance à seize cellules-mères. Dans les macrosporanges, c'est une de ces quatre cellules qui grossit et se développe davantage, et par sa croissance devient l'unique macrospore. La membrane de la macrospore est très épaisse; elle est composée de trois couches d'une structure compliquée.

Les microspores et les macrospores donnent naissance à un prothalle rudimentaire. La microspore se divise en trois cellules, dont une représente le prothalle et les deux autres deviennent des anthéridies. L'anthéridie se divise en seize cellules-mères, produisant chacune un anthérozoïde spiralé, multicilié et muni d'une petite vésicule hyaline (fig. 4).

Dans la macrospore, une membrane se formant au sommet, près de la papille (fig. 5). détache une portion de la masse protoplasmatique du reste du contenu et en forme une cellule, laquelle, par divisions successives, produit le prothalle femelle. La couche supérieure du prothalle de la cellule centrale produit un archégone (fig. 7).

Après la fécondation, l'œuf de l'archégone subit la segmentation comme l'œuf des Fougères (voy. page 346). Il se divise en huit octants, dont les deux inféro-postérieurs forment le pied; un supéro-postérieur, la première racine (l'autre reste stérile); un des supéro-antérieurs, la première feuille; un des inféro-antérieurs, la tige (l'autre reste stérile dans les *Pilularia*, et forme la seconde feuille dans les *Marsilia*).

Les Marsiliacées habitent les régions tempérées des deux continents et la Nouvelle-Hollande.

Cette famille est composée de deux genres : *Marsilia* et *Pilularia*.

Marsilia L. — Genre très répandu et dont l'espèce, *P. quadrifolia* L. ou *quadrifoliata* D C., est commune en Europe (fig. 9 à 12); il en existe une espèce fossile dans les couches éocènes de Rauzon.

Pilularia L. — L'espèce *M. globulifera* L. est assez commune (fig. 1 à 8); une espèce fossile a été trouvée dans les couches miocènes d'OEningen.

EXPLICATION DES FIGURES.

1 à 8, *Pilularia globulifera*, fig. 1, port; 2, sporocarpe coupé transversalement (*l*, loges; *pl*, placenta; *a*, enveloppe de la loge; *b*, enveloppe générale du fruit); 3, coupe longitudinale du fruit (*pl*, placenta; *l*, loges; *ma*, macrosporanges; *mi*, microsporanges); 4, germination d'une microspore (*ex*, exospore; *en*, endospore; *an*, anthérozoïdes); 5, coupe longitudinale d'une macrospore adulte (1, 2, 3, 4, quatre enveloppes; 3', portion épaissie de la troisième enveloppe; *e*, entonnoir terminal formé par l'enveloppe 4; *p*, papille formée par la deuxième enveloppe); 6, sommet d'une macrospore germante (*c*, col de l'archégone; *lb*, lobes de la papille déchirée); 7, coupe longitudinale d'un prothalle avec l'archégone (*c*, col; *os*, oosphère; *lb* l'un des lobes de la papille, déchirée); 8, embryon (*f*, première feuille; *r*, première racine; *t*, sommet de la tige; *p*, le pied; *c*, col de l'archégone; *pr*, poils radicaux du prothalle).

9 à 12, *Marsilia quadrifolia*, fig. 9, port; 10, sporocarpe ouvert dans l'eau et laissant échapper l'anneau; 11, anneau rompu et étalé; 12, une logette mûre avec les macrosporanges et les microsporanges.

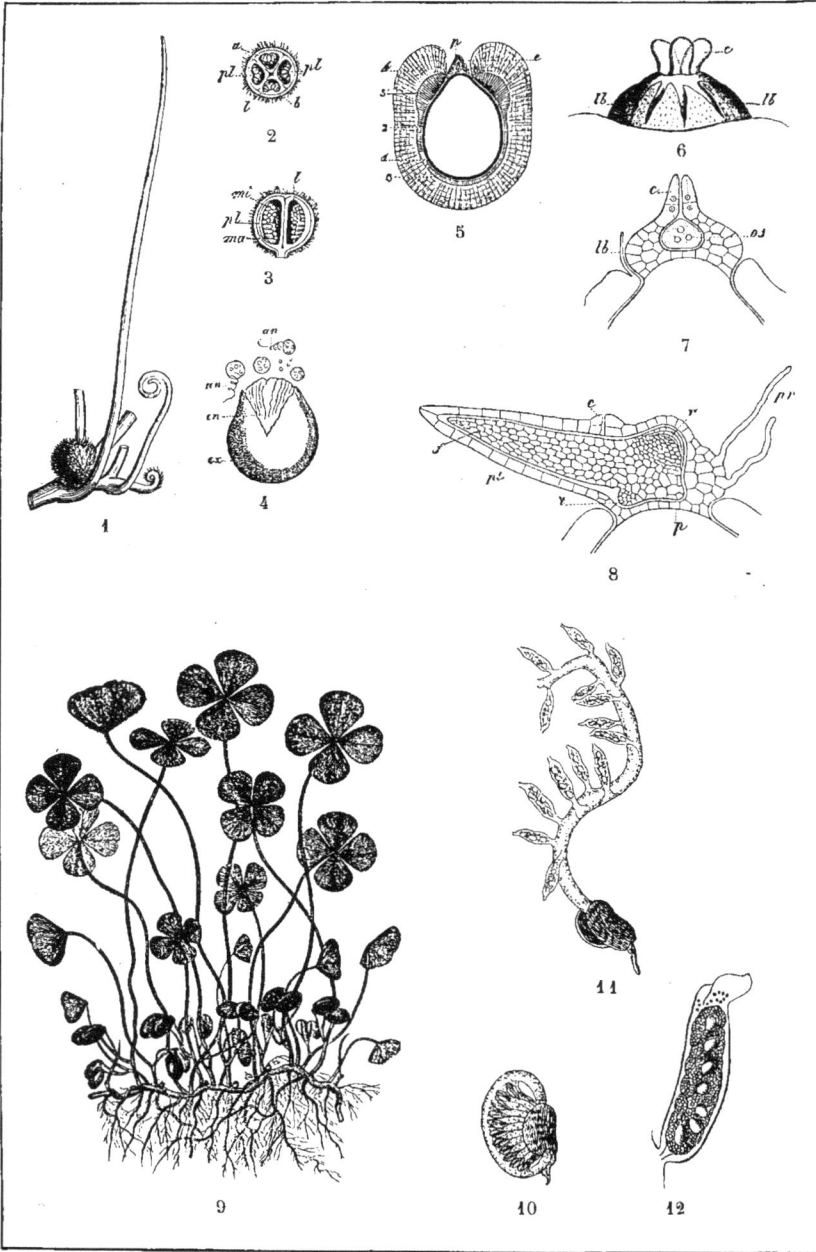

ORDRE DES MARATTIOÏDÉES.

Cet ordre des Filicinées, pourvu d'une seule sorte de spores, se distingue par le mode de formation des sporanges qui proviennent, non d'une seule cellule, comme dans les vraies Fougères, mais d'un groupe de cellules épidermiques. La tige est courte, simple, non ramifiée, dépourvue de nœuds ; les racines charnues sont peu nombreuses. Dans le prothalle, les anthéridies sont enfoncées dans le tissu et les archégones en sortent à peine.

L'ordre des Marattioïdées se divise en deux familles : les Marattiacées, à sporanges extérieurs, et les Ophioglossées, à sporanges enfoncés dans le tissu de la feuille.

FAMILLE DES MARATTIACÉES

Tige ordinairement courte, dressée, en partie enfoncée dans la terre et recouverte par les bases des feuilles ; plus rarement à rhizome horizontal (*Kaulfussia*) ou dressée, oblique, quelquefois ramifiée (*Danæa*), terminée par une cellule-mère unique. Feuilles enroulées en crosse dans leur bourgeon, pennées (fig. 2) ou palmées (*Danæa*), souvent très grandes (jusqu'à 3 mètres) ; elles sont pourvues de deux stipules vivaces réunies par une commissure longitudinale. Racines épaisses, peu nombreuses, en nombre égal ou double de celui des feuilles, terminées par quatre cellules-mères.

Les sporanges naissent sur la face inférieure des feuilles ; ils suivent les nervures ou couvrent seulement une partie de ces nervures (fig. 3 et 5). Ils sont tantôt libres, tantôt soudés en un sporange pluriloculaire (fig. 4). Les sporanges s'ouvrent par des fentes longitudinales, rarement par des pores.

Les sporanges proviennent d'un groupe de cellules épidermiques (fig. 7) ; les cellules-mères des spores sont le produit du cloisonnement d'une cellule sous-épidermique. Les cellules des membranes de la spore ne s'épaississent pas en un anneau.

Les spores produisent un prothalle rappelant celui des Fougères (voy. page 346). Après quatre ou cinq mois de sa formation, le plus souvent sur la face inférieure du prothalle, apparaissent les anthéridies profondément enfoncées dans le tissu. Les archégones apparaissent beaucoup plus tard, après dix ou dix-huit mois, sur la face inférieure du prothalle ; leur col sort à peine du tissu du prothalle.

Après la fécondation, l'œuf produit un embryon dont le développement n'est pas encore bien connu.

Les Marattiacées se trouvaient déjà dans les terrains primaires. Parmi les espèces éteintes, on peut citer : *Asterotheca* (fig. 8 et 9), *Marattiotheca*, *Scolecopteris* (fig. 10), etc.

Les Marattiacées se divisent en trois tribus :

TRIBU I. DANÆES. — Sporanges soudés, déhiscence poricide.

Genre unique : **Danæa.**

TRIBU II. MARATTIÉES. — Sporanges soudés, déhiscence longitudinale.

Genres : **Marattia** (fig. 2 à 5), **Kaulfussia.**

TRIBU III. ANGIOPTÉRIDÉES. — Sporanges libres à déhiscence longitudinale.

Genre **Angiopteris** (fig. 6 et 7).

EXPLICATION DES FIGURES.

1,	*Sphenopteris steniagansis*, fig. 1. Empreinte de la plante.
2 à 4,	*Marattia fraxinæ*, fig. 2, fronde ; 3, portion d'une feuille portant une série de sores ; 4, coupe verticale d'un sore.
5,	*Marattia elata*, fig. 5, portion d'une feuille avec deux sores *a*, *a'*.
6,	*Angiopteris sp.*, fig. 6 portion d'une fronde fructifère.
7,	*Angiopteris erecta*, fig. 7, section longitudinale d'un très jeune sporange (*a-e*, cellules épidermiques dont les cloisonnements ont produit la sporange. Au milieu de la cellule-mère, des spores cloisonnées).
8 et 9,	*Asterotheca hemiteliades*, fig. 8, fragment de pinnule avec deux sores ; 9, un sore grossi.
10,	*Scolecopteris elegans*, fig. 10, deux sporanges réunis au sommet d'un pédicelle.

1

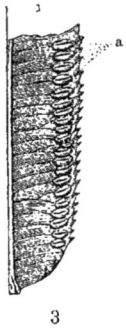

3

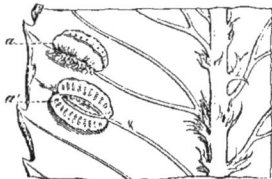

4

5

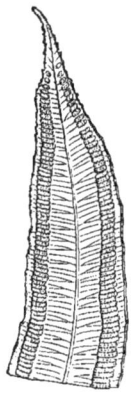

2

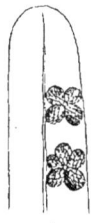

6

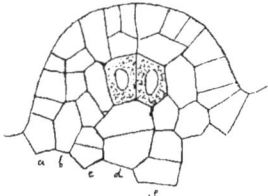

8

7

9

10

FAMILLE DES OPHIOGLOSSÉES.

La tige souterraine des Ophioglossées est simple (*Ophioglossum*) ou ramifiée (*Botrychium*). L'extrémité de la tige cachée dans la gaine des feuilles est terminée par une cellule pyramidale à trois faces.

Les feuilles sont composées d'une gaine qui entoure l'extrémité de la tige, d'un pétiole et d'un limbe ; les jeunes feuilles sont enveloppées par les gaines des feuilles plus âgées ; elles restent très longtemps (pendant quatre ans) cachées sous la terre et ne sortent à la surface qu'à la cinquième année. A chaque feuille correspond une racine pourvue, comme les tiges, d'une cellule terminale pyramidale.

Les sporanges se développent sur un lobe de la feuille fertile. Dans l'*Ophioglossum*, ce lobe, de même que la feuille, reste ordinairement indivis ; pourtant, dans l'*O. palmatum*, plusieurs lobes fertiles se détachent de la feuille palmée (fig. 1). Dans le *Botrychium*, les lobes fertiles et stériles sont découpés (fig. 4).

Les sporanges chez les *Botrychium* prennent la forme de petites capsules sphériques (fig. 5) ; ils s'ouvrent par des fentes transversales ; dans l'*Ophioglossum*, les sporanges sont plongés dans le tissu des feuilles fertiles. Leur paroi extérieure est une continuation de l'épiderme de la feuille ; les cavités renfermant les spores sont entourées par un tissu parenchymateux, et les prolongements des faisceaux parcourant les feuilles s'insinuent entre les sporanges consécutifs. Ils s'ouvrent par des fentes transversales.

Les cellules-mères produisent quatre spores disposées en tétraèdres. A la maturité, les spores deviennent libres et nagent dans le liquide remplissant le sporange.

La spore produit un prothalle. On ne le connaît que dans l'*O. pedunculosum* et *B. lunaria*. Il prend la forme d'un petit corps tuberculeux, dépourvu de chlorophylle et croît sous la terre.

Le prothalle est monoïque ; il produit les archégones et les anthéridies. Le mode de développement de la jeune plante et de l'œuf n'est pas encore connu.

Les Ophioglossées sont pour la plupart des plantes exotiques. Le nombre des espèces européennes est très restreint.

Genres principaux :

Ophioglossum. — Capsules du sporange soudées entre elles (fig. 1 à 3).
O. lusitanicum et *O. vulgare* sont communes en France.

Botrychium. — Capsules du sporange libres.
B. lunaria, commune en France (fig. 4 à 6).

ORDRE DES FOUGÈRES.

Cet ordre, riche en genres et espèces, renferme des plantes construites toutes sur un plan uniforme, mais très différentes de dimension et de forme. Les Fougères peuvent être herbacées, ne dépassant guère par leurs dimensions les grandes mousses : plus souvent elles sont arborescentes ; sous les tropiques, elles deviennent de véritables arbres (fig. 7).

La tige est rampante, grimpante ou dressée (dans les Fougères ligneuses) ; elle s'accroît toujours à l'aide d'une cellule mère cunéiforme ou pyramidale et se ramifie par la formation de véritables bourgeons, naissant à la base des feuilles, sur la tige au-dessous des feuilles, et même à l'aisselle des feuilles.

Les feuilles, presque toujours composées d'un limbe et d'un pétiole, sont toujours enroulées en crosse à l'état jeune. Elles se développent très lentement et ont besoin de deux années entières pour passer les premières phases ; ce n'est qu'à la troisième année qu'elles soulèvent en l'air leur tige souterraine. Le limbe de la feuille est rarement entier, plus souvent il est diversement découpé, bi ou tripinnatifide ; il est très grand en comparaison de la tige, et atteint quelquefois jusqu'à 3 et 6 mètres de long ; c'est lui qui détermine le port de la plante. Les feuilles d'une Fougère sont tantôt toutes uniformes, tantôt de formes diverses, surtout les feuilles fertiles portant les sporanges ; elles peuvent être contractées, réduites à de simples nervures, etc.

EXPLICATION DES FIGURES.

1 à 3,   *Ophioglossum palmatum*, fig. 1, port ; 2, un épi détaché ; 3, un épi dont les capsules sont ouvertes.
4 à 6,   *Botrychium lunaria*, fig. 4, port ; 5, portion d'une feuille fertile ; 6, sortie des spores de la capsule.
7,   *Cyathea Sp.?* fig. 7, port.

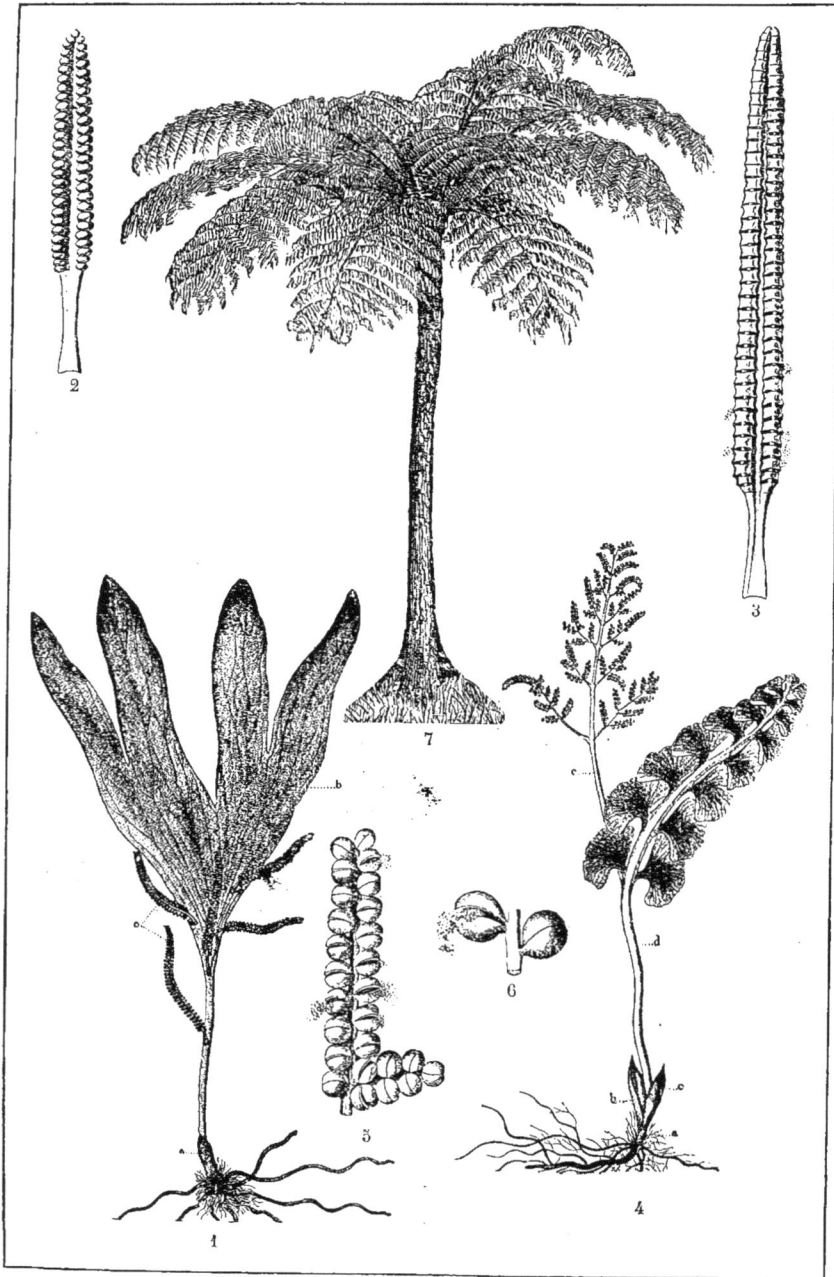

La tige, en se prolongeant, produit incessamment des racines qui s'accroissent par une seule cellule conique et qui sont très nombreuses (fig. 13) dans la plupart des Fougères; cependant elles manquent quelquefois complètement et sont remplacées par la ramification de la tige.

Les organes reproducteurs des Fougères sont les spores renfermées dans des vésicules pédicellées nommées *sporanges*.

Les sporanges sont disposés en groupes (*sores*) sur la face inférieure des feuilles et de leurs nervures. Les sores sont nus ou couverts par une excroissance de l'épiderme de la feuille (*indusie*). Souvent une rangée de cellules de la paroi du sporange se développe autrement que les autres; les cellules grandissent, demeurent plus dures, et forment ce qu'on appelle un *anneau*. Cet anneau est rarement complet. Il est élastique, et à la maturité, ses cellules se redressent, déchirent la paroi du sporange et projettent les spores. Le sporange provient d'une seule cellule épidermique de la feuille.

La spore en germant donne naissance, par cloisonnement, à une petite lame verte échancrée en avant, le prothalle (fig. 9). Le prothalle s'attache à la terre par de nombreux poils radicaux, grandit et produit sur la face inférieure, mais plus en arrière, les organes mâles, les anthéridies, et, près de son bord antérieur, les organes femelles, les archégones.

Les anthéridies (fig. 5), provenant d'une seule cellule du prothalle, donnent naissance aux anthérozoïdes (fig. 5) spiralés, munis de nombreux cils à leur extrémité antérieure.

Les archégones (fig. 6 et 7) proviennent aussi d'une seule cellule du prothalle. Cette cellule se divise en trois segments; le segment inférieur reste stérile, le moyen devient la cellule centrale, et le supérieur, qui se divise par cloisonnement en quatre cellules, forme le col de l'archégone. La cellule centrale se divise à son tour en deux segments : l'inférieur devient l'œuf, et le supérieur (cellule du canal) se résorbe en une substance mucilagineuse.

Après la fécondation (fig. 10), l'œuf se divise, par deux cloisonnements successifs, en quatre cellules : la supéro-postérieure se transforme en pied, s'enfonce dans le prothalle et nourrit les autres; la supéro-antérieure donne naissance à la tige; l'inféro-postérieure, à la première feuille, et l'inféro-antérieure, à la radicule (fig. 8).

Les Fougères habitent sur toute la surface du globe; mais elles abondent et arrivent au développement excessif surtout dans les régions tropicales.

Elles étaient très nombreuses dans les époques géologiques. On trouve un grand nombre d'espèces fossiles dans les terrains dévoniens, et surtout dans les terrains carbonifères (*Sphenopteris* (pl. CLXX, fig. 1), *Neuropteris*, *Pecopteris*, *Tæniopteris*, *Dictyopteris*, etc.).

Nombre d'espèces de Fougères sont usitées en médecine *Nephrodium Filix-mas* est un anthelminthique très efficace. Le rhizome de *Pteris esculenta* sert comme aliment, etc.

EXPLICATION DES FIGURES.

1 à 4, *Pteris aquilina*, fig. 1, port; 2, portion de feuille du côté de la fructification; 3, foliole grandie (*a*, les deux séries de soies; *b*, indusie); 4, sporange.

5 à 8, *Pteris serrulata*, fig. 5, *a,a'*, une anthéridie coupée transversalement (*a*, paroi; *a'*, masse de cellules-mères des anthérozoïdes; *àz*, un anthérozoïde libre; *c*, coupe transversale d'un prothalle (*ar'*, *arr'*, archégones; *o*, cellule centrale; *a'*, cellule qui va être résorbée); 7, coupe d'un prothalle (*ar'*, *arr'*, archégones non fécondés; *ar*, archégone fécondé; *e*, embryon; *pr*, portion stérile du prothalle; *r*, *r*, poils radicaux); 8, coupe

verticale d'une jeune plante (*pr*, prothalle; *r*, racine; *a*, pétiole de la première feuille; *c'*, feuille naissante.)

9, *Asplenium septentrionale*, fig. 9, germination *s*, spore; *r*, radicelle; *pr*, prothalle).

10, *Cyathea medullans*, fig. 10, fécondation (*an*, anthérozoïde; *m*, mucilage; *os*, oosphère; *cr*, *ar*, col de l'archégone).

11 et 12, *Nephrodium Filix-mas*, fig. 11, portion d'une feuille, vue par la face inférieure (*i*, indusie; *c*, capsule); 12, un sporange entier (*b*, pédicelle; *a*, anneau; *c*, parois).

13, *Asplenium rhizophyllum*, fig. 13, port.

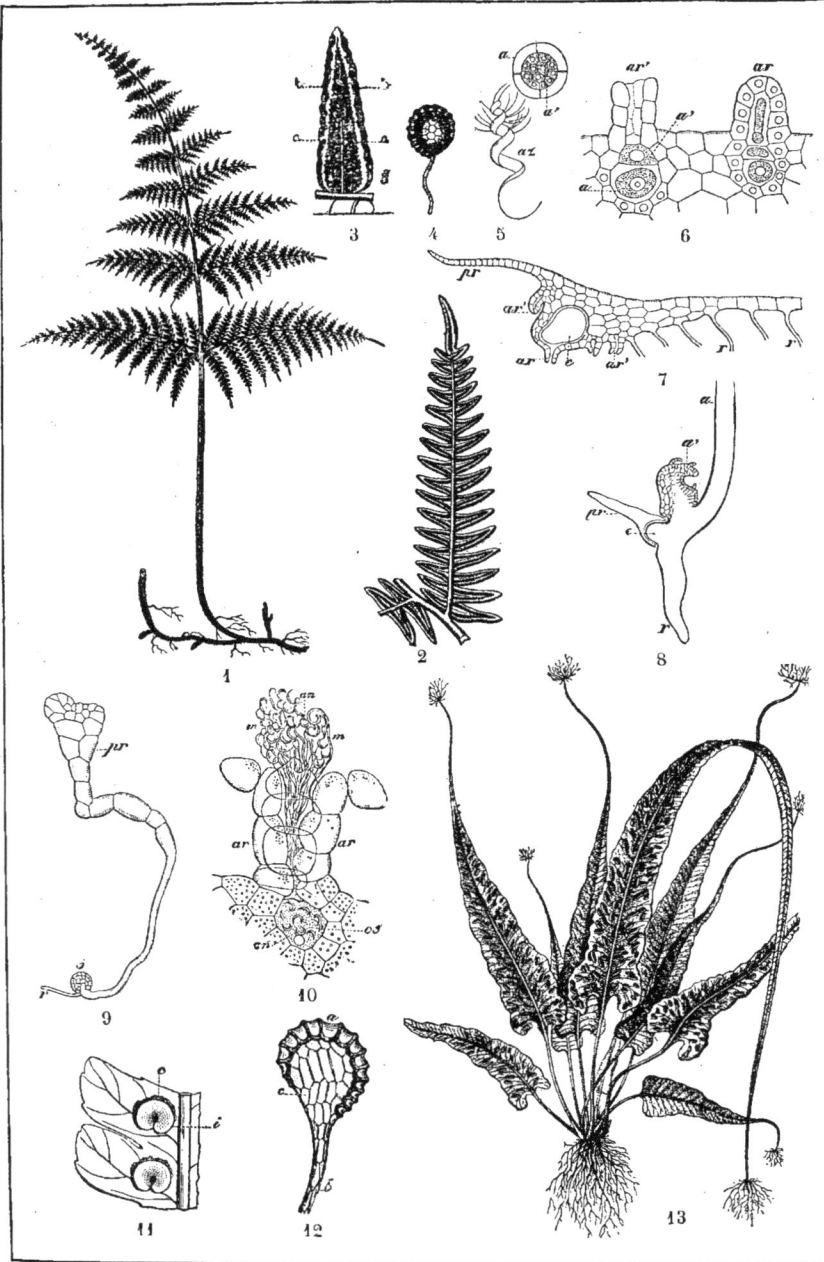

I. — FAMILLE DES SCHIZACÉES.

Sporanges sessiles, ovoïdes, turbinés; l'anneau est remplacé par une calotte de cellules occupant l'extrémité opposée au point d'attache.

Genres principaux: **Schizæa** (fig. 12). — **Lygodium**. — **Aneimia** (fig. 7). — **Mohria**

II. — FAMILLE DES OSMONDÉES.

Sporanges à courts pédicelles, portant latéralement un petit groupe de cellules qui représente le reste de l'anneau transversal.

Genres principaux: **Osmunda** L., plante ornementale, dont une espèce, *O. regalis* L. (fig. 14), est assez commune dans nos bois. — **Todea** (fig. 9).

III. — FAMILLE DES GLEICHÉNIÉES.

Sporanges sessiles réunis par trois ou quatre sores nus, anneau transversal.

Genres principaux: **Gleichenia** (fig. 10). — **Mertensia** (fig. 11). — **Platyzoma**.

IV. — FAMILLE DES POLYPODIACÉES.

Sporanges pédicellés; un anneau vertical incomplet.
Cette famille contient à elle seule plus d'espèces que toutes les autres réunies.

Genres: **Nephrolepis**. — **Aspidium**. — **Parkeria** (fig. 6). — **Scolopendrium** Sm., genre indigène; le *S. officinale* (fig. 4) est une plante amère, employée en médecine populaire. — **Asplenium** (pl. CLXXII, 9 et 13). — **Pteris** (pl. CLXXII, 1 à 8), genre représenté dans nos pays par *P. aquilina* (pl. CLXXII, fig. 1 à 4), Fougère proprement dite. — **Ceterach** Bauh., genre indigène dont une espèce, *C. officinarum* (*Asplenium Ceterach* L., (pl. CLXIII, fig. 1) est employée en médecine. — **Adiantum** (fig. 2 et 3). — **Polypodium**; espèces indigènes: *P. vulgare* L., *P. dryopteris* L., *P. calcareum*; espèce exotique, *P. brasiliense* (fig. 15). — **Acrostichum**. — **Nephrodium**, dont l'espèce *N.* (*Polystichum*) *Filix-mas* (pl. CLXXII, fig. 11 et 12 et pl. CLXXIII, fig. 5) est employée en médecine.

V. — FAMILLE DES CYATHACÉES.

Anneau complet, longitudinal, un peu oblique, sores nus ou entourés d'une indusie bivalve ou cupuliforme. Sporanges souvent sessiles, s'attachant sur un support commun proéminent.

Genres principaux: **Cyathea** (pl. CLXXII, fig. 10 et pl. CLXXI, fig. 7). — **Alsophylla**, etc., fougères arborescentes tropicales.

VI. — FAMILLE DES HYMÉNOPHYLLÉES.

Anneau complet transversal, indusie cupuliforme, tige très grêle, la racine manque souvent.

Genres principaux: **Loxsoma**. — **Trichomanes** (fig. 8). — **Hymenophyllum**, genre indigène dont l'espèce *H. Tunbridgense* Sm. (fig. 13) se rencontre sur nos côtes.

EXPLICATION DES FIGURES.

1, *Ceterach officinarum*, fig. 1, port.
2, *Adiantum Capillus-Veneris*, fig. 2, port.
3, *Adiantum tenerum*, fig. 3, une foliole.
4, *Scolopendrium officinale*, fig. 4, port.
5, *Nephrodium Filix-mas*, fig. 5, port.
6, *Parkeria pteridiades*, fig. 6, sporange (*a*, anneau; *s*, spores).
7, *Aneimia fraxinifolia*, fig. 7, sporange (*a*, anneau).
8, *Trichomanes elatum*, fig. 8, sporange (*a*, anneau).
9, *Todea africana*, fig. 9, sporange (*a*, anneau).
10, *Gleichenia gracilis*, fig. 10, sporange (*a*, anneau).
11, *Mertensia simplex*, fig. 11, une foliole vue du côté extérieur.
12, *Schizæa dichotoma*, fig. 12, portion d'une feuille fertile.
13, *Hymenophyllum Tunbridgense*, fig. 13, portion de fronde fructifère.
14, *Osmunda regalis*, fig. 14, folioles sporifères.
15, *Polypodium brasiliense*, fig. 15, portion d'une foliole.

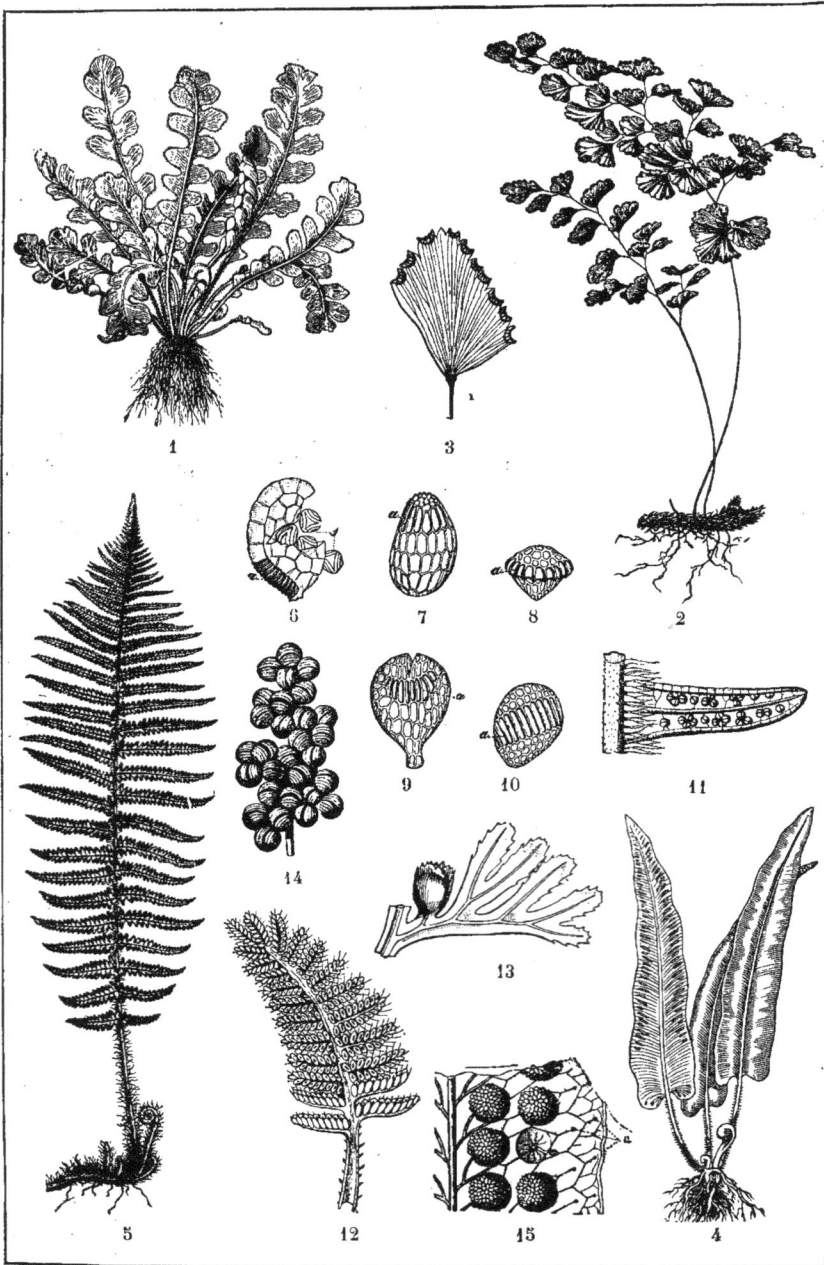

EMBRANCHEMENT DES MUSCINÉES.

Le développement des plantes de cet embranchement présente deux phases : une plus longue, commençant par la spore et aboutissant à un acte de fécondation (*génération sexuée*); et une autre plus courte, commençant par un œuf et aboutissant à la production des spores (*génération asexuée*). Cette deuxième génération se développe toujours sur la première et ne s'en détache jamais.

La génération sexuée, elle aussi, ne sort pas directement de la spore, mais passe généralement par un état intermédiaire, nommé *protonéma* (fig. 5).

Les organes végétatifs de la génération sexuée sont nettement différenciés en tiges et en feuilles. L'absence de vraies racines, remplacées par des poils, donne aux Muscinées un caractère d'infériorité et les distingue nettement des Cryptogames vasculaires.

L'embranchement des Muscinées se divise en deux classes :

1° Classe des *Mousses :* le protonéma est bien développé, avec des oogones végétatifs toujours bien différenciés; la génération asexuée (*le sporogone*) se développe d'abord dans l'intérieur de la plante-mère (dans l'archégone), mais en mûrissant elle s'allonge, déchire les parois de l'archégone et le soulève à son sommet en forme de coiffe.

2° Classe des *Hépatiques :* le protonéma est peu développé; le sporogone reste jusqu'à la maturité renfermé dans les tissus de la plante-mère (dans l'archégone); les organes végétatifs prennent souvent l'aspect d'un thalle.

Classe des Mousses.

Elle se divise en deux ordres : les *Bryinées* ou *Vraies Mousses*, et les *Sphagninées*.

ORDRE DES BRYINÉES.

L'appareil végétatif des Bryinées est toujours composé d'une tige et de feuilles (fig. 1 et 9). La tige, d'une consistance et d'une longueur très variable (depuis 1 millimètre jusqu'à plusieurs mètres), est toujours très mince (rarement dépassant un millimètre d'épaisseur); elle est quelquefois annuelle, plus souvent vivace. Elle est composée uniquement de cellules, les intérieures ordinairement plus grandes, peu ou point colorées, les extérieures plus petites, rouges, à parois épaissies. Souvent le centre de la tige est occupé par un cordon de cellules très petites et très molles.

Les feuilles présentent des formes très variées; elles peuvent être arrondies, lancéolées, pointues, etc. ; elles sont toujours sessiles, rapprochées et modifiées de forme et de couleur autour des organes reproductifs (*périchèze*). Le limbe est simple, quelquefois muni d'une nervure médiane.

Les vraies racines manquent : elles sont remplacées par les poils abondants ou *rhizoïdes*, formés par une série de cellules plus ou moins ramifiées naissant des cellules basilaires ou des autres cellules périphériques de la tige.

La plante adulte peut se multiplier tout d'abord par voie asexuée, c'est-à-dire par la production de bourgeons qui se détachent de la plante et donnent naissance à un protonéma. La plante nouvelle se développe, soit directement du protonéma sur un point quelconque de la plante-mère, soit par la production d'une *propagule*.

Les organes de la reproduction *sexuée* portent les noms d'*anthéridies* (organes mâles) et d'*archégones* (organes femelles). Ils peuvent être réunis sur la même plante en un involucre commun (*périchèze*, fig. 2), ou groupés sur la même plante, mais dans des involucres différents (l'involucre des anthéridies porte le nom de *périgone*, celui des archégones, *périgyne*); ou bien la plante est dioïque, et les archégones et les anthéridies se trouvent sur des individus distincts.

Les *anthéridies* sont des sacs allongés, rarement sphériques, munis de pédicelles et remplis d'une masse de cellules sphériques, renfermant chacune un anthérozoïde. A la maturité, toute cette masse s'échappe par une fente apicale, les anthérozoïdes deviennent libres, ils sont filiformes et munis à l'extrémité de deux cils d'une ténuité extrême.

EXPLICATION DES FIGURES.

1 à 3, *Polytrichum commune*, fig. 1, port ; 2, périchèze terminant la tige ; 3, sa coupe verticale.

4, *Polytrichum formosum*, fig. 4, coupe verticale de la capsule adulte (*c*, apophyse ; *d*, épiderme ; *d'*, couches sous-épidermiques ; *ss*, parois du sac sporigère ; *s*, spores ; *cl*, columelle ; *b*, son renflement supérieur ; *a*, opercule).

5 et 6, *Funaria hygrometrica*, fig. 5, protonéma (*pr*) ; *s*, la spore dont il provient ; *a*, bourgeon émané de lui, qui a produit déjà trois rhi-

zoïdes *r* et un commencement de pousse feuillée ; 6, section longitudinale d'un involucre femelle (les feuilles périphériques enveloppent les archégones centraux).

7, *Andreæa rupestris*, fig. 7, port (gr. natur.).

8 et 9, *Splachnum ampullaceum*, fig. 8, port (gr. nat.); 9, port (grossi).

10 et 11, *Bryum argenteum*, fig. 10, port (gr. natur.) ; 11, urne déhiscente (grossi).

12, *Fontinalis antipyretica*, fig. 12, péristome double, l'interne dressé (grossi).

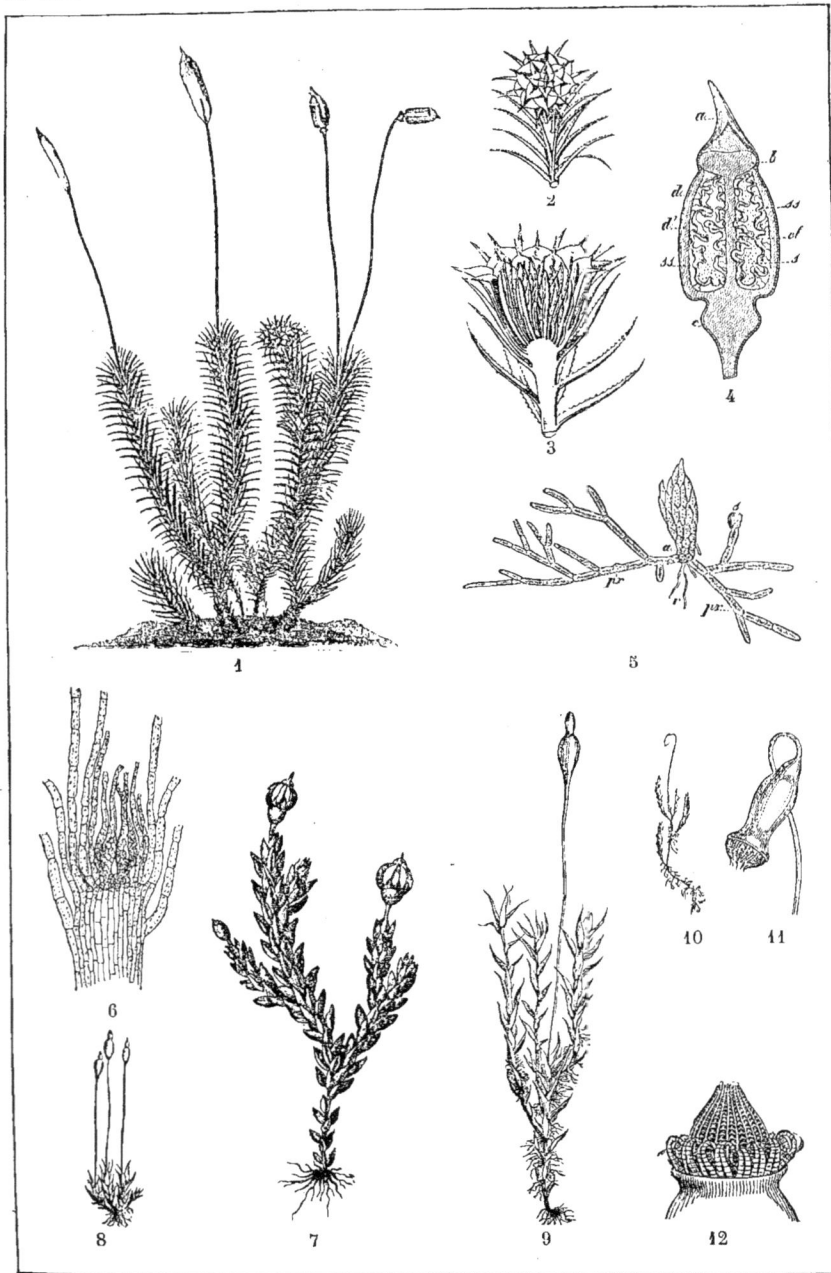

L'*archégone* (pl. CLXXIV, fig. 11) provient, comme l'anthéridie, de la segmentation d'une seule cellule périphérique de l'axe. Il se divise en une partie supérieure allongée, à paroi unicellulaire (le *col*, pl. CLXXIV, fig. 12), et en une partie basilaire, à paroi pluri-cellulaire, renfermant une cellule centrale. La cellule centrale se divise à son tour en une cellule inférieure plus grande, l'*oosphère*, et en une supérieure, la *cellule du canal*.

Les anthérozoïdes pénètrent dans le col de l'archégone et fécondent l'oosphère. Par des divisions successives, l'oosphère se transforme en embryon, qui se différencie en une partie inférieure allongée, la *soie*, et en une partie supérieure, le futur *sporange*. Bientôt le sporange grandissant et ne pouvant plus se loger dans l'archégone déchire ses parois et emporte leur partie supérieure, la *coiffe* (pl. CLXXIV, fig. 1). Le *sporange* (fig. 4) est une capsule ovoïde ou cylindrique ; quelquefois il reste intact jusqu'à la destruction de ses parois par les agents extérieurs ; le plus souvent il détache sa partie supérieure nommée *opercule*. La partie restante porte le nom d'*urne*. Entre l'opercule et l'urne, il existe souvent un organe circulaire appelé l'*anneau*. L'orifice de l'urne est nu ou garni d'appendices formant le *péristome* (pl. CLXXIV, fig. 12).

Le sporange, d'abord homogène, se différencie bientôt, sa paroi extérieure devient l'épiderme ; au-dessus de l'épiderme se trouvent trois rangées de cellules et une lacune aérifère. Les spores naissent par quatre dans les cellules-mères qui occupent la troisième ou la quatrième rangée de cellules à partir de la lacune ; elles deviennent libres et nagent dans l'espace qu'elles occupent. Le centre du sporange est occupé par une masse cellulaire, *columelle*.

Les spores (fig. 12) donnent naissance à un prothalle confervoïde dichotome, nommé *protonéma*. La plante adulte se développe de bourgeons qui naissent sur le protonéma.

Les Bryinées sont répandues sur toute la terre et vivent dans les conditions les plus variées.

I. — FAMILLE DES BRYACÉES.

Sporange s'ouvrant par une valvule.

C'est la famille la plus riche en espèces et la plus répandue des Muscinées.

Tribu I. Acrocarpes. — Archégones terminant la tige ou les branches.

Genres principaux : **Funaria** (fig. 12), **Tetraphis, Splachnum** (pl. CLXXIV, fig. 8 et 9), **Polytrichum** (pl. CLXXIV, fig. 1 à 6), **Bartramia** (pl. CLXXV, fig. 5), **Buxbaumia** (fig. 6 à 8), **Fissidens** (fig. 3 et 4), **Bryum** (fig. 1 et 2), **Mnium**.

Tribu II. Pleurocarpes. — Archégones naissant latéralement sur la tige ou les branches.

Genres principaux : **Hypnum** (fig. 11), **Neckera, Hookeria, Fontinalis** (pl. CLXXIV, fig. 12).

II. — FAMILLE DES PHASCACÉES.

Le sporange ne s'ouvre pas ; les spores deviennent libres par la destruction de ses parois.

Genres principaux : **Phascum** (fig. 9 et 10), **Archidium, Bruchia.**

ORDRE DES SPHAGNINÉES.

Cet ordre se divise en deux familles : Andréeacées et Sphagnacées ; la première forme le passage entre les Mousses proprement dites et les Sphaignes.

FAMILLE DES ANDRÉEACEES.

Petites mousses à tiges ramifiées, pourvues abondamment de feuilles. Capsule oblongue soulevant, comme chez les Bryinées, une petite coiffe. L'assise sporiphère prend, comme dans les Sphaignes, la forme d'une cloche recouvrant une columelle hémisphérique. Le sporange s'ouvre à la maturité, par quatre fentes longitudinales, en quatre valves qui demeurent unies au sommet et à la base.

Genre unique : **Andreæa.** *A. petrophila, A. rupestris* (pl. CLXXIV, fig. 7), etc.

FAMILLE DES SPHAGNACÉES.

Plantes d'aspect spongieux (pl. CLXXVI, fig. 1). La tige est formée de cellules parenchymateuses et incolores, entourées par une couche de cellules étroites, brunes, enveloppée à son tour par 3 ou 4 assises de larges cellules vides formant avec les cellules brunes le tégument de la tige.

Les feuilles sessiles, dépourvues de nervures, ont la forme de languette. Ces feuilles contiennent de grandes cellules porifères qui augmentent notablement l'hygroscopie des sphaignes. Les rhizoïdes très minces apparaissent seulement dans le premier âge.

EXPLICATION DES FIGURES.

1,	*Bryum argenteum*, fig. 1, port.
2,	*Bryum limum*, fig. 2, groupe d'archégones *a, a', a''* et d'anthéridies *b*, mêlés de paraphyses, *p*.
3 et 4,	*Fissidens bryoides*, fig. 3, port ; 4, urne sans opercule.
5,	*Bartramia Halleriana*, fig. 5, port.
6,	*Buxbaumia foliosa*, fig. 6, port.
7 et 8,	*B. aphylla*, fig. 7, port (gr. nat.) ; 8, individu grossi et coupé longitudinalement.
9,	*Phascum subulatum*, fig. 9, port (gr. nat.).
10,	*P. muticum*, fig. 10, urne ouverte montrant la columelle avec quelques spores.
11,	*Hypnum cuspidatum*, fig. 11, port.
12,	*Funaria hygrometica*, fig. 12, spores en germination.

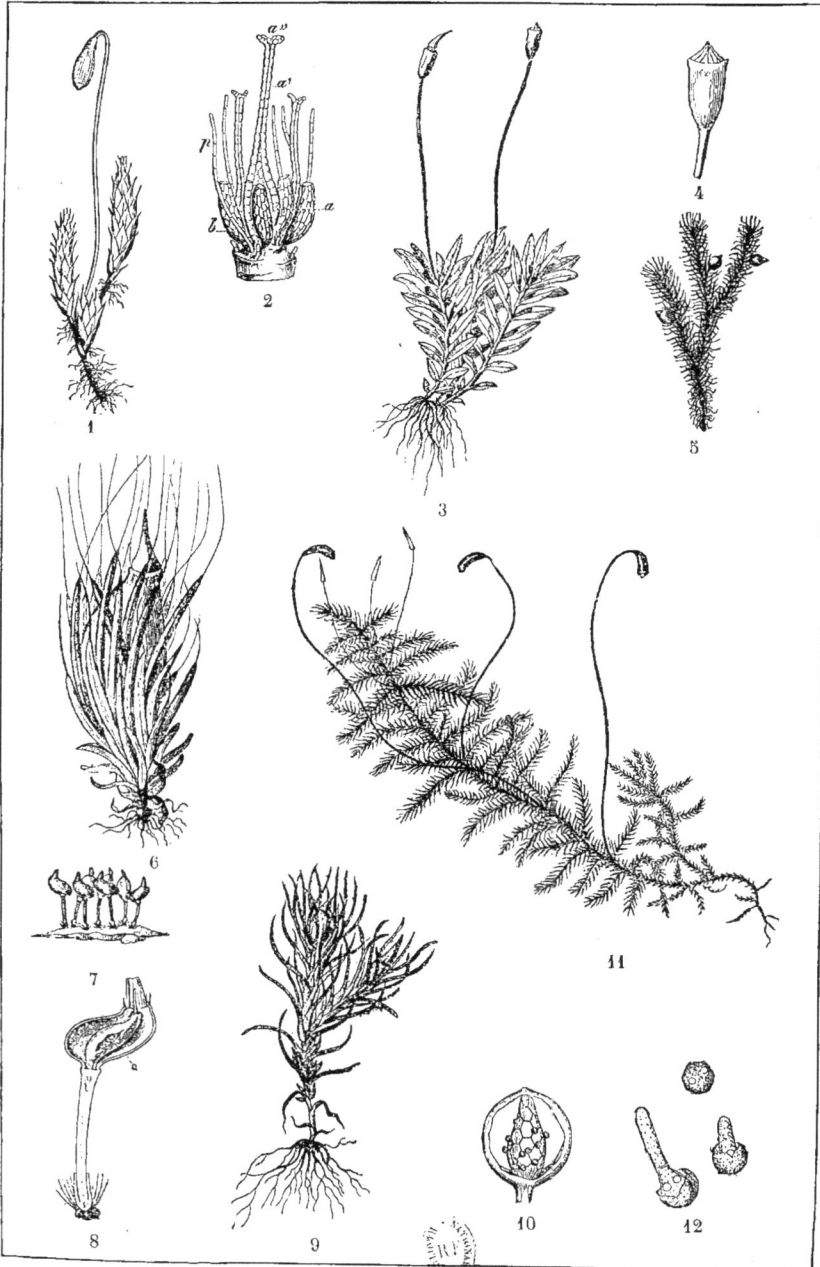

Les Sphaignes se reproduisent par les anthéridies et les archégones qui se trouvent sur des individus différents, rarement sur une même plante. Les anthéridies sont réunies en une espèce de chaton (fig. 6), chacune insérée latéralement à une feuille involucrale. Elles sont sphériques et s'ouvrent par des fentes en plusieurs valves spiralées munies de deux longs cils. Les archégones (fig. 2, pl. CLXXV), entremêlés de paraphyses, sont enfermés dans l'involucre, périchèze. Ordinairement, le sporogone se développe dans un seul archégone.

Lorsque le sporogone devient mûr, la base de l'axe se prolonge et le soulève avec sa coiffe en formant le pseudopode. L'assise de cellules-mères des spores a la forme d'une cloche (fig. 5, sp) entourant la columelle (cl). Il y a deux sortes de spores : les spores, normales, grandes, naissant par quatre dans les cellules-mères (fig. 4), et les petites spores produites par seize dans les cellules-mères, microspores (fig. 10). A la maturité, la coiffe se déchire irrégulièrement.

La spore donne un protonéma confervoïde, ou un prothalle thalloïde ramifié.

Les Sphaignes habitent les pays tempérés et froids. Elles couvrent des immenses étendues marécageuses dans l'hémisphère du Nord et concourent à la formation de la tourbe.

Genre unique : **Sphagnum**, riche en espèces. S. latifolium (fig. 1 à 5) et S. acutifolium (fig. 6 et 7).

Classe des Hépatiques.

Organes végétatifs : thalle monoïque, ou une tige de parenchyme homogène et feuilles dépourvues de nervure. Organes reproducteurs : anthéridies et archégone. L'œuf, après la fécondation, donne naissance au sporogone qui reste dans l'archégone jusqu'à son développement complet, contrairement à ce que l'on a vu dans les Mousses.

ORDRE DES MARCHANTIOIDÉES.
FAMILLE DES MARCHANTIACÉES.

Thalle aplati, rampant, dichotome. La face inférieure est munie de deux séries de lamelles et de petits poils radicaux. La face supérieure est creusée par de grandes chambres aériières s'ouvrant à l'extérieur par un ostiole, sorte de stomate qui perfore le centre du toit de chaque chambre. Le thalle est composé de grandes cellules privées de chlorophylle.

Les Marchantiacées peuvent se multiplier par des propagules, petits corps disposés au fond des conceptacles et ayant la forme de bouteilles ou de corbeilles.

La reproduction sexuée s'opère au moyen des archégones et des anthéridies qui se trouvent tantôt sur le même thalle, tantôt sur des thalles différents, et sont disposés soit au sommet d'une branche ordinaire, soit à la surface entière du thalle. Le plus souvent ils sont portés par une branche spéciale (fig. 1 et 2), dilatée au sommet en un disque. Les anthéridies occupent les excavations de la face supérieure du disque ; les archégones, nés sur la face supérieure, sont refoulés plus tard vers la face inférieure. Les cellules des anthéridies (fig. 3) donnent naissance aux anthérozoïdes. Après la fécondation, l'œuf se divise et produit un sporogone (fig. 5 à 10) pédicellé. Le sporange renferme des élatères, c'est-à-dire des filaments élastiques qui servent à projeter les spores. Il s'ouvre soit en quatre valves, soit par détachement d'un couvercle, soit au sommet en un grand nombre de dents (fig. 10 et 11).

Genres principaux : **Lunularia, Fimbriaria, Fegatella, Marchantia** (fig. 10 et 11), **Targionia**.

FAMILLE DES RICCIÉES.

Sporange dépourvu de columelle et d'élatères.

Genres principaux : **Corsinia, Oxymitra, Sphærocarpus** (fig. 12), **Riccia**.

ORDRE DES JUNGERMANNIOIDÉES.
FAMILLE DES JUNGERMANNIACÉES.

La plus nombreuse de toutes. Thalle uniforme ou différencié en tige et feuilles. Organes sexués naissant au sommet des branches principales ou des rameaux particuliers. Sporange muni d'élatères et privé de columelle.

TRIBU I : ACROGYNES. — Archégones terminaux ; tige feuillée.

Genres principaux : **Gymnomitrium, Scapania, Jungermannia** (fig. 9), **Lophocolea, Lejeunia, Radula**.

TRIBU II : ANACROGYNES. — Archégones non terminaux ; presque toujours un thalle.

Genres principaux : **Blasia, Pellia, Aneura, Metzgeria, Haplomitrium** (tige feuillée).

FAMILLE DES ANTHOCÉROTÉES.

Thalle irrégulier, dichotome, sans nervure médiane. Organes sexués dispersés sur tout le thalle. Sporanges s'ouvrant en deux valves, munis d'élatères.

Genres principaux : **Anthoceros** (fig. 8), **Dendroceros, Notothylas**.

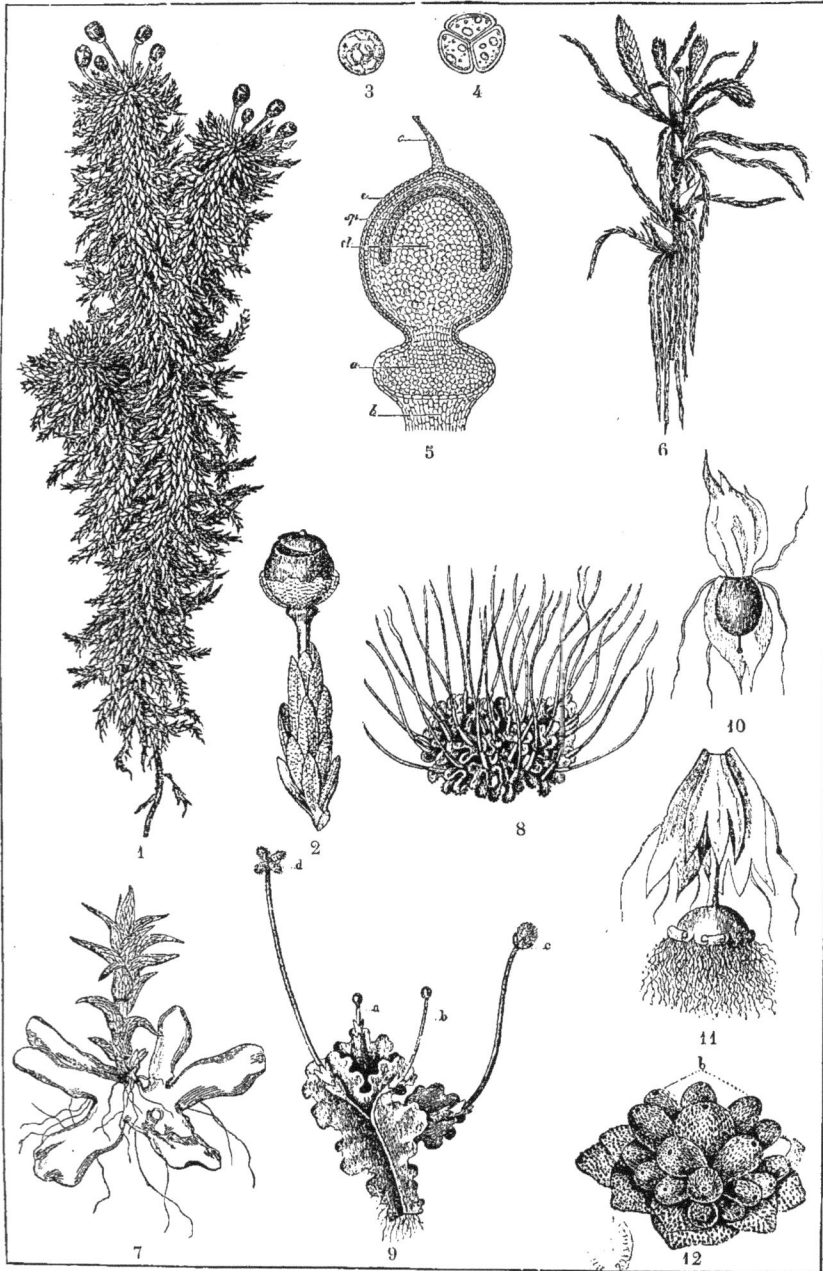

EMBRANCHEMENT DES THALLOPHYTES.

Les organes végétatifs des Thallophytes, désignés sous le nom commun de thalle (*thallus*), varient depuis les simples cellules, souvent même dépourvues de noyau (*Bacillus*, fig. 3), jusqu'aux formes compliquées, dans lesquelles la différenciation en feuilles et tige est presque complète (*Delesseria*, fig. 5). Même différence dans le mode de reproduction, depuis la simple division des cellules jusqu'à la séparation complète des sexes, compliquée encore souvent par une alternance de générations. Les caractères communs à toutes les plantes Thallophytes sont donc plutôt négatifs, par exemple le manque de vaisseaux et de vraies racines.

Suivant la présence ou l'absence de la chlorophylle, les Thallophytes se divisent en deux classes : les *Algues*, c'est-à-dire les Thallophytes pourvues de chlorophylle, et les *Champignons*, ou Thallophytes sans chlorophylle.

Classe des Algues.

Ce sont les Thallophytes à chlorophylle, mais la chlorophylle y est souvent plus ou moins masquée par divers pigments bleu, brun, rouge. Le thalle peut être unicellulaire ou pluricellulaire. S'il est unicellulaire, la cellule peut être très petite, souvent dépourvue même de noyau (fig. 3), ou bien elle se différencie, prend la forme d'un filament ramifié et arrive quelquefois à des dimensions énormes, présente des parties analogues aux feuilles et à la tige. Le thalle est le plus souvent pluricellulaire. Les cellules peuvent se ranger en filament suivant une direction (fig. 2, *Spirogyra*), ou se réunir en membrane suivant les deux directions, ou bien s'accroître même dans les trois directions. La reproduction est très variée, elle peut être asexuée ou sexuée.

On divise les Algues, suivant la nature du pigment colorant, en quatre ordres : les *Rhodophycées* ou *Floridées*, dont la chlorophylle est masquée par un pigment *rouge ;* les *Phéophycées* ou *Fucoïdées,* dont la chlorophylle est masquée par un pigment *brun ;* les *Chlorophycées* ou *Algues vertes*, c'est-à-dire les Algues sans autre pigment que la chlorophylle ; et les *Cyanophycées*, ou Algues à pigment bleu.

ORDRE DES RHODOPHYCÉES OU FLORIDÉES

Le thalle des Floridées présente des formes très variées. Dans les formes les plus simples, il est composé de séries de cellules plus ou moins ramifiées, à croissance terminale ; très souvent les rameaux se soudent entre eux ou avec l'axe principal, formant une sorte de tissu. Dans les autres Floridées, le thalle s'accroît dans deux directions ; il prend alors des formes très variées de feuilles, de rameaux, etc. (fig. 5 et 6). La chlorophylle des cellules du thalle est presque toujours masquée par un pigment rouge ; aussi les plantes de cet ordre se distinguent-elles par leur couleur rose ou violette ; rarement elles sont verdâtres ou même presque noires (*Batrachospermum*).

La reproduction *asexuée* des Floridées s'opère par des tétraspores. Ces spores naissent par quatre dans les cellules-mères (pl. CLXXVIII, fig. 3) ; elles peuvent être plongées dans l'épaisseur du thalle ou disposées sur des rameaux spéciaux, nommés *stachidies*, quelquefois même être groupées au fond d'un conceptacle (pl. CLXXVIII, fig. 3).

On trouve la reproduction sexuée principalement sur les individus privés de tétraspores. Les éléments mâles, nommés *spermaties*, sont de petits corpuscules sphériques, immobiles, entourés d'une membrane très mince (fig. 8, *an'*). Leurs cellules-mères tantôt font partie du thalle, tantôt sont disposées à l'extrémité des courtes branches solitaires ou rangées en groupe (anthéridies).

EXPLICATION DES FIGURES.

1,	Sargassum, fig. 1, port des différentes espèces.
2,	Spirogyra quinina, fig. 2, filaments en conjugaison.
3,	Bacillus amylobacter.
4,	Gigartina helminthoarton, fig. 4, port.
5,	Delesseria sanguinea, fig. 5, port.

6 et 7, *Ceramium casuarinæ*, fig. 6, port ; 7, rameau grossi.

8 et 9, *Ceramium decurrens*, fig. 8, fécondation (*an'*, spermatie ; *tr*, trichogyne ; *tr'*, cellule basilaire ; *tr''*, série cellulaire ; 9, développement du cystocarpe.

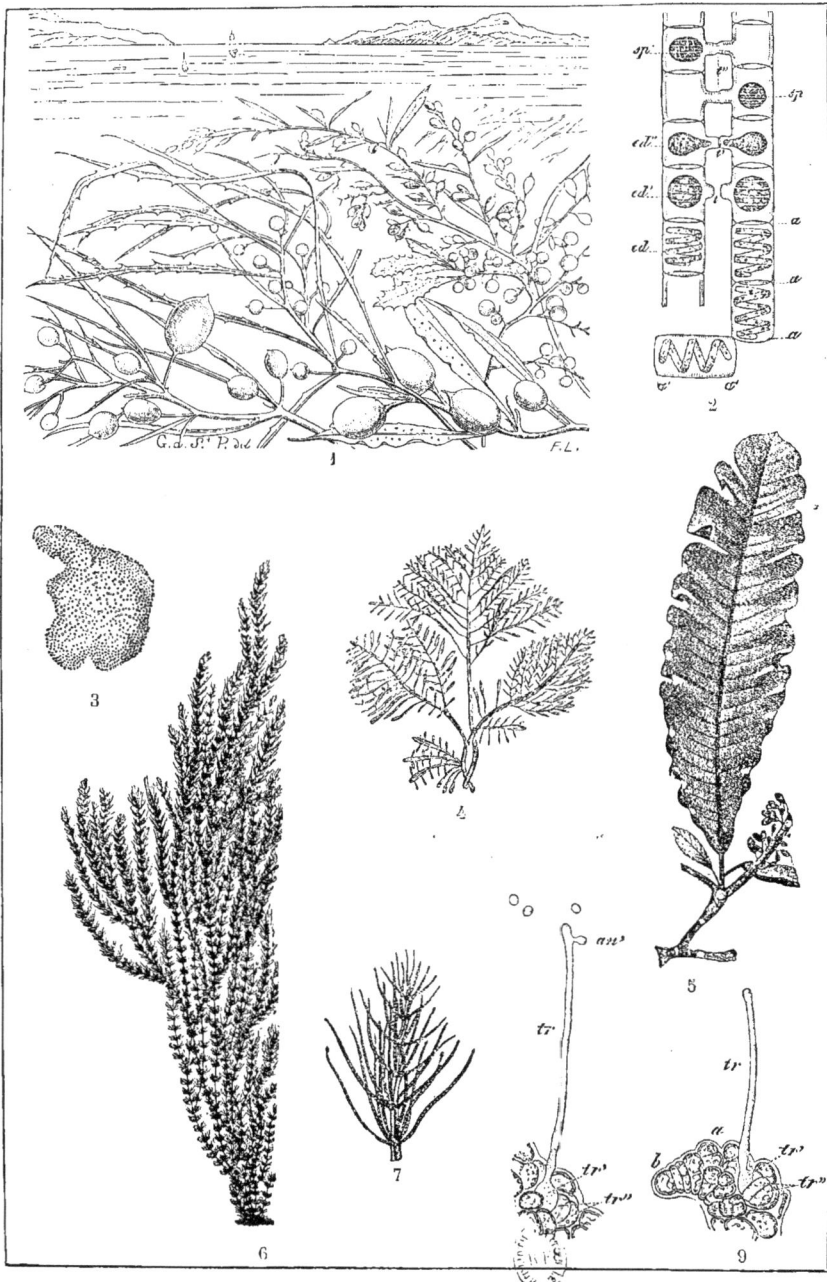

G. d. St. P. de.   F.L.

1

2

3

4

5

6

7

9

an'

tr'

tr'

tr''

tr''

tr'

tr''

sp'

sp

ed''

ed''

ed'

a

a

a

b

a

Les organes reproducteurs femelles sont formés de deux parties principales : le *trichogyne* et le *carpogon*. Le *trichogyne* (pl. CLXXVII, fig. 8 et 9; fig. 4, 5, 8 et 9) présente une cellule allongée (rarement courte) et sert comme intermédiaire dans la fécondation; le *carpogon*, disposé le plus souvent à la base du trichogyne fécondé, donne naissance aux *carpospores*.

Les spermaties, sorties des anthéridies, adhèrent au trichogyne (pl. CLXXVII, fig. 8). Leur contenu se mêle à celui du trichogyne, pénètre probablement jusqu'aux cellules du carpogon et les féconde. La simple cellule du carpogon se divise et donne naissance à une masse de courtes branches qui constituent par leur ensemble le *cystocarpe* (pl. CLXXVII, fig. 9). Les branches du *cystocarpe*, en se segmentant, produisent les *carpospores*. Dans certaines Floridées, le carpogon est composé de plusieurs cellules, dont deux extérieures donnent naissance aux carpospores; quelquefois c'est la cellule centrale du carpogon qui produit les carpospores, tandis que les cellules périphériques forment un involucre, *pericarpe*, enveloppant complètement le fruit. Dans les *Dudresnaya* (fig. 4 et 5), il n'y a qu'un seul trichogyne pour plusieurs carpogons. Dans ce cas, à la base du trichogyne naissent des branches accessoires (fig. 4, 5, *tr*) qui servent comme intermédiaires à la fécondation des carpogons voisins.

Les Floridées sont pour la plupart des algues marines; un petit nombre habite les eaux douces (*Batrachospermum, Lemanea, Thorea*).

I. — FAMILLE DES GIGARTINÉES.

Thalle massif, de consistance charnue ou cartilagineuse.

Genres principaux : **Hypnœa**, **Constantinea**, **Gigartina** (pl. CLXXVII, fig. 4).

II. — FAMILLE DES RHODYMÉNIACÉES.

Thalle à faisceau central, dont les filaments et une couche corticale rayonnante ou rameuse.

Genres principaux : **Sphœrococcus, Delesseria** (pl. CLXXVII, fig. 5), **Rhodymenia, Chylocladia.**

III. — FAMILLE DES RHODOMÉLÉES.

Thalle massif. C'est la famille la plus riche en espèces.

Genres principaux : **Dasya, Vidalia, Rhodomela, Chondria.**

IV. — FAMILLE DES CÉRAMIACÉES.

Thalle filamenteux, ramifié.

Genres principaux : **Lejolisia** (sporogone tégumenté); **Ceramium** (pl. CLXXVII, fig. 6 à 9), **Callithamnion, Bornetia** (sporogone nu).

V. — FAMILLE DES CORALLINACÉES.

Thalle dur comme la pierre; membranes cellulaires incrustées de carbonate de chaux.

Genres principaux : **Corallina** (fig. 1 à 3), **Lithophyllum, Melobesia.**

VI. — FAMILLE DES SQUAMARIÉES.

Thalle s'étendant sur les divers supports, en forme de croûte, de membrane, etc.

Genres principaux : **Hildenbrandtia** (œuf dans le conceptacle); **Rhizophyllis, Cruoriella** (œuf dans les tissus).

VII. — FAMILLE DES CRYPTONÉMIÉES.

Thalle massif en feuilles ou ramifié.

Genres principaux : **Dudresnaya** (fig. 4 et 5), **Cryptonemia, Dumontia** (fig. 6), **Nemastoma.**

VIII. — FAMILLE DES GÉLIDIÉES.

Thalle rameux et de consistance gélatineuse.

Genres principaux : **Pterocladia, Gelidium.**

IX. — FAMILLE DES NÉMALIÉES.

Thalle filamenteux. Plusieurs espèces vivent dans les eaux douces courantes.

Genres principaux : à filaments en faisceaux, **Liagora, Nemalion** (fig. 8 et 9); à filaments simples, **Lemanea** (fig. 7), **Thorea, Batrachospermum.**

X. — FAMILLE DES BANGIÉES.

Thalle en filaments ou en lames.

Genres principaux : **Porphyra, Bangia.**

EXPLICATION DES FIGURES.

1 à 3, *Corallina officinalis*, fig. 1, port; 2, rameau; 3, réceptacle avec les tétraspores.

4 et 5, *Dudresnaya purpurifera*, fig. 4, fécondation s'opérant en *ffr*, et déjà opérée en *ffr''*, *ffr'''*; 5, développement du cystocarpe (*tr*, trichogyne; *tc*, tubes connectifs; *ffr*, filaments fructifères.

6, *Dumontia interrupta*, fig. 6. port.

7, *Lemanea corallina*, fig. 7, port.

8 et 9, *Nemalion multifidum*, fig. 8, fécondation (*an*, anthéridies; *an'*, spermaties; *tr*, trichogyne; *tr'*, *tr''*, cellules supportant le trichogyne); 9, cystocarpe presque adulte.

ORDRE DES PHÉOPHYCÉES.

Thalle très varié, cloisonné, développé dans une seule, plus souvent dans les trois directions. Cellules pourvues de noyau ; chlorophylle toujours masquée par un segment brun. La multiplication asexuée s'opère tantôt par des spores mobiles, tantôt par des zoospores de formes différentes. La reproduction sexuée présente différents degrés de développement ; quelques genres ont les éléments mâles et femelles semblables, mobiles ; dans les autres, les éléments mâles et femelles diffèrent entre eux, et sont tantôt mobiles, tantôt immobiles tous deux, ou bien l'élément femelle est immobile, tandis que les éléments mâles conservent leur mobilité. L'œuf germe directement en une plante nouvelle.

Les Phéophycées sont, à peu d'exceptions près, des algues marines.

FAMILLE DES HYDRURÉES.

Seule famille habitant les eaux douces ; elle est formée de deux genres : *Chromophyton* et *Hydrurus ;* leur développement encore incomplètement connu s'opère par les spores.

FAMILLE DES FUCACÉES.

Thalle cloisonné dans toutes les directions ou très différencié, tantôt homogène, tantôt produisant des formes qui rappellent les feuilles et les tiges des plantes supérieures (fig. 1). Plusieurs Fucacées sont munies de vésicules flottantes remplies de gaz ; les vésicules sont disposées sans ordre apparent ou rassemblées sur des branches spéciales (pl. CLXXX. fig. 49). Le thalle, composé de cellules centrales allongées et d'une couche extérieure corticale formée de cellules plus courtes, s'accroît par une cellule terminale tétraédrique ou par une rangée de cellules formant une arête terminale. La ramification est toujours dichotome, du moins à l'origine.

Les Fucacées sont dépourvues de zoospores et se reproduisent uniquement par la voie sexuée. Les organes mâles (anthéridies) et les femelles (oogones) naissent toujours dans les conceptacles (fig. 5), c'est-à-dire dans des fossettes hérissées de poils.

Les anthéridies sont disposées à l'extrémité des ramifications de poils ; ce sont des cellules dans lesquelles les anthérozoïdes naissent par une division partielle (fig. 2 et 3). Les anthérozoïdes sont petits, munis d'un point rouge et de deux cils. Les oogones proviennent d'une cellule de la paroi du conceptacle. Cette cellule se divise en deux autres, dont la supérieure s'accroît, se gonfle et forme l'oogone ; l'inférieure produit son pédicelle. Bientôt l'oogone se divise en huit oosphères (fig. 6, 7 et 8) et s'échappe du conceptacle. Les oosphères deviennent libres et, après la fécondation, s'enveloppent d'une membrane et deviennent œufs. L'œuf germe directement par cloisonnements successifs en une plante nouvelle.

Les Fucacées sont presque exclusivement marines. Les unes habitent le littoral ; les autres, comme le Sargassum, se trouvent au large et couvrent de leurs touffes ou paquets réunis parfois en petits îlots, des espaces considérables dans l'océan Atlantique.

On les divise en deux tribus :

TRIBU I. FUCÉES. — Conceptacles localisés au sommet des branches spéciales.

Genres principaux : **Fucus** (fig. 1 à 8), **Pelvetia, Halidrys** (fig. 9), **Sargassum** (pl. CLXXVII, fig. 1 et pl. CLXXX, fig. 49).

TRIBU II. MYRIODESMÉES. — Conceptacles répartis uniformément.

Genres principaux : **Durvillea, Splachnidium, Myriodesma.**

FAMILLE DES DICTYOTÉES.

Thalle varié, cloisonné dans toutes les trois directions, souvent ramifié, quelquefois aplati en membrane, en ruban ; il présente quelquefois à sa base un rhizome ou des poils radicaux.

La reproduction *asexuée* s'opère au moyen de spores immobiles naissant par quatre dans les sporanges isolés ou disposés par groupes ; la reproduction *sexuée* s'opère au moyen d'anthéridies et d'archégones. Les anthéridies sont groupées en sores ; elles se divisent en un grand nombre de petits corpuscules qui sont des anthérozoïdes immobiles. Le protoplasma des oogones également réunis en sores, se transforme en une oosphère indivise, immobile. L'œuf provient de la fusion de l'oosphère et des anthéridies.

Genres principaux : **Dictyopteris, Taonia, Zonaria, Padina Dictyota** (fig. 10).

EXPLICATION DES FIGURES.

1,	*Fucus serratus,* fig. 1, port.
2 à 8,	*F. vesiculosus,* fig. 2, poils avec les anthéridies (*p*, poils) ; *a*, anthéridies fermées ; *a*, anthéridies ouvertes) ; 3, une anthéridie ouverte (*az*, anthérozoïde) ; 4, sommité fructifère avec vésicules aériennes ; 5, coupe verticale d'un conceptacle (*e*, son ouverture ou ostiole) ; 6, oogone divisé en huit fragments (*pd*, pédicelle) ; 7, masse de huit oosphères sortie de la membrane externe de l'oogone ; 8, les mêmes sensiblement arrondies.
9,	*Halidrys siliquosa,* fig. 9, sommité fructifère.
10,	*Dictyota paonia,* fig. 10, port.

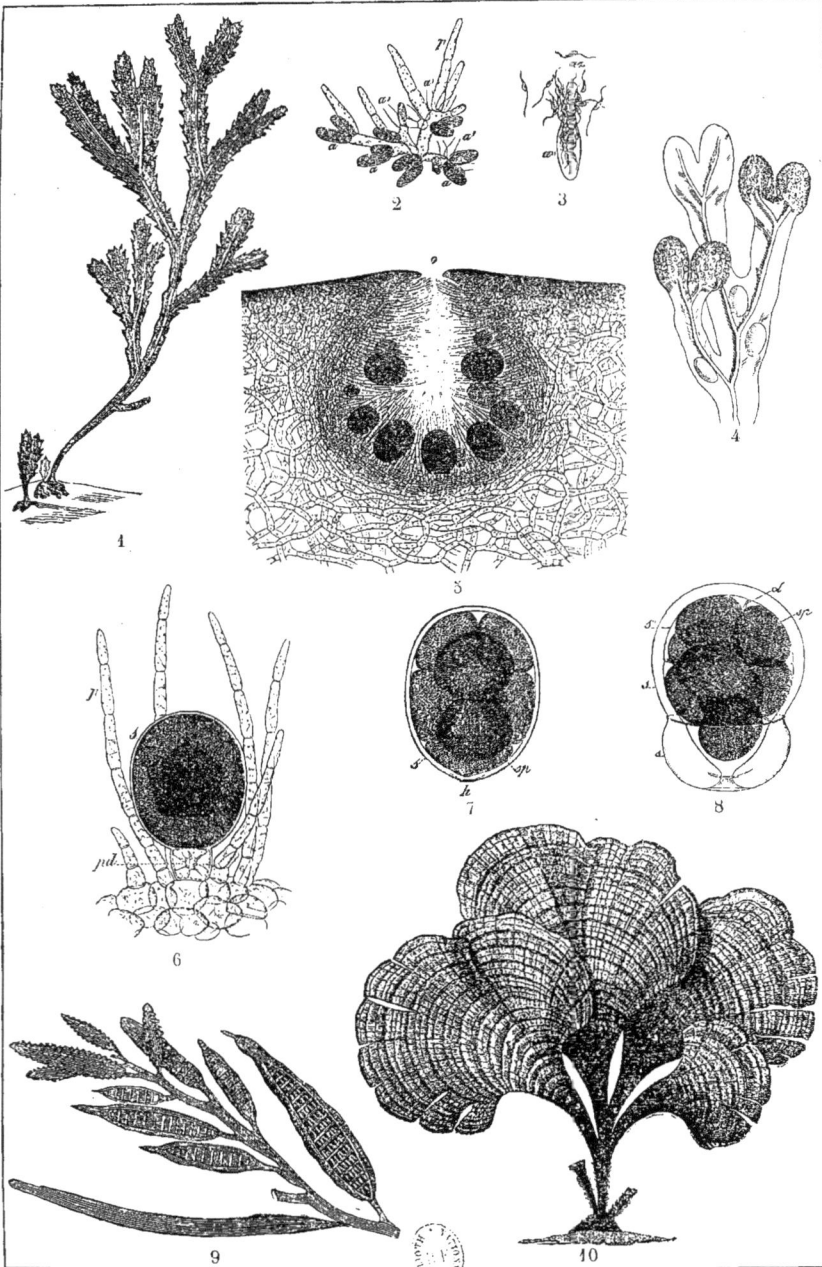

FAMILLE DES PHÉOSPORÉES.

Thalle très varié : tantôt il peut s'accroître dans une seule direction et former des filaments plus ou moins ramifiés ; tantôt les rameaux peuvent se souder entre eux et à l'axe principal, formant un pseudoparenchyme ; dans certains cas, le thalle s'accroît dans les trois directions et prend la forme d'une lame, d'une feuille, d'un cylindre creux, etc. ; il peut arriver à des dimensions énormes, jusqu'à 200 mètres de longueur (*Macrocystis*).

La reproduction asexuée s'opère au moyen de zoospores, rarement par propagules (*Sphacellariées*). Les zoospores, munies de deux cils et d'un point rouge, sont disposées aux extrémités des branches ordinaires ou spéciales, sur le bord du thalle s'il est massif, sur toute sa surface, etc. La reproduction sexuée n'est pas uniforme Dans certains genres, l'oosphère et l'anthérozoïde sont semblables : ce sont de petites sphères ciliées, mobiles, et l'œuf provient de la fusion de ces deux éléments. Dans d'autres genres, les anthéridies produisent des anthérozoïdes mobiles, beaucoup plus petits que les oosphères formées dans les oogones. Dans d'autres enfin, les oogones produisent une seule grande oosphère immobile, dépourvue de cils ; les anthérozoïdes sont mobiles, petits et munis de deux cils.

A) Oosphère immobile. Thalle filamenteux.

TRIBU I. TILOPTÉRIDÉES.

Genres : **Haplospora, Tilopteris,** etc.

B) Oosphère mobile plus grande que l'anthérozoïde.

TRIBU II. CUTLÉRIÉES. — Thalle membraneux.

Genres : **Zanardinia, Cutleria.**

C) Oosphères et anthérozoïdes semblables.

TRIBU III. LAMINARIÉES. — Thalle massif à croissance intercalaire.

Genres : **Lessonia, Macrocystis, Alaria, Laminaria** (fig. 46), etc.

TRIBU IV. PUNCTARIÉES. — Thalle massif à croissance superficielle.

Genres : **Asperococcus, Scytosiphon, Punctaria.**

TRIBU V. SPHACELLARIÉES. — Thalle massif à croissance terminale.

Genres : **Halopteris, Cladostephus, Scypocaudon, Sphacelaria.**

TRIBU VI. ECTOCARPÉES. — Thalle filamenteux.

Genres principaux : **Liebmannia, Myriachtis, Mesoglœa, Desmaretia** (fig. 45), **Ectocarpus.**

FAMILLE DES DIATOMÉES.

Les Diatomées, rarement réunies en filaments, restent généralement à l'état de cellules libres, munies d'un noyau et couvertes d'une membrane rigide, silicifiée, ornée de sculptures souvent fort compliquées. La membrane est divisée en deux valves qui peuvent s'emboîter l'une dans l'autre. Les Diatomées sont douées d'une certaine mobilité et peuvent ramper.

Ordinairement, les Diatomées se reproduisent par division des cellules, toujours précédée par la division des noyaux (fig. 5 et 6). Après un certain nombre de divisions successives, la plante produit des spores. A cet effet, le contenu protoplasmatique de la cellule rejette la membrane et s'entoure d'une membrane celluleuse. La spore ainsi formée (*auxospore*) grandit et produit sous sa membrane (qui disparaît bientôt) une nouvelle membrane silicifiée.

Souvent, deux cellules formant des spores s'approchent l'une de l'autre ; dans ce cas, elles peuvent grandir parallèlement et rester indépendantes, ou bien se réunir en un corps et former un œuf qui produit ensuite un nouveau thalle.

Ces algues microscopiques vivent en nombre immense au fond des eaux douces ; elles furent aussi extrêmement répandues dans les époques géologiques, et leurs membranes silicifiées forment encore d'épaisses couches de l'écorce terrestre.

Genres principaux : **Navicula** (fig. 4), **Amphipleura, Synedra** (fig. 13), **Gomphonema** (fig. 16 et 17), **Biddulphia** (fig. 22 et 23), **Meridium** (fig. 41 et 42), etc.

EXPLICATION DES FIGURES.

1 à 3,	*Frustulia saxonica.* Trois variétés.
4,	*Navicula viridula.*
5,	*Pinnularia viridis.*
6,	*Pleurosigma attenuatum.*
7,	*Raphoneis mediterranea.*
8,	*Epithemia turgida.*
9,	*Cymbella gastroides.*
10 à 12,	*Closterium reversum.* Trois variétés.
13,	*Synedra ulna.*
14 et 15,	*Plagiogramma Robertianum,* face et profil.
16 et 17,	*Gomphonema constrictum,* face et profil.
18,	*Perizonia Braunii.*
19,	*Amphiprora paludosa.*
20,	*Triceratium flavum.*
21,	*Campylodiscus costatus.*
22 et 23,	*Biddulphia pulchella,* face et sommet.
24 et 25,	*Amphitetras antediluviana,* face et profil.
26 et 27,	*Diotyocha speculum,* vu de face et de profil.
28,	*Staurastrum paradoxum.*
29,	*Diatoma vulgare.*
30,	*Tabellaria fenestrata.*
31,	*Bacillaria paradoxa.*
32,	*Exilaria cristallina.*
33,	*Micrasterias tetracera.*
34,	*Asterionella formosa.*
35,	*Frayillaria mutabilis.*
36 et 37,	*Discosira sulcata ;* disques unis et isolés.
38,	*Podosphenia stipitata.*
39,	*Rhipidiphora nubecula.*
40,	*Gomphonella olivacea.*
41 et 42,	*Meridium circulare* et deux de ses frustules.
43 et 44,	*Eucampia Zodiacus :* une moitié et un frustule isolé.
45,	*Desmaretia sp. ?* fig. 45, port.
46,	*Laminaria santania,* fig. 46, port.
47 et 48,	*Pinnularia viridis,* vu de face et de côté.
49,	*Sargassum sp ?* fig. 49, port.

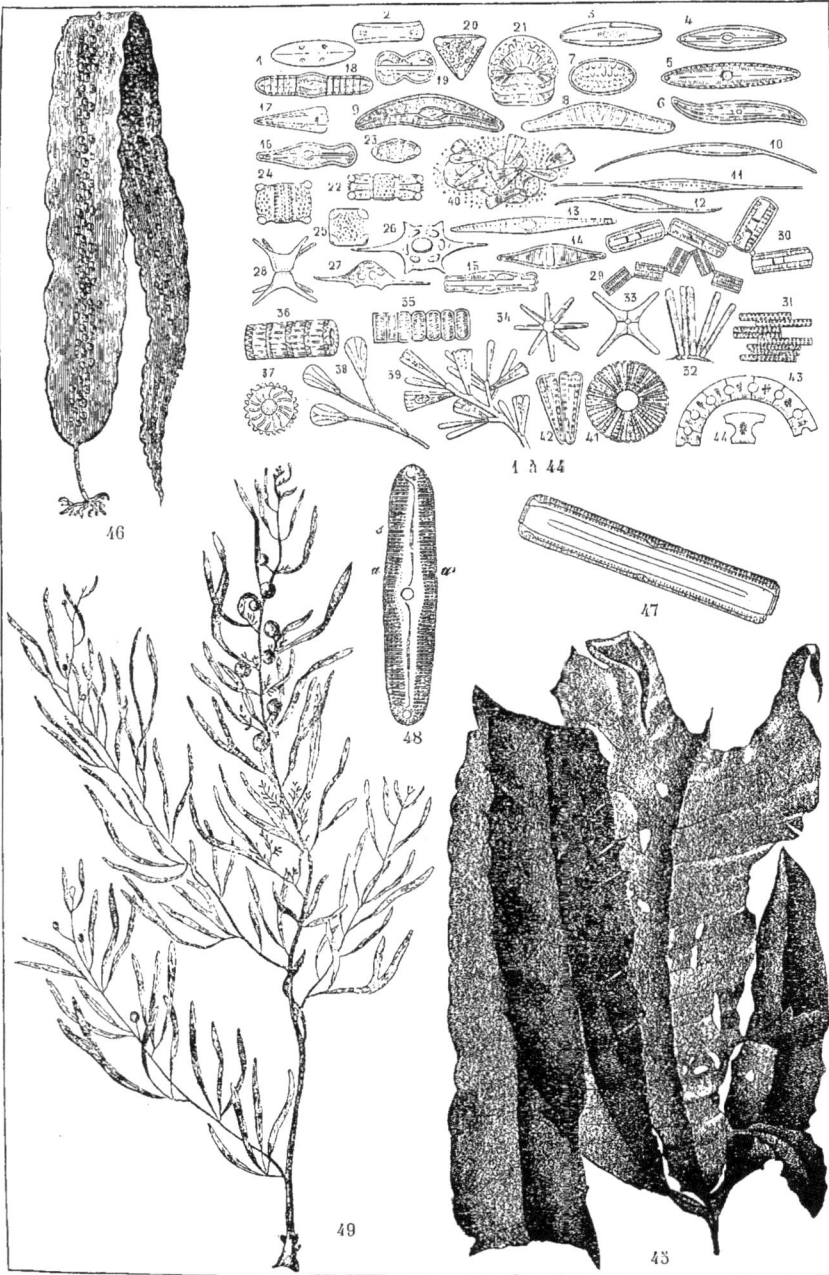

1 À 44

ORDRE DES CHLOROPHYCÉES.

Thalle très varié, tantôt composé d'une seule cellule souvent très différenciée ; tantôt pluricellulaire, présentant une tige, des rameaux et même un appendice rhizoïde (*Chara*). Les cellules du thalle sont toujours pourvues de chlorophylle qui conserve ordinairement sa couleur verte, mais qui est quelquefois masquée par une huile de couleur différente.

La reproduction asexuée s'opère au moyen de spores mobiles ou non. Quant à la reproduction des Chlorophycées sexuées, elle est très variable ; les éléments mâles peuvent être semblables aux éléments femelles (isogamie), ou dissemblables (hétérogamie); dans ce dernier cas, elles peuvent être mobiles (anthérozoïdes) ou immobiles (pollinides).

On divise les Chlorophycées en cinq familles : Characées, Confervacées, Siphonées, Cœnobiées et Conjuguées.

FAMILLE DES CHARACÉES.

Cette famille est considérée par certain nombre de botanistes comme appartenant aux Filicinées ou aux Muscinées.

Le thalle très différencié présente des organes que l'on peut comparer aux tiges et aux feuilles des plantes supérieures. La tige est tubuleuse, composée d'une série de cellules, tantôt nue, tantôt revêtue d'une couche corticale d'apparence spiralée, divisée en articles séparés par les nœuds (fig. 2).

De chaque nœud sort un verticille de rameaux à croissance terminale (fig. 1 et 2) ; à l'aisselle du plus âgé de ces rameaux naît un bourgeon qui se prolonge en une branche semblable à la tige. Les rameaux (feuilles) portent des verticilles de petits ramuscules (folioles). Sur le nœud inférieur de la tige se développent de longs tubes ramifiés (rhizoïdes) qui remplacent les racines.

Les cellules centrales de la tige du Chara (fig. 2) se distinguent par leurs dimensions et par l'admirable mouvement de leur protoplasme.

Les Characées se multiplient par des parties détachées de l'organisme maternel ; mais elles se reproduisent principalement par la voie sexuée, c'est-à-dire par la formation de l'œuf.

L'œuf des Characées se forme dans l'oogone, qui naît sur un des rameaux verticillés. Il est aussitôt entouré par cinq tubes (*cellules corticales*) portés par le pied de l'oogone (fig. 3 et 7). Ces cinq tubes, enroulés en spirales, forment la membrane de l'oogone mûr (fig. 7).

Les éléments mâles naissent dans des organes externes, d'une forme particulière. Ce sont des sphères creuses dont la paroi est composée de huit cellules tétraédriques (*valves*) (fig. 7). Huit autres cellules cylindriques (cellules rayonnantes, *manubries*, fig. 5) se dirigent du côté des cellules tétraédriques vers le centre de la sphère (le nombre total de cellules s'élève ainsi à 24). Chacune des cellules cylindriques finit par une petite cellule arrondie, une tête (fig. 5) ; chaque tête ainsi qu'une cellule, s'élevant de la base de la sphère vers l'intérieur, porte quatre anthéridies : de longs tubes enroulés sur eux-mêmes, divisés par cloisonnements parallèles en petites cellules-mères des anthérozoïdes (fig. 4, 8). Les anthérozoïdes sortent après la dissolution de la membrane de la cellule-mère (fig. 9).

Après la fécondation, la membrane de l'œuf durcit, l'œuf tombe au fond de l'eau et germe (fig. 10) l'année suivante. Avant de donner une plante définitive, il produit un petit tube, une sorte de protonema.

Cette famille est très répandue dans les eaux douces de toutes les contrées du globe.

Il n'existe que quatre genres de Characées : **Nitella, Tolypella, Lychnothamnus et Chara** (fig. 1 à 10).

EXPLICATION DES FIGURES.

1 à 5,   *Chara fœtida*, fig. 1, port; 2, tige dont la couche corticale est à moitié coupée ; 3, coupe de l'oogone ; 4, anthéridie ; 5, cellule rayonnante, portant une tête et des filaments.

6 à 9,   *Ch. fragilis*, fig. 6, portion supérieure de la plante (*f*, feuilles ; *b' b'*, branches auxiliaires); 7, portion d'une feuille avec anthéridies et archégone (*og*, oogone ; *cr*, coronule ;

m, manubrie ; *v, v,* valves ; *ce,* cellules corticales ; *fa*, filets à anthérozoïdes ; *f*, folioles) ; 8, trois cellules pariétales d'une anthéridie ouverte ; *s*, extrémité d'un filament anthéridien ; 9, anthérozoïde libre.

10,   *Ch. crinita*, fig. 10, germination (*sp*, spore germée ; *p¹, p²,* proembryon avec *ns*, son nœud séminal ; *nr*, son nœud radical ; *nc*, son nœud caulinaire ; *rp*, racine principale).

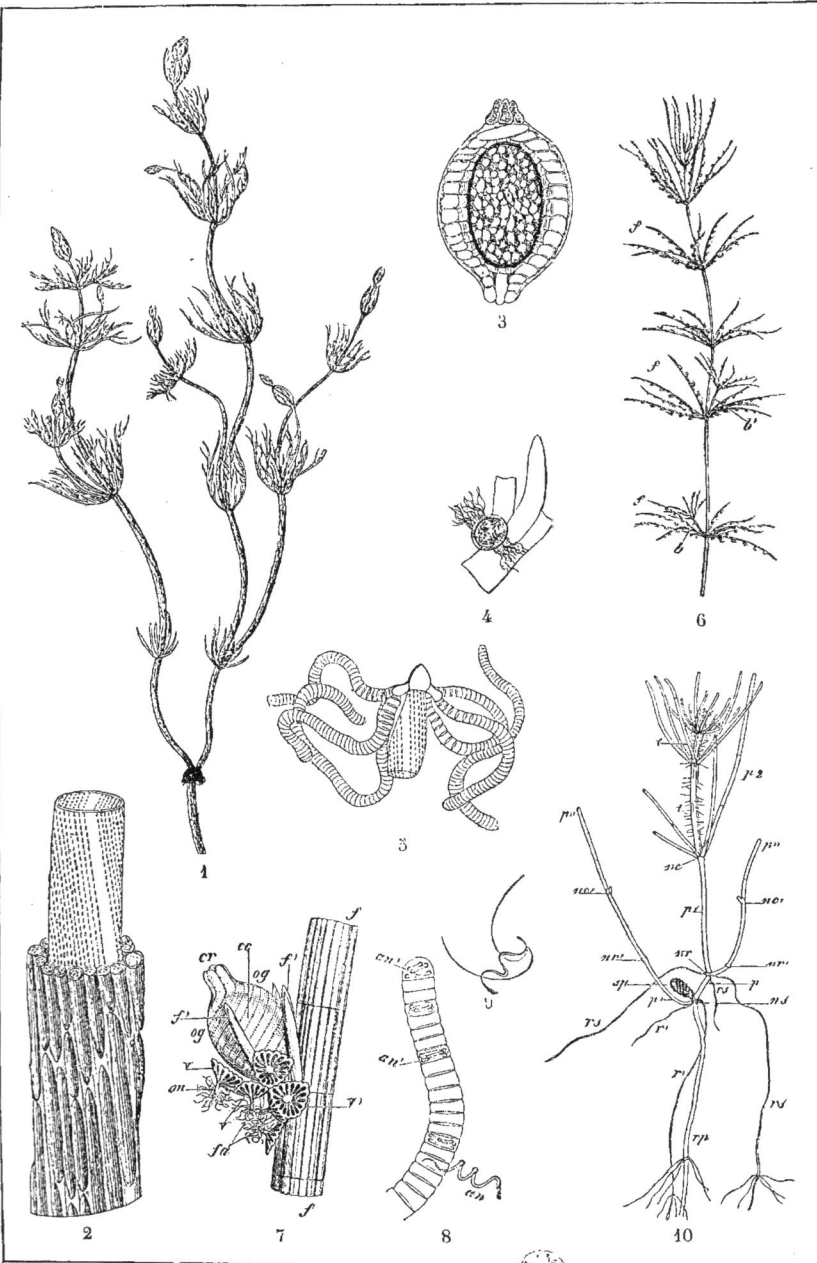

FAMILLE DES CONFERVACÉES.

Thalle pluricellulaire, tantôt filamenteux, simple, ou ramifié, à croissance intercalaire ou terminale, tantôt plane; les rameaux s'enchevêtrent quelquefois et forment un corps compact ou bien se soudent entre eux pour former un pseudoparenchyme. Quelquefois les deux assises de cellules dont est formé le thalle s'isolent au milieu et forment un tube creux (fig. 4).

La reproduction asexuée s'opère par des zoospores naissant dans les cellules ordinaires du thalle (fig. 5 et 6), ou par rénovation totale, ou par division simultanée, ou par bipartition.

La reproduction sexuée est très variée. Dans certains genres, les spores mâles et femelles se ressemblent; elles sont pourvues de cils, et, échappées des cellules-mères, se réunissent par deux ou trois en une oosphère. Cette oosphère se divise en plusieurs zoospores qui donnent naissance à une plante nouvelle. Dans les autres Confervacées, les éléments mâles sont toujours des anthérozoïdes. Tantôt, les anthérozoïdes naissent dans les cellules d'un simple filament; tantôt, elles sont produites par des organes spéciaux : les anthéridies (fig. 1). Dans d'autres genres enfin, la fécondation s'opère au moyen de pollinides.

Tribu I. Mycoïdées. — Algues parasites. La fécondation s'opère au moyen de pollinide.
Genre unique : **Mycoidea.** Parasite sur les feuilles du camélia.

Tribu II. Coléochætées. — Anthéridies différenciées, oogone entouré d'une membrane cellulaire.
Genre principal : **Coleochæte.**

Tribu III. Œdogoniées. — Thalle filamenteux; oogone et anthéridie différenciés; zoospores à couronne ciliée.
Genres principaux : **Bulbochæte, Œdogonium** (fig. 1 à 3).

Tribu IV. Sphæroplées. — Oogone et anthéridie non différenciés; zoospores à deux cils.
Genre principal : **Sphæroplea.**

Tribu V. Ulvées. — Point d'anthérozoïde; thalle membraneux.
Genres principaux : **Ulva** (fig. 4 à 6), **Monostroma.**

Tribu VI. Chætophorées. — Point d'anthérozoïde; thalle filamenteux à parois gélifiées.
Genres principaux : **Draparnaldia** (fig. 7), **Stigeoclonium, Chætophora.**

Tribu VII. Cladophorées. — Thalle filamenteux à parois solides, ramifié.
Genres principaux : **Entocladia, Anadyomene, Chroolepus, Cladophora.**

Tribu VIII. Ulotrichées. — Thalle filamenteux, simple.
Genre principal : **Ulothrix.**

FAMILLE DES SIPHONÉES.

Ces algues sont caractérisées surtout par leur thalle unicellulaire. La cellule unique peut prendre pourtant des formes très variées. Tantôt c'est une simple vésicule microscopique, tantôt une vésicule plus grande, pourvue de prolongements rhizoïdes; tantôt un tube cylindrique simple ou plus ou moins ramifié (fig. 8); parfois elle prend même l'aspect d'un champignon (fig. 13) ou d'une plante supérieure pourvue de feuilles et de racines.

La reproduction asexuée s'opère au moyen de spores immobiles ou de zoospores (fig. 9).

La reproduction sexuée, dans la plupart des Siphonées, s'opère au moyen d'éléments mâles et femelles égaux (isogamie). Ce sont des zoospores pourvues de cils, qui se fusionnent par 2, 3 ou plus, et donnent naissance à une oosphère. Dans certains genres, l'élément femelle est un oogone, une courte branche différenciée (fig. 8'), les anthérozoïdes naissent dans les anthéridies sur la même branche (fig. 8, 10 et 11). Après la fécondation, l'œuf s'entoure d'une membrane épaissie (fig. 12), et germe plus tard en une nouvelle plante.

Tribu I. Vauchériées. — Anthéridie et oogones.
Genre principal : **Vaucheria** (fig. 8 à 12).

Tribu II. Codiées. — Les éléments mâles et femelles semblables; thalle rameux, massif.
Genres principaux : **Halimeda, Udotea, Codium.**

Tribu III. Bryopsidées. — Les éléments mâles et femelles semblables; thalle ramifié, non massif.
Genres principaux : **Acetabularia** (fig. 13 et 14), **Caulerpa, Bryopsis, Botrydium.**

Tribu IV. Sciadiées. — Thalle simple.
Genres principaux : **Sciadium, Codiolum, Hydrocytium, Protococcus.**

EXPLICATION DES FIGURES

1 à 3,   *Œdogonium ciliatum,* fig. 1, pied entier (*a, a, a,* cellules végétatives; *z,* zoospores; *ss,* oogones; *nd,* androspores; *a,* anthéridie; *st,* soie); 2, portion d'un pied (*z,* zoospore sortant de la cellule; *s,* oogone); 3, fécondation (*a,* anthéridie; *az,* anthérozoïde; *s,* oogone; *c,* mucilage; *nd,* androspore).

4,   *Ulva intestinalis,* fig. 4, port.

5 et 6,   *U. bullosa,* fig. 5, portion du thalle avec les zoospores; 6, la même, plus âgée avec les cellules vidées.

7,   *Draparnaldia hypnosa,* fig. 7, rameau grossi.

8,   *Vaucheria tovarensis,* fig. 8, portion inférieure (*cr,* base radiciforme; *sp,* spore qui l'a produite; *bb,* rameau latéral; *ss,* sporanges,

à différents degrés de développement; *a,* anthéridie).

9 à 12,   *V. Ungeri,* fig. 9, extrémité d'un filament (*z, z',* deux moitiés d'une zoospore sortant du filament; *ed,* endochrome). *V. sessilis,* fig. 10, portion d'un filament portant une jeune cornicule et un oogone naissant; 11, fécondation (*a,* anthéridie; *az,* anthérozoïdes; *cl,* cloison; *s',* oogone qui vient s'ouvrir; *m,* mucilage; *ed,* masse du chlorophylle; *s,* oogone fécondé; *cl,* membrane naissante de la spore; *az,* anthérozoïde); 12, sporange après la fécondation (*cl,* membrane épaissie).

13 et 14, *Acetabularia mediterranea,* fig. 13, port; 14, portion d'un rayon avec zoospore.

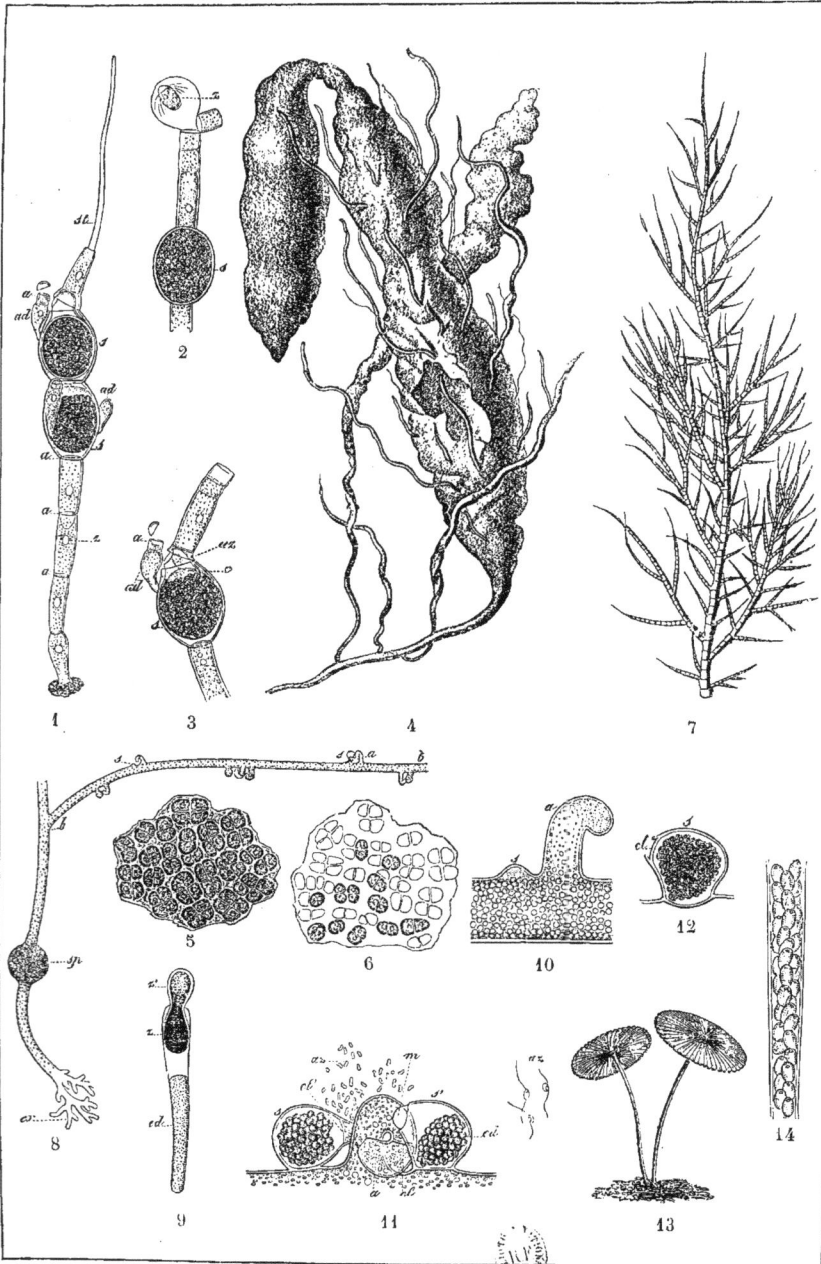

FAMILLE DES CONJUGUÉES.

Le thalle des Conjuguées est le plus souvent filamenteux et composé de cellules cylindriques. Il s'accroît par la division des cellules (fig. 2); quelquefois la cloison se gélifiant, les cellules s'isolent aussitôt formées (*Desmidiées*); toutefois elles restent souvent réunies en groupe par la matière gélatineuse. Les cellules du thalle sont toujours différenciées; elles contiennent un noyau avec nucléoles, et leur chlorophylle prend des formes de rubans, de bandes, de corps étoilés (fig. 1), etc.

Les Conjuguées n'ont pas de zoospores. Elles se reproduisent par la conjugaison de deux corps protoplasmiques semblables et immobiles (fig. 3). Le produit de la conjugaison, l'œuf, passe en état latent et ne germe que quelque temps après.

On a divisé les Conjuguées en trois tribus :

Tribu I. Zygnémées. — La chlorophylle granuleuse est disposée soit en lames spiralées (fig. 1), soit en étoiles irrégulières, soit en une courte plaque axile. La conjugaison s'opère entre les cellules de deux filaments voisins qui envoient l'une vers l'autre des mamelons, unissant par se toucher et se transformer en un canal (fig. 3); les corps protoplasmiques des deux cellules se contractent, et l'un d'eux passe par le canal pour se réunir avec l'autre (fig. 3). La fusion s'opère soit dans le canal, soit dans l'une des cellules conjuguées. Le produit de la fusion s'appelle *zygospore*.

Genres principaux : **Spirogyra** (pl. CLXXVII, fig. 2 et pl. CLXXXIII, fig. 1 à 3) ; **Zygnema**, qui sont aquatiques ; **Zygogonium**, qui vit sur la terre humide.

Tribu II. Mésocarpées. — Le thalle ressemble à celui des Zygnémées. La fusion entre les masses protoplasmiques s'opère, *sans une contraction préalable*, par une rénovation partielle.

Genres principaux : **Mesocarpus** (fig. 4 et 5), **Staurospermum** (fig. 6).

Tribu III. Desmidiées. — Thalle filamenteux ou dissocié ; l'œuf est formé sans rénovation.

Genres principaux : **Staurastrum, Euastrum, Closterium, Desmidium.**

FAMILLE DES CÉNOBIÉES.

Le thalle n'est composé que d'une petite cellule, mais un nombre plus ou moins grand de ces cellules se réunissent en une colonie (*Cœnobium*) et vivent ainsi un certain temps d'une vie commune.

La reproduction s'opère au moyen de zoospores; la plupart des espèces forment des œufs.

On divise les Cénobiées en deux tribus :

Tribu I. Volvocinées. — Les cellules associées provenant des zoospores gardent leurs cils dans les colonies (fig. 7) ; elles sont réunies par 4, 8, 16, 32, ou en très grand nombre (dans le *Volvox*) et forment tantôt un disque, tantôt une sphère pleine, tantôt une sphère dont la cavité est remplie d'une substance gélatineuse, etc. Les zoospores sont formées dans toutes les cellules de la colonie. La reproduction sexuée s'opère tantôt au moyen de spores mobiles et semblables, tantôt au moyen de spores immobiles, présentant un commencement de différenciation; dans le *Volvox* et l'*Eudonia*, on arrive à la formation de véritables oosphères et d'anthéroz oïdes.

Genres principaux : **Pandorina, Stephanosphœra, Eudorina, Volvox** (fig. 7), **Gonium.**

Tribu II. Hydrodictyées. — Les cellules associées sont dépourvues de cils, elles sont disposées soit en une série linéaire, soit en un disque (fig. 8 à 10), soit en série à larges mailles (fig. 11), etc. Elles se reproduisent au moyen de zoospores. Dans certaines espèces, on a observé aussi la formation des œufs.

Genres principaux : **Pediastrum** (fig. 8 à 10), **Hydrodictyon** (fig. 11).

EXPLICATION DES FIGURES.

1 et 2, *Spirogyra longata*, fig. 1, cellule normale, vivante [1](*n.* nucléus ; *r*, ruban final de la chlorophylle ; 2, cellule en voie de se diviser (*n, n*, deux nouveaux nucléus ; *rc*, ruban chlorophyllien ; *cl*, cloison ; *nt*, utricule protoplasmique contracté ; *rp*, repli protoplasmique annulaire).

3,   *Spirogyra quinina*, fig. 3, conjugaison (*aa*, cellules normales ; *a'*, cellule qui se désarticule pour former un nouvel individu ; *f*, mamelons de conjugaison séparés ; *x*, deux autres

arrivés au contact ; *f"*, deux autres soudés en tubes ; *sp sp'*, deux spores).

4 et 5, *Mesocarpus parvulus*, fig. 4, conjugaison (3' 2' et 1', phases successives du phénomène) ; 5, *z"'*, zygospore formée : *z*"', zygospore anormale.

6,   *Staurospermum viride*, fig. 6, conjugaison.

7,   *Volvox globator*, fig. 7, colonie isolée.

8 à 10, *Pediastrum granulatum*, fig. 8 à 10, états successifs du développement.

11,   *Hydrodictyon utriculare*, fig. 11, port.

ORDRE DES CYANOPHYCÉES.

Ces algues sont toujours dépourvues de noyaux et de chromoleucites ; leur thalle est un filament simple ou bien une réunion de cellules formant parfois une assise ou un massif.

La chlorophylle des cellules est masquée par un pigment bleu, la phycocyanine ; souvent les cellules sont dépourvues de pigment, et, se trouvant ainsi lors d'état d'assimiler l'acide carbonique, deviennent parasites.

Les Cyanophycées se divisent en deux familles d'après leur mode de développement : les Bactériacées et les Nostocacées.

FAMILLE DES BACTÉRIACÉES.

Ce sont des algues de très petites dimensions ; pour la plupart, leur thalle dépourvu de chlorophylle est formé par une seule cellule, ou par une série ce cellules rangées en filament, etc.

Les Bactériacées se reproduisent par spores. Sous l'influence de certaines conditions de milieu favorables, les articles du filament grossissent soit dans toute leur longueur, soit au milieu ; la spore naissante se différencie du contenu de l'article, puis la membrane de l'article disparaît et la spore est mise en liberté. Chaque article du filament forme ordinairement une spore, mais souvent quelques articles n'en produisent pas du tout, tandis que les autres en produisent deux. Chez certaines Bactériacées, le développement des spores n'a pas encore été observé.

L'extrême petitesse des Bactériacées et leur variabilité n ont pas encore permis de bien distinguer les innombrables espèces de ces êtres. On ne connaît positivement que les différentes formes sous lesquelles les Bactériacées peuvent se présenter : une forme de *Baccillus* (fig. 2, I, II, IV), de *Vibrio* (fig. 1, IV), de *Bacterium*, de *Spirillum* (fig. 1, VI), etc.

Les travaux scientifiques de ces dernières années ont démontré l'extrême importance des Bactériacées dans la nature. Leurs germes sont répandus en quantités innombrables dans l'atmosphère, et leurs formes adultes sont les agents puissants de putréfaction, de fermentation, etc. Les travaux de M. Pasteur et de ses élèves ont démontré d'une manière certaine que les Bactériacées sont aussi des agents de certaines maladies : le *Bacillus anthracis* (fig. 2, I) produit le charbon ; le *Bacillus septicus*, la septicémie ; le *B. tuberculosus* (fig. 2, IV), la tuberculose ; le *Spirochœte Obermeieri* (fig. 2, V), la fièvre récurrente ; le *Leptothrix buccalis* (fig. 9), la carie dentaire, etc.

FAMILLE DES NOSTOCACÉES.

Thalle simple, souvent filamenteux, droit ou spiralé, entouré parfois d'une masse gélatineuse. Les cellules composant le filament peuvent être toutes semblables ; ou bien on trouve, entre les cellules ordinaires, des cellules plus grandes, à membrane épaissie, souvent colorées en jaune, auxquelles on donne le nom d'*hétérocystes* (fig. 3 à 7). Les morceaux du filament entre les hétérocystes se dégagent, s'échappent de la gelée qui les entoure et forment un nouveau thalle. Quelquefois ce sont les cellules terminales du filament qui s'allongent, s'amincissent et se transforment en un long poil incolore.

Les Nostocacées sont pourvues de chlorophylle dans la majorité des cas. Pourtant il y a des formes privées totalement de tout pigment assimilateur.

Les Nostocacées se multiplient par formation de *kystes*. Ce sont des fragments plus ou moins grands du filament qui s'enkystent, passent pendant un certain temps à l'état de vie latente et donnent ensuite un thalle nouveau.

Tribu I. Chroococcées. — Thalle massif.
Genres principaux : **Chroococcus, Glæocapsa, Placoma.**
Tribu II. Mérismopédiées. — Thalle membraneux.
Genre **Merismopœdia** (fig. 8). Se développe dans l'estomac de l'homme.
Tribu III. Scytonémées. — Thalle filamenteux. Hétérocystes. Croissance localisée au sommet.
Genres : **Scytonema, Stigonema.**
Tribu IV. Rivulariées. — Thalle filamenteux. Hétérocystes. Filament terminé par un poil.
Genres : **Rivularia, Glœotrichia.**
Tribu V. Nostocées. — Thalle filamenteux. Hétérocystes. Croissance uniforme.
Genres : **Nostoc** (fig. 3 à 7), **Cylindrospermum, Sphærozyga.**
Tribu VI. Oscillariées. — Thalle filamenteux sans hétérocystes avec ou sans chlorophylle.
Genres : **Oscillaria, Glœothece, Beggiatoa, Leuconostoc.**

EXPLICATION DES FIGURES.

1,	Différentes formes de bactéries : fig. 1, I, *Micrococcus prodigiosus ;* II, *Bacillus Amylobacter*, à ses divers états de développement ; III, *id.* dans une cellule végétale ; IV, *Vibrions* ; V, *Bacillus* de la malaria ; VI, *Spirillum.*
2	Diverses bactéries pathogéniques : fig. 2, I, Bactéridie du charbon (*Bacillus anthracis* dans le sang) ; II, *id.* cultivée dans le bouillon ; III, Micrococcus du choléra des poules ; IV, Bacillus de la tuberculose ; V, Spirillum de la

fièvre récurrente (*Spirochæte Obermeieri*) ; VI, Bacillus de la malaria.
3 à 7, *Nostoc paludosum.* Fig. 3, très petit individu (*g*, gelée ; *sp*, spores ; *ht*, hétérocystes) ; 4, germination d'une spore ; 5, *id.*, plus avancée ; 6, jeune filament ; 7, individu aux hétérocystes intercalaires, *ht.*
8,   *Merismopœdia stomachalis*, fig. 8, plante à ses divers stades de division.
9,   *Leptothrix buccalis*, fig. 9, plante sur des cellules épithéliales et isolée.

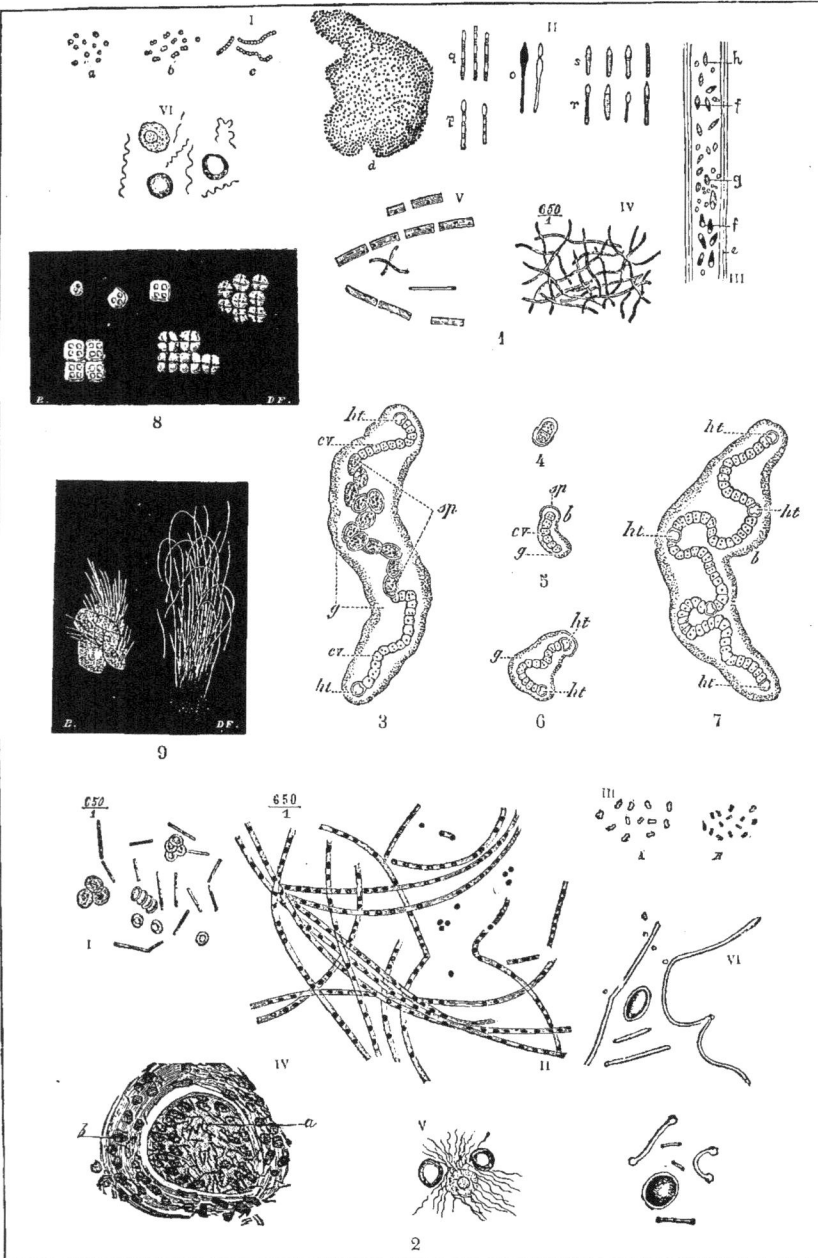

FAMILLE DES LICHENS.

Cette vaste famille était considérée autrefois comme une classe distincte des Thallophytes; mais les recherches récentes ont démontré que le thalle des Lichens est formé par une association de deux éléments qui conservent toutefois leurs caractères distincts : d'une algue toujours verte, appelée *gonidie* et appartenant aux différents genres et familles connus, et d'un champignon appartenant presque toujours à l'ordre des Ascomycètes (rarement à celui des Basidiomycètes), qui enveloppe par ses hyphes l'élément algoïde vert de la plante.

Si l'élément de l'algue prédomine, le thalle du lichen est plus vert, souvent gélatineux, et la structure est dite *homœomère;* si, au contraire, c'est le champignon qui prédomine — et c'est le cas le plus fréquent — le thalle du lichen présente des formes très variées. Il peut être foliacé (ramifié), fruticuleux ou crustacé. La structure d'un pareil lichen est plus compliquée et porte le nom d'*hétéromère;* elle présente le plus souvent une couche *corticale*, une couche verte composée d'éléments algoïdes et une couche *médullaire*.

La coexistence de deux éléments différents dans le thalle des Lichens a été démontrée expérimentalement. On a prouvé que certains champignons, au contact avec le thalle des algues, l'enveloppent par leurs hyphes pour produire un lichen. On a pu même démontrer que les éléments verts du Lichen, extraits de la plante, peuvent vivre d'une vie indépendante, comme les autres algues.

Les organes reproducteurs dans la plupart des Lichens se rapprochent beaucoup de ceux des Champignons Ascomycètes. La couche productrice ou *périthèce* se forme rarement sur la partie extérieure de la plante; plus souvent elle prend naissance à l'intérieur du thalle et ne s'ouvre que très tardivement. Les spores, comme dans les autres Thécasporées (voy. plus bas), sont enfermées dans les asques ou thèques (fig. 5, *th*) entremêlées de paraphyses groupés en disques de forme spéciale, *apothécies* (fig. 3 et 4). Elles naissent le plus souvent par 8, quelquefois par 3, 4, 6, rarement par une ou deux. Outre les périthèces, les lichens produisent encore des *conidies*, qui naissent le plus souvent dans des conceptacles spéciaux, etc.

Les *sorédies* sont aussi des éléments reproducteurs des Lichens. Elles sont composées d'une ou plusieurs cellules vertes de l'Algue, entourées par quelques hyphes du champignon.

Les Lichens sont répandus sur toute la surface du globe et arrivent jusqu'aux régions les plus froides. Quelques espèces (*Parmelia esculenta, Cetraria islandica*) sont alimentaires et furent jadis employées en médecine; quelques autres (*Cladonia rangiferina*) servent à nourrir les rennes des contrées polaires ; la *Roccella tinctoria* donne une matière colorante rouge.

Genres se rapportant aux Basidiomycètes : **Cora, Rhipidonema.**
Genres se rapportant aux Ascomycètes : **Cetraria** (fig. 1), **Roccella,** **Cladonia** (fig. 8 et 9), **Usnea, Sticta** (fig. 2), **Parmelia** (fig. 3 à 7), **Graphis,** etc. (Discomycètes); **Lichina, Endocarpon, Sphærophorus** (Pyrénomycètes).

EXPLICATION DES FIGURES.

1, *Cetraria islandica*, fig. 1, port.
2, *Sticta pulmonacea*, fig. 2, port.
3, *Parmelia tiliacea*, fig. 3, coupe de l'apothécie.
4 à 7. *P. aipolia*, fig. 4, portion du thalle (*ap*, apothécies ; *sp*, spermogonies); 5, coupe transversale du thalle (*cc*, couche corticale ; *g g'*, gonidies ; *cm*, couche médullaire ; *th*, thalamium ; *th*, asques ; *hh*, hypothécium); 6, coupe passant par trois spermogonies (*s, s, s*) ; 7, portion d'une spermogonie montrant les spermaties *s', s'*.
8, *Cladonia coccifera*, fig. 8, port.
9, *C. rangiferina*, fig. 9, port.

1

2

3

4

5

6

7

8

9

Classe des Champignons.

,es les plantes appartenant à cette classe sont dépourvues de chlorophylle et
ins d'amidon; la plupart sont parasites sur des animaux et sur des végétaux
.s; mais il en existe un certain nombre qui puisent leur nourriture dans les débris
rganismes morts. Le thalle des Champignons est très varié. Il peut être composé
e seule cellule souvent très ramifiée, quelquefois même dépourvue de membrane;
souvent il est pluricellulaire, à cellules allongées et réunies en filaments (fig. 11);
filaments sont quelquefois réunis en grand nombre et forment des cordons plus ou
ins ramifiés, disposés en réseau qui porte le nom de *pseudoparenchyme*. Dans
:taines conditions, le protoplasma des cellules du thalle se concentre en certains points,
couche cellulaire des filaments se durcit, se colore, se dessèche, passe à l'état
.tent et forme ce que l'on appelle le *sclérote* (fig. 4).

La reproduction des Champignons s'opère au moyen de *spores*. Les spores sont quel-
juefois mobiles, dépourvues de membranes; mais plus souvent elles sont immobiles et
enveloppées d'une membrane (fig. 3, 4 et 5). Elles naissent à la surface d'un réceptacle
qui présente un grand nombre de modifications; il peut être externe ou interne, etc.

Nombre de Champignons se reproduisent par des œufs; la reproduction sexuée
s'effectue au moyen de tubes ou au moyen d'anthérozoïdes.

On divise les Champignons en six ordres: 1) les *Ascomycètes*, dont les spores proviennent d'une division partielle des cellules-mères nommées *asques*; 2) *Basidiomycètes*,
dont les spores naissent au sommet des cellules-mères, nommées *basides*; 3) *Urédinées*
et 4) *Ustilaginées*, parasites sur les plantes vivantes; 5) *Oomycètes*, qui se reproduisent
par des œufs; et enfin 6) *Myxomycètes*, dont le thalle est dépourvu de membrane.

ORDRE DES ASCOMYCÈTES

Les Champignons appartenant à cet ordre sont nombreux; ils ont le thalle composé de filaments qui sont tantôt libres et forment dans ce cas le *mycelium*, tantôt réunis en cordons de
pseudoparenchyme (*stroma*). Ils vivent sur les matières organiques en voie de décomposition ou sur les plantes vivantes. Plusieurs entrent en association avec les différentes espèces
d'Algues et produisent des formes que l'on a longtemps considérées comme appartenant à une
classe distincte, celle des Lichens (voy. p. 372).

Les Ascomycètes se reproduisent par différentes sortes de spores. Le plus souvent les spores
sont groupées par huit ou par un nombre multiple de huit, dans les cellules-mères nommées
asques ou *thèques*. Quelquefois c'est le protoplasma tout entier de la cellule-mère qui est employé à la formation des spores; plus souvent il en reste une partie plus ou moins grande,
et modifiée (*épiplasme*).

Les *asques* sont dispersés sur le thalle ou, plus souvent, rassemblés dans des appareils
spéciaux nommés *périthèces*, tantôt dans leur intérieur, tantôt à la surface; quelquefois disposés en grappes, plus souvent rangés en une couche continue nommée *hymenium* et entre-
mêlée de cellules stériles, *paraphyses*.

Le périthèce peut se former sur un filament libre, sur un stroma ou sur un sclérole, d'un seul
filament ou de plusieurs filaments enchevêtrés (c'est sur ce fait que se base l'affirmation de
certains botanistes que le périthèce est le produit d'une copulation entre des filaments, comme
l'oosphère des Saprolégniées).

Outre les Ascospores, les Ascomycètes produisent encore des spores libres nommées *conidies*.

On divise les Ascomycètes en quatre familles: Pyrénomycètes, Périsporiacées, Discomycètes
et Lichens.

EXPLICATION DES FIGURES.

1,   *Clavaria sp?* fig. 1, mycelium.
2,   *Xenodochus brevis*, fig. 2, mycelium.
3,   *Agaricus campestris*, fig. 3, une spore.
4,   *Asterosporium Hoffmanni*, fig. 4, spores.
5,   *Herdersonia polycystis*, fig. 5, spores.
6,   *Pyronema confluens*, fig. 6, formation du péri-
       thèce.
7 à 14, *Claviceps purpurea*, fig. 7, sclérote; 8, sclérote
       avec plusieurs Claviceps; 9, pistil de seigle
       avec un sclérote développé (*sp*, spermogonie;
       st, stigmate); 10, coupe transversale d'un
       ovaire de seigle et d'un sclérote (*ov*, l'ovule
       atrophié; *c*, cavité ovarienne; *po*, paroi ova-

rienne; *sp*, spermogonie); 11, portion de la
coupe précédente (*h*, hyménium; *s*, spermaties isolées); 12, portion d'un épi de seigle
(*cr*, sclérote; *sp*, spermogonie); 13, coupe
longitudinale d'un capitule de Claviceps (*ca*,
ca', ascophores; *s'*, spores); 14, un asque
grossi avec des spores filiformes.
5 à 20. *Torrubia*, fig. 15, *T. cinerea*. 16, *T. enthomorhiza*,
plante fixée sur une larve d'insecte; 17, *T.
sphærocephale*, coupe longitudinale d'une
massue; 18, *T. entomorrhiza*, portion supérieure d'une asque; 19, *T. sphærocephale*;
20, *T. militaris*, fixé sur des insectes.

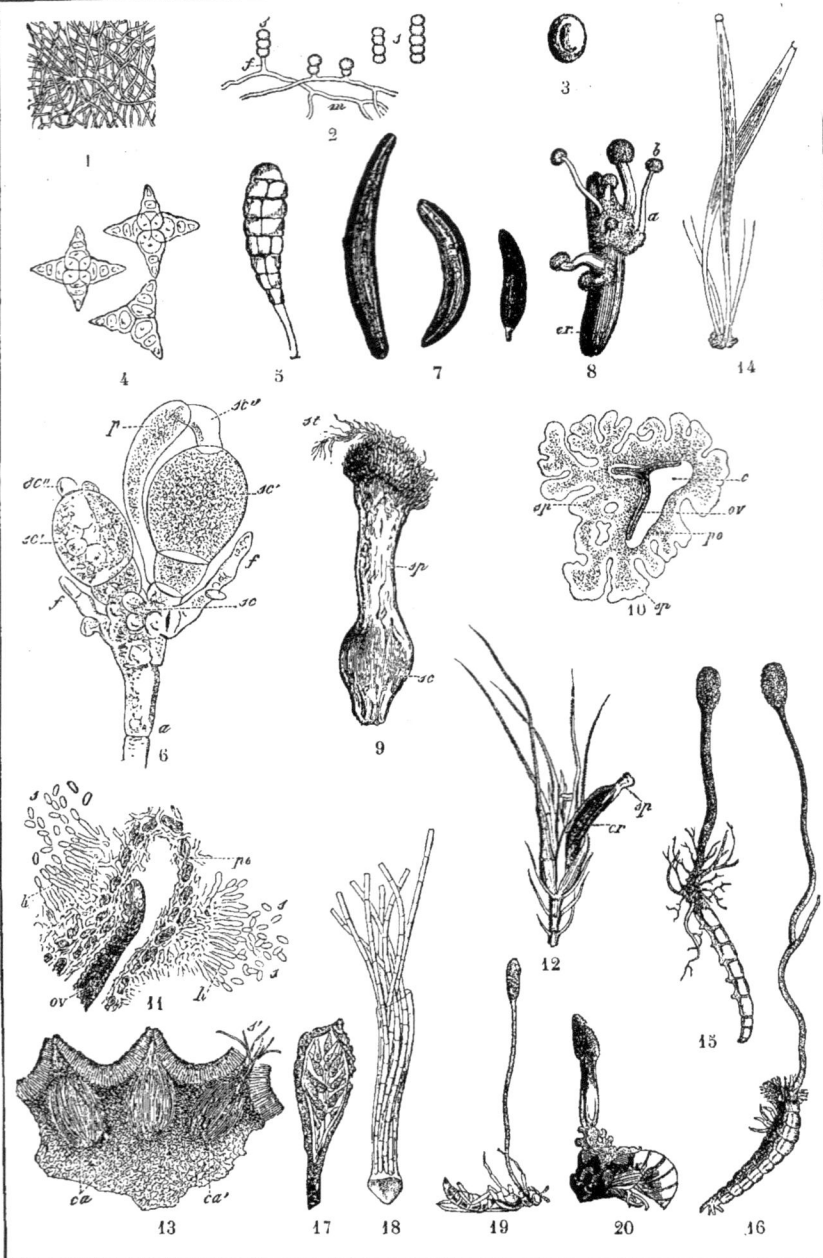

FAMILLE DES PYRÉNOMYCÈTES.

Thalle composé de filaments ramifiés, souvent réunis en stromas et produisant quelquefois des sclérotes. Quelquefois aussi les filaments s'accroissent par le bourgeonnement et forment un thalle dissocié. Les asques naissent toujours dans les périthèces, conceptacles en forme de bouteilles munis d'une petite ouverture. La paroi du périthèce présente deux couches : une externe dure et une interne molle, tapissée par des asques et des paraphyses (fig. 13). Les asques contiennent huit spores simples ou diversement cloisonnées. Outre les ascospores, les Pyrénomycètes forment des *conidies* de différentes formes, linéaires, arrondies, etc., qui peuvent être disposées aussi d'une manière très-différente : sur l'extrémité des filaments, dans les réceptacles spéciaux rappelant par leurs formes les périthèces, etc. Le même thalle peut porter à la fois les périthèces et toutes les formes des conidies.

Souvent le thalle filamenteux des Pyrénomycètes durcit et produit un sclérote (fig. 7, pl. CLXXXVI).

Les Pyrénomycètes vivent tantôt sur des corps organiques en voie de décomposition, tantôt comme parasites sur les plantes et les animaux. Parmi les parasites, *Claviceps purpurea* détruit les graines du seigle et forme ce qu'on appelle l'*ergot* (fig. 7 à 14, pl. CLXXXVII); *Fumago salicina* attaque le houblon, le chêne, le tilleul, l'orme; *Polystigma rubrum* détruit les feuilles des pruniers; *Sphærella Mori*, celles des mûriers; les nombreuses espèces de *Sphæria* attaquent diverses plantes, etc.

Genres principaux : a) à périthèce composé : **Xylaria, Hypoxylon, Nectria, Claviceps** (fig. 7 à 14, pl. CXXXVI), **Quaternaria, Valsa, Polystigma**; b) à périthèce simple : **Fumago, Venturia, Torrubia, Sphæria, Sordaria, Byssothecium.**

FAMILLE DES PÉRISPORIACÉES.

Thalle pluricellulaire, composé de filaments plus ou moins ramifiés.

Les périthèces sont des tubercules de pseudoparenchyme; les asques se développent à l'intérieur de ces périthèces et deviennent libres après la destruction du tissu des tubercules. Outre les périthèces, les Périsporiacées produisent très souvent des *conidies*, le plus souvent disposées sur les filaments libres; dans nombre d'espèces même, on ne connaît jusqu'à présent que les conidies.

Les Périsporiacées se développent souvent sur les matières organiques en voie de décomposition et forment ce que l'on appelle vulgairement la *moisissure;* les autres se développent sur la surface des feuilles et des tiges des plantes vivantes; il y en a enfin qui croissent sous la terre (tuber), etc.

Genres principaux : a) *non parasites :* **Tuber** (la Truffe) dont toutes les espèces sont comestibles (fig. 1 et 2), **Podosphæra**; b) *parasites :* **Chætomidium, Ascospora, Penicillium** (fig. 3 et 4), **Aspergillus** (fig. 5).

FAMILLE DES DISCOMYCÈTES.

Thalle le plus souvent pluricellulaire, composé de filaments ramifiés; mais, dans les Discomycètes les plus simples, il est formé de cellules ovoïdes rangées en chapelet, qui se dissocient facilement (fig. 7). Le périthèce est très varié; dans les formes simples, il est réduit à un asque isolé, dans lequel se développent 2 ou 4 spores, et chaque cellule du thalle peut devenir un asque; dans les autres, le périthèce est beaucoup plus développé et les asques recouvrent la surface d'un réceptacle, d'un disque; souvent le périthèce clos à l'origine s'ouvre ensuite par des fentes (fig. 10), en valves, etc. Outre les asques, les différents Discomycètes forment aussi des conidies (fig. 13) naissant sur des appareils spéciaux externes ou internes.

Les Discomycètes sont des champignons très répandus et jouent un rôle important dans la nature. Les plus simples (les *Exoascées*) constituent différents ferments; les autres forment des moisissures très fréquentes, quelques-uns même sont comestibles (*Helvella, Morchella*). Un grand nombre compte parmi les parasites (*Hypoderma. Phacidium*, plusieurs espèces de *Peziza*, etc.).

Genres principaux : **Helvella** (fig. 8), **Morchella** (fig. 9), tous les deux comestibles; **Peziza** (fig. 10 et 11), **Ascobolus, Hypoderma, Dermatea, Cenangium** (fig. 12 à 14), **Ascomyces, Saccharomyces** (fig. 7), etc.

EXPLICATION DES FIGURES.

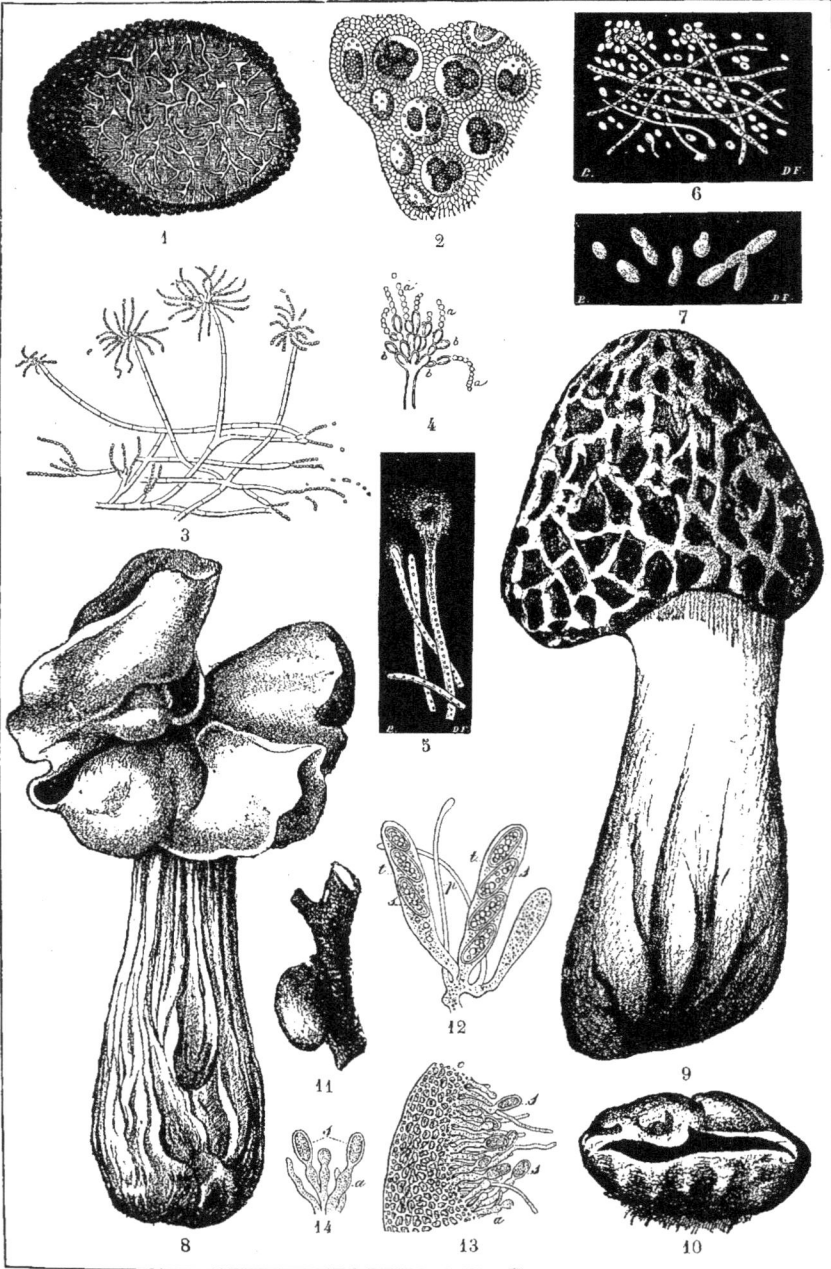

ORDRE DES BASIDIOMYCÈTES.

Thalle ordinairement souterrain, constitué par des filaments ramifiés libres et formant un *mycélium*, ou réunis en *pseudoparenchyme* ou stroma ; souvent le stroma durcit, colore sa surface et se transforme en sclérote. Le thalle produit sur le mycélium, sur le stroma ou sur le sclérote, l'appareil sporifère du champignon (fig. 2) : certains filaments se ramifient et forment un tubercule qui grandit et dont certaines cellules produisent de petits rameaux (*stérigmates*). Chacun des stérigmates produit à l'extrémité une petite cellule arrondie (*baside*) (fig. 7 et 10). Les basides produisent par bourgeonnement les spores du champignon ; ils sont le plus souvent rangés en une couche continue, l'*hyménium*.

Suivant la disposition de l'hyménium et la consistance de l'appareil sporifère, on a divisé les Basidiomycètes en trois familles : les Gastéromycètes, dont l'hymenium tapisse les cavités internes de l'appareil sporifère ; les Hyménomycètes, dont l'hyménium est extérieur; et les Trémellinées, dont l'hyménium présente une consistance gélatineuse.

FAMILLE DES GASTÉROMYCÈTES.

Le thalle des Gastéromycètes est souterrain ; il est composé quelquefois de filaments ramifiés, libres, formant souvent un stroma de cordons rameux, sur lesquels prend naissance l'appareil sporifère. Quelquefois le stroma se transforme en sclérote. L'appareil sporifère est quelquefois souterrain ; dans certains Gastéromycètes, il se développe au contraire en plein air ; dans d'autres, enfin, il est d'abord souterrain et sort plus tard de terre. Il est le plus souvent arrondi ou ovoïde et creusé dans l'intérieur d'un grand nombre de chambres, dont la paroi intérieure est tapissée par l'hyménium (fig. 4). Le réceptacle est nommé *péridium;* la portion interne lacuneuse, *glèba* (fig. 4); les cloisons séparant les chambres peuvent subsister à la maturité ou se détruire en partie. Les spores se forment par 2, 4, 6 et 8 sur des cellules de l'hymenium et souvent ne deviennent libres que par la destruction de l'appareil sporifère ou par l'ouverture du péridium. Les Gastéromycètes se reproduisent aussi au moyen de conidies.

Ces champignons forment une famille très riche en genres. On les divise en onze tribus, dont les différences sont basées surtout sur le mode de dissémination des spores, sur la structure du péridium, sur la persistance ou disparition des cloisons et sur le mode de l'ouverture du péridium.

Genres principaux : **Sphærobolus, Nidularia** et **Crucibulum,** dont le thalle vit sur le bois mort; **Phallus** (fig. 1 et 2), **Geaster,** dont l'espèce *G. hygrometricus* (fig. 5) est remarquable par la propriété de replier ses lanières suivant l'humidité de l'air; **Secotium** (fig. 6 à 8), **Polysaccum,** dont l'espèce *P. crassipes* (fig. 3, 4) fournit une matière colorante brune; **Scleroderma, Melanogaster, Hymenogaster, Gautiera, Bovista, Lycoperdon.**

EXPLICATION DES FIGURES.

1,   *Phallus impudicus,* fig. 1, jeune individu;
2 et 3,   *Polysaccum crassipes,* fig. 2, appareil sporifère ; 3, portion de glèba.
4,   *Geaster hygrometricus.*
5 à 7,   *Secotium erythrocephalum,* fig. 5, appareil sporifère ; 6, coupe transversale d'un fragment d'hyménium; 7, baside et spores.
8 et 9,   *Amanita bulbosa,* fig. 8, tissu cellulaire du pédicule; 9, hyménium et tissu sous-hyménial.
10 et 11.   *Coprinus stercorarius,* fig. 10, filament du mycelium portant le carpogone *c, c', c''* ; *c,* cellule sur laquelle se sont attachées deux spermaties ; 11, filament du mycelium portant les spermaties *pp.*

1

2

3

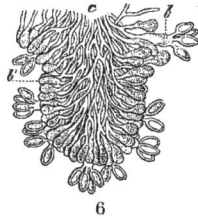

5

6

4

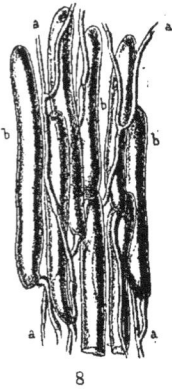

7

8

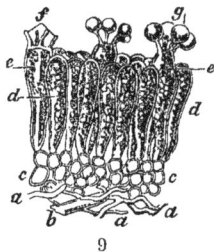

9

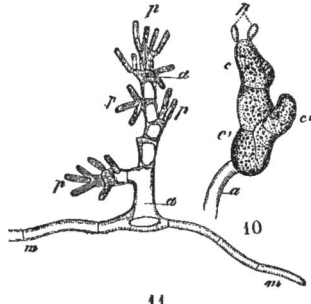

10

11

FAMILLE DES HYMÉNOMYCÈTES.

Le thalle est composé de filaments rameux, différenciés en mycélium et en stroma. Les cordons de stroma de quelques Hyménomycètes prennent la forme de racines des plantes phanérogames et sont appelés rhizomorphes. Ces *rhizomorphes* ont souvent la propriété de devenir phosphorescents. Comme les Champignons des autres classes, les Hyménomycètes peuvent produire des sclérotes.

L'appareil sporifère varie beaucoup; il peut avoir la forme d'une lame couverte d'hyménium à sa face supérieure ou d'une colonne ramifiée couverte d'hyménium sur toute sa surface. Le plus souvent, il prend la forme d'un chapeau dressé sur un pédicule(fig. 8). L'hyménium couvre dans ce cas sa surface inférieure, laquelle est rarement plane, mais plus souvent pourvue de prolongements divers : des lames disposées radialement ou concentriquement, parfois anastomosées entre elles, des côtes saillantes, des tubes, etc.

A la maturité, l'appareil sporifère est nu; mais dans le jeune âge il est entièrement recouvert par une membrane (*volva*) (fig. 6 et 7), qui disparaît ensuite, soit complètement, soit en laissant quelques traces à la base du pédicule et à la face supérieure du chapeau (fig. 6).

Les spores naissent dans l'assise extérieure de l'hyménium; elles sont formées par deux, plus souvent par quatre cellules renflées en forme de bouteille et entremêlées de cellules stériles (*paraphyses*, fig. 10, pl. CLXXXVIII).

L'appareil sporifère se développe sur le thalle par voie de bourgeonnement d'une seule cellule ou d'un cordon de cellules. Les hypothèses formulées au sujet de l'acte de fécondation n'ont pas encore été confirmées jusqu'à présent. Certains Hyménomycètes se reproduisent aussi au moyen de conidies.

Cette famille, la plus nombreuse de la classe, renferme une foule d'espèces connues et usitées, comestibles, vénéneuses ou médicinales.

Parmi les innombrables Agarics, plusieurs servent comme aliment excellent (*A. campestris*, *neapolitanus*, *ægerita*, *arellanus*) ; les autres sont nuisibles ou vénéneux (*A. necator*, *pyrogalus*, etc.).

Parmi les *Amanites* il y a aussi des espèces comestibles (*A. aurantiaca*, Oronge, fig. 6) et vénéneuses (*A. bulbosa* (fig. 9), *A. muscaria*, la fausse Oronge (fig. 8), *A. pantherina*).

Les *Boletus* (fig. 10), les *Cantharellus*, les *Hydnum*, les *Clavaria* (fig. 12) fournissent aussi des espèces comestibles.

Les *Polyporus igniarius* et *fomentarius* servent à préparer l'amadou, etc.

Les autres genres sont nuisibles : *Merulius lacrymans* détruit les constructions en bois ; *Agaricus melleus*, *Trametes radiciperdas* sont parasites des racines des arbres ; *T. Pini* se développe dans la tige de pin, etc.

On a divisé les Hyménomycètes suivant la disposition des basides et la conformation de l'hyménium, en cinq tribus, dont les Agaricinées forment la tribu la plus importante.

Genres principaux : **Agaricus** (fig. 3, 4), **Amanita** (pl. CLXXXVIII, fig. 9 et 10 et pl. CLXXXIX, fig. 1, 6 et 8); **Russula**, dont la plupart des espèces sont vénéneuses; **Lactarius**, dont l'espèce *L. rufus* est vénéneuse; **Coprinus** (pl. CLXXXVIII, fig. 11 et 12), **Cantharellus** (Chanterelle), **Boletus** (fig. 5 et 9), **Polyporus** (fig. 10), **Trametes, Merulius, Hydnum, Corticium, Clavaria** (fig. 11), **Pistillaria**.

FAMILLE DES TRÉMELLINÉES.

C'est une petite famille de Champignons offrant quelques ressemblances avec les ordres suivants des Urédinées et des Ustilaginées.

Genres principaux : **Tremella** (fig. 2), **Dacryomyces, Guepinia, Hirneola.**

EXPLICATION DES FIGURES.

1,	*Amanita bulbosa*, fig. 1, tissu cellulaire du chapeau.
2,	*Tremella mesenterica.*
3,	*Agaricus necator.*
4,	*Agaricus pyrogalus.*
5,	*Boletus perniciosus.*
6 et 7,	*Amanita aurantiaca*, fig. 6, port; 7, coupe

	verticale d'un jeune individu.
8,	*Amanita muscaria.*
9,	*Amanita bulbosa.*
10,	*Boletus edulis.*
11,	*Polyporus.*
12,	*Clavaria ramosa.*

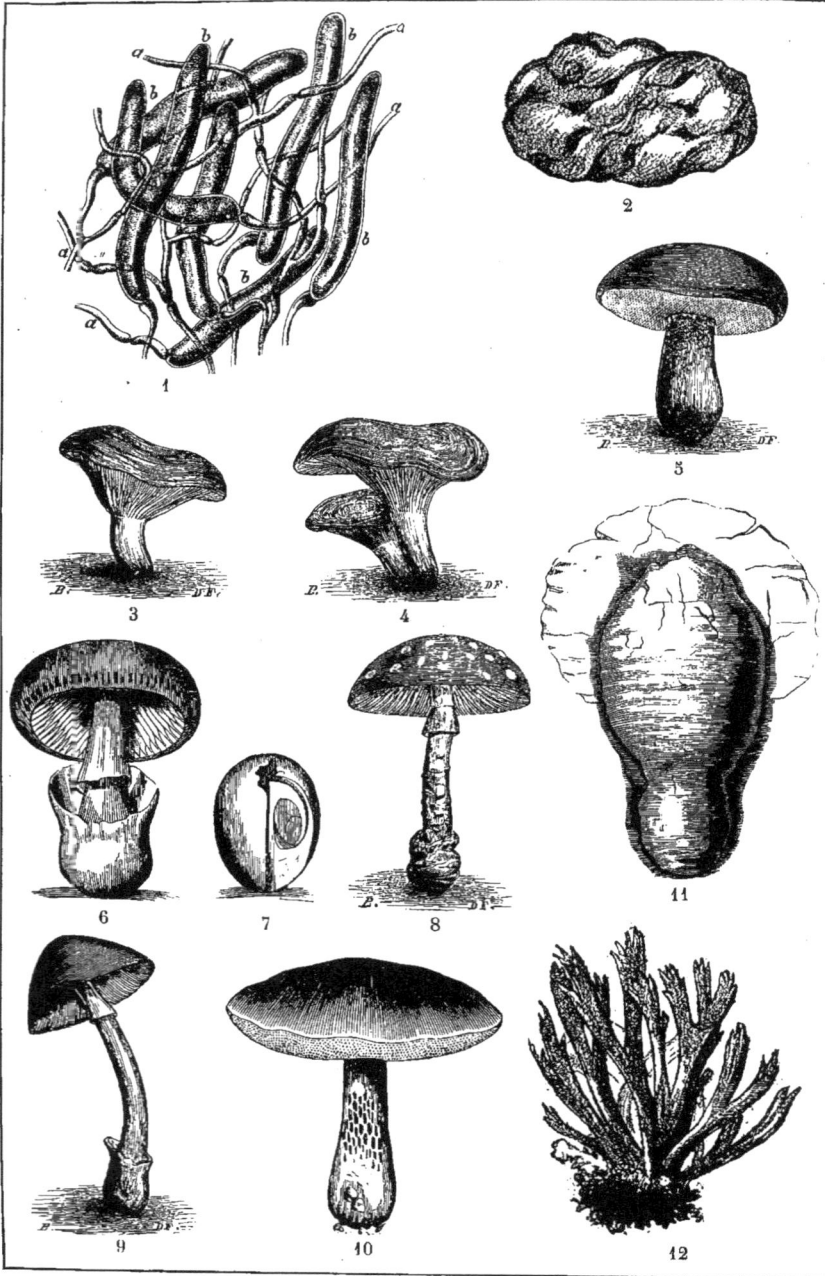

ORDRE DES URÉDINÉES.

Cet ordre n'est composé que d'une seule famille; il comprend les Champignons vivant en parasites sur différentes plantes cultivées, plus spécialement sur les céréales, et connus sous le nom vulgaire de *rouille*. Ces champignons se reproduisent par spores, et souvent par spores de différentes sortes qui, pour se développer, doivent changer leurs hôtes. Les phases que parcourent alors les spores sont très compliquées et varient suivant les espèces. Prenons comme exemple le cas du *Puccinia graminis*, la rouille du blé, si redouté autrefois par les agriculteurs.

En été, le thalle de ce Champignon produit, sous l'épiderme des feuilles du blé, des rameaux qui se renflent au sommet en une spore rouge dont la membrane est percée de quatre pores germinatifs (*Urédospore*, fig. 1). L'épiderme de la feuille gonflée dans les endroits où se trouvent ces productions prend la coloration jaune rougeâtre, crève et laisse échapper les spores. Si ces spores tombent de nouveau sur les feuilles du blé, elles germent en produisant un tube qui s'enfonce dans le tissu de la feuille par le pore stomatique, s'y ramifie en un thalle et produit de nouvelles spores. La *rouille orangée* se propage ainsi durant tout l'été ; mais en automne, les rameaux du thalle commencent à produire d'autres spores, divisées en deux par une cloison transversale et ayant une membrane épaisse, brune, pourvue de deux pores germinatifs (*teleutospore*, fig. 2). Ce sont les spores constituant la *rouille noire*; elles passent l'hiver sur les feuilles du blé, et germent au printemps, donnant des *sporidies* qui sont dispersées par le vent. Si ces sporidies tombent sur les feuilles de l'Epine-vinette (*Berberis vulgaris*), elles y germent en poussant des tubes dans l'épaisseur des tissus, forment un thalle et produisent deux sortes de spores : les unes se forment dans des sortes de bouteilles situées sur la face supérieure des feuilles (*écidioles*, fig. 3, *e*), sont très petites et germent, dans des conditions favorables, en donnant d'autres spores qui peuvent germer à leur tour sur les feuilles de l'Epine-vinette. Les autres se développent dans des sortes de coupes formées sur la face inférieure de la feuille (*écidies*, fig. 3, *d*); ces spores orangées, disposées en chapelets, s'échappent et ne peuvent germer que sur les feuilles de blé en donnant un thalle qui produit une urédospore et ferme ainsi le cercle de développement du *Puccinia*.

La famille unique des Urédinées contient plusieurs genres :

Puccinia. — *P. graminis* (fig. 1 à 3), parasite du blé; *P. discoidearum*, sur les Composées, surtout sur le Grand Soleil.

Xenodochus (fig. 4), etc.

ORDRE DES USTILAGINÉES.

Ce sont des Champignons parasites sur un grand nombre de plantes ; ils se reproduisent par des spores, sans génération alternante. Les spores sont produites tantôt au sommet des rameaux du thalle (*Tilletia*); tantôt certaines cellules (*Urocystis*), ou chaque cellule du filament du thalle (*Ustilago*, fig. 8), donnent une spore lisse ou granuleuse et s'entourent d'une masse gélifiée, sauf dans certains genres (*Schrœteria*) où il n'y a pas de gélification. Ces spores germent directement (*Thecaphora*) ou produisent de longs tubes, dont chaque article (*Ustilago*) ou seulement l'article terminal (*Tilletia*) donne de nouvelles spores (*sporidies*).

La famille unique des Ustilaginées formant l'ordre se divise en trois groupes :

PREMIER GROUPE.

Pas de sporidies.
Genres : **Thecaphora, Soro sporium**, etc.

DEUXIÈME GROUPE.

Sporidies latérales isolées.
Genres : **Ustilago.** — *U. carbo* (fig. 5 à 9), parasite du blé, de l'avoine, de l'orge; *U. maidis*, sur le maïs; *U. secalis*, sur le seigle, etc.

TROISIÈME GROUPE.

Sporidies terminales verticillées.
Genres : **Tilletia.** — *T. caries* (fig. 10),
Urocystis, Schrœteria, etc.

EXPLICATION DES FIGURES.

1 à 3,	*Puccinia graminis*, fig. 1, urédospore; 2, teleutospore; 3, coupe de la feuille du *Berberis vulgaris* avec les écidioles *c* sur sa face supérieure, et des écidies *E* sur sa face inférieure ; *p*, enveloppe de l'écidie; *d*, spores; *E'*, une écidie jeune.
4,	*Xenodochus brevis*, fig. 4, mycélium (*m*) avec les filaments fructifères portant un chapelet de spores (*s*); *s*, séries de spores isolées.
5 à 7,	*Ustilago carbo*, fig. 5, épis de blé attaqués par le champignon ; 6, épillet de l'orge attaqué ; 7, épillet de l'avoine attaqué.
8,	*U. secalis*, fig. 8, spores.
9,	*U. maidis*, fig. 9, portion du fruit attaquée par le champignon.
10,	*Tilletia caries*, fig. 10, spores.

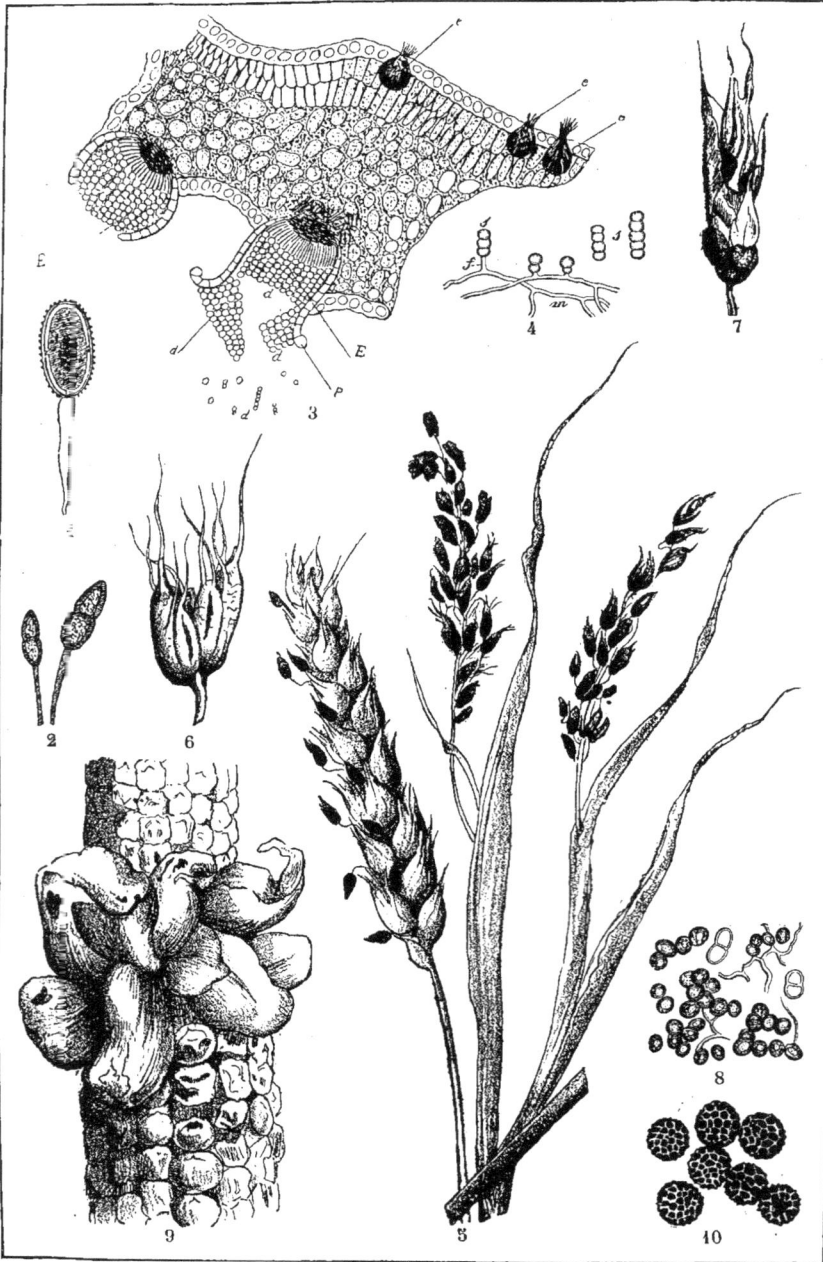

ORDRE DES OOMYCÈTES.

Le caractère principal qui distingue les Oomycètes de tous les autres Champignons est la propriété de former des œufs. Leur thalle, toujours unicellulaire, prend des formes diverses. Le mode de reproduction varie suivant les familles.

FAMILLE DES PÉRONOSPORÉES.

Le thalle est formé d'une cellule dont les ramifications pénètrent dans les espaces intracellulaires des tissus de l'hôte; il pousse des branches qui sortent au dehors par les ouvertures des stomates et forment à leurs extrémités des spores en chapelet. Ces spores germent directement ou donnent naissance à des zoospores à deux cils qui se fixent, s'entourent d'une membrane et poussent un thalle. Les œufs se forment par la conjugaison de l'*oogone*, — renflement d'une branche de thalle séparé du reste par une cloison et contenant l'oosphère — avec un *pollinide* — extrémité renflée d'une autre branche. Le pollinide pousse un petit ramuscule dans l'oogone, y déverse son contenu protoplasmique et l'œuf est formé. Il s'entoure aussitôt d'une membrane et, après avoir passé l'hiver à l'état de vie latente, germe en donnant des zoospores.

Les Péronosporées vivent en parasites sur différentes plantes phanérogames et causent souvent de graves maladies aux plantes cultivées.

Genres principaux: **Peronospora** (*Phytophthora*). Le *P. infestans* cause la maladie de la pomme de terre; le *P. viticola*, donne la maladie de la vigne (*mildew*).— **Cystopus**, *C. candidus*, produisant la *rouille blanche* des Crucifères, etc.

FAMILLE DES SAPROLÉGNIÉES.

Le thalle est unicellulaire. Les extrémités des filaments du thalle se renflent en sporanges et donnent naissance aux zoospores qui germent directement ou produisent des zoospores secondaires. L'œuf se forme comme dans la famille précédente, sauf que dans certains genres les pollinides n'ont pas de ramuscule, et que dans d'autres les oogones germent sans être fécondés (*Parthenogenèse*).

Ces Champignons aquatiques vivent sur les matières organiques en décomposition.

Genres principaux: **Achlya, Saprolegnia, Pythium**, etc.

FAMILLE DES MONOBLÉPHARIDÉES.

Cette famille diffère de tous les autres Champignons parce qu'elle possède des anthérozoïdes; à part ce caractère, elle se rapproche des Saprolégniées par son mode de reproduction.

Genre unique: **Monoblepharis**, se développe dans l'eau, comme les Saprolégniées.

FAMILLE DES MUCORINÉES.

Le thalle est une cellule ramifiée; dans certaines conditions (manque d'oxygène) il peut végéter à la façon des Levures et décompose le glucose, ce qui explique son emploi dans l'industrie. Les spores sont de deux sortes: les unes naissent dans l'intérieur d'un sporange, les autres à l'extrémité des rameaux. En outre, les Mucorinées se propagent par les *conidies* ayant une forme et des propriétés différentes de celles des spores, et par les œufs qui sont formés par la conjugaison de deux rameaux dont les extrémités renflées fondent leur protoplasme.

Ces Champignons, connus sous le nom vulgaire de *moisissures*, vivent sur les matières organiques en décomposition.

Genres principaux: **Mucor** (fig. 6), **Rhizopus**, moisissures les plus vulgaires; **Sporodinia** (fig. 4).

FAMILLES DES CHYTRIDINÉES, DES VAMPYRELLÉES ET DES ANCYLISTÉES.

Voisines des précédentes, elles rappellent par leur mode de reproduction l'ordre des Myxomycètes.

ORDRE DES MYXOMYCÈTES.

Le thalle de ces Champignons, que l'on a considérés comme des animaux, vit aux dépens des matières organiques en décomposition. En germant, la spore épanche au dehors son protoplasma animé de mouvements amiboïdes et constitue une *myxamibe* qui se multiplie par division. Dans certaines conditions les myxamibes peuvent s'enkyster, persister ainsi et donner ensuite de nouvelles myxamibes. A un certain moment, les myxamibes se réunissent en un *plasmode* qui, en se différenciant, produit des spores entourées d'une membrane de cellulose.

Genres principaux: **Didymium** (fig. 7 et 8), **Arcyria** (fig. 9) sur la tanne; **Plasmodiophora**, dont l'espèce *P. brassicæ*, parasite du chou, produit l'*hernie*, etc.

EXPLICATION DES FIGURES.

1 et 2, *Peronospora infestans*, fig. 1, portion d'une feuille de pomme de terre infestée par le champignon; *m*, mycelium; *f*, filament fertile sortant par le stomate; *zs*, zoosporange jeune; 2, *zs*, extrémité du filament fertile portant un zoosporange mûr; zoosporange et zoospores qui s'y forment; *z*, sortie des zoospores, zoospore adulte.

3, *Saprolegnia monoica*, fig. 3, reproduction; *r'*, rameaux renflés au sommet en anthéridies *a*; *s*, sporange; *t*, tubes de communication émis par les anthéridies.

4, *Sporodinia grandis*, fig. 4, pied montrant la conjugaison à divers degrés; *s*, zygospore.

5, *Rhizopus nigricans*, fig. 5, conjugaison: A, état peu avancé; B, production de deux cellules élémentaires de la zygospore *c*, *c'*; C, réunion des cellules élémentaires en zygospore; D, état adulte (*z*, zygospore).

6, *Mucor mucedo*, fig. 6 (grossie).

7 et 8, *Didymium leucopus*, fig. 7, portion d'un plasmode; 8, *a*, *b*, zoospores; réunion de zoospores en une myxamibe (*ma*).

9, *Arcyria incarnata*, fig. 9, A, sporange mûr encore fermé; B, sporange ouvert avec son capillitium (*cp*). A. *serpula*, C, filaments du capillitium; D, spore; E, portion d'un filament du capillitium du *Trichia fallax*.

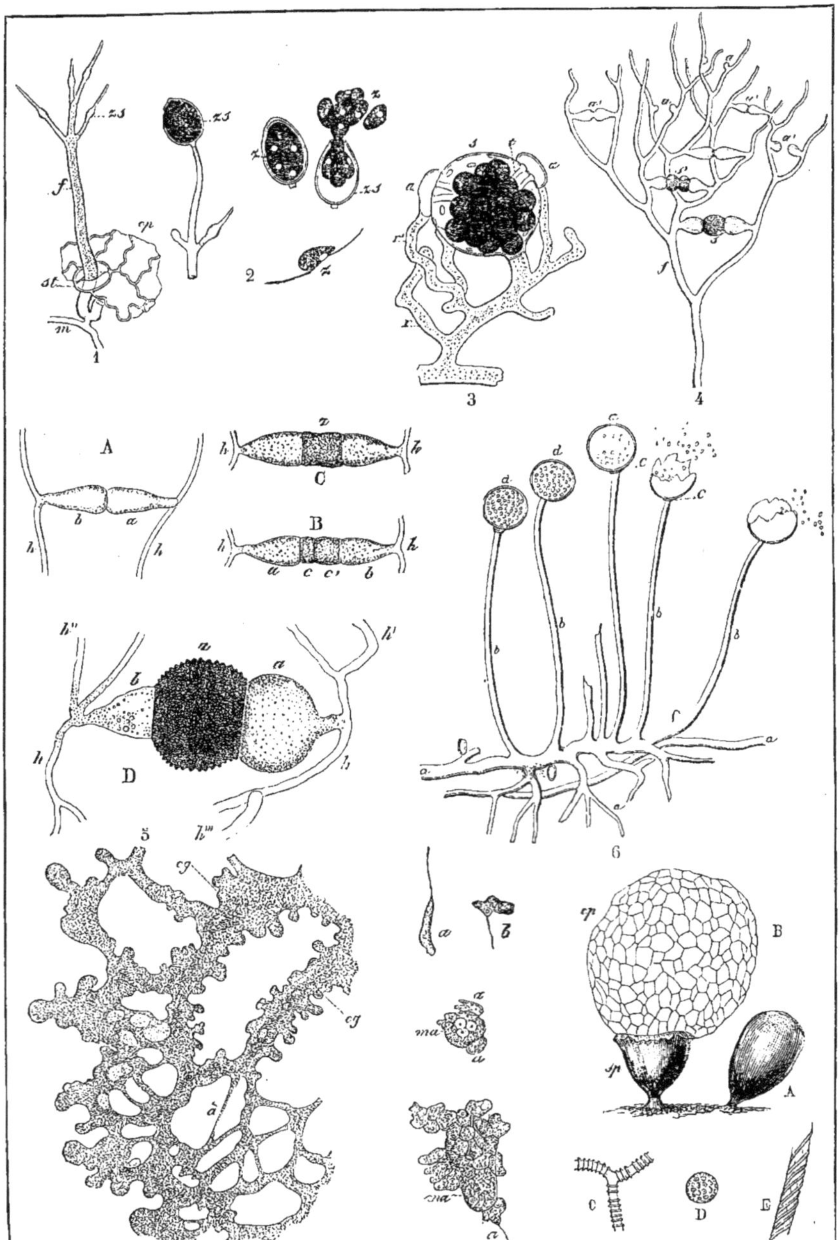
1
2
3
4
A
B
C
D
5
6
7
8
9

ERRATA

Le nombre des noms techniques et des noms de genres et d'espèces étant très considérable, il s'est glissé quelques fautes, dont nous donnons la rectification.

Pages.	Lignes.	Au lieu de :	Lisez :	Pages.	Lignes.	Au lieu de	Lisez :
10	52	Drimus,	Drimys.	226	37	Cynamomum,	Cinnamomum.
12	28	Anaminta,	Anamirta.	228	50	Arcentobum,	Arceuthobium.
26	9	Sysimbrium,	Sisymbrium.	240	15	Micranthea,	Micrantheum.
26	13	Capsalle,	Capselle.	240	16	Betya,	Bertya.
42	23	Plane,	Platane.	240	41	Syphonia,	Siphonia.
46	57	Cirtus,	Citrus.	242	27	Myrobolans,	Myrobalans.
68	15	Gypsophyla,	Gypsophila.	258	46	Ephiplaudra,	Ephippiandra.
70	1	Tamarixinées,	Tamariscinées.	274	13	Catasteum,	Catasetum.
82	49	Bonneau des Arbres,	Bourreau des arbres.	274	45	Corraline,	Corallorhize.
88	28	Mongifera,	Mangifera.	276	24	Tholia,	Thalia.
88	42	Bosivelia.	Boswelia.	280	7	Leucorium,	Leucojum.
94	44	Hedisarum,	Hedysarum.	280	39	Sternbergia,	Sternbergia.
94	50	Padalyriées,	Podalyriées.	282	40	Cladiolus,	Gladiolus.
114	32	Mauriria,	Mouriria.	284	1	Mélantacées,	Mélanthacées.
150	3	Ptaunica,	Ptarmica.	286	11	Tulipia,	Tulipa.
160	41	Symphorice,	Symphorine.	290	35	Tragon,	Fragon.
162	10	Scherardia,	Sherardia.	292	11	Tamisier,	Tamier.
171	36	Scamone,	Secamone.	292	16	Traccacées,	Taccacées.
174	36	Scamone,	Secamone.	292	36	Lugula,	Luzula.
176	49	Mendora,	Menodora.	294	30	Louchet,	Souchet.
184	11	Scopolia,	Scolopia.	298	44	Distichum,	Distichon.
190	34	Brunette,	Brunelle.	298	44	Hexastichum,	Hexastichon.
196	1	Gesneriacées,	Gesneracées.	299	22	Brisa,	Briza.
198	42	Pedalinum,	Pedalium.	304	38	Panil,	Panic.
200	1	Lenticulariées,	Lentibulariées.	306	41	Avoine,	Palmier à huile.
206	30	Clavia,	Clavija.	308	3	Metrotylon,	Metroxylon.
210	44	Lœdum,	Sedum.	312	17	Nayas,	Naias.
212	40	Pirole,	Pyrole.	316	31	Distachys,	Distachya.
214	25	Cobaca,	Cobæa.	320	45	de Libanou.	du Liban.
222	1	Amaranthacécs,	Amarantacées.	362	28	Scypocaudou,	Stypocaulon.
222	50	Bachavca,	Boerhavia.				

TABLE ALPHABÉTIQUE

BOTANIQUE GÉNÉRALE

FAMILLES NATURELLES

Dans cette table, les noms d'embranchements, de classes et d'ordres sont en grande capitale (ALGUES); les noms de familles en égyptienne (**Acerinées**); les noms de sous-familles, de sections et tribus en petite capitale (AMÉTINÉES); les noms de genres en italique (*Abies*); les noms d'espèces, de variétés, de races, et les noms vulgaires en romain (Abricot sauvage).

FIN DE LA TABLE ALPHABÉTIQUE.

TABLE DES MATIÈRES

FIN DE LA TABLE DES MATIÈRES.

6849-82. — Corbeil. Typ. et stér. Crété.

SÉRIE

TEXTE
PAR
J. DENIKER

DESSINS
PAR
RIOCREUX, CUSIN, NICOLET, CHEVRIER, CHEDIAC, ETC.

ATLAS MANUEL
DE
BOTANIQUE

ILLUSTRATIONS DES FAMILLES ET DES GENRES
DE PLANTES PHANÉROGAMES ET CRYPTOGAMES

AVEC LE TEXTE EN REGARD

200

PLANCHES

COMPRENANT

3,300 Figures.

50

LIVRAISONS

à 50 Centimes

5 SÉRIES
à 5 Fr.

PARIS
LIBRAIRIE J.-B. BAILLIÈRE ET FILS
Rue Hautefeuille, 19, près du boulevard Saint-Germain

Publication paraissant toutes les semaines par livraison de 8 pages avec 4 planches.

Les *Merveilles de la Nature* de BREHM se sont limitées jusqu'à présent à l'Homme et aux Animaux.

Il nous a paru utile de publier, comme une suite et un complément naturel, dans le même format, un *Atlas manuel de Botanique*, qui place sous les yeux du lecteur la description et la représentation des caractères des familles principales et des principaux genres.

Les notions d'organographie végétale et de géographie botanique sont résumées de façon à faire connaître l'état exact de la science ; les applications si nombreuses à l'agriculture, à l'horticulture, aux arts et à l'industrie, à la médecine et à la pharmacie, sont indiquées.

Cet *Atlas manuel de Botanique* est destiné à développer le goût de cette science aimable et à devenir le *vade-mecum* des botanistes, soit que, ayant en vue la science pure, ils la cultivent pour les charmes qu'elle leur procure ; soit que, tournant leurs recherches vers la pratique, ils s'occupent de la botanique comme science appliquée.

A la campagne, les amateurs et les collectionneurs de plantes possèdent une bibliothèque botanique souvent restreinte. Les *Illustrations des familles et des genres* que nous publions leur présenteront un tableau de la science aussi complet que possible, et leur donneront tous les renseignements dont ils pourraient avoir besoin, sans recourir aux ouvrages spéciaux et aux Iconographies d'un prix toujours élevé.

Nous appellerons l'attention sur la partie cryptogamique, qui a reçu des développements en rapport avec l'importance des recherches entreprises dans ces dernières années sur cette branche de la science.

Les figures ont été en partie dessinées d'après nature par des artistes tels que Riocreux, Cusin, Nicolet, Chevrier, Chediac, etc. ; en partie empruntées aux livres de MM. Duchartre, Cauvet, Lemaout et Decaisne, et aux mémoires originaux qui font autorité sur la matière.

L'*Atlas manuel de Botanique* se composera de : 1° 200 planches comprenant environ 3,300 figures, et 2° 200 pages de texte in-4. Il paraît toutes les semaines, à partir du 2 mai 1885, une livraison de 8 pages in-4, comprenant 4 grandes planches, et toutes les dix semaines une série de 80 pages avec 40 grandes planches.

Prix de chaque livraison. . . . . 50 c.
Prix de chaque série. . . . . 5 fr.

Prix de l'ouvrage complet pour les souscripteurs qui nous enverront leur adhésion avant le 30 juin 1885, 25 fr. Après cette date, le prix de l'ouvrage sera augmenté.

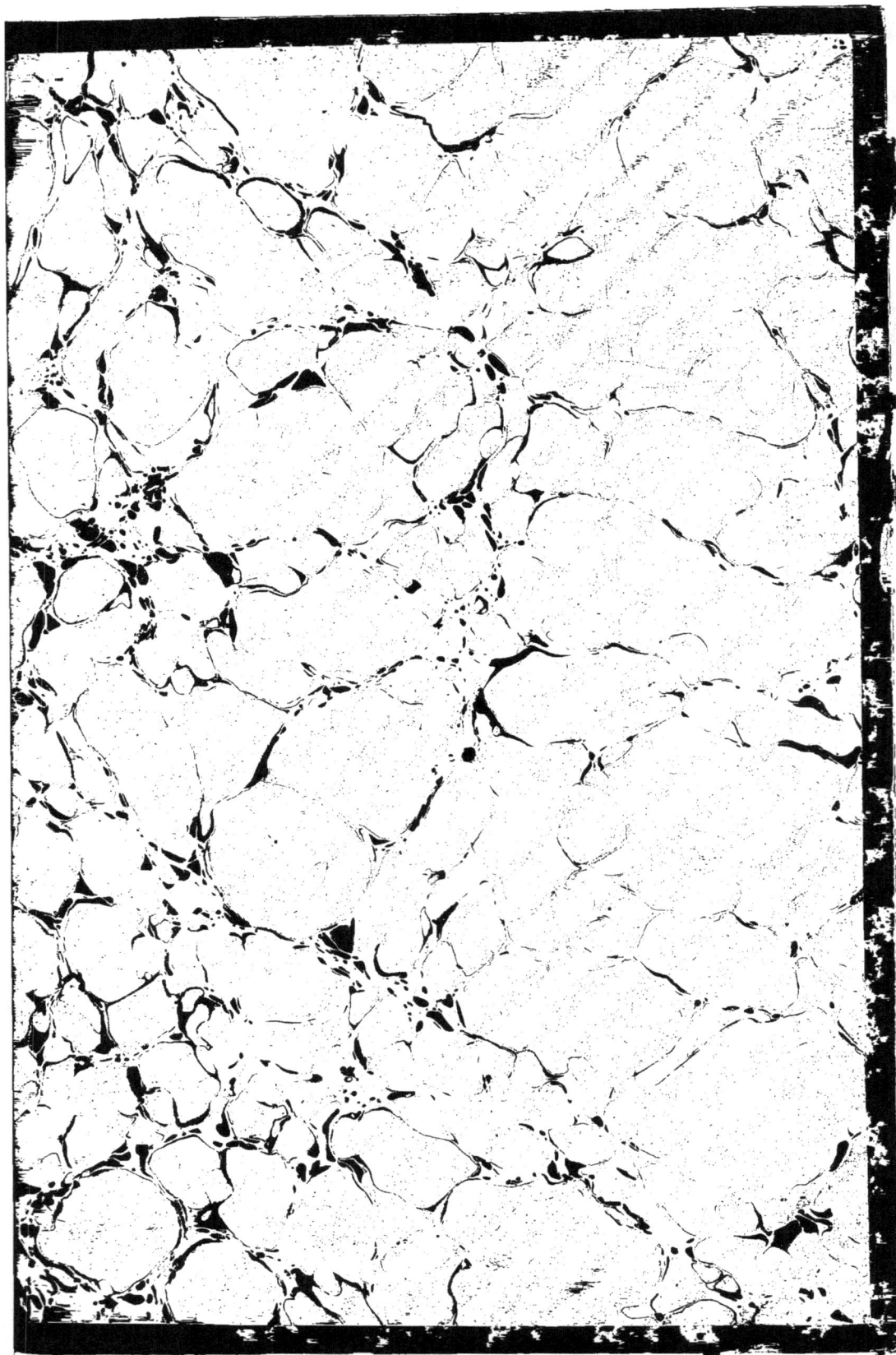

www.ingramcontent.com/pod-product-compliance
Lightning Source LLC
Chambersburg PA
CBHW060532220326
41599CB00022B/3501